# 高级氧化技术原理

杨春平　吴少华　著

科学出版社
北京

## 内 容 简 介

本书针对高级氧化过程中的基本原理和应用问题，对不同活性物种的生成特征与规律、不同活性物种的活化强化理论与方法、不同高级氧化技术的性能特征与机制，以及不同高级氧化技术在环境污染控制与修复中的应用进行了系统论述，并针对该领域目前尚需进一步解决的科学与技术问题提出了相应的解决路径。本书主要内容为典型活性物种（如羟基自由基、硫酸根自由基、单线态氧等）的化学原理、基于不同氧化剂前驱体（包括过氧化氢、臭氧、过硫酸盐、亚硫酸盐和过氧乙酸）的高级氧化技术及其在环境污染控制与修复中的应用。

本书既可以作为教学、科研和工程技术人员深入研究和学习高级氧化技术的著作，又可以供高等院校环境工程、环境科学、市政工程等学科和专业领域的研究生和高年级本科生从事高级氧化技术研究和学习的教材或教学参考书。

**图书在版编目(CIP)数据**

高级氧化技术原理 / 杨春平，吴少华著. -- 北京 ：科学出版社，2024.10. -- ISBN 978-7-03-079768-1

Ⅰ. TQ031.7

中国国家版本馆 CIP 数据核字第 2024F753S4 号

责任编辑：杨新改　宁　倩 / 责任校对：杜子昂
责任印制：赵　博 / 封面设计：东方人华

科学出版社 出版
北京东黄城根北街 16 号
邮政编码：100717
http://www.sciencep.com
北京厚诚则铭印刷科技有限公司印刷
科学出版社发行　各地新华书店经销
*
2024 年 10 月第　一　版　开本：720×1000　1/16
2025 年　1 月第二次印刷　印张：25
字数：480 000

**定价：138.00 元**

（如有印装质量问题，我社负责调换）

# 前　言

本书是作者课题组成员在高级氧化技术领域长期研究的基础上，针对高级氧化过程中的基本原理和应用中的问题，系统深入地论述了不同活性物种的生成特征与规律及其活化强化理论与方法、不同高级氧化技术的性能特征与机制及其在环境污染控制与修复中的应用，探究了该领域目前尚需进一步解决的科学与技术问题，展望了相应的解决方法和途径。

全书共 10 章，包括：第 1 章绪论，第 2 章羟基自由基的性质、产生和检测，第 3 章硫酸根自由基的性质、产生和检测，第 4 章单线态氧的性质、产生和检测，第 5 章基于过氧化氢的高级氧化技术，第 6 章基于臭氧的高级氧化技术，第 7 章基于过硫酸盐的高级氧化技术，第 8 章基于亚硫酸盐的高级氧化技术，第 9 章基于过氧乙酸的高级氧化技术，以及第 10 章高级氧化技术在环境污染控制与修复中的应用。杨春平教授、吴少华副教授负责全书的撰写工作并统稿、定稿。本书各章具体写作分工如下：第 1 章杨春平；第 2 章杨春平、代梅；第 3 章杨春平、谢军；第 4 章杨春平、王岳；第 5 章吴少华；第 6 章吴少华、杨春平；第 7 章吴少华、李祥；第 8 章吴少华；第 9 章吴少华、杨春平；第 10 章吴少华、杨春平。

非常感谢课题组从事该领域研究的在读和毕业研究生对本书内容做出的重要贡献。在全书的统稿和校对过程中，李祥老师和赵益娟、翟啸宇、姚上雨等同学协助做了大量的工作。撰写过程中也参考或引用了国内外该领域大量相关的学术论文、学位论文和著作，在此对各位作者一并表示衷心的感谢。特别感谢科学出版社的责任编辑为本书出版付出的辛勤劳动。希望本书既可以帮助读者深入理解高级氧化技术的基本原理并快速进入高级氧化技术的前沿领域，又能激励更多读者从事高级氧化技术领域的理论和技术创新及其应用。

高级氧化技术涉及的活性物种生成方法和高级氧化体系种类繁多，活性物种生成特征和规律相当复杂，其研究和应用相当广泛，新技术和新方法不断涌现，加之作者水平有限，书中难免存在漏误之处，敬请读者批评指正。

作　者

2023 年 10 月

# 目　录

# 第1章 绪　　论

## 1.1　高级氧化技术的发展过程

1894年，法国著名科学家芬顿(H. J. H. Fenton)首次发现在酸性条件下利用$Fe^{2+}$与$H_2O_2$的混合试剂可有效地氧化分解水溶液中的酒石酸[1]。这项研究的发现，为人们分析还原性有机物和有机物的选择性氧化提供了一种新方法。为纪念芬顿的这一重大贡献，人们将$Fe^{2+}/H_2O_2$称为芬顿试剂(Fenton reagent)，将使用该试剂的反应称为芬顿反应(Fenton reaction)。

然而，当时人们对于芬顿反应的强氧化能力的来源仍不清楚，引起了众多研究者的关注和探究。1934年，Harber和Weiss提出芬顿体系中自由基的生成机理[2]。1935年，Weiss提出臭氧($O_3$)在水溶液中可与氢氧根离子($OH^-$)生成羟基自由基($^{\bullet}OH$)的反应。1948年Taube和Bray在实验中发现$H_2O_2$在水溶液中可解离为过氧氢根离子($HO_2^-$)，并诱发产生$^{\bullet}OH$，随后$O_3$与$H_2O_2$组合的高级氧化技术被发现。20世纪70年代，Prengle、Carey等率先发现光催化可以产生$^{\bullet}OH$，从而揭开了光催化高级氧化的研究序幕[3,4]。Hoigné等[5]于1976年系统提出了高级氧化技术的概念和原理，并认为高级氧化技术氧化及作用机理是通过不同路径产生$^{\bullet}OH$的过程。$^{\bullet}OH$一旦形成，会诱发一系列的自由基链反应，攻击水体中各种有机污染物，直至降解为二氧化碳和水。

1987年，Glaze等正式提出高级氧化技术的定义，即为“在接近环境温度和压力下，产生足够量的$^{\bullet}OH$以实现水净化的水处理技术”[6]。换句话说，可以说高级氧化技术是以产生$^{\bullet}OH$为标志。

随着研究学者的不断深入研究，高级氧化技术的定义也在原有基础上拓展为：在高温、高压、电、超声、光或催化剂的作用下，利用原位产生的强氧化性活性物种以实现环境介质中有机污染物分子发生取代、加成、断键、开环及电子转移等一系列反应，使其分解为低毒或无毒的小分子中间产物，甚至矿化为二氧化碳和水的技术。高级氧化技术凭借反应条件温和、降解速率快、矿化彻底、操作简单、绿色环保等优势在难降解有机污染物的深度处理或新污染物的治理等方面受到国内外学者的广泛关注，已证实在污染物控制方面具有良好的发展前景。相比常规氧化技术不同的是，高级氧化技术主要是通过产生各种强活性物种来实现对污染物的削减。

近年来，研究学者在高级氧化体系中相继发展出以硫酸根自由基($SO_4^{\bullet-}$)、超氧自由基($O_2^{\bullet-}$)、氯自由基($Cl^{\bullet}$)、有机碳自由基等为主的新型高级氧化技术，以满足日益增多的有机废水处理需求。总体来说，高级氧化技术在提高污染物矿化率、增强废水可生化性、新污染物处理等领域具有广阔的应用前景。

## 1.2 高级氧化技术的特征

高级氧化技术是一种基于产生强活性物种的氧化技术，对处理水体及污水中难生物降解的有机物具有高效、彻底、无二次污染和停留时间短的特点，因此成为水处理技术中的研究热门。其中活性物种是一些强氧化剂，与污染物反应后生成的自由基可与污染物继续发生化学反应，使有机物的化学键断裂，最终将其降解为低毒性或无毒性的小分子物质、二氧化碳和水。高级氧化技术与一些传统的污水处理方法相比，具有以下特点。

(1)氧化能力强。在高级氧化技术过程中，产生了大量具有强氧化还原电位的$^{\bullet}OH$，仅次于氟(3.05 V)，而且比常规化学氧化剂的氧化能力更强。

(2)氧化反应速率快，处理周期短，满足快速修复污染的需求。例如，$^{\bullet}OH$对含C—H或C—C键的有机物反应速率相当快，一般其反应速率常数大于$10^9$ L/(mol·s)，基本上接近扩散速率的控制极限[$10^{10}$ L/(mol·s)][7]。

(3)处理效率高，氧化过程中的中间产物可以继续与$^{\bullet}OH$反应，增加了总有机碳(TOC)和化学需氧量(COD)的去除。

(4)反应条件温和，无需高温高压。

(5)既可单独用作污水的深度处理，又可以与其他处理技术联用，也可以作为生化处理的预处理或后续的深度处理，从而降低处理成本。

(6)反应过程可以通过控制反应条件，以达到不同的处理效果。

(7)反应过程和设备简单，操作和运行维护容易。

除了上述优势之外，高级氧化技术也存在一些不足。例如，处理过程有些过于复杂，处理成本普遍偏高，氧化剂消耗量大，环境基质(如碳酸根离子、悬浮固体)对反应有显著干扰。此外，高级氧化技术仅适用于高浓度、小流量的废水处理，而对低浓度、大流量的废水处理难度大。

## 1.3 高级氧化技术的主要类型

高级氧化技术的类型多样，主要包括芬顿/类芬顿反应、催化臭氧化、过硫酸盐活化、亚硫酸盐活化、过氧乙酸活化等类型。

### 1.3.1 基于羟基自由基的高级氧化技术

$^{\bullet}OH$ 是普遍存在于水体、大气和土壤等多种环境介质中的重要活性氧物种。在自然水体中，$^{\bullet}OH$ 的寿命极短($10^{-9}$～$10^{-3}$ s)，稳态浓度较低，一般介于 $10^{-17}$～$10^{-15}$ mol/L[8,9]。$^{\bullet}OH$ 的主要产生路径包括两类：一类是通过水中溶解性有机物、(亚)硝酸盐等具有光化学活性的光化学反应产生；另一类是通过一些具有还原性的溶解性有机物和金属离子的暗反应产生[10,11]。在水和废水高级氧化处理体系中，$^{\bullet}OH$ 作为重要的氧化剂，可通过系列物理、化学或物理-化学组合方法产生，其稳态浓度一般为 $10^{-14}$～$10^{-12}$ mol/L，甚至更高[12]。

$^{\bullet}OH$ 具有仅次于氟的强氧化还原电位($E^0$=2.80 V)，电子亲和能高达 569.3 kJ/mol，容易攻击电子云密度高的原子。$^{\bullet}OH$ 对污染物的氧化降解机理主要包括脱氢反应、亲电加成、电子转移、自由基加成四种方式[13]，其中脱氢反应是最主要的氧化路径。$^{\bullet}OH$ 的氧化行为是无选择性的，并且与许多有机污染物(如烷烃、烯烃、醇、羧酸等)迅速反应，速率常数为 $10^8$～$10^{10}$ L/(mol·s)。$^{\bullet}OH$ 与有机污染物反应产生碳中心自由基($R^{\bullet}$或 $R^{\bullet}$—OH)。在 $O_2$ 存在条件下，这些碳中心自由基可以转化为有机过氧自由基($ROO^{\bullet}$)。所有自由基进一步反应，形成更具活性的物种，如 $H_2O_2$ 和 $O_2^{\bullet-}$，导致这些有机物的化学降解甚至矿化。目前，基于$^{\bullet}OH$ 的高级氧化技术主要包括芬顿/类芬顿反应、臭氧化、电化学氧化、湿式氧化等技术。

*1. 芬顿/类芬顿反应*

芬顿反应最早追溯到 1894 年，法国著名科学家芬顿发现，$Fe^{2+}$与 $H_2O_2$ 的混合液在酸性条件下可以显著降低酒石酸的浓度，经过多次实验证实强氧化性$^{\bullet}OH$ 的产生是破坏酒石酸分子结构的主要原因[1]。基于此，经典芬顿反应是指 $Fe^{2+}$活化 $H_2O_2$ 生成$^{\bullet}OH$ 以降解污染物的过程。在该反应过程中，$Fe^{2+}$和 $H_2O_2$ 之间反应并形成$^{\bullet}OH$ 和 $Fe^{3+}$，生成的 $Fe^{3+}$也可以在 $H_2O_2$ 存在下还原为 $Fe^{2+}$。$Fe^{2+}$氧化为 $Fe^{3+}$的反应速率比 $Fe^{3+}$还原的反应速率快几千倍。因此，关键步骤是$^{\bullet}OH$ 的形成和水介质中 $Fe^{3+}$浓度的增加。

尽管芬顿技术在污染物控制方面显示出强大的优势，但也存在一些弊端，包括 pH 工作范围窄($pH < 3$)，试剂消耗量大($H_2O_2$ 与污染物的摩尔比高达数十倍甚至上百倍)，催化剂难以分离和重复使用且增加处理成本，反应中产生大量铁泥，从而限制其大规模实际应用[14]。基于此，研究学者通过引入光、电、超声等外场能量来促进 $H_2O_2$ 的分解，或开发非均相铁基催化剂或系列非铁基芬顿催化剂(如 Al、Co、Cr、Cu、Mn、Ru、Ce 等催化剂)来解决，即“类芬顿”反

应。这些策略的引入有助于加速 $Fe^{2+}/Fe^{3+}$转化，拓宽反应 pH 范围，减少反应试剂的用量，从而提高芬顿体系氧化降解能力和降低处理成本。由于芬顿/类芬顿反应的氧化性较强，已被广泛应用于各种废水及残留在水中的有机物的处理中。

2. 臭氧化

臭氧的标准氧化还原电位是 2.07 V，是一种氧化活性较高的氧化剂，普遍用于杀菌消毒、除臭脱色和污染物去除等环境领域。同时，臭氧反应后的产物是氧气，因此不会造成二次污染。臭氧化有两种方法：直接氧化和产生活性物种，如$^{\bullet}OH$。例如，水中 $OH^-$可诱导臭氧分解为$^{\bullet}OH$，但产率低。臭氧降解污染物的路径主要分为两种：①臭氧分子直接氧化目标污染物；②臭氧分子在水中首先分解为活性氧物种(主要是$^{\bullet}OH$)，间接参与目标污染物氧化降解。在臭氧化过程中，臭氧本身可以氧化降解许多有机污染物，但具有很强的选择性，与不同类型的目标污染物的二级反应速率常数介于(0.1～1.0)× $10^9$ L/(mol·s)。例如，对于含不饱和官能团的化合物，如烯烃类、胺类和活性芳香族化合物，臭氧反应活性较高；但对于醛、酮、羧酸和烷烃等含有饱和官能团的有机物，臭氧反应活性则较低。Von Gunten 研究发现，臭氧分子能够选择性地优先降解含有 C═C 双键的化合物、芳环化合物以及非质子化的胺基；一般情况下供电子基团易于被臭氧直接氧化；一些无机微量污染物(如 $H_2S$、$NO_2$)能够直接快速地被臭氧氧化[15]。基于此，臭氧氧化有机污染物时矿化程度有限，导致反应体系累积大量小分子有机酸。

考虑到臭氧化在水中存在臭氧溶解度和稳定性低、生产成本高、矿化能力弱、毒性副产物(如醛、酮和溴酸盐)产生等技术问题，在臭氧化过程中加入促进臭氧分解的催化剂有望解决上述问题，称为催化臭氧化技术。在催化臭氧化体系中，催化剂表面的化学性质可以增加对臭氧的亲和力，臭氧和有机物的吸附使它们在催化剂表面发生反应，达到污染物降解的目的。催化臭氧化产生$^{\bullet}OH$ 可以降解污染物，并将降解过程中产生的中间产物进一步矿化成二氧化碳和水。因此，在降解有机污染物方面，催化臭氧化比单独的臭氧化更有效。值得注意的是，在催化臭氧化体系中，除了$^{\bullet}OH$ 外，其他的活性物种(如 $O_2^{\bullet-}$、$^1O_2$)也可能产生，从而贡献污染物降解[16]。

3. 电化学氧化

随着清洁电能日益增多，电化学高级氧化技术受到广泛关注。电化学高级氧化技术是指将电流提供给电化学反应器以触发化学反应，原位产生反应活性物种(如$^{\bullet}OH$、$O_2^{\bullet-}$)以驱动氧化还原反应的技术。电化学氧化在废水处理中的研究最早起源于 19 世纪[17]，当时研究了氰化物的电化学分解[18]。对该技术进行广泛的研究始于 20 世纪 70 年代，当时 Nilsson 等在 1973 年研究了酚类化合物的阳极氧化过程[19]。

电化学高级氧化技术主要分为五类，即阳极氧化、阴极电化学生成 $H_2O_2$ 阳极氧化、电芬顿、光电芬顿和太阳光电芬顿工艺。具体而言，阳极氧化涉及污染物的氧化：①阳极表面(M)的直接电子转移；②作为水氧化为氧的中间产物产生的非均相活性氧物种(ROS)，包括以物理吸附方式吸附在阳极表面的$^•OH$[标记为 M($^•OH$)]，M($^•OH$)二聚化产生的较弱氧化剂(如 $H_2O_2$)和在阳极表面上水还原产生 $O_3$；③由体相内存在的离子电化学产生的其他较弱氧化剂[20,21]。当阳极氧化与阴极电化学生成 $H_2O_2$ 一起进行时，该过程称为电化学生成 $H_2O_2$ 阳极氧化工艺。电芬顿工艺是由 Brillas 和 Oturan 团队开发并广泛推广应用，该工艺克服了传统芬顿工艺需持续提供 $Fe^{2+}$和 $H_2O_2$ 试剂以及 pH 适用范围窄的技术瓶颈[22-24]。电芬顿工艺包括：①向纯氧或空气供给的碳质阴极原位和连续电生成 $H_2O_2$；②向溶液中添加 $Fe^{2+}$；③将 $Fe^{3+}$阴极还原为 $Fe^{2+}$，随后连续生成芬顿试剂。此外，Brillas 课题组进一步将光(包括紫外光或自然太阳光)引入到电芬顿体系中，构建光电芬顿工艺[25]。在这些光辅助电芬顿工艺中，污染物的降解主要由以下因素加速：①Fe(Ⅲ)-羟基配合物($FeOH^{2+}$)的光还原，例如，在 pH 接近 3 时最具光活性的 $FeOH^{2+}$，受光激发后分解为$^•OH$ 和 $Fe^{2+}$；②通过金属配体电荷转移激发 $Fe^{3+}$和某些有机物(如羧酸)之间形成的配合物的直接光解，产生一些弱氧化物种(如 $O_2^{•-}$、$CO_2^{•-}$和 $H_2O_2$ 等)，并且同时获得还原后的 $Fe^{2+}$。

电化学高级氧化技术具有诸多优势，主要包括：①利用电子作为氧化还原媒介，清洁绿色，避免二次污染；②安全性高、能效高；③设备简单易操作，占地面积小，易于自动化控制；④具有多功能性，能够与其他处理技术耦合使用；⑤成本较低，当电能由风能和太阳能等可持续能源提供时能够进一步降低成本。这些优势使电化学高级氧化技术在污水处理、土壤修复和废气净化等领域展现出巨大的应用前景。

4. 湿式氧化

湿式氧化(WAO)技术是从 20 世纪 50 年代发展起来的一种适用于处理高浓度、有毒、有害、生物难降解废水的高级氧化技术。它是在高温高压条件下以空气中的氧气或其他氧化剂(如臭氧、过氧化氢等)为氧化剂，在液相中将有机污染物氧化为小分子有机物、二氧化碳和其他最终产物(碳氧化成 $CO_2$，氮转化为 $NH_3$ 和 $NO_3^-$，卤素和硫转化为无机形式)的化学过程[26]。WAO 技术所需反应温度在 150℃和水的临界温度 374℃之间，反应压力为 0.5～20 MPa。氧气在水中的溶解度在高温高压下显著提高，为氧化提供了强大的驱动力。

湿式氧化反应比较复杂，主要包括传质和化学反应过程。目前，研究普遍认为湿式氧化反应属于自由基链式反应，经历诱导期、增殖期、退化期和结束期四个阶段[27,28]。在诱导期和增殖期，分子态氧参与各种自由基的形成，产生了$^{\bullet}OH$、$HO_2^{\bullet}$、碳中心自由基等自由基，从而氧化有机物，引发一系列链式反应，最后生成小分子有机物、二氧化碳和水。

目前，湿式氧化技术的应用主要有两方面：①高浓度难降解有机废水生化处理的预处理工艺，以提高废水的可生化性；②有毒、有害工业废水的处理[29,30]。然而，湿式氧化技术在实际应用方面还存在一定的局限性，如设备费用昂贵、投资成本高、不适用低浓度大流量的废水、对某些难降解有机物的去除效果较差或产生毒性更强的中间产物。随后，在 20 世纪 70 时代，催化剂的引入显著降低了所需的温度和压力，也就形成了一个研究方向，即催化湿式氧化(CWAO)技术。该技术在湿式氧化技术的基础上添加了催化剂，可以将温度降至 100～180℃，压力降至 0.5～3.5 MPa，但处理效果受催化剂的活性影响较大。

湿式氧化技术开创者为瑞典的 Strehlenert，他于 1911 年 9 月在瑞典获得了湿式氧化的第一个授权专利。在 1958 年，Zimmermann 首次将湿式氧化技术应用于造纸黑液废水的处理，开创了湿式氧化工艺工业应用的先河。美国 Zimpro 公司后来将这项技术推广，并率先取得相关技术专利。到目前为止，世界上已有 400 多套装置用于处理工业、制药及城市废水。我国在该领域起步较晚，从 20 世纪 90 年代才开始研究该技术。2015 年，中国科学院大连化学物理研究所建成了 3 万吨/年处理糖精生产废水的催化湿式氧化装置，对我国催化湿式氧化技术的研发具有重大意义。

催化湿式氧化技术具有适用范围广、工艺简单、停留时间短、易于操作、二次污染小和占地面积少等优势。废水通过高压泵进入系统，使用压缩机将空气(或 $O_2$)送到反应器中，可能需要预热以提高废水的温度。调节进料温度，使反应放热将混合物温度升高到工作温度。处理后的污水可用于预热新鲜废水。液体和不凝性气体在分离器中分离。废气可以在涡轮机中膨胀以回收能量，然后使用碳吸收床或后燃器处理，以降低有机物的浓度。

### 1.3.2 基于硫酸根自由基的高级氧化技术

虽然典型的高级氧化技术都是基于$^{\bullet}OH$ 对有机物的氧化，但近二十年内，基于 $SO_4^{\bullet-}$的高级氧化技术作为传统芬顿反应的创新替代技术而备受关注。自从 Anipsitakis 和 Dionysiou 在该领域发表开创性论文以来[31]，基于 $SO_4^{\bullet-}$的高级氧化技术在环境修复中广泛被探究，探讨了 $SO_4^{\bullet-}$各种生成方法的使用以及处理降解各种不同有机污染物的有效性。

基于 $SO_4^{\bullet-}$的高级氧化技术具有一些明显优势，突出其潜在应用前景。首先，$SO_4^{\bullet-}$具有较高的氧化还原电位，在 2.5～3.1 V 之间，使其能够有效地氧化各种有机物。值得注意的是，$SO_4^{\bullet-}$的活性与 pH 无关，而$^{\bullet}OH$ 去除有机物的效率随 pH 的增加而降低(例如，芬顿反应的最佳 pH 约为 3)；在中性 pH 条件下，$SO_4^{\bullet-}$的活性明显高于$^{\bullet}OH$[31]。这是基于 $SO_4^{\bullet-}$的高级氧化技术的一个重要优势，因为可以避免使用额外的化学药剂来调整废水的 pH。特别是在高流速或大量缓存废水的情况下，这种药剂用量可能是问题。由于水中 $SO_4^{\bullet-}$的寿命更长(30～40 μs)和非常快的反应速率，其与有机污染物反应的活性可能高于$^{\bullet}OH$。大量研究已证实，对于一些污染物，$SO_4^{\bullet-}$诱导的降解导致比$^{\bullet}OH$ 更高的矿化速率。这里起作用的另一个因素是 $SO_4^{\bullet-}$的自我猝灭效应不太显著，允许在水中产生更高的自由基浓度，从而改善高负荷废水的反应动力学。此外，用于产生 $SO_4^{\bullet-}$的氧化剂前体(如过硫酸盐、亚硫酸盐等)都是固体，不同于液相的 $H_2O_2$，便于安全运输和管理。最后，$SO_4^{\bullet-}$比$^{\bullet}OH$ 具有更高的选择性，因此 $SO_4^{\bullet-}$可攻击负责污染物分子生态毒性特征的特定官能团[32]，并且对背景组分(如 pH、无机阴离子、溶解性有机物等)的抗干扰能力更强。

通过能量和电子转移方式，活化过硫酸盐使其过氧键(—O—O—)断裂是 $SO_4^{\bullet-}$产生的主要路径。过硫酸盐分为过一硫酸盐(PMS，$HSO_5^-$)和过二硫酸盐(PDS，$S_2O_8^{2-}$)。PDS 以 $Na_2S_2O_8$ 或 $K_2S_2O_8$ 等形式存在，而 PMS 仅以过一硫酸氢钾复合盐($2KHSO_5\cdot KHSO_4\cdot K_2SO_4$)的形式稳定存在，以 Oxone 和 CAROAT 品牌进行商业化。活化过硫酸盐产生 $SO_4^{\bullet-}$的方法包括能量输入(如光、热、超声)、碱、添加催化剂(包括金属或碳基催化剂)等。然而，考虑到过硫酸盐的成本相对较高，而且处理系统中残留的过硫酸盐由于持久稳定性而造成急性毒性等难题，因此，亟需寻找更环保、成本更低的 $SO_4^{\bullet-}$前体。

近年来，人们发现亚硫酸盐($SO_3^{2-}$)氧化过程中同样产生 $SO_4^{\bullet-}$，且来源更广泛、价格更低，反应后通过简单的曝气可以将其氧化为无毒的硫酸盐，避免二次污染[33]。除了商业采购，考虑到二氧化硫是主要的空气污染物之一以及亚硫酸盐是一种常见的工业副产物，将亚硫酸盐作为过硫酸盐前体的替代品利用有望实现“以废治废”的双赢目的。总体来说，针对过硫酸盐活化产生 $SO_4^{\bullet-}$的方法大部分都适用于亚硫酸盐活化并产生 $SO_4^{\bullet-}$。特别值得注意的是，不同于紫外/过硫酸盐体系产生 $SO_4^{\bullet-}$的策略，亚硫酸盐在紫外照射下产生还原性物种(如 $SO_3^{\bullet-}$、$^{\bullet}H$、$e_{aq}^-$)，因此紫外与亚硫酸盐的耦合技术发展为“高级还原技术”[34]。

### 1.3.3 基于单线态氧的高级氧化技术

单线态氧($^1O_2$)作为常见的非自由基活性物种，可以在很多高级氧化体系中产生，如催化臭氧化、光催化和过硫酸盐活化。$^1O_2$ 是激发态分子氧，它是基态氧(三线态氧分子，$^3\Sigma_g^-$)的激发态。相比 $SO_4^{\bullet-}$ 和 $^{\bullet}OH$，$^1O_2$ 的氧化还原电位较低(0.81 V)，其与有机污染物反应的二级速率常数通常在 $10^3$～$10^9$ L/(mol·s)，低于前两者对应的二级速率常数[$k(^{\bullet}OH) = 10^8$～$10^{10}$ L/(mol·s)；$k(SO_4^{\bullet-}) = 10^6$～$10^{10}$ L/(mol·s)][35]。尽管 $^1O_2$ 具有温和的氧化还原电位，但是在水中具有长寿命(约 2～4 μs)和高浓度(如 $10^{-14}$～$10^{-11}$ mol/L)[36]，允许其与有机污染物进行充分有效的反应，因而在高级氧化领域去除污染物方面发挥着重要作用。与 $SO_4^{\bullet-}$ 和 $^{\bullet}OH$ 不同，$^1O_2$ 是一种非自由基活性物种，可以通过非自由基方式攻击有机污染物。

通常，污染物与 $^1O_2$ 的反应路径主要有三种：①杂原子(如 S 和 N)加成；②亲电加成；③电子转移[37]。虽然 $^1O_2$ 在这三种路径中都可以降解污染物，但不同类型的污染物的降解过程存在差异。如二级反应速率常数不同，特别是当 $^1O_2$ 与芳香胺、呋喃、吡咯和酚酸盐污染物反应时，二级反应速率常数较高，而硫化物和硫脲类化合物很难被 $^1O_2$ 消除。

由于低能量的空 π 反键轨道，$^1O_2$ 具有获得一对电子的高能力，因此 $^1O_2$ 可以作为亲电试剂来攻击富电子有机物，即 $^1O_2$ 对富电子有机物降解具有高选择性。此外，$^1O_2$ 具有抗环境背景基质干扰的能力，在盐分和其他有机物共存的情况下，也能保持对微污染物(如药物和内分泌干扰物)的高效降解。因此，$^1O_2$ 主导的非自由基高级氧化技术在实际废水处理中具有巨大潜力。

### 1.3.4 基于过氧乙酸的高级氧化技术

不同于前面所涉及的高级氧化技术均使用无机氧化剂前体，过氧乙酸(PAA)作为一类新型的氧化剂，是一种广泛应用于各领域(如漂白、消毒、灭菌、氧化和催化聚合等)的高效有机过氧酸。其中，PAA作为一种高效、绿色、经济的消毒剂，在新冠疫情中被生态环境部列入常用消毒剂名单中[38]。PAA消毒产物主要是水和羧酸，不产生有毒副产物，处理后的废水也无需脱氯处理，只需对原有消毒设施进行简单改造便可使用。基于此，PAA已成为水处理中氯消毒剂的有前途替代品。然而，由于PAA具有高选择性和相对低的氧化还原电位(1.76 V)，只能直接氧化部分有机污染物，且矿化能力有限[39]。PAA除了具有直接消毒和氧化作用外，还具有与$H_2O_2$、PMS和PDS相同结构的O—O键，但比前两者的键能(159 kJ/mol)更低，因此理论上更容易被活化产生活性自由基。近年来，基于PAA的高级氧化技术逐渐受到关注。PAA可在紫外、热、超声、添加催化剂(包括金属和碳基催化剂)等活化方法刺激下产生活性物种，包括$^{\bullet}OH$和有机自由基，如过氧乙酰自由基[$CH_3C(O)OO^{\bullet}$]、乙酰氧基自由基[$CH_3C(O)O^{\bullet}$]、过氧甲基自由基($CH_3OO^•$)和甲基自由基($^•CH_3$)[40,41]。这些有机自由基具有更长的半衰期，并且比PAA更具选择性，使PAA可以迅速分解有机污染物。

## 参考文献

[1] Fenton H J H. LXXIII. —Oxidation of tartaric acid in presence of iron. Journal of the Chemical Society, Transactions, 1894, 65: 899-910.

[2] Haber F, Weiss J. The catalytic decomposition of hydrogen peroxide by iron salts. Proceedings of the Royal Society of London, 1934, 147: 332-351.

[3] Prengle H W. Experimental rate constants and reactor considerations for the destruction of micropollutants and trihalomethane precursors by ozone with ultraviolet radiation. Environmental Science & Technology, 1983, 17(12): 743-747.

[4] Garey J H. Photodechlorination of PCB in the presence of titanium dioxide in aqueous. Bulletin of Environmental Contamination and Toxicology, 1976, 16(6): 679-701.

[5] Hoigné J, Bader H. The role of hydroxyl radical reactions in ozonation processes in aqueous solutions. Water Research, 1976, 10: 377-386.

[6] Glaze W H, Kang J W, Chapin D H. The chemistry of water treatment processes involving ozone, hydrogen peroxide and ultraviolet radiation. Ozone: Science & Engineering, 1987, 9: 335-352.

[7] 徐涛. 均相高级氧化技术处理水中邻二氯苯的研究. 广州: 中国科学院广州地球化学研究所, 2004.

[8] Schwarzenbach R P, Gschwend P M, Imboden D M. Environmental Organic Chemistry. 2nd. New York: John Wiley & Sons, Inc., 2003.

[9] Ge L, Halsall C, Chen C E, Zhang P, Dong Q, Yao Z. Exploring the aquatic photodegradation of two ionisable fluoroquinolone antibiotics—Gatifloxacin and Balofloxacin: Degradation kinetics, photobyproducts and risk to the aquatic environment. Science of the Total Environment, 2018, 633: 1192-1197.

[10] Burns J M, Cooper W J, Ferry J L, King D W, Di Mento B P, McNeill K, Miller C J, Miller W L, Peake B M, Rusak S A, Rose A L, Waite T D. Methods for reactive oxygen species (ROS) detection in aqueous environments. Aquatic Sciences, 2012, 74: 683-734.

[11] Tong M, Yuan S, Ma S, Jin M, Liu D, Cheng D, Liu X, Gan Y, Wang Y. Production of abundant hydroxyl radicals from oxygenation of subsurface sediments. Technology Science & Technology, 2015, 50: 4890-4891.

[12] Gligorovski S, Strekowski R, Barbati S, Vione D. Environmental implications of hydroxyl radicals ($^•OH$). Chemical Reviews, 2015, 115: 13051-13092.

[13] Deng Y, Zhao R. Advanced oxidation processes (AOPs) in wastewater treatment. Current Pollution Reports, 2015, 1: 167-176.

[14] Ziembowicz S, Kida M. Limitations and future directions of application of the Fenton-like process in micropollutants degradation in water and wastewater treatment: A critical review. Chemosphere, 2022, 296: 134041.

[15] Von Gunten U. Ozonation of drinking water: Part Ⅰ. Oxidation kinetics and product formation. Water Research, 2003, 37: 1443-1467.

[16] Li L, Fu R, Zou J, Wang S, Ding J, Han J, Zhao M. Research progress of iron-based catalysts in ozonation wastewater treatment. ACS ES&T Water, 2023, 3: 908-922.

[17] Rajeshwar K, Ibanez J G, Swain G M. Electrochemistry and the environment. Journal of Applied Electrochemistry, 1994, 24: 1077-1091.

[18] Kuhn A T. Electrolytic decomposition of cyanides, phenols and thiocyanates in effluent streams: A literature review. Journal of Applied Chemistry and Biotechnology, 1971, 21: 29-34.

[19] Nilsson A, Ronlán A, Parker V D. Anodic oxidation of phenolic compounds. PartⅢ. Anodic hydroxylation of phenols. A simple general synthesis of 4-alkyl-4-hydroxycyclo-hexa-2, 5-dienones from 4-alkylphenols. Journal of the Chemical Society, Perkin Transactions 1, 1973, 2337-2345.

[20] Moreira F C, Boaventura R A R, Brillas E, Vilar V J P. Electrochemical advanced oxidation processes: A review on their application to synthetic and real wastewaters. Applied Catalysis B: Environmental, 2017, 202: 217-261.

[21] Panizza M, Cerisola G. Direct and mediated anodic oxidation of organic pollutants. Chemical Reviews, 2009, 109: 6541-6569.

[22] Brillas E, Sirés I, Oturan M A. Electro-Fenton process and related electrochemical technologies based on Fenton's reaction chemistry. Chemical Reviews, 2009, 109: 6570-6631.

[23] Brillas E, Calpe J, Casado J. Mineralization of 2,4-D by advanced electrochemical oxidation processes. Water Research, 2000, 34: 2253-2262.

[24] Oturan M A. An ecologically effective water treatment technique using electrochemically generated hydroxyl radicals for *in situ* destruction of organic pollutants: Application to herbicide 2, 4-D. Journal of Applied Electrochemistry, 2000, 30: 475-482.

[25] Boye B, Dieng M M, Brillas E. Anodic oxidation, electro-Fenton and photoelectro-Fenton treatments of 2, 4, 5-trichlorophenoxyacetic acid. Journal of Electroanalytical Chemistry, 2003, 557: 135-146.

[26] Hamoudi S, Larachi F A, Sayari A. Wet oxidation of phenolic solutions over heterogeneous catalysts: Degradation profile and catalyst behavior. Journal of Catalysis, 1998, 177: 247-258.

[27] Thomsen A B. Degradation of quinoline by wet oxidation: Kinetic aspects and reaction mechanisms. Water Research, 1998, 32: 136-146.

[28] Li L, Chen P, Gloyna E F. Generalized kinetic model for wet oxidation of organic compounds. AIChE Journal, 1991, 37: 1687-1697.

[29] 公彦猛, 姜伟立, 李爱民, 范亚民, 常闻婕. 高浓度有机废水湿式氧化处理的研究现状. 工业水处理, 2017, 37: 20-49.

[30] Fu J, Kyzas G Z. Wet air oxidation for the decolorization of dye wastewater: An overview of the last two decades. Chinese Journal of Catalysis, 2014, 35: 1-7.

[31] Anipsitakis G P, Dionysiou D D. Degradation of organic contaminants in water with sulfate radicals generated by the conjunction of peroxymonosulfate with cobalt. Environmental Science & Technology, 2003, 37: 4790-4797.

[32] Lutze H V, Bircher S, Rapp I, Kerlin N, Bakkour R, Geisler M, Sonntag C V, Schmidt T C. Degradation of chlorotriazine pesticides by sulfate radicals and the influence of organic matter. Environmental Science & Technology, 2015, 49: 1673-1680.
[33] Wu S, Shen L, Lin Y, Yin K, Yang C. Sulfite-based advanced oxidation and reduction processes for water treatment. Chemical Engineering Journal, 2021, 414: 128872.
[34] Vellanki B P, Batchelor B. Perchlorate reduction by the sulfite/ultraviolet light advanced reduction process. Journal of Hazardous Materials, 2013, 262: 348-356.
[35] Yang Z, Qian J, Shan C, Li H, Yin Y, Pan B. Toward selective oxidation of contaminants in aqueous systems. Environmental Science & Technology, 2021, 55: 14494-14514.
[36] Xie Z H, He C S, Pei D N, Dong Y, Yang S R, Xiong Z, Zhou P, Pan Z C, Yao G, Lai B. Review of characteristics, generation pathways and detection methods of singlet oxygen generated in advanced oxidation processes (AOPs). Chemical Engineering Journal, 2023, 468: 143778.
[37] Barrios B, Mohrhardt B, Doskey P V, Minakata D. Mechanistic insight into the reactivities of aqueous-phase singlet oxygen with organic compounds. Environmental Science & Technology, 2021, 55: 8054-8067.
[38] 朱昱敏, 张亚雷, 周雪飞, 陈家斌. 过氧乙酸在污水消毒中对病毒灭活的研究进展. 中国给水排水, 2020, 36: 45-50.
[39] Du P, Liu W, Cao H, Zhao H, Huang C H. Oxidation of amino acids by peracetic acid: Reaction kinetics, pathways and theoretical calculations. Water Research X, 2018, 1: 100002.
[40] Gasim M F, Bao Y, Elgarahy A M, Osman A I, Al-Muhtaseb A, Rooney D W, Yap P S, Oh W D. Peracetic acid activation using heterogeneous catalysts for environmental decontamination: A review. Catalysis Communications, 2023, 180: 106702.
[41] Ao X, Eloranta J, Huang C H, Santoro D, Sun W J, Lu Z, Li C. Peracetic acid-based advanced oxidation processes for decontamination and disinfection of water: A review. Water Research, 2021, 188: 116479.

# 第2章 羟基自由基的性质、产生和检测

## 2.1 引　　言

近几十年来，由于工业活动和人口增长的加剧，大量有机化合物排放对整个生态系统构成了很大的环境风险。虽然生物转化、物化分离和化学氧化等传统废水处理技术能够将大部分有机物去除以满足当地排放要求，但对一些生物难降解有机污染物仍然难以去除，因此需要开发更加高效的方法。高级氧化技术(advanced oxidation process，AOPs)在废水处理中受到越来越多的关注，已成功用于降解难降解有机污染物，或用作预处理，将污染物转化为短链化合物，然后通过常规或生物方法进行处理[1]。AOPs 的处理效果取决于活性氧物种(reactive oxygen species，ROS)的产生，其中最重要的是羟基自由基($^{\bullet}OH$)。ROS 是能够独立存在并具有一个或多个未配对电子的原子或分子，如超氧自由基($O_2^{\bullet-}$)、过氧化氢自由基($HO_2^{\bullet}$)、$^{\bullet}OH$ 和烷氧基自由基($RO^{\bullet}$)[2,3]。在这些 ROS 中，$^{\bullet}OH$ 被公认为在环境治理的 AOPs 中起核心作用。相比于正常氢电极，$^{\bullet}OH$ 在酸性介质中的标准电位为 2.7 V，在碱性介质中的标准电位为 1.90 V。$^{\bullet}OH$ 具有高活性和非选择性，可以将大量有毒有害化合物氧化为 $CO_2$ 和无机离子[4]。大量实验结果表明，AOPs 对有机物的降解主要涉及$^{\bullet}OH$ 氧化机理。

$^{\bullet}OH$ 作为主要的 ROS，其特征是通过亲电加成、脱氢和电子转移三种机制降解有机污染物[5,6]。这些机制与污染物的活性和$^{\bullet}OH$ 的浓度密切相关，因此，明确$^{\bullet}OH$ 的生成路径、检测和量化方法是揭示污染物降解机理、促进 AOPs 产业化发展的重要前提。然而，由于$^{\bullet}OH$ 在水中的寿命极短($10^{-9}$～$10^{-3}$ s)，因此很难直接检测[5,6]。电子顺磁共振(EPR)光谱法、选择性猝灭法、探针法等间接鉴定和定量技术已被开发并应用于 AOPs 的氧化过程中。然而，关于这些方法的特异性、有效性和准确性仍然存在一些争议和误解。例如，电解体系中，可能存在 Forrester-Hepburn 亲核机制或反向自旋陷阱，导致体系中除$^{\bullet}OH$ 外的活性自由基被捕获[7]。在过硫酸盐体系中，自旋加合物可能会被$^{\bullet}OH$ 破坏，并进一步转化为捕获产物$^{\bullet}OH$。这些现象令人质疑 EPR 技术的有效性和精准性。此外，对于猝灭法，高浓度捕获剂的加入可能会中断不同 ROS 之间的连锁反应，导致对各种

ROS 贡献及其降解机制的误判[8]。例如，最近越来越多的研究表明，基于猝灭结果，$^1O_2$ 是催化臭氧化降解有机污染物的主要 ROS[7,9]。然而，从反应动力学原理的角度来看，这些结论可能是不正确的。因此，猝灭法的应用可能会导致有机污染物氧化机理的研究存在许多不确定性和矛盾。此外，在探测方法上，仍然存在一些不可避免的杂化效应。在 $O_3$/芬顿体系中，添加的微量探针可能与 $Fe^{3+}$发生反应并进一步氧化，导致结果错误[9]。这些检测方法存在的争议和误解导致 AOPs 去除有机污染物机理存在诸多不确定性和矛盾，拉大了学术研究与工业应用之间的差距，给污染物减量工作带来了困难。因此，有必要对现有的争议和讨论进行总结，以更好地促进基于$^\bullet$OH 的 AOPs 的发展。

本章主要综述了 AOPs 中$^\bullet$OH 的性质、生成、检测和定量过程。具体而言，基于 AOPs 系统中有机物去除的大量研究成果，首先对 AOPs 中$^\bullet$OH 生成路径进行了综述和总结，以便对氧化过程进行科学分析。然后分析了各种检测和定量方法的特点与存在的争议。在此基础上，提出了改进基于 $O_3$ 的 AOPs 实验探索和数据解释的几种方法。在当前回顾的基础上，展望了未来 AOPs 机理研究的前景和挑战，为缩小 AOPs 实验室规模研究与实际工业应用之间日益扩大的差距提供了参考。

## 2.2　羟基自由基的主要反应特征

环境中的自由基具有活跃的化学特性，通过获得或失去电子很容易发生氧化还原反应，因此广泛参与各种生物化学反应。与其他自由基一样，$^\bullet$OH 也具有化学活性高、浓度低、寿命短、价电子不成对（即外轨道电子为奇数）的特点[6]。作为 AOPs 中的主要活性物种之一，人们对$^\bullet$OH 的强氧化特性越来越感兴趣。与其他活性物种[如超氧自由基（$O_2^{\bullet-}$）的氧化还原电位为 1.7 V，单线态氧的氧化还原电位为 2.2 V]相比，$^\bullet$OH 的高活性和非选择性氧化可归因于其更高的氧化还原电位[$E^0$($^\bullet$OH/$H_2O$)= 2.7 V][10]。表 2.1 中列出了 AOPs 中主要活性物种的氧化还原电位。$^\bullet$OH 的寿命为 $10^{-9}$～$10^{-3}$ s，并且在自然环境中的稳态浓度极低，通常为 $10^{-17}$～$10^{-15}$ mol/L，但具有高氧化还原电位的$^\bullet$OH 可以在短时间内充分氧化大多数有机污染物，而且没有选择性。$^\bullet$OH 与一个不成对电子的化学组成使其能够通过三种路径与其他分子反应，即亲电加成、脱氢和单电子转移[11]。具体而言，$^\bullet$OH 氧化有机污染物的机制可分为从酚类和脂肪族化合物中提取氢、芳环和双键的加成、单电子转移，这取决于有机化合物的性质。本节回顾并讨论了$^\bullet$OH 的主要特征和氧化机理，以更好地理解和分析 AOPs 系统的机理。

表 2.1 AOPs 中主要活性物种的氧化还原电位

| 活性物种 | 氧化还原电位($E^0$, V *vs*. NHE) | 参考文献 |
|---|---|---|
| $O_{3g}/O_3^{\bullet-}$ | 1.03 | [12] |
| $O_{2g}/O_2^{\bullet-}$ | −0.35 ± 0.02 | [12] |
| $H_2O_2/{}^{\bullet}OH$ | 0.39 | [12] |
| $O_{2aq}/O_2^{\bullet-}$ | −0.18 ± 0.02 | [12] |
| ${}^{\bullet}OH/H_2O$ | 2.7 | [13] |
| $O_2^{\bullet-}/H_2O_2$ | 1.7 | [14] |
| ${}^1O_2/O_2^{\bullet-}$ | 2.2 | [15] |
| $HO_2^-/H_2O_2$ | 1.44 | [15] |

### 2.2.1 亲电加成

亲电加成反应是指亲电试剂(带正电的基团)进攻不饱和键(芳环和双键)引起的加成反应，通过自由基链式反应产生有机自由基。也就是说，加成过程包括两个步骤，即自由基攻击双键形成碳正离子，以及与碳正离子中间体结合形成加成产物。如上所述，${}^{\bullet}OH$ 的亲电加成反应会使其加成到富电子的不饱和烯烃和芳香族化合物中。不饱和有机体系与${}^{\bullet}OH$ 反应后，形成的碳正离子中间体可能进一步经历以下路径：①与 $O_2$ 反应形成 $HO_2^{\bullet}$和不饱和羟基衍生物(取代产物)；②与加成的氧反应最终形成饱和二羟基化合物(加成产物)；③饱和的单羟基化分子通过还原过程产生另一种加成产物[11,16]。

${}^{\bullet}OH$ 主要通过双键加成反应来氧化烯烃，这在加成羟基的相邻碳原子上产生了一个新的反应位点。因此，${}^{\bullet}OH$ 可以进一步攻击生成的有机自由基。类似地，加成-消除反应也是${}^{\bullet}OH$ 氧化芳环的主要和常见过程。通常，羟基化发生在位阻较小的位置，烯烃通常发生 $\beta$ 加成，芳烃通常发生在对位。${}^{\bullet}OH$ 对不饱和化合物的活性与取代基的供电子效应呈正相关[17]。因此，在羟基化过程中需要综合考虑有机化合物的电子密度和空间位阻。这也是 AOPs 系统中富电子的有机化合物具有更高的活性、更容易降解和矿化的原因。

### 2.2.2 脱氢反应

脱氢反应是大多数氧化和催化反应的另一个重要步骤，经常引起激烈的争论。在不同的活性自由基中，${}^{\bullet}OH$ 具有高氧化性，并且容易从其他分子中提取氢原子以产生 $H_2O$ 分子。当${}^{\bullet}OH$ 与无机物或饱和脂肪族化合物反应时，易倾向于提取氢原子。脱氢反应包括破坏有机化合物中的 C—H 键，然后${}^{\bullet}OH$ 捕获提取的氢原子以促进降解[18,19]。首先我们讨论了${}^{\bullet}OH$ 与无机离子的脱氢反应。以

$HSO_4^-$(在 pH < 2 时主要为硫酸盐形式)和 $HCO_3^-$(在 pH ≈ 8.3 时主要为碳酸盐形式)为例，在相应的实验条件下，$^{\bullet}OH$ 可以分别从 $HSO_4^-$和 $HCO_3^-$中提取一个质子，生成 $SO_4^{\bullet-}$和 $CO_3^{\bullet-}$[20]。然而，$^{\bullet}OH$ 不会通过电子提取与硫酸根离子反应，但从碳酸盐中提取电子的速率几乎是其质子提取速率的 20 倍[20]。脱氢反应是$^{\bullet}OH$ 降解有机物的最有利路径。当$^{\bullet}OH$ 与饱和脂肪族化合物反应时，从化合物中提取氢原子的过程如下：

$$RH + {}^{\bullet}OH \longrightarrow R^{\bullet} + H_2O \tag{2.1}$$

其中，R 表示饱和脂肪族化合物，如醇、羧酸(羧酸盐)、醚和烷烃。通常，$^{\bullet}OH$ 主要提取连接在官能团上的饱和碳链上的 H 原子，而不是官能团上的 H 原子。此外，H 原子与具有醇官能团的 C 原子的结合是最具活性的，并且烃链上 H 原子的活性随着 H 原子与醇羟基的距离增大而降低，而醇羟基上 H 原子的活性最低[21]。例如，研究表明，在$^{\bullet}OH$ 对乙醇($CH_3^{\alpha}$—$CH_2^{\beta}OH^{\gamma}$)质子提取过程中，84.3%的提取发生在 $\beta$ 氢上，13.2%发生在 $\alpha$ 氢上，仅 2.5%发生在 $\gamma$ 氢上[22]。同样，$^{\bullet}OH$ 倾向于从羧酸(羧酸盐)和醚中的甲基或乙基提取 H。脂肪族化合物中含杂原子基团(如 C、N 和 S)的引入导致不同官能团之间对 H 提取的竞争。通常，HS 基团首先反应，然后是与 C 结合的 H 原子，最后是与 N 结合的 H 原子[23]。$^{\bullet}OH$ 的脱氢反应允许各种 ROS 通过链式反应相互作用和相互影响。因此，在 AOPs 系统中产生更多的活性自由基使机理解释更加复杂。

在$^{\bullet}OH$ 引发的新污染物氧化反应中，与单电子转移相比，$^{\bullet}OH$ 加成和脱氢反应的机理通常受到更多关注。有学者使用密度泛函理论(DFT)和过渡态理论研究了在大气条件下$^{\bullet}OH$ 通过加成和脱氢反应引发的噁唑氧化。结果表明，$^{\bullet}OH$ 的亲电加成反应比$^{\bullet}OH$ 对 H 原子的攻击快几个数量级。同样，也有学者通过 DFT 计算讨论了$^{\bullet}OH$ 在水溶液中引发多菌灵降解的机理。结果证明，$^{\bullet}OH$ 引导的亲电加成和脱氢反应在动力学上更容易，具有显著的热力学驱动力，表明了相关降解路径的可行性。在新污染物的氧化降解过程中，亲电加成和脱氢反应几乎都有助于新污染物的减量化。识别这两种反应的难度和顺序是全面理解新污染物降解机制的基础。然而，目前报道的新污染物的降解机制主要基于对主要降解产物的推测，并且所提出的降解路径中的一些中间体很难检测。量子化学方法弥补了实验方法的局限性，并已成功应用于研究新污染物在环境中的反应机理。因此，在$^{\bullet}OH$ 诱导的降解路径中，可以结合理论计算来确定$^{\bullet}OH$ 的加成或脱氢路径，从而更准确地识别中间产物并彻底了解降解过程。

### 2.2.3　单电子转移

单电子转移反应基本上是某些无机离子与$^{\bullet}OH$ 反应的唯一可能方式。水中普遍存在的无机盐，如氯化物、溴化物、硝酸盐、硫酸盐、碳酸盐和磷酸盐，通过与$^{\bullet}OH$反应，显著影响有机污染物的降解。如式(2.2)～式(2.11)所示，$^{\bullet}OH$通过单电子转移与这些可氧化的无机阴离子反应，相应产生活性更低的阴离子自由基。

$$^{\bullet}OH + Cl^- \longrightarrow HOCl^{\bullet-} \xrightarrow{H^+} Cl^{\bullet} + H_2O \tag{2.2}$$

$$^{\bullet}OH + Br^- \longrightarrow HOBr^{\bullet-} \xrightarrow{H^+} Br^{\bullet} + H_2O \tag{2.3}$$

$$^{\bullet}OH + NO_2^- \longrightarrow NO_2^{\bullet} + OH^- \tag{2.4}$$

$$^{\bullet}OH + NO_3^- \longrightarrow NO_3^{\bullet} + OH^- \tag{2.5}$$

$$^{\bullet}OH + SO_3^{2-} \longrightarrow SO_3^{\bullet-} + OH^- \tag{2.6}$$

$$^{\bullet}OH + CO_3^{2-} \longrightarrow CO_3^{\bullet-} + OH^- \quad k = 4.2 \times 10^8\ L/(mol \cdot s) \tag{2.7}$$

$$^{\bullet}OH + HCO_3^- \longrightarrow CO_3^{\bullet-} + H_2O \quad k = 1.5 \times 10^7\ L/(mol \cdot s) \tag{2.8}$$

$$^{\bullet}OH + PO_4^{3-} \longrightarrow PO_4^{\bullet 2-} + OH^- \tag{2.9}$$

$$^{\bullet}OH + HPO_4^{2-} \longrightarrow HPO_4^{\bullet-} + OH^- \quad k < 10^5\ L/(mol \cdot s) \tag{2.10}$$

$$^{\bullet}OH + H_2PO_4^- \longrightarrow HPO_4^{\bullet-} + H_2O \quad k < 10^7\ L/(mol \cdot s) \tag{2.11}$$

研究表明，水中这些无机阴离子可以通过获取电子形成的自由基抑制或促进AOPs对污染物的降解。例如，对于富电子有机污染物，$Cl^{\bullet}$的反应速率高于$^{\bullet}OH$。在这种情况下，可以观察到有机污染物降解的促进作用。然而，在高$Cl^-$浓度或酸性条件下，有机污染物的降解受到抑制。$Br^-$与$^{\bullet}OH$的反应速率高于$Cl^-$与$^{\bullet}OH$的反应速率，这表明在某些情况下，$Br^-$比$Cl^-$具有更明显的抑制作用。此外，尽管$CO_3^{\bullet-}$氧化还原电位低于$^{\bullet}OH$，但其具有高选择性和较长的溶液存活寿命，因此在降解有机污染物方面表现出更好的去除性能[24]。然而，$HCO_3^-$的存在抑制了$^{\bullet}OH$诱导的有机污染物降解，因为其与$^{\bullet}OH$反应形成$HCO_3^{\bullet}$，导致氧化有机污染物的速率低于$^{\bullet}OH$[24]。有趣的是，先前的研究表明，高浓度的$NO_3^-$提高了有机污染物的降解效率，但不影响其降解速率[25]。出现这种有趣现象的原因还有待进一步探讨。与$^{\bullet}OH$相比，$SO_4^{\bullet-}$具有更高的氧化还原电位(2.5～3.1 V)。然而，对于一些有机污染物，$^{\bullet}OH$的反应速率更高，因此$SO_4^{2-}$可能会略微抑制降解。

通常，$^{\bullet}OH$很难与有机化合物发生单电子氧化过程。但在某些特定情况下，有机污染物也能通过$^{\bullet}OH$的电子转移来降解。例如，当多卤素取代或空间位阻可能抑制芳环上的脱氢或亲电加成反应时，$^{\bullet}OH$可以通过电子转移还原为$OH^-$。或者，对于含硫脂肪族碳氢化合物(如二硫化物和硫离子)、有机阳离子(如丙嗪、异丙嗪和亚甲基蓝)和草酸(草酸盐)，$^{\bullet}OH$ 也能发生电子转移[26,27]。$^{\bullet}OH$ 与上述有机底物的电子转移反应如式(2.12)所示。

$$RH + {}^{\bullet}OH \longrightarrow RH^{\bullet+} + OH^- \tag{2.12}$$

$^{\bullet}OH$ 可能会诱导 $R^{\bullet}$的进一步氧化，但溶解态的 $O_3$ 和 $O_2$ 等其他物质更有可能促进其氧化。事实上，由于相对较低的活化能垒和比稳态[$^{\bullet}OH$]更高的浓度，$R^{\bullet}$自由基以相当高的反应速率常数与 $O_2$ 反应。因此，$^{\bullet}OH$ 不能成为 $O_3$ 和 $O_2$ 的竞争反应物，生成的 $RH^{\bullet+}$随后被溶解氧氧化。单电子转移反应是$^{\bullet}OH$ 三种氧化路径中最简单、最快的一种反应，但人们对电子转移路径的性质和机理知之甚少。一方面，电子转移的反应产物，一种自由基阳离子，寿命极短，这限制了电子转移路径的实验鉴定和阐明。另一方面，由于常见中间体产生的信号可能重叠，区分不同反应路径之间的瞬态中间体在分析中具有挑战性。因此，这些挑战引发理论计算的大规模应用，其揭示了各种目标污染物在$^{\bullet}OH$ 中引发的电子转移反应的热力学可行性和机理。已经有大量关于通过量子化学计算识别和区分电子转移路径中的中间体的研究。在此基础上，结合实验和理论分析，对$^{\bullet}OH$ 引导的电子转移反应有更深入的了解，有助于系统分析水环境组分对新污染物降解的影响，促进 AOPs 的实际工程应用。

## 2.3　羟基自由基的产生

本节详细描述了$^{\bullet}OH$ 在各种 AOPs 中的形成机理，重点介绍了在不同 AOPs，包括芬顿/类芬顿反应、催化臭氧化($O_3/OH^-$、$O_3/H_2O_2$、均相催化臭氧化、非均相催化臭氧化)、过硫酸盐活化、光解[包括真空紫外(VUV)、紫外(UV)/$O_3$、UV/$H_2O_2$、UV/$H_2O_2/O_3$、UV/$NO_x^-$、UV/氯胺、UV/过氧乙酸]、光催化、声解[包括超声波(US)、US/$O_3$、US/$H_2O_2$ 和 US/光催化]，以及电解法(包括阳极氧化和光电催化)中$^{\bullet}OH$ 的形成反应，试图为分析 AOPs 中污染物氧化机理和实施工业应用提供一些理论依据。

### 2.3.1　芬顿氧化

1894 年，法国著名化学家芬顿指出 $Fe^{2+}$和 $H_2O_2$ 的混合物(称为芬顿试剂)可以有效地降解许多在水中难以降解的有机污染物，这是目前被广泛接受的由 $H_2O_2$ 生成$^{\bullet}OH$ 的方法之一[28]。芬顿反应包括一个复杂、仅部分理解的过程，涉

及 $H_2O_2$ 与 $Fe^{2+}$($Fe^{3+}$或 $Cu^{2+}$)在酸性溶液中的反应。具体的芬顿反应过程如下[式(2-13)～式(2-17)]。

$$Fe^{2+} + H_2O_2 \longrightarrow Fe^{3+} + {}^{\bullet}OH + OH^- \quad k = 40\sim80\ L/(mol{\cdot}s) \tag{2.13}$$

$$Fe^{3+} + H_2O_2 \longrightarrow Fe^{2+} + HO_2^{\bullet} + H^+ \quad k = (0.1\sim1.0) \times 10^2\ L/(mol{\cdot}s) \tag{2.14}$$

$$H_2O_2 + {}^{\bullet}OH \longrightarrow HO_2^{\bullet} + H_2O \quad k = (1.2\sim4.5) \times 10^7\ L/(mol{\cdot}s) \tag{2.15}$$

$$Fe^{2+} + {}^{\bullet}OH \longrightarrow Fe^{3+} + OH^- \quad k = 3.2 \times 10^8\ L/(mol{\cdot}s) \tag{2.16}$$

$$Fe^{3+} + HO_2^{\bullet} \longrightarrow Fe^{2+} + O_2 + H^+ \quad k = (0.5\sim1.5) \times 10^8\ L/(mol{\cdot}s) \tag{2.17}$$

以上 5 个反应过程并不详尽，但可以合理预期芬顿反应的发生过程，溶解的有机污染物会通过上述芬顿反应过程中产生的$^{\bullet}OH$ 氧化降解[29-32]。由式(2.13)可知，在芬顿体系氧化污染物的过程中，$Fe^{2+}$作为催化剂在酸性条件（$pH < 3$)下被 $H_2O_2$ 迅速氧化，生成氧化能力强的 $Fe^{3+}$和$^{\bullet}OH$。由式(2.15)可知，生成的$^{\bullet}OH$ 被 $H_2O_2$ 消耗且生成的 $HO_2^{\bullet}$的氧化性比$^{\bullet}OH$ 弱，因此 $H_2O_2$ 的自由基清除作用会降低芬顿系统的氧化能力。但由式(2.14)和式(2.17)可知，$H_2O_2$ 和 $HO_2^{\bullet}$都与形成的 $Fe^{3+}$反应补充 $Fe^{2+}$，$Fe^{2+}$又与$^{\bullet}OH$ 反应产生 $Fe^{3+}$[29-32]。由式(2.13)～式(2.17)可知，芬顿体系中 $Fe^{2+}$和 $Fe^{3+}$的生成是一个连续的循环过程，$Fe^{2+}$与 $H_2O_2$ 再次反应生成$^{\bullet}OH$。式(2.14)和式(2.17)解释了 $Fe^{3+}$(比 $Fe^{2+}$成本更低，性质更稳定)也可以用来引发芬顿反应，但这种方法有一个显著的缺点，即与 $Fe^{2+}/H_2O_2$ 工艺相比，$^{\bullet}OH$ 的产量要少得多。而且，式(2.17)的反应速率比式(2.15)快，因此式(2.15)中 $H_2O_2$ 对$^{\bullet}OH$ 的清除会受到部分抑制或促进(取决于芬顿体系中 $H_2O_2$ 的浓度)。但无论如何，在 $Fe^{2+}$开始被消耗后，芬顿体系的氧化速率会大大降低[29-32]。

当有机污染物(R—H)被芬顿反应氧化时，$^{\bullet}OH$ 从 R—H 中提取一个 H 原子，生成有机自由基($R^{\bullet}$)，$R^{\bullet}$经过一系列转化生成相应的降解产物。在不竞争清除$^{\bullet}OH$ 或 $R^{\bullet}$的情况下，使用过量的 $Fe^{2+}/H_2O_2$ 原则上可以将所有 R—H 完全转化为 $CO_2$ 和 $H_2O$[33]。事实上，虽然一些溶解的 R—H(包括腐殖质)也可以作为$^{\bullet}OH$ 清除剂，但它们仍然可以促进 $Fe^{3+}$再循环为 $Fe^{2+}$，提高污染物的芬顿降解速率。然而，阻碍铁沉淀的严格酸性条件($pH < 3$)和铁沉淀特性严重限制了其实际应用，仍然是传统铁基芬顿反应的瓶颈。为了解决这一技术瓶颈，大量研究工作不断发展，如光芬顿、电芬顿和非铁基芬顿催化剂。

1. 光芬顿法

一些 $Fe^{3+}$配合物具有吸收紫外线甚至太阳光谱中可见光的能力，通过从配体到金属的电荷转移产生 $Fe^{2+}$。同时，$H_2O_2$ 也发生光解反应生成$^{\bullet}OH$。因此，光照下 $Fe^{3+}/H_2O_2$ 体系具有较强的芬顿试剂氧化作用。在光芬顿工艺中，光强度和波长(λ)是影响$^{\bullet}OH$ 产率和氧化能力的重要因素。一般，UVC 灯(190～285 nm，$\lambda_{max}$ = 254 nm)、中压汞蒸气灯(297～578 nm)和 UVA 灯(315～400 nm，$\lambda_{max}$ = 360 nm)是适用于光芬顿反应的光源[34]。直接的太阳光也可以用来引发芬顿反应，用氙灯模拟、用卤素灯目测，或者通过过滤氙灯或中压汞蒸气灯在 $\lambda$<400 nm 处切断光辐射。光芬顿体系中涉及的反应主要用式(2.18)和式(2.19)表示。与传统的芬顿反应一样，$^{\bullet}OH$ 的产率在 pH = 3 时达到最大值。在该 pH 下，$Fe^{3+}$主要以羟基络合物 $Fe(OH)^{2+}$的形式存在，在太阳光谱的 UVB 区吸收最大，只能吸收有限部分的自然光。因此 $Fe(OH)^{2+}$的紫外光解产生$^{\bullet}OH$，量子产率约为 0.2[35]。

$$Fe^{3+} + H_2O \longrightarrow Fe^{2+} + {}^{\bullet}OH + H^+ \quad 或 \quad Fe(OH)^{2+} \xrightarrow{h\nu} Fe^{2+} + {}^{\bullet}OH \tag{2.18}$$

$$H_2O_2 \xrightarrow{h\nu} 2\,{}^{\bullet}OH \tag{2.19}$$

受上述原理启发，研究学者提出将 $Fe^{3+}$与柠檬酸盐、草酸盐、乙二胺-*N,N'*-(*S,S*)-乙二胺-*N,N'*-二琥珀酸、乙二胺四乙酸等有机配体结合，使 $Fe^{3+}$通过有机配体的单电子氧化实现光解，提高$^{\bullet}OH$ 的产率，并且不受酸性 pH 的限制[36]。此外，$Fe^{3+}$还可以在可见光照射下通过染料敏化光芬顿反应转移电子，如式(2.20)和式(2.21)所示，即 $Fe^{3+}$通过有色物质激发态的分子间电子转移还原为 $Fe^{2+}$。因此，在有机染料(D)等有色物质存在下，由于可见光激发染料的电子有效地转移到 $Fe^{3+}$，导致 $Fe^{3+}/Fe^{2+}$的氧化还原循环加快，从而促进光芬顿反应中$^{\bullet}OH$ 的生成速率和产率明显提高，以及各种染料的降解和矿化率增加。

$$D \xrightarrow{h\nu} D^{\bullet} \tag{2.20}$$

$$D^{\bullet} + Fe^{3+} \longrightarrow Fe^{2+} + D^{\bullet+} \tag{2.21}$$

然而，尽管光芬顿可以促进 $Fe^{3+}$还原为 $Fe^{2+}$，加速氧化还原循环，提高氧化效率，但等效于传统芬顿反应，它在实现大规模商业应用方面仍存在较大缺陷，如 pH 工作范围窄、铁泥需后续处理、处理能力有限等。因此，在实际应用中，光芬顿往往与其他技术相结合，以扩大应用范围。

2. 电芬顿法

由传统芬顿反应和电化学组成的电芬顿技术根据芬顿试剂的加入或形成可分为四类[37]：①$H_2O_2$ 和 $Fe^{2+}$分别用牺牲阳极和氧喷射阴极电解产生；②牺牲阳极产生 $Fe^{2+}$，$H_2O_2$ 由外部添加[式(2.22)]；③在阴极处使用氧气喷射产生 $H_2O_2$，外部添加 $Fe^{2+}$；④在阴极处还原氧气以产生 $H_2O_2$，同时使混合溶液中的 $Fe^{2+}$再生，然后由 $Fe^{2+}$催化的阳极氧化产生$^{\bullet}OH$。总体来说，第四种电芬顿反应避免了额外添加 $H_2O_2$ 引发芬顿反应，目前大多数研究集中在以纯氧气或气泡空气直接注入氧气，使氧气在合适的阴极上发生双电子还原并产生 $H_2O_2$[38,39]。第四种反应具体过程如式(2.23)和式(2.24)表示。

$$Fe \longrightarrow Fe^{2+} + 2e^- \tag{2.22}$$

$$阴极：O_{2(g)} + 2H^+ + 2e^- \longrightarrow H_2O_2;\ Fe^{3+} + e^- \longrightarrow Fe^{2+} \tag{2.23}$$

$$阳极：Fe^{2+} + H_2O_2 \longrightarrow Fe^{3+} + {}^{\bullet}OH + OH^- \tag{2.24}$$

由于连续生成 $H_2O_2$ 和连续原位再生 $Fe^{2+}$，与传统芬顿和光芬顿相比，电芬顿工艺具有效率高、易于控制、环境兼容性好的显著优势。生成 $Fe^{2+}$的常见可溶性催化剂，如硫酸亚铁、氯化铁、铁-乙二胺四乙酸配合物和 $Fe^{3+}$-(*S*,*S*)-乙二胺-*N*,*N*′-二琥珀酸配合物，构成了均相电芬顿生成$^{\bullet}OH$ 的基础[40]。然而，电芬顿的实际应用同样需要克服最佳 pH 范围窄、铁泥沉淀等限制。当 pH > 4 时，因为 $Fe^{2+}$将以 $Fe(OH)_3$ 沉淀的形式损失，由此产生的铁泥需要昂贵的后处理步骤。电芬顿工艺的效率取决于电极性能、电流密度、催化剂浓度、溶解氧浓度、电解质、温度和 pH。为了进一步增强芬顿反应的氧化能力，也有研究学者将电化学和光化学反应与芬顿反应相结合，即光电芬顿反应[41]。因此，通过紫外光照射，结合酸性过氧化物的直接光解作用，增强 $Fe^{2+}$在电芬顿工艺中的催化作用，从而产生更多的$^{\bullet}OH$，增强了污染物的氧化能力。

### 2.3.2 臭氧耦合或催化臭氧化

$O_3$ 具有 2.07 V 的氧化还原电位，可高效降解难降解有机污染物，且不会产生二次污染(最终产物为 $O_2$)。因此，$O_3$ 的强氧化性和环境友好性使基于 $O_3$ 的 AOPs 成为最具竞争力的污水处理方法之一。通常，$O_3$ 氧化过程可分为以 $O_3$ 为氧化剂的直接氧化和以$^{\bullet}OH$ 为基础的间接氧化。$O_3$ 氧化本身是一种选择性氧化反应，ROS 产率低，其中富电子有机化合物，如烯烃、胺或活性芳烃优先与 $O_3$ 反应[≥10 L/(mol·s)]。而许多只能被 ROS 氧化的低 $O_3$ 反应活性[<10 L/(mol·s)]的污染物在常规臭氧化过程中反应速率和降解效率较低。因此，人们开发并应用了各种组合工艺来提高污染物的 ROS 生成和处理效率。在本节中，主要介绍了在各种典型的臭氧化过程中$^{\bullet}OH$ 的产生路径。

1. $O_3/OH^-$

反应体系的 pH 显著影响 $O_3$ 的直接分解效率和$^{\bullet}OH$ 的生成效率。在高 pH 条件下，特别是 pH > 8 时，$\cdot OH$ 的生成效率会随 $OH^-$ 含量的增加而显著增加[42,43]。在碱性条件下，由于产生更多的$\cdot OH$，$O_3$ 对溶解有机污染物的反应活性通常会显著增强。在碱性条件下 $O_3$ 反应生成$\cdot OH$ 的可能反应如下所示[式(2.25)～式(2.31)]。

$$O_3 + OH^- \longrightarrow HO_2^{\cdot} + O_2^{\cdot -} \tag{2.25}$$

$$O_3 + O_2^{\cdot -} + H_2O \longrightarrow {}^{\cdot}OH + 2O_2 + OH^- \tag{2.26}$$

$$O_3 + OH^- \longrightarrow HO_2^- + O_2 \tag{2.27}$$

$$O_3 + HO_2^- + H_2O \longrightarrow {}^{\cdot}OH + O_2 + HO_2^{\cdot} + OH^- \tag{2.28}$$

$$O_3 + OH^- \longrightarrow {}^{\cdot}OH + O_3^{\cdot -} \tag{2.29}$$

$${}^{\cdot}OH + O_3 \longrightarrow HO_2^{\cdot} + O_2 \tag{2.30}$$

$$4\,{}^{\cdot}OH \longrightarrow 2H_2O + O_2 \tag{2.31}$$

一般认为，由于$\cdot OH$ 的氧化还原电位(1.9～2.7 V)高于 $O_3$ 的氧化还原电位(2.07 V)，因此很难发生式(2.29)中的反应，因而$\cdot OH$ 的氧化性比 $O_3$ 强。有研究表明，在低 pH 条件下，$O_3$ 的分解速率缓慢，导致其在允许溶解度范围内不断积累。当 pH 调节为碱性时，溶解的 $O_3$ 通过式(2.25)和式(2.26)或式(2.27)和式(2.28)反应迅速分解为$\cdot OH$，形成连续的链式反应，促进污染物降解。污染物降解后溶液的 pH 降低，说明消耗的 $OH^-$ 大于生成的 $OH^-$。所以在不同的反应机理中，$O_3$ 与 $OH^-$ 的反应速率都高于$\cdot OH$ 的生成速率。然而，过高的 pH 也可能对污染物的降解产生不利影响。在高 pH 条件下，短时间内会产生大量的$\cdot OH$。过量的$\cdot OH$ 既可以作为自身清除剂，又可以作为 $O_3$ 清除剂。有学者观察到 2,4-二叔丁基苯酚臭氧化过程中 pH 过高导致 $O_3$ 无效消耗，进而对 2,4-二叔丁基苯酚的降解过程产生负面影响。虽然高电子密度的 2,4-二叔丁基苯酚解离形式在高 pH 条件下更容易与 $O_3$ 或$\cdot OH$ 发生反应，但由于上述清除作用，2,4-二叔丁基苯酚的降解速率减小[44]。因此，在分析 $O_3/OH^-$ 反应体系的机理时，应综合考虑 pH 对 $O_3$ 分解和目标污染物形态的影响，这可能是分析 $O_3$ 或$\cdot OH$ 对污染物降解的重要依据。

2. $O_3$ 活化过一硫酸盐

近年来，$O_3$/PMS 体系中 $SO_4^{\cdot -}$ 和$\cdot OH$ 的生成为去除难降解有机污染物提供了新的选择。相关研究证明，在 $O_3$/PMS 体系中，$\cdot OH$ 对有机污染物的降解起主导作用[45,46]。研究学者首次将 $O_3$ 和 PMS 耦合用于对氯苯甲酸的臭氧化研究，证实

PMS 的加入能使 $O_3$ 的分解速率比单独使用 $O_3$ 提高 50 倍，并初步探讨了 $O_3$/PMS 协同作用的机理。随后，另有学者对 $O_3$/PMS 的反应机理开展了深入研究，提出了 $O_3$ 活化 PMS 生成 $SO_4^{\cdot-}$和$\cdot OH$ 的可能反应过程，如式(2.32)～式(2.43)所示。

$$HSO_5^- \rightleftharpoons SO_5^{2-} + H^+ \quad pK_a = 9.4 \tag{2.32}$$

$$SO_5^{2-} + O_3 \longrightarrow SO_8^{2-} \quad k = 2.1\times10^4\ L/(mol\cdot s) \tag{2.33}$$

$$SO_8^{2-} \longrightarrow SO_4^{2-} + 2O_2 \tag{2.34}$$

$$SO_8^{2-} \longrightarrow SO_5^{\cdot-} + O_3^{\cdot-} \tag{2.35}$$

$$O_3^{\cdot-} \rightleftharpoons O^{\cdot-} + O_2 \quad k = 2.1\times10^3\ L/(mol\cdot s) \tag{2.36}$$

$$O^{\cdot-} + H_2O \longrightarrow {}^{\cdot}OH + OH^- \quad k = 10^8\ L/(mol\cdot s) \tag{2.37}$$

$$2SO_5^{\cdot-} \longrightarrow 2SO_4^{\cdot-} + O_2 \quad k = 2.1\times10^8\ L/(mol\cdot s) \tag{2.38}$$

$$SO_5^{\cdot-} + O_3 \longrightarrow SO_4^{\cdot-} + 2O_2 \quad k = 1.6\times10^6\ L/(mol\cdot s) \tag{2.39}$$

$$SO_4^{\cdot-} + OH^- \longrightarrow SO_4^{2-} + {}^{\cdot}OH \quad k = 7.3\times10^7\ L/(mol\cdot s) \tag{2.40}$$

$$HSO_5^- + H_2O \longrightarrow H_2O_2 + HSO_4^- \tag{2.41}$$

$$SO_5^{2-} + H_2O \longrightarrow H_2O_2 + SO_4^{2-} \tag{2.42}$$

$$2O_3 + H_2O_2 \longrightarrow 2\,{}^{\cdot}OH + 3O_2 \tag{2.43}$$

首先，$HSO_5^-$在碱性条件下解离生成 $SO_5^{2-}$和 $H^+$[式(2.32)]。生成的 $SO_5^{2-}$进一步被 $O_3$ 氧化为 $SO_8^{2-}$[式(2.33)]，$SO_8^{2-}$可分解为 $SO_4^{2-}$[式(2.34)]，或分解为 $SO_5^{\cdot-}$和 $O_3^{\cdot-}$[式(2.35)]。在 $O_3$/PMS 体系中，$SO_5^{\cdot-}$和 $O_3^{\cdot-}$是形成 $SO_4^{\cdot-}$和$\cdot OH$ 的关键前驱体。$O_3^{\cdot-}$自分解后与 $H_2O$ 进一步反应生成$\cdot OH$[式(2.36)和式(2.37)]。由 $SO_5^{\cdot-}$自分解或与 $O_3$ 反应生成的 $SO_4^{\cdot-}$将进一步与 $OH^-$反应生成$\cdot OH$[式(2.38)～式(2.40)]。PMS 及其自分解产物 $SO_5^{2-}$与 $H_2O$ 反应生成 $H_2O_2$，$H_2O_2$ 再与 $O_3$ 反应生成$\cdot OH$。大量报道表明，在 $O_3$/PMS 体系中，PMS 促进了 $O_3$ 分解并提高了$\cdot OH$ 产率，$\cdot OH$ 在污染物的氧化降解中起主要作用。一些研究探究了 $O_3$/PMS 体系对甲基异噻唑啉酮和氯甲基异噻唑啉酮的降解效果。结果表明，总自由基生成量是 $O_3$ 单独处理的 24.6 倍，且$\cdot OH$ 对两者去除率的相对贡献分别高达 45%和 62%。有学

者研究发现，在不同的 pH 范围内，$^{\bullet}OH$ 是降低碘帕醇的主要原因[47]。随后有学者观察到 $O_3$ 和 PMS 都不能单独氧化 1,4-二噁烷，而 $O_3$/PMS 耦合体系在反应仅 7 min（1,4-二噁烷为 0.28 mmol/L，6 mg/L $O_3$，1 mmol/L PMS，pH 为 7.0）时，即可几乎完全去除 1,4-二噁烷，表明 $O_3$ 和 PMS 之间具有很强的协同作用。其他研究也证实 $O_3$/PMS 组合可有效降解难降解有机污染物，其中$^{\bullet}OH$ 起主要氧化作用[48-51]。此外，$^{\bullet}OH$ 和 $SO_4^{\bullet-}$的相对贡献随实验条件的不同而不同。例如，$^{\bullet}OH$ 对甲基异噻唑啉酮和氯甲基异噻唑啉酮的降解贡献随 pH 的增加而降低，而 $SO_4^{\bullet-}$氧化的贡献则呈现相反的趋势。研究学者还发现$^{\bullet}OH$ 和 $SO_4^{\bullet-}$对阿替洛尔降解的贡献高度依赖于 pH。有趣的是，随着 pH 的增加，$^{\bullet}OH$ 逐渐取代 $SO_4^{\bullet-}$成为主要的 ROS，而 $O_3$ 在碱性条件下的相对贡献可以忽略不计。

然而，一些研究表明 $SO_4^{\bullet-}$比$^{\bullet}OH$ 具有更高的降解能力和对有机污染物更多的相对贡献，因为 $SO_4^{\bullet-}$的氧化还原电位为 2.5～3.1 V，并且对大多数有机化合物具有更高的近扩散极限反应速率[52,53]。例如，一些学者研究了 $O_3$/PMS 降解氯霉素的动力学和产物，发现氯霉素降解的主要原因是 $SO_4^{\bullet-}$而不是$^{\bullet}OH$。同样，另有学者在 $O_3$/PMS 体系中对 8 种药物进行了氧化降解实验，发现在单一化合物和混合污染物实验中，$SO_4^{\bullet-}$对这些药物的总体去除率为 50%～90%。在 $O_3$/PMS 体系中，实验条件的探索和机理的推导将更加复杂。与$^{\bullet}OH$ 相比，$SO_4^{\bullet-}$具有更强的氧化性和更长的半衰期，使其能够更好地与有机物相互作用。而且，$SO_4^{\bullet-}$的氧化选择性更强，因为它与芳香族化合物的反应速率范围远大于$^{\bullet}OH$。此外，$^{\bullet}OH$ 具有很强的 pH 依赖性，其活性随 pH 而变化，而 $SO_4^{\bullet-}$的反应活性与 pH 无关。当 pH > 9 时，优势氧化剂通过单电子氧化将 $SO_4^{\bullet-}$转化为$^{\bullet}OH$[$k$ = 6.5 L/(mol·s)][54]。由于$^{\bullet}OH$ 氧化的无选择性，这种变化可能使 $SO_4^{\bullet-}$成为降解新污染物的主要 ROS。此外，$SO_4^{\bullet-}$与溶解性有机物（DOM）的反应速率[$k$($SO_4^{\bullet-}$ + DOM) =$6.8\times10^3$ mg/(C·s)]低于$^{\bullet}OH$ 与 DOM 的反应速率[$k$($^{\bullet}OH$+DOM) =$1.4\times10^4$ mg/(C·s)]，因此 $SO_4^{\bullet-}$在复杂的水背景下仍能表现出令人满意的污染物去除能力[55]。然而，与$^{\bullet}OH$ 相比，无机阴离子（尤其是卤素离子）对 $SO_4^{\bullet-}$的清除作用更大。因此，在富含这些无机阴离子的复杂环境中，所得的这些无机阴离子自由基的氧化作用有可能超过$^{\bullet}OH$ 和 $SO_4^{\bullet-}$，从而有效降解特定污染物。

总之，pH 和水环境组分（如 DOM 和无机阴离子）等参数是影响 $O_3$/PMS 工艺中 $SO_4^{\bullet-}$和$^{\bullet}OH$ 氧化的重要先决条件。因此，由于活性氧类型的复杂性，在 $O_3$/PMS 体系的机理分析中，特别是在探究$^{\bullet}OH$ 和 $SO_4^{\bullet-}$的相对贡献时，需要更加谨慎。

3. 臭氧耦合芬顿氧化

大量研究表明，有机污染物及其降解中间产物在 $O_3$/芬顿体系中的裂解主要归因于$^{\bullet}OH$ 的氧化。当 $O_3$ 氧化与芬顿技术耦合降解污染物时，$O_3$ 既能被 $H_2O_2$ 直接分解为$^{\bullet}OH$[式(2.45)]，又能被 $H_2O_2$ 的去质子化产物($HO_2^-$)快速分解，引发自由基链反应以生成$^{\bullet}OH$[式(2.46)～式(2.51)]。对于链式反应中$^{\bullet}OH$ 的形成，$O_3^{\bullet-}$无疑是$^{\bullet}OH$ 的前体[式(2.51)]。然而，$O_3^{\bullet-}$的作用是有争议的。有学者认为 $O_3^{\bullet-}$是在形成 $HO_2^{\bullet-}$的同时，由 $HO_2^-$向 $O_3$ 单电子转移而产生的[式(2.47)]。几十年后，有学者提出了均质裂变理论[式(2.48)和式(2.49)]，即 $O_3^{\bullet-}$是在 $HO_2^-$和 $O_3$ 的加合物(即 $HO_5^-$)中分解产生。目前，人们普遍认为式(2.48)和式(2.49)是对式(2.47)的修正。在臭氧耦合芬顿工艺中，pH、$H_2O_2$ 浓度、$O_3$ 浓度和铁浓度对$^{\bullet}OH$ 的形成和猝灭有显著影响。因此，在该技术中，优化和选择实验条件对于最大限度地生成$^{\bullet}OH$ 并发挥其强氧化作用至关重要。

$$Fe^{2+} + O_3 + H_2O \longrightarrow Fe^{3+} + O_2 + {}^{\bullet}OH + OH^- \tag{2.44}$$

$$2O_3 + H_2O_2 \longrightarrow 2{}^{\bullet}OH + 3O_2 \tag{2.45}$$

$$H_2O_2 + H_2O \rightleftharpoons HO_2^- + H_3O^+ \tag{2.46}$$

$$HO_2^- + O_3 \longrightarrow HO_2^{\bullet-} + O_3^{\bullet-} \tag{2.47}$$

$$HO_2^- + O_3 \longrightarrow HO_5^- \tag{2.48}$$

$$HO_5^- \longrightarrow HO_2^{\bullet} + O_3^{\bullet-} \tag{2.49}$$

$$Fe^{3+} + HO_2^{\bullet} \longrightarrow Fe^{2+} + O_2 + H^+ \tag{2.50}$$

$$O_3^{\bullet-} + H_2O \longrightarrow OH^- + O_2 + {}^{\bullet}OH \tag{2.51}$$

4. 催化臭氧化

如前所述，人们对水和废水处理中的各种臭氧耦合过程日益关注。但仍存在 $O_3$ 利用效率低、$^{\bullet}OH$ 产率低、污染物矿化率差、大量毒性副产物产生等难题。在臭氧化过程中加入催化剂(如过渡金属和金属氧化物)可以促进臭氧的分解，并在一定程度上克服这些问题。在大多数情况下，$^{\bullet}OH$ 仍被认为是去除催化臭氧化过程中抗臭氧污染物氧化的主要 ROS。通常，催化臭氧化可分为以金属离子为催化剂的均相催化臭氧化和基于金属氧化物或负载型金属氧化物的非均相催化臭氧化。本节分别详细讨论了$^{\bullet}OH$ 在均相臭氧化和非均相臭氧化过程中的生成路径及可能存在的机制争议。

1)均相催化臭氧化

为了克服单一臭氧化技术的缺陷，诱导 $O_3$ 分解为具有较高氧化活性的各种活性自由基，达到快速去除和矿化有机物的目标，在臭氧化系统中引入了一系列催化剂的催化臭氧化技术。与单独臭氧化相比，催化臭氧化可以在低 pH 条件下生成$^{\cdot}OH$，并且可以通过催化剂控制 $O_3$ 的分解和活性自由基的形成。根据催化剂的种类，催化臭氧化可分为均相催化臭氧化和非均相催化臭氧化。在均相催化臭氧化过程中，溶解的过渡金属离子($M^{n+}$)如 $Fe^{2+}$、$Fe^{3+}$、$Mn^{2+}$、$Cu^{2+}$、$Ce^{3+}$、$Cr^{2+}$、$Co^{2+}$、$Cd^{2+}$、$Zn^{2+}$、$Mg^{2+}$、$Ag^{+}$等通常作为催化剂加入到反应体系中，生成活性更高的$^{\cdot}OH$。在均相催化剂作用下 $O_3$ 分解为$^{\cdot}OH$ 的机理见式(2.52)～式(2.55)。

$$M^{n+} + O_3 + H^+ \longrightarrow M^{(n+1)+} + {}^{\cdot}OH + O_2 \tag{2.52}$$

$$O_3 + {}^{\cdot}OH \longrightarrow HO_2^{\cdot} + O_2 \tag{2.53}$$

$$M^{n+} + {}^{\cdot}OH \longrightarrow M^{(n+1)+} + OH^- \tag{2.54}$$

$$M^{(n+1)+} + HO_2^{\cdot} + OH^- \longrightarrow M^{n+} + O_2 + H_2O \tag{2.55}$$

在酸性 pH 条件下，$M^{n+}$分解 $O_3$ 并生成$^{\cdot}OH$[式(2.52)]，但生成的$^{\cdot}OH$ 会被过量的 $O_3$ 猝灭[式(2.53)]，因此均相催化臭氧化体系中$^{\cdot}OH$ 的产率取决于 $O_3$ 的有效浓度和溶液的 pH。有趣的是，氧化后的金属离子 $M^{(n+1)+}$会通过 $O_3$ 分解过程中产生的 $HO_2^{\cdot}$还原为 $M^{n+}$[式(2.55)]，因此催化剂的用量对催化臭氧化技术也至关重要。根据式(2.52)和式(2.53)，均相催化臭氧化去除污染物的效率可能主要归因于形成的$^{\cdot}OH$ 非选择性氧化。一些研究证实，金属离子催化臭氧化可以促进 $O_3$ 分解和$^{\cdot}OH$ 生成。学者研究了不同金属离子($Fe^{2+}$、$Co^{2+}$、$Al^{3+}$)催化臭氧化对二级出水中啶虫脒、敌敌畏和阿特拉津的去除效果。结果表明，每种金属均促进了$^{\cdot}OH$ 的生成，增加了有机污染物的降解。然而，也有研究提出了不一致的结论。例如，另有学者发现 $Mn^{2+}$对二硝基苯臭氧化没有催化作用。此外，有学者发现 $O_3$ 氧化的机制可能是基于 $Fe^{3+}$和草酸铁配合物的形成而发展起来的，但没有观察到$^{\cdot}OH$ 参与草酸铁配合物与 $O_3$ 之间的进一步反应。因此，除了可能受到实验条件(如 pH 或 $M^{n+}$浓度)的影响外，自由基氧化机制并不总是适用于各种均相催化臭氧化工艺。

综上所述，均相催化臭氧化体系中金属离子的种类和浓度、反应混合物的 pH、$O_3$ 浓度以及有机污染物的种类和浓度都可能影响$^{\cdot}OH$ 的生成及其相应的催化机制。因此，阐明均相催化臭氧化降解的机理需要更详细的研究和证据，如中间产物的检测、反应过程中活性自由基的产率和金属离子的再生效率等。最重要的是，虽然均相催化臭氧化工艺由于反应速率快、催化活性高，有效地提高了有机污染物的去除率，但不可避免的金属离子损失可能造成二次污染，以及由此产生的处理成本限制了其应用。因此，非均相催化臭氧化技术因其稳定性好、无二次污染、能彻底氧化有机污染物等显著优势，逐渐成为环境水处理领域的研究热点。

2)非均相催化臭氧化

基于过渡金属不可回收和二次污染可能性的困境，20 世纪初催化臭氧化研究的重点从最初的均相催化过程转向固体催化剂催化的非均相过程。此后，成本相对较低、无残留铁泥产生、处理效率高、在较宽 pH 范围内生成$^{\bullet}OH$ 的非均相催化臭氧化反应几乎成为水处理中去除难降解有机物和有毒物质的最常用选择。对非均相臭氧催化中使用的各种材料进行了研究，其中研究最广泛的主要包括金属氧化物(如 $TiO_2$、$CeO_2$、$MnO_2$、$Al_2O_3$、$Fe_2O_3$ 和一些多金属氧化物)、碳基材料[如活性炭(AC)、碳纳米管(CNTs)、多壁碳纳米管(MWCNTs)和石墨烯等]以及具有活性位点的负载型金属/金属氧化物(如 $M^{n+}/\gamma\text{-}Al_2O_3$、$M^{n+}$/O-CNT 等)。

与传统臭氧化相比，在非均相催化体系中，基于催化剂的 $O_3$ 与有机污染物之间存在三种可能的相互作用：①$O_3$ 吸附在催化剂上，分解为$^{\bullet}OH$，与溶液中的有机污染物发生反应；②污染物吸附在催化剂上，然后被 $O_3$ 分子或其他活性物种（如 $^1O_2$)攻击；③$O_3$ 和污染物都吸附在催化剂上发生反应。第一种自由基氧化反应，被认为通过获得更高的$^{\bullet}OH$ 产率来实现污染物的有效降解。具体而言，一般认为 $O_3$ 吸附在催化剂表面分解为$^{\bullet}OH$，生成的$^{\bullet}OH$ 会与本体溶液中的有机污染物发生反应，进一步增强其去除作用。同时，生成的$^{\bullet}OH$ 也可能覆盖在非均相催化剂表面，与布朗斯特酸和路易斯酸位点一样作为催化中心，成为 $O_3$ 在金属氧化物催化剂上吸附和分解的主要活性中心，从而产生$^{\bullet}OH$ 和 $H_2O_2$，进一步增强了对污染物的降解作用[56,57]。然而，由于催化剂类型和污染物特性的多样性，在非均相催化体系中几乎不可能找到相同的氧化降解路径。表 2.2 列出了非均相催化臭氧体系中常见催化剂的典型案例、活性位点和作用机理。近年来，越来越多的报道称，$^1O_2$ 和$^{\bullet}OH$ 在催化体系中起主导作用。因此，在非均相催化臭氧体系中，探索催化氧化机理的重点和难点是确定主要活性氧物种和活性位点。

**表 2.2　非均相催化臭氧体系中常见催化剂的类型、活性位点和机理**

| 催化剂 | 污染物 | 活性位点 | 机理 | 参考文献 |
|---|---|---|---|---|
| $\alpha$-$MnO_2$，$\beta$-$MnO_2$ 或 $\gamma$-$MnO_2$ | 美托洛尔或布洛芬 | 表面氧空位 | $^1O_2$，$O_2^{\bullet-}$ | [58] |
| $V_2O_5/TiO_2$ | 邻苯二甲酸二-2-乙基己基酯 | 表面氧空位 | $^{\bullet}OH$ | [59] |
| $CuFe_2O_4$ | *N,N*-二甲基乙酰胺 | 表面羟基 | $^{\bullet}OH$ | [60] |
| $Ce_{0.1}Fe_{0.9}OOH$ | 磺胺二甲基嘧啶 | 表面羟基 | $^{\bullet}OH$，$O_2^{\bullet-}$ | [61] |

续表

| 催化剂 | 污染物 | 活性位点 | 机理 | 参考文献 |
| --- | --- | --- | --- | --- |
| $Ca_2Fe_2O_5$ | 喹啉 | 表面羟基 | $^{\bullet}OH$，$O_2^{\bullet-}$ | [62] |
| $ZnAl_2O_4$ | 苯酚 | 表面羟基 | $^{\bullet}OH$ | [63] |
| $\gamma$-AlOOH 或 $\gamma$-$Al_2O_3$ | 二甲基异莰醇 | 表面羟基 | $^{\bullet}OH$ | [64] |
| 氧化铁浸渍活性炭 | 甲酸 | 表面羟基 | $^{\bullet}OH$ | [65] |
| Ce(Ⅲ)掺杂 g-$C_3N_4$ | 草酸 | Ce(Ⅲ)和表面羟基 | $^{\bullet}OH$ | [66] |
| MgO/g-$C_3N_4$ | 苯酚、双酚 A 和 2,4-二氯苯酚 | MgO | $^{\bullet}OH$ | [67] |
| O-CNT | 阿特拉津 | 表面含氧官能团和缺陷位点 | $^{\bullet}OH$ | [68] |
| CNTs/$BaTiO_3$ | 布洛芬 | 表面羟基 | $^{\bullet}OH$，$O_2^{\bullet-}$ | [69] |
| FeO-rGO | 盐酸四环素 | 表面羟基 | $^1O_2$，$^{\bullet}OH$，$O_2^{\bullet-}$ | [70] |
| $MnO_2$-$NH_2$-GO | 头孢氨苄 | $Mn^{3+}$/$Mn^{4+}$ | $O_2^{\bullet-}$ | [71] |
| $MgM_xO_y$（M = Fe，Mn） | 对羟基苯甲酸和乙酸 | 碱性和酸位点 | $O_2^{\bullet-}$ | [72] |
| $Fe_3O_4$/$Co_3O_4$ | 磺胺甲噁唑 | 表面羟基 | $^{\bullet}OH$ | [73] |
| OMS-2-$SO_4^{2-}$/ZSM-5 | 甲苯 | 布朗斯特酸位点 | $^{\bullet}OH$，$O_2^{\bullet-}$ | [74] |
| $MnO_x$/SBA-15 | 诺氟沙星 | 表面羟基 | $^{\bullet}OH$ | [75] |
| $Fe_2O_3$/$Al_2O_3$@SBA-15 | 布洛芬 | 表面羟基 | $^{\bullet}OH$，$O_2^{\bullet-}$ | [76] |
| 氮掺杂碳 | 酮洛芬 | 局部缺陷位点 | $^{\bullet}OH$，电子转移 | [77] |
| Mn 或 Fe 负载生物炭 | 阿特拉津 | 路易斯酸位点与电子转移 | $^{\bullet}OH$ | [78] |
| $Ag_2CO_3$ 改性 g-$C_3N_4$ | 草酸 | g-$C_3N_4$ 上的 $Ag_2CO_3$ | $^1O_2$，$O_2^{\bullet-}$ | [79] |
| Co-N@CNTs | $\alpha$-环糊精 | Co-N | $^1O_2$ | [80] |
| Cu-CN | 草酸 | 路易斯酸位点 | $^{\bullet}OH$ | [81] |

有机化合物和 $O_3$ 在催化剂表面的吸附取决于有机化合物的极性和催化剂的表面特性。以金属氧化物(MO)催化剂为例，当其表面被羟基(MO—$^{\bullet}$OH)覆盖时，如果溶液 pH 小于零电荷点的 pH($pH_{pzc}$)时，则被质子化并作为阴离子交换剂。当溶液 pH 大于 $pH_{pzc}$ 时，通过去质子作用作为阳离子交换剂。当 $pH \approx pH_{pzc}$ 时，其保持中性状态[式(2.56)～式(2.58)]。

$$MO—^{\bullet}OH + H^+ \longrightarrow MO—OH_2^+ \quad pk_1^{int} \tag{2.56}$$

$$MO—{}^{\bullet}OH + OH^- \longrightarrow MO—O^- + H_2O \quad pk_2^{int} \tag{2.57}$$

$$pH_{pzc} = 0.5(pk_1^{int} + pk_2^{int}) \tag{2.58}$$

其中，$k_1^{int}$ 和 $k_2^{int}$ 为本征电离常数。有趣的是，研究发现催化剂表面羟基的中性(MO—$^{\bullet}$OH)和正电荷性(MO—$OH_2^+$)都可以作为活性中心，进一步促进 $O_3$ 的分解和$^{\bullet}$OH 的形成。$CuFe_2O_4$ 催化剂表面吸附的 $H_2O$ 强烈解离产生 $OH^-$和 $H^+$，分别与表面阳离子和氧阴离子反应形成表面羟基。随后，溶解的 $O_3$ 以表面羟基为活性位点，产生表面$^{\bullet}$OH 以降解污染物[60]。结合前人提出的如 AlOOH、MgO、$Al_2O_3$ 和 FeOOH 等金属氧化物催化臭氧化的机理，基于金属氧化物的非均相催化臭氧化生成$^{\bullet}$OH 的过程可以总结如下[式(2.59)～式(2.63)]。

$$O_3 + MO—OH_2^+ \longrightarrow M—{}^{\bullet}OH^+ + HO_3^{\bullet} \tag{2.59}$$

$$2O_3 + MO—OH \longrightarrow MO—O_2^- + HO_3^{\bullet} + O_2 \tag{2.60}$$

$$MO—{}^{\bullet}OH^+ + H_2O \longrightarrow M—OH_2^+ + {}^{\bullet}OH \tag{2.61}$$

$$MO—O_2^- + O_3 + H_2O \longrightarrow MO—OH + O_2 + HO_3^{\bullet} \tag{2.62}$$

$$HO_3^{\bullet} \longrightarrow {}^{\bullet}OH + O_2 \tag{2.63}$$

同样，碳材料由于优异的吸附和催化性能，也被广泛用于促进 $O_3$ 的分解。通常认为，碳材料作为引发剂，首先将 $O_3$ 吸附在其表面，促进 $O_3$ 分解为$^{\bullet}$OH 等活性物种，或者吸附后的 $O_3$ 与表面基团反应生成 $H_2O_2$，再与 $O_3$ 在本体溶液中反应生成$^{\bullet}$OH[71,82]。然而，与基于金属氧化物为催化剂的催化臭氧化机理相比，碳材料活性位点的测定将更加复杂。表面氧空位、碱性路易斯位点以及掺杂离子的连接点都可能是 $O_3$ 分解的活性中心。在催化臭氧化系统中保持材料完美的催化活性和优异的稳定性似乎是一个无法克服的挑战。为了改变这一现状，许多研究学者不断尝试通过各种掺杂方法对碳材料进行修饰，这也使得催化体系的机理更加复杂、充满争议[78-81]。

例如，在研究 $Ag_2CO_3$ 修饰的 g-$C_3N_4$ 氧化草酸的机理中发现，Ag 修饰的催化剂表面可以提供更多的活性位点，增强了电子的再生和传递，促进了更多 ROS 的生成。但一般认为$^{\bullet}$OH 也能导致草酸氧化，且没有结合 ROS 定量和中间产物测量提出明确的降解机制。与 $C_3N_4$ 类似，氧化石墨烯(GO)具有较低的结构缺陷，广泛用于催化臭氧化体系。有学者成功合成了 $MnO_2$-$NH_2$-GO 催化臭氧化头孢氨苄。研究发现，该体系以 $Mn^{3+}/Mn^{4+}$作为 $O_3$ 分解产生 ROS 的活性位点。通过猝灭实验证明，$^{\bullet}$OH 不负责头孢氨苄的降解，而是主导了头孢氨苄的催化臭氧化过程。非自由基氧化也可能主导碳材料催化臭氧化过程。有学者排除了•OH的干预作用，首次揭示了核-壳纳米结构在 Mn-C@Fe 催化臭氧化过程中发挥氧化作用的非自由基路径。此外，也有学者在合成过程中通过调节煅烧温度制备了 Co-N@CNTs。Co 纳米粒子的引入不仅使碳纳米管具有磁性，而且促进了 Co 界面与掺氮石墨层之间的协同耦合。活性位点的增加显著加速了界面处的电子转移，增加了表面碳的电导率，从而增强了催化臭氧化能力。有趣的是，该研究组表明，Co-N@CNTs 催化臭氧化经历了不同的非自由基机制，这取决于目标污染物的分子结构[80]。他们认为表面吸附原子氧负责草酸的降解，而酚类物质主要被 $O_3$ 分子和 $^1O_2$ 降解。这进一步证实了非均相催化体系的机理受污染物和催化剂的结构与属性的影响。最近研究人员通过合成 Cu 掺杂修饰 g-$C_3N_4$，提出了一种新的催化机制，其中 Cu-N 作为路易斯酸位点诱导表面羟基促进 $O_3$ 分解为•OH。显然，不同的氧化路径使非均相催化臭氧化体系中催化剂活性中心和污染物还原机理的研究更加复杂。在大多数情况下，可以肯定的是，催化剂的加入加速了 $O_3$ 的分解，从而在一定程度上改善了•OH 的形成。在某些情况下，生成的•OH 在增强污染物降解中的作用仍需进一步证实。此外，一些非均相催化臭氧化依赖于非自由基路径发挥主要降解作用。然而，一些研究者认为，非自由基路径可能是由对•OH 的检测和鉴定存在误判造成的。在复杂的催化臭氧化过程中，污染物的降解效率取决于多种因素，包括实验参数、•OH 的形成与浓度、污染物与•OH 或 $O_3$ 分子的反应速率。因此，有效验证•OH 的形成及其对体系的贡献具有重要意义。

从以上讨论可以得出，研究者对非均相催化臭氧化机理的探索主要是评价催化剂是否会促进 $O_3$ 分解产生 ROS，形成的 ROS 是否会促进污染物的降解，以及哪种 ROS 会主导污染物的去除。遗憾的是，尽管对非均相催化臭氧化的机理进行了大量的研究，但结论仍不明确且存在争议。但几乎所有的研究都表明，碳材料在催化氧化体系中具有良好的稳定性、有限的溶出能力和令人满意的重复性。然而，由于成本效益和复杂的实际水基质，催化臭氧化体系仍处于实验室规模或中试阶段。虽然均相催化臭氧化体系提高了有机污染物的处理能力，但由于金属离子难以回收，可能会造成二次污染。此外，非均相催化臭氧化体系能显著促进污染物的降解，受复杂水背景的影响较小，并能有效控制有毒副产物的产生，是目前较为高效的绿色氧化技术。然而，通过控制实验条件(如 pH、氧化剂浓度)和调节催化剂理化性质，进一步提高气-液-固传质效率和臭氧化利用率，值得研究人员进一步考虑。此外，准确识别和定量基于 $O_3$ 的 AOPs 中•OH 是推导催化臭氧化机理和进一步促进催化臭氧化实际应用的前提。

### 2.3.3 过硫酸盐活化

过硫酸盐可以被金属离子、负载金属氧化物、单原子、纳米簇等过渡金属以及碳材料活化。此外，过硫酸盐也能通过光、超声、微波、加热及其组合技术活化。过硫酸盐活化可以分为物理活化和化学活化。物理活化主要是通过输入高能量来破坏 O—O 键[式(2.64)和式(2.65)]，如光辐照输入高能量，使过硫酸盐中的 O—O 键断裂，生成 $SO_4^{\cdot -}$。超声和微波能在水中局部形成空化泡，使微环境高温高压，当过硫酸盐加入到体系中，高能量破坏分子产生 $SO_4^{\cdot -}$，用于有机污染物的降解。而化学活化，如过渡金属和碳质材料，主要利用电子转移机制[式(2.66)和式(2.67)]，并且需要更严格的反应条件，如过渡金属不适合在碱性条件下活化。

$$HSO_5^- \longrightarrow {}^{\cdot}OH + SO_4^{\cdot -} \tag{2.64}$$

$$S_2O_8^{2-} \longrightarrow 2SO_4^{\cdot -} \tag{2.65}$$

$$HSO_5^- + e^- \longrightarrow OH^- + SO_4^{\cdot -} \tag{2.66}$$

$$S_2O_8^{2-} + e^- \longrightarrow SO_4^{2-} + SO_4^{\cdot -} \tag{2.67}$$

通过连续链式反应产生了各种 ROS。溶解氧被证明可以通过还原电子而提高 ROS 产率，自由基的主要链式反应决定了该过硫酸盐体系中的主要活性物种[83]。在过渡金属活化中，铁($Fe^0$、$Fe^{2+}$)因反应效率高、价格低、稳定性好、反应产物无毒害等优点被广泛应用于过硫酸盐活化中。$Fe^0$ 向 $Fe^{2+}$的转化首先发生在 $Fe^0$活化 $S_2O_8^{2-}$过程中[式(2.68)]，随后是 $Fe^{2+}$与 $S_2O_8^{2-}$反应产生 $SO_4^{\cdot -}$[式(2.69)]。$Fe^{2+}$的控制浓度与 $SO_4^{\cdot -}$的形成密切相关。低浓度的 $Fe^{2+}$限制了 $SO_4^{\cdot -}$的生成速率，而过量的 $Fe^{2+}$可能直接猝灭 $SO_4^{\cdot -}$[式(2.70)]，对生成的 $SO_4^{\cdot -}$产生不利影响。此外，$SO_4^{\cdot -}$可通过与 $OH^-$反应转变为${}^{\cdot}OH$，与 $SO_4^{\cdot -}$相比，${}^{\cdot}OH$ 的氧化性较弱[式(2.71)]，且可能与系统中产生的 $SO_4^{2-}$反应。

$$S_2O_8^{2-} + Fe^0 \longrightarrow Fe^{2+} + 2SO_4^{2-} \tag{2.68}$$

$$S_2O_8^{2-} + Fe^{2+} \longrightarrow Fe^{3+} + SO_4^{2-} + SO_4^{\cdot -} \tag{2.69}$$

$$Fe^{2+} + SO_4^{\cdot -} \longrightarrow Fe^{3+} + SO_4^{2-} \tag{2.70}$$

$$SO_4^{\cdot -} + OH^- \longrightarrow SO_4^{2-} + {}^{\cdot}OH \tag{2.71}$$

大量碳材料已证明能通过非自由基路径活化过硫酸盐分解，快速降解污染物或灭活细菌。一般说来，催化过硫酸盐活化包括自由基路径和非自由基路径，这是已阐明的降解有机污染物的主要机理。在自由基路径中，催化剂通过两相间的电子转移，使 O—O 键断裂，首先生成 $SO_4^{\bullet -}$或 $SO_5^{\bullet -}$。随后，如果活化能足够促进反应，$SO_4^{\bullet -}/SO_5^{\bullet -}$转化为$^{\bullet}OH$。此外，生成的$^{\bullet}OH$ 脱除一个 H 原子为氧自由基，与其自身结合产生 $O_2^{\bullet -}$。而在非自由基路径中，催化剂与过硫酸盐的亲和力可能改变过硫酸盐分解生成 $^1O_2$ 的路径，其氧化还原电位为 2.2 V[84]。例如，锚定在 $g\text{-}C_3N_4$ 上的 Co 单原子对 $^1O_2$ 的生成表现出很高的选择性，但选择效率受 Co 原子配位环境的影响。值得注意的是，由于自由基路径和非自由基路径在大多数情况下都有助于污染物的降解，因此反应机理尚不清楚。在过硫酸盐活化的污染物降解机理分析中，有力的$^{\bullet}OH$ 检测手段是分析反应机理的重要前提。

### 2.3.4 光解

1. VUV

利用紫外线辐射(UV)所产生的高能量对水进行光解，能够产生降解水中污染物的强氧化性活性物种。紫外线根据辐射的波长范围可分为近紫外线(10～100 nm)、真空紫外线(VUV，100～200 nm)、短波紫外线(UVC，190～280 nm)、中波紫外线(UVB，280～315 nm)和长波紫外线(UVA，315～400 nm)[85]。VUV 范围内的光谱测量通常在真空或惰性(非吸收)气体环境中进行，因为该波长的辐射被氧气吸收，不能在空气中传播。VUV 作为一种基于紫外线的 AOPs，是一种有效且有前途的降解有机污染物和微污染物的技术。在过去的十年里，VUV 作为一种高效的水处理技术受到了广泛关注。VUV 光解最早应用于水蒸气光解，主要是在气相中产生$^{\bullet}OH$，并用于动力学研究。$H_2O$ 分子强烈吸收 VUV 光子，吸收系数 $h\nu$ 为 1.8 $cm^{-1}$[摩尔吸收系数= 0.032 L/(mol·cm)]，导致 $H_2O$ 分子电离和均聚，分别通过式(2.72)和式(2.73)产生$^{\bullet}OH$。

$$H_2O + h\nu(<190\ \text{nm}) \longrightarrow {}^{\bullet}OH + H^+ + e^- \quad \varPhi = 0.045 \tag{2.72}$$

$$H_2O + h\nu(<190\ \text{nm}) \longrightarrow {}^{\bullet}OH + {}^{\bullet}H \quad \varPhi = 0.33 \tag{2.73}$$

这两个反应的量子产率($\varPhi$)分别为 0.045 和 0.33。由于$^{\bullet}OH$ 的产生，引发了各种氧化还原反应。VUV 辐射的吸收也发生在液态水中，将 $H_2O/OH^-$分解为$^{\bullet}OH$ 和$^{\bullet}H$、$^{\bullet}OH$ 和 $e^-$。通过在水溶液中清除 $O_2$ 以获得 $HO_2^{\bullet}/O_2^{\bullet -}$，H 原子和溶剂化电子的还原性最小化，并补偿$^{\bullet}OH$ 的氧化活性。真空紫外过程中$^{\bullet}OH$ 的产生取决于灯的反应器设计、发射功率和辐照介质的光学性质。由于 VUV 辐射只能穿透亚毫米水层，并且照明溶液的光程长度必须保持在最小值，以避免重要的扩散限制效应，因此照射灯应浸入溶液中，而不是放置在溶液上方[86]。最初，可以使用 VUV 闪光灯对水分子进行光解。VUV 闪光灯通过诱导能量储存来发射辐射，并通过火花隙或氢闸流管进行放电。用于在 VUV 范围内发射的其他灯包括基于 $Xe_2$、XeBr、$Cl_2$、XeCl、KrCl 和 $I_2$ 的准分子或准分子络合物的具有成本效益的激发光灯。来自低压汞蒸气灯的 185 nm 波长下的 VUV 辐射是实验室目前最常用的紫外灯，这有助于水的光解，是废水处理的潜在氧化手段。

2. UV/$H_2O_2$

紫外光耦合 $H_2O_2$ 氧化（UV/$H_2O_2$）系统是一种高效的$^{\bullet}OH$ 源，在紫外线辐射下显著促进$^{\bullet}OH$ 从 $H_2O_2$ 中解离。$H_2O_2$ 吸收太阳光谱中 280 nm 区域中的辐射光，但其吸收可以延伸到 280～400 nm 的太阳光谱区域[87]。因为 300 nm 以上的摩尔吸收系数相当低，并且与其他辐射吸收有机化合物的竞争辐照往往对 $H_2O_2$ 的光解有害。在该技术中，$H_2O_2$ 通过直接 UV 光解在 254 nm 处发生均裂，产生$^{\bullet}OH$，254 nm 处的汞发射线由于成本低而成为最受欢迎的光解源。总之，UV/$H_2O_2$ 是一种在气相和水溶液中产生$^{\bullet}OH$ 的非常有吸引力的方法[88,89]。式(2.74)～式(2.79)中显示了 UV/$H_2O_2$ 系统中可能的传递和终止反应。

$$H_2O_2 \xrightarrow{h\nu} 2^{\bullet}OH \tag{2.74}$$

$$^{\bullet}OH + H_2O_2 \longrightarrow HO_2^{\bullet} + H_2O \quad k = (1.2\sim4.5)\times10^7\ L/(mol\cdot s) \tag{2.75}$$

$$^{\bullet}OH + {}^{\bullet}OH \longrightarrow H_2O_2 \quad k = 6\times10^9\ L/(mol\cdot s) \tag{2.76}$$

$$HO_2^{\bullet} + HO_2^{\bullet} \longrightarrow H_2O_2 + O_2 \quad k = 7.16\times10^5\ L/(mol\cdot s) \tag{2.77}$$

$$HO_2^{\bullet} \longrightarrow H^+ + O_2^{\bullet-} \quad pK_a = 4.8 \tag{2.78}$$

$$O_2^{\bullet-} + O_2^{\bullet-} \longrightarrow O_2 + O_2^{2-} \quad k < 0.3\ L/(mol\cdot s) \tag{2.79}$$

这种极具吸引力的方法使 $H_2O_2$ 光解为两个$^{\bullet}OH$，在气相和水相中的量子产率分别为 2 和 1[式(2-74)]。然而，$H_2O_2$ 在 254 nm 波长照射下的摩尔吸收系数[18.6 L/(mol·cm)]相对较低，导致 $H_2O_2$ 转化率小于 10%。随后，在水溶液中被溶剂分子包围的$^{\bullet}OH$ 不仅作为$^{\bullet}OH$ 清除剂与剩余的 $H_2O_2$ 进一步快速反应[(1.2～4.5) × $10^7$ L/(mol·cm)]并产生 $HO_2^{\bullet}$[式(2.75)]，还能与$^{\bullet}OH$ 自身反应再生成 $H_2O_2$[式(2.76)][90]。在黑暗条件下，$H_2O_2$ 也作为$^{\bullet}OH$ 清除剂，将$^{\bullet}OH$ 转化为 $HO_2^{\bullet}$，其反应速率常数[$1.7\times10^{-12}$ L/(mol·s)]相对较低。$H_2O_2$ 的浓度可以根据$^{\bullet}OH$ 的指数衰减来评估。$^{\bullet}OH$ 浓度的时间过程可以用一级动力学的积分速率定律来描

述。在式(2.75)和式(2.76)中，$^{\bullet}OH$被$H_2O_2$和自身清除，与其他可能的溶质分子竞争，从而对$^{\bullet}OH$的产生和降解过程是不利的。但在式(2.77)中产生的$HO_2^{\bullet}$也可能与$HO_2^{\bullet}$自身反应，从而补充在式(2.74)中循环产生$^{\bullet}OH$的$H_2O_2$剂量。因此，$H_2O_2$在式(2.74)中产生$^{\bullet}OH$的产率将取决于实验条件，特别是$H_2O_2$浓度。UV/$H_2O_2$可以通过上述反应中产生的$^{\bullet}OH$有效降解多种污染物。$H_2O_2$的光解速率随其浓度的增加而达到平衡值，而$^{\bullet}OH$清除则没有。为了最大限度地发挥$^{\bullet}OH$对污染物的降解作用，$H_2O_2$的浓度应保持在最佳值，与其他$^{\bullet}OH$生成相比，其清除$^{\bullet}OH$的能力有限，并且反应在伪稳态条件([$^{\bullet}OH$] ≪[反应物])下进行[91]。在使用UV/$H_2O_2$降解污染物的过程中$^{\bullet}OH$相对稳定，并且具有反应时间短、易于操作、无铁泥形成、COD显著降低等优势。然而，该工艺仅适用于少数污染物，且降解过程可能会在紫外灯上沉淀，需要分离，并且需要专门设计的UV反应器。

3. UV/$O_3$

在过去的几十年里，紫外线辐射和$O_3$(UV/$O_3$)的结合已经建立并充分应用，成为废水、饮用水和娱乐用水的有效处理方法。与直接使用$O_3$氧化相比，UV/$O_3$技术对有机污染物具有更强的矿化能力，其反应过程如下。

$$O_3 \xrightarrow{h\nu<300\text{nm}} O_2 + O(^1D) \tag{2.80}$$

$$O(^1D) + H_2O \longrightarrow H_2O_2 \tag{2.81}$$

$$O(^1D) + H_2O \longrightarrow 2^{\bullet}OH \tag{2.82}$$

如式(2.80)～式(2.82)所示，波长小于300 nm的$O_3$光解产生电子激发的单线态氧原子，其进一步与水分子反应产生$H_2O_2$或两个$^{\bullet}OH$。因此，UV/$O_3$技术的氧化过程也可以由式(2.83)和式(2.84)表示。

$$O_3 + H_2O \xrightarrow{h\nu<300\text{nm}} H_2O_2 + O_2 \tag{2.83}$$

$$O_3 + H_2O \xrightarrow{h\nu<300\text{nm}} 2^{\bullet}OH + O_2 \tag{2.84}$$

然而，在UV/$O_3$系统中，由于笼状复合，只有少量的$H_2O$可以分解为$^{\bullet}OH$[式(2.83)和式(2.84)]，因此$^{\bullet}OH$的量子产率相对较低,仅为0.1。此外，UV/$O_3$系统中$^{\bullet}OH$的形成具有很强的pH依赖性，导致UV/$O_3$对污染物的降解效率可能随pH变化。具体而言，污染物在水中的离解形式取决于pH。同时，pH通过影响$^{\bullet}OH$的产生来影响污染物的去除。例如，有学者研究了pH对$O_3$氧化和光解代表性植物雌激素的影响。pH对这两个过程的影响是相反的。也就是说，增加pH降低了臭氧化速率，但加速了光降解速率。因此，UV/$O_3$技术对污染物降解的 pH 依赖性应综合考虑 pH 对 $O_3$ 分解、污染物解离和光降解速率的影响。此外，相对较高的能量输入也限制了该耦合技术的实际应用。

4. $UV/H_2O_2/O_3$

另一种促进$^{\bullet}OH$ 生成、加速污染物降解的可行技术是在 $UV/O_3$ 体系中添加 $H_2O_2$，构成 $UV/H_2O_2/O_3$ 工艺。$UV/H_2O_2/O_3$ 工艺中涉及的反应如下所示。

$$H_2O_2 \rightleftharpoons HO_2^- + H^+ \tag{2.85}$$

$$2O_3 + H_2O_2 \longrightarrow 2^{\bullet}OH + 3O_2 \tag{2.86}$$

$$^{\bullet}OH + H_2O_2 \longrightarrow HO_2^{\bullet} + H_2O \quad k = 4.2\times10^8\ L/(mol\cdot s) \tag{2.87}$$

添加 $H_2O_2$ 可以几乎瞬间将溶解的 $O_3$ 转化为$^{\bullet}OH$，显著减少 $O_3$ 暴露量(但不是总 $O_3$ 剂量)。由于 $H_2O_2$ 去质子化形成的过氧氢根离子($HO_2^-$)促进 $O_3$ 分解，因此 $H_2O_2$ 的添加增强了$^{\bullet}OH$ 的形成。而且，由于$^{\bullet}OH$ 的形成，$H_2O_2$ 也将发挥其清除自由基的作用[92,93]。也就是说，$O_3/H_2O_2$ 工艺结合了两种氧化剂的氧化优势，使有机污染物可以非选择性氧化降解。为了克服 $UV/H_2O_2$ 技术和单独使用 $O_3$ 的缺点，许多研究对 $UV/H_2O_2/O_3$ 进行了应用评估。集成系统中包含的相关反应是三个独立系统中操作的总和，因此产生的$^{\bullet}OH$ 既来自化学反应，也来自光化学反应。显然，$UV/H_2O_2/O_3$ 比单独的 $O_3$、$O_3/H_2O_2$ 和 $UV/O_3$ 更加有效($UV/H_2O_2/O_3$ > $UV/O_3$ > $O_3$)，并且可以克服任何单一系统的限制[92]。例如，有学者使用不同的方法降解卤代乙腈污染物，发现 $UV/H_2O_2/O_3$ 是去除卤代乙腈最有效的方法，其次是 $UV/H_2O_2$ 和 $UV/O_3$。然而，由于 $H_2O_2$ 也会产生$^{\bullet}OH$ 并参与循环反应，因此在机理分析中$^{\bullet}OH$ 来源的确定将更加复杂。由此可知，在 $UV/H_2O_2/O_3$ 工艺中，$O_3$ 和 $H_2O_2$ 的浓度、pH 和反应时间仍然是影响污染物去除效率的重要因素。

5. $UV/NO_x^-$

近年来，人们研究了硝酸盐($NO_3^-$)和亚硝酸盐($NO_2^-$)光解引起的自由基链式反应以降解污染物。$NO_3^-$或 $NO_2^-$的光解可以产生各种活性氮物种 [如二氧化氮自由基($NO_2^{\bullet}$)、一氧化氮自由基($NO^{\bullet}$)、硝酸根自由基($NO_3^{\bullet}$)和过氧亚硝酸盐($ONOO^-$)]。基于活性氮物种的 AOPs 已被证明能有效降解一些有机污染物。然而，大量实验表明，$NO_3^-$辐射吸收产生的$^{\bullet}OH$ 才是污染物降解的主要原因[94]。在本节中，我们讨论了 $UV/NO_3^-$和 $UV/NO_2^-$产生$^{\bullet}OH$ 的各种路径。

$NO_3^-$广泛分布于废水、地表水和地下水中，浓度在 0.71～7.14 mmol/L 之间。作为一种光敏化剂，$NO_3^-$可以吸收 UVC 和 UVB 范围内的辐射，通过各种路径产生活性氮物种和$^{\bullet}OH$。影响这些路径的主要因素是波长、pH 和温度。

$NO_3^-$光解在不同波长间隔下形成$^{\bullet}OH$ 的一般路径概述如下。

$$NO_3^- \xrightarrow{h\nu} O^{\bullet-} + NO_2^{\bullet} \quad \Phi=0.01 \sim 0.2 \tag{2.88}$$

$$O^{\bullet-} + H_2O \longrightarrow {}^{\bullet}OH + OH^- \quad pK_a = 11.9 \tag{2.89}$$

$$NO_3^- + H^+ \xrightarrow{h\nu} {}^{\bullet}OH + NO_2^{\bullet} \quad k = 8.5 \times 10^{-7}\ s^{-1} \tag{2.90}$$

$$2NO_2^{\bullet} \longrightarrow N_2O_4 \quad k = 4.5 \times 10^{8}\ s^{-1} \tag{2.91}$$

$$N_2O_4 + H_2O \longrightarrow NO_3^- + NO_2^- + 2H^+ \quad k = 1.\times 10^{3}\ s^{-1} \tag{2.92}$$

$$NO_3^- \xrightarrow{h\nu} NO_2^- + O(^3P) \tag{2.93}$$

$$NO_2^- + {}^{\bullet}OH \longrightarrow NO_2^{\bullet} + OH^- \quad k = 10.0 \times 10^{10}\ L/(mol \cdot s) \tag{2.94}$$

$$O(^3P) + O_2 \longrightarrow O_3 \tag{2.95}$$

$$NO_3^- \xrightarrow{h\nu} ONOO^- \tag{2.96}$$

$$ONOO^- + H^+ \longrightarrow ONOOH \quad pK_a = 6.5 \tag{2.97}$$

$$ONOOH \rightleftharpoons {}^{\bullet}OH + NO_2^{\bullet} \tag{2.98}$$

在 200～420 nm 的波长范围内，$NO_3^-$光解将产生 $O^{\bullet-}$和 $NO_2^{\bullet}$ [式(2.88)]。$O^{\bullet-}$和 $NO_2^{\bullet}$最初在水分子中形成，然后在合适的条件下重组为 $NO_3^-$或扩散到溶液中产生$^{\bullet}OH$。事实上，$O^{\bullet-}$和 $NO_2^{\bullet}$在水中重组为 $NO_3^-$的速率比它们扩散到溶液中的速率快，因此[$O^{\bullet-}$+$NO_2^{\bullet}$]的量子产率将比$^{\bullet}OH$ 的量子产率高 3～5 倍[94,95]。$O^{\bullet-}$、$NO_2^{\bullet}$和$^{\bullet}OH$ 的量子产率随波长变化。研究表明，尽管 $NO_3^-$在 254 nm 处的摩尔吸收光谱弱于其他波长，但在 $NO_3^-$的紫外光解过程中，254 nm 处$^{\bullet}OH$ 的量子产率高于其他波长。$O^{\bullet-}$通过水解产生$^{\bullet}OH$[式(2.89)]，且$^{\bullet}OH$ 的 $pK_a \approx 12$，因此，$O^{\bullet-}$的共轭碱在较低的 pH 下轻微存在，也不表现出显著的 pH 依赖性[96]。在不同的活性氮物种中，$NO_2^{\bullet}$表现出较强的氧化能力，不仅通过电子转移、脱氢和/或自由基加成对具有供电子部分的污染物表现出优异的氧化选择性，而且是$^{\bullet}OH$ 的主要来源。式(2.88)～式(2.94)中的光解过程通常发生在 280 nm 波长以下。在该过程中，紫外线对 $NO_3^-$的还原较弱，形成无机氮，导致 $NO_2^{\bullet}$的过量消耗，而不是产生$^{\bullet}OH$ 的重要路径。实际上，$NO_3^-$光解的许多可能路径大多数存在于 280 nm 波长以上。在 280～420 nm 内，$NO_3^-$光解可以产生 $NO_2^-$和三线态激发氧[$O(^3P)$]，并且产生的 $NO_2^-$具有强烈转化为 $NO_2^{\bullet}$的趋势，这也促进了$^{\bullet}OH$ 的产生[94,95]。此外，在该波长范围内 $NO_3^-$光解也可导致过氧亚硝酸盐($ONOOH/ONOO^-$)的形成[式(2.95)～式(2.98)]。ONOOH 分解可产生$^{\bullet}OH$ 和 $NO_2^{\bullet}$，而 $ONOO^-$不能进一步产生$^{\bullet}OH$。活性自由基的产生受到 ONOOH 不完全分解的限制。有趣的是，据报道在酸性溶液中有利于 ONOOH($pK_a = 6.5$)的形成，进而分解成更多的 $NO_2^{\bullet}$和$^{\bullet}OH$，表明在酸性条件下$^{\bullet}OH$ 浓度增加。考虑到$^{\bullet}OH$ 在酸性条件下的氧化还原电位高于在碱性和中性条件下的氧化还原电位，因而在碱性下降解效率降低的一个可能原因是$^{\bullet}OH$ 的氧化还原电位下降。

$NO_2^-$通常被认为是一种不利于反应的副产物，因为其与$^{\bullet}OH$ 的高反应速率常数阻碍了$^{\bullet}OH$ 与目标污染物的反应。$NO_2^-$形成的主要机制是 $NO_3^-$的直接光解或 VUV 光解产生的物种。因此，环境中 $NO_2^-$的产生主要是由于 $NO_3^-$的还原，少部分是由于水中有机污染物的降解。地表水中 $NO_2^-$的典型浓度约为 $2\times10^{-6}$ mol/L，通常比 $NO_3^-$低 1～3 个数量级。然而，由于微生物硝化和反硝化过程，城市污水处理厂污水中的 $NO_2^-$浓度可能会高得多。尽管如此，作为一种众所周知的光敏化剂，$NO_2^-$在紫外线范围内的吸光度高于 $NO_3^-$，这使其成为一种潜在的竞争性氧化剂。在人工或太阳光辐射下，它还会产生一系列活性氮物种和$^{\bullet}OH$，并在削减地表水、废水中的微量有机污染物方面发挥重要作用。一些研究表明，在 UV 辐射下，$NO_2^-$光解产生$^{\bullet}OH$ 的量子产率与 $NO_3^-$光解的量子产率相当[97,98]。因此，最近重新评估了 $NO_2^-$的光敏化及其在环境污染物转化中的作用。事实上，$NO_2^-$在紫外线范围内有三个吸收带，最强的辐射吸收发生在 UVC 和 UVA 中，最弱的出现在横跨 UVC 和 UVB 的吸收带，仅产生 270～300 nm 之间的肩峰[97,98]。由于存在多个吸收带，在 $NO_2^-$光解过程中产生$^{\bullet}OH$ 的量子产率随着波长的变化而变化，例如小于等于 300 nm 波长的量子产率约 0.065，350 nm 波长以上的量子产率约 0.025。$NO_2^-$光解产生活性物种的过程大致可以描述如下。

$$NO_2^- \xrightarrow{h\nu} O^{\bullet-} + NO^{\bullet} \tag{2.99}$$

$$NO_2^- \xrightarrow{h\nu} NO_2^{\bullet} + e^- \tag{2.100}$$

$$NO_2^- \xrightarrow{h\nu} ONO^- \tag{2.101}$$

$$ONO^- + H^+ \longrightarrow HONO \quad pK_a \approx 3.3 \tag{2.102}$$

$$ONOH \rightleftharpoons {}^{\bullet}OH + NO^{\bullet} \tag{2.103}$$

$NO_2^-$在光解作用下产生 $O^{\bullet-}$和$^{\bullet}NO$[式(2.99)]，或 $NO_2^{\bullet}$和 $e^-$[式(2.100)，量子产率小于 $10^{-3}$]。类似地，$O^{\bullet-}$水解生成$^{\bullet}OH$ 和 $OH^-$[式(2.89)]，并且该反应仅在碱性范围内受到 pH 的影响，而在中性环境下趋向于形成$^{\bullet}OH$。此外，$NO_2^-$仍将作

为自由基清除剂与$^{\bullet}OH$反应产生$NO_2^{\bullet}$。当$NO_2^-$受光照射时，可以有效地驱动典型芳香烃分子转化为硝基衍生物。当然，由于 HONO 和$NO_2^-$之间的酸碱平衡（$pK_a \approx 3.3$），在酸性范围内仍然可以观察到 pH 对$NO_2^-$光解的影响。HONO/$NO_2^-$光解过程中形成的$^{\bullet}OH$在 pH≤5 时显著增加。最重要的是，$^{\bullet}OH$主要来源于大气和室内空气环境中的 HONO 光解，也是酚类化合物在暗环境中的有效硝化剂。据报道，HONO 光解在大气中产生 30%～60%的$^{\bullet}OH$[97,98]。$NO_2^-$光解产生$^{\bullet}OH$和活性氮物种的主要结果不仅促进有机化合物的羟基化，还促进其硝化和亚硝化。增加$NO_2^-$浓度对其诱导的光硝化和光亚硝化反应非常有利，同时，硝化反应可能会受其他$^{\bullet}OH$清除剂的抑制。

6. UV/氯胺工艺

氯胺（$NH_2Cl$）由于稳定性，是一种理想的消毒剂，在市政管网系统中产生持久的余氯。此外，氯胺在降低消毒副产物生成潜能方面显示出优越性，通常用作消毒剂替代品。然而，氯胺与有机物的活性相对较低，导致污染物在短时间内的降解效率不高。近年来，UV/氯胺处理因去除痕量污染物的高效率和控制消毒副产物生成潜能的优势而受到越来越多的关注。胺自由基始终是氯胺的主要有效物种。据报道，如式（2.104）所示，UV/氯胺处理可以产生胺自由基（$NH_2^{\bullet}$）和氯原子自由基（$Cl^{\bullet}$）。$Cl^{\bullet}$可以通过与$OH^-$反应先转化为$^{\bullet}OH$，然后解离为$ClOH^{\bullet-}$，或转化为二氯自由基（$Cl_2^{\bullet-}$）。先前的研究表明，虽然$NH_2^{\bullet}$的氧化还原电位比$^{\bullet}OH$更低，但是$NH_2^{\bullet}$能够氧化废水中的抗生素并产生$NH_2$-加合物[99-101]。此外，当溶液 pH 低于 8.5 时，$NH_2Cl$可以转化为二氯胺（$NHCl_2$）和三氯胺（$NCl_3$），也可能在紫外照射下形成活性物种。如今，UV/氯胺是一种有效去除微量污染物的 AOPs。

$$NH_2Cl \xrightarrow{h\nu} NH_2^{\bullet} + Cl^{\bullet} \tag{2.104}$$

$$NHCl_2 \xrightarrow{h\nu} NH^{\bullet} + Cl^{\bullet} \tag{2.105}$$

$$Cl^{\bullet} + H_2O \rightleftharpoons ClOH^{\bullet-} \tag{2.106}$$

$$Cl^{\bullet} + OH^- \rightleftharpoons ClOH^{\bullet-} \tag{2.107}$$

$$ClOH^{\bullet-} \rightleftharpoons {}^{\bullet}OH + Cl^- \tag{2.108}$$

7. UV/过氧乙酸

过氧乙酸（PAA）是一种有机过氧酸，广泛用于消毒剂、漂白剂、杀菌剂、氧化剂和聚合催化剂。除此之外，由于其高氧化还原电位，PAA 还具有降解水中有机微污染物的潜力。PAA 的平衡状态为 PAA、乙酸、$H_2O_2$和水的混合物，在市场上可获得的商业 PAA 试剂中，PAA 与 $H_2O_2$ 的摩尔比通常为 0.1～3.0[102]。$H_2O_2$ 也有助于混合物的稳定存在和提高$^{\bullet}OH$ 的形成。最近研究拓展到基于 PAA 的 AOPs，通过使用外部能量来活化以产生 ROS，在这些能量来源中，UV 是最常用的活化 PAA 的方法。PAA 活化最常用的紫外光波长为 254 nm，可以从低压汞灯中轻易获得。

PAA 水溶液的紫外吸收光谱的总体曲线与 $H_2O_2$ 相似，但总体吸光度略低。有学者通过引入过量的 TBA 抑制 PAA 与$^{\bullet}OH$ 的反应来确定 PAA 的量子产率。PAA 的中性形态(PAA)和去质子化形态($PAA^-$)在 254 nm 处的量子产率分别为 1.20 和 2.09。根据式(2.109)，紫外光照射 PAA 会导致 O—O 键均裂，产生$^{\bullet}OH$ 和乙酰氧基自由基[$CH_3C(O)O^{\bullet}$]。这是 UV/PAA 工艺中活性自由基形成的第一步和限速步骤。随后，$^{\bullet}OH$ 和 $CH_3C(O)O^{\bullet}$都能进一步与 PAA 或乙酸发生反应，产生二级活性自由基。$^{\bullet}OH$ 可以通过质子提取来攻击 PAA，生成过氧乙酰自由基[$CH_3C(O)OO^{\bullet}$][式(2.110)]。此外，$CH_3C(O)O^{\bullet}$还可以从 PAA 中提取氢原子生成 $CH_3C(O)OO^{\bullet}$和乙酸[式(2.111)]，此外，由于缺乏 $\alpha$-H，形成的 $CH_3C(O)OO^{\bullet}$可以经历双分子衰变循环转化为 $CH_3C(O)O^{\bullet}$。根据先前的研究，预计形成的 $CH_3C(O)O^{\bullet}$将经历自由基耦合反应生成 PAA，因此部分重启氧化循环。然而，有学者指出，$CH_3C(O)O^{\bullet}$和$^{\bullet}OH$ 之间的反应对整个反应路径的影响并不显著，这是基于两种物质在平衡 PAA 溶液中较低的稳态浓度。$H_2O_2$ 和乙酸的存在，新自由基的形成增加了 UV/PAA 机制的复杂性，一些研究提出了 $H_2O_2$ 和乙酸盐离子存在下 UV/PAA 的反应机制。

$$CH_3C(O)OOH \xrightarrow{h\nu} CH_3C(O)O^{\bullet} + {}^{\bullet}OH \tag{2.109}$$

$$CH_3C(O)OOH + {}^{\bullet}OH \longrightarrow CH_3C(O)OO^{\bullet} + H_2O \tag{2.110}$$

$$CH_3C(O)OOH + CH_3C(O)O^{\bullet} \longrightarrow CH_3C(O)OO^{\bullet} + CH_3C(O)OH \tag{2.111}$$

$$CH_3C(O)OO^{\bullet} + CH_3C(O)OO^{\bullet} \longrightarrow 2CH_3C(O)O^{\bullet} + O_2 \tag{2.112}$$

### 2.3.5 光催化

光催化已被证明是产生$^{\bullet}OH$ 的最有效方法之一，因为它只需要半导体材料与太阳光或人造光的相互作用，将取之不尽的太阳能可持续地转化为化学能来触发环境污染物的降解[103]。光催化剂通常被定义为一种半导体材料，在光辐照后，当辐照能量高于带隙能量时，电子从价带跃迁到导带上。然后，光生电子与空穴之间极强的静电库仑力将它们吸引在一起，导致在 $10^{-10}$～$10^{-9}$ s 内完成光催化剂的本体或表面复合。在此过程中，分离的光生电子($e^-$)与氧分子反应生成 $O_2^{\bullet-}$，价带中相应的光生空穴（$h^+$）氧化 $H_2O$ 生成$^{\bullet}OH$[104]。如果价带（VB）的带隙和位置与两电子氧化过程的氧化还原电位适当，则有可能生成 $H_2O_2$，特别是含铁氮共掺杂碳结构的催化剂容易生成 $H_2O_2$[105-107]。$^{\bullet}OH$ 在此基础上的可能生成路径如式（2.113）～式（2.118）所示。

$$\text{光催化剂} + h\nu \longrightarrow e^- + h^+ \tag{2.113}$$

$$e^- + h^+ \longrightarrow \text{热能/动能/光能} \tag{2.114}$$

$$e^- + O_2 \longrightarrow O_2^{\bullet -} \tag{2.115}$$

$$h^+ + H_2O \longrightarrow H^+ + {}^{\bullet}OH \tag{2.116}$$

$$2{}^{\bullet}OH + 2e^- \longrightarrow H_2O_2 \tag{2.117}$$

$$h\nu + H_2O_2 \longrightarrow 2{}^{\bullet}OH \tag{2.118}$$

以 $Tb_2O_3/Ag_2Mo_2O_7$ 异质结光催化材料为例，其产生$^{\bullet}OH$ 及氧化降解污染物的过程具体如下。在可见光照射下，$Ag_2Mo_2O_7$ 受光激发产生光生电子-空穴对（$e^-$-$h^+$），然后其导带上的光生电子很容易转移到异质结构中的 $Tb_2O_3$ 上。光生空穴（$h^+$）仍保留在 $Ag_2Mo_2O_7$ 的价带上以氧化污染物。由于 $Ag_2Mo_2O_7$ 的价带电位合适，剩余的 $h^+$可以氧化 $OH^-$为$^{\bullet}OH$[108]。此外，考虑到 $Tb^{4+}/Tb^{3+}$的氧化还原反应[$E^0$（$Tb^{4+}/Tb^{3+}$） = 0.34 V]，积聚在 $Tb_2O_3$ 表面的电子可被 $Tb^{4+}/Tb^{3+}$对捕获，在 $Tb^{4+}/Tb^{3+}$氧化还原中心捕获/释放电子的过程中，吸收的 $OH^-$可被 $Tb^{4+}$氧化生成$^{\bullet}OH$[109]。除此之外，$Ag_2Mo_2O_7$ 在导带中残留的电子可以将吸收的 $O_2$ 还原为 $O_2^{\bullet -}$，生成的 $O_2^{\bullet -}$不仅可以直接降解有机污染物，而且是$^{\bullet}OH$ 的前体来源[110]。吸附在催化剂表面的 $H^+$与 $O_2^{\bullet -}$和 $e^-$反应生成$^{\bullet}OH$[111]。随后，$^{\bullet}OH$ 可以贡献有机污染物的光降解。

### 2.3.6　声解

超声波辐照水溶液产生空化气泡，通过内爆引起的高温高压热解气相水分子，从而有效地破坏各种有机和无机污染物。超声已被证明对挥发性和疏水性化合物特别有效，因为它们可以迅速分裂成气泡或界面鞘。超声与臭氧化的耦合为提高 $O_3$ 的氧化能力提供了另一种可能性。与其他基于臭氧的 AOPs 一样，$^{\bullet}OH$ 是由 $O_3$ 分解产生的。有趣的是，$O_3$ 在空化气泡的气相中被超声热分解，如下式所示。

$$O_3 + ))) \longrightarrow O_2 + O(^3P) \tag{2.119}$$

$$O_3 + O(^3P) \longrightarrow 2O_2 \tag{2.120}$$

$$O(^3P) + H_2O \longrightarrow 2^{\bullet}OH \tag{2.121}$$

其中，“)))”指超声辐照。超声引发 $O_3$ 反应生成氧原子[$O(^3P)$]，氧原子与水反应生成$^{\bullet}OH$，即理论上每消耗一摩尔 $O_3$ 分子就会形成两摩尔$^{\bullet}OH$[式(2.119)和式(2.121)]。上述反应顺序发生在空化气泡的气相中，然后相应的产物迁移到气泡的界面鞘中。随后，它们被转移到水相。在臭氧化与超声结合的过程中，在超声波传播方向上形成能量梯度，导致液体介质湍流，从而减小 $O_3$ 气泡液膜厚度，提高传质速率。然而，$O_3$ 也可能被气泡内或附近的 $O(^3P)$[式(2.120)]或其他活性物种消耗，从而降低$^{\bullet}OH$ 的产率。

微纳气泡(MNBs)可以认为是空化的另一种表现。MNBs 是指直径在 200 nm 到 10 μm 之间的微小气泡，由于其在水中上升速度慢、稳定性高、表面负电荷、试剂利用率高、传质效率高、氧化能力强、处理系统简单等特点，逐渐受到人们关注。MNBs 具有较大的比表面积和优异的气体溶解能力，由于其高内压，因此可以作为“气库”，在水溶液中溶解更多的气体，如氧气或臭氧。宏观气泡在水中快速上升并在液体表面破裂，而溶解在 MNBs 中的气体由于气泡破裂而发生热分解，在气-液界面处产生$^{\bullet}OH$ 等活性氧物种[112,113]。$O_3$/MNBs 技术增加了 $O_3$ 的传质和分解速率，产生了更多的$^{\bullet}OH$，克服了常规臭氧化在废水处理中的局限性。因此，在过去的二十年中，$O_3$/MNBs 因提高气体溶解度和生成$^{\bullet}OH$ 的能力而被广泛应用于各领域，特别是环境工程领域。有研究人员观察到 $O_3$/MNBs 在 2 h 内的苯酚去除率为 73%，而常规臭氧化的去除率仅为 16%。其他研究人员发现，与气泡曝气相比，微纳气泡曝气在 pH 为 7.0 时，仅分别消耗 25%和 50%的 $O_3$ 即可去除 80%的苯酚和 70%的硝基苯。因此，$O_3$/MNBs 技术可以显著提高污染物的去除率似乎是毋庸置疑的。尽管人们一直认为 MNBs 促进了更多$^{\bullet}OH$ 的产生，并增强了污染物的去除，但最近的研究对此提出一些异议。有学者通过探针动力学方法证明，在 $O_3$/MNBs 条件下，生产废水中土霉素的选择性增强主要是由于 $^1O_2$ 氧化。甚至，也有人发现 $O_3$/MNBs 体系中$^{\bullet}OH$ 的产率并没有增加。研究人员通过实验证明，在相同的 $O_3$ 暴露条件下，$O_3$/MNBs 氧化与常规臭氧化工艺中$^{\bullet}OH$ 的产率几乎相同。并且证明了在 pH 为 6、7 和 8 时，MNBs 断裂产生的$^{\bullet}OH$ 可以忽略不计或不存在。也就是说，$^{\bullet}OH$ 的生成只与 $O_3$ 的自分解过程直接相关[114]。$^{\bullet}OH$ 的产率不仅与体系的有效 $O_3$ 剂量有关，而且与 pH 有很强的依赖性。未来的 MNBs 实验设计应关注这些因素，以促进$^{\bullet}OH$ 的暴露浓度增加。因此，为了促进$^{\bullet}OH$ 的生成，合理提出 $O_3$/MNBs 体系中有机污染物的降解机理，有必要严格控制实验条件，准确测定$^{\bullet}OH$ 的生成和定量分析。

### 2.3.7 阳极氧化

在电解过程中，水分子在阳极被氧化，导致活性自由基的形成，而氢气在阴极产生，不参与污染物的去除。因此，电化学法在废水处理中的应用主要集中在阳极氧化法。已有研究表明，电极材料通过影响氧化效果、降解路径和反应机理，在电化学氧化过程中起关键作用。根据阳极表面形成$^{\bullet}OH$的不同类型以及不同电极材料的性质，分别建立了活性电极和非活性电极[115]。对于活性电极，如由混合金属氧化物构成的电极[也称为尺寸稳定阳极(DSA)]，其中钌、铱和铂等元素的氧化物被涂覆在钛板或栅格等支撑物上，通过吸附的羟基物种($OH^*$)和阳极之间的相互作用，可以在电极表面产生化学吸附的活性氧(此处表示为 MO)。随后，MO 作为介质选择性氧化电极表面的有机化合物(R)[式(2.122)～式(2.124)]。从富含$^{18}O$ 的水中检测到 $IrO_2$、$RuO_2$和 NiOOH 电极中的$^{18}O$，为 MO/M 氧化还原对的形成提供了证据，表明氧化物电极外表面的晶格氧参与了氧交换反应。然而，由于 MO 在这些活性电极表面位置的氧化能力有限，有机污染物极有可能部分矿化，这将导致在处理过程中形成有毒副产物。例如，异丙醇可以在 $IrO_2$/Ti 电极表面1.6 V 下氧化，最终产物丙酮的定向产生超过90%，而使用硼掺金刚石电极时，在类似的实验条件下最终产物是 $CO_2$。此外，大多数“活性”电极材料涉及贵金属，这是不经济和昂贵的。因此，大多数“活性”电极材料不太可能在大规模水处理中实际应用。对于“非活性”电极，如硼掺金刚石电极、Sn($SnO_2$)和 Pb($PbO_2$)等电极，由于 $OH^*$与“非活性”电极表面的相互作用相对较弱，形成的 $OH^*$很可能解吸并转化为溶剂中的羟基自由基[$^{\bullet}OH_{(aq)}$][式(2.125)]。因此，这些$^{\bullet}OH$ 无选择地将有机物完全氧化为 $CO_2$[式(2.126)]。

$$M + H_2O \longrightarrow M(OH^*) + H^+ + e^- \tag{2.122}$$

$$M(OH^*) \longrightarrow MO + H^+ + e^- \tag{2.123}$$

$$MO + R \longrightarrow M + RO \tag{2.124}$$

$$M(OH^*) \longrightarrow M + OH^*_{(aq)} + {}^* \tag{2.125}$$

$$^{\bullet}OH_{(aq)} + R \longrightarrow M + CO_2 + H_2O + H^+ + e^- \tag{2.126}$$

然而，在实际中，没有一种电极材料表现出绝无仅有的活性或非活性行为，只是一种优于另一种。一些研究表明，金刚石阳极在某些情况下表现出双重行为[116]。

由式(2.127)～式(2.129)可知，水在电化学反应器的阳极分别通过单电子、双电子或四电子转移反应生成$^{\bullet}OH$、$H_2O_2$ 或 $O_2$。吸附的 $OH^*$都是在不同的电子转移机制下由阳极上 HO—H 键的裂解形成的，这一过程的自由能垒($\Delta G_{OH^*}$)受电极材料性质的影响[117]。当 $\Delta G_{OH^*} \geqslant 2.7$ eV($^{\bullet}OH_{(aq)}$所需的能量)时，单电子氧化过程很可能生成$^{\bullet}OH_{(aq)}$。当 $\Delta G_{OH^*} < 2.7$ eV 和 $\Delta G_{OH^*} > 3.5$ eV(水氧化为 $H_2O_2$ 所需的能量)时，生成 $H_2O_2$ 的双电子氧化过程占主导地位。当 $\Delta G_{OH^*} < 2.7$ eV 和 $\Delta G_{OH^*} < 3.5$ eV 时，$O_2$ 路径占主导地位[117]。阳极的 $\Delta G_{OH^*}$决定了表面结合 $OH^*$ 或$^{\bullet}OH_{(aq)}$的生成是否在阳极表面热力学上有利。低 $\Delta G_{OH^*}$值的阳极有很强的形成表面结合 $OH^*$的倾向，而高析氧电位的阳极通常有很强的$^{\bullet}OH_{(aq)}$生成能力，因为这些阳极的 $\Delta G_{OH^*}$接近 2.7 eV。较高的析氧电位使 $O_2$ 生成更加困难，从而提高了生成$^{\bullet}OH_{(aq)}$的法拉第效率[117]。通过操纵本征表面电子构型来抑制阳极表面的 $O_2$ 生成和/或降低 $\Delta G_{OH^*}$值，可以被认为是设计非常适合生成$^{\bullet}OH_{(aq)}$的阳极的有效手段。

$$H_2O \longrightarrow {}^{\bullet}OH + (H^+ + e^-) \quad E^0 = 2.7\ V \tag{2.127}$$

$$H_2O + * \longrightarrow {}^{*}OH + (H^+ + e^-) \tag{2.127a}$$

$$^{*}OH \longrightarrow {}^{\bullet}OH + * \tag{2.127b}$$

$$2H_2O \longrightarrow H_2O_2 + 2(H^+ + e^-) \quad E^0 = 1.76\ V \tag{2.128}$$

$$2H_2O \longrightarrow O_2 + 4(H^+ + e^-) \quad E^0 = 1.32\ V \tag{2.129}$$

由于 $\Delta G_{OH^*}$难以通过实验测定，O 和$^{\bullet}OH$ 吸附能之间可能存在内在关系，因此阳极氧化通常使用高析氧电位的阳极材料(如掺硼金刚石电极 2.8 V，$Ti_4O_7$ 电极 2.2～2.6 V 和 $SnO_2$ 电极 1.9～2.2 V)。上述阳极材料的能耗成本相对较高，因此有研究人员在稀电解液(5 mol/L 磷酸二氢钾)中，采用 4～16 μm 的 Magnéli 相亚氧化钛颗粒作为阳极材料，建立了一种新的流动阳极体系(1.5 V)，为低成本水处理技术提供了新的方向。重要的是，析氧反应电位一直被认为是评价电极氧化性能的关键参数指标。析氧电位越高，$^{\bullet}OH$ 的生成速度越快，即电化学性能越高。较高的析氧电位不仅会阻碍 $O_2$ 的生成，还会提高$^{\bullet}OH$ 生成的法拉第效率。因此，通过控制表面本征电子构型来抑制阳极表面 $O_2$ 的生成和降低 $\Delta G_{OH^*}$值被认为是在阳极产生$^{\bullet}OH$ 的有效手段。也就是说，阳极氧化的$^{\bullet}OH$ 自生成机理主要取决于电极表面和有机化合物表面的晶格结构、晶粒尺寸、晶面和官能团之间的相互作用等。此外，当考虑到电解质类型和浓度、pH、电极表面状态、外加电位等因素时，$^{\bullet}OH$ 的生产过程会变得更加复杂。

近年来，人们对表面 $OH^*$的利用进行了一些研究，研究表明，在这种过程中消耗的能量与传统的去污技术相当。例如，研究人员对 $TiO_2$ 颗粒进行了晶面定制以氧化苯酚，结果表明苯酚主要通过表面结合$^{\bullet}$OH 和具有(001)晶面的 $TiO_2$/Ti 电极上的直接电子转移来降解。另有研究人员利用 Au-Pd 纳米颗粒作为非均相催化剂氧化甲苯，结果表明，表面结合的氧中心自由基在活化甲苯中起关键作用。在阳极氧化中，表面结合$^{\bullet}$OH 在降解污染物过程中发挥重要作用，因此，电极材料的设计将更趋向于促进表面 $OH^{*}$的利用。

## 2.4　羟基自由基的检测方法

### 2.4.1　电子顺磁共振法

人们普遍认为，电子顺磁共振(EPR)技术通过在 EPR 光谱仪中观察未配对电子在外部磁场影响下的行为，提供了直接快速检测活性氧物种的可能性。当一个不成对的电子被置于磁场时，电子磁矩的作用如同细小的磁棒或磁针，由于电子的自旋量子数为 1/2，故电子在外磁场中只有两种取向，可以获得关于顺磁性物质结构和键合的详细信息。然而，$^{\bullet}$OH 的短寿命性质使它们的反应速率通常接近扩散速率控制极限，导致其直接 EPR 检测相当困难。因此，通过向反应体系中添加对自由基具有高亲和力的抗磁性受体试剂(自旋陷阱)，可以产生足够稳定和持久的顺磁性加合物(或称自旋加合物)，从而在室温下通过 EPR 光谱识别最初捕获的自由基[78, 118, 119]。5,5-二甲基-1-吡咯啉-*N*-氧化物(DMPO)是 AOPs 最常见的$^{\bullet}$OH 自旋捕获剂，因为它与$^{\bullet}$OH 的反应具有高选择性，生成的 DMPO-$^{\bullet}$OH 加合物可以通过 EPR 检测[78, 118, 119]，DMPO-$^{\bullet}$OH 的特征峰强度比为 1∶2∶2∶1[119]。简而言之，在 AOPs 过程中连续产生(或消耗)的目标 ROS 的一部分将被捕获剂捕获，形成稳定的产物并通过 EPR 进行测定。因此，在许多研究中，AOPs 中捕获产物的 EPR 信号比传统的臭氧化反应的 EPR 信号更强的现象通常被用来证明在催化剂或组合技术的存在下增强的 ROS 生成。例如，$O_3/MnO_2$ 和 $O_3$/PMS 系统中 DMPO-$^{\bullet}$OH 光谱信号强于单个 $O_3$ 系统，证明$^{\bullet}$OH 是该氧化过程中产生的主要自由基。

尽管如此，近年来研究人员认为，添加高浓度的捕获剂可能会改变反应系统中各种 ROS 的状态。一方面，一些研究人员认为，自旋产物 DMPO-$^{\bullet}$OH 的存在不能直接证明$^{\bullet}$OH 的存在。例如，在 $O_3$/PMS 系统中，$^{\bullet}$OH 和 $SO_4^{\bullet -}$共存。DMPO 不仅捕获$^{\bullet}$OH，还可能捕获 $SO_4^{\bullet -}$。DMPO-$SO_4^{\bullet -}$可以在 5 min 内快速转化为 DMPO-$^{\bullet}$OH[120]。此外，EPR 在 $O_3$/芬顿反应体系中的应用也被证明是有争议的。例如，DMPO-$^{\bullet}$OH 加合物可以在没有$^{\bullet}$OH 的情况下通过 DMPO-$O_2^{\bullet -}$加合物的衰变产生，或者实际的 DMPO-$^{\bullet}$OH 加合物被 Fe(Ⅲ)和 $O_2^{\bullet -}/HO_2^{\bullet}$的相互作用破坏，从而导致无$^{\bullet}$OH 形成的错误结论[121]。在这种情况下，仅根据 EPR 的结果，判断$^{\bullet}$OH 的形成及其在难降解化合物降解中的主要作用可能是错误的。最重要的是，添加高浓度的捕获剂可能会显著改变反应系统中各种 ROS 的状态。从 2.3 节中$^{\bullet}$OH 的多个生成路径可以看出，AOPs 中 ROS 是相互关联的。当一种 ROS 被捕获时，其他 ROS 的产生和转化可能会受到影响。此外，由于许多工艺和环境参数的影响，如捕获剂和有机污染物的浓度，目标 ROS 不会被完全捕获。当生成捕获产物时，其可以在反应、检测和分析过程中被氧化剂和/或各种 ROS 进一步转化。换句话说，EPR 分析中检测到的自旋产物的浓度实际上是所形成的自旋产物与 ROS 进一步转化的自旋产物之间的差值，这与实际处理过程中目标活性氧的累积浓度不一定成比例。显然，EPR 信号的强度可能受到各种因素的影响，如反应时间、捕获产物的稳定性、样品中 $O_3$ 和 ROS 的残留浓度以及样品分析前的等待时间。这些因素的不确定性使得几乎不可能通过基于 EPR 分析中检出的捕获产物的信号强度来估计 AOPs 系统中 ROS 的真实浓度。

为了减少 EPR 分析中采样和测量之间的间隔所造成的不确定性，最近的一些研究提出了原位操作 EPR 技术在催化臭氧化过程中捕获瞬态表面相关的 ROS[122,123]，研究了该技术中 EPR 光谱随时间的变化，以避免捕获产物中的跃迁引起的误解。然而，尽管避免了时间的影响，但这种方法仍然需要向系统中添加高浓度的捕获剂，这可能会改变前面讨论的 AOPs 系统的链式反应，并导致氧化机制的变化。因此，EPR 技术更适合作为定性检测方法来确定$^{\bullet}$OH 的存在，但不能作为定量表征手段。

### 2.4.2　猝灭法

猝灭法是通过向反应体系中添加高浓度的$^{\bullet}$OH 猝灭剂(至少为摩尔浓度)，然后比较添加$^{\bullet}$OH 猝灭剂前后污染物去除效率的变化，来评估$^{\bullet}$OH 对污染物去除的贡献。由于添加的高浓度猝灭剂与目标 ROS 的快速反应动力学，系统中的目标 ROS 几乎可以完全猝灭。因此，在 ROS 猝灭剂存在的情况下，污染物去除效率的变化似乎直接归因于 ROS 猝灭，并且可以合理推断，污染物降解的减少越大，ROS 对污染物降解的贡献就越高。基于简单的实验设计和对结果的直观解释，猝灭法在评估 AOPs 中 ROS 的作用越来越受欢迎。许多化合物已被用于猝灭不同的目标 ROS，以评估它们在降解污染物中的作用。这些猝灭剂包括叔丁醇(TBA)、对苯醌(*p*-BQ)、甲醇(MeOH)、碳酸盐($HCO_3^-/CO_3^{2-}$)、碘化钾(KI)、4-氯-7-硝基苯并-2-氧杂-1,3-二唑(NBD-Cl)、二甲基亚砜(DMSO)等。AOPs 中使用的常见$^{\bullet}$OH 猝灭剂及其反应特性如表 2.3 所示。

**表 2.3 典型捕获剂、猝灭剂和探针及其在 AOPs 中的特性**

| 功能 | 化合物 | 目标自由基 | $k_{O_3}$ [L/(mol·s)] | $k_{\cdot OH}$ [L/(mol·s)] | 特征 | 参考文献 |
|---|---|---|---|---|---|---|
| 捕获剂 | DMPO | ˙OH，$O_2^{\cdot-}$，$SO_4^{\cdot-}$ | N.a.* | $4.3\times10^9$ | 不稳定的[DMPO-˙OH]信号容易被某些离子(如 $Fe^{2+}$、$PO_4^{3-}$)猝灭 | [124] |
| | 对苯二甲酸(TA) | ˙OH | 0.04 | $3.3\times10^9$ | 生成化学发光的 2-˙OH-TA | [125] |
| | 香豆素 | ˙OH | 76.7 | $2\times10^9$ | 7-˙OH 香豆素具有强荧光性，可用于区分自由基和非自由基机制 | [126] |
| | 苯甲酸(BA) | ˙OH | 0.05 | $4.3\times10^9$ | BA 被˙OH 氧化为羟基苯甲酸(*p*-HBA)，˙OH 的产率是 *p*-HBA 产物 5.87 倍 | [127] |
| | 邻苯二甲酰肼 | ˙OH | N.a.* | $5.3\times10^9$ | 5-˙OH 或 6-˙OH 邻苯二甲酸均以～20%的产率形成化学发光的 5-˙OH 苯二甲酸 | [127] |
| | DMSO | ˙OH，$^1O_2$ | N.a.* | $0.8\times10^7$ | ˙OH 可以根据以下反应进行定量：$DMSO \xrightarrow{2\cdot OH} CH_3SOOH$；$CH_3SOOH \xrightarrow{\cdot OH} CH_3SOOOH$ | [128] |
| 猝灭剂 | TBA | ˙OH | $3\times10^{-3}$ | $(3.8\sim7.6)\times10^8$ | TBA 和˙OH 的产物由于半衰期长，可能会与污染物进一步反应 | [118] |
| | MeOH | ˙OH | $2.4\times10^{-2}$ | $9.7\times10^8$ | 最常用的猝灭剂之一，具有较高的反应速率和猝灭˙OH 的效果 | [129] |
| | 乙醇 | ˙OH，$SO_4^{\cdot-}$ | N.a.* | $(1.2\sim2.8)\times10^9$ | 仅作为其他猝灭剂的补充 | |
| | KI | 表面˙OH | N.a.* | $1.02\times10^{10}$ | 仅与电极或催化剂表面˙OH 反应 | [81] |
| | $HCO_3^-$ | ˙OH，$SO_4^{\cdot-}$ | $<10^{-2}$ | $8.5\times10^6$ | 产生碳酸根自由基(弱自由基) | |
| | $CO_3^{2-}$ | | $<0.1$ | $3.9\times10^8$ | | |
| 探针 | *p*-CBA | ˙OH | ≤0.15 | $5.0\times10^9$ | 低浓度不会显著改变 AOPs 的反应机理 | [130] |
| | 氯仿 | ˙OH | <0.1 | $5.4\times10^9$ | | |

*未发现可用数据。

在各种˙OH 猝灭剂中，TBA 长期以来一直被认为是猝灭˙OH 和评估˙OH 对 AOPs 降解污染物贡献的最佳选择，因为其与˙OH 的活性高[$(3.8\sim7.6)\times10^8$ L/(mol·s)]，与其他 ROS 的活性低。例如，有研究人员制备了 $NiFe_2O_4$-NiO 复合材料，并有效用于催化臭氧化工艺以降解甲基橙。而且，当 TBA 作为˙OH 的猝灭剂引入到反应体系中，发现甲基橙的降解率显著降低，表明˙OH 是催化臭氧化过程的主要 ROS。除了定性证明˙OH 在氧化系统中的存在外，基于 TBA 和˙OH 反应产生甲醛的过程(每摩尔 TBA 与˙OH 反应产生约 0.5 mol 甲醛)，一些研究人员建议，在 TBA 测定过程中，˙OH 的产率是甲醛的两倍，则可以使用 Hantzsch 方法通过分光光度法测量甲醛的产率来间接量化$^{\bullet}OH$[125]。因此，通过 TBA 猝灭实验定量检测$^{\bullet}OH$ 被认为是揭示 AOPs 机制的有用工具。然而，越来越多的研究声称，其他 ROS 可能是某些 AOPs 体系的主要氧化剂，如一些研究认为 $O_2^{\bullet-}$或 $^1O_2$ 是降解抗 $O_3$ 氧化的污染物的主要氧化剂。值得注意的是，由于 $^1O_2$ 对有机化合物的反应选择性与 $O_3$ 相似，在一些典型的 $O_3$-AOPs(如非均相催化系统)中，$^1O_2$ 对强化污染物降解的作用通常可以忽略。报道的相互矛盾的结论在理解 $O_3$-AOPs 的机制方面造成了混乱，这表明需要进一步的研究来更清楚地探索猝灭法对催化臭氧化系统的影响，以揭示 ROS 对污染物的氧化作用。如我们所知，使用猝灭法来测量系统中目标 ROS 的贡献或产量显然依赖于两个重要的假设：①猝灭剂的添加仅猝灭目标 ROS；②氧化剂与系统中其他 ROS 之间的链式反应不受猝灭剂的影响。不幸的是，这种假设基本上是不可靠的。如 2.4.1 节所述，当向系统中添加高浓度猝灭剂以猝灭$^{\bullet}OH$ 时，$^{\bullet}OH$ 的中断将从不同方面影响 AOPs 系统中的链式反应，导致对污染物降解机制的误解。

目前，越来越多的研究人员认为，由于反应系统中添加的猝灭剂引起的混合效应，应谨慎使用猝灭法来定量检测$^{\bullet}OH$ 和其他 ROS。通常，在 AOPs 系统中添加高浓度猝灭剂引起的混合效应包括：①影响氧化剂(如 $H_2O_2$、$O_3$)的分解；②干扰内部 ROS 的相互转化；③非目标性 ROS 的猝灭，从而导致对该机制的错误判断。我们详细回顾了用于识别催化臭氧化系统中$^{\bullet}OH$ 的猝灭法可能的混合效应。类似地，在其他 AOPs 中也观察到了由猝灭引起的混合效应。在电催化 AOPs 系统中，大多数猝灭剂可以通过直接电子转移过程被氧化。添加过量的猝灭剂会消耗电子效率并抑制$^{\bullet}OH$ 和直接电子转移的氧化过程，导致低估了它们的作用。例如，常用作$^{\bullet}OH$ 猝灭剂的甲醇和 KI，已被证实在电解过程中会被直接电子转移过程氧化，抑制$^{\bullet}OH$ 和直接电子转移的氧化过程[131, 132]。此外，在芬顿体系中，添加猝灭剂和$^{\bullet}OH$ 产生的氧化产物会与 Fe(III)进一步络合，极大地干扰铁物种的活性。这增强了猝灭剂氧化产物的形成，导致对$^{\bullet}OH$ 降解污染物贡献的误判。此外，有研究人员在实验中观察到，TBA 的加入会影响甲酸的氧化路径，这可能会改变甲酸的氧化效果。

因此，在评估臭氧化过程中 ROS 在污染物减排中的作用时，猝灭法所依赖的基本假设是不健全的。由于在 AOPs 系统中猝灭剂添加的综合影响，仅依靠猝灭结果来评估$^{\bullet}OH$ 浓度和反应机理可能具有挑战性，需要开发更可靠和科学的方法来揭示 ROS 在 AOPs 降解污染物中的实际作用。正如所强调的，目前大多数研究对猝灭现象的解释存在显著缺陷，需要进一步的测试来确定$^{\bullet}OH$ 在污染物降解中的作用[133]。例如，$O_3$-AOPs 体系对于具有弱 $O_3$ 活性和促进 $O_3$ 分解的污染物，应使用其他方法，如随机对照试验方法，首先确定$^{\bullet}OH$ 在有机物氧化中的作用。然后，在 TBA 存在的情况下，进一步验证污染物降解速率的减少与猝灭

$^{\bullet}$OH 之间的关系。此外，如果在 TBA 存在的情况下，有机物的表面吸附将减少，则会导致$^{\bullet}$OH 的氧化作用被低估。有机污染物的表面氧化和 TBA 的氧化产物应使用傅里叶变换红外光谱或其他技术进行测量。也就是说，$^{\bullet}$OH 的氧化作用应结合各种方法(如理论计算、动力学模型)来综合判断。

### 2.4.3 探针法

为了避免高浓度的捕获剂或清除剂(摩尔浓度)对反应机理的误解，提出了一种通过低浓度探针(μmol/L级浓度)与$^{\bullet}$OH的反应来定量估算AOPs中$^{\bullet}$OH的暴露和产率的方法。由于添加探针的浓度显著低于实际水基质中背景组分的浓度(mg/L级)，因此探针(及其羟基化产物)通常不会对AOPs系统产生显著影响。例如，有研究人员表明，添加的探针*p*-CBA(100 μg/L或 0.64 μmol/L)仅分别占合成溶液和地下水总$^{\bullet}$OH去除率的 4.6%和 0.9%，证实了*p*-CBA的加入不会显著加速地下水中$O_3$ 的分解。因此，探针法可以更真实地反映$O_3$-AOPs氧化污染物的机理。然而，尽管目前的探针法比猝灭法具有更大的优势，但它并不适用于所有AOPs体系。在基于非均相催化AOPs体系中，催化剂、氧化剂和污染物之间的吸附及催化剂和污染物之间的电子转移是不可忽视的。吸附过程中形成的活性表面复合物，催化剂与污染物之间的电子转移过程，以及实际水基质中电子转移产生的二级自由基(如氯自由基、磷酸盐自由基或碳酸盐自由基)，导致污染物降解过程非常复杂，从而使不同氧化路径和ROS对于污染物降解的贡献都很难判断。因此，使用探针法判断ROS的氧化作用需要根据目标系统的特点进行调整，而且还需要进一步探究其他准确可靠、适用性广的ROS评估方法。用于检测$^{\bullet}$OH的探针本质上是芳香族化合物，这些探针反应也称芳香羟基化反应。探针法中羟基化产物的形成或减少通常可以通过常规分析技术检测，如高效液相色谱法、荧光光度法和紫外分光光度法。随后，可以通过基于探针测量的ROS的实际暴露量建立化学动力学模型来描述和模拟AOPs中ROS的浓度与反应动力学。

值得注意的是，几个研究小组已经使用探针动力学模型来描述和模拟 $O_3$ 与 ROS 的浓度和反应动力学，以描述实际水体和废水处理条件下基于 $O_3$ 的 AOPs 过程。根据反应动力学原理，均相和非均相臭氧化过程中污染物(P)的去除率通常可以分别用式(2.130)和式(2.131)来描述。

$$-\frac{d[P]}{dt}=k_{O_3}[O_3][P]+\sum_{i=1}^{n}k_{ROS_i}[ROS_i][P] \tag{2.130}$$

$$-\frac{d[P]}{dt}=k_{O_3}[O_3][P]+\sum_{i=1}^{n}k_{ROS_i}[ROS_i][P]+k_{ad}[P] \tag{2.131}$$

其中，$[O_3]$、[P]和$[ROS_i]$分别为 $O_3$、污染物和 ROS 的浓度；$k_{O_3}$ 和 $k_{ROS_i}$ 分别为污染物与 $O_3$ 和 $ROS_i$ 反应的二级速率常数；$k_{ad}$ 为用于在催化剂上吸附和去除污染物的准二级速率常数。对式(2.130)和式(2.131)进行积分和重新排列，分别得到式(2.132)和式(2.133)。

$$-\frac{d[P]}{dt} = k_{O_3}\int[O_3]dt + \sum_{i=1}^{n} k_{ROS_i}\int[ROS_i]dt \tag{2.132}$$

$$-\frac{d[P]}{dt} = k_{O_3}\int[O_3]dt + \sum_{i=1}^{n} k_{ROS_i}\int[ROS_i]dt + k_{ad}t \tag{2.133}$$

其中，$\int[O_3]dt$ 和 $\int[ROS_i]dt$ 分别为在反应时间 $t$ 内 $O_3$ 和 $ROS_i$ 的暴露量。通常认为$^{\bullet}OH$ 在 AOPs 体系中起主要的氧化作用，而一些其他 ROS(如 $^1O_2$ 和 $H_2O_2$)对目标污染物没有活性和/或活性低，因此它们对污染物减排的贡献通常可以忽略。因此，在均相和非均相催化臭氧化过程中，通常可以通过仅考虑 $O_3$ 和$^{\bullet}OH$ 的整体氧化来简化动力学模型[式(2.134)和式(2.135)]，以令人满意地模拟污染物的降解。然而，如果 $^1O_2$ 和 $H_2O_2$ 对污染物减少的贡献不能被忽视时(如使用多孔催化剂的非均相催化臭氧化)，则需要使用方程来表达相应的动力学模型[式(2.136)]。同样，在一些组合氧化技术中，如 $O_3$/PMS 系统，除$^{\bullet}OH$ 外，有助于降解污染物的其他活性自由基不能被忽视[式(2.137)]。

$$-\ln\frac{[P]}{[P_0]} = k_{O_3}\int[O_3]dt + k_{^{\bullet}OH}\int[^{\bullet}OH]dt \tag{2.134}$$

$$-\ln\frac{[P]}{[P_0]} = k_{O_3}\int[O_3]dt + k_{^{\bullet}OH}\int[^{\bullet}OH]dt + k_{ad} \tag{2.135}$$

$$-\ln\frac{[P]}{[P_0]} = k_{O_3}\int[O_3]dt + k_{^{\bullet}OH}\int[^{\bullet}OH]dt + k_{^1O_2}\int[^1O_2]dt + k_{O_2^{\bullet-}}\int[O_2^{\bullet-}]dt + k_{ad}dt \tag{2.136}$$

$$-\ln\frac{[P]}{[P_0]} = k_{O_3}\int[O_3]dt + k_{^{\bullet}OH}\int[^{\bullet}OH]dt + k_{SO_4^{\bullet-}}\int[SO_4^{\bullet-}]dt \tag{2.137}$$

在建立相应的化学反应动力学模型后，可以根据模型中的相应参数模拟 AOPs 中污染物的去除效率。模型中的相关速率常数 $k_{O_3}$ 和 $k_{ad}$ 取决于污染物的物理化学性质，可以通过实验获得。此外，可以根据 $O_3$ 随时间衰减曲线下的面积进行计算，也可以根据氧化过程中观察到的相应探针的效率降低进行反向计算。例如，使用 *p*-CBA 作为探测均相和非均相氧化中$^{\bullet}OH$ 的探针，以$^{\bullet}OH$ 氧化为主要贡献，相应的$^{\bullet}OH$ 暴露量如式(2.138)和式(2.139)所示。

$$\int[^{\cdot}\mathrm{OH}]\mathrm{d}t=\frac{\ln\frac{[p\text{-CBA}]_0}{[p\text{-CBA}]_t}}{k_{^{\cdot}\mathrm{OH},p\text{-CBA}}} \tag{2.138}$$

$$\int[^{\cdot}\mathrm{OH}]\mathrm{d}t=\frac{\ln\frac{[p\text{-CBA}]_0}{[p\text{-CBA}]_t}}{k_{^{\cdot}\mathrm{OH},p\text{-CBA}}}-k_{\mathrm{ad}}t \tag{2.139}$$

具体而言，$\int[^{\cdot}\mathrm{OH}]\mathrm{d}t$ 和 $\int[\mathrm{O_3}]\mathrm{d}t$ 之比定义为 RCT[式(2.140)]，通常认为在臭氧化反应的整个持续时间内几乎保持不变。由于 RCT 是一个与时间无关的常数，它也可以表示为反应过程中瞬时$^{\cdot}$OH 浓度与 $O_3$ 浓度的比值[式(2.140)]。因此，这提供了一种相对简单的方法，用于根据在相同过程中观察到的 $O_3$ 浓度来估计$^{\cdot}$OH 浓度。

$$\mathrm{RCT}=\frac{\int[^{\cdot}\mathrm{OH}]\mathrm{d}t}{\int[\mathrm{O_3}]\mathrm{d}t}=\frac{[^{\cdot}\mathrm{OH}]}{[\mathrm{O_3}]} \tag{2.140}$$

随后，各种 ROS（$f_{\mathrm{ROS}_i}$）和催化剂吸附能力（$f_{k_{\mathrm{ad}}}$）对污染物降解的贡献可以用式(2.141)和式(2.14)表示。

$$f_{\mathrm{O_3}}=\frac{k_{\mathrm{O_3}}\int[\mathrm{O_3}]\mathrm{d}t}{k_{\mathrm{O_3}}\int[\mathrm{O_3}]\mathrm{d}t+k_{^{\cdot}\mathrm{OH}}\int[^{\cdot}\mathrm{OH}]\mathrm{d}t+k_{\mathrm{O_2^{\cdot-}}}\int[\mathrm{O_2^{\cdot-}}]\mathrm{d}t+k_{^1\mathrm{O_2}}\int[^1\mathrm{O_2}]\mathrm{d}t+k_{\mathrm{ad}}\mathrm{d}t} \tag{2.141}$$

$$f_{^{\cdot}\mathrm{OH}}=\frac{k_{^{\cdot}\mathrm{OH}}\int[^{\cdot}\mathrm{OH}]\mathrm{d}t}{k_{\mathrm{O_3}}\int[\mathrm{O_3}]\mathrm{d}t+k_{^{\cdot}\mathrm{OH}}\int[^{\cdot}\mathrm{OH}]\mathrm{d}t+k_{\mathrm{O_2^{\cdot-}}}\int[\mathrm{O_2^{\cdot-}}]\mathrm{d}t+k_{^1\mathrm{O_2}}\int[^1\mathrm{O_2}]\mathrm{d}t+k_{\mathrm{ad}}\mathrm{d}t} \tag{2.142}$$

$$f_{\mathrm{ad}}=\frac{k_{\mathrm{ad}}\mathrm{d}t}{k_{\mathrm{O_3}}\int[\mathrm{O_3}]\mathrm{d}t+k_{^{\cdot}\mathrm{OH}}\int[^{\cdot}\mathrm{OH}]\mathrm{d}t+k_{\mathrm{O_2^{\cdot-}}}\int[\mathrm{O_2^{\cdot-}}]\mathrm{d}t+k_{^1\mathrm{O_2}}\int[^1\mathrm{O_2}]\mathrm{d}t+k_{\mathrm{ad}}\mathrm{d}t} \tag{2.143}$$

例如，有研究人员估算了地下水中非均相催化臭氧化各种污染物的降解过程[式(2.141)～式(2.143)]。结果表明，在催化臭氧化过程中，$O_3$、$^{\cdot}$OH、$O_2^{\cdot-}$和 $^1O_2$ 对污染物去除的贡献存在显著差异。此外，有其他研究人员使用相同的方法证明，在 $O_3$/PMS 系统中，$^{\cdot}$OH 是污染物降解的主要原因，证明了$^{\cdot}$OH 在该系统中的重要作用。这些发现可以根据反应动力学原理对污染物的降解机理提供合理的解释。换言之，估计 ROS 在氧化过程中的贡献率是揭示 AOPs 中污染物减排机制的一种合理而有用的方法。此外，基于探针的动力学模型可以允许对臭氧化系统期间的污染物减排进行广泛预测，这可以为水处理过程的设计和优化提供重要信息，以提高成本效益。有研究人员使用式(2.134)和式(2.135)分别模拟了均相和非均相催化臭氧化过程中多种污染物的降解。将预测的降解效率与实验测量结果进行了比较，极好的拟合度证实了探针法的可用性。

基于上述讨论，探针动力学模型在模拟 $O_3$ 氧化过程和评估反应机理方面显示出巨大的潜力。然而，仍然存在相应的实际挑战。首先，减少 ROS 暴露计算中的干扰和不确定性是成功模拟 AOPs 过程的关键。最佳的 ROS 探针应与目标 ROS 选择性反应，而与其他氧化剂和背景水成分(如 DOM 和无机盐)几乎没有反应[134]。同时，探针化合物还应具有低挥发性和对催化剂或电极表面的低亲和力，以最大限度地减少挥发和吸附干扰。否则，在非均相催化臭氧系统中，有必要在计算中通过催化剂吸附来校正探针化合物的去除，以防止高估本体溶液中的 $^{\bullet}OH$ 暴露量。更重要的是，探针化合物的浓度必须足够低，并且用于测定低浓度探针的检测方法必须灵敏，以避免系统的反应机理发生显著变化。此外，在当前的模型中，$k_{ad}$ 是在没有 $O_3$ 的情况下通过吸附控制实验测量的。然而，在非均相臭氧化过程中，$O_3$ 和 ROS 对污染物的氧化可能会进一步促进污染物在多孔催化剂表面的吸附，导致 $k_{ad}$ 高于吸附控制实验所获得数据[134-136]。因此，多孔催化剂上催化臭氧化过程的动力学模型可能需要与传质或吸附模型(如膜表面扩散模型)相结合，以准确估计 $k_{ad}$ 值，从而进行进一步的合理优化。此外，如 2.3 节所述，$^{\bullet}OH$ 可以通过电子转移与水中多种无机阴离子反应，产生相应的阴离子自由基并可能在污染物降解方面发挥作用。因此，实际的 $O_3$ 氧化过程比探针动力学模型的简单方程所描述的要复杂得多。简而言之，尽管探针动力学建模方法在 $^{\bullet}OH$ 的定量研究中具有相对的可靠性，但其在不同 AOPs 系统和复杂的实际水基质中的有效性需要进一步评估。

如上所述，需要大量方程来描述传质过程和基于探针的反应动力学，以建立相应的动力学模型。然而，由于复杂的传质和反应机理，建立基于机理的动力学模型是一项具有挑战性的任务。例如，很难测量一些传质过程的系数和 $^{\bullet}OH$ 氧化反应的速率常数。一些研究表明，瞬态动力学方法(即激光闪光光解和脉冲辐解)的短时间尺度可以最大限度地减少潜在复杂自由基链式反应和次级自由基的干扰[137]。因此，基于瞬态动力学测量的 $k_{ROS}$ 值更准确，并且具有良好的可重复性。然而，这种方法在早期需要大量的准备工作，如探索最佳的探针类型和浓度，这仍然会导致可能的误差。

此外，一些研究人员通过将探针动力学模型与其他技术的动力学模型相结合，对臭氧化过程进行了更全面的研究，如催化剂表征和量子化学计算[138]。然而，通过量子化学计算获得有机化合物的 $k_{O_3}$ 和 $k_{^{\bullet}OH}$ 值需要相当高的成本。由于缺乏相应的标准化过程，不同化合物适用的量子化学计算方法之间可能存在显著差异。此外，在量子化学计算方法中不容易描述诸如水相反应的溶剂化效应等因素对反应动力学的影响。因此，将化学分子结构与其活性联系起来的定量构效关系(QSAR)被认为是实验测定反应速率的一种替代方法[139]。值得注意的是，经济合作与发展组织(OECD)鼓励使用 QSAR 模型来评估化学品的各种环境参数，并发布了 QSAR 模型的开发和验证指南[140]。根据 OECD 指南构建 QSAR 模型的基本过程通常包括收集数据信息和建立模型数据集、获得分子结构描述符、使用数学算法构建模型、评估和验证模型性能、表征模型的应用领域，以及解释模型的机制。用于构建 QSAR 模型的统计方法通常包括多元线性回归法、主成分分析法、主回归分析法、偏最小二乘法和支持向量机法。所选择的统计方法伴随着相应的化学描述符来表征化学结构。

由于氧化过程主要由分子结构性质决定，因此污染物(属性)的 $k_{O_3}$ 和 $k_{\cdot OH}$ 值可能与其结构密切相关。化学结构和速率常数之间的相关性导致了 QSAR 建模。因此，AOPs 系统中 QSAR 模型通常选择不受水基质影响的速率常数 $k_{\cdot OH}$ 作为预测变量。QSAR 预测的相应速率常数便于分析·OH 在 AOPs 中对污染物的降解性能。研究人员通过竞争动力学实验测量了 20 种常见抗生素的 $k_{\cdot OH}$。基于实验 $k_{\cdot OH}$，构建了 QSAR 模型来预测这些抗生素的速率常数，并用实验结果进行了验证。QSAR 模型表现出良好的统计性能，预测的 $k_{\cdot OH}$ 和实验的 $k_{\cdot OH}$ 具有良好的拟合度。使用 QSAR 预测污染物 $k_{O_3}$ 比预测 $k_{\cdot OH}$ 要广泛得多。例如，研究人员使用四个模型，基于一个描述符[最高占据分子轨道的能量($E_{HOMO}$)]来预测四组农药(即苯氧烷基农药、有机氮农药、杂环 $N$ 和酚类农药)的 $k_{O_3}$。一些研究基于量子分子轨道参数、Hammett 或 Taft 取代基常数建立了 QSAR 模型预测了苯衍生物、苯胺、苯酚和二烷氧基苯等的 $k_{O_3}$。另有研究人员使用主成分分析法和多元线性回归法建立了一个 QSAR 模型，成功预测了 16 种有机化合物在不同温度(25～60℃)下的 $k_{O_3}$。越来越多的 QSAR 模型的成功应用推动了研究人员的工作，从成功构建合适的 QSAR 模型到开发涵盖更多不同化学品并遵循 OECD 指南的 QSAR 模型。研究人员收集了 136 种有机微污染物的 $k_{O_3}$ 值，并计算了一些主要用于研究化学反应的量子化学描述符和 Dragon 描述符。随后，使用多元线性回归法和支持向量机法开发了相应的 QSAR 模型，以预测这些污染物在水溶液中的 $k_{O_3}$ [141]。所建立的模型在拟合优度、鲁棒性和可预测性方面表现良好。总之，QSAR 模型的应用可以降低实验的成本和误差，并提高污染物的一些特征速率常数的准确性。随后，基于式(2.132)和式(2.133)来确定 ROS 的暴露量将更加合理，以分析每个 ROS 在 AOPs 系统中的作用。

## 2.5 未来研究需求

˙OH 被认为是污染物处理的重要 ROS 之一。揭示污染物的降解机理需要深入了解 AOPs 过程中˙OH 的生成、富集、转化和定量。在对其进行多方面了解的同时，发现仍有一些问题需要更详细和深入的研究。基于前面的综述和讨论，提出了˙OH-AOPs 未来的研究需求，如下所述。

(1)开发快速、有效、准确的˙OH 鉴定和定量方法。经典的 EPR 法和猝灭法至今仍被广泛用于评价˙OH 对污染物减排的贡献。由于加入高浓度的自旋捕获剂或猝灭剂会产生杂化效应，因此产生了各种有争议甚至错误的机理结论。未来的研究应集中于发展一种综合的方法来科学地证明˙OH 的存在和功能，如结合适当的实验设计、中间体鉴定、化学原理分析、基于原理的探针动力学模型和基于 QSAR 的量子化学计算。

(2)推进机制研究，增强˙OH-AOPs 的竞争力，规范基于 AOPs 的应用。目前报道的有些机理结果模糊且存在争议，扩大了学术研究与实际应用之间的差距，严重阻碍了˙OH-AOPs 的发展。为了提高催化 AOPs 的竞争力，需要更多的机理研究来揭示污染物降解的机理以及˙OH 在污染物减排中的作用。例如，在˙OH-AOPs 体系中，目前对氧化过程中 ROS 的形态、转化方式、浓度定量等仍缺乏合理、系统的认识。此外，改性碳材料等多种催化剂在非均相催化臭氧化反应中的活性位点仍不确定或存在争议，非自由基路径的重要性可能被忽略。因此，˙OH 的鉴定和定量需要结合多种技术手段，明确每种 ROS 的相对贡献以及相应催化剂上的关键催化位点。例如，将污染物的 QSAR 模型与臭氧化过程中相应的探针动力学模型相结合，可用于确定˙OH 暴露和对污染物的活性。同时，将˙OH 的定量结果与中间体的研究结果或催化剂的表征相结合，从而揭示˙OH 的主要作用或催化剂的活性中心。此外，量子化学计算还可以阐明活性中心分解生成˙OH 以及污染物与˙OH 之间的反应机理。

(3)促进˙OH 为主的˙OH-AOPs 反应体系及其设备在实际场景中的应用。各种˙OH-AOPs 作为处理工业废水、污泥脱水和废气治理等典型环境修复的可行技术已在大规模应用中得到证明。虽然环境的有效处理已被广泛观察到，但大部分工作，尤其是以材料催化为手段的技术仍停留在实验室规模。制备稳定高效的功能催化剂材料，以提高氧化剂和催化剂的利用率和˙OH 产率。高氧化性、环保性的氧化剂与高性能催化剂材料(制备简单、成本低、活性高、无毒、稳定性高、易于回收)的结合，将为 AOPs 提供更多的优势和实际应用机会。金属氧化物、碳材料或金属改性多孔材料广泛应用于非均相催化氧化过程中。然而，许多高性能催化剂具有严格的合成条件，仅适用于实验室规模。因此，开发简单、经济的催化剂材料是实现 AOPs 实际应用的关键。在今后的研究中，需要将催化剂材料的合成、优化和使用与实际水环境紧密结合，更合理地评价其实际利用价值。此外，还需要将催化体系中 ROS 的鉴定和定量，以及污染物降解的热力学和动力学相结合，合理评价气液固传质效率，以及催化剂的实际利用价值，促进其实际工业应用。

总之，本章综述了常见的 AOPs 中˙OH 的活性、生成路径、检测和定量方法，以及典型的环境工程应用，指出˙OH-AOPs 面临的一些挑战和机遇，为˙OH-AOPs 的未来研究提供一些理论依据。

# 参考文献


[1] Jiang F, Qiu B, Sun D. Advanced degradation of refractory pollutants in incineration leachate by UV/peroxymonosulfate. Chemical Engineering Journal, 2018, 349: 338-346.

[2] Li S, Yang Y, Zheng H, Zheng Y, Jing T, Ma J, Nan J, Leong Y K, Chang J S. Advanced oxidation process based on hydroxyl and sulfate radicals to degrade refractory organic pollutants in landfill leachate. Chemosphere, 2022, 297: 134214.

[3] Marson E O, Paniagua C E S, Júnior O G, Gonçalves B R, Silva V M, Ricardo I A, Starling M C V M, Amorim C C, Trovó A G. A review toward contaminants of emerging concern in Brazil: Occurrence, impact and their degradation by advanced oxidation process in aquatic matrices. Science of the Total Environment, 2022, 836: 155605.

[4] Mukhopadhyay A, Duttagupta S, Mukherjee A. Emerging organic contaminants in global community drinking water sources and supply: A review of occurrence, processes and remediation. Journal of Environmental Chemical Engineering, 2022, 10: 107560.

[5] Korpe S, Rao P V, Sonawane S H. Performance evaluation of hydrodynamic cavitation in combination with AOPs for degradation of tannery wastewater. Journal of Environmental Chemical Engineering, 2023, 11: 109731.

[6] Lee Y, Gunten U V. Oxidative transformation of micropollutants during municipal wastewater treatment: Comparison of kinetic aspects of selective (chlorine, chlorine dioxide, ferrate Ⅵ, and ozone) and non-selective oxidants (hydroxyl radical). Water Research, 2010, 44: 555-566.

[7] Jing Y, Chaplin B P. Mechanistic study of the validity of using hydroxyl radical probes to characterize electrochemical advanced oxidation processes. Environmental Science & Technology, 2017, 51: 2355-2365.

[8] Wang J S, Quan X, Yu H. Fluorine-doped carbon nanotubes as an efficient metal-free catalyst for destruction of organic pollutants in catalytic ozonation. Chemosphere, 2018, 190: 135-143.

[9] Li M, Fu L, Deng L, Hu Y, Yuan Y, Wu C. A tailored and rapid approach for ozonation catalyst design. Environmental Science and Ecotechnology, 2023, 15: 100244.

[10] Lee W J, Bao Y, Guan C, Hu X, Lim T. Ce/$TiO_x$-functionalized catalytic ceramic membrane for

hybrid catalytic ozonation-membrane filtration process: Fabrication, characterization and performance evaluation. Chemical Engineering Journal, 2021, 410: 128307.

[11] Gligorovski S, Herrmann H. Kinetics of reactions of OH with organic carbonyl compounds in aqueous solution. Physical Chemistry Chemical Physics, 2004, 6: 4118-4126.

[12] Nazaroff W W, Cass G R. Mathematical modeling of chemically reactive pollutants in indoor air. Environmental Science & Technology, 1986, 20: 924-934.

[13] Gligorovski S, Strekowski R, Barbati S, Vione D. Environmental implications of hydroxyl radicals (•OH). Chemical Reviews, 2015, 115: 13051-13092.

[14] Buxton G V, Greenstock C L, Helman W P, Ross A B. Critical review of rate constants for reactions of hydrated electrons, hydrogen atoms and hydroxyl radicals (•OH/•O⁻) in aqueous solution. Journal of Physical and Reference Data, 1988, 17: 513-886.

[15] Wardman P. Reduction potentials of one-electron couples involving free radicals in aqueous solution. Journal of Physical and Chemical Reference Data, 1989, 18: 1637-1755.

[16] Pei S, You S, Chen J, Ren N. Electron spin resonance evidence for electro-generated hydroxyl radicals. Environmental Science & Technology, 2020, 54: 13333-13343.

[17] Sun Y, Chen X, Liu L, Xu F, Zhang X. Mechanisms and kinetics studies of the atmospheric oxidation of eugenol by hydroxyl radicals and ozone molecules. Science of the Total Environment, 2021, 770: 45203.

[18] Chen Z, Xie Y, Liu J, Shen L, Cheng X, Han H, Yang M, Shen Y, Zhao T, Hu J. Distinct seasonality in vertical variations of tropospheric ozone over coastal regions of southern China. Science of the Total Environment, 2023, 874: 162423.

[19] Lin A Y, Panchangam S C, Chang C Y, Hong P K A, Hsueh H F. Removal of perfluorooctanoic acid and perfluorooctane sulfonate via ozonation under alkaline condition. Journal of Hazardous Materials, 2012, 243: 272-277.

[20] Morozov I, Gligorovski S, Barzaghi P, Hoffmann D, Lazarou Y G, Vasiliev E, Herrmann H. Hydroxyl radical reactions with halogenated ethanols in aqueous solution: Kinetics and thermochemistry. International Journal of Chemical Kinetics, 2008, 40: 174-188.

[21] Zhu J, Wang H, Duan A, Wang Y. Mechanistic insight into the degradation of ciprofloxacin in water by hydroxyl radicals. Journal of Hazardous Materials, 2023, 446: 130676.

[22] Kaur C, Mandal D. The scavenging mechanism of aminopyrines towards hydroxyl radical: A computational mechanistic and kinetics investigation. Computational and Theoretical Chemistry, 2023, 1219: 113973.

[23] Vione D, Maurino V, Minero C, Calza P, Pelizzetti E. Phenol chlorination and photochlorination in the presence of chloride ions in homogeneous aqueous solution. Environmental Science & Technology, 2005, 39: 5066-5075.

[24] Vione D, Maurino V, Man S C, Khanra S, Arsene C, Olariu R, Minero C. Formation of organobrominated compounds in the presence of bromide under simulated atmospheric aerosol conditions. Chemical European, 2008, 1: 197-204.

[25] Chiron S, Minero C, Vione D. Occurrence of 2,4-dichlorophenol and of 2,4-dichloro-6-nitrophenol in the Rhone River Delta (Southern France). Environmental Science & Technology,

2007, 41: 3127-3133.

[26] Hatipoglu A, Vione D, Yalçın Y, Minero C, Çınar Z. Photo-oxidative degradation of toluene in aqueous media by hydroxyl radicals. Journal of Photochemistry A: Chemistry, 2010, 215: 59-68.

[27] Zeng G, Shi M, Dai M, Zhou Q, Luo H, Lin L, Zang K, Meng Z, Pan X. Hydroxyl radicals in natural waters: Light/dark mechanisms, changes and scavenging effects. Science of the Total Environment, 2023, 868: 161533.

[28] Nguyen L H, Nguyen X H, Thai N V, Le H N, Thu T B T, Thi K T B, Nguyen H M, Le M T, Van H T, Nguyet D T A. Promoted degradation of ofloxacin by ozone integrated with Fenton-like process using iron-containing waste mineral enriched by magnetic composite as heterogeneous catalyst. Journal of Water Process Engineering, 2022, 49: 103000.

[29] Lee J, Singh B K, Hafeez M A, Oh K, Um W. Comparative study of PMS oxidation with Fenton oxidation as an advanced oxidation process for Co-EDTA decomplexation. Chemosphere, 2022, 300: 134494.

[30] Sun W, Lu Z, Zhang Z, Zhang Y, Shi B, Wang H. Ozone and Fenton oxidation affected the bacterial community and opportunistic pathogens in biofilms and effluents from GAC. Water Research, 2022, 218: 118495.

[31] Wang C, Ye J, Liang L, Cui X, Kong L, Li N, Cheng Z, Peng W, Yan B, Chen G. Application of MXene-based materials in Fenton-like systems for organic wastewater treatment: A review. Science of the Total Environment, 2023, 862: 160539.

[32] Yang Z, Shan C, Pan B, Pignatello J J. The Fenton reaction in water assisted by picolinic acid: Accelerated iron cycling and Co-generation of a selective Fe-based oxidant. Environmental Science & Technology, 2021, 55: 8299-8308.

[33] Yuan P, Mei X, Shen B, Lu F, Zhou W, Si M, Chakraborty S. Oxidation of NO by *in situ* Fenton reaction system with dual ions as reagents. Chemical Engineering Joural, 2018, 351: 660-667.

[34] Liu M, Xing Z, Zhao H, Song S, Wang Y, Li Z, Zhou W. An efficient photo Fenton system for *in-situ* evolution of $H_2O_2$ via defective iron-based metal organic framework@$ZnIn_2S_4$ core-shell Z-scheme heterojunction nanoreactor. Journal of Hazardous Materials, 2022, 437: 129436.

[35] Nissenson P, Dabdub D, Das R, Maurino V, Minero C, Vione D. Evidence of the water-cage effect on the photolysis of $NO_3^-$ and $FeOH^{2+}$. Implications of this effect and of $H_2O_2$ surface accumulation on photochemistry at the air-water interface of atmospheric droplets. Atmospheric Environment, 2010, 44: 4859-4866.

[36] Huang W, Brigante M, Wu F, Mousty C, Hanna K, Mailhot G. Assessment of the Fe(Ⅲ)-EDDS complex in Fenton-like processes: From the radical formation to the degradation of bisphenol A. Environmental Science & Technology, 2013, 47: 1952-1959.

[37] Deng F, Brillas E. Advances in the decontamination of wastewaters with synthetic organic dyes by electrochemical Fenton-based processes. Separation and Purification Technology, 2023, 316: 123764.

[38] Krishnan S, Martínez-Huitle C A, Nidheesh P V. An overview of chelate modified electro-Fenton processes. Journal of Environmental Chemical Engineering, 2022, 10: 107183.

[39] Zhu Y, Deng F, Qiu S, Ma F, Zheng Y, Gao L. A self-sufficient electro-Fenton system with enhanced oxygen transfer for decontamination of pharmaceutical wastewater. Chemical Engineering Journal, 2022, 429: 132176.

[40] Brillas E. Progress of homogeneous and heterogeneous electro-Fenton treatments of antibiotics in synthetic and real wastewaters. A critical review on the period 2017—2021. Science of the Total Environment, 2022, 819: 153102.

[41] Jia X, Xie L, Li Z, Ming Y, Ming R, Zhang Q, Mi X, Zhan S. Photo-electro-Fenton-like process for rapid ciprofloxacin removal: The indispensable role of polyvalent manganese in Fe-free system. Science of the Total Environment, 2021, 768: 144368.

[42] Siddique M S, Lu H, Xiong X, Fareed H, Graham N, Yu W. Exploring impacts of water-extractable organic matter on pre-ozonation followed by nanofiltration process: Insights from pH variations on DBPs formation. Science of the Total Environment, 2023, 876: 162695.

[43] Wang H, Zhan J, Yao W, Wang B, Deng S, Huang J, Yu G, Wang Y. Comparison of pharmaceutical abatement in various water matrices by conventional ozonation, peroxone ($O_3/H_2O_2$), and an electro-peroxone process. Water Research, 2018, 130: 127-138.

[44] Feng H, Liu M, Tang T, Du Y, Yao B, Yang C, Yuan C, Chen Y. Insights into the efficient ozonation process focusing on 2,4-di-tert-butylphenol-A notable micropollutant of typical bamboo papermaking wastewater: Performance and mechanism. Journal of Hazardous Materials, 2023, 443: 130346.

[45] Cong J, Wen G, Huang T, Deng L, Ma J. Study on enhanced ozonation degradation of para-chlorobenzoic acid by peroxymonosulfate in aqueous solution. Chemical Engineering Journal, 2015, 264: 399-403.

[46] Sharma J, Mishra I M, Dionysiou D D, Kumar V. Oxidative removal of bisphenol A by UV-C/peroxymonosulfate (PMS): Kinetics, influence of co-existing chemicals and degradation pathway. Chemical Engineering Journal, 2015, 276: 193-204.

[47] Mao Y, Dong H, Liu S, Zhang L, Qiang Z. Accelerated oxidation of iopamidol by ozone/peroxymonosulfate ($O_3$/PMS) process: Kinetics, mechanism, and simultaneous reduction of iodinated disinfection by-product formation potential. Water Research, 2020, 173: 115615.

[48] Antoniou M G, Cruz A A, Dionysiou D D. Intermediates and reaction pathways from the degradation of microcystin-LR with sulfate radicals. Environmental Science & Technology, 2010, 44: 7238-7244.

[49] Huang Y, He Z, Liao X, Cheng Y, Qi H. NDMA reduction mechanism of UDMH by $O_3$/PMS technology. Science of the Total Environment, 2022, 805: 150418.

[50] Tan C, Cui X, Sun K, Xiang H, Du E, Deng L, Gao H. Kinetic mechanism of ozone activated peroxymonosulfate system for enhanced removal of anti-inflammatory drugs. Science of the Total Environment, 2020, 733: 139250.

[51] Wu G, Qin W, Sun L, Yuan X, Xia D. Role of peroxymonosulfate on enhancing ozonation for micropollutant degradation: Performance evaluation, mechanism insight and kinetics study. Chemical Engineering Journal, 2019, 360: 115-123.

[52] Wu S, Li H, Li X, He H, Yang C. Performances and mechanisms of efficient degradation of

atrazine using peroxymonosulfate and ferrate as oxidants. Chemical Engineering Journal, 2018, 353: 533-541.

[53] Wu S, Liu H, Yang C, Li X, Lin Y, Yin K, Sun J, Teng Q, Du C, Zhong Y. High-performance porous carbon catalysts doped by iron and nitrogen for degradation of bisphenol F via peroxymonosulfate activation. Chemical Engineering Journal, 2020, 392: 123683.

[54] Lutze H V, Bircher S, Rapp I, Kerlin N, Bakkour R, Geisler M, Sonntag C V, Schmidt T C. Degradation of chlorotriazine pesticides by sulfate radicals and the influence of organic matter. Environmental Science & Technology, 2015, 49: 1673-1680.

[55] Yu X, Qin W, Yuan X, Sun L, Pan F, Xia D. Synergistic mechanism and degradation kinetics for atenolol elimination via integrated UV/ozone/peroxymonosulfate process. Journal of Hazardous Materials, 2021, 407: 124393.

[56] Malvestiti J A, Cruz-Alcalde A, López-Vinent N, Dantas R F, Sans C. Catalytic ozonation by metal ions for municipal wastewater disinfection and simulataneous micropollutants removal. Applied Catalysis B: Environmental, 2019, 259: 118104.

[57] Trapido M, Veressinina Y, Munter R, Kallas J. Catalytic ozonation of *m*-dinitrobenzene. Ozone: Science and Engineering, 2005, 27: 359-363.

[58] He Y, Wang L, Chen Z, Shen B, Wei J, Zeng P, Wen X. Catalytic ozonation for metoprolol and ibuprofen removal over different $MnO_2$ nanocrystals: Efficiency, transformation and mechanism. Science of the Total Environment, 2021, 785: 147328.

[59] Tak H, Chung Y, Kim G, Kim H, Lee J, Kang J, Do Q C, Bae B U, Kang S. Catalytic ozonation with vanadium oxide-doped $TiO_2$ nanoparticles for the removal of di-2-ethylhexyl phthalate. Chemosphere, 2022, 306: 135646.

[60] Zhang H, Ji F, Zhang Y, Pan Z, Lai B. Catalytic ozonation of *N*, *N*-dimethylacetamide (DMAC) in aqueous solution using nanoscaled magnetic $CuFe_2O_4$. Separation and Purification Technology, 2018, 193: 368-377.

[61] Bai Z, Yang Q, Wang J. Catalytic ozonation of sulfamethazine using $Ce_{0.1}Fe_{0.9}OOH$ as catalyst: Mineralization and catalytic mechanisms. Chemical Engineering Journal, 2016, 300: 169-176.

[62] Wang S, Zhou L, Zheng M, Han J, Liu R, Yun J. Catalytic ozonation over $Ca_2Fe_2O_5$ for the degradation of quinoline in an aqueous solution. Industrial & Engineering Chemical Research, 2022, 61: 6343-6353.

[63] Zhao H, Dong Y, Jiang P, Wang G, Zhang J, Zhang C. $ZnAl_2O_4$ as a novel high-surface-area ozonation catalyst: One-step green synthesis, catalytic performance and mechanism. Chemical Engineering Journal, 2015, 260: 623-630.

[64] Qi F, Xu B, Chen Z, Zhang L, Zhang P, Sun D. Mechanism investigation of catalyzed ozonation of 2-methylisoborneol in drinking water over aluminum (hydroxyl) oxides: Role of surface hydroxyl group. Chemical Engineering Journal, 2010, 165: 490-499.

[65] Yuan Y, Xing G, Garg S, Ma J, Kong X, Dai P, Waite T D. Mechanistic insights into the catalytic ozonation process using iron oxide-impregnated activated carbon. Water Research, 2020, 177: 115785.

[66] Xie Y, Peng S, Feng Y, Wu D. Enhanced mineralization of oxalate by highly active and stable

Ce(Ⅲ)-doped g-$C_3N_4$ catalyzed ozonation. Chemosphere, 2020, 239: 124612.
[67] An W, Tian L, Hu J, Liu L, Cui W, Liang Y. Efficient degradation of organic pollutants by catalytic ozonation and photocatalysis synergy system using double-functional MgO/g-$C_3N_4$ catalyst. Applied Surface Science, 2020, 534: 147518.
[68] Gu J, Xie J, Li S, Song G, Zhou M. Highly efficient electro-peroxone enhanced by oxygen-doped carbon nanotubes with triple role of *in-situ* $H_2O_2$ generation, activation and catalytic ozonation. Chemical Engineering Journal, 2023, 452: 139597.
[69] Zhuang W, Zheng Y, Xiang J, Zhang J, Wang P, Zhao C. Enhanced hydraulic-driven piezoelectric ozonation performance by CNTs/$BaTiO_3$ nanocatalyst for ibuprofen removal. Chemical Engineering Journal, 2023, 454: 139928.
[70] Zheng H, Hou Y, Li S, Ma J, Nan J, Wang N. Study on catalytic mechanisms of $Fe_3O_4$-r$GO_x$ in three typical advanced oxidation processes for tetracycline hydrochloride degradation. Chinese Chemical Letters, 2023, 34: 107253.
[71] Xu J, Li Y, Qian M, Pan J, Ding J, Guan B. Amino-functionalized synthesis of $MnO_2$-$NH_2$-GO for catalytic ozonation of cephalexin. Applied Catalysis B: Environment, 2019, 256: 117797.
[72] Shen T, Su W, Yang Q, Ni J, Tong S. Synergetic mechanism for basic and acid sites of $MgM_xO_y$ (M = Fe, Mn) double oxides in catalytic ozonation of *p*-hydroxybenzoic acid and acetic acid. Applied Catalysis B: Environmental, 2020, 279: 119346.
[73] Chen H, Wang J. Catalytic ozonation of sulfamethoxazole over $Fe_3O_4$/$Co_3O_4$ composites. Chemosphere, 2019, 234: 14-24.
[74] Hong W, Liu Y, Jiang X, An C, Zhu T, Sun Y, Wang H, Shen F, Li X. To promote catalytic ozonation of toluene by tuning Brönsted acid sites via introducing alkali metals into the OMS-2-$SO_4^{2-}$/ZSM-5 catalyst. Journal of Hazardous Materials, 2023, 448: 130900.
[75] Chen W, Li X, Pan Z, Ma S, Li L. Synthesis of $MnO_x$/SBA-15 for norfloxacin degradation by catalytic ozonation. Separation and Purification Technology, 2017, 173: 99-104.
[76] Bing J, Hu C, Nie Y, Yang M, Qu J. Mechanism of catalytic ozonation in $Fe_2O_3$/$Al_2O_3$@SBA-15 aqueous suspension for destruction of ibuprofen. Environmental Science & Technology, 2015, 49: 1690-1697.
[77] Sun Z, Zhao L, Liu C, Zhen Y, Ma J. Catalytic ozonation of ketoprofen with *in situ* N-doped carbon: A novel synergetic mechanism of hydroxyl radical oxidation and an intra-electron-transfer nonradical reaction. Environmental Science & Technology, 2019, 53: 10342-10351.
[78] Tian S, Qi J, Wang Y, Liu Y, Wang L, Ma J. Heterogeneous catalytic ozonation of atrazine with Mn-loaded and Fe-loaded biochar. Water Research, 2021, 193: 116860.
[79] Yin H, Liu J, Shi H, Sun L, Yuan X, Xia D. Highly efficient catalytic ozonation for oxalic acid mineralization with $Ag_2CO_3$ modified g-$C_3N_4$: Performance and mechanism. Process Safety and Environmental Protection, 2022, 162: 944-954.
[80] Wang Y, Ren N, Xi J, Liu Y, Kong T, Chen C, Xie Y, Duan X, Wang S. Mechanistic investigations of the pyridinic N-Co structures in Co embedded N-doped carbon nanotubes for catalytic ozonation. ACS ES&T Engineering, 2020, 1: 32-45.
[81] Guo Z, Wei J, Wu Z, Guo Y, Song Y. Stabilized N coordinated Cu site in catalytic ozonation:

The efficient generation of OH induced by surface hydroxyl groups based on the Lewis acid site. Separation and Purification Technology, 2023, 304: 122215.

[82] Guo Z, Zhang Y, Wang D. A core-shell Mn-C@Fe nanocatalyst under ozone activation for efficient organic degradation: Surface-mediated non-radical oxidation. Chemosphere, 2021, 281: 130895.

[83] Xu X, Pliego G, Alonso C, Liu S, Nozal L, Rodriguez J J. Reaction pathways of heat-activated persulfate oxidation of naphthenic acids in the presence and absence of dissolved oxygen in water. Chemical Engineering Journal, 2019, 370: 695-705.

[84] Ye F, Su Y, Li R, Sun W, Pu M, Yang C, Yang W, Huang H, Zhang Q, Wong J W C. Activation of persulfate on fluorinated carbon: Role of semi-ionic C-F in inducing mechanism transition from radical to electron-transfer nonradical pathway. Applied Catalysis B: Environment, 2023, 337: 122992.

[85] Ling C, Li C, Liang A, Wang W. Efficient degradation of polyethylene microplastics with VUV/UV/PMS: The critical role of VUV and mechanism. Separation and Purification Technology, 2023, 316: 123812.

[86] Matafonova G, Batoev V. Recent progress on application of UV excilamps for degradation of organic pollutants and microbial inactivation. Chemosphere, 2012, 89: 637-647.

[87] Ling L, Sun J, Fang J, Shang C. Kinetics and mechanisms of degradation of chloroacetonitriles by the UV/$H_2O_2$ process. Water Research, 2016, 99: 209-215.

[88] Lee Y, Lee G, Zoh K. Benzophenone-3 degradation via UV/$H_2O_2$ and UV/persulfate reactions. Journal of Hazardous Materials, 2021, 403: 123591.

[89] Urbano V R, Peres M S, Maniero M G, Guimarães J R. Abatement and toxicity reduction of antimicrobials by UV/$H_2O_2$ process. Journal of Environmental Management, 2017, 19: 439-447.

[90] Vaghjiani G L, Ravishankara A R. Photodissociation of $H_2O_2$ and $CH_3OOH$ at 248 nm and 298 K: Quantum yields for OH, O($^3$P) and H($^2$S). The Journal of Chemical Physics, 1990, 92: 996-1003.

[91] Olmez-Hanci T, Arslan-Alaton I, Basar G. Multivariate analysis of anionic, cationic and nonionic textile surfactant degradation with the $H_2O_2$/UV-C process by using the capabilities of response surface methodology. Journal of Hazardous Materials, 2011, 185: 193-203.

[92] Chen Z, Fang J, Fan C, Shang C. Oxidative degradation of *N*-nitrosopyrrolidine by the ozone/UV process: Kinetics and pathways. Chemosphere, 2016, 150: 731-739.

[93] Yao W, Qu Q, Gunten U V, Chen C, Yu G, Wang Y. Comparison of methylisoborneol and geosmin abatement in surface water by conventional ozonation and an electro-peroxone process. Water Research, 2017, 108: 373-382.

[94] Zhang W, Li H, Xiao J, Zhu X, Yang W. Efficient electrolytic conversion of nitrogen oxyanion and oxides to gaseous ammonia in molten alkali. Chemical Engineering Journal, 2023, 456: 141060.

[95] Dzengel J, Theurich J, Bahnemann D W. Formation of nitroaromatic compounds in advanced oxidation processes: Photolysis versus photocatalysis. Environmental Science & Technology, 1999, 33: 294-300.

[96] Minero C, Bono F, Rubertelli F, Pavino D, Maurino V, Pelizzetti E, Vione D. On the effect of pH in aromatic photonitration upon nitrate photolysis. Chemosphere, 2007, 66: 650-656.
[97] Fischer M, Warneck P. Photodecomposition of nitrite and undissociated nitrous acid in aqueous solution. The Journal of Physical Chemistry, 1996, 100: 18749-18756.
[98] Hong A C, Wren S N, Donaldson D J. Enhanced surface partitioning of nitrate anion in aqueous bromide solutions. The Journal of Physical Chemistry Letters, 2013, 4: 2994-2998.
[99] Jiang B, Tian Y, Zhang Z, Yin Z, Feng L, Liu Y, Zhang L. Degradation behaviors of isopropylphenazone and aminopyrine and their genetic toxicity variations during UV/chloramine treatment. Water Research, 2020, 170: 115339.
[100] Lu Z, Ling Y, Sun W, Liu C, Mao T, Ao X, Huang T. Antibiotics degradation by UV/chlor(am)ine advanced oxidation processes: A comprehensive review. Environmental Pollution, 2022, 308: 119673.
[101] Ye Z, Shao K, Huang H, Yang X. Tetracycline antibiotics as precursors of dichloroacetamide and other disinfection byproducts during chlorination and chloramination. Chemosphere, 2021, 270: 128628.
[102] Meng L, Dong J, Chen J, Lu J, Ji Y. Degradation of tetracyclines by peracetic acid and UV/peracetic acid: Reactive species and theoretical computations. Chemosphere, 2023, 320: 137969.
[103] Shen J, Chiang T, Tsai C, Jiang Z, Horng J. Mechanistic insights into hydroxyl radical formation of Cu-doped ZnO/g-$C_3N_4$ composite photocatalysis for enhanced degradation of ciprofloxacin under visible light: Efficiency, kinetics, products identification and toxicity evaluation. Journal of Environmental Chemical Engineering, 2022, 10: 107352.
[104] Slapničar Š, Žerjav G, Zavašnik J, Finšgar M, Pintar A. Synthesis and characterization of plasmonic Au/$TiO_2$ nanorod solids for heterogeneous photocatalysis. Journal of Environmental Chemical Engineering, 2023, 11: 109835.
[105] Hu J, Zhang P, An W, Liu L, Liang Y, Cui W. *In-situ* Fe-doped g-$C_3N_4$ heterogeneous catalyst via photocatalysis-Fenton reaction with enriched photocatalytic performance for removal of complex wastewater. Applied Catalysis B: Environment, 2019, 245: 130-142.
[106] Kong H, Li H, Wang H, Li S, Lu B, Zhao J, Cai Q. Fe-Mo-O doping g-$C_3N_4$ exfoliated composite for removal of rhodamine B by advanced oxidation and photocatalysis. Applied Surface Science, 2023, 610: 155544.
[107] Zhu Z, Zhou N, Li Y, Zhang L. Phosphorus and sulfur regulation of ferrum doped carbon nitride for efficient photocatalytic PPCPs degradation under visible-light irradiation. Journal of Environmental Chemical Engineering, 2023, 11: 110521.
[108] Liu S, Ren C, Li W, Li X, Ma X, Geng L, Fan H, Dong M, Chen S. Novel $Tb_2O_3$/$Ag_2Mo_2O_7$ heterojunction photocatalyst for excellent photocatalytic activity: In-built $Tb^{4+}$/$Tb^{3+}$ redox center, proliferated hydroxyl radical yield and promoted charge carriers separation. Applied Surface Science, 2022, 584: 152531.
[109] Wang Z, Chen Y, Zhang L, Cheng B, Yu J, Fan J. Step-scheme CdS/$TiO_2$ nanocomposite hollow microsphere with enhanced photocatalytic $CO_2$ reduction activity. Journal of Materials

Science Technology, 2020, 56: 143-150.

[110] He Y Q, Zhang F, Ma B, Xu N, Junior L B, Yao B, Yang Q, Liu D, Ma Z. Remarkably enhanced visible-light photocatalytic hydrogen evolution and antibiotic degradation over g-$C_3N_4$ nanosheets decorated by using nickel phosphide and gold nanoparticles as cocatalysts. Applied Surface Science, 2020, 517: 146187.

[111] Liu X, Li W, Li H, Ren C, Li X, Zhao Y. Efficient $Fe_3O_4$-$C_3N_4$-$Ag_2MoO_4$ ternary photocatalyst: Synthesis, outstanding light harvesting, and superior hydroxyl radical productivity for boosted photocatalytic performance. Applied Catalysis A: General, 2018, 568: 54-63.

[112] Iga K, Kimura R. Convection driven by collective buoyancy of microbubbles. Fluid Dynamics Research, 2007, 39: 68-97.

[113] Xie Z, Shentu J, Long Y, Lu L, Shen D, Qi S. Effect of dissolved organic matter on selective oxidation of toluene by ozone micro-nano bubble water. Chemosphere, 2023, 325: 138400.

[114] John A, Carra I, Jefferson B, Jodkowska M, Brookes A, Jarvis P. Are microbubbles magic or just small? A direct comparison of hydroxyl radical generation between microbubble and conventional bubble ozonation under typical operational conditions. Chemical Engineering Journal, 2022, 435: 134854.

[115] Martinez-Huitle C A, Ferro S. Electrochemical oxidation of organic pollutants for the wastewater treatment: Direct and indirect processes. Chemical Society Reviews, 2006, 35: 1324-1340.

[116] Garcia-Segura S, Dos Santos E V, Martínez-Huitle C A. Role of $sp^3/sp^2$ ratio on the electrocatalytic properties of boron-doped diamond electrodes: A mini review. Electrochemistry Communications, 2015, 59: 52-55.

[117] Man I C, Su H Y, Vallejo F C, Hansen H A, Martínez J I, Inoglu N G, Kitchin J, Jaramillo T F, Nørskov J K, Rossmeisl J. Universality in oxygen evolution electrocatalysis on oxide surfaces. ChemCatChem, 2011, 3: 1159-1165.

[118] Cai C, Duan X, Xie X, Kang S, Liao C, Dong J, Liu Y, Xiang S, Dionysiou D D. Efficient degradation of clofibric acid by heterogeneous catalytic ozonation using $CoFe_2O_4$ catalyst in water. Journal of Hazardous Materials, 2021, 410: 124604.

[119] Lian L, Yao B, Hou S, Fang J, Yan S, Song W. Kinetic study of hydroxyl and sulfate radical-mediated oxidation of pharmaceuticals in wastewater effluents. Environmental Science & Technology, 2017, 51: 2954-2962.

[120] Fagan W, Villamena F A, Zweier J L, Weavers L K. *In situ* EPR spin trapping and competition kinetics demonstrate temperature-dependent mechanisms of synergistic radical production by ultrasonically activated persulfate. Environmental Science & Technology, 2022, 56: 3729-3738.

[121] Li L, Abe Y, Kanagawa K, Usui N, Imai K, Mashino T, Mochizuki M, Miyata N. Distinguishing the 5, 5-dimethyl-1-pyrroline *N*-oxide (DMPO)-OH radical quenching effect from the hydroxyl radical scavenging effect in the ESR spin-trapping method. Analytica Chimica Acta, 2004, 512: 121-124.

[122] Gao L, Guo Y, Zhan J, Yu G, Wang Y. Assessment of the validity of the quenching method for evaluating the role of reactive species in pollutant abatement during the persulfate-based process. Water Research, 2022, 221: 118730.

[123] Wang Y, Yu G. Challenges and pitfalls in the investigation of the catalytic ozonation mechanism: A critical review. Journal of Hazardous Materials, 2022, 436: 129157.

[124] Žerjav G, Albreht A, Vovk I, Pintar A. Revisiting terephthalic acid and coumarin as probes for photoluminescent determination of hydroxyl radical formation rate in heterogeneous photocatalysis. Applied Catalysis A: General, 2020, 598: 117566.

[125] Ikhlaq A, Brown D R, Hordern B K. Mechanisms of catalytic ozonation on alumina and zeolites in water: Formation of hydroxyl radicals. Applied Catalysis B: Environment, 2012, 123-124: 94-106.

[126] Chen Y, Miller C J, Xie J, Waite T D. Challenges relating to the quantification of ferryl(Ⅳ) ion and hydroxyl radical generation rates using methyl phenyl sulfoxide (PMSO), phthalhydrazide, and benzoic acid as probe compounds in the homogeneous Fenton reaction. Environmental Science & Technology, 2023, 57: 18617-18625.

[127] Dalle A A, Domergue L, Fourcade F, Assadi A A, Djelal H, Lendormi T, Soutrel I, Taha S, Amrane A. Efficiency of DMSO as hydroxyl radical probe in an electrochemical advanced oxidation process-reactive oxygen species monitoring and impact of the current density. Electrochimica Acta, 2017, 246: 1-8.

[128] Nie M, Wang Q, Qiu G. Enhancement of ultrasonically initiated emulsion polymerization rate using aliphatic alcohols as hydroxyl radical scavengers. Ultrasonics Sonochemistry, 2008, 15: 222-226.

[129] Thomas J K. Rates of reaction of the hydroxyl radical. Transactions of the Faraday Society, 1965, 61: 702-707.

[130] Bai L, Wang G, Ge D, Dong Y, Wang H, Wang Y, Zhu N, Yuan H. Enhanced waste activated sludge dewaterability by the ozone-peroxymonosulfate oxidation process: Performance, sludge characteristics, and implication. Science of the Total Environment, 2022, 807: 151025.

[131] Feng C, Diao P. Nickel foam supported $NiFe_2O_4$-NiO hybrid: A novel 3D porous catalyst for efficient heterogeneous catalytic ozonation of azo dye and nitrobenzene. Applied Surface Science, 2021, 541: 148683.

[132] Song H, Yan L, Jiang J, Ma J, Zhang Z, Zhang J, Liu P, Yang T. Electrochemical activation of persulfates at BDD anode: Radical or nonradical oxidation. Water Research, 2018, 128: 393-401.

[133] Garg S, Yuan Y, Mortazavi M, David T. Caveats in the use of tertiary butyl alcohol as a probe for hydroxyl radical involvement in conventional ozonation and catalytic ozonation processe. ACS ES&T Engineering, 2022, 2: 1665-1676.

[134] Guo Y, Zhu S, Wang B, Huang J, Deng S, Yu G, Wang Y. Modelling of emerging contaminant removal during heterogeneous catalytic ozonation using chemical kinetic approaches. Journal of Hazardous Materials, 2019, 380: 120888.

[135] Guo Y, Wang H, Wang B, Deng S, Huang J, Yu G, Wang Y. Prediction of micropollutant

abatement during homogeneous catalytic ozonation by a chemical kinetic model. Water Research, 2018, 142: 383-395.

[136] Park M, Anumol T, Daniels K D, Wu S, Ziska A D, Snyder S A. Predicting trace organic compound attenuation by ozone oxidation: Development of indicator and surrogate models. Water Research, 2017, 119: 21-32.

[137] Gunten U V. Ozonation of drinking water: Part Ⅰ. Oxidation kinetics and product formation. Water Research, 2003, 37: 1443-1467.

[138] Luo X, Wei X, Chen J, Xie Q, Yang X, Peijnenburg W J G M. Rate constants of hydroxyl radicals reaction with different dissociation species of fluoroquinolones and sulfonamides: Combined experimental and QSAR studies. Water Research, 2019, 166: 115083.

[139] Hu J, Morita T, Magara Y, Aizawa T. Evaluation of reactivity of pesticides with ozone in water using the energies of frontier molecular orbitals. Water Research, 2000, 34: 2215-2222.

[140] Cheng Z, Yang B, Chen Q, Gao X, Tan Y, Ma Y, Shen Z. A quantitative-structure-activity-relationship (QSAR) model for the reaction rate constants of organic compounds during the ozonation process at different temperatures. Chemical Engineering Journal, 2018, 353: 288-296.

[141] Huang Y, Li T, Zheng S, Fan L, Su L, Zhao Y, Xie H, Li C. QSAR modeling for the ozonation of diverse organic compounds in water. Science of the Total Environment, 2020, 715: 136816.

# 第3章　硫酸根自由基的性质、产生和检测

## 3.1　引　言

近年来，包括各种工业废水污染、土壤和地下水污染以及空气污染在内的环境问题尚未得到令人满意的解决。而且，新污染物的治理已经受到全世界的密切关注。包括内分泌干扰物、药物和个人护理品、消毒副产物、微塑料和抗生素在内的新污染物，其中大多数具有毒性、生物难降解性或持久性[1,2]。通常，传统的生物和化学处理技术如活性污泥法、生物膜法和化学混凝法等都不能达到满意的去除效果[3,4]。因此，开发更高效的环境修复策略已成为研究热点。

高级氧化技术(AOPs)是最常用的一类技术，包括芬顿或类芬顿反应和过硫酸盐活化。在这些高级氧化技术应用中，会产生各种高活性物种，如羟基自由基($^{\bullet}OH$)和硫酸根自由基($SO_4^{\bullet-}$)等，这些自由基可以将新污染物降解为无害或低毒的产物，包括二氧化碳和水[5,6]。$^{\bullet}OH$ 由芬顿或类芬顿反应产生，即通过声、光、电、催化剂等方法活化 $H_2O_2$，但$^{\bullet}OH$ 寿命短、选择性低、pH 依赖性限制了其在环境修复中的有效性[7]。基于 $SO_4^{\bullet-}$的高级氧化技术($SO_4^{\bullet-}$-AOPs)作为一种更加高效稳定的环境修复技术，近年来受到越来越多的关注[8,9]。$SO_4^{\bullet-}$具有很强的氧化能力，广泛应用于环境修复，包括废水处理[10]、污泥脱水与调理[11]、水消毒[12]和膜分离[13]。

生成 $SO_4^{\bullet-}$的前驱体主要为过硫酸盐和亚硫酸盐，人们提出了各种活化方法。基于能量的活化方法如热、微波、超声、紫外光等可以直接施加能量使其过氧键断裂并生成 $SO_4^{\bullet-}$[14-16]。但其较高的设备投资和电耗成本决定了能量输入方法只能在 $SO_4^{\bullet-}$-AOPs 中起辅助作用。在活化过硫酸盐和亚硫酸盐方面，经济高效的催化剂逐渐成为主流。均相催化剂具有反应快、利用率高等优点。利用无毒的过渡金属离子如 $Fe^{2+}$活化过硫酸盐和亚硫酸盐生成 $SO_4^{\bullet-}$已被广泛应用于实际废水的处理[17]。为了提高催化剂的回收和稳定性，开发非均相催化剂成为首选，如生物炭、零价金属、金属氧化物、金属有机框架及其衍生物、单原子催化剂等，它们具有较高的催化效率[18-21]。迄今，对 $SO_4^{\bullet-}$的研究倾向于开发新的活化策

略，关于过硫酸盐的活化方法和生成机理已有较多报道。然而，目前对 $SO_4^{\bullet-}$ 反应活性的系统描述以及不同氧化剂前驱体(过硫酸盐和亚硫酸盐)生成 $SO_4^{\bullet-}$ 的对比研究还较少。

本章综述了外加能量、均相和非均相催化剂活化过硫酸盐和亚硫酸盐的最新进展，并比较了不同活化条件下 $SO_4^{\bullet-}$ 生成机理的差异。同时，系统比较了 $SO_4^{\bullet-}$ 和 $^{\bullet}OH$ 与污染物的反应活性，总结了 $SO_4^{\bullet-}$ 的定量和定性检测方法(图 3.1)。此外，我们提出了 $SO_4^{\bullet-}$-AOPs 在未来应用中面临的主要挑战和解决方案。

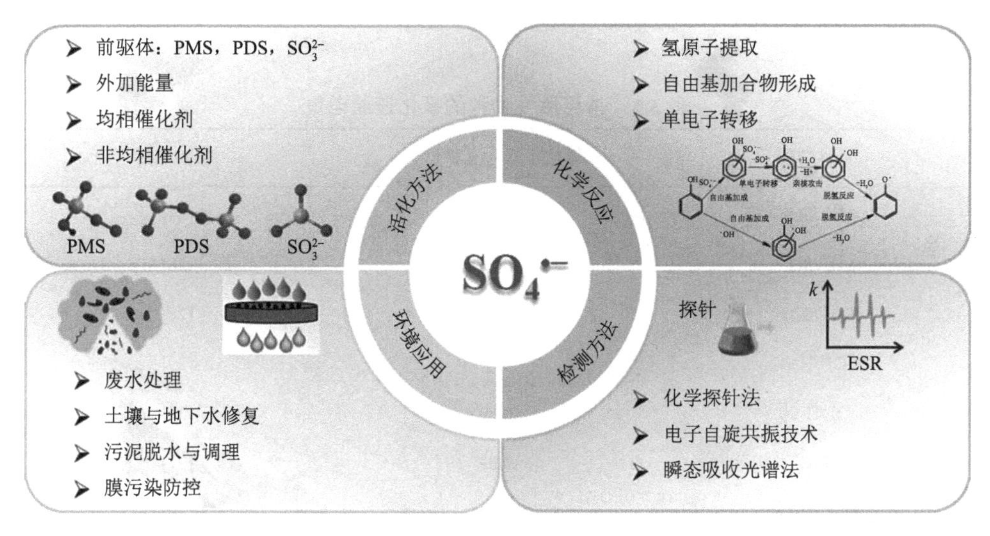


图 3.1　硫酸根自由基的产生、反应、检测和环境应用[22]

## 3.2　硫酸根自由基的化学特性

$SO_4^{\bullet-}$ 是由过硫酸盐或亚硫酸盐作为前驱体在外界能量或催化剂的活化条件下产生的一种高活性自由基。表 3.1 给出了 $SO_4^{\bullet-}$ 与其他常见活性物种的氧化还原电位的比较。可以看出，与其他活性物种相比，$SO_4^{\bullet-}$ 是一种强氧化剂，氧化还原电位为 2.5～3.1 V[5]。$SO_4^{\bullet-}$ 的半衰期为 30～40 μs，高于半衰期小于 1 ns 的 $^{\bullet}OH$。较长的半衰期表明 $SO_4^{\bullet-}$ 与目标污染物作用时间更长和自由基利用率更高[8]。$SO_4^{\bullet-}$ 的选择性更强，与供电子化合物的反应速率常数比与吸电子化合物的反应速率常数大 4 个数量级，与芳香族化合物的反应速率常数范围远大于 $^{\bullet}OH$ [$k(^{\bullet}OH)=2.0\times10^9\sim1.0\times10^{10}$ L/(mol·s)，$k(SO_4^{\bullet-})=1.0\times10^6\sim(6.0\sim8.0)\times10^9$ L/(mol·s)][23]。$^{\bullet}OH$ 具有 pH 依赖性，其反应活性随 pH 升高而降低，但 $SO_4^{\bullet-}$ 的反应活性与 pH 无关，具有更好的环境适应性。此外，当 pH > 9 时，体系中

的主要氧化剂 $SO_4^{\cdot-}$会通过单电子氧化转化为$^{\cdot}OH$[$k$ = $6.5\times10^7$ L/(mol·s)]，这种变化可能是由于$^{\cdot}OH$ 的无选择性降解，$SO_4^{\cdot-}$-AOPs 对有机污染物的降解效果更好[24,25]。与$^{\cdot}OH$ 相比，$SO_4^{\cdot-}$与溶解性有机物(DOM)的反应速率更低[$k(SO_4^{\cdot-})$ = $6.8\times10^3$ mg/(C·s)和 $k(^{\cdot}OH)$ =$1.4\times10^4$ mg/(C·s)]，因此在 DOM 存在下 $SO_4^{\cdot-}$具有更高的污染物去除效率[26]。但与$^{\cdot}OH$ 相比，常见无机阴离子(尤其是卤素离子)对 $SO_4^{\cdot-}$的清除作用更大。尽管卤素离子与 $SO_4^{\cdot-}$反应产生氧化还原电位更低的卤素自由基[$E^0(Cl^{\cdot}/Cl^-)$ = 2.5 V；$E^0(Cl_2^{\cdot-}/Cl^-)$ = 2.2 V；$E^0(Br^{\cdot}/Br^-)$ = 2.0 V；$E^0(Br_2^{\cdot-}/Br^-)$ = 1.7 V]，但这些卤素自由基较高的选择性使其能在复杂环境中高效降解特定污染物[27]。

**表 3.1 常见活性物种的氧化还原电位**

| 活性物种 | 氧化还原电位 $E^0$(V) | 参考文献 |
| --- | --- | --- |
| $SO_4^{\cdot-}/SO_4^{2-}$ | 2.5～3.1 | [24] |
| $SO_3^{\cdot-}/SO_3^{2-}$ | 0.75 | [28] |
| $SO_5^{\cdot-}/SO_5^{2-}$ | 0.12 | [28] |
| $^{\cdot}OH/H_2O$ | 2.7 | [29] |
| $O_2^{\cdot-}/H_2O_2$ | 0.89 | [30] |
| $^1O_2/O_2^{\cdot-}$ | 0.83 | [31] |
| $HO_2^{\cdot-}/H_2O_2$ | 1.44 | [29] |
| $Fe_{aq}$(Ⅳ)$O^{2+}$/Fe(Ⅲ) | 1.95 | [32] |

# 3.3 硫酸根自由基的反应机制

尽管 $SO_4^{\cdot-}$与不同污染物的反应具有不同的中间产物和反应动力学，但在氧化污染物的过程中，总是离不开以下三个反应：①脱氢反应(HAA)；②自由基加成(RAF)；③单电子转移(SET)[33,34]。这种差异是由氧化不同种类的污染物时反应路径和动力学的优先顺序不同造成的。$SO_4^{\cdot-}$与污染物的单电子转移和自由基加成反应比脱氢反应具有更快的二级反应速率常数，而$^{\cdot}OH$ 更容易发生自由基加成反应[35]。对于不同类型的污染物，$SO_4^{\cdot-}$和$^{\cdot}OH$ 具有不同的反应路径和动力学，从而导致不同的降解机理和中间产物的产生[34]。最近，刘文课题组[33]首次提出了一种电子结构动态分析方法以揭示 $SO_4^{\cdot-}$与$^{\cdot}OH$ 攻击有机污染物的反应机制。该方法通过污染物降解路径和密度泛函理论计算来识别污染物的反应位点。本节

通过比较 $SO_4^{\cdot-}$与$^{\cdot}OH$ 活性的异同，介绍了 $SO_4^{\cdot-}$与有机物(脂肪族化合物和芳香族化合物)反应的一般规律和特点。

### 3.3.1 脱氢反应

脱氢反应(HAA)是自由基从污染物分子中提取氢原子的过程。与 $SO_4^{\cdot-}$的 HAA 反应相比，$^{\cdot}OH$ 与污染物的 HAA 在热力学上更可行。芳香族化合物以及含有胺基和酰胺基的分子一般通过单电子转移与 $SO_4^{\cdot-}$反应，而 HAA 一般发生在脂肪族化合物的 C—H 键上[23,35]。Li 等[36]采用密度泛函理论计算证明邻苯二甲酸二丁酯降解是由脂肪链上的 HAA 和 RAF 引起的，$^{\cdot}OH$ 比 $SO_4^{\cdot-}$对脱氢反应具有更高的反应活性。这一结论在 $SO_4^{\cdot-}$和$^{\cdot}OH$ 与冠醚的反应中也得到了验证，它们通过 HAA 与冠醚反应生成醚自由基，反应速率常数随冠醚中 H 原子数呈线性增加[37]。例如，冠醚 12-冠-4($12C_4$)、15-冠-5($15C_5$)、18-冠-6($18C_6$)及其类似物 1,4-二氧六环($6C_2$)与 $SO_4^{\cdot-}$和$^{\cdot}OH$ 反应时，其速率常数随烷基链的延长而增大，且 $SO_4^{\cdot-}$的速率常数比$^{\cdot}OH$ 的速率常数小 1～2 个数量级，$SO_4^{\cdot-}$与 $6C_2$、$12C_4$ 和 $18C_6$ 的反应速率常数分别为$(6.6 \pm 0.1)\times10^7$ L/(mol·s)、$(2.3 \pm 0.1)\times10^8$ L/(mol·s)和$(4.2 \pm 0.1)\times10^8$ L/(mol·s)，而$^{\cdot}OH$ 与它们的反应速率常数分别为$(3.4 \pm 0.2)\times10^9$ L/(mol·s)、$(7.2 \pm 0.2)\times10^9$ L/(mol·s)和$(10.9 \pm 0.2)\times10^9$ L/(mol·s)[37]。

HAA 与 C—H 的键长和 H 原子的电荷密度密切相关。同样地，C—H 键越长，脱去的氢原子所携带的正电荷越少，HAA 就更容易发生[38]。此外，由于 HAA 具有一定的亲电性，烯丙基、羟基、羧基等一些供电子基团的存在也会促进 $SO_4^{\cdot-}$与有机物的 HAA[24,38]。然而，在卤代有机物的降解方面，$SO_4^{\cdot-}$通过脱去氢原子和断裂 C—C 键实现脂肪族卤代有机物的高效脱卤，其反应速率是$^{\cdot}OH$ 的 10 倍[39]。

### 3.3.2 自由基加成

$SO_4^{\cdot-}$和$^{\cdot}OH$ 都可以通过 RAF 路径与污染物发生反应。然而，$SO_4^{\cdot-}$具有较高的亲电指数和较大的空间位阻，使其表现出与$^{\cdot}OH$ 不同的加成反应行为。$SO_4^{\cdot-}$较低的能垒使其比$^{\cdot}OH$ 发生 RAF 反应更快，但 $SO_4^{\cdot-}$较大的空间位阻降低了自由基加成产物的稳定性[31]。当与含有芳环和烯烃双键的有机物发生 RAF 反应时，$SO_4^{\cdot-}$和$^{\cdot}OH$ 的作用机理相似，即$^{\cdot}OH$ 可直接与其生成 OH-加合物。然而，当受到 $SO_4^{\cdot-}$攻击时，需要克服一个额外的自由基加成步骤，然后经历 $H_2O$ 的亲核攻击形成 OH-加合物，完成羟基化过程[37,40,41]。例如，在降解双酚 A(BPA)时，$SO_4^{\cdot-}$

与芳环发生 RAF 反应，形成不稳定的 $SO_4$-加合物。随后芳环与 $SO_4^{\cdot -}$之间发生电子转移，导致 $SO_4^{2-}$释放，其产物由于贫电子特性，容易受到 $H_2O$ 的亲核攻击[41,42]。这导致了 OH-加合物的形成，然后脱水形成高度氧化的苯氧基-BPA 自由基，苯基自由基阳离子的形成可引发官能团的各种二次反应[40,43,44]。而且，苯氧基-BPA 自由基的形成也可以通过 $SO_4^{\cdot -}$或$^{\cdot}OH$ 与 BPA 的直接 HAA 来实现。如上所述，RAF 并不是污染物降解的唯一机制，通常伴随着 HAA 或 SET 反应。Li 等[45]系统地考察了 $SO_4^{\cdot -}$和$^{\cdot}OH$ 对非那西丁降解的贡献，其中$^{\cdot}OH$ 参与了 RAF(69%) 和 HAA(31%)，而 $SO_4^{\cdot -}$参与了 RAF(55%)、HAA(28%) 和 SET(17%)。通过模拟非那西丁的降解动力学，证明 UV/PDS 比 UV/$H_2O_2$能更有效地降解目标污染物。类似地，一些研究通过理论计算具体分析了 $SO_4^{\cdot -}$和$^{\cdot}OH$ 的 RAF 和 HAA 反应机理，结果表明 $SO_4^{\cdot -}$诱导的反应比$^{\cdot}OH$ 具有更低的自由能垒，并且在对乙酰氨基酚的降解中，RAF 优先于 HAA 发生[46]。

### 3.3.3 单电子转移

如 3.3.1 节提到，含有胺、酰胺和芳环的化合物倾向于通过单电子转移(SET)路径与 $SO_4^{\cdot -}$反应。由于这种富电子官能团的电子供体效应，可以增加分子的电子云密度，使其更容易与 $SO_4^{\cdot -}$发生 SET 反应[47]。而且，$SO_4^{\cdot -}$与芳香族化合物的反应速率范围远大于$^{\cdot}OH$，且含有供电子基团的化合物与 $SO_4^{\cdot -}$的反应速率常数比含有吸电子基团的化合物大 4 个数量级以上。这反映了两者不同的反应机理，即 $SO_4^{\cdot -}$比$^{\cdot}OH$ 更具有选择性[23]。$SO_4^{\cdot -}$和芳香族化合物的 SET 反应速率与取代基的供电子能力密切相关。Luo 等[44,48]研究了 76 种芳香族化合物与 $SO_4^{\cdot -}$反应的吉布斯自由能，发现其随着芳香族化合物上取代基供电子能力的降低而增大。与 $SO_4^{\cdot -}$相比，$^{\cdot}OH$ 更容易通过 SET 路径与芳香族化合物发生反应，但$^{\cdot}OH$ 与芳香族污染物相互作用的有利路径是 RAF 反应[49]。基于这一发现，他们进一步提出了 SET 反应的两种基本机理。①对于苯甲酸酯类化合物，其羧酸基团经历 SET 反应后可能发生脱羧反应[50]。②对于其他芳香族化合物，SET 反应后可能形成一个苯基自由基阳离子，后续反应取决于苯环上官能团的电子效应。两种苯胺类药物(磺胺甲噁唑和双氯芬酸)的氧化反应是通过与 $SO_4^{\cdot -}$的 SET 反应形成以 N 为中心的苯基自由基阳离子，随后经过一系列脱羧、羟基化和断键反应实现降解[51,52]。$SO_4^{\cdot -}$介导的苯酚氧化也是通过电子从有机物转移到 $SO_4^{\cdot -}$形成苯酚自由基的过程，后者再经过水解导致羟基化自由基产物的形成，进而与 $O_2$ 反应形成更稳定的邻苯二酚和对苯二酚[53,54]。最高占据分子轨道能量($E_{HOMO}$)是衡量电子排布的指标，与有机化合物的供电子能力有关，通常用于构建 $SO_4^{\cdot -}$与有机物反应的定量构效关系(QSAR)[35,55]。由于高 $E_{HOMO}$ 的化合物倾向于提供电子，因此在 QSAR 模型中，$E_{HOMO}$ 是决定 SET 反应中自由基氧化反应程度的定量指标，一些研究发现，高 $E_{HOMO}$ 的芳香族化合物对 $SO_4^{\cdot-}$ 反应更敏感[44,55]。然而，对其他结构多样化的化合物，$E_{HOMO}$ 和 $k_{SO_4^{\cdot-}}$ 之间未展现该趋势。这反映了 $SO_4^{\cdot-}$ 与化合物之间没有主要的反应路径，HAA、RAF 和 SET 反应都是可能的，取决于目标化合物的结构和官能团类型[35]。

根据上述讨论可以得到 $SO_4^{\cdot-}$ 与有机物反应的一些规律。①HAA 通常发生在脂肪族化合物的 C—H 键上。C—H 键越长，HAA 越容易发生，且 $^{\cdot}OH$ 与有机物发生脱氢反应的活性高于 $SO_4^{\cdot-}$。②RAF 一般发生在芳环和烯烃双键上，与 $^{\cdot}OH$ 不同，$SO_4^{\cdot-}$ 的自由基加成反应需要克服额外的自由基加合物形成步骤。③SET 发生在富电子官能团的化合物中，如胺基、酰胺基和芳基，它们的电子供体效应使有机物与 $SO_4^{\cdot-}$ 之间更容易发生电子转移。此外，$SO_4^{\cdot-}$ 与芳香族化合物的反应速率远快于 $^{\cdot}OH$。④有机化合物的结构类型和官能团决定了 $SO_4^{\cdot-}$ 的活性。$SO_4^{\cdot-}$ 与它们之间没有主要的反应路径，但以 SET 和 RAF 主导的反应比以 HAA 主导的反应具有更大的二级反应速率常数。

## 3.4　硫酸根自由基的产生过程

### 3.4.1　过硫酸盐活化

过硫酸盐与 $H_2O_2$ 相似，都有过氧键（O—O 键），磺酸基（$—SO_3$）取代 $H_2O_2$ 中的一个氢原子形成 $HSO_5^-$，而取代 $H_2O_2$ 中的两个氢原子形成 $S_2O_8^{2-}$。因此，根据过硫酸盐的过氧键连接的磺酸基的数目，可分为过一硫酸盐（PMS）和过二硫酸盐（PDS）。外部能量和电子转移均以断裂过硫酸盐中的 O—O 键，从而产生高活性的 $SO_4^{\cdot-}$ 和/或 $^{\cdot}OH$。但不同的活化方式对 PMS 和 PDS 的自由基产率影响较大，由它们不同的分子结构造成[5,23]。一方面，与 PDS 相比，PMS 的分子结构不对称，导致电荷分布不均匀，使 PMS 更容易被催化剂活化产生 $SO_4^{\cdot-}$。另一方面，PDS 中两个磺酸基进一步拉长了 O—O 键，比 PMS 中过氧键更长，导致 PDS 更容易被外部能量活化。因此，不同的活化方式会导致 PMS 和 PDS 在环境修复中的效果不同。本节将讨论外部能量（热、微波、超声波和紫外光）、均相和非均相催化剂活化过硫酸盐的具体机理（图 3.2），总结各种活化方法的优点和局限性，并对进一步研究提出一些建议。

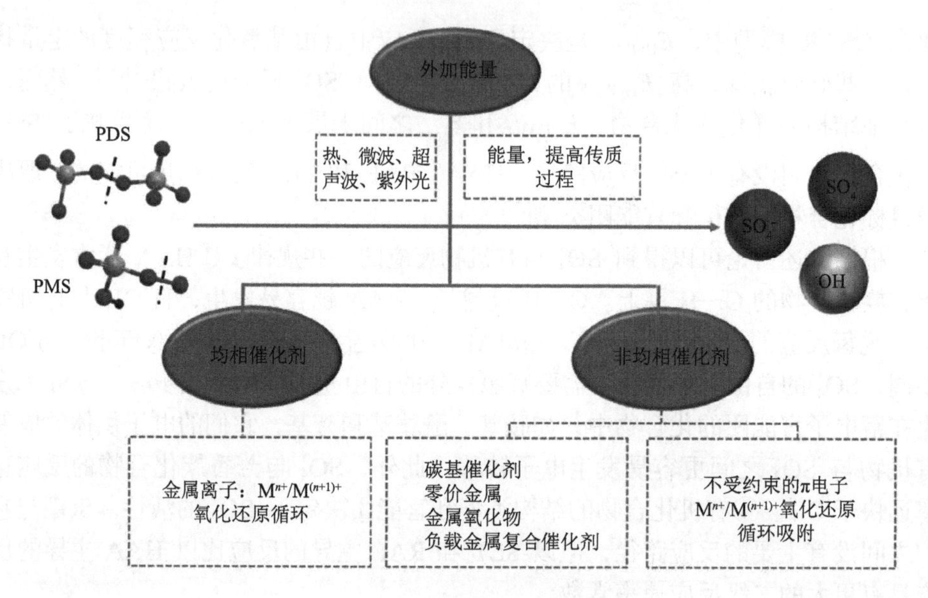


图 3.2　过硫酸盐的活化机理[22]

1. 外加能量活化过硫酸盐

外加能量对过硫酸盐的活化主要是通过断裂它们的过氧键实现。活化效果主要取决于过氧键的键能。如表 3.2 所示，三种过氧化物中，PDS 的 O—O 键能最小，$H_2O_2$ 的键能最大，这表明 PDS 和 PMS 更容易被外部能量活化。外部能量包括热、微波、超声波和紫外光。下面将简单介绍各种外部能量对过硫酸盐的活化机理以及它们各自在过硫酸盐活化中的应用现状。

**表 3.2　PDS、PMS 和 $H_2O_2$ 的性质[56,57]**

| 性质 | PDS | PMS | $H_2O_2$ |
|---|---|---|---|
| 分子式 | $S_2O_8^{2-}$ | $HSO_5^-$ | $H_2O_2$ |
| 分子量(g/mol) | 192 | 113 | 34.0 |
| 氧化还原电位(V) | 2.01 | 1.82 | 1.78 |
| 溶解度(25℃)(g/L) | 730 | 298 | — |
| O—O 键长(Å) | 1.50 | 1.45 | 1.46 |
| O—O 键能(kJ/mol) | 140 | 140～213 | 213 |
| 自由基的量子产率 | 1.80 | 0.52 | 1.0 |

热活化是通过提高溶液温度，以热的形式输入能量，使过硫酸盐的过氧键断裂，生成 $SO_4^{\cdot-}$ 和 $^{\cdot}OH$[57]。许多工业废水，如脱硫废水，具有大量的余热，可用于热活化过硫酸盐，具有较高的可行性和实际操作性。PDS 即使在较低温度

(>50℃)下也具有良好的污染物去除效果，而 PMS 几乎不被活化，即使温度升高到 80℃，后者对酸性橙 7 的降解效率仍然很低[58]，这可能是由于 PMS 的 O—O 键能高于 PDS。热活化的氧化效率高度依赖于温度。温度越高，外部能量输入越多，活化过硫酸盐效率越高。然而，当温度过高时，会导致自由基大量产生，从而引发自由基的自猝灭反应[59]。在实际应用中，需要合理设置热活化温度，避免在高温下由于活化效率不足导致氧化剂和自由基利用率低。此外，研究表明温度不仅影响 $SO_4^{\cdot-}$的产率，还影响污染物的转化路径和产物分布。在热/PDS/苯甲酸体系中，随热活化温度的升高，苯甲酸的脱羧反应逐渐成为主要过程[16]。

微波也是活化过硫酸盐的有效方法。微波加热的机理是使溶液分子在微波的交变电场中快速剧烈振动，从而实现微波向热能的转化[57,60]。热量由系统内部向外部产生，比直接热传导更均匀、更快速。与常规加热相比，微波加热可以很好地降低反应活化能，提高过硫酸盐的利用率[61]。研究表明，与直接加热相比，微波加热可以在更低温度下有效活化 PMS，很好地体现了微波加热的优势[62]。与微波/$H_2O_2$ 工艺相比，微波/PDS 对渗滤液的处理效果更好，说明微波与 PDS 的协同效应更为显著[14]。微波加热是一种逆向加热方式，其引起的微波效应可以有效加热溶液活化过硫酸盐，因此一般作为 $SO_4^{\cdot-}$-AOPs 水处理的辅助手段。

超声波是一种频率超过 20000 Hz，波长小于 2 cm 的机械波。超声波对过硫酸盐的活化是通过空化过程实现的，即通过空化腔的形成、生长、塌陷形成局部高温高压，从而使过硫酸盐中 O—O 键断裂产生 $SO_4^{\cdot-}$[63]。除了活化作用外，超声波引起的剧烈湍流也加速了反应过程。电子顺磁共振图谱检测到的 $SO_4^{\cdot-}$信号证明了超声波对过硫酸盐的有效活化[64]。尽管超声波本身也能降解特定污染物，但超声波与过硫酸盐的协同作用会形成大量高活性的 $SO_4^{\cdot-}$，有利于高效降解更多的污染物[65]。在超声波的辅助下，体系中 $SO_4^{\cdot-}$的浓度显著增强[15]。超声波与其他活化方法相比，具有活化过硫酸盐和强化传质的双重作用，但超声波/过硫酸盐体系更加耗能，阻碍了其大规模应用。

紫外光(UV)是波长为 10～400 nm 的电磁波。只有波长为 254 nm 的紫外线($UV_{254}$)可以活化过硫酸盐。对于 $UV_{254}$，常见的灯有两种：低压汞灯和中压汞灯。低压汞灯只能发射 254 nm 的单色紫外光，而中压汞灯发射 200～300 nm 的紫外光[66]。PMS、PDS 和 $H_2O_2$ 的 O—O 键在紫外光辐射下均能断裂形成 $SO_4^{\cdot-}$和/或$^{\cdot}OH$，因此与紫外辐射结合可有效降解污染物。在中压汞灯照射下，活化效率依次为 UV/PMS > UV/PDS > UV/$H_2O_2$[66]。有研究发现，使用低压汞灯时，PDS 的活化效率最高[58]。这可能与目标污染物有关，其中一些污染物具有一定的光吸收能力，可以直接光解。此外，可见光(> 400 nm)也可以通过某些染料的光敏化作用活化 PDS 产生 $SO_4^{\cdot-}$。例如，罗丹明 B(RhB)在可见光照射下会被激发形成 RhB$^*$，并通过 RhB$^*$进一步活化 PDS[67]。这可能会促进 PDS 在可见光下的活化。

上述讨论证明外部能量对过硫酸盐的活化是有效的，但随污染物处理规模的增加，相应的处理成本将显著增加，这是阻碍其大规模应用的关键问题。在目前的研究中，常采用热、微波、超声波、紫外辐射等与催化剂一起活化过硫酸盐，既可以节约能源消耗，又可以最大限度地利用过硫酸盐。

2. 均相催化剂活化过硫酸盐

虽然均相催化剂存在催化剂难回收、容易造成二次污染的缺点，但当所使用的催化剂对环境无毒、成本低时，均相催化剂具有反应速度快、利用率高等独特优势。研究表明，$Co^{2+}$是 PMS 中活化性能最高的均相催化剂，这可能是由于其具有较高的氧化还原能力[$E^0(Co^{3+}/Co^{2+}) = 1.92$ V、$E^0(Mn^{3+}/Mn^{2+}) = 1.54$ V、$E^0(Fe^{3+}/Fe^{2+}) = 0.77$ V、$E^0(Cu^{2+}/Cu^{+}) = 0.17$ V][68]。然而，释放到环境中的 $Co^{2+}$将对人类健康构成严重威胁。均相 $Co^{2+}$的分离与回收是过硫酸盐活化在实际应用中亟需解决的难题[69]。

由于铁在地球上具有储量丰富、环境友好的优势，常作为均相催化剂以活化过硫酸盐产生 $SO_4^{\bullet-}$并将其应用于环境修复中[70]。在 $Fe^{2+}$/过硫酸盐体系中，$Fe^{2+}$向过硫酸盐传递电子，导致其过氧键断裂，生成 $SO_4^{\bullet-}$和$^{\bullet}OH$[式(3.1)～式(3.3)][70-72]。然而，在这种均相体系中也存在三个不可避免的问题：①$Fe^{2+}$对 $SO_4^{\bullet-}$的猝灭作用；②$Fe^{3+}$难以转化为 $Fe^{2+}$，导致 $Fe^{3+}$过量积累；③该体系对 pH 值有严格要求，限制其应用。基于此，一些研究正在使用螯合剂和还原剂来应对这些问题。Han 等[73]通过使用不同种类的螯合剂和调节螯合剂与 $Fe^{2+}$的比例来调节 $Fe^{2+}$与 PDS 之间的可利用性，在初始 pH = 9 时，实现了 91.7%的降解率。深入的研究发现，螯合剂利用其空间位阻效应稳定 $Fe^{2+}$，在一定程度上阻止了 $Fe^{2+}$对 $SO_4^{\bullet-}$的消耗。Liang 等[17]研究了羟丙基-β-环糊精、乙二胺四乙酸、柠檬酸等络合剂对维持有效 $Fe^{2+}$和活化 PDS 降解苯的影响，发现柠檬酸是体系中最有效的螯合剂，这可能与柠檬酸适中的分子结构和良好的螯合能力有关。对于 $Fe^{3+}$难以还原为 $Fe^{2+}$的问题，加入还原剂可以促进 $Fe^{3+}$转化为 $Fe^{2+}$，实现 $Fe^{3+}/Fe^{2+}$之间的快速循环。研究表明，羟胺的加入可以加速 $Fe^{2+}$/PMS 体系中 $Fe^{3+}$向 $Fe^{2+}$的还原，从而实现苯甲酸的快速降解[74]。类似地，Zhou 等[75]发现硫代硫酸钠既可以作为螯合剂又可以作为还原剂，从而维持铁浓度并加速 $Fe^{3+}/Fe^{2+}$循环。

$$Fe^{2+} + S_2O_8^{2-} \longrightarrow Fe^{3+} + SO_4^{\bullet-} + SO_4^{2-} \quad k = 3\times10^1\ L/(mol\cdot s) \tag{3.1}$$

$$Fe^{2+} + HSO_5^{-} \longrightarrow Fe^{3+} + SO_4^{\bullet-} + OH^{-} \quad k = 3\times10^4\ L/(mol\cdot s) \tag{3.2}$$

$$Fe^{2+} + HSO_5^{-} \longrightarrow Fe^{3+} + SO_4^{2-} + {}^{\bullet}OH \tag{3.3}$$

### 3. 非均相催化剂活化过硫酸盐

非均相催化剂具有均相催化剂所不具备的适应性强、回收方便、环境污染小等优点。本节将介绍金属催化剂、碳基催化剂、金属负载碳基催化剂活化过硫酸盐生成 $SO_4^{\cdot-}$机理的异同。

非金属碳基催化剂不仅可以完全避免金属溶解带来的环境污染问题，还具有比表面积大、易改性等优点[8,25,76]。活性炭、氧化石墨烯、碳纳米管和生物炭被越来越多地用于活化过硫酸盐以降解污染物。活性炭具有良好的吸附和催化表面官能团的性能，因此常用于非金属催化剂以活化各种氧化剂($H_2O_2$、PMS、PDS)。结果表明，以 PMS 为氧化剂时，粉状 AC 对苯酚的降解效果最好[77]。活性炭活化过硫酸盐的机理主要涉及活性炭表面 π 电子的转移，活性炭在芬顿反应中的作用类似 $Fe^{2+}$，作为电子转移的载体[式(3.4)和式(3.5)][78,79]。但活化过硫酸盐后，活性炭表面酸度的增加和表面积的减小会导致污染物与氧化剂之间的吸附减弱，使得活性炭缺乏良好的催化再生性能[80-82]。此外，将半导体材料石墨氮化碳与活性炭相结合，可以进一步提高活性炭的催化活性。Wei 等[83]采用溶剂热法将石墨氮化碳负载在活性炭上，暴露在石墨氮化碳中的 N—$(C)_3$ 基团进一步提高了活性炭的电子密度、表面密度和碱度，从而提高了活性炭的稳定性和催化能力。

$$C_{表面}—OOH + S_2O_8^{2-} \longrightarrow SO_4^{\cdot-} + C_{表面}—OO^{\cdot} + HSO_4^- \tag{3.4}$$

$$C_{表面}—OOH + S_2O_8^{2-} \longrightarrow SO_4^{\cdot-} + C_{表面}—O^{\cdot} + HSO_4^- \tag{3.5}$$

碳纳米管是一种由几层到几十层碳原子以六边形排列组成的同轴圆管。通过酸、热等化学处理，碳纳米管中的空位和非六羰基环等缺陷位点，具有无约束 π 电子的锯齿形边缘以及纳米碳缺陷边缘的酮和醌基团(C═O)等 Lewis 碱性基团将增加，从而使其活性位点的数量增多，碳纳米管向过硫酸盐的电子转移增强，最终促进 $SO_4^{\cdot-}$和$^{\cdot}OH$ 的生成[84,85]。

杂原子(如 N、S、B 等)掺杂也进一步改变了表面电荷密度，从而产生缺陷并形成活性位点[85-87]。研究表明，N 掺杂单壁碳纳米管的反应速率是未掺杂碳纳米管的 57.4 倍，这与电负性高、共价半径小的 N 原子掺杂引起的相邻碳原子高度不对称自旋有关[85,88]。Sun 等[89]制备了一种化学还原氧化石墨烯，其可有效活化 PMS 生成 $SO_4^{\cdot-}$[式(3.6)和式(3.7)]。有如下两方面原因：一方面，水热还原氧化石墨烯表面的含氧官能团被去除，从而增加了表面碱度；另一方面，石墨烯层的锯齿状边缘缺陷使其 π 电子不受边缘碳的束缚，从而获得更高的活性[89,90]。N 掺杂可以通过提高石墨烯的自由电子通量密度和比表面积，显著增强石墨烯的催化效果[91]。Kang 等[92]通过水热法实现了氧化石墨烯的 N 掺杂和还原，从而能够有效活化过硫酸盐生成活性自由基来降解抗生素。此外，Duan 等[93]制备了 N、S 共掺杂还原氧化石墨烯，其催化活性远高于各自组分，并使用各种表征技术和密度泛函理论计算证明 N、S 共掺杂可以有效活化 $sp^2$ 杂化碳晶格，并促进共价石墨烯片的电子转移以活化 PMS。

$$HSO_5^- + e^- \longrightarrow SO_4^{\cdot -} + OH^- \tag{3.6}$$

$$HSO_5^- + h^+ \longrightarrow SO_5^{\cdot -} + H^+ \tag{3.7}$$

也有一些研究使用生物炭活化过硫酸盐降解污染物，其催化活性来源于生物炭中边缘的吡啶 N 和吡咯 N 构型[19,94]。总之，非金属碳基材料具有独特优势，即无金属溶出、无毒，但每次使用后由于表面性质变化导致活性下降仍然是一个需要克服的难题。

然而，金属基催化剂对过硫酸盐的催化效率非常高，这是非金属碳基材料难以达到的。我们分别介绍了零价金属、单/双金属氧化物和金属载体复合催化剂对过硫酸盐的活化机理。在目前的研究中，用于活化过硫酸盐的金属催化剂的活性成分多为过渡金属元素(Mn、Fe、Co、Ni、Cu)。它们的活化机制相似，都是通过过渡金属不同价态之间的转换，断裂过硫酸盐的过氧键，最终生成 $SO_4^{\cdot -}$。

与均相 $Fe^{2+}$/过硫酸盐体系相比，Ji 等[95]开发了多孔 $Fe_2O_3$ 颗粒，在 pH = 5～11 范围内实现了罗丹明 B 的高效去除，有效克服了均相体系 pH 工作范围窄的限制。当多孔 $Fe_2O_3$ 颗粒与 PMS 接触时，催化剂表面 $Fe^{3+}$位点被 PMS 还原为 $Fe^{2+}$，伴随着 $SO_5^{\cdot -}$产生。还原的 $Fe^{2+}$随后在活化 PMS 生成 $SO_4^{\cdot -}$的同时被氧化为 $Fe^{3+}$，同时实现了 $Fe^{2+}/Fe^{3+}$物种的氧化还原循环和 $SO_4^{\cdot -}$的产生。此外，由于 $SO_4^{\cdot -}$具有较高的氧化还原电位(2.5 ～ 3.1 V)，部分 $SO_4^{\cdot -}$可将水氧化为$^{\cdot}OH$，同理，$Mn_2O_3$、$Fe_3O_4$ 和 $Co_3O_4$ 等金属氧化物也具有类似的催化活性和反应机理[96-98]。此外，对于零价金属(如纳米零价铁、纳米零价铜等)，首先被水中溶解氧和过硫酸盐氧化为活性金属离子($Fe^{2+}$、$Cu^+$)，然后以类似于均相方式活化过硫酸盐，生成 $SO_4^{\cdot -}$和$^{\cdot}OH$[18, 99]。

用其他金属离子取代氧化铁中的部分活性位并制备成的双金属催化剂近年来也越来越多地用于过硫酸盐活化。离子间的价态转换加快了过硫酸盐的活化效率。磁性 $Fe_3O_4$-$MnO_2$ 核-壳纳米复合材料比单纯 $MnO_2$、$Fe_3O_4$ 以及 $Fe_3O_4$ 和 $MnO_2$ 的物理混合物具有更高的活性[100]。它的高活性源于两种金属之间不同的标准氧化还原电位的协同效应[式(3.8)和式(3.9)]，从而加速了活化过硫酸盐中每种金属的氧化还原循环。同样，$CuFe_2O_4$ 磁性纳米颗粒对过硫酸盐的活化也表现出优异的催化性能，在 0.1 g/L $CuFe_2O_4$ 磁性纳米颗粒和 0.2 mmol/L PMS 存在下，10 mg/L 四溴双酚 A 在 30 min 内降解完全 [101]，其高活性也与 $Cu^{2+}/Cu^{+}$与 $Fe^{3+}/Fe^{2+}$的协同氧化循环有关[式(3.8)和式(3.10)]。由此可见，使用双金属催化剂不仅可以结合两种单-金属催化剂的优点，还可以加快不同金属价态之间的循环，最终实现过硫酸盐的高效活化。

$$Fe^{3+} + e^{-} \longrightarrow Fe^{2+} \quad E^{0} = 0.77\ \mathrm{V} \tag{3.8}$$

$$Mn^{4+} + e^{-} \longrightarrow Mn^{3+} \quad E^{0} = 0.15\ \mathrm{V} \tag{3.9}$$

$$Cu^{2+} + e^{-} \longrightarrow Cu^{+} \quad E^{0} = 0.17\ \mathrm{V} \tag{3.10}$$

尽管非金属碳基材料解决了金属催化剂金属溶出的问题，但其催化活性和稳定性限制了其广泛应用。因此，将金属材料与非金属碳材料相结合能够补充各自短板，即利用碳材料作为载体可稳定、分散金属纳米颗粒并抑制金属溶出，反过来金属引入进一步调节碳区域的电子结构，提高其活性和稳定性[102]。近年来，研究表明金属与碳材料的复合可以有效稳定地活化过硫酸盐以降解污染物。Liu 等[103]采用饱和树脂吸附钴离子并在高温下碳化制备了碳负载钴复合材料，其在催化 PMS 生成 $SO_4^{\cdot-}$和$^{\cdot}OH$ 降解甲氧苄啶方面表现出良好的催化活性，这归因于碳底物中 $Co^{2+}/Co^{3+}$的相互转化和含氧官能团的电子转移。此外，Khan 等[104]通过酸刻蚀和热解 ZIF-67，合成了空心碳负载 $Co_3O_4$ 超细纳米颗粒，其催化活性是本体碳载 $Co_3O_4$ 纳米颗粒的两倍以上。

与钴类似，含铁复合材料也广泛用于过硫酸盐活化。将纳米零价铁与介孔碳结合，可有效抑制纳米零价铁的聚集和氧化，从而大大提高纳米零价铁利用率[105,106]。生物炭负载磁性氧化铁材料也能有效活化过硫酸盐。这是因为生物炭不仅能更好地分散磁性氧化铁颗粒，还能吸附污染物，展现协同作用[107]。如前所述，双金属催化剂可以加速两种金属之间的价态转换，从而提高催化活性，因此将双金属加载到碳材料中也可以起到类似的促进作用。例如，钴-铁纳米复合碳材料已被证明在活化过硫酸盐中展现出优异的催化活性，同时表现出良好的持久性和可回收性[108,109]。

金属载体复合材料可以结合金属催化剂和碳基材料的优点，具有良好的循环稳定性，同时金属溶出率低。然而，与金属纳米颗粒负载的复合材料相比，单原子催化剂具有最大的原子利用效率、可调的电子结构、优越的结构稳定性和高性能的金属活性位点[110-112]。氮、磷、硫等元素由于具有孤对电子，更容易与空轨道的过渡金属配位；同时由于它们电负性更大，更容易改变碳基底上的电子密度，产生更多的活性位点，因此通常以杂原子的形式掺杂在载体上合成单原子催化剂[102,113]。

Gao 等[112]通过级联锚定策略制备了单原子铁催化剂，其可以在 3 min 内完全降解 100 μmol/L 的双酚 A，也是过硫酸盐基 AOPs 中活性最高的催化剂之一。单原子铁催化剂的高活性源于 Fe-吡啶 $N_4$ 部分，不仅创造电负性铁单原子作为活性位点，还可以赋予毗邻吡啶 N 的 8 个贫电子 C 原子作为催化位点，从而大大提高了活性位点的数量，以活化 PMS 产生 $SO_4^{\cdot-}$。此外，在不同的煅烧温度下，可以实现对单原子催化剂中金属-氮配位数的调控。Liang 等[114]分别在 800℃和 900℃的煅烧温度下得到 Co-$N_4$ 和 Co-$N_3$ 单原子钴催化剂。将配位数从 4 降低到 3 可以显著提高 Co 单原子的电子密度，从而提高 PDS 的转化率，产生更多的 $SO_4^{\cdot-}$。

除 N 外，B 和 P 也可以作为杂原子掺杂到单原子催化剂中，从而控制活性位点的电子密度。研究表明通过在催化剂中掺杂贫电子的 B 或富电子的 P，可实现对 Cu-$N_4$ 电子结构的调控。实验结果和密度泛函理论计算表明，贫电子 Cu-$N_4$/C-B 催化剂诱导了 PMS 的最佳吸附能，而富电子 Cu-$N_4$/C 和 Cu-$N_4$/C-P 对 PMS 表现出强烈的亲和力，导致催化位点失活。Wang 等[21]也证明了将 O 原子掺入单个 Co 原子的配位环境中，改变了 Co 原子的电子结构，从而提高了 PMS 的吸附能，并快速选择性地生成 $^1O_2$。尽管单原子催化剂展现出最高的原子利用率和优越的催化活性，然而杂原子掺杂和不同配位数对最终生成活性物种的影响的具体机制尚不清楚，需要进一步研究其内在的活化机制。

### 3.4.2 亚硫酸盐活化

虽然 PMS 和 PDS 常用作产生 $SO_4^{\cdot-}$的前驱体，但也有一些研究开始使用催化剂活化成本较低的亚硫酸盐($SO_3^{2-}$)产生 $SO_4^{\cdot-}$。在金属催化剂中，亚硫酸盐的活化过程是通过形成金属-亚硫酸盐络合物，然后在 $O_2$ 存在下，络合物分解产生 $SO_3^{\cdot-}$，进而发生一系列反应生成 $SO_4^{\cdot-}$，见图 3.3。与过硫酸盐相比，烟气脱硫副产物(亚硫酸盐)具有成本低、毒性低、易获取等优点，这是利用 $SO_4^{\cdot-}$进行环境修复的另一个重要方面[115]。

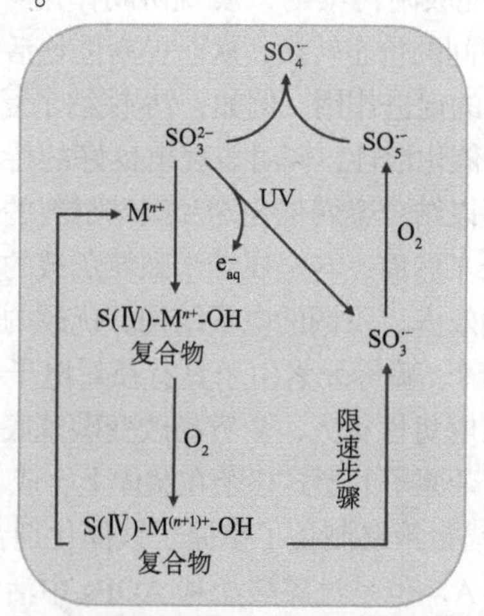


图 3.3 金属催化剂对亚硫酸盐的活化机理[22]

### 1. 外部能量活化亚硫酸盐

与过硫酸盐不同，亚硫酸盐不含过氧键，外部能量无法使其通过过氧键断裂产生 $SO_4^{\bullet-}$。然而，亚硫酸盐具有很强的紫外吸收能力。在 pH = 7.5 时，$UV_{254}$ 的摩尔吸光系数为 15.2 L/(mol·s)[116]。如式(3.11)～式(3.15)所示，亚硫酸盐在紫外照射下不直接产生 $SO_4^{\bullet-}$，而是首先分解为水合电子($e_{aq}^-$)和 $SO_3^{\bullet-}$。前者与含氢物质转化为氢自由基($^{\bullet}H$)，后者在 $O_2$ 存在下逐渐转化为 $SO_4^{\bullet-}$。$e_{aq}^-$ 和 $^{\bullet}H$ 是强还原性物种，在深度还原过程中用于脱卤。

$$HSO_3^- / SO_3^{2-} + h\nu \longrightarrow SO_3^{\bullet-} + e_{aq}^- \tag{3.11}$$

$$e_{aq}^- + HSO_3^- / H^+ / H_2O \longrightarrow {}^{\bullet}H + SO_3^{2-} / OH^- \tag{3.12}$$

$$SO_3^{\bullet-} + O_2 \longrightarrow SO_5^{\bullet-} \quad k = 2.3\times10^9\,L/(mol\cdot s) \tag{3.13}$$

$$SO_5^{\bullet-} + HSO_3^- / SO_3^{2-} \longrightarrow SO_4^{\bullet-} + SO_4^{2-} \quad k = 1.2\times10^4\,L/(mol\cdot s) \tag{3.14}$$

$$SO_5^{\bullet-} + SO_5^{\bullet-} \longrightarrow 2SO_4^{\bullet-} + O_2 \quad k = 6\times10^8\,L/(mol\cdot s) \tag{3.15}$$

$$SO_4^{\bullet-} + HSO_3^- / SO_3^{2-} \longrightarrow SO_4^{2-} + SO_3^{\bullet-} \tag{3.16}$$

UV/亚硫酸盐工艺常作为氧化-还原耦合工艺以实现污染物的脱卤和矿化。Song 等[117]研究了 2,4-二氯苯酚在自由暴露的 UV/亚硫酸盐工艺中的还原脱氯和氧化矿化。还原活性物种($e_{aq}^-$ 和 $^{\bullet}H$)将 2,4-二氯苯酚转化为脱氯产物，并由产生的 $SO_4^{\bullet-}$ 进一步矿化，其矿化率高于氮气环境。在电极电解中，阳极通常会产生大量的 $O_2$，这为 UV/亚硫酸盐体系中 $SO_3^{\bullet-}$ 的转化提供了良好的条件。电解辅助 UV/亚硫酸盐工艺同样为体系中 $SO_4^{\bullet-}$ 的生成提供了充足的氧气。同时生成的 $H^+$ 避免了加酸，实现了 pH 和溶解氧的自动调节，是一种环保、低成本的水处理工艺[118]。需要注意的是，亚硫酸盐浓度对污染物去除具有较大影响，过量的亚硫酸盐会消耗 $SO_4^{\bullet-}$[式(3.16)][119]。关于 UV/亚硫酸盐体系产生 $SO_4^{\bullet-}$ 的研究较少，大多数将该工艺作为高级还原工艺进行研究。

### 2. 均相催化剂活化亚硫酸盐

亚硫酸盐自身很难生成 $SO_4^{\bullet-}$，需要在过渡金属[Mn(Ⅱ)、Co(Ⅱ)、Ni(Ⅱ)、Cu(Ⅱ)、Cr(Ⅱ)]的催化作用下发生自氧化反应生成硫氧自由基。具体来说，当亚硫酸盐体系中加入 $M^{n+}$ 时，立即形成 $M^{n+}$-$SO_3^{2-}$ 络合物，然后被 $O_2$ 氧化成 $M^{(n+1)+}$-$SO_3^{2-}$ 络合物，发生电子转移，最后分解为 $M^{n+}$ 和 $SO_3^{\bullet-}$，$SO_3^{\bullet-}$ 与 $O_2$ 结合形成 $SO_5^{\bullet-}$，$SO_5^{\bullet-}$ 进一步与亚硫酸盐自氧化形成 $SO_4^{\bullet-}$[1]。研究表明，在 Fe(Ⅱ)/

亚硫酸盐体系中，限速步骤是 Fe(Ⅲ)-亚硫酸盐络合物的分解($k$ = 0.91 $s^{-1}$)[120]。此外，紫外可见光作为外部能量也能促进均相催化剂活化亚硫酸盐。Zhang 等[121]证实了在 Fe(Ⅱ)-亚硫酸盐体系中引入紫外可见光照射能显著促进酸性橙 7 溶液的脱色。同时，初始溶液 pH 由 4 提高到 6.1，将大大降低酸投加成本。$SO_4^{\cdot-}$生成的关键是 Fe(Ⅱ)/亚硫酸盐体系中 $Fe^{2+}$/$Fe^{3+}$的内部循环。但是，$SO_5^{\cdot-}$和 $SO_4^{\cdot-}$的一部分将用于 Fe(Ⅲ)和 Fe(Ⅱ)之间的转化[式(3.17)～式(3.21)]，降低了目标污染物的降解效率[115,122]。Wang 等[123]同样利用 UV/$Fe^{3+}$/亚硫酸盐体系产生的 $SO_4^{\cdot-}$和$^{\cdot}OH$ 实现了磺胺甲噁唑 100%的去除。在该体系中，$NO_3^-$可以通过光敏化作用产生额外的硝酸根自由基，从而显著提高了反应速率。然而，水基质效应和 pH 依赖性是该体系中亟待解决的问题。

$$Fe^{2+} + SO_5^{\cdot-} + H^+ \longrightarrow Fe^{3+} + HSO_5^- \quad k = (4.3 \pm 2.4) \times 10^7 \, L/(mol \cdot s) \tag{3.17}$$

$$Fe^{2+} + HSO_5^- \longrightarrow Fe^{3+} + SO_4^{\cdot-} + OH^- \quad k = 1.0 \times 10^3 \, L/(mol \cdot s) \tag{3.18}$$

$$Fe^{2+} + SO_4^{\cdot-} \longrightarrow Fe^{3+} + SO_4^{2-} \quad k = 8.6 \times 10^8 \, L/(mol \cdot s) \tag{3.19}$$

$$SO_5^{\cdot-} + SO_3^{2-} \longrightarrow SO_4^{2-} + SO_4^{\cdot-} \quad k = 9 \times 10^6 \, L/(mol \cdot s) \tag{3.20}$$

$$SO_5^{\cdot-} + HSO_3^- \longrightarrow HSO_4^- + SO_4^{\cdot-} \quad k = 2.5 \times 10^4 \, L/(mol \cdot s) \tag{3.21}$$

除了利用金属活化亚硫酸盐以降解污染物外，还可以利用其中的金属循环实现重金属的还原去除。Yuan 等[124]实现了 Cr(Ⅵ)/亚硫酸盐体系中 Cr(Ⅵ)的快速还原和有机污染物的同步氧化去除。这为含重金属有机废水的处理提供了良好的解决方案[125]。与 Cr(Ⅵ)或 Fe(Ⅱ)/亚硫酸盐体系相比，Co(Ⅱ)/亚硫酸盐体系的氧化能力表现出更强的 pH 依赖性。Yuan 等[126]在碱性 pH 条件下通过 Co(Ⅱ)催化亚硫酸盐实现了对乙酰氨基酚的快速降解，这归因于不同 pH 条件下溶液中 $HSO_3^-$/$SO_3^{2-}$的比重不同。如式(3.20)和式(3.21)所示，亚硫酸盐自氧化产生的 $SO_5^{\cdot-}$和 $SO_3^{2-}$的反应速率比 $HSO_3^-$快，而在中性或碱性条件下，亚硫酸盐总是以 $SO_3^{2-}$的形式存在($pK_a$ = 7.2)[123,126]。也有研究表明，亚硫酸盐在外部能量(如紫外线、电)作用下可直接生成 $SO_4^{\cdot-}$。UV 和亚硫酸盐的协同作用在好氧环境中可以产生更多的 $SO_4^{\cdot-}$，以实现有机微污染物的高效降解[127,128]。在上述体系中，污染物的降解以紫外光解和 $SO_4^{\cdot-}$氧化为主，且对于不同的污染物，二者的贡献不同，但 $SO_4^{\cdot-}$的氧化占主导作用。

3. 非均相催化剂活化亚硫酸盐

均相催化剂不可避免地存在催化剂回收困难、金属溶出二次污染等问题。基于以上考虑，人们开发了大量非均相催化剂(碳材料、纳米铁、金属氧化物、尖晶石、金属-碳载体复合催化剂等)来活化亚硫酸盐，它们具有稳定性高、金属溶出率低、易回收等优点。

最近的研究发现，碳材料表面的缺陷结构和含氧官能团(如 C═O、C—OH)有助于亚硫酸盐活化并产生 $SO_4^{\bullet-}$[129,130]。一方面，碳材料中的酮基可以与亚硫酸盐络合。另一方面，碳材料的缺陷结构增强其导电性，为亚硫酸盐-碳材料复合物内部的电子转移提供了驱动力，最终导致酮氧自由基和硫氧自由基的产生。后者进一步与 $O_2$ 反应生成 $SO_4^{\bullet-}$，实现了亚硫酸盐的活化[129]，见图 3.3。

Xie 等[131]开发了含氧环境下的零价铁/亚硫酸盐体系，实现了在弱酸性和中性环境下对污染物的高效降解。在该体系中，金属-亚硫酸盐络合物与氧气反应产生的 $SO_4^{\bullet-}$是主要的活性物种。研究表明，将零价铁与部分氧化有助于提高亚硫酸盐活化效率。Yang 等[132]制备了 $Fe@Fe_2O_3$ 核-壳纳米材料，极大地促进了 $Fe^{2+}/Fe^{3+}$循环，从而加速了 $SO_4^{\bullet-}$和$^{\bullet}OH$ 的产生，实现了宽 pH 条件下酸性橙 7 的高效降解。此外，低毒性的 $Cu_2O$ 和 CuO 在 pH = 8 时能有效活化亚硫酸盐并降解约 95%的碘海醇[133]。他们进一步深入证实了 $SO_4^{\bullet-}$是通过亚硫酸盐与铜氧化物的球内配位产生。尖晶石型铁氧体($MFe_2O_4$，M = Mg、Mn、Ni、Zn、Fe、Co)由于独特的铁磁性能，也作为新型非均相催化剂应用于亚硫酸盐活化[115,122]。Liu 等[134]利用 $CoFe_2O_4$ 纳米催化剂活化亚硫酸盐降解污染物，证明了 $CoFe_2O_4$ 表面 Co-OH 复合物的形成对 $SO_4^{\bullet-}$的产生至关重要。此外，研究表明，将外部能量与尖晶石型铁氧体结合也可以进一步提高催化性能。Huang 等[135]证明了在紫外-可见光的作用下，产生的光生空穴有利于亚硫酸盐的氧化，加速 ZnCu-铁氧体表面金属-亚硫酸盐络合物的分解，从而提高了催化效率。然而，除目标污染物外，$SO_4^{\bullet-}$与亚硫酸盐也具有较高的反应速率[$7.5 \times 10^8$ L/(mol·s)][1]。在亚硫酸盐活化体系中，应控制亚硫酸盐的浓度，避免 $SO_4^{\bullet-}$相互反应。

此外，金属-碳复合催化剂可以实现更高效的亚硫酸盐活化。Zhao 等[136]合成了一种微米级铁碳复合材料，实现了甲硝唑的高效降解。向零价铁中引入碳材料可以显著增强其腐蚀性，释放更多的 $Fe^{2+}$用于活化亚硫酸盐。类似地，将钴纳米颗粒封装在碳纳米管中制备的 Co@NC 催化剂在亚硫酸盐和 $O_2$ 存在下对甲基橙的降解表现出高效、优异的重复性和稳定性。内部钴纳米颗粒和外部碳的协同作用增强了催化降解[137]。

如上所述，过硫酸盐和亚硫酸盐都可以用作 $SO_4^{\bullet-}$生产的前体。此外，它们在活化机制、作用方式和应用场景等方面也存在差异。首先，它们的活化方式和 $SO_4^{\bullet-}$产生机理不同。具体如下：①外部能量不能活化没有过氧键的亚硫酸盐。紫外光对亚硫酸盐的活化是由于亚硫酸盐具有较强的紫外线吸收能力。②金属催化剂对过硫酸盐和亚硫酸盐的催化作用本质上是通过金属离子的不同价态转化实现的。然而，与过硫酸盐活化不同，亚硫酸盐的活化是通过形成金属-亚硫酸盐络合物实现。③在亚硫酸盐活化过程中，亚硫酸盐活化不能直接生成 $SO_4^{\cdot-}$，必须先形成 $SO_3^{\cdot-}$作为中间活性物种，然后在 $O_2$ 的作用下氧化为 $SO_4^{\cdot-}$。其次，在亚硫酸盐活化过程中，同时产生还原性活性物种[$(e_{aq}^-)$和($^{\cdot}$H)]。它们具有不同的降解机理和动力学，这可能导致环境修复中基于亚硫酸盐的 $SO_4^{\cdot-}$-AOPs 具有不同的降解产物和中间产物毒性。最后，与过硫酸盐相比，亚硫酸盐成本更低，更有利于 $SO_4^{\cdot-}$-AOPs 的工业化应用。然而，亚硫酸盐活化中 $SO_4^{\cdot-}$的生成需要在有氧环境中进行。因此，基于亚硫酸盐的 $SO_4^{\cdot-}$-AOPs 适用于曝气水体或富氧环境。

## 3.5 硫酸根自由基的检测方法

### 3.5.1 探针与竞争动力学耦合法

由于活性物种(如 $SO_4^{\cdot-}$、$^{\cdot}$OH、$^1O_2$、$O_2^{\cdot-}$)在水中的寿命较短，其在 $SO_4^{\cdot-}$-AOPs 体系中的浓度难以准确测量。因此，通常使用反应速率非常高的猝灭剂来清除自由基，然后比较有无猝灭剂时的污染物去除效率，最终得到每种自由基的相对贡献[1,25,138]。表 3.3 列出了常见探针化合物/猝灭剂与 $SO_4^{\cdot-}$和$^{\cdot}$OH 反应的二级反应速率常数[139]。常用的猝灭剂有甲醇(MeOH)、乙醇(EtOH)、异丙醇(IPA)、叔丁醇(TBA)等醇类。其中，MeOH 和 EtOH 同时对 $SO_4^{\cdot-}$和$^{\cdot}$OH 表现出较高的反应活性，而不含 $\alpha$-H 的 TBA 对 $SO_4^{\cdot-}$和$^{\cdot}$OH 的反应活性相差三个数量级[$k(SO_4^{\cdot-}+\text{TBA}) = 4.0 \times 10^5$ L/(mol·s)，$k(^{\cdot}\text{OH}+\text{TBA}) = 6.0 \times 10^8$ L/(mol·s)][140,141]。基于这一特性，通过对比加入 TBA 前后污染物的去除效果，可以得到 $SO_4^{\cdot-}$和$^{\cdot}$OH 的相对贡献。

**表 3.3 常见的化学探针与 $SO_4^{\cdot-}$和$^{\cdot}$OH 的二级反应速率常数[139]**

| 化学探针 | 反应速率常数[L/(mol·s)] | |
|---|---|---|
| | $SO_4^{\cdot-}$ | $^{\cdot}$OH |
| 苯甲醚 | $4.9 \times 10^9$ | $7.8 \times 10^9$ |
| 苯甲酸 | $1.2 \times 10^9$ | $4.2 \times 10^9$ |
| 苯 | $(2.4\sim3.0) \times 10^9$ | $7.8 \times 10^9$ |
| 乙醇 | $(1.6\sim7.7) \times 10^7$ | $(1.2\sim2.8) \times 10^9$ |
| 甲醇 | $3.2 \times 10^6$ | $9.7 \times 10^8$ |
| 硝基苯 | $< 10^6$ | $(3.0\sim3.9) \times 10^9$ |
| 丙醇 | $6.0 \times 10^7$ | $2.8 \times 10^9$ |
| 苯酚 | $8.8 \times 10^9$ | $6.6 \times 10^9$ |
| 叔丁醇 | $(4.0\sim9.1) \times 10^5$ | $(3.8\sim7.6) \times 10^8$ |

最近的研究质疑了猝灭剂在评估 $SO_4^{\bullet-}$-AOPs 中各种活性物种作用中的有效性。研究者往往认为，加入高浓度猝灭剂可以完全清除目标活性物种，但除此之外，高浓度猝灭剂也会给过硫酸盐体系带来诸多混杂效应，如加速 PMS 分解、干扰活性物种的生成、猝灭非目标活性物种等[138]。基于这一发现，污染物的不同去除效率不仅可以归因于猝灭剂对目标活性物种的猝灭，还与猝灭剂浓度过高导致的混杂效应有关。因此，猝灭法对过硫酸盐体系中各种活性物种作用的解释存在争议，值得重新审视。此外，部分催化剂对醇也有一定的吸附作用，会导致醇类猝灭剂对活性位点的覆盖[142]。

具有强吸电子官能团的芳香族化合物(如硝基苯、苯甲酸等)也是区分 $SO_4^{\bullet-}$/$^{\bullet}OH$ 反应活性的理想探针[4]。在 $SO_4^{\bullet-}$-AOPs 体系中，在 PMS 过量的假设下，通过计算不同猝灭体系中化学探针的反应速率常数，可以得到 $SO_4^{\bullet-}$和$^{\bullet}OH$的相对贡献[25]。具体步骤如式(3.22)和式(3.23)所示。

当不加入猝灭剂时，化学探针的反应速率可以表示为

$$\frac{dC_P}{dt} = -\left(k_1[^{\bullet}OH]C_P + k_2[SO_4^{\bullet-}]C_P\right) = -kC_P \tag{3.22}$$

当加入只与$^{\bullet}OH$ 反应的化学探针时，化学探针的反应速率可以表示为

$$\frac{dC_P}{dt} = -k_2[SO_4^{\bullet-}]C_P = -k'C_P \tag{3.23}$$

其中，$C_P$ 为化学探针的浓度；$k_1$ 和 $k_2$ 分别为化学探针与$^{\bullet}OH$ 和 $SO_4^{\bullet-}$反应的二级速率常数；$k$ 和 $k'$为表观一级速率常数。根据所使用的化学探针的不同，$k_1$ 和 $k_2$ 可由表 3.3 得到，$k$ 和 $k'$可由实验数据计算得到[139]。因此，根据 $k'$与 $k$ 的比值可以得到 $SO_4^{\bullet-}$和$^{\bullet}OH$ 的相对浓度，根据式(3.22)和式(3.23)可以得到 $SO_4^{\bullet-}$的稳态浓度。

利用高效液相色谱 (HPLC)法测定捕获剂与活性物种反应的特征产物也是一种定量自由基的方法。目前已有针对高价态铁物种和$^{\bullet}OH$ 的 HPLC 定量检测方法[144,145]。遗憾的是，目前利用 HPLC 定量测定 $SO_4^{\bullet-}$的研究较少，有必要开发一些与 $SO_4^{\bullet-}$反应的特异性高的捕获剂来定量检测它们产物的浓度。

### 3.5.2　电子自旋共振光谱法

电子自旋或顺磁共振图谱(ESR/EPR)是一种用于定性或定量检测含有一个或多个未成对电子的磁性物质的技术，为检测含有未成对电子的 $SO_4^{\bullet-}$和$^{\bullet}OH$ 提供了有效方法[146]。然而，这些自由基的寿命通常很短，很难被直接检测到。因此，采用自旋捕获剂与自由基反应，产生稳定的自旋加合物，并通过 ESR/EPR 检测获得相应的特征峰。自旋捕获剂是一类包括硝酮和亚硝基类化合物在内的反

磁性有机化合物。5,5-二甲基-1-吡咯啉-*N*-氧化物(DMPO)和 2,2,6,6-四甲基哌啶(TEMP)是最常用的自旋捕获剂。当 DMPO 用作捕获剂时，$SO_4^{\cdot-}$、$^{\cdot}OH$ 和 $O_2^{\cdot-}$形成的相应加合物的特征峰强度比分别为 1∶2∶1∶2、1∶2∶2∶1 和 1∶1∶1∶1，而使用 TEMP 作为 $^1O_2$ 的捕获剂时，相应加合物的特征峰强度比为 1∶1∶1[146]。然而，在 $SO_4^{\cdot-}$-AOPs 中，$SO_4^{\cdot-}$和$^{\cdot}OH$ 往往共存，当使用 5-(二乙氧基磷酰基)-5-甲基-1-吡咯啉-*N*-氧化物(DEPMPO)作为自旋捕获剂捕获 $SO_4^{\cdot-}$时，观察到 DEPMPO-$SO_4^{\cdot-}$会与 $H_2O/OH^-$发生亲核取代并形成 DEPMPO-$^{\cdot}OH$，这影响了测量结果的准确性[147]。因此，ESR 一般用于定性或半定量测量。Zhang 等[148]开发并验证了使用可溶性探针 9,10-蒽二基-双(亚甲基)-丙二酸对 $SO_4^{\cdot-}/^{\cdot}OH$ 和 $^1O_2$ 的定性和半定量捕获能力。该方法比使用 DMPO 和 TEMP 作为自旋捕获剂的 EPR 检测以及用醇、糠醇和 L-组氨酸猝灭 ROS 更加方便可靠。由于 ROS 的短寿命和高活性，并且它们经常同时出现在 $SO_4^{\cdot-}$-AOPs 系统中，在污染物降解中的作用经常被混淆，现有的检测方法很难准确量化每种 ROS 的含量，因此，有必要开发更准确和先进的检测技术，以更深入地了解它们的贡献和响应机制。

### 3.5.3 瞬态吸收光谱法

瞬态吸收光谱可以通过比较有无光激发样品的光谱来确定一些活性物种，可用于 $SO_4^{\cdot-}$的定性检测[146]。研究表明，嘌呤和嘧啶衍生物与$^{\cdot}OH$ 和 $SO_4^{\cdot-}$反应可获得不同波长的最大瞬态吸收光谱。前者在 340 nm 处有最大吸收峰，而后者在 320 nm 处有最大吸收峰[149,150]。此外，通过对 PDS 水溶液的光解，还发现 $SO_4^{\cdot-}$可吸附在悬浮二氧化硅纳米颗粒表面，在 $\lambda_{max} \approx 320$ nm 处形成特征瞬态加合物[151]。然而，该方法很少应用于 $SO_4^{\cdot-}$-AOPs 的研究，但这些特征表明瞬态吸收光谱可能为 $SO_4^{\cdot-}$的检测提供新的思路。

在 $SO_4^{\cdot-}$-AOPs 体系中，$SO_4^{\cdot-}$和$^{\cdot}OH$ 往往共存，然而两者对污染物的选择性和氧化能力不同。因此，确定 $SO_4^{\cdot-}$的存在及其贡献以进一步了解其反应路径至关重要。一般而言，$SO_4^{\cdot-}$的检测和识别方法如下：①使用化学试剂(猝灭剂/化学探针)与活性物种选择性反应，并结合竞争性动力学方法确定 $SO_4^{\cdot-}$的相对/稳态浓度；②利用电子自旋共振光谱间接检测 $SO_4^{\cdot-}$，以检测自旋捕获剂与自由基反应形成的加合物；③$SO_4^{\cdot-}$和$^{\cdot}OH$ 与同一物质反应产生不同波长的最大瞬态吸收光谱是一种潜在的检测方法，或许可以成为 $SO_4^{\cdot-}$检测的辅助手段。

## 3.6 未来研究需求

综上所述，本章综述了 $SO_4^{\cdot-}$的化学特性、反应机制和产生路径。重点阐述

了不同活化策略下 $SO_4^{\bullet-}$的生成机理，为实际应用中催化剂的合理设计提供了新的思路。基于上述的讨论，提出了 $SO_4^{\bullet-}$-AOPs 未来的研究需求，如下所述。

(1)金属-碳载体复合催化剂结合了金属氧化物和碳材料的双重优势，金属溶出率低，循环稳定性好，是活化过硫酸盐和亚硫酸盐产生 $SO_4^{\bullet-}$的理想催化剂。然而，合成过程中材料复杂，条件严格，限制了其在环境修复中的应用。因此，开发简单且低成本的金属-碳载体复合催化剂是将 $SO_4^{\bullet-}$-AOPs 推向实际应用的关键。

(2)过硫酸盐和亚硫酸盐均可作为生产 $SO_4^{\bullet-}$的前驱体，但二者在具体的活化机理、作用方式、应用场合等方面有所不同。低成本的亚硫酸盐更有利于 $SO_4^{\bullet-}$-AOPs 的工业应用，但亚硫酸盐活化中 $SO_4^{\bullet-}$的生成需要有氧环境。因此，基于亚硫酸盐的 AOPs 适用于曝气水体或富氧环境。此外，在亚硫酸盐活化过程中，还原性活性物种(如 $e_{aq}^-$ 和$^{\bullet}$H)也会同时产生。它们具有不同的降解机理和动力学，这可能导致环境修复中基于亚硫酸盐的 AOPs 具有不同的降解产物和中间产物毒性，有待进一步研究。

(3)当与不同种类的污染物反应时，$SO_4^{\bullet-}$和$^{\bullet}$OH 表现出不同的反应活性，这与它们的氧化还原电位、亲电性和反应能垒有关，也与污染物分子的最高占据分子轨道能和静电位有关。将污染物的降解产物与密度泛函理论计算相结合，分析目标污染物的活性位点，进而通过三条反应路径分析 $SO_4^{\bullet-}$和$^{\bullet}$OH 与污染物反应的能量演化规律，可以提高对活性物种作用下有机污染物降解机理更深入的理解，极大地促进目标污染物的选择性降解和定向转化。

(4)由于 $SO_4^{\bullet-}$可以转化为$^{\bullet}$OH，现有的检测方法难以准确测定 $SO_4^{\bullet-}$的含量和贡献。利用液相色谱测定捕获剂与活性物种反应的特征产物已被用作高价态铁物种和$^{\bullet}$OH 的定量方法。遗憾的是，利用类似方法定量测定 $SO_4^{\bullet-}$的研究较少。有必要开发与 $SO_4^{\bullet-}$特异性反应的捕获剂，并结合高精密仪器对其浓度进行定量检测，从而深入了解其贡献和响应机制。

## 参 考 文 献

[1] Zhou D, Chen L, Li J J, Wu F. Transition metal catalyzed sulfite auto-oxidation systems for oxidative decontamination in waters: A state-of-the-art minireview. Chemical Engineering Journal, 2018, 346: 726-738.

[2] Rathi B S, Kumar P S, Show P L. A review on effective removal of emerging contaminants from aquatic systems: Current trends and scope for further research. Journal of Hazardous Materials, 2021, 409: 124413.

[3] Giannakis S, Lin K Y A, Ghanbari A. A review of the recent advances on the treatment of

industrial wastewaters by sulfate radical-based advanced oxidation processes (SR-AOPs). Chemical Engineering Journal, 2021, 406: 127083.

[4] Wang Y, Lin Y, Yang C P, Wu S H, Fu X T, Li X. Calcination temperature regulates non-radical pathways of peroxymonosulfate activation via carbon catalysts doped by iron and nitrogen. Chemical Engineering Journal, 2023, 451: 138468.

[5] Wang Y, Lin Y, He S Y, Wu S H, Yang C P. Singlet oxygen: Properties, generation, detection, and environmental applications. Journal of Hazardous Materials, 2024, 461: 132538.

[6] Lin Y, Yang C P, Niu Q Y, Luo S L. Interfacial charge transfer between silver phosphate and $W_2N_3$ induced by nitrogen vacancies enhances removal of $\beta$-lactam antibiotics. Advanced Functional Materials, 2022, 32: 2108814.

[7] Wu S H, Li H R, Li X, He H J, Yang C P. Performances and mechanisms of efficient degradation of atrazine using peroxymonosulfate and ferrate as oxidants. Chemical Engineering Journal, 2018, 353: 533-541.

[8] Ushani U, Lu X Q, Wang J H, Zhang Z Y, Dai J J, Tan Y J, Wang S S, Li W J, Niu C X, Cai T, Wang N, Zhen G Y. Sulfate radicals-based advanced oxidation technology in various environmental remediation: A state-of-the-art review. Chemical Engineering Journal, 2020, 402: 126232.

[9] Wu S H, Yang C P, Lin Y, Cheng J J. Efficient degradation of tetracycline by singlet oxygen-dominated peroxymonosulfate activation with magnetic nitrogen-doped porous carbon. Journal of Environmental Sciences, 2022, 115: 330-340.

[10] Chen J B, Zhou X F, Zhu Y M, Zhang Y L, Huang C H. Synergistic activation of peroxydisulfate with magnetite and copper ion at neutral condition. Water Research, 2020, 186: 116371.

[11] Zhen G Y, Lu X Q, Su L H, Kobayashi T, Kumar G, Zhou T, Xu K Q, Li Y Y, Zhu X F, Zhao Y C. Unraveling the catalyzing behaviors of different iron species ($Fe^{2+}$ *vs.* $Fe^0$) in activating persulfate-based oxidation process with implications to waste activated sludge dewaterability. Water Research, 2018, 134: 101-114.

[12] Wen G, Xu X Q, Zhu H, Huang T L, Ma J. Inactivation of four genera of dominant fungal spores in groundwater using UV and UV/PMS: Efficiency and mechanisms. Chemical Engineering Journal, 2017, 328: 619-628.

[13] Ye J, Dai J D, Yang D Y, Li C X, Yan Y S, Wang Y. 2D/2D confinement graphene-supported bimetallic sulfides/g-$C_3N_4$ composites with abundant sulfur vacancies as highly active catalytic self-cleaning membranes for organic contaminants degradation. Chemical Engineering Journal, 2021, 418: 129383.

[14] Chen W M, Wang F, He C, Li Q B. Molecular-level comparison study on microwave irradiation-activated persulfate and hydrogen peroxide processes for the treatment of refractory organics in mature landfill leachate. Journal of Hazardous Materials, 2020, 397: 122785.

[15] Chen W S, Huang P C. Mineralization of aniline in aqueous solution by electro-activated persulfate oxidation enhanced with ultrasound. Chemical Engineering Journal, 2015, 266: 279-288.

[16] Zrinyi N, Pham A L T. Oxidation of benzoic acid by heat-activated persulfate: Effect of temperature on transformation pathway and product distribution. Water Research, 2017, 120: 43-51.

[17] Liang C J, Huang C F, Chen Y J. Potential for activated persulfate degradation of BTEX contamination. Water Research, 2008, 42: 4091-4100.

[18] Ghanbari F, Moradi M, Manshouri M. Textile wastewater decolorization by zero valent iron activated peroxymonosulfate: Compared with zero valent copper. Journal of Environmental Chemical Engineering, 2014, 2: 1846-1851.

[19] Wang H Z, Guo W Q, Liu B H, Wu Q L, Luo H C, Zhao Q, Si Q S, Sseguya F, Ren N Q. Edge-nitrogenated biochar for efficient peroxydisulfate activation: An electron transfer mechanism. Water Research, 2019, 160: 405-414.

[20] Kookana R S. The role of biochar in modifying the environmental fate, bioavailability, and efficacy of pesticides in soils: A review. Soil Research, 2010, 48: 627-637.

[21] Wang Z W, Almatrafi E, Wang H, Qin H, Wang W J, Du L, Chen S, Zeng G M, Xu P. Cobalt single atoms anchored on oxygen-doped tubular carbon nitride for efficient peroxymonosulfate activation: Simultaneous coordination structure and morphology modulation. Angewandte Chemie International Edition, 2022, 134: e202202338.

[22] Xie J, Yang C P, Li X, Wu S H, Lin Y. Generation and engineering applications of sulfate radicals in environmental remediation. Chemosphere, 2023, 339: 139659.

[23] Wojnárovits L, Takács E. Rate constants of sulfate radical anion reactions with organic molecules: A review. Chemosphere, 2019, 220: 1014-1032.

[24] Lee J, Gunten U V, Kim J H. Persulfate-based advanced oxidation: Critical assessment of opportunities and roadblocks. Environmental Science & Technology, 2020, 54: 3064-3081.

[25] Oh W D, Dong Z L, Lim T T. Generation of sulfate radical through heterogeneous catalysis for organic contaminants removal: Current development challenges and prospects. Applied Catalysis B: Environmental, 2016, 194: 169-201.

[26] Lutze H V, Bircher S, Rapp I, Kerlin N, Bakkour R, Geisler M, Sonntag C V, Schmidt T C. Degradation of chlorotriazine pesticides by sulfate radicals and the influence of organic matter. Environmental Science & Technology, 2015, 49: 1673-1680.

[27] Zhang K, Parker K M. Halogen radical oxidants in natural and engineered aquatic systems. Environmental Science & Technology, 2018, 52: 9579-9594.

[28] Das T N, Huie R E, Neta P. Reduction potentials of $SO_3^{\bullet-}$, $SO_5^{\bullet-}$, and $S_4O_6^{3\bullet-}$ radicals in aqueous solution. The Journal of Physical Chemistry A, 1999, 103: 3581-3588.

[29] Schwarz H A, Dodson R W. Equilibrium between hydroxyl radicals and thallium (Ⅱ) and the oxidation potential of hydroxyl (aq). The Journal of Physical Chemistry, 1984, 88: 3643-3647.

[30] Wood P M. The potential diagram for oxygen at pH 7. Biochemical Journal, 1988, 253: 287-289.

[31] Stanbury D M. Reduction potentials involving inorganic free radicals in aqueous solution. Advances in Inorganic Chemistry, 1989, 33: 69-138.

[32] Wang Z, Qiu W, Pang S Y, Guo Q, Guan C T, Jiang J. Aqueous iron (Ⅳ)-oxo complex: An

emerging powerful reactive oxidant formed by iron (Ⅱ)-based advanced oxidation processes for oxidative water treatment. Environmental Science & Technology, 2022, 56: 1492-1509.

[33] Zhang H, Xie C, Chen L, Duan J, Li F, Liu W. Different reaction mechanisms of $SO_4^{\cdot-}$ and $^{\cdot}OH$ with organic compound interpreted at molecular orbital level in Co(Ⅱ)/peroxymonosulfate catalytic activation system. Water Research, 2023, 229: 119392.

[34] Chen C Y, Wu Z H, Zheng S S, Wang L P, Niu X Z, Fang J Y. Comparative study for interactions of sulfate radical and hydroxyl radical with phenol in the presence of nitrite. Environmental Science & Technology, 2020, 54: 8455-8463.

[35] Xiao R Y, Ye T T, Wei Z S, Luo S, Yang Z H, Spinney R. Quantitative structure-activity relationship (QSAR) for the oxidation of trace organic contaminants by sulfate radical. Environmental Science & Technology, 2015, 49: 13394-13402.

[36] Li H X, Zhang Y Y, Wan J Q, Xiao H, Chen X. Theoretical investigation on the oxidation mechanism of dibutyl phthalate by hydroxyl and sulfate radicals in the gas and aqueous phase. Chemical Engineering Journal, 2018, 339: 381-392.

[37] Wan L K, Peng J, Lin M Z, Muroya Y, Katsumura Y, Fu H Y. Hydroxyl radical, sulfate radical and nitrate radical reactivity towards crown ethers in aqueous solutions. Radiation Physics and Chemistry, 2012, 81: 524-530.

[38] Wang Y, Zeng X L, Meng Y. Aqueous oxidation degradation of ciprofloxacin involving hydroxyl and sulfate radicals: A computational investigation. Computational and Theoretical Chemistry, 2021, 1204: 113427.

[39] Hou S, Ling L, Shang C, Guan Y H, Fang J Y. Degradation kinetics and pathways of haloacetonitriles by the UV/persulfate process. Chemical Engineering Journal, 2017, 320: 478-484.

[40] Sharma J, Mishra I M, Dionysiou D D, Kumar V. Oxidative removal of bisphenol A by UV-C/peroxymonosulfate (PMS): Kinetics, influence of co-existing chemicals and degradation pathway. Chemical Engineering Journal, 2015, 276: 193-204.

[41] Antoniou M G, Cruz A A D L, Dionysiou D D. Intermediates and reaction pathways from the degradation of microcystin-LR with sulfate radicals. Environmental Science & Technology, 2010, 44: 7238-7244.

[42] Xie X F, Zhang Y Q, Huang W L, Huang S B. Degradation kinetics and mechanism of aniline by heat-assisted persulfate oxidation. Journal of Environmental Sciences, 2012, 24: 821-826.

[43] Norman R O C, Storey P M, West P R. Electron spin resonance studies. Part XXV. Reactions of the sulphate radical anion with organic compounds. Journal of the Chemical Society B: Physical Organic, 1970: 1087-1095.

[44] Luo S L, Wei Z S, Spinney R, Villamena F A, Dionysiou D D, Chen D, Tang C J, Chai L Y, Xiao R Y. Quantitative structure-activity relationships for reactivities of sulfate and hydroxyl radicals with aromatic contaminants through single-electron transfer pathway. Journal of Hazardous Materials, 2018, 344: 1165-1173.

[45] Li M X, Sun J F, Han D D, Wei B, Mei Q, An Z X, Wang X Y, Cao H J, Xie J, He M X. Theoretical investigation on the contribution of HO, $SO_4^-$ and $CO_3^-$ radicals to the degradation of

phenacetin in water: Mechanisms, kinetics, and toxicity evaluation. Ecotoxicology and Environmental Safety, 2020, 204: 110977.

[46] Xu M M, Yao J F, Sun S M, Yan S D, Sun J Y. Theoretical calculation on the reaction mechanisms, kinetics and toxicity of acetaminophen degradation initiated by hydroxyl and sulfate radicals in the aqueous phase. Toxics, 2021, 9: 234.

[47] Mei Q, Sun J F, Han D N, Wei B, An Z X, Wang X Y, Xie J, Zhan J H, He M X. Sulfate and hydroxyl radicals-initiated degradation reaction on phenolic contaminants in the aqueous phase: Mechanisms, kinetics and toxicity assessment. Chemical Engineering Journal, 2019, 373: 668-676.

[48] Luo S, Wei Z S, Dionysiou D D, Spinney R S, Hu W P, Chai L Y, Yang Z H, Ye T T, Xiao R Y. Mechanistic insight into reactivity of sulfate radical with aromatic contaminants through single-electron transfer pathway. Chemical Engineering Journal, 2017, 327: 1056-1065.

[49] Yang Y, Lu X L, Jiang J, Ma J, Liu G Q, Cao Y, Liu W L, Li J, Pang S Y, Kong X J. Degradation of sulfamethoxazole by UV, UV/$H_2O_2$ and UV/persulfate (PDS): Formation of oxidation products and effect of bicarbonate. Water Research, 2017, 118: 196-207.

[50] Zemel H, Fessenden R W. The mechanism of reaction of sulfate radical anion with some derivatives of benzoic acid. The Journal of Physical Chemistry, 1978, 82: 2670-2676.

[51] Ahmed M M, Barbati S, Doumenq P, Chiron S. Sulfate radical anion oxidation of diclofenac and sulfamethoxazole for water decontamination. Chemical Engineering Journal, 2012, 197: 440-447.

[52] Ghauch A, Ayoub G, Naim S. Degradation of sulfamethoxazole by persulfate assisted micrometric $Fe^0$ in aqueous solution. Chemical Engineering Journal, 2013, 228: 1168-1181.

[53] Olmez-Hanci T, Arslan-Alaton I. Comparison of sulfate and hydroxyl radical based advanced oxidation of phenol. Chemical Engineering Journal, 2013, 224: 10-16.

[54] Anipsitakis G P, Dionysiou D D, Gonzale M A. Cobalt-mediated activation of peroxymonosulfate and sulfate radical attack on phenolic compounds. Implications of chloride ions. Environmental Science & Technology, 2006, 40: 1000-1007.

[55] Fang G D, Dionysiou D D, Wang Y, Al-Abed S R, Zhou D M. Sulfate radical-based degradation of polychlorinated biphenyls: Effects of chloride ion and reaction kinetics. Journal of Hazardous Materials, 2012, 227: 394-401.

[56] Yang Q, Ma Y H, Chen F, Yao F B, Sun J, Wang S N, Yi K X, Hou L H, Li X M, Wang D B. Recent advances in photo-activated sulfate radical-advanced oxidation process (SR-AOP) for refractory organic pollutants removal in water. Chemical Engineering Journal, 2019, 378: 122149.

[57] Li N, Wu S, Dai H X, Cheng Z J, Peng W C, Yan B B, Chen G Y, Wang S B, Duan X G. Thermal activation of persulfates for organic wastewater purification: Heating modes, mechanism and influencing factors. Chemical Engineering Journal, 2022, 450: 137976.

[58] Yang S Y, Wang P, Yang X, Shan L, Zhang W Y, Shao X T, Niu R. Degradation efficiencies of azo dye Acid Orange 7 by the interaction of heat, UV and anions with common oxidants: Persulfate, peroxymonosulfate and hydrogen peroxide. Journal of Hazardous Materials, 2010,

179: 552-558.

[59] Guo H G, Gao N Y, Yang Y, Zhang Y L. Kinetics and transformation pathways on oxidation of fluoroquinolones with thermally activated persulfate. Chemical Engineering Journal, 2016, 292: 82-91.

[60] Xia H L, Li C W, Yang G Y, Shi Z A, Jin C X, He W Z, Xu J C, Li G M. A review of microwave-assisted advanced oxidation processes for wastewater treatment. Chemosphere, 2022, 287: 131981.

[61] Hu L M, Zhang G S, Wang Q, Wang X J, Wang P. Effect of microwave heating on persulfate activation for rapid degradation and mineralization of *p*-nitrophenol. ACS Sustainable Chemistry & Engineering, 2019, 7: 11662-11671.

[62] Qi C D, Liu X T, Lin C Y, Zhang H J, Li X W, Ma J. Activation of peroxymonosulfate by microwave irradiation for degradation of organic contaminants. Chemical Engineering Journal, 2017, 315: 201-209.

[63] Yang L, Xue J, He L, Wu L, Ma Y, Chen H, Li H, Peng P, Zhang Z. Review on ultrasound assisted persulfate degradation of organic contaminants in wastewater: Influences, mechanisms and prospective. Chemical Engineering Journal, 2019, 378: 122146.

[64] Li B Z, Zhu J. Simultaneous degradation of 1,1,1-trichloroethane and solvent stabilizer 1,4-dioxane by a sono-activated persulfate process. Chemical Engineering Journal, 2016, 284: 750-763.

[65] Rayaroth M P, Aravind U K, Aravindakumar C T. Sonochemical degradation of Coomassie Brilliant Blue: Effect of frequency, power density, pH and various additives. Chemosphere, 2015, 119: 848-855.

[66] Ao X W, Liu W J. Degradation of sulfamethoxazole by medium pressure UV and oxidants: Peroxymonosulfate, persulfate, and hydrogen peroxide. Chemical Engineering Journal, 2017, 313: 629-637.

[67] Gao Y W, Li Y X, Yao L Y, Li S M, Liu J, Zhang H. Catalyst-free activation of peroxides under visible LED light irradiation through photoexcitation pathway. Journal of Hazardous Materials, 2017, 329: 272-279.

[68] Anipsitakis G P, Dionysiou D D. Radical generation by the interaction of transition metals with common oxidants. Environmental Science & Technology, 2004, 38: 3705-3712.

[69] Hou J F, He X D, Zhang S Q, Yu J L, Feng M B, Li X D. Recent advances in cobalt-activated sulfate radical-based advanced oxidation processes for water remediation: A review. Science of the Total Environment, 2021, 770: 145311.

[70] Xiao S X, Cheng M, Zhong H, Liu Z F, Liu Y, Yang X, Liang Q H. Iron-mediated activation of persulfate and peroxymonosulfate in both homogeneous and heterogeneous ways: A review. Chemical Engineering Journal, 2020, 384: 123265.

[71] Zhu C Y, Fang G F, Dionysiou D D, Liu C, Gao J, Qin W X, Zhou D M. Efficient transformation of DDTs with persulfate activation by zero-valent iron nanoparticles: A mechanistic study. Journal of Hazardous Materials, 2016, 316: 232-241.

[72] Rastogi A, Al-Abed S R, Dionysiou D D. Effect of inorganic, synthetic and naturally occurring

chelating agents on Fe(Ⅱ) mediated advanced oxidation of chlorophenols. Water Research, 2009, 43: 684-694.

[73] Han D H, Wan J Q, Ma Y W, Wang Y, Li Y, Li D Y, Guan Z Y. New insights into the role of organic chelating agents in Fe(Ⅱ) activated persulfate processes. Chemical Engineering Journal, 2015, 269: 425-433.

[74] Zou J, Ma J, Chen L W, Li X C, Guan Y H, Xie P C, Pan C. Rapid acceleration of ferrous iron/peroxymonosulfate oxidation of organic pollutants by promoting Fe(Ⅲ)/ Fe(Ⅱ) cycle with hydroxylamine. Environmental Science & Technology, 2013, 47: 11685-11691.

[75] Zhou L, Zheng W, Ji Y F, Zhang J F, Zeng C, Zhang Y, Wang Q, Yang X. Ferrous-activated persulfate oxidation of arsenic (Ⅲ) and diuron in aquatic system. Journal of Hazardous Materials, 2013, 263: 422-430.

[76] Liu L, Zhu Y P, Su M, Yuan Z Y. Metal-free carbonaceous materials as promising heterogeneous catalysts. ChemCatChem, 2015, 7: 2765-2787.

[77] Saputra E, Muhammad S, Sun H Q, Wang S B. Activated carbons as green and effective catalysts for generation of reactive radicals in degradation of aqueous phenol. RSC Advances, 2013, 3: 21905-21910.

[78] Yang S Y, Yang X, Shao X T, Niu R, Wang L L. Activated carbon catalyzed persulfate oxidation of azo dye acid orange 7 at ambient temperature. Journal of Hazardous Materials, 2011, 186: 659-666.

[79] Liang C J, Lin Y T, Shih W H. Treatment of trichloroethylene by adsorption and persulfate oxidation in batch studies. Industrial & Engineering Chemistry Research, 2009, 48: 8373-8380.

[80] Zhang J, Shao X T, Shi C, Yang S Y. Decolorization of acid orange 7 with peroxymonosulfate oxidation catalyzed by granular activated carbon. Chemical Engineering Journal, 2013, 232: 259-265.

[81] Yang S Y, Xiao T, Zhang J, Chen Y Y, Li L. Activated carbon fiber as heterogeneous catalyst of peroxymonosulfate activation for efficient degradation of acid orange 7 in aqueous solution. Separation and Purification Technology, 2015, 143: 19-26.

[82] Dąbrowski A, Podkościelny P, Hubicki Z, Barczak M. Adsorption of phenolic compounds by activated carbon: A critical review. Chemosphere, 2005, 58: 1049-1070.

[83] Wei M Y, Gao L, Li J, Fang J, Cai W X, Li X X, Xu A H. Activation of peroxymonosulfate by graphitic carbon nitride loaded on activated carbon for organic pollutants degradation. Journal of Hazardous Materials, 2016, 316: 60-68.

[84] Kong X K, Chen C L, Chen Q W. Doped graphene for metal-free catalysis. Chemical Society Reviews, 2014, 43: 2841-2857.

[85] Duan X G, Sun H Q, Wang Y X, Kang J, Wang S B. N-doping-induced nonradical reaction on single-walled carbon nanotubes for catalytic phenol oxidation. ACS Catalysis, 2015, 5: 553-559.

[86] Liu H, Sun P, Feng M B, Liu H X, Yang S G, Wang L S, Wang Z Y. Nitrogen and sulfur co-doped CNT-COOH as an efficient metal-free catalyst for the degradation of UV filter BP-4 based on sulfate radicals. Applied Catalysis B: Environmental, 2016, 187: 1-10.

[87] Zhao Y, Yang L J, Chen S, Wang X Z, Ma Y W, Wu Q, Jiang Y F, Qian W J, Hu Z. Can boron

and nitrogen co-doping improve oxygen reduction reaction activity of carbon nanotubes? Journal of the American Chemical Society, 2013, 135: 1201-1204.

[88] Deng D H, Pan X L, Yu L, Cui Y, Jiang Y P, Qi J, Li W X, Fu Q, Ma X C, Xue Q K, Sun G Q, Bao X H. Toward N-doped graphene via solvothermal synthesis. Chemistry of Materials, 2011, 23: 1188-1193.

[89] Sun H Q, Liu S Z, Zhou G L, Ang H M, Tadé M O, Wang S B. Reduced graphene oxide for catalytic oxidation of aqueous organic pollutants. ACS Applied Materials & Interfaces, 2012, 4: 5466-5471.

[90] Jiang D E, Sumpter B G, Dai S. Unique chemical reactivity of a graphene nanoribbon's zigzag edge. The Journal of Chemical Physics, 2007, 126(13): 134701.

[91] Liang P, Zhang C, Duan X G, Sun H Q, Liu S M, Tade M O, Wang S B. An insight into metal organic framework derived N-doped graphene for the oxidative degradation of persistent contaminants: Formation mechanism and generation of singlet oxygen from peroxymonosulfate. Environmental Science: Nano, 2017, 4: 315-324.

[92] Kang J, Duan X G, Zhou L, Sun H Q, Tadé M O, Wang S B. Carbocatalytic activation of persulfate for removal of antibiotics in water solutions. Chemical Engineering Journal, 2016, 288: 399-405.

[93] Wang J, Duan X G, Gao J, Shen Y, Feng X H, Yu Z J, Tan X Y, Liu S M, Wang S B. Roles of structure defect, oxygen groups and heteroatom doping on carbon in nonradical oxidation of water contaminants. Water Research, 2020, 185: 116244.

[94] Fang G D, Liu C, Gao J, Dionysiou D D, Zhou D M. Manipulation of persistent free radicals in biochar to activate persulfate for contaminant degradation. Environmental Science & Technology, 2015, 49: 5645-5653.

[95] Ji F, Li C L, Wei X Y, Yu J. Efficient performance of porous $Fe_2O_3$ in heterogeneous activation of peroxymonosulfate for decolorization of rhodamine B. Chemical Engineering Journal, 2013, 231: 434-440.

[96] Saputra E, Muhammad S, Sun H Q, Ang H M, Tadé M O, Wang S B. Manganese oxides at different oxidation states for heterogeneous activation of peroxymonosulfate for phenol degradation in aqueous solutions. Applied Catalysis B: Environmental, 2013, 142: 729-735.

[97] Tan C Q, Gao N Y, Deng Y, Deng J, Zhou S Q, Li J, Xin X Y. Radical induced degradation of acetaminophen with $Fe_3O_4$ magnetic nanoparticles as heterogeneous activator of peroxymonosulfate. Journal of Hazardous Materials, 2014, 276: 452-460.

[98] Anipsitakis G P, Stathatos E, Dionysiou D D. Heterogeneous activation of oxone using $Co_3O_4$. The Journal of Physical Chemistry B, 2005, 109: 13052-13055.

[99] Zhou P, Zhang J, Zhang L Y, Zhang G C, Li W S, Wei C M, Liang J, Liu Y, Shu S H. Degradation of 2,4-dichlorophenol by activating persulfate and peroxomonosulfate using micron or nanoscale zero-valent copper. Journal of Hazardous Materials, 2018, 344: 1209-1219.

[100] Liu J, Zhao Z W, Shao P H, Cui F Y. Activation of peroxymonosulfate with magnetic $Fe_3O_4$-$MnO_2$ core-shell nanocomposites for 4-chlorophenol degradation. Chemical Engineering Journal, 2015, 262: 854-861.

[101] Ding Y B, Zhu L H, Wang N, Tang H Q. Sulfate radicals induced degradation of tetrabromobisphenol A with nanoscaled magnetic $CuFe_2O_4$ as a heterogeneous catalyst of peroxymonosulfate. Applied Catalysis B: Environmental, 2013, 129: 153-162.
[102] Huang W Q, Xiao S, Zhong H, Yan M, Yang X. Activation of persulfates by carbonaceous materials: A review. Chemical Engineering Journal, 2021, 418: 129297.
[103] Liu Y, Guo H G, Zhang Y L, Cheng X, Zhou P, Deng J, Wang J Q, Li W. Highly efficient removal of trimethoprim based on peroxymonosulfate activation by carbonized resin with Co doping: Performance, mechanism and degradation pathway. Chemical Engineering Journal, 2019, 356: 717-726.
[104] Khan M A N, Klu P K, Wang C H, Zhang W X, Luo R, Zhang M, Qi J W, Sun X Y, Wang L J, Li J S. Metal-organic framework-derived hollow $Co_3O_4$/carbon as efficient catalyst for peroxymonosulfate activation. Chemical Engineering Journal, 2019, 363: 234-246.
[105] Li S, Tang J C, Liu Q L, Liu X M, Gao B. A novel stabilized carbon-coated nZVI as heterogeneous persulfate catalyst for enhanced degradation of 4-chlorophenol. Environment International, 2020, 138: 105639.
[106] Jiang X, Guo Y H, Zhang L B, Jiang W J, Xie R Z. Catalytic degradation of tetracycline hydrochloride by persulfate activated with nano $Fe^0$ immobilized mesoporous carbon. Chemical Engineering Journal, 2018, 341: 392-401.
[107] Dong C D, Chen C W, Hung C M. Synthesis of magnetic biochar from bamboo biomass to activate persulfate for the removal of polycyclic aromatic hydrocarbons in marine sediments. Bioresource Technology, 2017, 245: 188-195.
[108] Outsiou A, Frontistis Z, Ribeiro R S, Antonopoulou M, Konstantinou I K, Silva A M T, Faria J L, Gomes H T, Mantzavinos D. Activation of sodium persulfate by magnetic carbon xerogels (CX/CoFe) for the oxidation of bisphenol A: Process variables effects, matrix effects and reaction pathways. Water Research, 2017, 124: 97-107.
[109] Lin K Y A, Chen B J. Prussian blue analogue derived magnetic carbon/cobalt/iron nanocomposite as an efficient and recyclable catalyst for activation of peroxymonosulfate. Chemosphere, 2017, 166: 146-156.
[110] Shang Y N, Xu X, Gao B Y, Wang S B, Duan X G. Single-atom catalysis in advanced oxidation processes for environmental remediation. Chemical Society Reviews, 2021, 50: 5281-5322.
[111] Liu Q L, Wang Y F, Hu Z Z, Zhang Z Q. Iron-based single-atom electrocatalysts: Synthetic strategies and applications. RSC Advances, 2021, 11: 3079-3095.
[112] Gao Y W, Zhu Y, Li T, Chen Z H, Jiang Q K, Zhao Z Y, Liang X Y, Hu C. Unraveling the high-activity origin of single-atom iron catalysts for organic pollutant oxidation via peroxymonosulfate activation. Environmental Science & Technology, 2021, 55: 8318-8328.
[113] Wang G L, Nie X W, Ji X J, Quan X, Chen S, Wang H Z, Yu H T, Guo X W. Enhanced heterogeneous activation of peroxymonosulfate by Co and N codoped porous carbon for degradation of organic pollutants: The synergism between Co and N. Environmental Science: Nano, 2019, 6: 399-410.

[114] Liang X Y, Wang D, Zhao Z Y, Li T, Chen Z H, Gao Y W, Hu C. Engineering the low-coordinated single cobalt atom to boost persulfate activation for enhanced organic pollutant oxidation. Applied Catalysis B: Environmental, 2022, 303: 120877.

[115] Wu S H, Shen L Y, Lin Y, Yin K, Yang C P. Sulfite-based advanced oxidation and reduction processes for water treatment. Chemical Engineering Journal, 2021, 414: 128872.

[116] Vellanki B P, Batchelor B. Perchlorate reduction by the sulfite/ultraviolet light advanced reduction process. Journal of Hazardous Materials, 2013, 262: 348-356.

[117] Song G, Su P, Zhang Q Z, Wang X C, Zhou M H. Revisiting UV/sulfite exposed to air: A redox process for reductive dechlorination and oxidative mineralization. Science of the Total Environment, 2023, 859: 160246.

[118] Chen L, Xue Y F, Luo T, Wu F, Alshawabkeh A N. Electrolysis-assisted UV/sulfite oxidation for water treatment with automatic adjustments of solution pH and dissolved oxygen. Chemical Engineering Journal, 2021, 403: 126278.

[119] Cao Y, Qiu W, Li J, Jiang J, Pang S Y. Review on UV/sulfite process for water and wastewater treatments in the presence or absence of $O_2$. Science of the Total Environment, 2021, 765: 142762.

[120] Lente G, Fábián I. Kinetics and mechanism of the oxidation of sulfur (Ⅳ) by iron (Ⅲ) at metal ion excess. Journal of the Chemical Society, Dalton Transactions, 2002(5): 778-784.

[121] Zhang L, Chen L, Xiao M, Zhang L, Wu F, Ge L Y. Enhanced decolorization of orange II solutions by the Fe (Ⅱ)-sulfite system under xenon lamp irradiation. Industrial & Engineering Chemistry Research, 2013, 52: 10089-10094.

[122] Yang Q J, Choi H, Al-Abed S R, Dionysiou D D. Iron-cobalt mixed oxide nanocatalysts: Heterogeneous peroxymonosulfate activation, cobalt leaching, and ferromagnetic properties for environmental applications. Applied Catalysis B: Environmental, 2009, 88: 462-469.

[123] Wang S X, Wang G S, Fu Y S, Liu Y Q. Sulfamethoxazole degradation by UV-$Fe^{3+}$ activated hydrogen sulfite. Chemosphere, 2021, 268: 1288188.

[124] Yuan Y N, Yang S J, Zhou D N, Wu F. A simple Cr(Ⅵ)-S(Ⅳ)-$O_2$ system for rapid and simultaneous reduction of Cr(Ⅵ) and oxidative degradation of organic pollutants. Journal of Hazardous Materials, 2016, 307: 294-301.

[125] Jiang B, Xin S S, Liu Y J, He H B, Li L, Tang Y Z, Luo S Y, Bi X J. The role of thiocyanate in enhancing the process of sulfite reducing Cr(Ⅵ) by inhibiting the formation of reactive oxygen species. Journal of Hazardous Materials, 2018, 343: 1-9.

[126] Yuan Y, Zhao D, Li J J, Wu F, Brigante M, Mailhot G. Rapid oxidation of paracetamol by Cobalt (Ⅱ) catalyzed sulfite at alkaline pH. Catalysis Today, 2018, 313: 155-160.

[127] Liu S L, Fu Y S, Wang G S, Liu Y Q. Degradation of sulfamethoxazole by UV/sulfite in presence of oxygen: Efficiency, influence factors and mechanism. Separation and Purification Technology, 2021, 268: 118709.

[128] Yu X Y, Gocze Z, Cabooter D, Dewil R. Efficient reduction of carbamazepine using UV-activated sulfite: Assessment of critical process parameters and elucidation of radicals involved. Chemical Engineering Journal, 2021, 404: 126403.

[129] Zhang Y, Yang W, Zhang K K, Kumaravel A, Zhang Y R. Sulfite activation by glucose-derived carbon catalysts for As (Ⅲ) oxidation: The role of ketonic functional groups and conductivity. Environmental Science & Technology, 2021, 55: 11961-11969.

[130] Hung C M, Chen C W, Huang C P, Dong C D. Bioremediation pretreatment of waste-activated sludge using microalgae *Spirulina platensis* derived biochar coupled with sodium sulfite: Performance and microbial community dynamics. Bioresource Technology, 2022, 362: 127867.

[131] Xie P C, Guo Y Z, Chen Y Q, Wang Z P, Shang R, Wang S L, Ding J Q, Wan Y, Jiang W, Ma J. Application of a novel advanced oxidation process using sulfite and zero-valent iron in treatment of organic pollutants. Chemical Engineering Journal, 2017, 314: 240-248.

[132] Yang Y, Sun M Y, Zhou J, Ma J F, Komarneni S. Degradation of orange II by Fe@$Fe_2O_3$ core shell nanomaterials assisted by $NaHSO_3$. Chemosphere, 2020, 244: 125588.

[133] Wu W J, Zhao X D, Jing G H, Zhou Z M. Efficient activation of sulfite autoxidation process with copper oxides for iohexol degradation under mild conditions. Science of the Total Environment, 2019, 695: 133836.

[134] Liu Z Z, Yang S J, Yuan Y N, Xu J, Zhu Y F, Li J J, Wu F. A novel heterogeneous system for sulfate radical generation through sulfite activation on a $CoFe_2O_4$ nanocatalyst surface. Journal of Hazardous Materials, 2017, 324: 583-592.

[135] Huang Y, Han C, Liu Y Q, Nadagouda M N, Machala L, O'Shea K E, Sharma V K, Dionysiou D D. Degradation of atrazine by $Zn_xCu_{1-x}Fe_2O_4$ nanomaterial-catalyzed sulfite under UV-vis light irradiation: Green strategy to generate $SO_4^-$. Applied Catalysis B: Environmental, 2018, 221: 380-392.

[136] Zhao Z X, Li Y H, Zhou Y R, Hou Y L, Sun Z Y, Wang W H, Gou J F, Cheng X W. Activation of sulfite by micron-scale iron-carbon composite for metronidazole degradation: Theoretical and experimental studies. Journal of Hazardous Materials, 2023, 448: 130873.

[137] Wu D M, Ye P, Wang M Y, Wei Y, Li X X, Xu A H. Cobalt nanoparticles encapsulated in nitrogen-rich carbon nanotubes as efficient catalysts for organic pollutants degradation via sulfite activation. Journal of Hazardous Materials, 2018, 352: 148-156.

[138] Gao L W, Guo Y, Zhan J H, Yu G, Wang Y J. Assessment of the validity of the quenching method for evaluating the role of reactive species in pollutant abatement during the persulfate-based process. Water Research, 2022, 221: 118730.

[139] Liang C J, Su H W. Identification of sulfate and hydroxyl radicals in thermally activated persulfate. Industrial & Engineering Chemistry Research, 2009, 48: 5558-5562.

[140] Clifton C L, Huie R E. Rate constants for hydrogen abstraction reactions of the sulfate radical, $SO_4^{\cdot-}$. Alcohols. International Journal of Chemical Kinetics, 1989, 21: 677-687.

[141] Buxton G V, Greenstock C L, Helman W P, Ross A B. Critical review of rate constants for reactions of hydrated electrons, hydrogen atoms and hydroxyl radicals ($^{\cdot}OH/^{\cdot}O^-$ in aqueous solution. Journal of Physical and Chemical Reference data, 1988, 17: 513-886.

[142] Zhang T, Li W W, Croué J P. A non-acid-assisted and non-hydroxyl-radical-related catalytic ozonation with ceria supported copper oxide in efficient oxalate degradation in water. Applied

Catalysis B: Environmental, 2012, 121: 88-94.

[143] Saha J, Gupta S K. The production and quantification of hydroxyl radicals at economically feasible tin-chloride modified graphite electrodes. Journal of Environmental Chemical Engineering, 2018, 6: 3991-3998.

[144] Wang Z, Jiang J, Pang S Y, Zhou Y, Guan G T, Gao Y, Li J, Yang Y, Qiu W, Jiang C C. Is sulfate radical really generated from peroxydisulfate activated by iron (Ⅱ) for environmental decontamination? Environmental Science & Technology, 2018, 52: 11276-11284.

[145] Hayyan M, Hashim M A, AlNashef I M. Superoxide ion: Generation and chemical implications. Chemical Reviews, 2016, 116: 3029-3085.

[146] Wang J L, Wang S Z. Reactive species in advanced oxidation processes: Formation, identification and reaction mechanism. Chemical Engineering Journal, 2020 , 401: 126158.

[147] Timmins G S, Liu K J, Bechara E J H, Kotake Y, Swartz H M. Trapping of free radicals with direct *in vivo* EPR detection: A comparison of 5,5-dimethyl-1-pyrroline-*N*-oxide and 5-diethoxyphosphoryl-5-methyl-1-pyrroline-*N*-oxide as spin traps for HO and $SO_4^{\bullet-}$. Free Radical Biology and Medicine, 1999, 27: 329-333.

[148] Zhang Y J, Chen J J, Yu H Q. Semi-quantitative probing of reactive oxygen species in persulfate-based heterogeneous catalytic oxidation systems for elucidating the reaction mechanism. Chemical Engineering Journal, 2022, 446: 137237.

[149] Manoj P, Mohan H, Mittal J P, Manoj V M, Aravindakumar C T. Charge transfer from 2-aminopurine radical cation and radical anion to nucleobases: A pulse radiolysis study. Chemical Physics, 2007, 331: 351-358.

[150] Pramod G, Mohan H, Manoj P, Manojkumar T K, Manoj V M, Mittal J P, Aravindakumar C T. Redox chemistry of 8-azaadenine: A pulse radiolysis study. Journal of Physical Organic Chemistry, 2006, 19: 415-424.

[151] Caregnato P, Mora V C, Roux G C L, Mártire D O, Gonzalez M C. A kinetic study of the reactions of sulfate radicals at the silica nanoparticle-water interface. The Journal of Physical Chemistry B, 2003, 107: 6131-6138.

# 第4章　单线态氧的性质、产生和检测

## 4.1　引　　言

Herzberg 等首次通过光谱学发现了一种高能态的分子氧，其壳电子成对，具有反平行的自旋，被命名为单线态氧($^1O_2$)[1-3]。其分子轨道的电子排列与基态氧分子($^3\Sigma_g^-$)不同[图 4.1(a)]。在基态的氧原子吸收能量后，它的两个未配对电子从自旋平行转变为自旋相反，因此有两种排列方式。一种是稳定的第一激发态氧 $^1\Delta_g$(95 kJ/mol)，其中两个自旋反平行的电子占据了同一个 π 电子轨道，且有一个空轨道[图 4.1(b)]。另一种是第二激发态氧 $^1\Sigma_g^+$(158 kJ/mol)，两对电子占据了不同的分子轨道[图 4.1(c)]。后者具有更高的能量，可以迅速衰减到第一激发态，所以术语“$^1O_2$”通常是指第一激发态氧($^1\Delta_g$)。

$^1O_2$ 的合成与应用已有 80 多年的历史，可应用于多个领域，如致病菌灭活、癌症光动力疗法和有机合成。特别是近年来 $^1O_2$ 的氧化和亲电特性在环境修复方面引起了广泛关注。由自由基介导的污染物降解过程中，如硫酸根自由基($SO_4^{\bullet-}$)、羟基自由基($^{\bullet}OH$)和超氧自由基($O_2^{\bullet-}$)，容易受到共存组分的影响，甚至与水中的卤素离子反应，产生有毒副产物[5]。自由基氧化系统不仅不适合处理复杂废水，而且需要消耗更多的氧化剂来维持其稳态浓度。相比之下，非自由基 $^1O_2$ 被认为具有良好的抗环境底物干扰能力和广泛的 pH 适应性。强烈的亲电性使 $^1O_2$ 对富电子污染物具有高度的选择性，如不饱和有机污染物、硫化物和微生物病原体。COVID-19 大流行凸显了对气溶胶和水传播病原体进行消毒的重要性。$^1O_2$ 可以对多种细菌、病毒和真菌造成严重的不可逆损害，使其成为抗菌作用的优秀候选者。

自然环境中的光敏化作用、化学分解、光催化和高级氧化技术(AOPs)过程都可以产生 $^1O_2$。具有快速响应时间的敏感性和选择性的检测方法对于推动 $^1O_2$ 的应用尤为重要。在1270 nm处测定典型的 $^1O_2$ 磷光信号是最直接的方法，但易受 $^1O_2$ 的浓度和转化概率的影响。检测时间尺度可以通过间接方法来扩展，即用不同类型的探针与 $^1O_2$ 反应检测氧化产物。然而，大多数探针对 $^1O_2$ 没有特异性(它们可能与其他 ROS 或高价态金属反应，或经历电子转移过程)，而且将探针引入目标系统可能会引起难以预料的干扰。目前在基于多种氧化剂前体(如过硫酸盐、臭氧和过氧化氢)的 AOPs 中，对 $^1O_2$ 作用的误判可能来源于检测方法的不准确性。例如，在相同的 Co(Ⅱ)/过硫酸盐系统中，一些研究人员用猝灭法证实了 $^1O_2$ 对污染物降解的主要贡献，但其他研究人员用探针法否定了这一点[6]。这可能是因为添加的猝灭剂消耗了氧化剂，从而抑制了中间产物的形成，而不是仅仅捕获 $^1O_2$。因此，确定每种 $^1O_2$ 检测方法的局限性，并阐明其在不同情况下的功能是至关重要的。

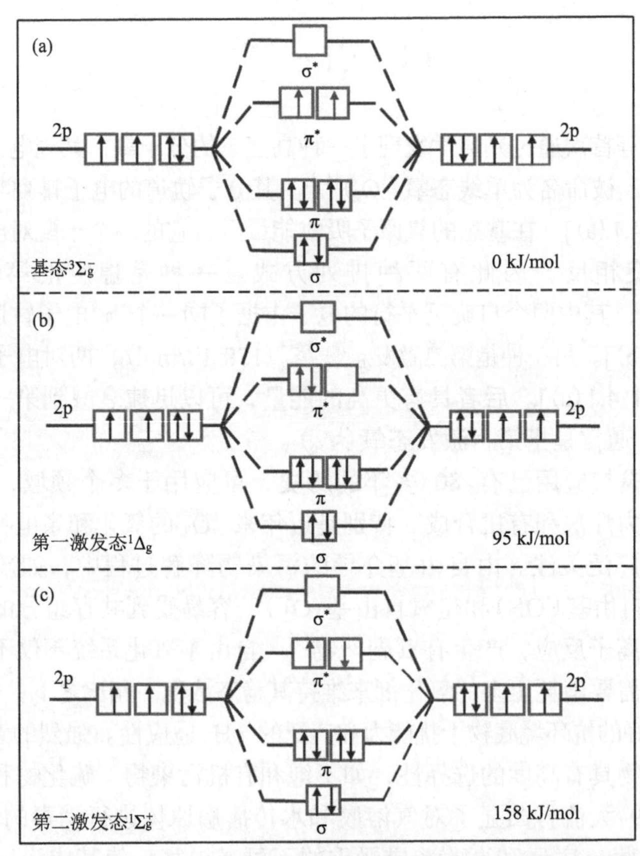


图 4.1 三线态氧(a)和激发态氧[(b)和(c)]的分子轨道[4]

近年来，对 $^1O_2$ 的研究越来越多，主要集中在催化生成、检测和成像技术，以及化学活性等不同层面。然而，目前仍然缺乏对 $^1O_2$ 的系统描述，特别是从环境应用角度。本章批判性地评估了最近的相关出版物，总结和更新了 $^1O_2$ 不同方面的信息(图 4.2)。首先描述了 $^1O_2$ 的活性，并从不同的角度讨论了 $^1O_2$ 的生成路径，如中间物种、催化剂的活性部位和生成条件，重点是近年来蓬勃发展的 AOPs。还将讨论用于 $^1O_2$ 检测的新兴方法和相应的特性。随后探讨了 $^1O_2$ 在环境领域的应用，并根据当前的综述总结研究瓶颈和未来展望。

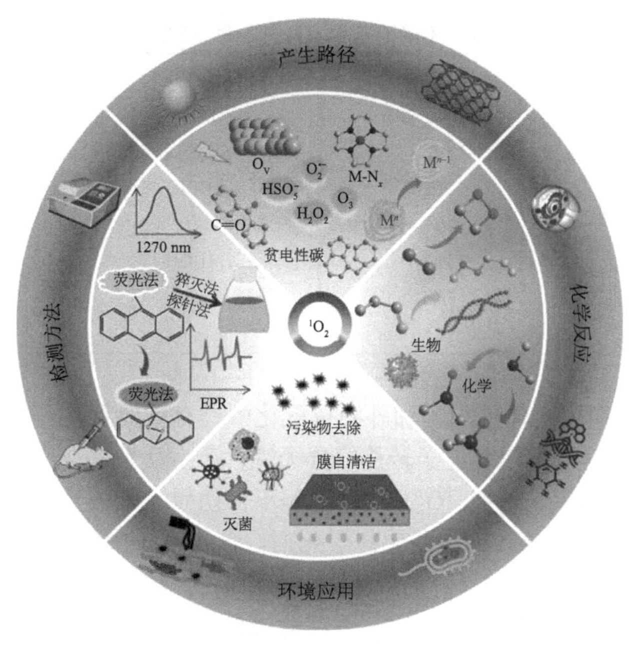


图 4.2　$^1O_2$的产生路径、活性、检测和环境应用[4]

# 4.2　单线态氧的特性

## 4.2.1　单线态氧的物理化学性质

在天然水中，$^1O_2$的量子产率为 1%～3%，寿命为 50～700 μs。它在溶液中的寿命在很大程度上取决于溶剂(表 4.1)，因为失活回到三线态是由非辐射能量传递到溶剂的振动所主导的，而胶束溶液中 $^1O_2$ 的寿命取决于表面活性剂的浓度。$^1O_2$在 $H_2O$ 和重水($D_2O$)中的失活速率常数分别为 $2.5\times10^5\ s^{-1}$ 和 $1.6\times10^4\ s^{-1}$。$^1O_2$在 $H_2O$ 中只能在 3.1 μm 内达到 220 nm 的扩散距离，因为其扩散距离受到短寿命的限制。值得注意的是，当 $^1O_2$ 为主要氧化剂时，将溶剂从 $H_2O$ 替换成 $D_2O$ 后，反应动力学将增加，与其他短寿命的活性物种(如$^{\bullet}OH$ 和 $SO_4^{\bullet-}$)相比，$^1O_2$的这一特性是独一无二的。因此，溶剂交换实验经常被用来确定$^1O_2$的存在。

一旦分子氧处于激发态时，可以被其他物种猝灭以回到基态。猝灭主要有两种方式：①物理猝灭：$^1O_2 + A \longrightarrow {}^3O_2 + A$，它们之间的相互作用只引起$^1O_2$的失活，而不消耗氧气或形成新产物；②化学猝灭：$^1O_2 + A \longrightarrow P$，猝灭剂与 $^1O_2$ 发生反应生成新产物。

**表 4.1　不同溶剂中 $^1O_2$ 的寿命(25℃)[7-9]**

| 溶液 | 寿命(μs) | 溶液 | 寿命(μs) |
|---|---|---|---|
| $H_2O$ | 3.5 | $D_2O$ | 69 |
| $CH_3OH$ | 9.8 | $CD_3OD$ | 285 |
| $CHCl_3$ | 265 | $CDCl_3$ | 640 |
| $C_6H_6$ | 30.3 | $C_6D_6$ | 802 |
| $CCl_4$ | 900 | $C_2H_5OH$ | 15.3 |
| $C_7H_8$ | 30.3 | $C_7D_8$ | 264 |
| $C_6H_{12}$ | 23.8 | $C_6D_{12}$ | 482 |

$^1O_2$ 的猝灭在生物体的内源和外源抗氧化中具有重要意义。在光合作用中，光合作用电子传输链可以将电子转移给分子氧，产生活性氧自由基，叶绿素可以将激发能量转移给氧，形成 $^1O_2$。这些过程不仅妨碍正常的光合作用，而且对生物大分子造成损害，导致细胞变化甚至死亡。食物系统中的敏化剂(红萝卜素、叶绿素、核黄素等)在光照下容易产生 $^1O_2$，导致食物氧化。$^1O_2$ 与富电子化合物(如脂质、核酸和蛋白质)发生反应，不仅造成食物中营养物质的损失，而且可能导致有毒副产物的形成。此外，当暴露在光照下，大气中可作为光敏化剂的成分能介导 $^1O_2$ 产生，将通过氧化不饱和链段和异质结构腐蚀聚合物。$^1O_2$ 和聚合物反应后会形成二噁烷、氢过氧化物和/或内部过氧化物，导致聚合物进一步分解和功能丧失。因此，针对环境中 $^1O_2$ 引起的有害氧化作用，已经确定了多种抗氧化剂(表 4.2)。类胡萝卜素是自然界中最有效的亲脂性 $^1O_2$ 猝灭剂，是食品抗氧化剂的优秀候选者。此外，类黄酮、生育酚和蛋白质也与 $^1O_2$ 高度反应。在生理条件下，氨基酸和抗坏血酸能有效地用于减轻体内的氧化作用。此外，叠氮化物、酚类和醇类等化合物也可作为 $^1O_2$ 的快速猝灭剂。

**表 4.2　$^1O_2$ 与猝灭剂反应的二级速率常数**

| 类别 | 猝灭剂 | 二级速率常数 [L/(mol·s)] | 溶液 | 参考文献 |
|---|---|---|---|---|
| 类胡萝卜素 | β-隐黄质 | $7.31 \times 10^9$ | 乙醇/氯仿/$D_2O$ 溶液(50∶50∶1，V/V/V) | [10] |
| | 番茄红素 | $1.38 \times 10^{10}$ | | |
| | 虾青素 | $1.18 \times 10^{10}$ | | |
| | β-胡萝卜素 | $1.08 \times 10^{10}$ | | |
| | 辣椒红素 | $1.06 \times 10^{10}$ | | |
| | 玉米黄素 | $1.05 \times 10^{10}$ | | |
| | α-胡萝卜素 | $9.76 \times 10^9$ | | |
| | 叶黄素 | $9.24 \times 10^9$ | | |

续表

| 类别 | 猝灭剂 | 二级速率常数 [L/(mol·s)] | 溶液 | 参考文献 |
|---|---|---|---|---|
| 黄酮类 | 木樨草素 | $1.3\times10^{6}$ | 氘代甲醇 | [11] |
| | 高良姜黄素 | $1.2\times10^{6}$ | | |
| | 非瑟素 | $3.1\times10^{6}$ | | |
| | 芸香素 | $1.6\times10^{6}$ | | |
| | 桑色素 | $6.57\times10^{6}$ | 乙醇 | [12] |
| | 槲皮素 | $5.7\times10^{5}$ | | |
| | 山柰酚 | $2.8\times10^{5}$ | | |
| 酚类抗氧剂 | *α*-生育酚 | $(3.54\pm0.24)\times10^{8}$ | 甲醇 | [13] |
| | 水杨酸 | $(3.37\pm0.41)\times10^{7}$ | | |
| | 二叔丁基对甲酚 | $(4.26\pm0.32)\times10^{6}$ | | |
| | 特丁基对苯二酚 | $(1.67\pm0.16)\times10^{8}$ | | |
| 蛋白质 | 牛血清白蛋白 | $(4.80\pm0.18)\times10^{8}$ | 重水 | [14] |
| | *β*-乳球蛋白 | $(1.15\pm0.14)\times10^{8}$ | | |
| | 溶酶菌 | $(1.24\pm0.05)\times10^{8}$ | | |
| 抗坏血酸 | L-抗坏血酸 | $1.8\times10^{8}$ | 磷酸盐缓冲剂(pH 6.8) | [15] |
| | 3-*O*-乙基-L-抗坏血酸 | $0.27\times10^{8}$ | 磷酸盐缓冲剂(pH 6.8)/乙腈(1∶1，*V*/*V*) | |
| 氨基酸 | 色氨酸 | $3.2\times10^{8}$ | 水 | [16] |
| | 组氨酸 | $7.7\times10^{7}$ | | |
| | 肌肽 | $1.3\times10^{8}$ | | |
| | L-组氨酸 | $3.2\times10^{7}$ | | [17] |
| 叠氮化物 | 叠氮化钠 | $7.8\times10^{8}$ | | [18] |
| 醇 | 糠醇 | $1.2\times10^{8}$ | | [19] |

注：$k_r$ 表示化学猝灭的速率常数，$k_q$ 表示物理猝灭的速率常数，$k_Q=k_q+k_r$，表示总速率常数。

### 4.2.2　单线态氧的反应活性

$^1O_2$ 是氧分子处于激发态的高能状态，其化学性质比较活跃。空 $\pi^*_{2p}$ 轨道使 $^1O_2$ 具有强烈的亲电性，很容易通过亲电加成和电子提取与不饱和有机物发生反应(图 4.3)。$^1O_2$ 和碳氢化合物之间有三种典型的化学反应：①对孤立的 C═C 键发生 2,2-环加成反应；②对烯烃发生 Ene 反应(Schenck 反应)；③对共轭双键发生 2,4-环加成反应。$^1O_2$ 和烯烃之间的上述反应的氧化产物取决于烯烃的结

构。2,2-环加成反应发生在富电子或空间受阻的烯烃上，产生二噁烷，而 Ene 反应发生在烯丙位氢上，产生过氧化氢丙烯。2,4-环加成和随后的过氧化物反应一般会形成共轭二烯，如杂环芳烃或多环芳烃。对于含富电子基团的酚类化合物，$^1O_2$ 可以提取电子并将其转化为自由基阳离子或苯氧基自由基。它们可以被基态氧氧化或重新排列成二氧杂环丁烷，形成醌类和开环产物。

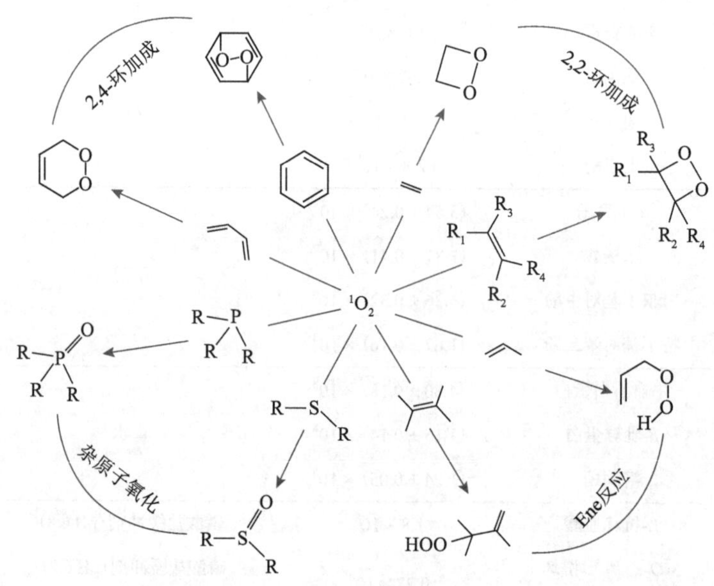


图 4.3　$^1O_2$ 与碳氢化合物的常见化学反应[4]

富电子酚对 $^1O_2$ 非常有吸引力。Al-Nu'airat 等[20]基于密度泛函理论，提出了 $^1O_2$ 加成到苯酚上的路径，即 1,4-环加成和邻烯型反应两条路径，分别生成 2,3-二氧杂双环[2.2.2]辛-5,7-二烯-1-醇(即 1,4-内过氧化物 1-羟基-2,5-环己二烯)和 2-氢过氧环己-3,5-二烯-1-酮。结合理论计算和实验，$^1O_2$ 被认为对苯酚的对位具有高度选择性，因为 1,4-内过氧化物的单分子重排经历了简单的放热反应，而对苯醌(*p*-BQ)是唯一检出的实验产物[图 4.4(a)]。对于 2,4-二氯苯酚和 $^1O_2$ 的反应，通过 1,3-加成与氢携带基团相连的双键形成烯丙基氢过氧化物，以及通过氯酚的 1,4-加成形成氢过氧化物酮，更有可能在热力学上发生。1,4-加成的反应能垒明显低于 1,3-加成的反应能垒，为 4～5 kcal/mol，因此前者是更可能的路径[图 4.4(b)]。值得注意的是，$^1O_2$ 可以分别通过 2,2-环加成和 2,4-环加成反应与二苯并二噁英(DBD)和二苯并呋喃(DBF)进行反应，形成相应的二氧杂环丁烷和内过氧化物产物。在这两种情况下，初始反应的焓要求均低于基态分子氧高温焚烧的焓要求，约为 100 kJ/mol。因此，$^1O_2$ 对 DBD 和 DBF 的亲电攻击不仅可以减少它们在焚烧过程中的排放，而且有望在低温下实现分解。

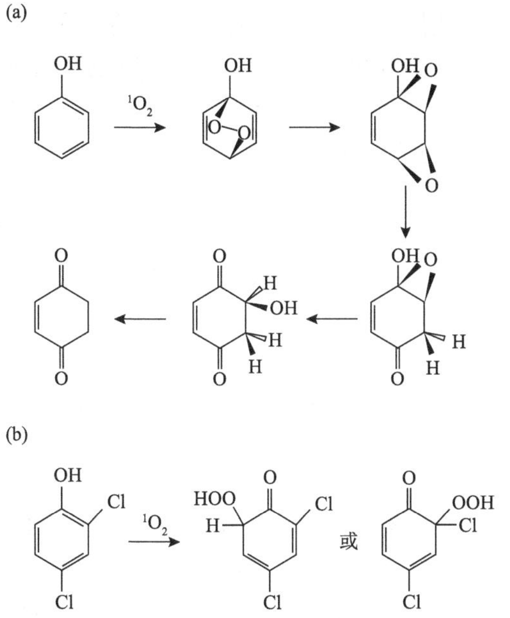

图 4.4　$^1O_2$ 与苯酚 (a) 和 2,4-二氯苯酚 (b) 的反应[4]

$^1O_2$ 对有机硫/磷也会发生氧化反应。Bonesi 等[21]提出，$^1O_2$ 和苄基硫醚之间的反应速率和类型随不同的溶剂而变化。一般来说，反应后首先形成的过亚砜是引发后续硫氧化和 C—S 键裂解的关键。过亚砜上 C—S 键在非质子溶剂中断裂，由此产生了醛和酮。不同的是，过亚砜在质子溶剂中通过氧转移反应形成亚砜。亚砜广泛用于有机合成和制药工业，其制备的最有效和最环保的方法之一是在光照下由 $^1O_2$ 氧化硫化物。此外，人们还研究了 $^1O_2$ 和不同的芳基膦之间的反应。取代基的位置和类型会影响芳基膦的化学性质，如电子分布状态和化学键的稳定性，从而导致不同的反应产物。$^1O_2$ 与对位取代的芳基膦和邻位取代的芳基膦反应分别产生氧化膦和膦酸盐。有机磷酸盐经常被用作有机金属化学的配体。与有机硫化物相比，对有机磷化物与 $^1O_2$ 的反应活性的研究较少。

$^1O_2$ 在生物体内发挥多种功能。细胞中 $^1O_2$ 的产生和消除处于动态平衡，其可以通过与免疫系统中氧化剂的协同作用来杀灭细菌。然而，当这种平衡被破坏时，它会启动脱脂或脂质膜过氧化，破坏细胞和组织，并引发各种生理变化。$^1O_2$ 对各种氨基酸的氧化可能导致蛋白质失活或水解，从而加速人体衰老。此外，细胞成分和多环芳烃的结合将通过激发产生 $^1O_2$，从而损害细胞并严重诱发肿瘤。在光动力疗法中，癌细胞可以选择性地吸收光敏化剂并将其沉淀。经过一定波长的光照，光敏化剂与氧气反应，生成 $^1O_2$，从而杀死癌细胞。

在基于过硫酸盐的 AOPs 产生 ROS 对污染物的降解行为中，与 $^{\bullet}OH$ 和 $SO_4^{\bullet-}$

相比，$^1O_2$ 具有更好的选择性、对水基质的抗干扰能力更强、最宽泛的最佳 pH 工作范围（表 4.3）。由于自由基捕获效应，对污染物具有强氧化能力的$^{\bullet}OH$ 和 $SO_4^{\bullet-}$的降解效率在很大程度上受到水组分，如无机阴离子、卤素离子和天然有机物（NOM）的影响，但 $^1O_2$ 具有较温和的氧化还原电位和对不饱和有机污染物的高选择性，很少受到这种影响。碳酸盐[式（4.1）和式（4.2）]、磷酸盐、硫酸盐和硝酸盐/亚硝酸盐会在不同程度上消耗$^{\bullet}OH$ 和 $SO_4^{\bullet-}$。卤素离子能与$^{\bullet}OH$ 和 $SO_4^{\bullet-}$发生一系列的自由基链式反应，甚至形成有毒卤化副产物。在 $Cl^-$存在情况下，$^{\bullet}OH$ 和 $SO_4^{\bullet-}$将 $Cl^-$转化为具有较低氧化还原电位的 $Cl^-$和 $Cl_2^{\bullet-}$[$E^0(Cl_2^{\bullet-}/Cl^-)$ = 2.2 V，$E^0(Cl^{\bullet}/Cl^-)$ = 2.5 V]，从而降低污染物的降解效率[式（4.3）～式（4.5）]。当 $Cl^-$大量产生时，它可能会在不同的 pH 下引起一系列后续反应，产生有毒的氯氧化物（如 $ClO_3^-$、$ClO_2^-$）[式（4.5）～式（4.11）]并对环境和人类产生负面影响。这使得在高盐有机废水中使用自由基介导的 AOPs 去除污染物似乎是不可行的。相比而言，$^1O_2$ 的温和氧化能力不能将阴离子氧化成相应的阴离子自由基，这可以减轻普通阴离子对 ROS 的不必要消耗。NOM 在饮用水源中无处不在，很容易成为自由基清除剂，消耗$^{\bullet}OH$ 和 $SO_4^{\bullet-}$。有趣的是，NOM 是自然环境中 $^1O_2$ 的一个重要来源。在太阳光的照射下，吸收了能量的 NOM 通过与氧分子的能量转移产生 $^1O_2$。因此，在实际水中，$^1O_2$ 选择性地攻击污染物，随后由自由基触发降解中间产物完全矿化，从而可以获得更好的结果。

$$^{\bullet}OH + HCO_3^- \longrightarrow HCO_3^{\bullet} + OH^- \tag{4.1}$$

$$SO_4^{\bullet-} + HCO_3^- \longrightarrow HCO_3^{\bullet} + SO_4^{2-} \tag{4.2}$$

$$^{\bullet}OH + Cl^- \longrightarrow Cl^{\bullet} + OH^- \tag{4.3}$$

$$Cl^- + Cl^{\bullet} \longrightarrow Cl_2^{\bullet-} \tag{4.4}$$

$$Cl_2^{\bullet-} + Cl_2^{\bullet-} \longrightarrow Cl_2 + 2Cl^- \tag{4.5}$$

$$Cl_2 + H_2O \longrightarrow HOCl + Cl^- + H^+ \tag{4.6}$$

$$HOCl \rightleftharpoons H^+ + OCl^- \tag{4.7}$$

$$ClO^- + {}^{\bullet}OH \longrightarrow ClO^{\bullet} + OH^- \tag{4.8}$$

$$2ClO^{\bullet} + H_2O \longrightarrow ClO^- + ClO_2^- + 2H^+ \tag{4.9}$$

$$ClO_2^{\cdot} + {}^{\cdot}OH \longrightarrow ClO_3^- + H^+ \tag{4.10}$$

$$2ClO^{\cdot} + H_2O \longrightarrow ClO^- + ClO_2^- + 2H^+ \tag{4.11}$$

**表 4.3　$^{\cdot}OH$、$SO_4^{\cdot-}$和 $^1O_2$ 的理化性质比较**[22-26]

| 性质 | $^{\cdot}OH$ | $SO_4^{\cdot-}$ | $^1O_2$ |
|---|---|---|---|
| 氧化还原电位(V) | 1.9～2.7 | 2.5～3.1 | 0.81 |
| 半衰期($t_{1/2}$) | 20 ns | 30～40 μs | 1～6 μs |
| pH 适用范围 | 酸性(芬顿法)、碱性(过硫酸盐、过氧乙酸活化) | 酸性和中性 | 宽 pH 范围(酸性到碱性) |
| 对有机物的选择性 | 非选择性 | 选择性(易与供电子基团反应) | 选择性(不饱和有机物) |
| 对有机物攻击路径 | 脱氢、电子转移、加成-消除反应。$SO_4^{\cdot-}$分别通过脱氢和电子转移氧化饱和碳氢化合物和供电子基团。$^{\cdot}OH$ 对化学环境不敏感 | | 亲电加成和电子提取 |
| 矿化能力 | $^{\cdot}OH$，$SO_4^{\cdot-} > {}^1O_2$ | | |
| 与溶解性有机物的活性 | $k(^{\cdot}OH +$ 腐殖酸$) = 1.4 \times 10^4$ mg/(C·s) | $k(SO_4^{\cdot-} +$ 腐殖酸$) = 6.8 \times 10^3$ mg/(C·s) | 不消耗 $^1O_2$，反而贡献自然环境中 $^1O_2$ 的来源 |
| 与无极阴离子的活性 | $HPO_4^{2-}/H_2PO_4^-$、$HCO_3^-/CO_3^{2-}$易消耗$^{\cdot}OH$ 和 $SO_4^{\cdot-}$，而卤素(Cl、Br 等)与它们反应活性高，可导致自由基级联反应或相互转化，甚至形成有毒卤化副产物 | | 高选择性的 $^1O_2$ 较少受到无机阴离子的干扰 |

# 4.3　单线态氧的产生方法

## 4.3.1　光催化法

通常有两种方法通过光敏化产生 $^1O_2$：①氧气的光激发；②光敏化剂的直接光激发。前者常见于生物体内，而后者在化学合成和环境修复方面有更广泛的应用。光敏化剂吸收光，经过系统间交叉转变，达到激发的三线态，参与光反应的物质是电荷载流子[即光生电子($e^-$)和光生空穴($h^+$)]。在Ⅰ型反应中，受激发三线态光敏化剂经历光诱导电子转移或氢原子提取，形成自由基中间体。Ⅱ型反应涉及受激发三线态敏化剂向基态分子氧转移能量，形成 $^1O_2$[式(4.12)和式(4.13)]。

$$光敏剂 + h\nu \longrightarrow 光敏剂^* \tag{4.12}$$

$$光敏剂^* + H_2O / O_2 \longrightarrow ROS + 光敏剂 \tag{4.13}$$

1. 合成光催化剂介导 $^1O_2$ 产生

第一个发现的光敏化剂是增强光对微生物杀灭作用的血卟啉，随后光敏化在光动力疗法中应用的巨大潜力推动了光敏化剂的快速发展。血卟啉及其衍生物是第一代光敏化剂，酞菁类化合物也属于卟啉类，但它们在近红外波长的光吸收系数低，水溶性差。在卟啉的骨架上引入具有不同官能团、水溶性基团或金属离子的侧链可以改善其理化性质和光敏化效率。染料也是常见的光敏化剂，但它们在光动力疗法应用中可能是有毒的，并且在聚集时降低光敏效率。为了克服这些缺点，已经开发了各种可以产生 $^1O_2$ 的光敏化纳米材料，在医学、化学合成和环境方面有很好的应用前景。对于合成的光催化剂，根据光反应类型将其分为两类光敏化反应：Ⅰ型反应和Ⅱ型反应，并讨论了旨在提高 $^1O_2$ 产率的光催化剂改性策略。

1) Ⅰ型反应

具有良好的光生电子-空穴分离特性的金属氧化物(如 $TiO_2$ 和 ZnO 纳米材料)，具有合适尺寸和导电性的碳基材料(如 g-$C_3N_4$)，具有无机金属节点的金属有机框架(MOFs)作为光催化中心可以产生 $h^+$和 $e^-$，然后通过Ⅰ型电子转移机制产生 $^1O_2$[式(4.14)和式(4.15)]。限制光催化剂性能的两个主要因素是光吸收和系统间交叉。

$$O_2 + e^- \longrightarrow O_2^{\bullet -} \tag{4.14}$$

$$O_2^{\bullet -} + h^+ \longrightarrow {}^1O_2 \tag{4.15}$$

$TiO_2$ 是常用的光催化剂，因为其具有稳定的物理化学性质、无毒性和成本低的优势，然而 $e^-$和 $h^+$从带结构中快速重组导致量子效率低。因此，人们提出了各种改性策略(表 4.4)，如调整与氧有关的缺陷密度，与半导体或贵金属结合。通过使 $TiO_2$ 在氧气和氢气环境中连续煅烧，实现了缺陷分布的调整。内部和外部缺陷的适当比例促进了 $h^+$和 $e^-$的分离。带正电的氧空位可以吸附氧气，而 $e^-$容易被吸附的 $O_2$ 捕获，这有利于提高光催化的活性。此外，在具有氧缺陷层的空心 $TiO_2$ 颗粒表面沉积贵金属 Pt，使电子从具有高费米能级的 $TiO_2$ 流向具有低费米能级的 Pt，从而有效促进 $e^-$和 $h^+$的分离。

**表 4.4　产生 $^1O_2$ 的Ⅰ型和Ⅱ型光敏化剂的光物理特性比较**

| 前体 | 名称 | 类型 | 激发波长 | 优势 | 参考文献 |
|---|---|---|---|---|---|
| 金属氧化物基纳米材料 | $TiO_2$ 纳米片 | Ⅰ | LED，365 nm | 可调节的氧空位分布促进了载流子分离以及控制 $^1O_2$ 的生成 | [27] |
|  | Pt-$TiO_2$ | Ⅰ | 超声波照射 | Pt 纳米颗粒和缺氧层共装饰 $TiO_2$ 表面，促进了电荷载流子的分离 | [28] |

续表

| 前体 | 名称 | 类型 | 激发波长 | 优势 | 参考文献 |
|---|---|---|---|---|---|
| 金属氧化物基纳米材料 | Ag-Pt/$TiO_2$ | Ⅰ | 紫外线照射 | Ag-Pt 纳米合金与缺陷 $TiO_2$ 纳米片的相互作用有利于载流子的分离 | [29] |
| | $TiO_2$-$\beta$-$Bi_2O_3$ | Ⅰ | 可见光或紫外线照射 | $TiO_2$ 清除光载流子，且 $TiO_2$-$\beta$-$Bi_2O_3$ 复合材料转移可见光载流子 | [30] |
| | CQDs/ZnO@HNTs | Ⅱ | > 420 nm | 光催化剂中有效产生激子的共振能量转移促进了 $^3O_2$ 到 $^1O_2$ 的转换 | [31] |
| 碳基纳米材料 | $CeO_2$/g-$C_3N_4$ | Ⅰ | 可见光照射 | g-$C_3N_4$ 表面 $e^-$ 转移到 $CeO_2$ 导带，而其价带上的 $h^+$ 迁移到 g-$C_3N_4$，抑制了 $e^-$-$h^+$ 对的复合 | [32] |
| | g-$C_3N_4$@ZIF-8 | Ⅰ | $\lambda \geqslant 320$ nm | 异质界面通过非平衡扩散导致的能带弯曲，促进了界面附近载流子的分离 | [33] |
| | g-$C_3N_4$/SCH | Ⅰ | 可见光照射，$\lambda \geqslant 420$ nm | g-$C_3N_4$ 纳米片与施威特曼石(SCH)联合使用可以显著促进光生 $e^-$-$h^+$ 对的分离、界面电荷转移和表面 Fe(Ⅲ)还原 | [34] |
| | R-CD(红色发光碳点) | Ⅱ | 330 nm | 利用亚甲基蓝和磷酸盐，通过简单水热法将小分子光敏化剂转化为更有效、安全、稳定的光敏化剂 | [35] |
| | S-CDs(磺化碳点) | Ⅱ | 360 nm | $SnCl_4$ 与 CDs 上的磺酸基(—$SO_3^-$)络合可以使 CDs 表面交联，导致 CDs 尺寸更小，水溶性增加，荧光量子产率更高 | [36] |
| | 碳量子点/$Ln^{3+}$ | Ⅱ | 365～635 nm | 激发态 $Ln^{3+}$ 作为介质，能够长距离迁移并将能量传递给 $O_2$，从而获得较高的 $^1O_2$ 产率 | [37] |
| 金属有机框架材料 | $Bi_2O_2CO_3$/g-$C_3N_4$ | Ⅰ | 可见光照射 | Z 型异质结和 Bi—N 键促进了载流子的分离，加速了光生空穴氧化 $O_2^{\cdot -}$ | [38] |
| | QDs@ZIF-8 | Ⅰ | 氙灯，420～780 nm | ZIF-8 和 Zn-Ag-In-S QDs 量子点之间有效的界面电子转移导致更多的 ROS 生成 | [39] |
| | M-TCPP-La | Ⅱ | 蓝光 | 光敏化剂表现出良好的热稳定性、化学稳定性和优异的光催化活性 | [40] |
| | MIL-125-Xs | Ⅱ | 可见光照射 | 引入乙酰丙酮诱导氧空位形成，促进 $^1O_2$ 产生 | [41] |
| | Bi-TATB | Ⅱ | 紫外辐照 | 有机配体与 Bi 的配位促进了配体的单线态到三线态系统间交叉 | [42] |
| | PCN-SU | Ⅱ | 730 nm | 磺酸阴离子与 TCPP 配体之间的分子内氢键使卟啉环变形，提高了 $^1O_2$ 的产率 | [43] |

续表

| 前体 | 名称 | 类型 | 激发波长 | 优势 | 参考文献 |
|---|---|---|---|---|---|
| 聚集诱导发光(AIE) | WP5⊃TPEDM | Ⅱ | 90 W/m$^2$可见光照射 | 所形成的超分子纳米颗粒表现出显著的$^1O_2$生成能力以及增强的荧光 | [44] |
| | AIE-PSs | Ⅱ | 488 nm | 具有红色辐射的Au纳米柱@AIE光敏化剂纳米点极大地增强了$^1O_2$的生成和荧光亮度 | [45] |
| | AuAg NCs@纳米凝胶 | Ⅱ | 白光 | Ag掺杂、Au(Ⅰ)-硫化物AIE效应、聚合物纳米凝胶的自组装诱导发射效应都促进了$^1O_2$的生成 | [46] |
| | AIEgens | Ⅱ | 白光 | 设计了具有有序增强D-A相互作用和π共轭产率效率的AIEgens序列 | [47] |
| 等离子体纳米颗粒 | Au NR/ZnO | Ⅰ | 连续激光照射 | 从Au NR中注入近红外光激发热电子到ZnO导电带中，可诱导$^1O_2$的生成 | [48] |
| | BSA-AuAg NCs | Ⅱ | 白光 | 合金纳米团簇的光漂白导致原位形成Au NPs，进一步提高了$^1O_2$的生成效率 | [49] |
| | Ag@SiO$_2$ NPs | Ⅱ | 白光 | 等离子体Ag NPs附近的光诱导场强化使$^1O_2$产量增加 | [50] |

用缩聚法制备的g-$C_3N_4$具有低导电性和$e^-$-$h^+$对易复合的缺点。在g-$C_3N_4$中共掺入S和K，不仅可以增强系统间交叉过程，同时促进光载流子的分离和减缓它们的复合，从而增加了$e^-$和$h^+$的数量。氧气接受电子形成$O_2^{\cdot -}$，随后又与$h^+$反应产生$^1O_2$。将还原氧化石墨烯(rGO)嵌入g-$C_3N_4$，使其比表面积增加、电阻减小，并抑制了$e^-$-$h^+$对的复合，光催化效率提高了三倍。锚定金属原子有望改善g-$C_3N_4$本身的光学特性或构建新的高活性位点。将铂离子($Pt^{2+}$)锚定在g-$C_3N_4$中，显著拓宽了光吸收范围和增强了系统间交叉过程。Pt的高核电荷通过引起磷光分子的能级交叉而增加了系统间交叉发生的概率。同样，锚定在g-$C_3N_4$上的Cu-$N_3$位点通过加速电荷转移促进了大量激子的产生。此外，Cu-$N_3$对氧分子有吸附作用，这些氧分子吸附在Cu-$N_3$，并与铜原子反应以进一步活化。

在Ⅰ型金属有机框架中引入具有不同官能团(如—$NH_2$、—OH、—SH和—$CH_3$)的有机连接物可以转移吸收带，而金属纳米粒子可以提高光转化效率。当UiO-66(Zr)用$\beta$-比酮(AA)结构功能化后，AA结构通过与有机配体的内部电荷转移以及配体与金属簇电荷转移的耦合，促进了$O_2^{\cdot -}$的形成。单一半导体纳米结构受到低电荷分离效率、快速电荷载流子复合和狭窄光谱范围的困扰。半导体和等离子体纳米结构的组合可以通过增强诱导的局部电场来改善上述问题。将$TiO_2$与其他带隙较窄的半导体耦合，使后者作为可见光敏化剂，促进电荷载流子的转移和分离。

2) Ⅱ型反应

与Ⅰ型反应相比，在光照射下，能量从三线态激发的光敏化剂转移到 $^3O_2$ 的Ⅱ型反应可以直接产生 $^1O_2$，而没有副产物形成。因此，Ⅱ型光敏化剂可能更适用于 $^1O_2$ 主导的系统，用于环境领域(表 4.4)。荧光碳点(CDs)被认为是产生 $^1O_2$ 的良好光敏化剂，它主要由碳基核心和不同的表面功能团组成。碳前体的类型(如聚噻吩、两性十二烷基苯磺酸钠、酞菁、乙二胺、柠檬酸、组氨酸作为前体)影响了 CDs 的光敏化特性，开发了各种设计 CDs 结构的策略。Luo 等[51]提出，将 $SnCl_4$ 与 CDs 上的磺酸基($—SO_3^-$)络合，可以使 CDs 表面交联，从而使 CDs 尺寸变小、水溶性增加和荧光量子产率提高。然而，由于背景荧光的干扰和对细胞的潜在伤害，激发 CDs 所需的 360 nm 的短波长在光动力疗法中可能受到限制。在另一项研究中，在透明质酸衍生的 CDs 表面锚定单原子锰允许靶向线粒体，同时在 488 nm 光激发下将 $^1O_2$ 的产率从 0.13 提高到 0.4。利用 $sp^3$ C—C 键将几十个 CDs 连接成碳点纳米团簇，可以获得更高的缺陷密度，紫外-可见吸收边缘延伸至 700 nm。

无机卤化铅钙钛矿量子点因出色的光吸收、光转换和可调节的可见光范围而成为光催化领域的热门材料。通过调整卤素(如 Cl、Br、I)的比例或引入外来金属，可以实现可见光光谱仪范围的转变。二价锰离子($Mn^{2+}$)掺杂到 $CsPbCl_3$ 钙钛矿量子点可以在空气中通过照明激发产生 $^1O_2$，产率为 108%。由 $CsPbCl_3$ 钙钛矿量子点产生的激子，吸收光并将能量转移到 $Mn^{2+}$。进一步的能量转移使两个表面的 $Mn^{2+}$ 处于缺陷状态，通过发光使两个氧分子敏化，从而获得 $^1O_2$。此外，将 $CsPbBr_3$ 量子点封装在二氧化硅涂层中，提高了稳定性，并在可见光下通过能量转移产生 $^1O_2$。

疏水性光敏化剂在水环境中容易聚集，导致分子内自由运动消耗激发能，并降低 $^1O_2$ 的产率。相反，具有聚集诱导发光(AIE)特性的光敏化剂由于禁止能量耗散和限制分子内运动，在聚集状态下可以表现出增强的荧光和更强的光敏化性。AIE 分子是由有机发光团组成，具有持久性、高穿透性和对生物体损伤小等优点。调整引入基团的功能、距离和分布可以提高 AIE 产 $^1O_2$ 的性能。含有两个长烷基链和两个带正电胺基的 AIE 光敏化剂可以与细菌膜相互作用。3,4-乙烯二氧噻吩和喹啉的引入增强了供体-受体结构，促进了系统间交叉进程。将 AIE 分子设计成纳米点或将其封装在纳米颗粒中也有利于提高光稳定性。通过局部表面等离子体共振，荧光团和等离子体纳米粒子能与光发生强烈的相互作用，在光催化中具有潜力。Gellé 等[50]用 $SiO_2$ 包裹银纳米颗粒作为等离子体载体[三(2,2′-联吡啶)钌(Ⅱ)]，并调节二氧化硅壳的厚度(7～45 nm)。光催化剂产生的辐射被具有较薄硅层的金属猝灭，而局部的表面等离子体共振效应不能影响具有较厚外壳的光催化剂。等离子体诱导的电磁场提高了具有 28 nm 二氧化硅外壳的三(2,2′-

联吡啶)钌(Ⅱ)的活性，导致 $^1O_2$ 的产率增加了 3 倍。这一发现也为固体材料负载的光催化剂的研究提供了新的思路，覆盖活性催化剂的载体厚度和改性方法可能会影响光吸收效率。

2. 自然环境中光敏化产生 $^1O_2$

天然有机物(NOM)是广泛存在于地表水和地下水环境中的脂肪族和芳香族分子的混合物。NOM 的主要成分是腐殖质(HS)(40%～80%)，可分为腐殖酸(HA)、富里酸(FA)和腐黑物。与 HA 或腐黑物相比，FA 的分子量较低，含氧官能团的比例较高。NOM 是自然水生环境中 ROS 的一个重要来源。在太阳光照射下，NOM 吸收能量并激发到三线态($^3NOM^*$)，各种三线态化合物的组合具有不同的激发态能量和还原电位，然后通过与氧分子的能量传递产生 $^1O_2$[式(4.16)和式(4.17)]。由于冰晶结构的特殊性，冰冻环境可能也会促进 $^1O_2$ 的累积，产生的 $^1O_2$ 数量是相同体积的液体溶液的数千倍，这表明 $^1O_2$ 是冰和雪中的重要氧化剂。$^1O_2$ 的产量主要取决于 NOM 浓度而不是 NOM 来源类型。

$$^1NOM + h\nu \longrightarrow {}^1NOM^* \longrightarrow {}^3NOM^* \tag{4.16}$$

$$^3NOM^* + O_2 \longrightarrow {}^1NOM + {}^1O_2 \tag{4.17}$$

相应地，废水中存在的出水有机物(EfOM)包含各种降解产物、残留污染物和废水处理中产生的微生物代谢物，其成分比 NOM 更加复杂。EfOM 受光激发产生 $^1O_2$，其机制与 NOM 相似，但中间产物是 $^3EfOM^*$[51]。EfOM 的分子量比 NOM 低，可以更有效地产生三线态有机物和 $^1O_2$。研究发现，磺胺甲噁唑和三甲氧苄啶在含有 EfOM 的水中可以受光降解，但在含有 NOM 的水中没有降解。随天然水中 EfOM 含量的增加，阿芙蓉、西咪替丁、磺胺二甲嘧啶和磺胺甲噁唑的间接光降解速率常数相应增加。随废水处理需求的增加，未来 EfOM 的实际应用可能比 NOM 更多。然而，需要注意的是，NOM 可能会猝灭 EfOM 产生的具有光化学活性的中间产物。污水处理厂处理后的出水经常排入到自然水体，但 NOM 和 EfOM 共存的光化学行为是复杂和不清楚的。

此外，大气中产生 $^1O_2$ 的光敏化作用也值得关注。颗粒物由气溶胶系统中各种均匀分散的固体或液体颗粒组成，可分为无机颗粒和有机颗粒。燃煤发电、城市燃烧和汽车尾气排放的各种重金属以及大气中的有机颗粒可能是介导 ROS 形成的光催化剂。Mikrut 等[52]研究了可吸入颗粒物样品(由美国国家标准和技术研究院提供)光照产生 $^1O_2$ 的效率。与用去离子法去除有机成分的材料相比，原始样品和在克拉科夫收集的颗粒物在 1220～1320 nm 的照射下，产生 $^1O_2$ 的活性分别是原来的 2 倍和 5 倍。后来，他们从克拉科夫的工业区(发电厂和钢铁厂)、市中心和附近的居民区收集了可吸入颗粒物样品。$^1O_2$ 的磷光测试表明，在市中心获得的样本是光活性最强的，而来自工业区的样本在光照下显示惰性。磷光强度与有机成分的含量呈正相关，表明可吸入颗粒物中有机物是产生 $^1O_2$ 的原因。此外，加拿大阿尔伯塔省埃德蒙顿的道路灰尘在光照下 $^1O_2$ 的稳态浓度通过实验确定为 $1\times10^{-13}$ mol/L。考虑到灰尘浓度、光照强度和探测水平的差异，灰尘中 $^1O_2$ 的实际浓度甚至更高。具有氧化性的 $^1O_2$ 可能对消除大气中的有机污染物(如多环芳烃)表现出积极作用。同时，用于追踪有机气溶胶的示踪剂也可能被 $^1O_2$ 氧化，这将影响对有机气溶胶变化的判断。因此，了解大气中 $^1O_2$ 的稳态浓度及其与其他成分的相互作用至关重要，这需要建立广泛适用的预测模型。

### 4.3.2 前驱体活化法

1. 过硫酸盐的活化

除了光催化产 $^1O_2$ 外，过氧化作用目前也是一个热点研究领域。特别是以 PMS 和 PDS 为氧化剂产生 $^1O_2$ 来降解水中污染物的 AOPs 正在蓬勃发展。在基于 PMS 活化的 AOPs 中，产生 $^1O_2$ 的主要方式之一是 PMS 的自分解[式(4.18)和式(4.19)]，反应速率常数为 0.2 L/(mol·s)。一般，已报道酮、醌和酚均可以活化 PMS 产生 $^1O_2$。环己酮可以在碱性溶液中加速 PMS 的分解。在苯醌(*p*-BQ)/PMS 体系中，PMS($HSO_5^-$)对 *p*-BQ 的羰基(C═O)进行亲核加成，形成二噁烷中间体，并且 pH 的增加(7～10)促进了亲核加成反应和随后 $^1O_2$ 的产生[式(4.20)～式(4.24)]。随后，在醌/过氧化物体系中，Gu 等也通过量子化学计算提出，PMS 的亲核攻击可能更倾向于发生在具有更多正原子电荷的羰基碳上，并产生 $^1O_2$。类似于醌，酚类化合物与 PMS 也能发生上述反应。在碱性条件下，由酚类化合物降解产生的醌中间产物也能活化 PMS，导致 $^1O_2$ 产生。

$$2HSO_5^- \longrightarrow 2SO_4^{2-} + {}^1O_2 + H^+ \tag{4.18}$$

$$HSO_5^- + SO_5^{2-} \longrightarrow HSO_4^{2-} + SO_4^{2-} + {}^1O_2 \tag{4.19}$$

$$OH^- + HSO_5^- \rightleftharpoons SO_5^{2-} + H_2O \tag{4.20}$$

$$p\text{-BQ} + 2HSO_5^- \rightleftharpoons \text{C}_6\text{H}_4(\text{OH})_2(\text{O—O—SO}_3^-)_2 \tag{4.21}$$

$$OH,\ O-O-SO_3^-;\ OH,\ O-O-SO_3^- + 2OH^- \rightleftharpoons O^-,\ O-O-SO_3^-;\ O^-,\ O-O-SO_3^- + 2H_2O \tag{4.22}$$

$$O^-,\ O-O-SO_3^-;\ O^-,\ O-O-SO_3^- \longrightarrow O-O;\ O-O + 2SO_4^{2-} \tag{4.23}$$

$$O-O;\ O-O + 2SO_5^{2-} \longrightarrow O;\ O + 2SO_4^{2-} + 2\,^1O_2 \tag{4.24}$$

碳纳米管(CNT)活化 PDS 产生 $^1O_2$ 的机制与酮催化 PMS 的作用相似。具有 $sp^2$ 碳单元结构的 CNT 可以看作是酮类化合物。$S_2O_8^{2-}$ 攻击 CNT 上 C═O 基团，形成过氧化物加合物。当过氧化物加合物上 H 原子脱除后，通过 O—O 键上烷氧基的分子内亲核取代，加合物被分解为二氧杂环己烷中间体和 $SO_4^{2-}$[式(4.25)～式(4.27)]。然后 $S_2O_8^{2-}$ 攻击二氧杂环己烷加合物，产生 $^1O_2$[式(4.28)]。

$$CNT-\!=\!O + S_2O_8^{2-} + OH^- \longrightarrow CNT-(OH)(O-O-SO_3^-) + SO_4^{2-} \tag{4.25}$$

$$CNT-(OH)(O-O-SO_3^-) + OH^- \longrightarrow CNT-(O^-)(O-O-SO_3^-) + H_2O \tag{4.26}$$

$$CNT-(O^-)(O-O-SO_3^-) \longrightarrow CNT-(O-O) + SO_4^{2-} \tag{4.27}$$

$$CNT-(O-O) + S_2O_8^{2-} + 2OH^- \longrightarrow CNT-\!=\!O + 2SO_4^{2-} + {}^1O_2 + H_2O \tag{4.28}$$

$O_2^{\cdot-}$是产生 $^1O_2$ 的主要前体，主要通过三种路径产生 $^1O_2$：①$O_2^{\cdot-}$与 $H_2O_2$ 发生 Haber-Weiss 反应[式(4.29)]；②$O_2^{\cdot-}$与其他自由基反应；③$O_2^{\cdot-}$自我重组。PMS 在

弱碱性环境中可被碱活化，产生 $O_2^{\bullet-}$ 和 $^1O_2$。首先，PMS 水解，产生 $HSO_4^-/SO_4^{2-}$ 和 $H_2O_2$[式(4.30)～式(4.32)]。$H_2O_2$ 与自我分解产生的 $^\bullet OH$ 反应并产生 $HO_2^\bullet$，随后 $HO_2^\bullet$ 分解为 $O_2^{\bullet-}$ 和 $H^+$[式(4.33)～式(4.36)]。一些最初生成的 $HO_2^\bullet$ 与 $O_2^{\bullet-}$ 反应生成 $^1O_2$[式(4.37)]。此外，$O_2^{\bullet-}$ 将与自身反应，产生 $^1O_2$ 和 $H_2O_2$，这可能导致 $H_2O_2$ 的回收利用[式(4.38)]。上述均相反应体系的 pH 要求大多数是碱性，连续加碱以维持理想条件的缺点和不能重复使用的特点使这些方法的实用性有待商榷。相比之下，在非均相反应体系中，即使在酸性和中性条件下，也能高效活化过硫酸盐以产生 $^1O_2$。

$$O_2^{\bullet-} + H_2O_2 \longrightarrow {}^\bullet OH + OH^- + {}^1O_2 \tag{4.29}$$

$$HSO_5^- \longrightarrow SO_5^{2-} + H^+ \qquad pK_a = 9.4 \tag{4.30}$$

$$HSO_5^- + H_2O \longrightarrow H_2O_2 + HSO_4^- \tag{4.31}$$

$$SO_5^{2-} + H_2O \longrightarrow H_2O_2 + SO_4^{2-} \tag{4.32}$$

$$H_2O_2 \longrightarrow H^+ + HO_2^- \qquad pK_a = 11.65 \tag{4.33}$$

$$H_2O_2 \longrightarrow 2{}^\bullet OH \tag{4.34}$$

$${}^\bullet OH + H_2O_2 \longrightarrow HO_2^\bullet + H_2O \tag{4.35}$$

$$HO_2^\bullet \longrightarrow 2H^+ + O_2^{\bullet-} \qquad pK_a = 4.8 \tag{4.36}$$

$$O_2^{\bullet-} + {}^\bullet OH \longrightarrow {}^1O_2 + OH^- \tag{4.37}$$

$$2O_2^{\bullet-} + 2H^+ \longrightarrow H_2O_2 + {}^1O_2 \tag{4.38}$$

2. 高碘酸盐的活化

高碘酸盐($IO_4^-$)同样也能通过碱活化产生 $^1O_2$。$OH^-$ 和 $IO_4^-$ 自发反应以形成 $O_2^{\bullet-}$，其继续与 $IO_4^-$ 发生氧化还原反应，产生 $IO_3^-$ 和 $^1O_2$[式(4.39)～式(4.41)]。除此之外，羟胺、$H_2O_2$、碳材料和过渡金属均可活化 $IO_4^-$ 已经得到证实，$^1O_2$ 的形成基本上涉及上述自由基之间的转化。

$$3IO_4^- + 2OH^- \longrightarrow 3IO_3^- + 2O_2^{\bullet-} + H_2O \tag{4.39}$$

$$IO_4^- + 2O_2^{\cdot -} + H_2O \longrightarrow IO_3^- + 2\,^1O_2 + 2OH^- \quad (4.40)$$

$$IO_4^- + H_2O_2 \longrightarrow IO_3^- + O_2^{\cdot -} + H_2O \quad (4.41)$$

3. $H_2O_2$ 的活化

$H_2O_2$ 可以在室温下缓慢分解为 $^1O_2$ 和 $H_2O$[式(4.42)]，而且利用催化剂可以显著提高反应速率。比较常用的催化剂包括过渡金属和矿物。例如，通过阳离子交换将 La(Ⅲ)固定在沸石载体上，利用 La(Ⅲ)和 Mo(Ⅵ)的协同作用，加快了 $H_2O_2$ 转化为 $^1O_2$ 的歧化速率。在 $FeCeO_x$ 催化 $H_2O_2$ 的过程中，Fe(Ⅱ)和 $H_2O_2$ 反应产生的$^{\cdot}OH$ 引发了一系列自由基链式反应，包括 $HO_2^{\cdot}$和 $O_2^{\cdot -}$。据推测，$HO_2^{\cdot}$的自重组或与 $O_2^{\cdot -}$的反应可以产生 $^1O_2$[式(4.43)～式(4.45)]。酶催化法是生物体内 $^1O_2$ 的主要来源。Kanofsky[53]最早描述了利用多种酶产 $^1O_2$ 的模型生化系统。大多数模型酶系统中 $^1O_2$ 来自于过氧化物，特别是 $H_2O_2$。在酶的催化作用下，卤素离子与 $H_2O_2$ 反应产生次氯酸盐，随后与 $H_2O_2$ 进一步反应产生 $^1O_2$[式(4.46)和式(4.47)]。

$$2H_2O_2 \longrightarrow 2H_2O + {}^1O_2 \quad (4.42)$$

$$Fe^{2+} + H_2O_2 + H^+ \longrightarrow Fe^{3+} + {}^{\cdot}OH + H_2O \quad (4.43)$$

$$O_2^{\cdot -} + HO_2^{\cdot} \longrightarrow {}^1O_2 + HO_2^- \quad (4.44)$$

$$2HO_2^{\cdot} \longrightarrow {}^1O_2 + H_2O_2 \quad (4.45)$$

$$H_2O_2 + X^- \longrightarrow H_2O + OX^- \quad (4.46)$$

$$H_2O_2 + OX^- \longrightarrow {}^1O_2 + X^- + H_2O \quad (4.47)$$

4. 臭氧化或催化臭氧化

臭氧($O_3$)可以通过氧原子转移机制与脂肪族胺、含硫化合物、苯酚和无机离子反应形成 $^1O_2$[式(4.48)]。$O_3$ 与乙胺、二乙胺和三乙胺反应生成 $^1O_2$ 和含有氮氧键的产物(例如，三乙胺 *N*-氧化物、*N*-乙基乙胺氧化物和硝基乙烷)，相应 $^1O_2$ 产率($^1O_2$ 生成量/$O_3$ 消耗量)分别为 27%、46%、70%。含硫化合物(如硫化物、硫酸盐和硫醇)，可与 $O_3$ 反应产生 $^1O_2$，一般涉及硫原子和氧原子的结合[式(4.49)～式(4.51)]。$O_3$ 氧化苯酚以释放出 $^1O_2$，同时形成儿茶酚和氢醌。此外，$^1O_2$ 可以通过 $O_3$ 和溴/碘离子之间的反应产生[式(4.52)和式(4.53)]，但产量很低。$^1O_2$ 的产生在非均相催化臭氧化中也是可能的。在催化臭氧化过程中，由 $O_3$ 分解形成的 $O_2^{\cdot-}$将分别与$^{\cdot}OH$ 和 $HO_2^{\cdot}$反应并产生 $^1O_2$[式(4.37)和式(4.54)]。此外，表面吸附的过氧化物或来自 $O_3$ 分解产生的游离过氧化物$^*O_2$ 可以通过电子转移机制生成为 $^1O_2$[54][式(4.55)]。

$$R_3N + O_3 \longrightarrow O{-}NR_3 + {}^1O_2 \tag{4.48}$$

$$CH_3S(O)O^- + O_3 \longrightarrow CH_3S(O)_2O^- + {}^1O_2 \tag{4.49}$$

$$H{-}C(CO_2^{\ominus})(NH_3^{\oplus}){-}CH_2{-}CH_2{-}S{-}CH_3 \xrightarrow{O_3} H{-}C(CO_2^{\ominus})(NH_3^{\oplus}){-}CH_2{-}CH_2{-}S({=}O){-}CH_3 + {}^1O_2 \tag{4.50}$$

$$\text{(HO)}_2\text{-1,2-dithiane} \xrightarrow{O_3} \text{(HO)}_2\text{-1,2-dithiane } S{=}O + {}^1O_2 \tag{4.51}$$

$$O_3 + Br^- \longrightarrow {}^1O_2 + BrO^- \tag{4.52}$$

$$O_3 + I^- \longrightarrow {}^1O_2 + IO^- \tag{4.53}$$

$$O_2^{\cdot-} + HO_2^{\cdot} + H^+ \longrightarrow {}^1O_2 + H_2O_2 \tag{4.54}$$

$$^*O_2 \xrightarrow{\text{电子转移}} {}^1O_2 \tag{4.55}$$

### 4.3.3　催化位点驱动法

对于催化生成 $^1O_2$，均相催化剂易造成二次污染，且难以回收利用。相比之下，非均相催化剂便于从反应体系中分离回收，同时使用多种策略进行催化剂修饰并提高催化性能。本小节总结和讨论了非均相催化剂诱导产生 $^1O_2$ 的主要活性位点(表 4.5)，并提出了现有的争议。

**表 4.5　产生 $^1O_2$ 的催化氧化系统**

| 氧化剂 | 催化剂 | 活性位点 | 参考文献 |
| --- | --- | --- | --- |
| 臭氧 | 氟掺杂 CNTs | 带正电的碳原子 | [55] |
| | $La_{1-x}Ce_xFeO_3$ | Ce(Ⅲ)/Ce(Ⅳ)、Fe(Ⅱ)/Fe(Ⅲ)和晶格氧 | [56] |
| | 氮掺杂 CNTs 包裹 Co 颗粒 | $Co-N_1$ 和 $Co-N_2$ | [57] |
| | 还原氧化石墨烯 | C═O 和结构缺陷 | [58] |
| | $CaMn_xO_y$ | Mn(Ⅳ)/Mn(Ⅲ)、晶格氧/氧空位和表面羟基 | [59] |
| | $CuO_x$ | Cu(Ⅱ)/Cu(Ⅰ)和表面羟基 | [60] |
| 过一硫酸盐 | S-nZVI@CNTs | C═O | [61] |
| | 污泥衍生的生物炭 | C═O | [62] |
| | 石墨金刚石 | C═O | [63] |
| | 还原氧化石墨烯/$MnFe_2O_4$复合物 | C═O | [64] |
| | $CaMnO_3$ 钙钛矿纳米晶 | Mn(Ⅳ)/Mn(Ⅲ)、氧空位 | [65] |
| | 生物炭负载 CuO 薄片 | Cu(Ⅱ)/Cu(Ⅰ) | [66] |
| | 二氧化锰($\alpha$- $MnO_2$ 和 $\beta$-$MnO_2$) | Mn(Ⅳ)/Mn(Ⅲ) | [67] |
| | 溴氧化铋 | 氧空位 | [68] |
| | Sr 掺杂 $BiFeO_3$ | 氧空位 | [69] |
| | ZIF-8 衍生的单原子 Fe-N-C | $FeN_x$ | [70] |
| 过二硫酸盐 | 单原子 Co-N/C | $CoN_{2+2}$ | [71] |
| | ZIF-8 衍生的 Fe–N-C | $FeN_4$ | [72] |
| | Mn 掺杂 g-$C_3N_4$ | $MnN_x$ | [73] |
| | g-$C_3N_4$ 衍生的 Fe-$CN_x$ | $FeN_x$ | [74] |
| | ZIF-8 衍生的 Fe–N-C | $FeN_x$ | [75] |
| | CuO | Cu(Ⅱ)/Cu(Ⅰ) | [76] |
| | CuO 涂层陶瓷中空纤维膜 | Cu(Ⅱ)/Cu(Ⅰ) | [77] |
| | $FeCu_{1.5}O_3$@NV | Fe(Ⅲ)/Fe(Ⅱ)、Cu(Ⅱ)/Cu(Ⅰ) | [78] |
| | 双金属草酸盐衍生的 $CuCo_2O_4$ | Cu(Ⅱ)/Cu(Ⅰ)、Co(Ⅲ)/Co(Ⅱ) | [79] |
| | $Co_3O_4$-$SnO_2$/稻草生物炭 | Sn(Ⅳ)/Sn(Ⅱ)、Co(Ⅲ)/Co(Ⅱ)和氧空位 | [80] |
| | $MnO_2$ | Mn(Ⅳ)/Mn(Ⅲ)、氧空位 | [81] |
| | 软铋矿 $Bi_{25}FeO_{40}$ | Bi(Ⅴ)/Bi(Ⅲ)、氧空位 | [82] |
| | $Co_3O_4$ 纳米微球 | 氧空位 | [83] |
| | CoAl-LDH@$CoS_x$ | 氧空位 | [84] |

续表

| 氧化剂 | 催化剂 | 活性位点 | 参考文献 |
| --- | --- | --- | --- |
| 过二硫酸盐 | $CuO-CeO_2$ | 氧空位 | [85] |
| | $LaFe_{1-x}Cu_xO_3$ | 氧空位 | [86] |
| | $\alpha$-$Fe_2O_3$ | 氧空位 | [87] |
| | 红泥-污水污泥衍生的生物炭 | 氧空位 | [88] |
| | N-S 共掺杂工业石墨烯 | 带正电的碳原子 | [89] |
| | $g$-$C_3N_4$衍生的 NCN-900 | 带正电的碳原子 | [90] |
| | 石墨相氮化碳 | 带正电的碳原子 | [91] |
| | 单宁酸衍生的氮掺杂分层多孔碳 | 带正电的碳原子 | [92] |
| | ZIF-67 衍生的氮掺杂碳纳米管 | 带正电的碳原子 | [93] |
| | 炭气凝胶 | C═O | [94] |
| | 百香果壳衍生生物炭 | C═O | [95] |
| | 热聚合 SAP-尿素水凝胶 | C═O | [96] |
| | 普鲁士蓝衍生的碳基铁钴氧化物 | C═O | [97] |

1. 羰基化合物

富电子 C═O 基团在 PMS 活化中起关键作用。人们普遍认为，在富含 C═O 的碳材料对 PMS 进行活化的过程中，$^1O_2$通过 PMS 和 C═O 之间的二氧化乙烷中间体反应产生，类似于 *p*-BQ 活化 PMS 过程。例如，研究人员巧妙利用含氧官能团的热稳性差异，在确保纳米金刚石其他物化结构(如微观形貌、碳原子杂化、氧含量和其他结构)基本不变的前提下，提出了纳米金刚石表面含氧官能团定向羰基化及其羰基定量调控的策略，实现了羰基化纳米金刚石的简易、可控制备[63]。基于定性、定量构效分析发现：纳米金刚石催化分解过硫酸盐、氧化降解对 4-氯酚的速率常数与其表面羰基含量均呈线性正相关关系($R^2$ > 0.96)，表明 C═O 是非均相催化体系中纳米金刚石上催化氧化的活性位点。表面 C═O 浓度与 $^1O_2$的探针化合物 FFA 的降解高度相关，揭示了 C═O 催化 PMS 分解为 $^1O_2$ 的催化氧化机制。有趣的是，用 *p*-BQ 代替 800℃煅烧纳米金刚石来活化 PMS 后，即使 *p*-BQ 浓度高达 100 μmol/L，4-氯苯酚的降解效率也低于 5%。因此，煅烧纳米金刚石/PMS 体系中 C═O 的非均相催化机制可能与 *p*-BQ/PMS 体系中的均相催化机制不同。亲核性 PMS 向亲电 C═O 释放了一个电子，并相应地产生一个 $SO_5^{\bullet-}$[式(4.56)]。随后，$SO_5^{\bullet-}$自反应产生一分子的 $S_2O_8^{2-}$或两分子的 $SO_4^{2-}$，或两分子 $SO_5^{\bullet-}$与 $H_2O$ 反应产生二分之三分子 $^1O_2$[式(4.57)～式(4.59)]。

此外，PMS 在碱性环境中被 *p*-BQ 活化，但煅烧纳米金刚石/PMS 体系对 4-氯苯酚的降解效率不受 pH(5.0～9.0)的影响，在其他以 C═O 为活性位点催化产生 $^1O_2$ 的非均相催化体系中也观察到类似情况。观察到的差异归因于反应体系的不同 pH，但基本的机制和如何确定多种 ROS 之间的转变尚未阐明。

$$HSO_5^- \longrightarrow SO_5^{\cdot -} + H^+ + e^- \tag{4.56}$$

$$SO_5^{\cdot -} + SO_5^{\cdot -} \longrightarrow S_2O_8^{2-} + {}^1O_2 \tag{4.57}$$

$$SO_5^{\cdot -} + SO_5^{\cdot -} \longrightarrow 2SO_4^- + {}^1O_2 \tag{4.58}$$

$$2SO_5^{\cdot -} + H_2O \longrightarrow 3/2\,{}^1O_2 + 2HSO_4^- \tag{4.59}$$

2. 带正电的碳原子

引入具有不同原子半径和轨道、电子密度和电负性的杂原子(如 N、P、O、S 等)可以调整碳材料的物理化学性质并提高其催化活性。N 的电负性(3.04)高于 C 的电负性(2.55)。N 掺杂有利于提高其相邻 C 原子的电荷密度，加速催化剂和过硫酸盐之间的电子转移。Liang 等[98]提出，在 N 掺杂石墨烯中，与 N 原子相邻的带正电的 C 原子是促进 PMS 活化产生 $^1O_2$ 的活性位点。在 N 掺杂碳纳米片的各种 N 构型中，石墨 N 的电子密度最高，有利于吸引邻近 C 原子的电子。O 的电负性(3.44)高于 N 的电负性，所以 O 掺杂对碳催化剂电子结构的作用也引起了关注。O 掺杂石墨相氮化碳的密度泛函理论计算表明，用 O 原子取代 N 原子改变了碳材料的电子结构，由于电流优先从 C 原子流向 O 掺杂材料，导致在催化剂中形成了富电子 O 原子和邻近贫电子 C 原子。在 PMS 的活化过程中，PMS 中的电子被转移到贫电子 C 原子，形成 $SO_5^{\cdot -}$，随后与水分子反应生成 $^1O_2$。此外，在碳材料中引入原子半径相对较大的 S 原子，有利于改变碳晶格构型，由此产生的结构缺陷可以促进活性位点的形成。当 S 和 N 共掺杂时，噻吩 S 不仅使相邻 C 原子的正电性增强，而且由于 N 和 S 的耦合效应扩大了正电荷的范围，显示出对 PMS 更强的活化能力。此外，适量的 B 掺杂对增加比表面积和提高导电性有积极的作用。B-C-N 杂环中的电荷转移过程促进了两者之间的协同效应，同时，B 原子从 C 原子获得电子后成为活性位点。

3. 氧空位

氧空位($O_v$)是金属氧化物在特定外界环境下(如高温、还原处理等)造成晶格中氧的脱离而产生的，被认为是活化 PMS 的有效缺陷位点。氧空位附近的电子将占据 $O_{2p}$ 轨道，增加表面活性，反过来又增强了电子转移过程[99]。例如，使

用伊利石微板封装 $Co_3O_4$ 纳米球时，不仅可以降低后者的结晶度，而且由此产生的模糊晶格边界诱导出丰富的氧空位。在催化过程中，氧空位可以储存电子，并在电子从 PMS 转移到催化剂时充当加速器。PMS 吸附在氧空位上，产生 $O_2^{\bullet-}$，随后与 $H_2O$ 结合以形成中间体 $^{\bullet}OOH$[式(4.60)和式(4.61)]。然后 $^{\bullet}OOH$ 可以与 $O_2^{\bullet-}$ 或 $^{\bullet}OOH$ 反应，产生 $^1O_2$[式(4.62)和式(4.63)]。同样地，Zhao 等[100]也认为氧空位参与了反应但没有被消耗，随后继续作为活化 PMS 的反应位点，突出了氧空位的优势。

$$e^-(O_v) + 2HSO_5^- \longrightarrow O_2^{\bullet-} + 2HSO_4^- \tag{4.60}$$

$$O_2^{\bullet-} + H_2O \longrightarrow {}^{\bullet}OOH + OH^- \tag{4.61}$$

$$O_2^{\bullet-} + {}^{\bullet}OOH \longrightarrow {}^1O_2 + HOO^- \tag{4.62}$$

$${}^{\bullet}OOH + {}^{\bullet}OOH \longrightarrow {}^1O_2 + H_2O_2 \tag{4.63}$$

不同的是，一些研究学者提出了这样的反应路径，即 $^1O_2$ 的形成是由 $O_v$ 和 $O_2$ 之间的反应启动的。在 $LaFeO_3$ 晶格中用 Cu 部分取代 Fe 可以破坏电荷平衡。为了保持原有的电荷平衡，Cu 掺杂 $LaFeO_3$ 上产生了大量的 $O_v$。在 PMS 活化过程中，作为氧离子导体的 $O_v$ 加速了 Fe(Ⅲ)/Fe(Ⅱ)和 Cu(Ⅱ)/Cu(Ⅰ)之间的氧化还原循环。在通过氮气吹扫实验排除了溶解氧的作用后，上述生成的 $O_2$ 被认为是产生 $^1O_2$ 的原因。具体来说，$O_v$ 与 $O_2$ 反应形成 $O_2^{\bullet-}$，然后分别与 $^{\bullet}OH$ 或 $H_2O$ 反应产生 $^1O_2$[式(4.64)～式(4.66)]。他们认为，可以忽略 PMS 自分解的作用，因为单一 PMS 对污染物降解的效率是非常有限的。然而，在催化剂存在情况下，两者可能会产生协同作用，加速 PMS 的分解，但相关证据仍需补充。在催化剂、氧化剂和污染物共存的复杂催化系统中，仅仅考虑单一因素的影响可能是不够的。

$$O_2 + e^-(O_V) \longrightarrow O_2^{\bullet-} \tag{4.64}$$

$$2O_2^{\bullet-} + 2H_2O \longrightarrow {}^1O_2 + H_2O_2 + 2OH^- \tag{4.65}$$

$$O_2^{\bullet-} + {}^{\bullet}OH \longrightarrow {}^1O_2 + OH^- \tag{4.66}$$

4. 氮配位金属位点

氮配位金属($MN_x$，M = Co、Fe、Mn、Ni 和 Cu，$x$ 表示不同的配位数)位点是金属-碳催化剂中受到广泛关注的活性位点。通过在 N 掺杂碳上分别引入单原子 Co 和 Co 纳米颗粒制备的两种催化剂(Co-SA 和 Co-NC)具有不同的活性位点。密度泛函理论结果显示，Co-NC 中 Co 与石墨层中的四个 N 结合并形成 $CoN_4$，而 Co-SA 中 Co 与两个石墨边缘的 N 结合并形成 $CoN_{2+2}$。电荷密度分析和线性扫描伏安法表明，PMS 向 $CoN_{2+2}$ 中与带负电荷的 N 原子键合的低正电荷 Co 原子贡献了电子，导致 PMS 转化为 $^1O_2$ 的效率高达 98%。而在 o-NC 介导的 PMS 活化中，具有均匀电子分布的 $CoN_4$ 向 PMS 提供电子，后者强烈吸附在带正电的纳米颗粒上，然后 O—O 键断裂，通过 PMS 的自分解只产生少量的 $^1O_2$。然而，Li 等[101]对 $CoN_4$ 位点活化 PMS 的机制持不同观点。通过氮气气氛中热解 Fe-Co 普鲁士蓝类似物得到的单原子 Co 催化剂也有 $CoN_4$ 位点。在活化过程中，$^1O_2$ 的形成归因于 PMS 和 $CoN_4$ 位点结合后的电子转移。特别是，双酚 A(BPA)吸附在吡咯 N 位点上，并与附近原位生成的 $^1O_2$ 反应。这两个位点的协同作用表现出优异的催化性能。同样，$FeN_4$ 位点通过吸附 PMS 末端的氧来启动 PMS 活化以产生 $^1O_2$。

尽管人们对通过制备单原子催化剂来定向设计 $MN_x$ 位点很感兴趣，但目前仍不清楚配位数($x$)的具体数值及其作用。简单确定 M—N 键存在的常用方法是分析 XPS 对应的峰值，或通过添加硫氰化盐对污染物降解的抑制作用，因为硫氰化盐对 M—N 键有毒害作用。然而，硫氰化盐也可能消耗 PMS，导致误导作用。通过 X 射线吸收精细结构和穆斯堡尔谱了解金属的价态、化学键的离子属性和配位数等原子结构可以更准确地判断 $MN_x$ 配位环境，但昂贵的测试成本也限制了进一步的研究。因此，开发一种简单、经济、准确的方法来确定氮配位单原子金属是一个值得探索的方向。此外，为 $MN_x$ 的理论计算选择一个合适的模型催化剂至关重要，因为任何基于错误模型的分析都是没有意义的。目前，绝大多数关于过渡金属掺杂碳催化剂的研究都选择石墨烯作为模型。即使经过优化，也没有从根本上根据催化剂本身的结构和性质设计出最合适的模型。不同活性位点之间可能存在潜在的相互作用，导致活性位点的电子性质、反应能势垒和吸附能发生变化。此外，在基于过硫酸盐的高级氧化领域，理论计算仍处于起步阶段。

5. 金属的价态循环

值得注意的是，在金属催化剂与氧化剂反应的过程中经常出现金属离子的价态循环。当双金属 Fe/Cu 被封装在沸石中以活化 PMS 时，分别发生了 Fe(Ⅲ)/Fe(Ⅱ)和 Cu(Ⅱ)/Cu(Ⅰ)之间的转化。Fe(Ⅲ)/Cu(Ⅱ)与 PMS 反应生成 $SO_5^{\cdot-}$，后者将产生的 Fe(Ⅱ)/Cu(Ⅰ)氧化并产生 $^1O_2$[式(4.67)～式(4.71)]。同时，Fe(Ⅱ)和 $O_2$ 之间的氧化还原反应也可以导致前驱体 $O_2^{\cdot-}$的产生[式(4.72)]。Fe/Co、Fe/Mn、Bi/Co 等其他双金属催化剂活化 PMS 也产生 $^1O_2$，其机制大多数与上述情况类似，但也有一些不同情况。例如，CuOMgO/$Fe_3O_4$ 催化剂中 $Fe_3O_4$

只作为载体，而没有活性[102]。具体而言，具有丰富羟基基团的 MgO 的引入促进了 Cu-OH 复合物的产生，这是 PMS 活化的关键步骤。高价贫电子铜 ($[\equiv Cu(III)—OH]^{II}$) 与催化剂表面的 PMS 反应，通过外球络合生成亚稳态铜中间体 ($[\equiv Cu(III)—OO—SO_3]^{I}$)。随后，在接受来自另一个 PMS 分子的电子后产生 $O_2^{\cdot-}$，经$\equiv$Cu(III) 直接氧化后产生 $^1O_2$，这在热力学上是可行的或由两个 $O_2^{\cdot-}$ 重组反应[式(4.73)～式(4.75)]。巧合的是，二氧化锰或溴化铋对 PDS 的活化产生了与上述类似的亚稳态金属中间体，并经历了相同路径以生成 $^1O_2$。外来金属氧化物的引入导致了一些原始金属的失活，不同金属催化剂对具有不同结构的 PMS 和 PDS 的活化可能遵循相同的机制。这些现象还没有得到明确的解释，说明调节金属催化剂的环境功能需要更多的探索。

$$Fe(Ⅲ) + HSO_5^- \longrightarrow Fe(Ⅱ) + SO_5^{\cdot-} + H^+ \tag{4.67}$$

$$Fe(Ⅱ) + SO_5^{\cdot-} \longrightarrow Fe(Ⅲ) + SO_4^{2-} + {}^1O_2 \tag{4.68}$$

$$Cu(Ⅱ) + HSO_5^- \longrightarrow Cu(Ⅰ) + SO_5^{\cdot-} + H^+ \tag{4.69}$$

$$Cu(Ⅰ) + SO_5^{\cdot-} \longrightarrow Cu(Ⅱ) + SO_4^{2-} + {}^1O_2 \tag{4.70}$$

$$Fe(Ⅲ) + Cu(Ⅰ) \longrightarrow Fe(Ⅱ) + Cu(Ⅱ) \tag{4.71}$$

$$Fe(Ⅱ) + O_2 \longrightarrow Fe(Ⅲ) + O_2^{\cdot-} \tag{4.72}$$

$$\begin{aligned}&[\equiv Cu^{(Ⅲ)}—O\cdots H]^{Ⅱ} + HO\cdots O—SO_3^- \longrightarrow \\ &[\equiv Cu^{(Ⅲ)}—O—O—SO_3]^{Ⅰ} + H_2O\end{aligned} \tag{4.73}$$

$$\begin{aligned}&2[\equiv Cu^{(Ⅲ)}—O—O—SO_3]^{Ⅰ} + 3H_2O + HO—O—SO_3^- \longrightarrow \\ &2[\equiv Cu^{(Ⅲ)}—OH]^{Ⅰ} + 2O_2^{\cdot-} + 7H^+ + 3SO_4^{2-}\end{aligned} \tag{4.74}$$

$$\begin{aligned}&[\equiv Cu^{(Ⅲ)}—O—O—SO_3]^{Ⅰ} + O_2^{\cdot-} + OH^- \longrightarrow \\ &[\equiv Cu^{(Ⅲ)}—OH]^{Ⅰ} + SO_4^{2-} + {}^1O_2\end{aligned} \tag{4.75}$$

## 4.4 单线态氧的检测方法

任何关于 $^1O_2$ 诱导的反应机制的研究都需要适当的定量检测方法。目前普遍使用的分析方法主要包括磷光光度法、电子顺磁共振法、荧光光度法、化学发光法、猝灭法和探针法(表 4.6)。

**表 4.6　$^1O_2$ 检测方法的优势和劣势**

| 检测方法 | 原理 | 优势 | 劣势 |
|---|---|---|---|
| 磷光光度法 | 激发态氧分子在跃迁回基态时，由于能量的释放而发出磷光 | 直接 | 灵敏度低，检出限高 |
| 电子顺磁共振法 | $^1O_2$ 与自旋捕获剂相互作用后，产生特征信号 | 灵敏度高，选择性好 | 干扰因素多(共存离子、溶剂等)；定量检测误差大；仪器昂贵；操作程序相对复杂 |
| 荧光光度法 | 荧光探针与 $^1O_2$ 反应前后荧光强度不同 | 反应速度快；灵敏度高；高特异性；适合生物体 | 水溶性低；不能进入细胞；生理毒性(部分荧光) |
| 化学发光法 | 探针与 $^1O_2$ 反应形成高能化合物，随后迅速分解并以光能释放 | 快速、灵敏、操作简便 | 选择性较差 |
| 猝灭法 | 与特定试剂反应并猝灭 $^1O_2$，使其氧化能力降低 | 实验操作简单，成本低 | 可能会加速 PMS 分解；干扰活性物种的产生；猝灭非目标活性物种 |
| 探针法 | 在氧化系统中加入微量 $^1O_2$ 探针，检测其降解情况，通过反应动力学模型计算 $^1O_2$ 的暴露量 | 对催化机理影响小；可定量对污染物削减的贡献；可预测微污染物在实际水基质中的削减规律 | 探针浓度难以准确测量；需知道探针与 $^1O_2$ 的准确反应速率；模型可能需要根据目标体系的特征(活性物种多样，吸附或电子转移共存，催化剂成分复杂等)进行调整 |

### 4.4.1　磷光光度法

荧光测定法是检测 $^1O_2$ 最直接和简单的方法。基于物质受光照射后所发生的磷光(光谱、强度、寿命、偏振及各向异性等)特性，利用磷光分光光度计实现定性或定量分析的方法。有两种典型的 $^1O_2$ 转变[103]：检测 $^1O_2$ 在 633 nm/703 nm 处的特征二摩尔发射和在 1270 nm 处的单摩尔发射，后者的红外发光在应用中更为常见。然而，1270 nm 处的辐射强度较弱，需要高灵敏度仪器响应，这促进了检测系统的不断改进和创新，从最初的低温锗二极管到 InGaAs 检测器、延迟磷光检测技术及空间分辨 $^1O_2$ 成像技术。然而，由于 $^1O_2$ 在近红外区域的信噪比和发光效率较低，分子发射光谱法在广泛领域的应用通常受到限制。它可能难以测量，特别是对于低浓度或快速被水猝灭的 $^1O_2$。因此，$^1O_2$ 的其他间接检测方法引起了人们的关注。

### 4.4.2　电子顺磁共振法

电子顺磁共振(EPR)是一种磁共振技术，通过检测原子或分子的未配对电子来探索其特性。EPR 中化学自旋捕获剂通常应用于识别 ROS，使其与特定 ROS 反应后，EPR 信号会发生变化。2,2,6,6-四甲基哌啶(TEMP)是一个典型的 $^1O_2$ 自旋捕获剂。这两者反应产生的 2,2,6,6-四甲基-1-哌啶氧(TEMPO)信号可以通过 EPR 检测。然而，EPR 信号经常受到共存离子、其他 ROS 和溶剂的影响，甚至造成误判。TEMPO 信号可能不是来源于 $^1O_2$。当系统中存在光敏化剂时，TEMP 可能通过电子转移形成 $TEMP^+$自由基阳离子，然后与氧气反应产生 TEMPO 信号。此外，在判断 $^1O_2$ 对污染物降解的贡献时，Wang 等[104]发现，与猝灭实验观察到 $^1O_2$ 的可忽略作用相反的是，EPR 捕获了显著的 TEMPO 信号。因此进行了溶剂交换实验，将反应溶液从 $H_2O$ 改为 $D_2O$ 后，TEMPO 信号的峰强度并没有增加。这一现象与理论上 $^1O_2$ 在 $D_2O$ 体系中寿命延长的事实相反，他们推测 TEMPO 是由电子转移引起的。在 EPR 测试期间，如不受控制的采样、扫描和停留时间等因素会影响信号强度。尽管有高灵敏度的优势，但不能通过 EPR 信号的峰值强度来准确量化。

### 4.4.3　荧光光度法

与分光光度法相比，通过比较荧光探针与 $^1O_2$ 反应前后的荧光强度变化来检测 $^1O_2$，具有反应速度快、灵敏度高等优点。荧光探针一般包括有机荧光探针、稀土探针和其他过渡金属配合物(表 4.7)。9-[2-(3-羧基-9,10-二苯基)蒽基]-6-羟基-3*H*-氧杂蒽-3-酮和 9-[2-(3-羧基-9,10-二甲基)蒽基]-6-羟基-3*H*-氧杂蒽-3-酮是典型的有机探针，在与 $^1O_2$ 特异性反应后会发出高强度的荧光。相反，1,3-二苯基异苯并呋喃本身在 415 nm 处有很强的荧光，当其与 $^1O_2$ 通过 4,2-环加成反应形成内过氧化物时，荧光强度会下降[105]。然而，1,3-二苯基异苯并呋喃也会与 $O_2^{\cdot-}$、$H_2O_2$ 和$^\cdot OH$ 发生反应，当检测环境中存在这些物质时，应首先将其去除。除了有机溶剂外，1,3-二苯基异苯并呋喃还可以在乙醇/水或胶束溶液中捕获一半的 $^1O_2$。9,10-蒽二基-双(亚甲基)二丙二酸的反应活性很低，仅在 2% $H_2O$ 中与 $^1O_2$ 显示出弱的光谱反应。然而，它可溶于纯水，而且 $^1O_2$ 的特异性可用于区分其他 ROS。已有报道称，对上述探针进行修饰可以提高稳定性并扩大应用范围。

**表 4.7　$^1O_2$ 的发光探针**

| 发光类型 | 探针 | 条件 | 发射波长($\lambda$，nm) | 参考文献 |
|---|---|---|---|---|
| 荧光 | 核壳转换纳米粒子/光敏化剂 MC540/近红外染料 IR-820/聚丙烯胺-辛胺组成的纳米平台 | 磷酸盐缓冲液/小鼠细胞 | 800 | [106] |
| | 近红外余辉发光 AIE 纳米粒子 | 磷酸盐缓冲液(pH 7.4) | 540 | [107] |

续表

| 发光类型 | 探针 | 条件 | 发射波长（$\lambda$，nm） | 参考文献 |
| --- | --- | --- | --- | --- |
| 荧光 | 二亚胺配体中含蒽单元的铱（Ⅲ）配合物 | 甲醇 | 475 | [108] |
| | 蒽、甲磺酰胺和萘酰亚胺偶联的配合物 | 磷酸盐缓冲液（pH 7.4）/HeLa 细胞/大鼠脑片 | 528 | [109] |
| | 半导体聚合物和 SOSG 配合物 | 磷酸盐缓冲液/HeLa 细胞 | 530 | [110] |
| | 负载吲哚菁绿和 1,3-二苯基异苯呋喃的共轭聚合物杂化纳米颗粒 | $H_2O$/HepG2 细胞 | 458/418 | [111] |
| | 负载二氢卟吩和 1,3-二苯基异苯呋喃的共轭聚合物杂化纳米颗粒 | $H_2O$/HeLa 细胞 | 390 | [112] |
| | 牛血清白蛋白 | 磷酸盐缓冲液（pH 7.4） | 515 | [113] |
| | 近红外染料 IR-780 和二甲基高铁二蒽酮配合物 | 乙腈 | 810 | [114] |
| | 罗丹明 B 和二甲基高铁二蒽酮配合物 | 磷酸盐缓冲液/RAW 264.7 细胞 | 585 | [115] |
| | 蒽甲基修饰的荧光素和罗丹明 6G 的非荧光衍生物 | 磷酸盐缓冲液（pH 7.4）/RAW 264.7 细胞 | 545 | [116] |
| | 近红外余辉发光二氢卟吩纳米颗粒 | 磷酸盐缓冲液（pH 7.4）/ 4T1 细胞 | 680 | [117] |
| | 9-蒽基片段和荧光素配合物 | 磷酸盐缓冲液（pH 7.4）/HL-60 细胞 | 515 | [118] |
| | 蒽荧光团共轭喹啉 | 磷酸钾缓冲液/乙醇（1∶1 *V*/*V*，pH 7.4）/RAW 264.7 巨噬细胞 | 506 | [119] |
| | 7-乙氨基香豆素/3-(脂肪族硫代)-丙-1-酮配合物 | 磷酸钾缓冲液/甲醇（4∶1 *V*/*V*，pH 7.4）/HepG2 细胞/RAW 264.7 细胞 | 597 | [120] |
| | 含有苯氧基二氧杂环丁烷和二氰甲基色酮配合物 | 磷酸盐缓冲液（pH 7.4）/MCF-7 细胞 | 700 | [121] |
| | $Eu^{3+}$配合物基发光探针 | 硼酸缓冲液（pH 7.4）/小鼠细胞 | 607 | [122] |
| | 含 5-甲氧基色胺的双光子荧光探针 | 磷酸盐缓冲液（pH 7.4）/HeLa 细胞 | 536 | [123] |
| | 四苯乙烷-邻苯二甲酸二甲酯纳米颗粒 | 磷酸盐缓冲液（pH 7.4）/大鼠 | 485 | [124] |
| | 咪唑功能化碳点 | 磷酸盐缓冲液（pH 7.4）/HeLa 细胞 | 400～630 | [125] |

续表

| 发光类型 | 探针 | 条件 | 发射波长（λ，nm） | 参考文献 |
| --- | --- | --- | --- | --- |
| 化学发光 | 鲁米诺-重氮离子 | 生理水溶液 | 415 | [126] |
| | 鲁米诺与苯并噻二唑和三苯胺化学共轭配合物 | 磷酸盐缓冲液（pH 7.4）/4T1 细胞 | 658 | [127] |

将荧光素与蒽发色团结合起来作为荧光猝灭剂和 $^1O_2$ 捕获剂是提高探针性能的有效策略。二甲基高铁二蒽酮（HOCD）是一种蓝色的芳香族碳氢化合物。当 $^1O_2$ 和 HOCD 形成内过氧化物时，HOCD 通过电子转移对荧光的猝灭效应被阻断，荧光强度明显增强。通过选择 IR-780 制备的探针和罗丹明 B（RB）作为荧光基团，分别被证明能有效地检测 $^1O_2$，相应的荧光强度增强了 30 倍和 18 倍。在 576 nm 处，只有 0.1 μmol/L 的 HOCD-RB 能在几分钟内与 $^1O_2$ 快速反应。体内常见的 ROS、抗坏血酸和谷胱甘肽对 HOCD-RB 的荧光干扰很小。用 9,10-二甲基蒽（DMA）和 Si-罗丹明合成了一个高度敏感的远红外探针 Si-DMA，当与细胞内 $^1O_2$ 结合时，显示出强烈的荧光。后来，这种探针被用来研究哺乳动物细胞中 $^1O_2$ 的产生[128]。在细胞中加入内过氧化物作为 $^1O_2$ 的发生器，并观察 Si-DMA 的荧光强度。内过氧化物的浓度和荧光强度之间有很强的线性关系，这表明可以实现对细胞内 $^1O_2$ 的实时定量监测。最近，Huang 等[109]用 9-蒽胺、萘甲酰亚胺（荧光基团）和 *N*-甲苯基乙二胺合成了一种探针，可以对内质网中 $^1O_2$ 产生响应。528 nm 处的荧光强度与 $^1O_2$ 的浓度成比例，检测范围为 0～2.75 μmol/L。该探针在生理 pH（6.2～7.8）和 90 W 氙灯下保持了良好的活性和稳定性，并且对活细胞无毒害。在活体组织中监测 $^1O_2$ 的能力强调了其应用潜力。

由蒽发色团和荧光素组成的市售单线态氧绿色荧光探针（SOSG）可用于检测水溶液和植物组织中的 $^1O_2$[129]。SOSG 本身的荧光是微弱的蓝色，但与 $^1O_2$ 反应产生的过氧化物在 525 nm 处发出绿色荧光。SOSG 不仅对 $^1O_2$ 有很强的选择性，而且还可以作为光敏化剂产生 $^1O_2$。这种双重效应使其在光敏化系统中的应用带来了不利因素。$^1O_2$ 在癌症治疗中很重要，因为它能杀死癌细胞，而且有必要在细胞中检测 $^1O_2$。然而，由于 SOSG 无法穿透细胞膜，它在生物学和医学中的应用受到限制。为了解决该问题，有人提出了将其负载到纳米粒子或聚合物载体上的思路。载体可以帮助 SOSG 进入细胞内部，避免被内化。例如，将 SOSG 加载到聚（9,9-二辛基芴）上制备的探针，通过 SOSG 的亮绿色荧光实现了对活细胞中 $^1O_2$ 的实时监测。应该注意的是，电离辐射可能诱发 SOSG 结构的变化，这是水溶液中的 ROS 而非 $^1O_2$ 诱发荧光。因此，当暴露在辐射下时，SOSG 并不是一个合适的 $^1O_2$ 探针。此外，合成了一种与 9,10-二苯基蒽共价连接的四氟取代的荧光素衍生物，称为 Aarhus 传感器绿(ASG)。与 SOSG 相反，ASG 及其内部的过氧化物在生理 pH 下不产生 $^1O_2$。ASG 很容易进入细胞，更适合于检测生物体内的 $^1O_2$。然而，ASG 在细胞中的行为和在不同条件下的稳定性仍不清楚。

有机荧光探针容易受到基质荧光和光源的干扰。相比之下，稀土荧光探针具有避免杂散光、分辨率高、荧光寿命长和背景信号低的优势。在过去的十年内，镧系配合物由于出色的发光特性，在合成 $^1O_2$ 探针时受到青睐。以 $Eu^{3+}$、$Tb^{3+}$和 $Ru^{2+}$配合物为基础的发光探针已经被成功合成，并在现有文献中进行了总结。然而，这些探针由于需要紫外光激发而不适用于生物应用，在过去的三年中，具有代表性的镧系元素荧光探针很少被报道，所以这里不再讨论。为了打破紫外线激发的限制，过渡金属络合物已经成为镧系配合物的有效替代品。环金属铱(Ir)配合物被广泛用于产生 $^1O_2$ 的光敏化剂，但根据其发光特性合成 $^1O_2$ 荧光探针的研究很少。Liu 等[108]设计了二亚胺配体的含蒽单元的 Ir(Ⅲ)配合物，并成功用于检测线粒体中的 $^1O_2$。在 405 nm 光激发下，探针与 $^1O_2$ 结合后，在 625 nm 和 640 nm 处的微弱红光明显增强。除了对 $^1O_2$ 反应外，以$[Ir(pq)_2Cl]_2$(pq = 2-苯基喹啉)作为 Ir(Ⅲ)前体的配合物也可以作为光敏化剂来产生 $^1O_2$。通过细胞成像观察到的原代活细胞(HeLa、A549 和 3T3 细胞)的发光共聚焦显微镜图像是完全黑暗的。在 475 nm 照射后，(600±50) nm 处的红光强度开始增加，这一现象持续了至少 30 min，表明该配合物能够产生 $^1O_2$。辐照后健康细胞的存活率为 91%～94%，表明这两种化合物的光细胞毒性并不高。近年来，在过渡金属荧光探针方面很少有突出的发现，但迫切需要开发基于可见光激发并适用于生物领域的 $^1O_2$ 荧光探针。

### 4.4.4 化学发光法

将化学能量转化为光发射的过程称为化学发光。非荧光分子探针可以与 $^1O_2$ 形成荧光分子。Luminol、Cypridina 荧光素类似物及其衍生物是检测 ROS 的经典探针，但它们对 $^1O_2$ 的选择性和在水中的溶解度很差。尽管已有方法通过合成 Cypridina 荧光素类似物来优化探针性能以提高特异性，使用亲水有机载体来引导鲁米诺的持续释放或将鲁米诺负载到金属有机框架上以提高催化活性，但是近年来 $^1O_2$ 检测的发展远远不能令人满意。与其优化探针，有人提出将 $^1O_2$ 的氧化能力储存在介质中，并将其转移到所需检测条件中的想法。研究人员发现，亚铁氰化物是许多候选的氧化还原介质中性能最好的，并且可以通过 $^1O_2$ 氧化成铁氰化物。在强碱溶液($pH > 11$)中，铁氰化物能有效地激发并增强鲁米诺的化学发光(30 倍)。目前对 AOPs 中 $^1O_2$ 的检测基本上是原位进行的，而当反应体系存在大量干扰时，可以考虑利用上述思路间接检测 $^1O_2$。需要注意的是，$^1O_2$ 对亚铁氰化物的选择性可能会受到反应体系中其他活性物质(例如 $SO_4^{\cdot-}$、$^{\cdot}OH$、卤素离子、电子转移)的干扰。因此，这种方法更适合于已排除潜在干扰的系统。

二噁烷的发光被认为是对 $^1O_2$ 的良好响应。由螺金刚烷基和芳氧基取代乙烯基醚探针与 $^1O_2$ 反应形成的二氧杂环丁烷可以通过添加氟离子启动化学发光。然而，光激发易被水猝灭，使其不适用于以水为溶剂的系统。为了解决这个问题，将吸电子基团引入到二氧杂环己烷的苯酚正位上，不仅提高了其在水溶液中的发光稳定性，而且增强了苯甲酸中间产物的发光，在生理条件下产生了明显的绿光。然而，近红外区由于具有背景干扰少、组织穿透力强、组织损伤小等优点，更适合于生物应用。在苯酚的正位上引入二氰甲基色酮作为取代基，可以延长酚类发光体的共轭 $\pi$ 电子系统，引起波长的红移[120]。该策略合成的探针已被证明可用于对细胞内 $^1O_2$ 的检测。

### 4.4.5　猝灭法

猝灭法经常用于探索 ROS 对污染物降解的贡献。其原理是通过与某些物质特异性结合来猝灭 ROS，使 ROS 不能发挥其原有的氧化作用。$^1O_2$ 的常见猝灭剂包括糠醇(FFA)、L-组氨酸(L-His)和叠氮化钠($NaN_3$)，它们的二级速率常数分别为 $1.2 \times 10^8$ L/(mol·s)、$3.24 \times 10^7$ L/(mol·s)和 $7.8 \times 10^8$ L/(mol·s)。由于猝灭法操作简单，结果直观，因此广泛用于 AOPs，如过硫酸盐活化、光催化、臭氧化等。然而，猝灭法确定 $^1O_2$ 的作用时，出现了一些争议。例如，不同的猝灭剂导致了不同的结论。在 Co(Ⅱ)/PMS 催化系统中，选择 FFA 得到的结果表明，$^1O_2$ 对磺胺甲噁唑降解的贡献可以忽略不计。相反，加入 L-His 后得到的结果表明，$^1O_2$ 是磺胺甲噁唑降解的主要氧化剂。此外，在相同的 Co(Ⅱ)/PMS 催化系统中，$SO_4^{\cdot-}$和高价态钴物种被认为是主要的活性物种。理论上，猝灭法的基本前提是，高浓度的猝灭剂只清除目标物种，而对反应体系中的其他过程没有明显影响。然而，许多研究似乎将猝火剂的用量机械化为氧化剂的倍数，而不是仔细考虑。L-His、FFA 和 $NaN_3$ 都在不同程度上消耗了 PMS，而后两者也会迅速消耗臭氧。催化反应中 $^1O_2$ 的产生，通常涉及多种 ROS 之间的转化，而氧化剂是 ROS 的主要来源。猝灭剂对污染物降解的抑制作用可能来自氧化剂的消耗，而不是目标活性物种的猝灭。此外，猝灭剂也可能与其他 ROS 发生反应。L-His、FFA 和 $NaN_3$ 与$^{\cdot}OH$ 的二级反应速率常数分别为 $7.1 \times 10^9$ L/(mol·s)、$1.5 \times 10^{10}$ L/(mol·s)和 $1.5 \times 10^{10}$ L/(mol·s)，均高于 $^1O_2$[130]。虽然可以比较$^{\cdot}OH$ 猝灭剂带来的抑制程度，但反应体系中不同的猝灭剂产生的干扰路径是不一样的。因此，猝灭剂引起的污染物降解的变化很可能是各种作用的综合结果，仅仅通过猝灭法判断反应机理很可能会产生误导作用，这或许是产生争议的主要原因之一。在复杂的反应体系中，根据不同方法的特点，协同验证 $^1O_2$ 的作用更为合适。

### 4.4.6 探针法

针对高浓度的猝灭剂可能引起的误导作用，研究学者提出了一种评估 ROS 的探针法。即在高级氧化系统中加入微量的探针化学物，检测其降解情况，并使用反应动力学模型来计算 ROS 的暴露。猝灭法中猝灭剂的浓度通常在 mmol/L 水平。相比之下，探针法中探针化合物的剂量仅为 μmol/L 水平，比背景水成分的浓度(mg/L)低几个数量级，对实际反应系统的干扰最小。探针法已被证明可以合理地预测 AOPs 过程[如催化臭氧化和 Co(Ⅱ)/PMS 体系]中污染物的去除情况。然而，尽管目前的探针法比猝灭法有巨大的优势，但并不适用于所有系统。在基于过硫酸盐的非均相催化过程中，催化剂对氧化剂和污染物的吸附是不可忽视的，特别是它们在吸附过程中可能形成表面复合物。此外，催化剂和污染物之间的电子转移过程也是导致污染物降解的一个重要原因。当 ROS 与其他氧化路径共存时，各自 ROS 的贡献都很难判断。在复杂的水基质中，次生自由基，如氯自由基或碳酸盐自由基在污染物降解中也需要注意。因此，不仅探针法中的模型可能需要根据目标系统的特点进行调整，而且还需要进一步研究其他准确可靠、适用性广的 ROS 评估方法。

## 4.5 未来研究需求

本章系统地讨论了 $^1O_2$ 的活性、产生路径和检测方法。在对其进行多方面理解的同时，发现仍有一些问题需要更详细和深入的研究。

(1)开发有效、快速和准确的 $^1O_2$ 定量定性检测方法。虽然有很多 $^1O_2$ 的定性检测方法，但每种方法在应用中仍存在局限性。在大多数情况下，需要结合多种方法进行验证。特别是在复杂的催化系统中，$^1O_2$ 的作用往往通过排除其他 ROS 对污染物降解的贡献而获得，然而 $^1O_2$ 猝灭剂和氧化剂之间的竞争容易造成实验误差。识别中间产物的困难使得反应机制难以明确提出，很大程度上是基于猜测。虽然探针法不容易受到共存物种的影响，但计算 $^1O_2$ 浓度的模型仍然需要根据反应体系的特点进行修改，而不是通用的。目前已知的量化 $^1O_2$ 的方法很少，探索一种方便、准确和经济的方法是非常必要的。

(2)分析非均相高级氧化技术中的氧化活性物种及其贡献，以及相应催化剂上的关键催化位点。与自由基为主的氧化路径相比，$^1O_2$ 在降解水中有机污染物方面具有明显的优势。然而，不恰当的实验设计、受众多因素影响的检测方法以及偏颇的理解角度都可能导致研究人员在区分和分析 ROS 时误判。ROS 之间的转化很复杂，多种 ROS 可能同时存在于氧化系统中，但并不都是主要负责降解污染物的。澄清各自氧化活性物种的相对贡献是探索降解机制的前提条件。另外，对于能够诱导 $^1O_2$，确定相应的活性位点对于揭示催化路径至关重要。目前普遍采用的表征催化剂以了解材料特性的方法很难准确量化催化位点，也缺乏对不同催化剂的类似活性位点的比较。此外，最近对这一非自由基过程的研究大多数集中在过硫酸盐体系上，对其他氧化剂如过碳酸盐、过氧乙酸、高碘酸盐、臭氧和过氧化氢的关注相对较少。

(3) 进一步了解目标污染物通过 $^1O_2$ 氧化的降解行为，包括降解效率、降解产物、生态毒性。$^1O_2$ 对烯烃、脂肪族硫化物、酚类和胺类等污染物具有高度选择性。在降解过程中，分析降解路径和中间产物的毒性比只考虑去除率更重要，因为降解的目的是保障水安全。与对催化机制的深入研究相比，污染物氧化过程的生态毒性往往被忽视。结合毒性评估软件工具和定量构效关系来计算中间产物的生物累积系数、急性毒性、诱变性和发育毒性是比较简单和常用的方法，但理论分析不应该与实验分开。建议进行生态毒性实验，如用水中常见的生物(鱼或藻类等)作为生态指标，评价污染物降解过程对生物体生长状态的影响。

(4) 促进 $^1O_2$ 为主的反应体系及其设备在实际场景中的应用。$^1O_2$ 用于空气消毒是有效的，但由于其在空气中的寿命较短，且可能受到空气中各种因素的影响，在远程消毒中的实际应用仍有困难。通过合成催化剂的光催化产生 $^1O_2$ 可能会延长消毒的扩散距离。在水处理方面，与广泛提出的粉末催化剂相比，固定化催化剂具有易于回收的显著优势。然而，目前还没有完美的通用催化剂，根据实际应用要求(活性高、制备简单、成本低、无毒、稳定性高、易回收等)来设计材料更为合理。此外，目前对基于 $^1O_2$ 的污染物处理或消毒的研究大多数停留在实验室阶段。然而，更迫切的是将相应的反应系统与实用设备(流化床、净化器、膜、消毒设备等)结合起来，将 $^1O_2$ 的优势拓展到实际应用场景。

总之，本章旨在提供关于 $^1O_2$ 不同方面的最新信息，并介绍现有的问题和未来的研究与应用挑战。

## 参 考 文 献

[1] Herzberg G. Photography of the infra-red solar spectrum to wave-length 12,900 Å. Nature, 1934, 133: 759-759.

[2] Hynek J, Rathouský J, Demel J, Lang K. Design of porphyrin-based conjugated microporous polymers with enhanced singlet oxygen productivity. RSC Advance, 2016, 6: 44279-44287.

[3] Ye J, Li C X, Wang L L, Wang Y, Dai D D. Synergistic multiple active species for catalytic self-

cleaning membrane degradation of persistent pollutants by activating peroxymonosulfate. Journal of Colloid and Interface Science, 2021, 587: 202-213.

[4] Wang Y, Lin Y, He S Y, Wu S H, Yang C P. Singlet oxygen: Properties, generation, detection, and environmental applications. Journal of Hazardous Materials, 2024, 461: 132538.

[5] Guan C T, Jiang J, Luo C W, Pang S Y, Jiang C C, Ma J, Jin Y X, Li J. Transformation of iodide by carbon nanotube activated peroxydisulfate and formation of iodoorganic compounds in the presence of natural organic matter. Environmental Science & Technology, 2017, 51: 479-487.

[6] Gao L W, Guo Y, Zhan J H, Yu G, Wang Y J. Assessment of the validity of the quenching method for evaluating the role of reactive species in pollutant abatement during the persulfate-based process. Water Research, 2022, 221: 118730.

[7] Jensen R L, Arnbjerg J, Ogilby P R. Temperature effects on the solvent-dependent deactivation of singlet oxygen. Journal of the American Chemical Society, 2010, 132: 8098-8105.

[8] Pimenta F M, Jensen R, Holmegaard L, Esipova T V, Westberg M, Breitenbach T, Ogilby P R. Singlet-oxygen-mediated cell death using spatially-localized two-photon excitation of an extracellular sensitizer. The Journal of Physical Chemistry, 2012, 116: 10234-10246.

[9] Rodrigues T, França L P, Kawai C, Faria P A, Mugnol K C U, Braga F M, Tersariol I L S, Smaili S S, Nantes I L. Protective role of mitochondrial unsaturated lipids on the preservation of the apoptotic ability of cytochrome C exposed to singlet oxygen. Journal of Biological Chemistry, 2007, 282: 25577-25587.

[10] Ouchi A, Aizawa K, Iwasaki Y, Inakuma T, Terao J, Nagaoka S, Mukai K. Kinetic study of the quenching reaction of singlet oxygen by carotenoids and food extracts in solution. Development of a singlet oxygen absorption capacity (SOAC) assay method. Journal Agricultural and Food Chemistry, 2010, 58: 9967-9978.

[11] Tournaire C, Croux S, Maurette M T, Beck I, Hocquaux M, Braun A M, Oliveros E. Antioxidant activity of flavonoids: Efficiency of singlet oxygen ($^1\Delta_g$) quenching. Journal Photochemistry Photobiology B: Biology, 1993, 19: 205-215.

[12] Morales J, Günther G, Zanocco A L, Lemp E. Singlet oxygen reactions with flavonoids. A theoretical-experimental study. PLoS One, 2012, 7: e40548.

[13] Kim J I, Lee J H, Choi D S, Won B M, Jung M Y, Park J. Kinetic study of the quenching reaction of singlet oxygen by common synthetic antioxidants (tert-butylhydroxyanisol, tert-di-butylhydroxytoluene, and tert-butylhydroquinone) as compared with $\alpha$-tocopherol. Journal Food of Science, 2009, 74: C362-C369.

[14] Sjöberg B, Foley S, Staicu A, Pascu A, Pascu M, Enescu M. Protein reactivity with singlet oxygen: Influence of the solvent exposure of the reactive amino acid residues. Journal Photochemistry Photobiology B: Biology, 2016, 159: 106-110.

[15] Shimizu R, Yagi M, Kikuchi A. Suppression of riboflavin-sensitized singlet oxygen generation by L-ascorbic acid, 3-*O*-ethyl-L-ascorbic acid and Trolox. Journal Photochemistry Photobiology, B, 2019, 191: 116-122.

[16] Wei C Y, Song B, Yuan J L, Feng Z C, Jia G Q, Li C. Luminescence and Raman spectroscopic studies on the damage of tryptophan, histidine and carnosine by singlet oxygen. Journal

Photochemistry Photobiology A: Chemistry, 2007, 189: 39-45.
[17] Modak S B, Tyrrell R M. Singlet oxygen: A primary effector in the ultraviolet A/near-visible light induction of the human heme oxygenase gene. Cancer Research, 1993, 53: 4505-4510.
[18] Wilkinson F, Helman W P, Ross A B. Rate constants for the decay and reactions of the lowest electronically excited singlet state of molecular oxygen in solution. An expanded and revised compilation. Journal Physical Chemical Reference Data, 1995, 24: 663-677.
[19] Haag W R, Hoigné J, Gassman E, Braun A M. Singlet oxygen in surface waters — Part Ⅰ: Furfuryl alcohol as a trapping agent. Chemosphere, 1984, 13: 631-640.
[20] Al-Nu'airat J, Dlugogorski B, Gao X P, Zeinali N, Skut J, Westmoreland P R, Oluwoye I, Altarawneh M. Reaction of phenol with singlet oxygen. Physical Chemistry Chemical Physics, 2019, 21: 171-183.
[21] Bonesi S M, Fagnoni M, Monti S, Albini A. Reaction of singlet oxygen with some benzylic sulfides. Tetrahedron, 2006, 62: 10716-10723.
[22] Giannakis S, Lin K Y A, Ghanbari F. A review of the recent advances on the treatment of industrial wastewaters by sulfate radical-based advanced oxidation processes (SR-AOPs). Chemical Engineering Journal, 2021, 406: 127083.
[23] Lee J, Gunten U V, Kim J H. Persulfate-based advanced oxidation: Critical assessment of opportunities and roadblocks. Environmental Science & Technology, 2020, 54: 3064-3081.
[24] Lutze H V, Bircher S, Rapp I, Kerlin N, Bakkour R, Geisler M, Sonntag C V, Schmidt T C. Degradation of chlorotriazine pesticides by sulfate radicals and the influence of organic matter. Environmental Science & Technology, 2015, 49: 1673-1680.
[25] Oh W D, Dong Z L, Lim T T. Generation of sulfate radical through heterogeneous catalysis for organic contaminants removal: Current development, challenges and prospects. Applied Catalysis B: Environmental, 2016, 194: 169-201.
[26] Partanen S B, Erickson P R, Latch D E, Moor K J, McNeill K. Dissolved organic matter singlet oxygen quantum yields: Evaluation using time-resolved singlet oxygen phosphorescence. Environmental Science & Technology, 2020, 54: 3316-3324.
[27] Chen Q F, Wang H, Wang C C, Guan R F, Duan R, Fang Y F, Hu X. Activation of molecular oxygen in selectively photocatalytic organic conversion upon defective $TiO_2$ nanosheets with boosted separation of charge carriers. Applied Catalysis B: Environmental, 2020, 262: 118258.
[28] Liang S, Deng X R, Xu G Y, Xiao X, Wang M F, Guo X S, Ma P A, Cheng Z Y, Zhang D, Lin J. A novel Pt-$TiO_2$ heterostructure with oxygen-deficient layer as bilaterally enhanced sonosensitizer for synergistic chemo-sonodynamic cancer therapy. Advanced Functional Materirals, 2020, 30: 1908598.
[29] Chen Q F, Wang K Y, Gao G M, Ren J Z, Duan R, Fang Y F, Hu X. Singlet oxygen generation boosted by Ag-Pt nanoalloy combined with disordered surface layer over $TiO_2$ nanosheet for improving the photocatalytic activity. Applied Surface Science, 2021, 538: 147944.
[30] Žerjav G, Teržan J, Djinović P, Barbieriková Z, Hajdu T, Brezová V, Zavašnik J, Kovač J, Pintar A. $TiO_2$-$\beta$-$Bi_2O_3$ junction as a leverage for the visible-light activity of $TiO_2$ based catalyst used for environmental applications. Catalysis Today, 2021, 361: 165-175.

[31] Li J Z, Liu K, Xue J L, Xue G Q, Sheng X J, Wang H Q, Huo P W, Yan Y S. CQDS preluded carbon-incorporated 3D burger-like hybrid ZnO enhanced visible-light-driven photocatalytic activity and mechanism implication. Journal of Catalysis, 2019, 369: 450-461.

[32] Liu W, Zhou J B, Yao J. Shuttle-like $CeO_2$/g-$C_3N_4$ composite combined with persulfate for the enhanced photocatalytic degradation of norfloxacin under visible light. Ecotoxicology and Environmental Safety, 2020, 190: 110062.

[33] Yuan X, Qu S L, Huang X Y, Xue X G, Yuan C L, Wang S W, Wei L, Cai P. Design of core-shelled g-$C_3N_4$@ZIF-8 photocatalyst with enhanced tetracycline adsorption for boosting photocatalytic degradation. Chemical Engineering Journal, 2021, 416: 129148.

[34] Qiao X X, Liu X J, Zhang W Y, Cai Y L, Zhong Z, Li Y F, Lv J. Superior photo-Fenton activity towards chlortetracycline degradation over novel g-$C_3N_4$ nanosheets/schwertmannite nanocomposites with accelerated Fe(Ⅲ)/Fe(Ⅱ) cycling. Separation Purification and Technology, 2021, 279: 119760.

[35] Xu Y L, Wang C, Ran G X, Chen D, Pang Q F, Song Q J. Phosphate-assisted transformation of methylene blue to red-emissive carbon dots with enhanced singlet oxygen generation for photodynamic therapy. ACS Applied Nano Materials, 2021, 4: 4820-4828.

[36] Luo Q H, Ding H Z, Hu X L, Xu J H, Sadat A, Xu M S, Primo L, Tedesco A C, Zhang H Y, Bi H. $Sn^{4+}$ complexation with sulfonated-carbon dots in pursuit of enhanced fluorescence and singlet oxygen quantum yield. Dalton Transactions, 2020, 49: 6950-6956.

[37] Zhang J Y, Wu S H, Lu X M, Wu P, Liu J W. Lanthanide-boosted singlet oxygen from diverse photosensitizers along with potent photocatalytic oxidation. ACS Nano, 2019, 13: 14152-14161.

[38] Wang Z W, Wang H, Zeng Z T, Zeng G M, Xu P, Xiao R, Huang D L, Chen X J, He L W, Zhou G Y, Yang Y, Wang Z X, Wang W J, Xiong W P. Metal-organic frameworks derived $Bi_2O_2CO_3$/porous carbon nitride: A nanosized Z-scheme systems with enhanced photocatalytic activity. Applied Catalysis B: Environmental, 2020, 267: 118700.

[39] Wang M J, Nian L Y, Cheng Y L, Yuan B, Cheng S J, Cao C J. Encapsulation of colloidal semiconductor quantum dots into metal-organic frameworks for enhanced antibacterial activity through interfacial electron transfer. Chemical Engineering Journal, 2021, 426: 130832.

[40] Long Z H, Luo D, Wu K, Chen Z Y, Wu M M, Zhou X P, Li D. Superoxide ion and singlet oxygen photogenerated by metalloporphyrin-based metal-organic frameworks for highly efficient and selective photooxidation of a sulfur mustard simulant. ACS Applied Materials & Interfaces, 2021, 13: 37102-37110.

[41] Zhang W T, Huang W G, Jin J Y, Gan Y H, Zhang S J. Oxygen-vacancy-mediated energy transfer for singlet oxygen generation by diketone-anchored MIL-125. Applied Catalysis B: Environmental, 2021, 292: 120197.

[42] Zhang R Q, Liu Y Y, Wang Z Y, Wang P, Zheng Z K, Qin X Y, Zhang X Y, Dai Y, Whangbo M H, Huang B B. Selective photocatalytic conversion of alcohol to aldehydes by singlet oxygen over Bi-based metal-organic frameworks under UV-vis light irradiation. Applied Catalysis B: Environmental, 2019, 254: 463-470.

[43] Li Y T, Zhou J L, Chen Y N, Pei Q, Li Y, Wang L, Xie Z G. Near-Infrared light-boosted

photodynamic-immunotherapy based on sulfonated metal-organic framework nanospindle. Chemical Engineering Journal, 2022, 437: 135370.

[44] Zuo M Z, Qian W R, Hao M, Wang K Y, Hu X Y, Wang L Y. An AIE singlet oxygen generation system based on supramolecular strategy. Chinese Chemical Letters, 2021, 32: 1381-1384.

[45] Yaraki M T, Wu M, Middha E, Wu W B, Rezaei S D, Liu B, Tan Y N. Gold nanostars-AIE theranostic nanodots with enhanced fluorescence and photosensitization towards effective image-guided photodynamic therapy. Nano-Micro Letters, 2021, 13: 58.

[46] Hikosou D, Saita S, Miyata S, Miyaji H, Furuike T, Tamura H, Kawasaki H. Aggregation/self-assembly-induced approach for efficient AuAg bimetallic nanocluster-based photosensitizers. The Journal of Physical Chemistry C, 2018, 122: 12494-12501.

[47] Kang M, Zhou C C, Wu S M, Yu B, Zhang Z J, Song N, Lee M M S, Xu W H, Xu F J, Wang D, Wang L, Tang B Z. Evaluation of structure-function relationships of aggregation-induced emission luminogens for simultaneous dual applications of specific discrimination and efficient photodynamic killing of gram-positive bacteria. Journal of the American Chemical Society, 2019, 141: 16781-16789.

[48] Zhou N, Zhu H, Li S, Yang J, Zhao T L, Li Y T, Xu Q H. Au nanorod/ZnO core-shell nanoparticles as nano-photosensitizers for near-infrared light-induced singlet oxygen generation. The Journal of Physical Chemistry C, 2018, 122: 7824-7830.

[49] Yu Y, Lee W D, Tan Y N. Protein-protected gold/silver alloy nanoclusters in metal-enhanced singlet oxygen generation and their correlation with photoluminescence. Materials Science and Engineering: C, 2020, 109: 110525.

[50] Gellé A, Price G D, Voisard F, Brodusch N, Gauvin R, Amara Z, Moores A. Enhancing singlet oxygen photocatalysis with plasmonic nanoparticles. ACS Applied Materials & Interfaces, 2021, 13: 35606-35616.

[51] O'Connor M, Helal S R, Latch D E, Arnold W A. Quantifying photo-production of triplet excited states and singlet oxygen from effluent organic matter. Water Research, 2019, 156: 23-33.

[52] Mikrut M, Regiel-Futyra A, Samek L, Macyk W, Stochel G, Eldik R V. Generation of hydroxyl radicals and singlet oxygen by particulate matter and its inorganic components. Environmental Pollution, 2018, 238: 638-646.

[53] Kanofsky J R. Singlet oxygen production by biological systems. Chemico-Biological Interactions, 1989, 70: 1-28.

[54] Yu G F, Wang Y X, Cao H B, Zhao H, Xie Y B. Reactive oxygen species and catalytic active sites in heterogeneous catalytic ozonation for water purification. Environmental Science & Technology, 2020, 54: 5931-5946.

[55] Wang J, Chen S, Quan X, Yu H T. Fluorine-doped carbon nanotubes as an efficient metal-free catalyst for destruction of organic pollutants in catalytic ozonation. Chemosphere, 2018, 190: 135-143.

[56] Ren H F, Wang Z X, Chen X M, Jing Z Y, Qu Z J, Huang L H. Effective mineralization of *p*-nitrophenol by catalytic ozonation using Ce-substituted $La_{1-x}Ce_xFeO_3$ catalyst. Chemosphere,

2021, 285: 131473.
[57] Wang Y X, Ren N, Xi J X, Liu Y, Kong T, Chen C M, Xie Y B, Duan X G, Wang S B. Mechanistic investigations of the pyridinic N-Co structures in Co embedded N-doped carbon nanotubes for catalytic ozonation. ACS ES&T Engineering, 2021, 1: 32-45.
[58] Wang Y X, Cao H B, Chen L L, Chen C M, Duan X G, Xie Y B, Song W Y, Sun H Q, Wang S B. Tailored synthesis of active reduced graphene oxides from waste graphite: Structural defects and pollutant-dependent reactive radicals in aqueous organics decontamination. Applied Catalysis B: Environmental, 2018, 229: 71-80.
[59] Fang C X, Gao X M, Zhang X C, Zhu J H, Sun S P, Wang X N, Wu W D, Wu Z X. Facile synthesis of alkaline-earth metal manganites for the efficient degradation of phenolic compounds via catalytic ozonation and evaluation of the reaction mechanism. Journal of Colloid and Interface Science, 2019, 551: 164-176.
[60] Chen H, Fang C X, Gao X M, Jiang G Y, Wang X N, Sun S P, Wu W D, Wu Z X. Sintering- and oxidation-resistant ultrasmall Cu( Ⅰ )/( Ⅱ ) oxides supported on defect-rich mesoporous alumina microspheres boosting catalytic ozonation. Journal of Colloid and Interface Science, 2021, 581: 964-978.
[61] Wu L B , Lin Q T, Fu H Y, Luo H Y, Zhong Q F, Li J Q, Chen Y J. Role of sulfide-modified nanoscale zero-valent iron on carbon nanotubes in nonradical activation of peroxydisulfate. Journal of Hazardous Materials, 2022, 422: 126949.
[62] Fang Z H, Zhou Z L, Xue G, Yu Y, Wang Q, Cheng B R, Ge Y L, Qian Y J. Application of sludge biochar combined with peroxydisulfate to degrade fluoroquinolones: Efficiency, mechanisms and implication for ISCO. Journal of Hazardous Materials, 2022, 426: 128081.
[63] Shao P H, Jing Y P, Duan X G, Lin H Y, Yang L M, Ren W, Deng F, Li B H, Luo X B, Wang S B. Revisiting the graphitized nanodiamond-mediated activation of peroxymonosulfate: Singlet oxygenation versus electron transfer. Environmental Science & Technology, 2021, 55: 16078-16087.
[64] Meng X Y, He Q B, Song T T, Ge M, He Z X, Guo C S. Activation of peroxydisulfate by magnetically separable rGO/$MnFe_2O_4$ toward oxidation of tetracycline: Efficiency, mechanism and degradation pathways. Separation Purification and Technology, 2022, 282: 120137.
[65] Wang T, Qian X F, Yue D T, Yan X, Yamashita H, Zhao Y X. $CaMnO_3$ perovskite nanocrystals for efficient peroxydisulfate activation. Chemical Engineering Journal, 2020, 398: 125638.
[66] Zhao Y, Yu L, Song C Y, Chen Z L, Meng F Y, Song M. Selective degradation of electron-rich organic pollutants induced by CuO@biochar: The key role of outer-sphere interaction and singlet oxygen. Environmental Science & Technology, 2022, 56: 10710-10720.
[67] Zhu S S, Li X J, Kang J, Duan X G, Wang S B. Persulfate activation on crystallographic manganese oxides: Mechanism of singlet oxygen evolution for nonradical selective degradation of aqueous contaminants. Environmental Science & Technology, 2019, 53: 307-315.
[68] Bu Y G, Li H C, Yu W J, Pan Y F, Li L J, Wang Y F, Pu L T, Ding J, Gao G, Pan B. Peroxydisulfate activation and singlet oxygen generation by oxygen vacancy for degradation of contaminants. Environmental Science & Technology, 2021, 55: 2110-2120.

[69] Wang C C, Gao S W, Zhu J C, Xia X F, Wang M X, Xiong Y N. Enhanced activation of peroxydisulfate by strontium modified $BiFeO_3$ perovskite for ciprofloxacin degradation. Journal Environmental Sciences, 2021, 99: 249-259.
[70] Du N J, Liu Y, Li Q J, Miao W, Wang D D, Mao S. Peroxydisulfate activation by atomically-dispersed Fe-$N_x$ on N-doped carbon: Mechanism of singlet oxygen evolution for nonradical degradation of aqueous contaminants. Chemical Engineering Journal, 2021, 413: 127545.
[71] Mi X Y, Wang P F, Xu S Z, Su L N, Zhong H, Wang H T, Li Y, Zhan S H. Almost 100% peroxymonosulfate conversion to singlet oxygen on single-atom $CoN_{2+2}$ sites. Angewandte Chemie International Edition, 2021, 60: 4588-4593.
[72] Li M, Li Z L, Yu X L, Wu Y L, Mo C H, Luo M, Li L G, Zhou S Q, Liu Q M, Wang N, Yeung K L, Chen S W. $FeN_4$-doped carbon nanotubes derived from metal organic frameworks for effective degradation of organic dyes by peroxymonosulfate: Impacts of $FeN_4$ spin states. Chemical Engineering Journal, 2022, 431: 133339.
[73] Fan J H, Qin H H, Jiang S M. Mn-doped g-$C_3N_4$ composite to activate peroxymonosulfate for acetaminophen degradation: The role of superoxide anion and singlet oxygen. Chemical Engineering Journal, 2019, 359: 723-732.
[74] Miao W, Liu Y, Wang D D, Du N J, Ye Z W, Hou Y, Mao S, Ostrikov K. The role of Fe-$N_x$ single-atom catalytic sites in peroxymonosulfate activation: Formation of surface-activated complex and non-radical pathways. Chemical Engineering Journal, 2021, 423: 130250.
[75] He J J, Wan Y, Zhou W J. ZIF-8 derived Fe-N coordination moieties anchored carbon nanocubes for efficient peroxymonosulfate activation via non-radical pathways: Role of $FeN_x$ sites. Journal Hazardous Materials, 2021, 405: 124199.
[76] Wang S X, Gao S S, Tian J Y, Wang Q, Wang T Y, Hao X J, Cui F Y. A stable and easily prepared copper oxide catalyst for degradation of organic pollutants by peroxymonosulfate activation. Journal Hazardous Materials, 2020, 387: 121995.
[77] Wang S X, Tian J Y, Wang Q, Xiao F, Gao S S, Shi W X, Cui F Y. Development of CuO coated ceramic hollow fiber membrane for peroxymonosulfate activation: A highly efficient singlet oxygen-dominated oxidation process for bisphenol a degradation. Applied Catalysis B: Environmental, 2019, 256: 117783.
[78] Lyu Z, Xu M L, Wang J N, Li A M, Corvini P F X. Hierarchical nano-vesicles with bimetal-encapsulated for peroxymonosulfate activation: Singlet oxygen-dominated oxidation process. Chemical Engineering Journal, 2022, 433: 133581.
[79] Chen C, Liu L, Li Y X, Li W, Zhou L X, Lan Y Q, Li Y. Insight into heterogeneous catalytic degradation of sulfamethazine by peroxymonosulfate activated with $CuCo_2O_4$ derived from bimetallic oxalate. Chemical Engineering Journal, 2020, 384: 123257.
[80] Liu L, Li Y N, Li W, Zhong R X, Lan Y Q, Guo J. The efficient degradation of sulfisoxazole by singlet oxygen ($^1O_2$) derived from activated peroxymonosulfate (PMS) with $Co_3O_4$-$SnO_2$/RSBC. Environmental Research, 2020, 187: 109665.
[81] Ndayiragije S, Zhang Y F, Zhou Y Q, Song Z, Wang N, Majima T, Zhu L H. Mechanochemically tailoring oxygen vacancies of $MnO_2$ for efficient degradation of

tetrabromobisphenol A with peroxymonosulfate. Applied Catalysis B: Environmental, 2022, 307: 121168.

[82] Liu Y, Guo H G, Zhang Y L, Tang W H, Cheng X, Li W. Heterogeneous activation of peroxymonosulfate by sillenite $Bi_{25}FeO_{40}$: Singlet oxygen generation and degradation for aquatic levofloxacin. Chemical Engineering Journal, 2018, 343: 128-137.

[83] Hu J, Zeng X K, Wang G, Qian B B, Liu Y, Hu X Y, He B D, Zhang L, Zhang X W. Modulating mesoporous $Co_3O_4$ hollow nanospheres with oxygen vacancies for highly efficient peroxymonosulfate activation. Chemical Engineering Journal, 2020, 400: 125869.

[84] Zeng H X, Deng L, Zhang H J, Zhou C, Shi Z. Development of oxygen vacancies enriched CoAl hydroxide@hydroxysulfide hollow flowers for peroxymonosulfate activation: A highly efficient singlet oxygen-dominated oxidation process for sulfamethoxazole degradation. Journal Hazardous Materials, 2020, 400: 123297.

[85] Li Z D, Liu D F, Zhao Y X, Li S R, Wei X C, Meng F S, Huang W L, Lei Z F. Singlet oxygen dominated peroxymonosulfate activation by CuO-$CeO_2$ for organic pollutants degradation: Performance and mechanism. Chemosphere, 2019, 233: 549-558.

[86] Rao Y F, Zhang Y Y, Fan J H, Wei G L, Wang D, Han F M, Huang Y, Croué J P. Enhanced peroxymonosulfate activation by Cu-doped $LaFeO_3$ with rich oxygen vacancies: Compound-specific mechanisms. Chemical Engineering Journal, 2022, 435: 134882.

[87] Qin Q D, Liu T, Zhang J X, Wei R, You S J, Xu Y. Facile synthesis of oxygen vacancies enriched $\alpha$-$Fe_2O_3$ for peroxymonosulfate activation: A non-radical process for sulfamethoxazole degradation. Journal Hazardous Materials, 2021, 419: 126447.

[88] Wang J, Shen M, Wang H L, Du Y S, Zhou X Q, Liao Z W, Wang H B, Chen Z Q. Red mud modified sludge biochar for the activation of peroxymonosulfate: Singlet oxygen dominated mechanism and toxicity prediction. Science of the Total Environment, 2020, 740: 140388.

[89] Sun P, Liu H, Feng M B, Guo L, Zhai Z C, Fang Y S, Zhang X S, Sharma V K. Nitrogen-sulfur co-doped industrial graphene as an efficient peroxymonosulfate activator: Singlet oxygen-dominated catalytic degradation of organic contaminants. Applied Catalysis B: Environmental, 2019, 251: 335-345.

[90] Gao Y W, Chen Z H, Zhu Y, Li T, Hu C. New insights into the generation of singlet oxygen in the metal-free peroxymonosulfate activation process: Important role of electron-deficient carbon atoms. Environmental Science & Technology, 2020, 54: 1232-1241.

[91] Gao Y W, Zhu Y, Lyu L, Zeng Q Y, Xing X C, Hu C. Electronic structure modulation of graphitic carbon nitride by oxygen doping for enhanced catalytic degradation of organic pollutants through peroxymonosulfate activation. Environmental Science & Technology, 2018, 52: 14371-14380.

[92] Long Y K, Bu S F, Huang Y X, Shao L, Xiao L, Shi X W. N-doped hierarchically porous carbon for highly efficient metal-free catalytic activation of peroxymonosulfate in water: A non-radical mechanism. Chemosphere, 2019, 216: 545-555.

[93] Ma W J, Wang N, Fan Y N, Tong T Z, Han X J, Du Y C. Non-radical-dominated catalytic degradation of bisphenol A by ZIF-67 derived nitrogen-doped carbon nanotubes frameworks in

the presence of peroxymonosulfate. Chemical Engineering Journal, 2018, 336: 721-731.
[94] Zhu M S, Kong L S, Xie M, Lu W H, Liu H, Li N L, Feng Z Y, Zhan J H. Carbon aerogel from forestry biomass as a peroxymonosulfate activator for organic contaminants degradation. Journal Hazardous Materials, 2021, 413: 125438.
[95] Hu Y, Chen D Z, Zhang R, Ding Y, Ren Z, Fu M S, Cao X K, Zeng G S. Singlet oxygen-dominated activation of peroxymonosulfate by passion fruit shell derived biochar for catalytic degradation of tetracycline through a non-radical oxidation pathway. Journal Hazardous Materials, 2021, 419: 126495.
[96] Qin J X, Dai L, Shi P H, Fan J C, Min Y L, Xu Q J. Rational design of efficient metal-free catalysts for peroxymonosulfate activation: Selective degradation of organic contaminants via a dual nonradical reaction pathway. Journal Hazardous Materials, 2020, 398: 122808.
[97] Liu C, Liu S Q, Liu L Y, Tian X, Liu L Y, Xia Y L, Liang X L, Wang Y P, Song Z L, Zhang Y T, Li R Y, Liu Y, Qi F, Chu W, Tsang D C W, Xu B B, Wang H, lkhlaq A. Novel carbon based Fe-Co oxides derived from Prussian blue analogues activating peroxymonosulfate: Refractory drugs degradation without metal leaching. Chemical Engineering Journal, 2020, 379: 122274.
[98] Liang P, Zhang C, Duan X G, Sun H Q, Liu S M, Tade M O, Wang S B. N-doped graphene from metal-organic frameworks for catalytic oxidation of *p*-hydroxylbenzoic acid: N-functionality and mechanism. ACS Sustainable Chemistry & Engineering, 2017, 5: 2693-2701.
[99] Sun Y F, Gao S, Lei F C, Xie Y. Atomically-thin two-dimensional sheets for understanding active sites in catalysis. Chemical Society Reviews, 2015, 44: 623-636.
[100] Zhao J J, Li F C, Wei H X, Ai H N, Gu L, Chen J, Zhang L, Chi M H, Zhai J. Superior performance of $ZnCoO_x$/peroxymonosulfate system for organic pollutants removal by enhancing singlet oxygen generation: The effect of oxygen vacancies. Chemical Engineering Journal, 2021, 409: 128150.
[101] Li X N, Huang X, Xi S B, Miao S, Ding J, Cai W Z, Liu S, Yang X L, Yang H B, Gao J J, Wang J H, Huang Y Q, Zhang T, Liu B. Single cobalt atoms anchored on porous N-doped graphene with dual reaction sites for efficient Fenton-like catalysis. Journal of the American Chemical Society, 2018, 140: 12469-12475.
[102] Jawad A, Zhan K, Wang H, Shahzad A. Tuning of persulfate activation from a free radical to a nonradical pathway through the incorporation of non-redox magnesium oxide. Environmental Science & Technology, 2020, 54, 4: 2476-2488.
[103] Adam W, Kazakov D V, Kazakov V P. Singlet-oxygen chemiluminescence in peroxide reactions. Chemical Reviews, 2005, 105: 3371-3387.
[104] Wang H Z, Guo W Q, Liu B H, Wu Q L, Luo H C, Zhao Q, Si Q S, Sseguya F, Ren N Q. Edge-nitrogenated biochar for efficient peroxydisulfate activation: An electron transfer mechanism. Water Research, 2019, 160: 405-414.
[105] Carloni P, Damiani E, Greci L, Stipa P, Tanfani F, Tartaglini E, Wozniak M. On the use of 1, 3-diphenylisobenzofuran (DPBF). Reactions with carbon and oxygen centered radicals in model and natural systems. Research on Chemical Intermediates, 1993, 19: 395-405.
[106] Wang H, Wang Z H, Li Y K, Xu T, Zhang Q, Yang M, Wang P, Gu Y Q. A novel theranostic

nanoprobe for *in vivo* singlet oxygen detection and real-time dose-effect relationship monitoring in photodynamic therapy. Small, 2019, 15: 1902185.

[107] Ni X, Zhang X Y, Duan X C, Zheng H L, Xue X S, Ding D. Near-infrared afterglow luminescent aggregation-induced emission dots with ultrahigh tumor-to-liver signal ratio for rromoted image-guided cancer surgery. Nano Letters, 2019, 19: 318-330.

[108] Liu X, Dai P L, Gu T H, Wu Q, Wei H J, Liu S J, Zhang K Y, Zhao Q. Cyclometalated iridium(Ⅲ) complexes containing an anthracene unit for sensing and imaging singlet oxygen in cellular mitochondria. Journal Inorganic Biochemistry, 2020, 209: 111106.

[109] Huang H, Chen B Y, Li L F, Wang Y, Shen Z F, Wang Y G, Li X. A two-photon fluorescence probe with endoplasmic reticulum targeting ability for turn-on sensing photosensitized singlet oxygen in living cells and brain tissues. Talanta, 2022, 237: 122963.

[110] Hou W Y, Yuan Y, Sun Z Z, Guo S X, Dong H W, Wu C F. Ratiometric fluorescent detection of intracellular singlet oxygen by semiconducting polymer dots. Analytical Chemistry, 2018, 90: 14629-14634.

[111] Wang X H, Yu Y X, Cheng K, Yang W, Liu Y A, Peng H S. Polylysine modified conjugated polymer nanoparticles loaded with the singlet oxygen probe 1,3-diphenylisobenzofuran and the photosensitizer indocyanine green for use in fluorometric sensing and in photodynamic therapy. Microchimica Acta, 2019, 186: 842.

[112] Wang X H, Wei X F, Liu J H, Yang W, Liu Y A, Cheng K, He X Y, Fu X L, Zhang Y, Zhang H X. Chlorin e6-1,3-diphenylisobenzofuran polymer hybrid nanoparticles for singlet oxygen-detection photodynamic abaltion. Methods and Applications Fluorescence, 2021, 9: 025003.

[113] Miranda-Apodaca J, Hananya N, Velázquez-Campoy A, Shabat D, Arellano J B. Emissive enhancement of the singlet oxygen chemiluminescence probe after binding to bovine serum albumin. Molecules, 2019, 24: 2422.

[114] Liang D, Zhang Y N, Wu Z Y, Chen Y J, Yang X, Sun M T, Ni R Y, Bian J S, Huang D J. A near infrared singlet oxygen probe and its applications in *in vivo* imaging and measurement of singlet oxygen quenching activity of flavonoids. Sensors and Actuators B: Chemical, 2018, 266: 645-654.

[115] Pronin D, Krishnakumar S, Rychlik M, Wu H X, Huang D J. Development of a fluorescent probe for measurement of singlet oxygen scavenging activity of flavonoids. Journal of Agricultural and Food Chemistry, 2019, 67: 10726-10733.

[116] Sun M T, Krishnakumar S, Zhang Y N, Liang D, Yang X, Wong M W, Wang S H, Huang D J. Singlet oxygen probes made simple: Anthracenylmethyl substituted fluorophores as reaction-based probes for detection and imaging of cellular $^1O_2$. Sensors and Actuators B: Chemical, 2018, 271: 346-352.

[117] Chen W, Zhang Y, Li Q, Jiang Y, Zhou H, Liu Y H, Miao Q Q, Gao M Y. Near-infrared afterglow luminescence of chlorin nanoparticles for ultrasensitive *in vivo* imaging. Journal of American Chemical Society, 2022, 144: 6719-6726.

[118] Chercheja S, Daum S, Xu H G, Beierlein F, Mokhir A. Hybrids of a 9-anthracenyl moiety and fluorescein as chemodosimeters for the detection of singlet oxygen in live cells. Organic

Biomolecular Chemistry, 2019, 17: 9883-9891.

[119] Long L L, Yuan X Q, Cao S Y, Han Y Y, Liu W G, Chen Q, Gong A H, Wang K. Construction of a fluorescent probe for selectively detecting singlet oxygen with a high sensitivity and large concentration range based on a two-step cascade sensing reaction. Chemical Communications, 2019, 55: 8462-8465.

[120] Long L L, Han Y Y, Liu W G, Chen Q, Yin D D, Li L L, Yuan F, Han Z X, Gong A H, Wang K. Simultaneous discrimination of hypochlorite and single oxygen during sepsis by a dual-functional fluorescent probe. Analytical Chemistry, 2020, 92: 6072-6080.

[121] Yang M W, Zhang J W, Shabat D, Fan J L, Peng X J. Near-infrared chemiluminescent probe for real-time monitoring singlet oxygen in cells and mice model. ACS Sensors, 2020, 5: 3158-3164.

[122] Ma H, Wang X, Song B, Wang L, Tang Z X, Luo T L, Yuan J L. Extending the excitation wavelength from UV to visible light for a europium complex-based mitochondria targetable luminescent probe for singlet oxygen. Dalton Transactions, 2018, 47: 12852-12857.

[123] Zhang Z, Long S, Cao J F, Du J J, Fan J L, Peng X J. Revealing the photodynamic stress *in situ* with a dual-mode two-photon $^1O_2$ fluorescent probe. ACS Sensors, 2020, 5: 1411-1418.

[124] Zhang S H, Cui H B, Gu M, Zhao N, Cheng M Q, Lv J G. Real-time mapping of ultratrace singlet oxygen in rat during acute and chronic inflammations via a chemiluminescent nanosensor. Small, 2019, 15: 1804662.

[125] Teng X, Li F, Lu C, Li B H. Carbon dot-assisted luminescence of singlet oxygen: The generation dynamics but not the cumulative amount of singlet oxygen is responsible for the photodynamic therapy efficacy. Nanoscale Horizons, 2020, 5: 978-985.

[126] Zhao C X, Cui H B, Duan J, Zhang S H, Lv J G. Self-catalyzing chemiluminescence of luminol-diazonium ion and its application for catalyst-free hydrogen peroxide detection and rat arthritis imaging. Analytical Chemistry, 2018, 90: 2201-2209.

[127] Liu C C, Wang X X, Liu J K, Yue Q, Chen S J, Lam J W Y, Luo L, Tang Z. Near-infrared AIE dots with chemiluminescence for deep-tissue imaging. Advanced Materials, 2020, 32: 2004685.

[128] Murotomi K, Umeno A, Sugino S, Yoshida Y. Quantitative kinetics of intracellular singlet oxygen generation using a fluorescence probe. Scientific Reports, 2020, 10: 10616.

[129] Flors C, Fryer M, Waring J, Reeder B, Bechtold U, Mullineaux P M, Nonell S, Wilson M T, Baker N R. Imaging the production of singlet oxygen *in vivo* using a new fluorescent sensor, Singlet Oxygen Sensor Green®. Journal of Experimental Botany, 2006, 57: 1725-1734.

[130] Buxton G V, Greenstock C L, Helman W P, Ross A B. Critical review of rate constants for reactions of hydrated electrons, hydrogen atoms and hydroxyl radicals $^{\bullet}OH/O^{\bullet-}$ in aqueous solution. Journal of Physical and Chemical Reference Date, 1988, 17: 513-886.

# 第5章　基于过氧化氢的高级氧化技术

## 5.1　引　　言

1876年，H. J. H. Fenton的开创性工作指出，可以使用$Fe^{2+}$和$H_2O_2$的混合物来破坏酒石酸。然而，大多数人认为芬顿化学始于1894年，当时他发表了一篇关于这种混合物显著促进酒石酸氧化的深入研究[1]。此后研究者将$Fe^{2+}$和$H_2O_2$的混合溶液称为Fenton(芬顿)试剂，由此引发的化学反应称为芬顿反应。1901～1928年期间，Manchot及其同事研究了$Fe^{2+}$和$H_2O_2$之间反应的化学计量。20世纪30年代，当Haber和Weiss提出铁盐催化分解$H_2O_2$的自由基机制时，芬顿试剂对有机化合物的氧化具有优异的实用性。因此，芬顿反应有时称为Haber-Weiss反应。自此以后，研究者大量报道了关于芬顿化学的机理研究和有价值的研究结果，因此，对该技术的深入理解得到了更新。在1964年，加拿大Eisenhauer首次将芬顿反应用于处理苯酚废水[2]和烷基苯废水[3]并获得高的去除效率，这一发现引起了人们的关注，开创了芬顿反应在废水处理领域应用的序幕。此后，越来越多的研究学者开始研究芬顿高级氧化技术并用于水处理领域。

值得注意的是，尽管传统芬顿工艺可有效降解各种污染物，但是在实际工业应用中，由于废水中污染物的复杂性和含量相对较高，需要添加大量的$Fe^{2+}$(18～410 mmol/L)和$H_2O_2$(30～6000 mmol/L)以产生足够量的$^{\bullet}OH$用于废水处理以满足排放标准，这是该处理工艺应用的主要障碍[4-7]。同时，过量的$H_2O_2$会腐蚀设备或管道并极大地增加操作成本。此外，$Fe^{2+}$的活性显著受到溶液pH的影响。具体来说，当$pH > 3$时，$Fe^{2+}$开始形成$Fe(OH)_2$，并且$Fe(OH)_2$的浓度随pH的增加而急剧增加，直到$pH\approx4$时其浓度达到稳定。形成的$Fe(OH)_2$比$Fe^{2+}$的活性高约10倍，导致亚铁物种在$pH = 0$时具有最强活性。此外，$Fe^{3+}$在$pH > 3$时开始以相对不活泼的氢氧化铁沉淀的形式累积生成。考虑到上述因素，均相芬顿反应的速率通常在$pH = 3$时达到最大值，因而需要添加大量的酸(通常是硫酸)来保持溶液pH。在此过程之后，需要加碱中和出水，然后才能安全排放废水。这种处理会产生额外的成本和大量污泥。

为了应对这些问题，研究学者开发了非均相类芬顿氧化工艺。到目前为止，主要的非均相催化剂是金属材料、碳材料和金属-碳复合材料。非均相催化剂在 $H_2O_2$ 活化中起到重要作用。之后，检测出多种活性氧物种(ROS)，如过氧化氢自由基($HO_2^{\bullet}$)、超氧自由基($O_2^{\bullet -}$)和羟基自由基($^{\bullet}OH$)。此外，在均相/非均相芬顿系统中也产生了非自由基，如单线态氧($^1O_2$)和高价态铁物种[Fe(Ⅳ)/Fe(Ⅴ)]。此外，如何提高非均相芬顿反应效率是最受关注的问题。在非均相芬顿系统中，通过 Fe(Ⅱ)和 $H_2O_2$ 之间的反应产生$^{\bullet}OH$ 是去除污染物最有效和必要的步骤。因此，研究学者提出了系列改进策略，如加速 Fe(Ⅱ)再生、促进 $H_2O_2$ 分解和原位生成 $H_2O_2$ 等，这些方法可以显著增强非均相芬顿活性。基于这些理论方向，许多研究学者开展了各种相关研究[8,9]，例如，引入额外的电子(如外部电场、富电子材料、半导体、等离子体材料或掺杂金属中)引入电子以加速 Fe(Ⅱ)生成；通过控制催化剂的形貌和暴露出来的晶面，以促进 $H_2O_2$ 的分解；将非均相芬顿催化剂与超声、电场、半导体和铁基催化剂结合，原位生成 $H_2O_2$。此外，还可以构建双反应中心(即贫电子中心和富电子中心)的催化剂和单原子催化剂以增强非均相芬顿活性。

基于此，本章主要介绍了基于过氧化氢的高级氧化技术的过程、性能与活性氧物种(ROS)的产生机制。特别是系统地回顾了过氧化氢的性质、合成方法，以及传统经典的芬顿反应的发展过程，总结了均相/非均相芬顿反应的强化策略、反应过程和反应机制。

## 5.2　过氧化氢的性质

过氧化氢($H_2O_2$)又称为双氧水，是世界上 100 种最重要的化学品之一。纯 $H_2O_2$ 是一种蓝色的黏稠液体，在水溶液中通常为无色透明的液体。沸点为 152.1℃，熔点为−0.43℃，密度(在−4.16℃时为 1.643 g/mL)比水大，其中质量分数约为 30%的 $H_2O_2$ 最常用(表 5.1)。$H_2O_2$ 许多物理性质与水相似，能够以任意比例与水混溶，通常以质量分数不超过 70%的水溶液存在，溶于醇、醚，但不溶于石油醚，是离子化溶剂。但由于其强氧化性，$H_2O_2$ 作为溶剂的实用价值不大。$H_2O_2$ 在宽 pH 范围内具有高氧化还原电位(pH = 0 时为 1.763 V，pH = 14 时为 0.878 V)。相比于其他氧化剂，$H_2O_2$ 含有除 $O_2$ 外较高比例的活性氧组分(47.1%)，氧化效率高，且分解产物仅为 $H_2O$ 和 $O_2$，是公认的环境友好的氧化剂。

**表 5.1　过氧化氢的理化性质**

| 名称 | 分子式 | 水溶性 | 密度(20℃) (g/mL) | 分子量 | 外观 |
|---|---|---|---|---|---|
| 过氧化氢 | $H_2O_2$ | 易溶于水 | 1.13 | 34.01 | 蓝色黏稠状液体 |
| 闪点(℃) | 熔点(℃) | 沸点(℃) | CAS 号 | O—O 键长(Å) | O—O 键能(kJ/mol) |
| 107.35 | –0.43 | 152.1 | 7722-84-1 | 1.46 | 217.7 |

$H_2O_2$ 由于自身较低的氧化性，很难对有机物进行氧化降解，因此直接用于水处理不可行。见图 5.1，$H_2O_2$ 的空间构型是二面角结构，呈现半开书页型，两个 O 在书轴上，两个 H 分别和两个 O 相连，但不在同一平面上，两个 H—O—O—H 所在的平面构成大约 104.45°的二面角，每个 O—H 和 O—O 键的键角都呈大约 96°。氧原子采取不等性的 $sp^3$ 杂化轨道成键，是共价极性分子，见表 5.1。$H_2O_2$ 中氧的化合价为–1，因此同时兼具氧化性和还原性。

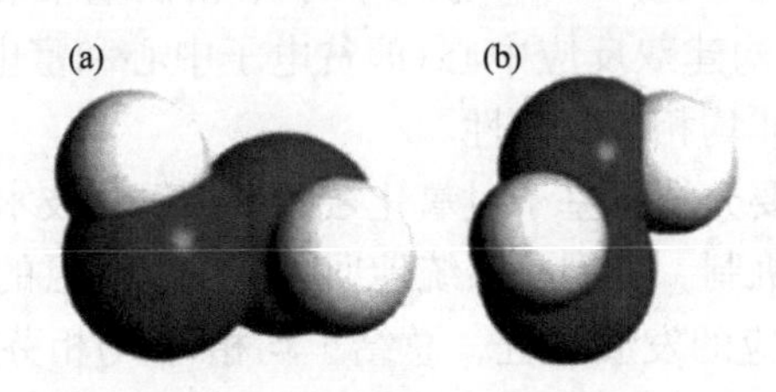


图 5.1　过氧化氢的分子构型

$H_2O_2$ 在 pH 2～5 的弱酸性介质中较稳定。$H_2O_2$ 的分解活化能为 217.7 kJ/mol，加入重金属离子便会降低，如 $H_2O_2$-$Fe^{2+}$体系为 39.3 kJ/mol，因此 $Fe^{2+}$、$Fe^{3+}$、$Cu^{2+}$、$Ag^+$等重金属离子的存在会加速 $H_2O_2$ 分解，而且即使在低温下，$H_2O_2$ 仍能分解。此外，光照、储存容器表面粗糙(具有催化活性)也能使 $H_2O_2$ 分解。

$H_2O_2$ 作为一种环境友好的氧化剂，最终降解产物为水，在各种绿色化工过程中发挥至关重要的作用，特别是在木浆与纸浆漂白、纺织物漂白、选择性化学氧化、消毒及水污染处理等方面。①对于木浆和纸浆漂白的应用，其原理是利用碱性水去除木质素结构中的各种发色团，可取代氯漂白剂，避免卤化副产物的产生。$H_2O_2$ 在纺织工业中被广泛用作漂白剂，比次氯酸钠和亚硫酸钠更具优势，因为它适用于连续处理，毒性低，无腐蚀性，产物为水。②$H_2O_2$ 在化工行业应用广泛，是许多无机、有机过氧化物、环氧化物(环氧油、环氧酯)合成的主要原料。$H_2O_2$ 也是许多有机合成反应的重要氧化剂，例如，$H_2O_2$ 氧化制备胺氧化物，是目前制备该化合物唯一的工业路线。③$H_2O_2$ 在环境保护方面有重要应用，如城市污水处理中去除下水道中形成的硫化氢。在高级氧化处理领域中，

$H_2O_2$ 通过芬顿反应转化为·OH，·OH 是仅次于氟的强氧化剂，能降解和矿化各种难降解有机污染物。$H_2O_2$ 还可以作为氧气的来源，用于解决生物处理过程产生的污泥膨胀问题，以及用于防止沉淀池的反硝化。此外，$H_2O_2$ 还能脱除废水的气味和颜色，以及处理 $SO_2$、$NO_x$ 等有机废气。有关专家预测，在 21 世纪 $H_2O_2$ 产品的消费市场中，环保行业将成为最具开发价值的潜在市场。④在医疗方面，常使用质量分数为 3%的医用 $H_2O_2$ 进行消毒，如医疗器械表面消毒等。

## 5.3　过氧化氢的产生方法

1818 年，法国化学家 L. J. Thenard 首次发现了 $H_2O_2$，将氧气通过赤热的氧化钡制得了过氧化钡，随后将其分别与硫酸、磷酸或硝酸、砷酸和醋酸反应制得的一种“富氧产物”[10]。从那时起到 20 世纪初，用硫酸水解过氧化钡得到了质量分数约 3%的 $H_2O_2$ 溶液。但是，该合成方法成本较高、操作复杂、杂质多、目标产物含量低等，难以规模化生产。因此，需要开发低成本、工艺简单和高效的 $H_2O_2$ 合成技术。据市场研究报告显示，2023 年全球 $H_2O_2$ 的市场规模约为 18.2 亿美元，预计 2024 年该市场价值达到 18.9 亿美元，到 2032 年将达到 25.6 亿美元，预测该期间复合年增长率为 3.8%。

目前，$H_2O_2$ 制备方法主要包括：①蒽醌法；②氢氧混合气直接合成法；③电催化法；④光催化法；⑤异丙醇法；⑥电解法。详细的反应过程介绍如下。

### 5.3.1　蒽醌法

全球大部分 $H_2O_2$ 是通过蒽醌法生产，这是应用最广泛的工艺，每年占 $H_2O_2$ 总产量的 95%以上。最早对蒽醌法合成 $H_2O_2$ 作出贡献的是德国化学家 Manchot，他在 1901 年发现氢醌(对苯二酚)与氧气反应等比例获得醌和 $H_2O_2$。该发现奠定了蒽醌法合成 $H_2O_2$ 的基础。1932 年，美国化学家 Filson 和 Walton 基于上述反应提出了循环工艺。德国法本公司于 20 世纪 40 年代建立了第一个用于工业化生产的蒽醌自氧化工艺。该工艺主要是由 Riedl 和 Pfleiderer 完成，在 Manchot 方法的基础上，他们使用蒽醌代替偶氮苯，解决了偶氮苯还原过程和氢醌氧化过程不能使用相同溶剂的矛盾，该方法也因此得名 Riedl-Pfleiderer 工艺(又称蒽醌自氧化法)。

蒽醌法生产 $H_2O_2$ 主要分为四个步骤：蒽醌分子的氢化和氧化，以及 $H_2O_2$ 溶液的提取、纯化和浓缩。该工艺是以 Pd 或 Pt 为催化剂，以烷基蒽醌(通常为 2-乙基蒽醌)为工作载体，以沸点较高的芳烃和醇类或酯类溶剂组成工作液。首先，使用 2-乙基蒽醌溶解在特定的溶剂中形成工作液，在压力 3 atm

(1 atm=101.325 Pa)，温度 40～60℃，负载 Pd 或 Pt 的氢化催化剂存在条件下，使用氢气将蒽醌还原为蒽氢醌。随后向氢化后的工作液通入氧气或空气进行氧化反应，将蒽氢醌重新氧化为蒽醌，同时产生 $H_2O_2$。利用 $H_2O_2$ 在不同溶剂中溶解度的差异，用超纯水萃取反应液中的 $H_2O_2$，得到 $H_2O_2$ 水溶液，进一步经萃取、提纯、浓缩即可得到较高纯度和浓度的成品 $H_2O_2$，而工作液经过再生、除水和净化后循环使用。

尽管蒽醌法可实现高浓度 $H_2O_2$ 的大规模生产，但仍有一些严重的可持续问题有待解决。①生产成本较高，大规模量产是经济可行的前提，单套生产设备必须达到 60000 t 以上的产量才能实现盈利。②该方法涉及一个连续的多步骤过程，包括多次净化步骤，因此消耗大量的能量和资源。在蒽醌工艺中，$H_2O_2$ 是在碱性溶液中产生的，然而碱性环境会加速 $H_2O_2$ 分解为水。因此，为了提高其在运输过程中的稳定性，使用稳定剂来缓解其分解效果，而随后去除这些稳定剂既昂贵又耗时。③在氢化步骤中使用大量氢气导致处理和储运困难。蒽醌/氢蒽醌的副产品在加工过程中需要使用大量有机溶剂，这些溶剂最终会成为废液，对工作载体蒽醌的消耗也不符合原子经济性的发展趋势。④需要将 $H_2O_2$ 从生产车间运输到工作地点，为了节约运输成本，通常需要额外的蒸馏过程来产生浓度更高的 $H_2O_2$ 溶液(质量分数为 35%、50%或 70%)。然而，高浓度 $H_2O_2$ 是一种危险化学品，具有潜在的爆炸性，在处理运输和储存过程中构成安全隐患，导致成本增加和引发安全问题。基于此，研发低成本、高原子经济性的 $H_2O_2$ 合成路线十分重要。

### 5.3.2 氢氧混合气直接合成法

1914 年，Henkel 和 Weber 首次报道了第一项氢气和氧气直接化合生产 $H_2O_2$ 的活性催化剂的专利[12]。该专利描述了 Pd 催化剂的使用，并证明了在去离子水中采用负载 Pd 催化剂催化氢气和氧气可以实现高浓度 $H_2O_2$ 的生产。整个反应过程不涉及有机溶剂，因此更加绿色环保。作为间歇工艺，氢气和氧气在 Pd 基催化剂(通常为 Pd-Au 或 Pd-Sn)上同时引入碱性溶液中。反应机理始于催化剂表面上氢气分子的解离，随后与吸附的氧气分子进行后续反应以形成反应中间体 $^*OOH$(*表示催化剂表面上的吸附物种)。最后，$^*OOH$ 与另一个 $^*H$ 原子反应形成 $H_2O_2$ 并从催化剂表面脱附。与蒽醌法类似，通过氢气和氧气直接合成的 $H_2O_2$ 也在碱性溶液中，由于碱性环境也会加速 $H_2O_2$ 分解，因此需要添加酸促进剂以稳定产物 $H_2O_2$。此外，由于水是热力学上的有利产物，而 $H_2O_2$ 是中间产物，为了高选择地生产 $H_2O_2$，需要优化反应过程以抑制水的生成。研究发现，通过向反应体系中加入痕量卤素离子(约 5 mg/L NaBr)、质子(HCl、$H_2SO_4$)或有机物

($CH_3COO^-$)可以有效抑制反应中间体分解，提高产 $H_2O_2$ 的选择性。

从反应机理上来看，氢气和氧气混合直接合成 $H_2O_2$ 具有原子利用率高(100%)、反应原料易获取、操作流程简单、产物清洁等优点。与工业上传统蒽醌法相比，该反应可以极大地简化反应流程，避免有机溶剂的生成以及大量能源的消耗，并且可小规模就地生产，从而减少资金投入、降低运输成本和运行成本。

然而，一百多年后，仍然没有实现基于氢气和氧气混合气直接合成 $H_2O_2$ 的工业化过程，原因主要包括两方面。①安全性，该反应在热力学上是放热反应，因此存在混合气爆炸的风险。氢气和氧气的混合气体具有宽范围的浓度爆炸限值(氢气和氧气的体积比为 1∶5～1∶20，因此氢气和氧气的比例需要严格控制或者用"惰性"气体(如 $CO_2$、$N_2$ 和 Ar)稀释，以便在爆炸下限下运行。氢气和氧气储存在高压气瓶中，通过使用调节阀设置出口压力。在每次实验之前，使用惰性气体冲洗系统。然而，这种稀释和副反应内在的热力学优势降低了直接合成法中 $H_2O_2$ 的总产率，且产物浓度较低，不利于 $H_2O_2$ 的积累，并进一步增加了生产成本，因此限制了该方法的工业化应用。为了避免氢气和氧气原料的直接接触，可以采用催化膜反应器。②直接合成反应的活化分子氢的催化剂(速率限制步骤)开发。对于水 $H_2O_2$ 产量大的活性催化剂，也会引发一些副反应(热力学可行和释放高热量的反应)，导致反应流程更加复杂，包括水的形成($\Delta H = -241.6$ kJ/mol)，$H_2O_2$ 的分解($\Delta H = -105.8$ kJ/mol)，$H_2O_2$ 的还原($\Delta H = -211.5$ kJ/mol)。$H_2O_2$ 作为氢气氧化反应的中间产物，在热力学上没有水稳定，所以在热力学上，氢气选择氧化为 $H_2O_2$ 的反应比氢气与氧气生成水的反应或 $H_2O_2$ 的氢化反应更难进行。如何抑制直接合成 $H_2O_2$ 中的副反应，提高 $H_2O_2$ 选择性是目前的研究重点。

### 5.3.3　电催化法

$H_2O_2$ 电化学合成法是一种资源节约型和环境友好型的新兴 $H_2O_2$ 生成技术。$H_2O_2$ 的电催化合成法由 Traube 在 1887 年首次提出，他们在氢氧化钠溶液中利用 Hg-Au 电极上的氧还原反应成功制备出 $H_2O_2$[13]。在以电能为能量来源的电化学体系中，$H_2O_2$ 既可以通过阴极处发生的两电子氧还原反应(oxygen reduction reaction，$2e^-$-ORR)生成，又可以通过阳极上发生的两电子水氧化反应(water oxidation reaction，$2e^-$-WOR)得到。然而，ORR 涉及一个竞争性的四电子转移过程，其中氧气被还原为水；WOR 涉及多电子转移过程，其中水在四电子路径中被氧化为氧气或在单电子路径中氧化为$^{\bullet}$OH。在竞争性 ORR 和 WOR 期间，包括$^*$OOH、$^*$O 和$^*$OH 等氧中间物种可能会相继生成和转化。

1) $2e^-$-ORR 机制

Berl 首次报道了使用活性炭阴极通过氧气电化学还原产生 $H_2O_2$[14]。基于这种方法，在 20 世纪 80 年代，美国 Dow 化学公司和加拿大 Huron 科技公司共同研发了一种新型 $H_2O_2$ 生产技术，即 Dow-Huron 工艺，以实现现场稀碱 $H_2O_2$ 生产。稀碱性 $H_2O_2$ 可用于纸浆和纸张的漂白过程。该工艺于 1991 年商业化。然而，高碱性工作溶液限制了其进一步发展。自 2000 年以来，Brilla 公司和 Oturan 公司开发了电芬顿工艺，这是一种基于 ORR 生产 $H_2O_2$ 的工艺[15,16]。在此工艺中，$H_2O_2$ 通过阴极上的 $2e^-$-ORR 原位连续生成，$Fe^{2+}$从外部添加或在阴极上再生。$^{\bullet}OH$ 通过 $H_2O_2$ 和 $Fe^{2+}$之间的反应持续产生，从而降解有机污染物。电芬顿工艺产生的 $H_2O_2$ 浓度范围为 10 mg/L 至 2%[17]。

$H_2O_2$ 的 $2e^-$-ORR 过程包括两个耦合的电子-质子转移和一个反应中间体($^*OOH$)。值得注意的是，溶液 pH 对 $H_2O_2$ 生成路径有显著影响。

在酸性电解质中：

$$O_2 + * + H^+ + e^- \longrightarrow {}^*OOH \tag{5.1}$$

$$^*OOH + H^+ + e^- \longrightarrow H_2O_2 + * \tag{5.2}$$

总反应式：

$$O_2 + 2H^+ + 2e^- \longrightarrow H_2O_2 \quad E^0 = 0.70\ \text{V}\ (vs.\ \text{RHE}) \tag{5.3}$$

可以看出，氧气分子吸附到催化剂表面的活性位点上形成吸附态$^*O_2$，进行电子与质子共转移生成$^*OOH$ 中间体，随后进行第二步电子与质子共转移生成$^*HOOH$ 中间体，最终从活性位点上脱除，完成形成 $H_2O_2$ 的 $2e^-$-ORR 路径，其中*表示活性位点。另外，$^*OOH$ 中间体也可能经历两个不同的解离步骤，形成$^*O$ 和$^*OH$ 中间体，从而通过 $4e^-$-ORR 路径产生 $H_2O$。类似地，通过 $2e^-$-ORR 路径产生的 $H_2O_2$ 也可能经历进一步的还原/分解反应以形成水，从而完成 $4e^-$-ORR 路径。

在碱性电解质中：

$$O_2 + H_2O + e^- \longrightarrow {}^*OOH + OH^- \tag{5.4}$$

$$^*OOH + e^- \longrightarrow * + HO_2^- \tag{5.5}$$

总反应式：

$$O_2 + H_2O + 2e^- \longrightarrow HO_2^- + OH^- \quad E^0 = 0.74\ \text{V}\ (vs.\ \text{RHE}) \tag{5.6}$$

可以看出，氧气分子吸附到催化剂表面的活性位点上，随后再结合电子形成$^*OOH$ 中间体，最后，$^*OOH$ 中间体与另外的电子结合并从活性位点表面脱除以生成 $H_2O_2$。

基于上述分析可以得出，无论是酸性还是碱性电解质中，$2e^-$-ORR 过程中均涉及中间体$^*OOH$ 的生成和进一步转化。对于产生 $H_2O_2$ 的理想催化剂，$^*OOH$ 与催化剂表面的吸附能强弱在很大程度上决定了反应活性和选择性。催化剂表面应具有适中的$^*OOH$ 吸附能，若$^*OOH$ 结合能太弱导致$^*OOH$ 生成困难，反应活性较低，降低了 $H_2O_2$ 合成效率；若太强则导致$^*OOH$ 键断裂并进一步分解为$^*OH$ 和$^*O$，最终产物为水，$H_2O_2$ 选择性降低。Nørskov 等使用密度泛函理论(DFT)计算来检查各种金属表面上 ORR 过程的 $2e^-$和 $4e^-$路径，并建立了统一 $2e^-$和 $4e^-$路径的火山型曲线[19]。随后，Stephens 和同事们发现，可以使用$^*OOH$ 中间体结合能作为描述符来建立火山型曲线。总之，调控催化剂对$^*OOH$ 中间体的吸附能是开发理想催化剂的关键。

2) $2e^-$-WOR 机制

近年来，$2e^-$-WOR 生产 $H_2O_2$ 也引起了人们越来越多的关注。$2e^-$-WOR 过程仅以电解液中的水为原料，无需额外曝入空气或氧气，与 $2e^-$-ORR 过程相比，该工艺操作更加简便，为电化学 $H_2O_2$ 生产提供了一种新方法。另外，在产生 $H_2O_2$ 的同时阴极处还会生成高附加值的氢气分子，因此对 $2e^-$-WOR 过程的深入探讨具有重要的实际意义和研究价值。2004 年报道了利用 $2e^-$-WOR 生产 $H_2O_2$ 的第一项研究，该研究使用碳基催化剂作为产 $H_2O_2$ 的电极[21]。

对于阳极发生的 WOR 过程来说，同样存在三种竞争反应路径，包括单电子路径($1e^-$-WOR)中$^\bullet OH$ 的生成，两电子路径($2e^-$-WOR)中 $H_2O_2$ 的生成及四电子路径($4e^-$-WOR)中的析氧反应，如式(5.7)～式(5.17)所示。值得注意的是，三种 WOR 过程都以相同的第一步开始，即催化剂表面产生吸附的 OH($^*OH$)。由于 $H_2O_2$ 和$^\bullet OH$ 氧化能力强，都具有实用价值并且都可以用于水处理。考虑到$^\bullet OH$ 通常具有较短的寿命，因此 $H_2O_2$ 更具实用价值。热力学上，$4e^-$-WOR 是最有利的反应，因为其具有最低的平衡电位(1.23 V)。从水中产 $H_2O_2$ 的电位(1.76 V)比产氧气(0.53 V)高，这使得选择性产生 $H_2O_2$ 本质上更具挑战性。由于许多常见的电极材料都会产生强烈的 $4e^-$-WOR 竞争反应，因此需要开发高选择性的 $2e^-$-WOR 催化剂。此外，因为 $2e^-$-WOR 在较高的氧化电位(≥1.76 V)下工作，所以对催化剂在高氧化电位下的稳定性提出了更高的要求。

$$2H_2O \longrightarrow O_2 + 4H^+ + 4e^- \quad E^0 = 1.23\ \text{V}\ (vs.\ \text{SHE}) \tag{5.7}$$

$$* + H_2O \longrightarrow {}^*OH + H^+ + e^- \tag{5.8}$$

$${}^*OH \longrightarrow {}^*O + H^+ + e^- \tag{5.9}$$

$${}^*O + H_2O \longrightarrow {}^*OOH + H^+ + e^- \tag{5.10}$$

$$^{*}OOH \longrightarrow * + O_2 + H^+ + e^- \tag{5.11}$$

$2e^-$-WOR 路径：

$$2H_2O \longrightarrow H_2O_2 + 2H^+ + 2e^- \quad E^0 = 1.76\ V\ (vs.\ SHE) \tag{5.12}$$

$$* + H_2O \longrightarrow {}^{*}OH + H^+ + e^- \tag{5.13}$$

$$^{*}OH + H_2O \longrightarrow * + H_2O_2 + H^+ + e^- \tag{5.14}$$

$1e^-$-WOR 路径：

$$H_2O \longrightarrow {}^{\bullet}OH_{(aq)} + H^+ + e^- \quad E^0 = 2.38\ V\ (vs.\ SHE) \tag{5.15}$$

$$* + H_2O \longrightarrow {}^{*}OH + H^+ + e^- \tag{5.16}$$

$$^{*}OH \longrightarrow * + {}^{\bullet}OH_{(aq)} \tag{5.17}$$

由于 $2e^-$-WOR 合成 $H_2O_2$ 通常需要很高的过电位，反应过程中会造成较大的能量损失，另外 $2e^-$-WOR 催化剂在选择性和电流密度方面的表现并不理想，尤其是生成 $H_2O_2$ 的效率和产量较低，成为该技术规模化应用的瓶颈。目前该技术还不足以用于实际生产或工业中，但仍有必要进一步研究该反应的机理，以指导催化剂的合理设计。现阶段，该制备路线面临的关键问题是设计兼具高选择性、高活性和高产率的电催化剂，有效抑制阳极的析氧反应，实现 $2e^-$-WOR 路径生成 $H_2O_2$ 的目标。

### 5.3.4 光催化法

通过光催化法生产 $H_2O_2$ 受到了越来越多的关注，这将是芬顿化学的一个有意义的突破。与蒽醌法和直接合成法不同，光催化法不使用危险的氢气，只需要地球上丰富的水和氧气为原料，作为能源供应的可再生光和作为光催化剂的半导体。此外，整个过程中没有污染物排放。受益于这些特征，$H_2O_2$ 的光催化生产具有广阔的应用前景。

太阳能是可再生和可持续的。通常，光催化剂上的反应主要包括三个步骤，具体如下。首先，光子被半导体光催化剂吸收。如果光子的能量大于光催化剂的禁带宽度，价带(VB)中的电子被激发到导带(CB)，而空穴则留在 VB 中。因此，这一步骤产生了带负电的光生电子($e^-$)和带正电的光生空穴($h^+$)。其次，光诱导的 $e^-$和 $h^+$分离并迁移到光催化剂表面。最后，电荷载流子与光催化剂表面上的污染物反应。同时，光诱导的 $e^-$和 $h^+$也在不参与任何化学反应的情况下重新复合。

$H_2O_2$的光催化生产也受光催化的基本原理控制。目前，人们认为$H_2O_2$可以通过间接连续两步单电子还原($O_2 \rightarrow O_2^{\bullet-} \rightarrow H_2O_2$)或直接一步双电子还原($O_2 \rightarrow H_2O_2$)路径。具体来说，VB中的$h^+$将氧化水以形成氧气和$H^+$[式(5.18)]，而CB中的$e^-$将与吸附的氧气反应生成$H_2O_2$。间接连续两步单电子还原路径产生$H_2O_2$见式(5.19)～式(5.23)。首先，氧气的单电子还原产生$O_2^{\bullet-}$[式(5.19)]，其进一步与$H^+$反应生成$HO_2^{\bullet-}$[式(5.20)]。然后，$HO_2^{\bullet-}$易于进行单电子还原产生$HO_2^-$。最后，$HO_2^-$将与$H^+$反应，从而导致最终产物$H_2O_2$的生成。式(5.24)证明了$H_2O_2$产生的直接一步是双电子还原。在这个过程中，氧气通过双电子光还原与两个$H^+$直接反应并形成$H_2O_2$。这两条路线可以通过整个光催化反应来描述。水和氧气光催化生成$H_2O_2$是一个上坡反应，标准吉布斯自由能($\Delta G^\ominus$)为117 kJ/mol。

$$2H_2O + 4h^+ \longrightarrow O_2 + 4H^+ \tag{5.18}$$

$$O_2 + e^- \longrightarrow O_2^{\bullet-} \tag{5.19}$$

$$O_2^{\bullet-} + H^+ \longrightarrow HO_2^{\bullet-} \tag{5.20}$$

$$HO_2^{\bullet-} + e^- \longrightarrow HO_2^- \tag{5.21}$$

$$HO_2^- + H^+ \longrightarrow H_2O_2 \tag{5.22}$$

$$O_2 + 2H^+ + 2e^- \longrightarrow H_2O_2 \tag{5.23}$$

$$2H_2O + O_2 \xrightarrow{h\nu} 2H_2O_2 \qquad \Delta G^\ominus = 117\text{kJ/mol} \tag{5.24}$$

### 5.3.5　异丙醇法

异丙醇法是采用异丙醇为原料，以$H_2O_2$或其他过氧化物为诱发剂，使空气或氧气在一定温度(90～140℃)和压强(1.5～2.0 MPa)条件下进行氧化，生成$H_2O_2$和丙酮，再进行净化生产。蒸发使之与有机物和水分离，再经溶剂萃取净化，即得到$H_2O_2$成品，此法可同时得到副产品丙酮。其化学反应如下式所示：

$$(CH_3)_2CHOH + O_2 \longrightarrow CH_3COCH_3 + H_2O_2 \tag{5.25}$$

当达到一定的生产规模时，采用异丙醇法，$H_2O_2$的生产成本才会有所降低。同时生产过程中产生丙酮等副产品，因此原材料异丙醇和副产品丙酮的价格

与 $H_2O_2$ 在需求上相匹配。此外，此方法存在一定的缺点：反应需要消耗大量的异丙醇，虽可将丙酮加氢重新回收，但不是一种经济的方法；另外此反应成本较高、投资过大、副产物多。因此，异丙醇法没有实现工业化，目前已被淘汰。

### 5.3.6 电解法

德国物理学家 Meidinger 开创了 $H_2O_2$ 电化学合成方法。1853 年，他在电解硫酸水溶液的过程中发现了 $H_2O_2$。随后，法国化学家 Berthelot 阐明了此方法的反应原理。首先电解硫酸水溶液获得过二硫酸，然后与水反应生成过一硫酸，继续与水反应得到最终产物 $H_2O_2$。1905 年，Teichner 在 Elbs 和 Schoenherr 的工作基础上研发了电解法合成 $H_2O_2$ 的新工艺。

电解法主要包括三种方法，如过硫酸法、过硫酸钾法和过硫酸铵法。过硫酸法采用电解硫酸水溶液，电解过程中生成过二硫酸，其在水解器中通过加热并在减压条件水解，随后通过蒸馏得到 $H_2O_2$。过硫酸钾法采用饱和硫酸氢铵溶液进行电解，在阳极氧化产生过硫酸铵，然后加入硫酸氢钾进行处理，得到过硫酸钾沉淀，沉淀加入硫酸，通入水蒸气，蒸馏和冷凝后，得到纯度较高的 $H_2O_2$。过硫酸铵法采用硫酸氢铵电解为硫酸铵，电解液再水解生成 $H_2O_2$。相比湿化学法，电化学法不仅生产效率更高，而且合成 $H_2O_2$ 的纯度和浓度也更高(经分离浓缩可达到 98%)。虽然有诸多优点，但电化学法能耗大、昂贵的铂电极不断消耗和更换带来的高成本等难题是限制其实际应用的重要阻碍。

## 5.4 芬顿高级氧化技术的反应机制

芬顿反应的优点在于该方法安全、环境友好、操作简单、反应时间短、传质阻力低，已成为去除有机污染物，尤其是难降解有机污染物的最有效手段之一。芬顿反应的氧化降解能力主要来源于构建体系中产生的强氧化性$^{\bullet}OH$，并引发一系列的链式反应。$^{\bullet}OH$ 是一种强氧化性自由基，其氧化还原电位为 1.9～2.7 V，远高于 $H_2O_2$ 的氧化还原电位(1.76 V)，在自然界中仅次于单质氟(3.05 V)，是芬顿降解污染物的主要驱动力。$^{\bullet}OH$ 以非选择性方式几乎能与所有的有机化合物反应，并将它们氧化为小分子中间产物(如醇、羧酸或醛)，甚至矿化为 $H_2O$ 和 $CO_2$。

芬顿高级氧化法已经研究了一百多年，但研究学者对其微观反应机制一直存在争议。目前，科学家已提出两种催化反应机制。一种是 Haber 和 Weiss 于 1934 年首次研究了芬顿反应的微观机理，提出了大部分研究者公认的自由基链式反应机制[24]。随后，Barb 等扩展并修改了 Haber 和 Weiss 提出的原始机制[25-27]，即所谓的“经典”或“自由基”芬顿反应，因为它涉及$^{\cdot}OH$生成作为关键步骤。具体过程为：$Fe^{2+}$首先催化 $H_2O_2$ 分解产生$^{\cdot}OH$，同时 $Fe^{2+}$被氧化为 $Fe^{3+}$；生成的 $Fe^{3+}$可重新与 $H_2O_2$ 反应并被还原为 $Fe^{2+}$，同时获得超氧自由基($HO_2^{\cdot}/O_2^{\cdot-}$)。$^{\cdot}OH$ 是一种强氧化性且无选择性的自由基，具有强电子亲和能(569.3 kJ/mol)，可与有机污染物发生电子转移[式(5.26)]、脱氢反应[式(5.27)]和亲电加成反应[式(5.28)]，转化为小分子中间产物，并进一步矿化为 $CO_2$ 和 $H_2O$。$^{\cdot}OH$ 可以通过将 Fe(Ⅱ)与 $H_2O_2$ 结合而以化学计量生成[式(5.25)]。然而，这会产生相应化学计量的 Fe(Ⅲ)，当 pH 从强酸性增加到中性时，Fe(Ⅲ)随后沉淀为无定形氢氧化铁，导致铁泥产生。总体来说，用于水处理的 $H_2O_2$ 与铁的摩尔比通常在 100～1000 的范围内。

$$^{\cdot}OH + RX \longrightarrow RX^{\cdot+} + OH^- \tag{5.26}$$

$$^{\cdot}OH + RH \longrightarrow R^{\cdot} + H_2O \tag{5.27}$$

$$^{\cdot}OH + RHX \longrightarrow RHX(OH) \tag{5.28}$$

研究学者发现以 $Fe^{2+}$为铁源，污染物在芬顿体系的初始阶段是一个快速降解的过程，这是由于 $Fe^{2+}$高效催化分解 $H_2O_2$ 瞬间产生大量的$^{\cdot}OH$ 和 $Fe^{3+}$。然而，以 $Fe^{3+}$为铁源时，污染物在初始阶段的降解非常缓慢，甚至会出现一个停滞阶段。相比于 $Fe^{2+}$和 $H_2O_2$ 反应的二级速率常数[40～80 L/(mol·s)]，$Fe^{3+}$和 $H_2O_2$ 反应的二级速率常数较低[0.001～0.01 L/(mol·s)]，即前者的反应速率约为后者的 6000 倍，极大地阻碍了 $Fe^{3+}/Fe^{2+}$的有效循环并导致 $Fe^{3+}$累积，这表明 $Fe^{3+}$向 $Fe^{2+}$的转化是决定整个芬顿反应的限速步骤。在充足 $H_2O_2$ 的条件下，$Fe^{3+}/Fe^{2+}$循环能够驱动产生丰富的$^{\cdot}OH$。

$$Fe^{2+} + H_2O_2 \longrightarrow Fe^{3+} + {}^{\cdot}OH + OH^- \quad k = 40\text{~}80\ \mathrm{L/(mol\cdot s)} \tag{5.29}$$

$$Fe^{3+} + H_2O_2 \longrightarrow Fe^{2+} + HO_2^{\cdot} + H^+ \quad k = 0.001 \sim 0.01\ \mathrm{L/(mol\cdot s)} \tag{5.30}$$

随后，$^{\cdot}OH$ 和 $H_2O_2$ 的反应产生 $HO_2^{\cdot}$和水，如式(5.31)所示，但 $HO_2^{\cdot}$的氧化还原电位[$E^0(HO_2^{\cdot}/H_2O_2) = 1.50$ V]远低于$^{\cdot}OH$ 的氧化还原电位(2.8 V)，导致 $H_2O_2$ 的无效分解。

$$^{\cdot}OH + H_2O_2 \longrightarrow H_2O + HO_2^{\cdot} \quad k = 3.3\times10^7\ \mathrm{L/(mol\cdot s)} \tag{5.31}$$

$Fe^{2+}$与$^{\cdot}OH$ 反应产生 $Fe^{3+}$，如式(5.32)所示。

$$Fe^{2+} + {}^{\cdot}OH \longrightarrow Fe^{3+} + OH^- \quad k = 2.5\times10^8\ \mathrm{L/(mol\cdot s)} \tag{5.32}$$

$Fe^{3+}$进一步与 $HO_2^{\bullet}$反应并产生 $Fe^{2+}$，$Fe^{2+}$和 $Fe^{3+}$的生成是一个循环过程并且持续发生，这是由于还原得到的 $Fe^{2+}$再次与 $H_2O_2$ 反应生成$^{\bullet}OH$。

$$Fe^{3+} + HO_2^{\bullet} \longrightarrow Fe^{2+} + H^+ + O_2 \quad k = 1.2\times10^6\ L/(mol\cdot s),\ pH = 3 \tag{5.33}$$

根据反应式(5.34)～式(5.39)，芬顿反应中有机化合物的氧化包括形成的$^{\bullet}OH$ 对有机化合物的氧化反应。$^{\bullet}OH$ 从有机化合物分子中夺取一个氢原子，并生成一个有机自由基($R^{\bullet}$)。然后，$R^{\bullet}$与环境中的氧气分子反应形成有机过氧自由基($ROO^{\bullet}$)，反应速率非常快[通常在 $10^9$ L/(mol·s)数量级]，并与 $Fe^{3+}$反应将其还原为 $Fe^{2+}$。生成的 $ROO^{\bullet}$与有机底物分子反应形成其他的有机自由基($R^{\bullet}$)。芬顿反应过程发生一系列物质的化学转化，导致小分子量降解产物产生。在没有任何竞争性猝灭剂清除$^{\bullet}OH$ 或 $R^{\bullet}$的情况下，原则上，使用过量浓度的 $Fe^{2+}$和 $H_2O_2$ 可将所有有机污染物完全矿化为二氧化碳和水。有机化合物的降解通常用式(5.40)表示。总体而言，在芬顿体系中存在一系列链式反应，包括$^{\bullet}OH$ 消耗、$Fe^{2+}/Fe^{3+}$循环以及反应链终止，在整个反应过程中，$Fe^{2+}$在整个体系中起催化 $H_2O_2$ 分解为$^{\bullet}OH$ 和传递电子的作用。

$$^{\bullet}OH + RH \longrightarrow H_2O + R^{\bullet} \tag{5.34}$$

$$R^{\bullet} + O_2 \longrightarrow ROO^{\bullet} \tag{5.35}$$

$$R^{\bullet} + Fe^{3+} \longrightarrow \text{氧化物} + Fe^{2+} \tag{5.36}$$

$$ROO^{\bullet} + RH \longrightarrow ROOH + R^{\bullet} \tag{5.37}$$

$$ROOH + Fe^{2+} \longrightarrow RO^{\bullet} + Fe^{3+} + {}^{\bullet}OH \tag{5.38}$$

$$ROOH + Fe^{3+} \longrightarrow ROO^{\bullet} + Fe^{2+} + H^+ \tag{5.39}$$

$$^{\bullet}OH + RH \longrightarrow \text{中间产物} \longrightarrow CO_2 + H_2O \tag{5.40}$$

另一种机制是 Bray 和 Gorin 提出在反应过程中会形成具有高度选择性的高价态铁物种[Fe(Ⅴ)和 Fe(Ⅳ)]，而不是$^{\bullet}OH$[28]，如式(5.41)所示。目前对于$^{\bullet}OH$和高价态铁物种的机理还没有明确的实验进行区分，因为两者都可以与脂肪族化合物(RH)反应并夺取一个氢原子以产生相同的 $R^{\bullet}$自由基。通过 DMPO(5,5-二甲基-1-吡咯啉-*N*-氧化物)作为$^{\bullet}OH$ 捕获剂，检测到的 DMPO-$^{\bullet}OH$ 信号可以作为$^{\bullet}OH$ 形成的证据。然而，这通常是不可靠的，因为很多氧化剂(如 $Fe^{3+}$)，也能够氧化 DMPO 为 $DMPO^{\bullet+}$，导致产生 DMPO-$^{\bullet}OH$ 信号。因此对这两种机理的理解仍处于持续争议中。

$$Fe^{2+} + H_2O_2 \longrightarrow Fe^{IV}O^{2+} + H_2O \tag{5.41}$$

尽管上述两种机理仍有争议，不过如何提高芬顿反应的降解效率备受关注。在传统的均相芬顿反应中，主要是驱动 $Fe^{2+}/Fe^{3+}$循环来催化 $H_2O_2$ 分解生成$^\bullet OH$以氧化有机污染物，然而溶液 pH 通过影响 $Fe^{2+}/Fe^{3+}$在水中的存在形式从而影响$^\bullet OH$ 的生成和降解效果。详细来说，约从 pH 1.0 开始，游离 Fe(Ⅱ)浓度降低，并且形成 $Fe(OH)^{2+}$和 $Fe(OH)_2^+$复合物。当 pH 处于 2.0～3.0 时，$Fe(OH)^{2+}$达到最高比例，从而确保反应系统最强的活性。很明显，由于光活性 $Fe(OH)^{2+}$和溶解铁的浓度降低，系统活性随 pH(> 3.0)的增加而降低。当 pH 为 3～4 时，亚铁物种以 $Fe(OH)^+$和 $Fe(OH)_2$形式存在，这时$^\bullet OH$ 的生成速率增加，催化活性提高，三价铁大量沉淀，导致催化活性下降。基于铁物种的平衡关系，在 pH 为 3 左右时，均相芬顿反应催化活性最高。然而，芬顿反应过程中生成的一些中间产物使得 pH 波动，该过程使大量铁物种不断沉淀进而导致大量铁泥产生，降低降解效果。事实上，当 pH 高于 4.0 时，沉淀的铁泥为氢氧化铁。值得注意的是，大多数有机废水的 pH 不在此范围内，在处理之前都要投加大量的无机酸调节废水 pH 至 2～4，这增加了有机废水处理的成本。此外，与$^\bullet OH$(1.9～2.7 V)相比，$HO_2^\bullet$的氧化还原电位较低[$E^0(HO_2^\bullet/H_2O_2) = 1.50$ V]，因此氧化有机污染物的能力较差。而且，$H_2O_2$ 还原 $Fe^{3+}$的反应速率常数[$k = 0.001$～0.01 L/(mol·s)]远小于 $H_2O_2$ 与 $Fe^{2+}$的反应速率常数[$k \approx 76$L/(mol·s)]，因此，$Fe^{3+}$的还原阻碍了芬顿反应活性。并且，在 $Fe^{3+}$还原的同时 $H_2O_2$ 会被氧化为氧气，从而极大地降低了 $H_2O_2$ 的利用率。因此，如何加速芬顿反应中 $Fe^{3+}/Fe^{2+}$的氧化还原循环并提高 $H_2O_2$ 的利用率是核心问题，这将推动研究人员设计更有效的应对策略。

芬顿反应对绝大部分有机物的降解具有反应速率快、降解效率高的特点，能够应用于污水和废水处理中。然而，芬顿反应也具有一定的局限性，具体如下。

(1)苛刻的反应溶液 pH 限制。

(2)反应后产生大量的铁离子和铁泥，引发二次污染。

(3)矿化度低。反应过程中生成的 $Fe^{3+}$可以与降解中间产物形成铁络合物，与$^\bullet OH$ 发生竞争性反应，从而影响矿化程度。

(4)运行成本高，催化剂重复利用性差。

(5)$H_2O_2$ 和$^\bullet OH$ 在地下环境中的传质距离短，使污染物的去除率得不到保证。

(6)液态 $H_2O_2$ 运输、储存较为困难，所需费用较高，存在安全风险。

为了有效应用，需要将操作 pH 保持在酸性范围内(通常为 2.8～3.5)，该操作 pH 范围对于确保铁离子的有效性和避免其以氢氧化铁形式沉淀是必要的。然而需要投入大量的酸，并随后加碱中和处理后的出水以安全排放。此外，在实际工业应用中，污染物的复杂性和含量相对较高，因此，通常需要添加大量的 $Fe^{2+}$(18～410 mmol/L)和 $H_2O_2$(30～6000 mmol/L)以产生足够的•OH 用于废水处理，从而满足排放标准，这是该技术应用的主要障碍[7]。由于经典芬顿法的局限性，目前正在不断进行研究，以优化污染物的降解效果，并将该方法的成本降低；因此，关于强化芬顿反应的改进策略的研究不断增加。

## 5.5 均相芬顿高级氧化技术的强化方法

传统芬顿工艺的主要优点是操作简单和高效，因此能够在水和废水处理中广泛应用。然而，传统的芬顿工艺也有显著的缺点，包括需要添加 $H_2O_2$ 溶液和催化剂，这会增加处理成本，伴随的酸性水可能会腐蚀水池或管道，处理后的废水难以达到排放标准。基于此，本节详细介绍一些均相芬顿的强化策略。

### 5.5.1 螯合剂强化法

螯合剂是金属原子或离子与含有两个或两个以上配位原子的配位体作用，生成具有环状结构的络合物。能生成螯合物的这种配体物质叫螯合剂，也称为络合剂。它们可以在高 pH 下与 $Fe^{3+}/Fe^{2+}$形成络合物，保持其可溶，从而通过芬顿反应中 $H_2O_2$ 与 $Fe^{3+}/Fe^{2+}$的反应增强氧化活性物种的产生。螯合剂必须满足至少两个条件：①具有两个以上合适的官能团，其供体原子可以向金属原子提供一对电子。电子可能来自碱性配位基团，如 $NH_2$ 或失去质子的酸性基团。②通过官能团与金属原子成环。每种金属的配位基团的数量不同，这取决于供体原子的性质以及金属的氧化状态。螯合剂可根据配位基团的数量主要分为：二齿、三齿、四齿、五齿、六齿和八齿分子。配体对铁配合物活性的影响可能来自三方面：①配位场效应对 $Fe^{3+}/Fe^{2+}$氧化还原性质的影响；②促进 $H_2O_2$ 与铁物种的反应；③与底物竞争氧化活性物种。螯合剂也可能对铁产生空间效应，影响其与目标分子和/或 $H_2O_2$ 的配位或结合效率。

在芬顿体系中螯合剂的引入可以从两方面强化该体系的除污性能：一方面，螯合剂能够提高铁离子的化学稳定性，避免其沉淀，拓宽了 pH 应用范围；另一方面，螯合剂与铁离子形成络合物，其不仅抑制了铁离子与水中 $OH^-$形成的沉淀，同时通过金属-配体电荷转移(LMCT)作用，提高了 $Fe^{3+}$向 $Fe^{2+}$还原的速率，使得溶液中 $Fe^{2+}$浓度维持在一定水平，增强了 $Fe^{2+}$的催化活性，同时使得芬顿体系产生多种活性物种。

螯合剂强化芬顿的反应机理总结如下[30]。在此过程中，螯合剂与 $Fe^{3+}/Fe^{2+}$ 形成络合物。然后，$Fe^{2+}$-络合物与 $H_2O_2$ 反应生成反应物种。一般认为，$H_2O_2$ 很难将 $Fe^{3+}$-络合物还原为 $Fe^{2+}$-络合物，因此 $HO_2^{\bullet}/O_2^{\bullet-}$ 而不是 $H_2O_2$ 负责 $Fe^{3+}$-络合物还原。还原得到的 $Fe^{2+}$-络合物可通过 $H_2O_2$、活性物种或 $O_2$ 再氧化。过程中产生的活性物种将有机污染物降解为中间产物、二氧化碳和水。$H_2O_2$ 与活性物种(如 $^{\bullet}OH$)反应，形成水和其他活性物种(如 $HO_2^{\bullet}$)。

已经使用了各种螯合剂来促进在中性 pH 下的均相芬顿反应。虽然有腐殖酸等天然螯合剂，但最常用的螯合剂是合成螯合剂，如乙二胺四乙酸(EDTA)、乙二胺-*N,N'*-二琥珀酸(EDDS)、草酸、柠檬酸盐和氨三乙酸。例如，在不同螯合剂(乙二胺四乙酸、柠檬酸、氨三乙酸、草酸、酒石酸和乙二胺-*N,N'*-二琥珀酸)存在下，$Fe^{3+}$的形态分布如下所示。当 $Fe^{3+}$溶解于含螯合剂的水溶液中，在 $pH > 3.0$ 时形成可溶性 $Fe^{3+}$-络合物。当采用乙二胺四乙酸作为螯合剂时，可溶性络合物的形成允许在不形成 $Fe^{3+}$-沉淀物的情况下转变为碱性 pH 环境。柠檬酸盐、氨三乙酸、草酸盐和乙二胺-*N,N'*-二琥珀酸的使用甚至可以通过形成可溶性络合物使 $Fe^{3+}$在接近中性 pH 时可用。值得注意的是，向水溶液中添加酒石酸不会显著地将 $Fe^{3+}$-沉淀物转移到更高的 pH。此外，当 pH 高于 5.0 时，不存在 $Fe^{3+}$-酒石酸盐络合物。

在选择用于均相芬顿氧化应用的螯合剂时，必须考虑螯合剂的成本、生物降解性、毒性和环境命运。一些螯合剂可缓慢生物降解，其在环境中的存在可能会影响重金属和放射性核素等其他污染物的命运。尽管乙二胺四乙酸对 $Fe^{3+}$具有很大的稳定性常数(25.7)，但由于其固有的不可生物降解性，被认为是持久性有机污染物。柠檬酸和草酸是可生物降解的，其中柠檬酸的反应活性很低，因此生成 $^{\bullet}OH$ 的能力很弱，而草酸需要大量加入以完成络合，从而增加总有机碳和工艺成本[31]。最近，作为乙二胺四乙酸结构异构体的乙二胺-*N,N'*-二琥珀酸在环境应用中是优选的，由于如下特性：①无毒且可生物降解；②可在更宽的 pH 范围(3～9)下使用；③它的光活性物种能够在中性 pH 下产生大量的 $^{\bullet}OH$，使其能够避免受天然水中存在的碳酸盐猝灭剂的影响。应注意，使用大量螯合物将导致废水中总有机碳含量的增加。因此，有必要优化铁/螯合剂的比例，以确保最大的去除效率和最小的总有机碳含量增加。一些合成螯合剂可能成本高昂。为了获得最佳结果，建议铁/螯合剂摩尔比为 1∶1[32]。还值得注意的是，由于 $^{\bullet}OH$ 对络合物的攻击，使用更高剂量的螯合剂有利于捕获从络合物中释放的游离铁离子，从而防止沉淀。使用酒石酸、乙二胺四乙酸、草酸和氨三乙酸对铁/螯合剂比例进行优化的研究表明，在摩尔比为 1∶1 的 $Fe^{3+}$/螯合剂中，只有乙二胺四乙酸与溶液中的 $Fe^{3+}$完全络合[33]。此外，将螯合剂的量增加到 1∶1 的推荐比例以上会导致更好的氧化。

### 5.5.2 光强化法

光芬顿技术是基于传统芬顿反应，在紫外线($\lambda < 400$ nm)或可见光(400 nm $< \lambda <$ 600 nm)的辅助下提高芬顿反应中$^{\bullet}OH$的产量，从而强化芬顿氧化降解污染物的效能。作为一种操作成本低、实验周期短、操作简单灵活的方法，光芬顿法可以在不使用复杂反应器的情况下实现。此外，将光辐照引入系统不仅克服了铁泥处理问题，还降低了初始$Fe^{2+}$浓度的要求。光芬顿过程的实质是利用光提供的能量加速$Fe^{3+}$还原为$Fe^{2+}$。

在光芬顿工艺中，紫外线(UV)可以帮助$Fe^{3+}$还原为$Fe^{2+}$，与$H_2O_2$反应生成$^{\bullet}OH$。反应效率在 pH 3.0 时最高，因为$Fe^{3+}$在此条件下通常以$Fe(OH)^{2+}$的形式存在。光芬顿过程有可能使用多种 UV 区域作为光源，包括 UVA($\lambda$ = 315～400 nm)、UVB($\lambda$ = 285～315 nm)和 UVC($\lambda$ < 285 nm)。因此，$^{\bullet}OH$的产率取决于光照强度。$Fe(OH)^{2+}$仅在 UVB 区域具有最大光吸收率[34]。通过$Fe(OH)^{2+}$的 UV 光解产生的$^{\bullet}OH$很少($^{\bullet}OH$的量子产率为 0.2)。此外，太阳光具有 UVB 区域的部分光，只能吸收有限的太阳光。

在均相光芬顿反应中，由于光照射下$Fe^{3+}$还原为$Fe^{2+}$，辐射有助于提高有机污染物的降解效率，从而产生更多的$^{\bullet}OH$。均相光芬顿工艺的基本机制描述如下。$Fe^{2+}$与$H_2O_2$反应产生$Fe^{3+}$和$^{\bullet}OH$的芬顿反应。$Fe^{3+}$在光辐照下还原为$Fe^{2+}$[式(5.43)]，这是芬顿过程的速率限制步骤。与此同时，$H_2O_2$也受辐照光解以产生更多的$^{\bullet}OH$，如式(5.44)所示。因此，$Fe^{2+}$和光的协同催化作用使得芬顿系统中具有足够的$Fe^{2+}$和$^{\bullet}OH$，也构成了光芬顿的核心。

$$Fe^{3+} + H_2O \longrightarrow Fe(OH)^{2+} + H^+ \tag{5.42}$$

$$Fe(OH)^{2+} + h\nu \longrightarrow Fe^{2+} + {}^{\bullet}OH \tag{5.43}$$

$$H_2O_2 + h\nu \longrightarrow 2{}^{\bullet}OH \quad k = 4.13\times10^{-5}\,s^{-1} \tag{5.44}$$

许多研究学者在研究光芬顿降解有机污染物以及将各种铁离子的螯合剂引入传统均相芬顿体系时发现，有机污染物及其降解中间产物同样可以通过金属-配体电荷转移过程加速$Fe^{2+}$再生，由于这些有机物富含能够与$Fe^{3+}$形成络合物的路易斯碱位点(如 $OH^-$、$H_2O$、$OOH^-$、$Cl^-$、R—COO$^-$、R—OH、R—$NH_2$)[35]。根据配体的不同，$Fe^{3+}$-络合物具有不同的光吸收性质，并且以不同的量子产率和波长发生。Fe(Ⅱ)形成的量子产率与波长有关，据报道，313 nm 时的量子产率为 0.14～0.19，360 nm 时的量子产率为 0.017[36]。因此，pH 对光芬顿反应的效率起着重要的作用，因为它强烈影响形成的络合物。pH 2.8 经常被假设为光芬顿处理的最佳 pH，因为在该 pH 条件下，尚未发生沉淀，溶液中的主要铁物种是 $Fe(OH)^{2+}$，最具光活性的 Fe-络合物。

由于紫外光仅占太阳光总能量的 5%左右，太阳能利用率极低，在实际生产中光芬顿法能耗大且设备费用高，大规模应用有一定的限制。因此为了充分利用太阳能，需要充分利用可见光或近红外光区域。一些光芬顿或太阳光芬顿反应的装置设备也相应开发。

### 5.5.3　电强化法

电芬顿技术是在传统芬顿工艺的基础上发展的一种绿色经济的电化学高级氧化技术，其反应基本原理在 21 世纪初由 Oturan 和 Brillas 提出[17]。电芬顿工艺的基础是结合了电化学和经典芬顿反应，包括使用 $Fe^{2+}$和原位生成的 $H_2O_2$ 去除目标污染物。

电芬顿的机理包括如下步骤：①通过阴极氧还原反应(ORR)进行原位 $H_2O_2$ 电解(如 5.3.3 节所示)，这取决于施加的电流强度和溶解氧；②通过 $Fe^{2+}$和电生成的 $H_2O_2$ 之间的芬顿反应产生$^{\bullet}OH$，这是电芬顿工艺的核心反应；③当使用诸如硼掺杂金刚石电极作为阳极时，促进在电极表面上物理吸附的$^{\bullet}OH$(阳极$^{\bullet}OH$)的形成；④通过阴极上的直接还原再生 $Fe^{3+}/Fe^{2+}$。在阴极表面，$Fe^{2+}$和 $Fe^{3+}$之间的电化学循环反应保证了$^{\bullet}OH$ 的连续生成。由于 $H_2O_2$ 的高产率是提供$^{\bullet}OH$ 所必需的，因此，$2e^-$-ORR 是电芬顿反应池中的优选反应，这在 5.3.3 节已详细阐明。

原位产生 $Fe^{2+}$可以分为两种情况。一种是牺牲阳极，使用零价铁作为阳极，持续通过阳极反应提供 $Fe^{2+}$，如式(5.45)所示。另一种仍然需要额外提供 $Fe^{2+}$，但通过在阴极还原反应实现 $Fe^{2+}/Fe^{3+}$的还原[式(5.46)]，以达到减少甚至无需持续投加 $Fe^{2+}$的目的。

$$Fe - 2e^- \longrightarrow Fe^{2+} \tag{5.45}$$

$$Fe^{3+} + e^- \longrightarrow Fe^{2+} \tag{5.46}$$

根据 $Fe^{2+}$和 $H_2O_2$ 的生成方式不同，电芬顿工艺可以分为四类：牺牲阳极电芬顿工艺、阴极电芬顿工艺、$Fe^{2+}$循环电芬顿工艺、阴极和 $Fe^{2+}$循环电芬顿工艺。因此，电芬顿体系性能强化的关键在于提高 $H_2O_2$ 的产率和产量，紧密关联阴极性质。这可以从两方面着手解决：①选择电催化活性较高的电极材料，促进反应中氧气向电极表面的传质作用；②选择具有较高选择性的两电子氧还原电极材料。这些因素均与阴极材料的性能密切相关，为提高电芬顿反应的降解性能，合理设计阴极材料有助于电芬顿系统在工业应用中推广。

电芬顿技术具有以下优势[38]：①催化剂用量少且成本低；②原位产生 $Fe^{2+}$ 和 $H_2O_2$ 以在溶液中产生˙OH 提高该方法的有效性；③使用低成本阴极材料（特别是碳材料）通过氧还原反应产生 $H_2O_2$；④适用于处理不同水基质的废水，因为芬顿反应产生大量的˙OH；⑤可以优化电化学反应器的设计和构造以有效地将氧气传递给阴极表面，增加出水溶解氧的浓度；⑥可以合成新型阴极碳材料以增强其电活性和选择性来产生 $H_2O_2$；⑦处理后的废水易于分离和回用；⑧当与可再生能源（如太阳能或风能）耦合时，易于自动化、可操作以及更低的能源需求；⑨通过使用非活性阳极（如硼掺杂金刚石），电芬顿工艺可以在阳极单电池中有效产生表面˙OH；⑩适用性强，既可单独处理，又可与其他处理技术联用，如作为预处理，提高废水的可生化性。

电芬顿工艺的适用性仍然需要克服以下限制[38]：①所形成的 $Fe^{3+}$-络合物在工艺运行后难以消除；②电芬顿工艺性能在酸性 pH 下（即 pH 2.8～3.5）是最佳的，随后出水需要加碱中和步骤；③在阴极处析氢反应限制了 $H_2O_2$ 的产率；④pH≥4.5 促进了 $Fe^{3+}$以氢氧化铁的形式沉淀，造成催化剂损失；⑤所用催化剂不可回收，使得该技术不适合连续运行过程。

### 5.5.4 超声强化法

超声波是声波的一部分，是人耳听不见、频率高于 20000 赫兹的声波，可以产生交替的绝热压缩和膨胀循环。当用足够大振幅的超声波作用于液体介质时，介质分子间的平均距离会超过使液体介质保持不变的临界分子距离，液体介质就会发生断裂，形成微气泡。这些微气泡生长到一定尺寸，并在声波的压缩过程中剧烈坍塌或内爆，导致局部高温度和压力，可能分别达到 5000 K 和 1000 atm。这种气泡形成和坍塌的能量释放现象被称为空化或冷沸腾。空化也可以通过在泵下游的节流阀来实现。当孔口或任何其他机械收缩处的压力低于液体的蒸气压力时，会产生气穴，然后在下游坍塌，产生高温和高压脉冲。通过该机制实现的空化被称为水力空化。这些相当极端的条件非常短暂，但已表明会产生高活性物种，包括˙OH、˙H 和˙OOH。因此，声化学氧化技术涉及使用声波或超声波通过空化产生氧化环境，在水相中产生局部微气泡和超临界区域。

超声波与芬顿氧化的组合显示出协同效应，这是由于氧化的共同潜在机制，并且比单独的芬顿反应更有效。例如，Wang 等探究了超声芬顿工艺对二嗪酮的降解和脱毒行为[39]。结果发现，超声芬顿工艺对二嗪酮降解的效率（95.6%）优于单独超声（21.8%）和芬顿氧化降解效率（61.8%）的总和，证明了超声和芬顿氧化的协同作用。同时，该耦合工艺去除每千克二噻酮的操作成本为 532.1 美元，且处理后生态毒性显著降低。超声芬顿工艺不仅加速了$^{\bullet}OH$ 的形成，而且还导致空化气泡内有机污染物的热裂解和氧化裂解。

超声耦合芬顿工艺中自由基反应的机理可以描述为：$Fe^{2+}$与 $H_2O_2$ 反应生成活性$^{\bullet}OH$，这可能通过常见的芬顿化学作用加速有机污染物的降解。生成的 $Fe^{3+}$可与 $H_2O_2$ 反应生成中间体络合物$[Fe^{Ⅲ}(OOH)]^{2+}$，其在超声作用下有效解离为 $Fe^{2+}$和$^{\bullet}OOH$[式(5.47)]。解离还原的 $Fe^{2+}$进一步与 $H_2O_2$ 反应并产生$^{\bullet}OH$，其浓度远高于没有超声作用下的$^{\bullet}OH$ 浓度。

$$[Fe^{Ⅲ}(OOH)]^{2+} + ))) \longrightarrow Fe^{2+} + {}^{\bullet}OOH \tag{5.47}$$

## 5.6　非均相芬顿高级氧化技术及其强化策略

非均相芬顿技术是为了解决均相芬顿反应 pH 响应范围窄、催化剂难以回收利用、大量铁泥产生等技术瓶颈问题而逐步发展起来的一类新技术。其最大特征是将游离铁离子固定化。然而，与众所周知的均相芬顿反应机制不同，由于固体催化剂、$H_2O_2$、目标有机化合物、活性氧物种、降解副产物和其他共存底物之间的复杂相互作用，非均相芬顿反应背后的机制仍未清楚阐明，但非常重要[40]。因此，了解反应机理对于理解芬顿化学以及高效非均相芬顿技术的开发和应用至关重要。

常用的非均相芬顿催化剂包括含铁矿物、改性黏土以及其他含铁催化剂。其中，含铁矿物主要包括磁铁矿($Fe_3O_4$)、水铁矿($Fe_5HO_8·4H_2O$)、赤铁矿($Fe_2O_3$)、针铁矿($\alpha$-FeOOH)、纤铁矿($\gamma$-FeOOH)、四方纤铁矿($\beta$-FeOOH)、磁赤铁矿($\gamma$-$Fe_2O_3$)、黄铁矿($FeS_2$)、施氏矿物$[Fe_8O_8(OH)_{8-x}(SO_4)_x]$及铁板钛矿($Fe_2TiO_5$)。基于黏土的催化剂包括层状双金属氢氧化物、柱撑黏土和黏土负载催化剂。其他的含铁催化剂主要包括纳米零价铁、过渡金属改性沸石和 $Bi_xFe_yO_z$ 等。这些非均相芬顿催化剂中，Fe(Ⅲ)被固定在催化剂结构上。非均相芬顿催化体系发展至今仍存在诸多争议性或继续改进的问题，例如，是溶出的铁还是固相中的铁起主导作用，是否存在高价态铁物种[Fe(Ⅳ)/Fe(Ⅴ)]及如何提高非均相芬顿反应活性等。

由于非均相芬顿催化剂与反应溶液间必然存在固-液界面，这导致非均相芬顿催化反应的机理比均相芬顿反应更加复杂。非均相芬顿反应最早可追溯于 1991 年。Tyre 等阐述了两种可行的界面反应机制：一种是催化剂浸出的铁引起的均相反应，另一种是表面铁引起的非均相反应[41]。然而，目前关于这两种机制在非均相芬顿体系中的理解仍很模糊，两种机制可能同时存在于反应中。在铁

基催化剂催化 $H_2O_2$ 产生$^{\bullet}OH$ 的非均相芬顿体系中，铁物种(铁基催化剂溶出的铁离子或表面铁)在很大程度上与 $H_2O_2$ 反应，这取决于铁基催化剂的类型[42]，且催化活性遵循 $\alpha$-FeOOH > $Fe_3O_4$ > 水铁矿($Fe_5HO_8 \cdot 4H_2O$) > $\alpha$-$Fe_2O_3$。例如，对于 $\alpha$-FeOOH，表面晶格铁主要负责活化 $H_2O_2$ 以产生$^{\bullet}OH$ 和 $HO_2^{\bullet}$，从而降解催化剂表面的污染物。对于 $Fe_3O_4$，表面晶格铁和溶液中的铁离子在催化 $H_2O_2$ 分解以产生活性物种方面发挥着同等重要的作用。对于水铁矿和 $Fe_2O_3$，溶解的铁离子有效传递的溶液相链式反应是主要催化机制，尽管链式反应是由表面过程引发的。此外，对于纳米零价铁，其在酸性条件下氧化并原位生成 $Fe^{2+}$，贡献于均相芬顿反应主导的机制[43]。

同样，类似于均相芬顿反应，非均相芬顿反应机制也存在两种争议性反应机制[$^{\bullet}OH$ 或 Fe(Ⅳ)]。一些研究人员将非均相芬顿系统在中性 pH 下的降解速率下降归因于所产生活性物种的 pH 依赖性。人们普遍认为，在均相芬顿反应中，$^{\bullet}OH$ 和 Fe(Ⅳ)分别是酸性和中性 pH 下的主要活性物种，其中 Fe(Ⅳ)是一种亲电氧化剂，具有比$^{\bullet}OH$ 更高的选择性但更弱的活性。在非均相芬顿反应中产生的氧化剂的 pH 依赖性是明显的。例如，随着 pH 增加，对羟基苯甲酸(苯甲酸的氧化产物)的产量降低和乙醛(乙醇的氧化产物)的产量增加，这很好地对应于 Fe(Ⅳ)与苯甲酸的反应活性[80 L/(mol·s)]低于 Fe(Ⅳ)与乙醇的反应活性[$2.5 \times 10^3$ L/(mol·s)]。此外，在酸性 pH 下加入 2-丙醇后完全抑制 As(Ⅲ)的氧化，而在中性 pH 下 2-丙醇的降解几乎不受影响，这符合 Fe(Ⅳ)对 2-丙醇的活性低于 $^{\bullet}OH$[45]。相反，在其他研究中提供了证明 Fe(Ⅳ)作为近中性 pH 下主要活性物种存在的证据，包括：①未观察到亚砜通过 Fe(Ⅳ)诱导的氧原子转移路径氧化为砜[46]，不同于$^{\bullet}OH$ 通过脱氢和/或亲电加成的路径；②丁醇($^{\bullet}OH$ 猝灭剂)在不同 pH 下的类似猝灭效应[47]；③通过香豆素(一种典型的$^{\bullet}OH$ 捕获剂)的氧化形成 7-羟基香豆素。此外，改变金属有机框架(如 UiO-66)的取代基能够调控其芬顿反应的活性物种[48]。具体而言，采用供电子基团(X = —$NH_2$、—OH、—$OCH_3$)修饰 UiO-66 的体系中，双酚 A 的降解主要归因于$^{\bullet}OH$，而用吸电子基团(X=—Cl、—F、—$NO_2$)修饰 UiO-66 的体系证明是 Fe(Ⅳ)主导的非自由基反应。

除了争议性机理，如何提高非均相 Fenton 催化效率也是受关注的问题。在非均相芬顿系统中，通过 Fe(Ⅱ)和 $H_2O_2$ 之间的反应产生$^{\bullet}OH$ 是去除污染物最有效和必要的步骤。因此，一些研究学者提出了一系列改进策略，如加速 Fe(Ⅱ)再生、促进 $H_2O_2$ 分解和原位生成 $H_2O_2$ 等，这些方法可以显著增强非均相芬顿活性。基于这些理论方向，许多研究人员开展了各种相关研究[8,9]，例如，引入额外的电子(从外部电场、富电子材料、半导体、等离子体材料或掺杂金属获取)以加速 Fe(Ⅱ)再生；通过控制催化剂的形貌和暴露出来的晶面，以促进 $H_2O_2$ 的分解；将非均相芬顿催化剂与超声、电场、半导体和铁基催化剂结合，原位生成

$H_2O_2$。此外，简要介绍了最近一些新型的非均相芬顿反应，包括构建双反应中心(即贫电子中心和富电子中心)和合成单原子催化剂以增强非均相的芬顿活性。同时，这些方法显著提高了非均相芬顿反应系统的效率并提高了其适用性，下面将进行详细介绍。

### 5.6.1　物理场辅助非均相芬顿反应

在非均相芬顿催化体系中引入物理场，如紫外-可见光、电场、微波辐射和超声等，以增强非均相芬顿反应的效能，因而已引起广泛关注。包括这些典型物理场在内的非均相芬顿催化体系，主要包括非均相光芬顿反应、非均相电芬顿反应、非均相微波芬顿反应和非均相超声芬顿反应。这些物理场辅助的非均相芬顿反应多年来得到了广泛的研究。类似的物理场(除了微波)辅助功效也在均相芬顿体系中得到证实，这将会重点强调。

在非均相光芬顿体系中，值得注意的是，一些非均相芬顿催化剂除了直接作为催化剂催化活化 $H_2O_2$ 外，同样也是半导体材料，其在光照条件下受激发产生光生电子和空穴。光生空穴具有强氧化性，能直接氧化污染物，而光生电子能通过加速 $H_2O_2$ 分解为 $^{\bullet}OH$ 或与氧气反应产生 $O_2^{\bullet-}$，实现污染物的降解。

$$\text{半导体} + h\nu \longrightarrow h^+ + e^+ \tag{5.48}$$

$$h^+ + H_2O \longrightarrow 2^{\bullet}OH \tag{5.49}$$

$$e^- + H_2O_2 \longrightarrow {}^{\bullet}OH + OH^- \tag{5.50}$$

$$e^- + O_2 \longrightarrow O_2^{\bullet-} \tag{5.51}$$

微波辐射是指频率从 300 MHz 到 300 GHz 的电磁波。与传统的加热方式不同，微波通过辐射来获得能量，通过偶极分子旋转产生热量。微波作用于 $H_2O_2$ 时，可促进其分解产生 $^{\bullet}OH$，有利于芬顿反应的进行。当微波作用于液体时，液体中的极性分子受微波作用剧烈运动而产生热效应。当微波作用于非均相芬顿/类芬顿催化剂时，偶极子排列并翻转，导致由于频繁的原子碰撞而在固体表面形成“热点”，“热点”区域的能量较其他区域要高很多，从而诱导非均相芬顿反应发生[49]。微波辐照的非均相芬顿/类芬顿催化剂通常比未辐照的催化剂更强的催化活性和氧化性能，因此将污染物的降解时间从几小时减少到几十分钟。例如，Wu 等[50]使用一步水热法合成了还原氧化石墨烯气凝胶负载 $CuFe_2O_4$ 催化剂。在这种微波辅助芬顿工艺中，活性氧物种含量显著提高，降解时间大大缩短。活性氧物种的生成路径可概括如下。第一，$H_2O_2$ 在微波辐射下发生自分解；第二，$H_2O_2$ 通过 $Fe^{2+}$和 $Cu^{+}$位点上的局部芬顿/类芬顿工艺分解；第三，在微波照射时，通过“热点”$CuFe_2O_4$ 半导体的激发和加热，导致自由电子和空穴的形成，随后可以分别与 $O_2$ 和 $H_2O_2$ 反应以生成 $O_2^{\bullet-}$和$^{\bullet}OH$。尽管已经发表了大量论文，表明了微波辅助芬顿和类芬顿反应的优异效果，但详细机制仍不清楚且需进一步探索。

其他的物理场(如电场、超声波)辅助非均相芬顿反应的过程和机制与其辅助均相芬顿反应类似，因此不做进一步阐述，可以参考 5.5 节内容。

### 5.6.2 富电子材料强化非均相芬顿催化剂

如上所述，Fe(Ⅱ)再生是整个非均相芬顿反应的限速步骤。因此，近年来大量研究集中非均相芬顿催化剂中引入富电子材料，通过这些材料自身的电子加速 Fe(Ⅱ)再生，从而提高非均相芬顿催化活性。通常，这些富电子材料主要包括纳米零价铁、碳材料、金属硫化物和有机还原剂等。

1. 纳米零价铁

纳米零价铁具有成本低、还原能力强($E^0$ = –0.44 V)等特点，因此被广泛应用于环境修复领域去除各种有机/无机污染物。通常，纳米零价铁能够通过直接的电子传递过程将污染物还原为毒性更低或无毒的物种。为了进一步提高污染物去除能力，通过使用 $Fe^{2+}$、$O_2$、$H^{+}$、$H_2O_2$ 和零价铁来构建零价铁/芬顿体系，其利用纳米零价铁优异的还原能力参与铁氧化物中 Fe(Ⅲ)/Fe(Ⅱ)氧化还原循环进而强化$^{\bullet}OH$ 产生。例如，张礼知课题组成功制备了 $Fe@Fe_2O_3$ 纳米线催化剂，并用于类芬顿反应降解罗丹明 B[51]。结果发现，纳米零价铁可以诱导两电子氧还原以产生 $Fe^{2+}$和原位的 $H_2O_2$，其在酸/中性 pH 条件下进一步与生成的 $Fe^{2+}$反应并产生$^{\bullet}OH$。此外，$Fe@Fe_2O_3$ 可以通过单电子还原路径活化分子氧以产生 $O_2^{\bullet-}$。这些 $O_2^{\bullet-}$与纳米零价铁一起加速 $Fe^{3+}/Fe^{2+}$循环，以保证稳定的 $Fe^{2+}$供应于 $H_2O_2$ 分解，产生更多的$^{\bullet}OH$。

2. 碳材料

碳材料，如氧化石墨烯(GO)、富勒烯、生物炭、活性炭、石墨相氮化碳、介孔碳和碳纳米管，由于丰富的电子特性，在催化领域引起了大量关注。在近二十年内，大量研究已经报道碳材料活化各种氧化剂(如 $H_2O_2$、氧气和过硫酸盐)的优异性能，其能产生对难降解有机污染物有效降解的活性氧物种。此外，对于芬顿/类芬顿反应，具有丰富电子和强电子转移能力的碳材料是加速 $Fe^{3+}$还原过程的天然助剂。例如，引入碳纳米管到水铁矿中，不仅可以加速 Fe(Ⅲ)/Fe(Ⅱ)的氧化还原循环，还可降低 Fe(Ⅲ)/Fe(Ⅱ)的氧化还原电位，从动力学和热力学方面促进 $H_2O_2$ 分解和$^{\bullet}OH$ 产生[52]。此外，Ma 等[53]使用微藻作为前体制备了用于芬顿反应的 Fe-N-石墨烯包裹的 $Al_2O_3$/镍黄铁矿催化剂。结果发现，$Fe^{3+}/Fe^{2+}$ 氧化还原循环的加速源于该催化剂中 Fe、Ni 和 Al 的协同作用导致增强的电子转移，从而使得 $H_2O_2$ 消耗量低和$^{\bullet}OH$ 生成率高。此外，芬顿反应中形成的有机自由基也参与了 $Fe^{3+}$的还原，这一过程可能通过 N 掺杂石墨烯触发快速电子转移而加速。

3. 金属硫化物

近年来，金属硫化物(如 $MoS_2$、$WS_2$、$Cr_2S_3$、$CoS_2$、PbS、ZnS)已被证明是能暴露具有还原性的金属活性位点，因而可作为优异的共催化剂以加速芬顿反应中 $Fe^{3+}/Fe^{2+}$循环。例如，刑明阳课题组报道，金属硫化物可以作为共催化剂加速 $Fe^{3+}$还原且催化活性遵循 $WS_2 > CoS_2 > ZnS > MoS_2 > PbS > Cr_2S_3$，从而最大化 $H_2O_2$ 的分解效率，达到 75.2%。以 $MoS_2$ 为研究对象，进一步的机制探究表明，$MoS_2$ 表面的不饱和 S 原子能捕获质子生成 $H_2S$。当失去 S 原子之后，暴露出来的 $Mo^{4+}$变得非常活泼，容易被 $Fe^{3+}$氧化为 $Mo^{6+}$，同时伴随 $Fe^{2+}$的生成。随后，生成的 $Mo^{6+}$继续与 $H_2O_2$ 反应回到 $Mo^{4+}$，引发循环反应。此外，他们发现商业 $MoO_3$ 在降解罗丹明 B 过程中也有类似的共催化效应，但是由于其表面缺陷少，其催化活性明显低于 $MoS_2$，进一步凸显出金属硫化物中表面缺陷对促进芬顿催化反应起重要作用。此外，他们也通过与 $MoS_2$ 化学键合，成功在 $CoFe_2O_4$ 剪切面上构建了酸性微环境[54]。该微环境不受周围 pH 的影响，这确保了在中性甚至碱性条件下该复合催化剂表面 Fe(Ⅲ)/Fe(Ⅱ)的稳定循环。此外，该复合催化剂总是暴露出 $H_2O_2$ 分解和 $^1O_2$ 生成的“新鲜”活性位点，有效地抑制了铁泥的产生，且出水依然保持中性，无需加碱回调 pH。

4. 有机还原剂

一些有机还原剂，如羟胺(HA)、抗坏血酸、腐殖酸，通常具有供电子基团(如—COOH)，其可以形成稳定的铁-络合物，甚至直接还原 $Fe^{3+}$为 $Fe^{2+}$。Fukuchi 等[55]探究了还原剂对非均相芬顿反应活性的影响，以天然沸石负载铁为催化剂。结果发现，还原剂对构建体系的活性有促进作用且强化作用遵循：羟胺 > 抗坏血酸 > 对氢醌 > 草酸 > 腐殖酸 ≈ 没食子酸 > 空白组。深入的研究表明，还原剂的引入能够加速催化剂表面 Fe(Ⅲ)/Fe(Ⅱ)循环，其中羟胺更适合作为还原剂，而抗坏血酸同时还起到猝灭$^{\bullet}OH$ 的作用。构建的抗坏血酸/$Fe@Fe_2O_3/H_2O_2$ 体系使得有机污染物降解的速率比均相芬顿反应的速率高 38～53 倍，这归因于有效的 Fe(Ⅲ)/Fe(Ⅱ)循环和铁-抗坏血酸络合物的形成，从而有助于维持 Fe(Ⅱ)的预设/稳态浓度，确保芬顿反应的稳定进行[56]。抗坏血酸作为还原剂和络合剂，从而可重复使用 $Fe@Fe_2O_3$ 纳米线。Hou 等[57]使用羟胺

(HA)、针铁矿和 $H_2O_2$ ($\alpha$-FeOOH-HA/$H_2O_2$) 构建了一个表面芬顿系统以降解各种污染物。他们发现 HA 可以加速 Fe(Ⅲ)/Fe(Ⅱ)氧化还原循环，极大地促进 $\alpha$-FeOOH 表面上的 $H_2O_2$ 分解，以产生˙OH，而不会在芬顿反应过程中释放任何可检出的铁离子。具体的反应机制如下：首先，在 $\alpha$-FeOOH 表面上形成铁-HA 络合物[≡Fe(Ⅲ)—HA]。然后，从 HA 到表面三价铁[≡Fe(Ⅲ)]的电子转移将产生表面结合的亚铁物种[≡Fe(Ⅱ)]，以活化 $H_2O_2$ 并生成丰富的˙OH，从而降解甲草胺和 HA，同时形成表面≡Fe(Ⅲ)—HA 络合物。随后，形成的≡Fe(Ⅲ)—HA 络合物将被 HA 还原，引发另一个表面芬顿甲草胺降解循环。

尽管这些还原剂可以直接提供电子以还原 Fe(Ⅲ)，但其多次循环利用很难实现，因为这些还原剂上供体组分的可用电子是有限的。此外，一些有机化合物(如一些羧酸盐和 HA)最终会在芬顿反应中降解，同时也会消耗一部分产生的˙OH。此外，在中性/弱碱性环境中，在纳米零价铁表面上氢氧化铁的累积将减少˙OH 形成的比表面积，并阻碍纳米零价铁的电子供应[58]。

### 5.6.3 光生电子引入

除了通过富电子材料将电子直接提供给催化剂之外，半导体(如 $TiO_2$、$BiVO_4$、BiOI)和贵金属(如 Au 和 Ag)受光照射后激发产生光生电子，由此持续不断地将电子注入到催化剂中加速 $Fe^{3+}/Fe^{2+}$转化，极大地提升了非均相芬顿反应活性。此外，随 Fe(Ⅲ)被光生电子还原，导致用于还原 Fe(Ⅲ)的 $H_2O_2$ 消耗量减少，从而提高了 $H_2O_2$ 的有效利用率。

众所周知，半导体可以在光照射下被激发并产生光生电子和空穴。这些半导体的导电电位大多数低于溶液中 $Fe^{3+}/Fe^{2+}$的氧化还原电位(+0.77 V)，因此导带中的光生电子能持续地将从非均相芬顿催化剂中溶出的 $Fe^{3+}$还原为 $Fe^{2+}$，从而显著地提高了均相芬顿反应活性。另外，$Fe^{3+}$反过来也能作为电子受体阻止光生电子-空穴对的复合。尽管这些非均相芬顿催化剂表面 $Fe^{3+}/Fe^{2+}$的特定氧化还原电位不清楚，但可以通过完全溶解催化剂并测定水溶液中 $Fe^{2+}$的浓度以证实光生电子可以将固体表面 $Fe^{3+}$还原为 $Fe^{2+}$。例如，Xu 等[59]在探究 $BiVO_4$/水铁矿复合物的非均相光芬顿催化机理时，发现增强的光芬顿活性是由于 $BiVO_4$ 的引入，使光生电子从 $BiVO_4$ 转移到水铁矿表面上的 $Fe^{3+}$，从而加速 $Fe^{3+}$向 $Fe^{2+}$的还原。而且，$BiVO_4$ 的存在抑制了 $Fe^{3+}$和 $H_2O_2$ 的反应，从而降低了 $O_2^{\cdot-}$的浓度，但提高了˙OH 产量。

值得注意的是，一些铁基材料(如 $Fe_2O_3$ 和 FeOCl)，可以在光照射下激发以生成光生电子-空穴对。这些铁基材料的导带中的光生电子可以自生成，并通过其他半导体的导带有效分离光生电子-空穴对，从而促进 Fe(Ⅲ)向 Fe(Ⅱ)的转化。例如，Deng 等通过简单的离子交换结合煅烧法成功合成了新型 $TiO_2$/$Fe_2TiO_5$/$Fe_2O_3$ 三元异质结复合催化剂。$Fe_2TiO_5$ 是 $TiO_2$ 和 $Fe_2O_3$ 之间的界面，充当将光激发电子从 $TiO_2$ 转移到 $Fe_2O_3$ 的“桥梁”。优异的电荷分离提高了电子的寿命，并可以将异质结表面上的 Fe(Ⅲ)还原为 Fe(Ⅱ)。

2008 年，日本 Awazu 等开发了在可见光区域具有宽光谱吸收特征的 Ag/$TiO_2$ 光催化材料，发现 Au、Ag 等贵金属纳米粒子的表面等离子体共振效应对半导体的光催化活性有明显的提升作用，并首次提出了表面等离子体光催化的概念[61]。在可见光照射下，贵金属纳米结构内的自由传导电子在振荡电场的激发下发生集体振荡，当电子的振动频率与激发纳米结构的振动电场频率相同时便会发生共振耦合现象，诱导产生局域表面等离子体共振效应，使复合光催化剂的吸收光谱发生红移，增强了对可见光的吸收。例如，在基于 Ag/AgBr/水铁矿光催化剂的非均相光芬顿体系中，由于 AgBr 具有 2.6 eV 的带隙，可以在可见光照射下被激发，这些样品中生成的 Fe(Ⅱ)和双酚 A 的降解速率遵循相同的顺序：Ag/AgBr/水铁矿 > AgBr/水铁矿 > 水铁矿，其可归因于 AgBr 和 Ag 纳米颗粒的光生电子将 Fe(Ⅲ)加速还原为 Fe(Ⅱ)，以及 Ag 纳米粒子在分离 AgBr 的电子-空穴对方面的强大电子捕获能力[60]。此外，通过光生电子还原 Fe(Ⅲ)可以减少 $H_2O_2$ 的分解，以再生 Fe(Ⅱ)，从而提高 $H_2O_2$ 的利用效率。因此，通过注入光生电子直接固相还原 Fe(Ⅲ)可以增强非均相催化剂的结构稳定性，并降低溶液 pH 升高的影响。

毫无疑问，电子通过加速铁循环，在提高芬顿反应效率方面发挥了重要作用，这促进了 $Fe^{2+}$的再生。总体来说，催化剂体系中局部电子的重新分布和在外场下产生的过量电子都可以提高芬顿反应活性。为 $Fe^{2+}$创造靶向电子，并减少富电子材料或电子发生器的电子传输损耗是未来研究的方向。

### 5.6.4　金属掺杂

研究表明，将金属(如 Co、Mn、Cu、Cr、Ti、Zn 和 Nb)引入铁矿物(如磁铁矿、赤铁矿和针铁矿)的结构中，可以显著提高芬顿反应活性。一些多价金属(如 Co、Mn 和 Cu)可以在芬顿反应中通过类似的 Haber-Weiss 机制与 $H_2O_2$ 反应产生 $HO_2^{\bullet}$和$^{\bullet}OH$，从而显著促进 $H_2O_2$ 的分解。此外，这些掺杂金属可以参与 Fe(Ⅲ)/Fe(Ⅱ)的氧化还原循环。

例如，Zhong 等通过沉淀-氧化法制备了五种常见过渡金属(Ti、Cr、Mn、Co 和 Ni)掺杂的磁铁矿催化剂，其掺杂量保持相同并评估其非均相 UV/芬顿反应活性[62]。他们发现，金属掺杂能强化提升构建体系的催化活性，并且掺杂金属的活性遵循：Co < Mn < Ti ≈ Ni < Cr。掺杂金属离子通过 Haber-Weiss 机制参

与 $H_2O_2$ 分解，并增强了光生电子和空穴的分离和转移效率，从而提高了$^{\bullet}OH$ 的生成。此外，随比表面积和表面$^{\bullet}OH$ 的增加，金属掺杂磁铁矿对污染物的降解表现出更强的催化活性。Wu 等[63]研究表明，与单一 $Fe_2O_3$ 相比，Co 掺杂 $Fe_2O_3$ 表现出更好的催化降解性能，其中 Co 掺杂量为 5%时该催化剂表现出最高的活性和稳定性。光芬顿活性的提高可能归因于两个方面：一方面，Co 掺杂 $Fe_2O_3$ 不仅形成了 Fe 空位以减少禁带宽度，而且可以建立内建电场，这抑制了光生电子/空穴对复合并促进了光激发电荷载流子的转移；另一方面，内在 $Co^{2+}/Co^{3+}$氧化还原循环可以加速该催化剂中 $Fe^{2+}$和 $Fe^{3+}$之间的循环，以促进 $H_2O_2$ 分解和产生更多$^{\bullet}OH$ 用于四环素降解。不同的是，一些研究学者表明金属掺杂提升性能的主要原因可能是新氧空位的形成，而并非仅依赖于 $Fe^{3+}/Fe^{2+}$循环，以 Cu 掺杂 $Fe_3O_4$@FeOOH 催化剂为例[64]。与传统的非均相反应机理不同，氧空位可以延长 $H_2O_2$ 的 O—O 键，并改变 Cu 掺杂 $Fe_3O_4$@FeOOH 的电子结构和化学性质，有利于界面电子转移以及$^{\bullet}OH$ 与 $O_2^{\bullet -}$的生成。

### 5.6.5 催化剂晶面和形貌调控

由于材料的不同表面原子构型和配位，纳米材料的晶相、尺寸和形貌对其物理化学性质和表面活性有很大影响，这显著影响了芬顿/类芬顿反应的效能。

由于非均相芬顿催化反应总是发生在晶体表面，因此暴露的晶面在决定催化性能方面起着重要作用。例如，张礼知课题组发现(001)暴露晶面的赤铁矿纳米板比(012)暴露晶面的赤铁矿纳米立方体表现出更好的非均相芬顿催化性能，这归因于在赤铁矿晶面上形成的内球铁-抗坏血酸络合物的不同结合模式[65]。由于(012)晶面上含有更多未配位的铁离子，赤铁矿(001)晶面上的 $Fe_{3c}$ 位点要强于(012)晶面上的 $Fe_{5c}$ 位点，导致其空间位阻效应增强，不利于形成内球铁-抗坏血酸络合物。此外，在可见光照射下，赤铁矿表面晶面的催化非均相光芬顿性能遵循(113) > (104) > (001)晶面的顺序[66]。进一步研究表明，催化活性强烈取决于表面原子排列以及与下层 Fe 原子键合的表面端羟基的数量和类型，其中在(113)和(104)晶面上铁的低价态被 $H_2O_2$ 氧化的可能性最高，同时生成的 $Fe^{(3+x)+}$位点更具电负性，更易接受来自活化染料分子的电子。以 $CeO_2$ 为非均相芬顿催化剂时，由于(110)晶面上相对较低的氧空位形成能，$H_2O_2$ 分解显示(100)暴露晶面的 $CeO_2$ 纳米立方体比(110)和(100)暴露晶面的 $CeO_2$ 纳米棒展示更高的表观活化能，因而催化非均相芬顿反应活性更高[67]。在 300℃下煅烧的 $CeO_2$ 纳米棒对 $H_2O_2$ 的分解表现出最佳活性，而在 500℃下煅烧的 $CeO_2$ 纳米棒对类芬顿降解污染物表现出最佳活性。高温煅烧降低了 $CeO_2$ 的表面 Ce(Ⅲ)含量，从而降低了 $H_2O_2$ 的分解速率。相反，氧空位形成能的降低、表面羟基的减少以及表面 Ce 阳离子配位态的降低，在促进 500℃下煅烧的 $CeO_2$ 纳米棒对污染物的吸附和类芬顿降解方面发挥了重要作用。

催化剂的形貌也会影响不同活性位点的反应活性。Zhong 等[68]开发了一种利用微波辐射氧化策略制备具有可控形貌的 $Fe_3O_4$ 纳米粒子的方法并评估其非均相紫外光芬顿活性。他们发现，催化性能高度取决于催化剂形貌并遵循：纳米球 > 纳米板 > 纳米八面体 ≈ 纳米立方体 > 纳米棒 > 纳米八面体(共沉淀法制备)，这可能是因为不同形态的 $Fe_3O_4$ 纳米粒子在主要暴露平面上具有不同比例的反应活性铁离子。催化性能的主要影响因素是颗粒尺寸和比表面积，而且纳米晶体表面上(111)暴露晶面(含有更多的 $Fe^{2+}$物种)导致更强的紫外光/芬顿催化活性。具有不同形貌和优先暴露晶面的 $\alpha$-$Fe_2O_3$ 纳米晶在表面能和原子构型上可能不同，从而产生多功能催化。例如，通过溶剂热/水热法成功合成了四种不同形貌的 $\alpha$-$Fe_2O_3$ 纳米晶，具有或不具有优先暴露的晶面[69]。长方体/菱形和板状结构分别分配给主要的暴露晶面(012，120)和(001，120)，而谷粒状和球状样品没有观察到优先的晶体取向。不同形貌的 $\alpha$-$Fe_2O_3$ 纳米晶的非均相光芬顿反应活性与形貌有关，其比表面积的归一化反应速率顺序为长方体/菱形 > 板状 > 球状 > 谷粒状[69]。

多种形貌是由活性变化引起的，但仍没有对核心机制的明确描述。从根本上讲，不同的形貌和晶面通过细微的原子拓扑变化影响芬顿反应的效率，这反映了 $H_2O_2$ 亲和力和局部电子分布的差异。总体来说，具有合适反应中心、空间位阻和较高电子密度的催化剂可能具有较高的芬顿反应活性。

### 5.6.6　催化剂双反应中心的构建

与具有单一反应中心的芬顿/类芬顿催化剂相比，具有双反应中心的芬顿/类芬顿催化剂近年来也受到关注。在非均相反应体系中，反应原子不是游离金属离子，而是结构稳定并与其他原子连接，导致它们的外层电子不仅仅只属于金属原子本身。因此，对这些电子的重新分布可能是提高非均相芬顿活性的有效策略。

胡春课题组基于 $Cu^{2+}$的优势，如氧化还原特性与铁类似，但具有更宽的 pH 响应范围，且 $Cu^{2+}$与 $H_2O_2$ 反应的二级速率常数[460 L/(mol·s)]远高于 $Fe^{2+}$与 $H_2O_2$ 反应的二级速率常数[40～80 L/(mol·s)]，开发了系列单一铜反应中心催化剂，如铜掺杂介孔 $\gamma$-氧化铝[70]、铜掺杂介孔二氧化硅微球[71]。在此系列研究中，他们发现了非均相反应 $\sigma$-$Cu^{2+}$-ligand 络合促进机制。在芬顿反应中，芳环类污染物及其降解中间产物(由$^{\bullet}$OH 攻击产生)富含的酚羟基易与催化剂表面的 Cu 物种发生脱质子型络合作用，形成 $\sigma$-$Cu^{2+}$-ligand 络合物，这是活性中间产物。$H_2O_2$ 除了在其传统意义的还原过程中生成一个$^{\bullet}$OH 外，还可以直接攻击 $\sigma$-

$Cu^{2+}$-ligand 络合物，进而生成一个羟基加合物和另一个$^{\bullet}OH$，污染物的电子从芳环大 π 键转移到 $Cu^{2+}$，将其还原为 $Cu^{+}$并伴随着$^{\bullet}OH$ 形成的芳香族羟基化。该过程使得对于有机自由基加合物的直接攻击促进$^{\bullet}OH$ 的产生而极大抑制了 $Cu^{2+}$氧化 $H_2O_2$形成 $HO_2^{\bullet}/O_2^{\bullet-}$和 $O_2$的反应，避免了 $H_2O_2$的无效分解，极大提升了 $H_2O_2$的有效利用。该催化体系对双酚 A、2-氯酚和苯妥英等多种芳环类污染物的降解和矿化表现出高活性、稳定性和 $H_2O_2$ 利用率（～90%）。该研究拓宽了废水处理思路，即利用废水中的污染物提供电子给金属离子，使其自身发生氧化还原反应，从而实现以废治废的目标。然而，该反应仍存在不足之处，如高度依赖于富电子有机污染物，以及可能的铜离子溶出并引发生态毒性。这在本质上还是由于单一铜反应中心机制强烈依赖于具有酚羟基的芳环类物质，且仍然没有脱离经典芬顿反应中金属离子自身的氧化还原。

基于以上认识，有学者针对非均相芬顿反应的弊端，创造性地提出了具有双反应中心的类芬顿反应机制，即利用晶格掺杂或有机络合的手段构造了具有贫富电子微区域的催化剂表面，$H_2O_2$可以在富电子中心发生还原反应并有效地生成活性氧物种，而贫电子中心可吸附其他污染物（如有机物或其降解中间产物）作为电子供体，实现污染物供电子效应，减少反应体系对 $H_2O_2$ 的依赖性并有效提高 $H_2O_2$的利用率[75]。例如，胡春课题组通过水热反应合成了 Cu、Ti 和 Al 三金属共晶格掺杂蒲公英状二氧化硅纳米纤维球双活性中心催化剂（d-TiCuAl-$SiO_2$）[72]。由于 Cu、Ti 和 Al 的电负性不同，通过晶格掺杂构建 Cu—O—Cu、Cu—O—Ti、Cu—O—Al 键桥，导致了催化剂表面电子的不均匀分布，进而诱导靠近 Cu 的晶格的富电子中心和靠近 Ti/Al 的晶格的贫电子中心形成，使催化剂表面产生无数类原电池。芬顿反应时，污染物及其有机自由基中间产物占据阳极缺电子中心同时提供电子，阻止 $H_2O_2$ 亲核位点与之接触而发生反应，避免其无效分解为 $O_2^{\bullet-}$和 $O_2$；而 $H_2O_2$则主要以其亲电端吸附在阴极 Cu 富电子中心，并被该中心大量的电子不断还原为$^{\bullet}OH$。整个过程避免 $H_2O_2$ 的氧化而促进 $H_2O_2$ 的还原，使得 $H_2O_2$被最大限度地用于降解有机污染物。

除了利用金属晶格掺杂手段外，表面有机配体络合策略也被用于强化构建表面双反应中心。受官能团取代和阳离子-π 相互作用介导电子密度的启发，胡春课题组利用表面有机络合手段，报道了一种极性增强的新型高效双反应中心芬顿催化剂[73]。羟基化碳掺杂 g-$C_3N_4$与 Cu/Co 共取代的 $\gamma$-$Al_2O_3$之间通过 Cu—O—C 键桥（阳离子-π）呈 σ 型键连，从而诱发了富电子 Cu 中心和大 π 键上贫电子 N 中心的形成。在芬顿反应中，富电子 Cu 中心大量的电子传递给 $H_2O_2$，主要发生还原反应并转化为$^{\bullet}OH$；同时水通过提供电子给羟基化碳掺杂 g-$C_3N_4$的贫电子 N 中心，使其氧化分解为$^{\bullet}OH$。因此，催化剂悬浮液中每消耗一摩尔 $H_2O_2$ 产生两摩尔$^{\bullet}OH$，导致 $H_2O_2$ 的高利用率（约 90%）和$^{\bullet}OH$ 产率的高周转频率

(TOF) ($1.30\ s^{-1}$)，是传统均相芬顿反应的 85 倍以上。贫电子中心获得的电子经 Cu—O—C 键桥传递到富电子 Cu 中心，以维持整个系统电子得失平衡。类似的反应现象和机制也被 Xu 等[76]报道，他们通过水热法研发了两种具有双反应中心的非均相芬顿催化剂($Cu-Al_2O_3-g-C_3N_4$ 和 $Cu-Al_2O_3-C$ 量子点)。

这些工作表明基于双反应中心的非均相芬顿反应中 $H_2O_2$ 的活化和有机污染物的降解不再依赖于金属离子的直接氧化还原反应。金属物种的引入仅仅是引发催化剂表面富/贫电子区域的形成。因此，创建非金属双电子中心体系的类芬顿反应是可能的，只需要实现非金属结构的表面电子不均匀分布。Lyu 等[74]报道了一种具有双反应中心的高效稳定的非金属类芬顿催化剂，该催化剂是通过表面络合和共聚合策略制备了 4-苯氧基酚官能化的还原氧化石墨烯纳米片。4-苯氧酚和石墨烯之间的连接是通过 C—O—C 键实现的，这是由于 4-苯氧酚的去质子化酚羟基团与石墨环中的 C 原子键合。在 C—O—C 键上，分别在 O 和 C 原子周围形成大量富电子中心和贫电子中心(即双反应中心)。O 周围的富电子中心负责将 $H_2O_2$ 有效还原为$^{\bullet}OH$，而 C 周围的贫电子中心从吸附的污染物中捕获电子，并通过 C—O—C 键桥将其转移到富电子区域。通过这些过程，该催化剂在宽范围 pH 内均实现优异的催化活性、良好的稳定性和较高的 $H_2O_2$ 利用率。

总之，通过掺杂、空位和界面耦合的局部电子调节构建具有富电子密度区和贫电子密度区的双反应中心，其反应过程遵循表面类原电池反应机制，实现了 $H_2O_2$ 的高效选择性还原和污染物高效氧化降解，解决了经典芬顿反应在实际水处理中的技术瓶颈问题。这为促进芬顿/类芬顿反应活性开辟了一条新路径，指明了按需反应中心调节的未来方向。值得注意的是，$H_2O_2$ 在这些催化体系中仍然作为主要的电子受体使得反应对其仍有较高的依赖性。实际上，在废水中除了污染物可以作为电子供体外，溶解氧和水都有可能发展成为新的电子受体，从而进一步减弱 $H_2O_2$ 在类芬顿反应中的重要性，降低反应体系对其剂量的需求。

### 5.6.7 单原子型非均相催化剂的开发

新兴的单原子催化剂，特别是碳基单原子催化剂，由于超高性能、环境友好性、结构/化学稳定性和活性金属位点的最大利用率，成为环境催化中极具前景的材料。金属中心、碳基质和配位特性共同决定了碳基单原子催化剂的电子特征，以及它们在催化过氧化物活化中的行为和高级氧化技术中的效率。Zhang 等[77]于 2011 年首次报道，原子分散 $Pt/FeO_x$ 在一氧化碳氧化方面表现出比传统 Pt 纳米催化剂高 2～3 倍。此后，单原子催化成为非均相反应的研究热点。

铁基材料是芬顿/类芬顿反应中最常见和最有效的催化剂之一。正如预期的那样，原子分布的活性金属中心表现出高芬顿/类芬顿活性。然而，由于单原子催化剂中金属呈现原子态，具有高表面能，容易团聚，因此不同的载体或制备策略被采用。基于此，An 等[78]通过一步热解铁咪唑配位化合物和三聚氰胺的混合物制备出嵌入石墨氮化碳($g\text{-}C_3N_4$)芬顿催化剂的超小簇和单原子 Fe，其具有超高的 Fe 负载量(高达 18.2wt%)和优异的芬顿反应活性。通过控制氮化碳与铁前体的比例可以获得拥有最大暴露活性 Fe 位点的 Fe 单原子/团簇催化剂。即使在高 pH 和无机阴离子条件下，制备的催化剂能够在 $H_2O_2$ 活化和污染物降解方面表现出优异的活性，这归因于单原子和单团簇的共存可以通过表面酸化形成酸性微环境，从而将溶液 pH 保持在酸性范围内。这种特定功能实现了双催化机制(单原子/团簇位点的表面介导催化和 Fe 溶出的均相催化)。通过固相研磨法引入铁盐到 SBA-15 催化剂中可制备出 SBA-15 纳米孔修饰的高效单原子铁芬顿催化剂[79]。

崔屹团队开发出石墨氮化碳负载单原子铜催化剂并设计了基于该催化剂和电原位产生 $H_2O_2$ 的有机废水处理系统[80]。具体而言，$H_2O_2$ 电解槽通过消耗电和空气在 0.1 mol/L 硫酸钠溶液中产生 $H_2O_2$。然后将产生的 $H_2O_2$ 溶液加入废水中并充分混合。混合溶液流经单原子铜芬顿过滤器，有机污染物被氧化。溶液进一步流经 $Fe_3O_4$-碳过滤器，在出水排放到环境之前将剩余的 $H_2O_2$ 猝灭。单原子铜芬顿过滤器和 $H_2O_2$ 电解槽是该系统的核心，分别解决了 $H_2O_2$ 活化和生产的难题。

# 参 考 文 献

[1] Fenton H J H. LXXIII. —Oxidation of tartaric acid in presence of iron. Journal of the Chemical Society, Transations, 1894, 65: 899-910.

[2] Eisenhauer H R. Oxidation of phenolic wastes. Water Pollution Control Federation, 1964, 36: 1116-1128.

[3] Eisenhauer H R. Chemical removal of ABS from wastewater effluents. Water Pollution Control Federation, 1965, 37: 1567-1577.

[4] Titus M P, Molina V G, Baños M A, Giménez J, Esplugas S. Degradation of chlorophenols by means of advanced oxidation processes: A general review. Applied Catalysis B: Environmental, 2004, 47: 219-256.

[5] Dincer A R, Karakaya N, Gunes E, Gunes Y. Removal of COD from oil recovery industry wastewater by the advanced oxidation processes (AOP) based on $H_2O_2$. Global NEST, 2008, 10: 31-38.

[6] Li T, Zhao Z W, Wang Q, Xie P F, Ma J H. Strongly enhanced Fenton degradation of organic pollutants by cysteine: An aliphatic amino acid accelerator outweighs hydroquinone analogues. Water Research, 2016, 105: 479-486.

[7] Xing M Y, Xu W J, Dong C C, Bai Y C, Zeng J B, Zhou Y, Zhang J L, Yin Y D. Metal sulfides as excellent co-catalysts for $H_2O_2$ decomposition in advanced oxidation processes. Chem, 2018,

4: 1359-1372.

[8] Zhu Y P, Zhu R L, Xi Y F, Zhu J X, Zhu G Q, He H P. Strategies for enhancing the heterogeneous Fenton catalytic reactivity: A review. Applied Catalysis B: Environmental, 2019, 255: 117739.

[9] Tang Z M, Zhao P R, Wang H, Liu Y Y, Bu W B. Biomedicine meets Fenton chemistry. Chemical Reviews, 2021, 121: 1981-2019.

[10] Thénard L J. Observations sur des combinasions nouvelles entre l'oxigène et divers acides. Annual Review of Physical Chemistry, 1818, 8: 306-312.

[11] Perry S C, Pangotra D, Vieira L, Csepei L I, Sieber V, Wang L, Ponce de León C, Walsh F C. Electrochemical synthesis of hydrogen peroxide from water and oxygen. Nature Reviews Chemistry, 2019, 3: 442-458.

[12] Solsona B E, Edwards J K, Landon P, Carley A F, Herzing A, Kiely C J, Hutchings G J. Direct synthesis of hydrogen peroxide from $H_2$ and $O_2$ using $Al_2O_3$ supported Au-Pd catalysts. Chemistry of Materials, 2006, 18: 2689-2695.

[13] Traube M. Uber die elektrolytische entstehung des wasserstoffhyperoxyds an der anode. Chemistry Eueope, 1887, 20: 3345-3351.

[14] Berl E. A new cathodic process for the production of $H_2O_2$. Transactions of the Electrochemical Society, 1939, 76: 359.

[15] Brillas E, Mur E, Casado J. Iron (Ⅱ) catalysis of the mineralization of aniline using a carbon-PTFE $O_2$-fed cathode. Journal of the Electrochemical Society, 1996, 143: L49.

[16] Oturan M A, Peiroten J, Chartrin P, Acher A J. Complete destruction of *p*-nitrophenol in aqueous medium by electro-Fenton method. Environmental Science & Technology, 2000, 34: 3474-3479.

[17] Brillas E, Sirés I, Oturan M A. Electro-Fenton process and related electrochemical technologies based on Fenton's reaction chemistry. Chemical Reviews, 2009, 109: 6570-6631.

[18] Zhang J Y, Zhang H C, Cheng M J, Lu Q. Tailoring the electrochemical production of $H_2O_2$: Strategies for the rational design of high-performance electrocatalysts. Small, 2019, 16: 1902845.

[19] Viswanathan V, Hansen H A, Rossmeisl J, Nørskov J K. Unifying the $2e^-$ and $4e^-$ reduction of oxygen on metal surfaces. Journal of Physical Chemistry Letters, 2012, 3: 2948-2951.

[20] Yang S G, Casadevall A V, Arnarson L, Silvioli L, Colic V, Frydendal R, Rossmeisl J, Chorkendorff I, Stephens I E L. Toward the decentralized electrochemical production of $H_2O_2$: A focus on the catalysis. ACS Catalysis, 2018, 8: 4064-4081.

[21] Ando Y J, Tanaka T. Proposal for a new system for simultaneous production of hydrogen and hydrogen peroxide by water electrolysis. International Journal of Hydrogen Energy, 2004, 29: 1349-1354.

[22] Shi X J, Back S, Gill T M, Siahrostami S, Zheng X L. Electrochemical synthesis of $H_2O_2$ by two-electron water oxidation reaction. Chem, 2021, 7: 38-63.

[23] Hou H L, Zeng X K, Zhang X W. Production of hydrogen peroxide by photocatalytic processes. Angewandte Chemie International Edition, 2019, 59: 17356-17376.

[24] Haber F, Weiss J. The catalytic decomposition of hydrogen peroxide by iron salts. Proceedings of the Royal Society of London, Series A, 1934, 15: 332-351.
[25] Koppenol W H. The Haber-Weiss cycle-70 years later. Redox Report, 2001, 6: 229-234.
[26] Barb W G, Baxendale J H, George P, Hargrave K R. Reactions of ferrous and ferric ions with hydrogen peroxide. Part Ⅰ. The ferrous ion reaction. Transactions of the Faraday Society, 1951, 47: 462-500.
[27] Barb W G, Baxendale J H, George P, Hargrave K R. Reactions of ferrous and ferric ions with hydrogen peroxide. Part Ⅱ. The ferric ion reaction. Transactions of the Faraday Society, 1951, 47: 591-616.
[28] Bray W C, Gorin M. Ferryl ion: A compound of tetravalent iron. Journal of the American Chemical Society, 1932, 54: 2124-2125.
[29] Clarizia L, Russo D I, Somma I D, Marotta R, Andreozzi R. Homogeneous photo-Fenton processes at near neutral pH: A review. Applied Catalysis B: Environmental, 2017, 209: 358-371.
[30] Zhang Y, Zhou M H. A critical review of the application of chelating agents to enable Fenton and Fenton-like reactions at high pH values. Journal of Hazardous Materials, 2019, 362: 436-450.
[31] Ahile U J, Wuana R A, Itodo A U, Sha'Ato R, Dantas R F. A review on the use of chelating agents as an alternative to promote photo-Fenton at neutral pH: Current trends, knowledge gap and future studies. Science of the Total Environment, 2020, 710: 134872.
[32] Sun Y F, Pignatello J J. Chemical treatment of pesticide wastes. Evaluation of iron (Ⅲ) chelates for catalytic hydrogen peroxide oxidation of 2,4-D at circumneutral Ph. Journal of Agricultural and Food Chemistry, 1992, 40: 322-327.
[33] Luca A D, Dantas R F, Esplugas S. Assessment of iron chelates efficiency for photo-Fenton at neutral pH. Water Research, 2014, 61: 232-242.
[34] Pignatello J J, Oliveros E, MacKay A. Advanced oxidation processes for organic contaminant destruction based on the Fenton reaction and related chemistry. Critical Reviews in Environmental Science & Technology, 2006, 36: 1-84.
[35] Malato S, Ibáñez P F, Maldonado M I, Blanco J, Gernjak W. Decontamination and disinfection of water by solar photocatalysis: Recent overview and trends. Catalysis Today, 2009, 147: 1-59.
[36] Faust B C, Hoigné J. Photolysis of Fe(Ⅲ)-hydroxy complexes as sources of OH radicals in clouds, fog and rain. Atmospheric Environment, Part A, General Topics, 1990, 24: 79-89.
[37] Lin Y H, Huo P F, Li F Y, Chen X M, Yang L Y, Jiang Y, Zhang Y F, Ni B J, Zhou M H. A critical review on cathode modification methods for efficient electro-Fenton degradation of persistent organic pollutants. Chemical Engineering Journal, 2022, 450: 137948.
[38] Nidheesh P V, Ganiyu S O, Huitle C A M, Mousset E, Vargas H O, Trellu C, Zhou M, Oturan M A. Recent advances in electro-Fenton process and its emerging applications. Critical Reviews in Environmental Science & Technology, 2023, 53: 887-913.
[39] Wang C K, Shih Y H. Degradation and detoxification of diazinon by sono-Fenton and sono-Fenton-like processes. Separation and Purification Technology, 2015, 140: 6-12.
[40] He J, Yang X F, Men B, Wang D S. Interfacial mechanisms of heterogeneous Fenton reactions catalyzed by iron-based materials: A review. Journal of Environmental Sciences, 2016, 39: 97-109.

[41] Tyre B W, Watts R J, Miller G C. Treatment of four biorefractory contaminants in soils using catalyzed hydrogen peroxide. Journal of Environmental Quality, 1991, 20: 832-838.

[42] Zhao L, Lin Z R, Ma X H, Dong Y H. Catalytic activity of different iron oxides: Insight from pollutant degradation and hydroxyl radical formation in heterogeneous Fenton-like systems. Chemical Engineering Journal, 2018, 352: 343-351.

[43] Segura Y, Martínez F, Melero J A. Effective pharmaceutical wastewater degradation by Fenton oxidation with zero-valent iron. Applied Catalysis B: Environmental, 2013, 136: 64-69.

[44] Keenan C R, Sedlak D L. Factors affecting the yield of oxidants from the reaction of nanoparticulate zero-valent iron and oxygen. Environmental Science & Technology, 2008, 42: 1262-1267.

[45] Katsoyiannis I A, Ruettimann T, Hug S J. pH dependence of Fenton reagent generation and As(Ⅲ) oxidation and removal by corrosion of zero valent iron in aerated water. Environmental Science & Technology, 2008, 42: 7424-7430.

[46] Pang S Y, Jiang J, Ma J. Oxidation of sulfoxides and arsenic (Ⅲ) in corrosion of nanoscale zero valent iron by oxygen: Evidence against ferryl ions (Fe(Ⅳ)) as active intermediates in Fenton reaction. Environmental Science & Technology, 2011, 45: 307-312.

[47] Bataineh H, Pestovsky O, Bakac A. pH-induced mechanistic changeover from hydroxyl radicals to iron(Ⅳ) in the Fenton reaction. Chemical Science, 2012, 5: 1594-1599.

[48] Yin Y, Lv R L, Zhang W M, Lu J H, Ren Y, Li X Y, Lv L, Hua M, Pan B C. Exploring mechanisms of different active species formation in heterogeneous Fenton systems by regulating iron chemical environment. Applied Catalysis B: Environmental, 2021, 295: 120282.

[49] Lv S S, Chen X G, Ye Y, Yin S H, Cheng J P, Xia M S. Rice hull/$MnFe_2O_4$ composite: Preparation, characterization and its rapid microwave-assisted COD removal for organic wastewater. Journal of Hazardous Materials, 2009, 171: 634-639.

[50] Yao T J, Qi Y, Mei Y Q, Yang Y, Aleisa R, Tong X, Wu J. One-step preparation of reduced graphene oxide aerogel loaded with mesoporous copper ferrite nanocubes: A highly efficient catalyst in microwave-assisted Fenton reaction. Journal of Hazardous Materials, 2019, 378: 120712.

[51] Shi J G, Ai Z H, Zhang L Z. Fe@$Fe_2O_3$ core-shell nanowires enhanced Fenton oxidation by accelerating the Fe(Ⅲ)/Fe(Ⅱ) cycles. Water Research, 2014, 59: 145-153.

[52] Zhu R L, Zhu Y P, Xian H Y, Yan L X, Fu H Y, Zhu G Q, Xi Y F, Zhu J X, He H P. CNTs/ferrihydrite as a highly efficient heterogeneous Fenton catalyst for the degradation of bisphenol A: The important role of CNTs in accelerating Fe(Ⅲ)/Fe(Ⅱ) cycling. Applied Catalysis B: Environmental, 2020, 270: 118891.

[53] Ma J Q, Xu L L, Shen C S, Hu C, Liu W P, Wen Y Z. Fe-N-graphene wrapped $Al_2O_3$/pentlandite from microalgae: High Fenton catalytic efficiency from enhanced $Fe^{3+}$ reduction. Environmental Science & Technology, 2018, 52: 3608-3614.

[54] Yan Q Y, Lian C, Huang K, Liang L H, Yu H R, Yin P C, Zhang J L, Xing M Y. Constructing an acidic microenvironment by $MoS_2$ in heterogeneous Fenton reaction for pollutant control. Angewandte Chemie International Edition, 2021, 60: 17155-17163.

[55] Fukuchi S, Nishimoto R, Fukushima M, Zhu Q. Effects of reducing agents on the degradation of 2,4,6-tribromophenol in a heterogeneous Fenton-like system with an iron-loaded natural zeolite. Applied Catalysis B: Environmental, 2014, 147: 411-419.

[56] Hou X J, Huang X P, Ai Z Z, Zhao J C, Zhang L Z. Ascorbic acid/Fe@$Fe_2O_3$: A highly efficient combined Fenton reagent to remove organic contaminants. Journal of Hazardous Materials, 2016, 310: 170-178.

[57] Hou X J, Huang X P, Jia F L, Ai Z H, Zhao J C, Zhang L Z. Hydroxylamine promoted goethite surface Fenton degradation of organic pollutants. Environmental Science & Technology, 2017, 51: 5118-5126.

[58] Babuponnusami A, Muthukumar K. A review on Fenton and improvements to the Fenton process for wastewater treatment. Journal of Environmental Chemical Engineering, 2014, 2: 557-572.

[59] Xu T Y, Zhu R L, Zhu G Q, Zhu J X, Liang X L, Zhu Y P, He H P. Mechanisms for the enhanced photo-Fenton activity of ferrihydrite modified with $BiVO_4$ at neutral pH. Applied Catalysis B: Environmental, 2017, 212: 50-58.

[60] Zhu Y P, Zhu R L, Yan L X, Fu H Y, Xi Y F, Zhou H J, Zhu G Q, Zhu J X, He H P. Visible-light Ag/AgBr/ferrihydrite catalyst with enhanced heterogeneous photo-Fenton reactivity via electron transfer from Ag/AgBr to ferrihydrite. Applied Catalysis B: Environmental, 2018, 239: 280-289.

[61] Awazu K, Fujimaki M, Rockstuhl C, Tominaga J, Murakami H, Ohki Y, Yoshida N, Watanabe T. A plasmonic photocatalyst consisting of silver nanoparticles embedded in titanium dioxide. Journal of the American Chemical Society, 2008, 130: 1676-1680.

[62] Zhong Y H, Liang X L, Tan W, Zhong Y, He H P, Zhu J X, Yuan P, Jiang Z. A comparative study about the effects of isomorphous substitution of transition metals (Ti, Cr, Mn, Co and Ni) on the UV/Fenton catalytic activity of magnetite. Journal of Molecular Catalysis A: Chemical, 2013, 372: 29-34.

[63] Wu L P, Wang W G, Zhang S H, Mo D, Li X J. Fabrication and characterization of Co-doped $Fe_2O_3$ spindles for the enhanced photo-Fenton catalytic degradation of tetracycline. ACS Omega, 2021, 6: 33717-33727.

[64] Jin H, Tian X K, Nie Y L, Zhou Z X, Yang C, Li Y, Lu L Q. Oxygen vacancy promoted heterogeneous Fenton-like degradation of ofloxacin at pH 3.2—9.0 by Cu substituted magnetic $Fe_3O_4$@FeOOH nanocomposite. Environmental Science & Technology, 2017, 51: 12699-12706.

[65] Huang X P, Hou X J, Jia F L, Song F H, Zhao J C, Zhang L Z. Ascorbate-promoted surface iron cycle for efficient heterogeneous Fenton alachlor degradation with hematite nanocrystals. ACS Applied Materials & Interfaces, 2017, 9: 8751-8758.

[66] Chan J Y T, Ang S Y, Ye E Y, Sullivan M, Zhang J, Lin M. Heterogeneous photo-Fenton reaction on hematite ($\alpha$-$Fe_2O_3$){104}, {113} and {001} surface facets. Physical Chemistry Chemical Physics, 2015, 38: 25333-25341.

[67] Zang C J, Zhang X S, Hu S Y, Chen F. The role of exposed facets in the Fenton-like reactivity of $CeO_2$ nanocrystal to the Orange Ⅱ. Applied Catalysis B: Environmental, 2017, 216: 106-113.

[68] Zhong Y H, Yu L, Chen Z F, He H P, Ye F, Cheng G, Zhang Q X. Microwave-assisted synthesis of $Fe_3O_4$ nanocrystals with predominantly exposed facets and their heterogeneous UVA/Fenton catalytic activity. ACS Applied Materials & Interfaces, 2017, 9: 29203-29212.

[69] Asif A H, Rafique N, Hirani R A K, Wu H, Shi L, Zhang S, Wang S B, Yin Y, Saunders M, Sun H Q. Morphology/facet-dependent photo-Fenton-like degradation of pharmaceuticals and personal care products over hematite nanocrystals. Chemical Engineering Journal, 2022, 432: 134429.

[70] Lyu L, Zhang L L, Wang Q Y, Nie Y L, Hu C. Enhanced Fenton catalytic efficiency of $\gamma$-Cu-$Al_2O_3$ by $\sigma$-$Cu^{2+}$-ligand complexes from aromatic pollutant degradation. Environmental Science & Technology, 2015, 49: 8639-8647.

[71] Lyu L, Zhang L L, Hu C. Enhanced Fenton-like degradation of pharmaceuticals over framework copper species in copper-doped mesoporous silica microspheres. Chemical Engineering Journal, 2015, 274: 298-306.

[72] Lyu L, Zhang L L, Hu C. Galvanic-like cells produced by negative charge nonuniformity of lattice oxygen on d-TiCuAl-$SiO_2$ nanospheres for enhancement of Fenton-catalytic efficiency. Environmental Science: Nano, 2016, 6: 1483-1492.

[73] Lyu L, Zhang L L, He G Z, He H, Hu C. Selective $H_2O_2$ conversion to hydroxyl radicals in the electron-rich area of hydroxylated C-g-$C_3N_4$/CuCo-$Al_2O_3$. Journal of Materials Chemistry A, 2017, 15: 7153-7164.

[74] Lyu L, Yu G F, Zhang L L, Hu C, Sun Y. 4-phenoxyphenol-functionalized reduced graphene oxide nanosheets: A metal-free Fenton-like catalyst for pollutant destruction. Environmental Science & Technology, 2018, 52: 747-756.

[75] 吕来, 胡春. 多相芬顿催化水处理技术与原理. 化学进展, 2017, 9: 981-999.

[76] Xu S Q, Zhu H X, Cao W R, Wen Z B, Wang J N, Xavier C P F, Wintgens T. Cu-$Al_2O_3$-g-$C_3N_4$ and Cu-$Al_2O_3$-C-dots with dual-reaction centres for simultaneous enhancement of Fenton-like catalytic activity and selective $H_2O_2$ conversion to hydroxyl radicals. Applied Catalysis B: Environmental, 2018, 234: 223-233.

[77] Qiao B, Wang A, Yang X, Allard L, Jiang Z, Cui Y, Liu J, Li J, Zhang T. Single-atom catalysis of CO oxidation using $Pt_1/FeO_x$. Nature Chemistry, 2011, 3: 634-641.

[78] Li B, Cheng X L, Zou R S, Yong X Y, Pang C F, Su Y Y, Zhang Y F. Simple modulation of Fe-based single atoms/clusters catalyst with acidic microenvironment for ultrafast Fenton-like reaction. Applied Catalysis B: Environmental, 2022, 304: 121009.

[79] Yin Y, Shi L, Li W L, Li X N, Wu H, Ao Z M, Tian W J, Liu S M, Wang S B, Sun H Q. Boosting Fenton-like reactions via single atom Fe catalysis. Environmental Science & Technology, 2019, 53: 11391-11400.

[80] Xu J W, Zheng X L, Feng Z P, Lu Z Y, Zhang Z W, Huang W, Li Y B, Vuckovic D, Li Y Q, Dai S. Organic wastewater treatment by a single-atom catalyst and electrolytically produced $H_2O_2$. Nature Sustainability, 2021, 4: 233-241.

# 第 6 章　基于臭氧的高级氧化技术

## 6.1　引　　言

1840 年，德国科学家 Schönbein 在电解稀硫酸时，发现了有一种特殊臭味的气味释放，这种气体的气味与雷电后空气中的腥臭味相同，于是判定是产生了一种新物质，并由此命名为臭氧。到 1872 年，臭氧的化学结构最终被确认为三原子氧分子($O_3$)。后来在 1886 年，Meritens 发现 $O_3$ 可以作为杀菌剂对受污染水进行杀菌，经过几年在巴黎水处理厂的试点实验，$O_3$ 在尼斯首次用于水处理并持续使用，法国于 1906 年将其用于饮用水消毒[1]。用于水处理的臭氧化逐渐引起了全世界的关注。到 1940 年，全世界约有 119 家饮用水处理厂使用 $O_3$ 进行水处理，到 1977 年，这一数字增加到至少 1039 家。尽管消毒是早期主要的应用，但作为一种强氧化剂，$O_3$ 随后被越来越多地用于氧化应用，如硫化物、亚硝酸盐和一些有机污染物的氧化[2]。此后，$O_3$ 在饮用水净化和污水处理中的应用逐渐展开，并在水污染治理中发挥举足轻重的作用。$O_3$ 具有如此功效的原因在于其具有较高的氧化性，在酸性条件下，氧化电位为 2.07 V，是除自由基外仅次于氟的单质氧化剂，而且其溶解度是氧气的 13 倍，有利于与水中污染物作用。

由于其结构特性，$O_3$ 具有较高的反应活性，能够与多种污染物发生反应，且反应过程中无二次污染。但由于 $O_3$ 与污染物之间的氧化具有选择性，一些有机污染物(如烷烃、醇、醛、酮、羧酸、碳水化合物)的氧化速率相对较慢，导致污染物去除不完全或产生有毒中间产物。此外，$O_3$ 分子在降解部分有机污染物的过程中，形成并积累了一些不能与 $O_3$ 反应的中间产物(如羧酸和醛)，导致矿化效率低。此外，$O_3$ 在水中的溶解度低，也会导致其利用效率低和运行成本高。此外，消毒副产物(DBPs)的产生也是臭氧化工艺应用中需要解决的一个重要问题。

为解决 $O_3$ 利用效率低和有机污染物矿化效率低的问题，一些高级氧化技术(AOPs)，如 $O_3$/UV 工艺、$O_3/H_2O_2$ 工艺以及 $O_3$ 与生物处理相结合，或其他 AOPs 进行了研究。在这些技术中，催化臭氧化工艺已被广泛研究和开发。

事实上，早在 1948 年，Hill 率先进行了催化臭氧化技术的研究，他们发现在酸性介质(高氯酸或乙酸)中，Co(Ⅱ)离子可以催化 $O_3$ 分解为$^{\bullet}OH$。可能的机制如式(6.1)～式(6.3)所示[3, 4]。

$$Co(\text{II}) + O_3 + H_2O \longrightarrow CoOH(\text{II}) + O_2 + {}^{\bullet}OH \qquad k = 37\ L/(mol \cdot s) \tag{6.1}$$

$$O_3 + {}^{\bullet}OH \longrightarrow O_2 + HO_2^{\bullet} \tag{6.2}$$

$$CoOH(\text{II}) + HO_2^{\bullet} \longrightarrow Co(\text{II}) + H_2O + O_2 \tag{6.3}$$

然而，直到 1972 年，催化臭氧化工艺才首次应用于水中污染物的去除。Hewes 和 Davison 研究了使用几种过渡金属离子[如 Co(Ⅱ)、Ti(Ⅱ)、Mn(Ⅱ)等]作为催化剂的臭氧处理市政废水，他们发现在催化剂存在下，废水中总有机碳或化学需氧量的去除效率可以显著提高[5]。

1977 年，非均相催化臭氧化工艺(以 $Fe_2O_3$ 为催化剂)首先被研究用于去除有机污染物，如苯酚降解和实际废水处理[6]。结果表明，固相催化剂在催化臭氧化工艺去除污染物方面表现出良好的性能。在早期的研究中，可溶性过渡金属离子主要用作催化剂，以改善 $O_3$ 对污染物的降解。随着催化臭氧化研究的深入，非均相催化剂的优势逐渐显现。与均相催化臭氧化相比，非均相催化臭氧化更清洁、更经济、更环保。因此，越来越多的催化臭氧化研究集中在非均相催化过程上。迄今，在非均相催化臭氧化领域已经开展了大量的研究工作。

本章对催化臭氧化工艺进行了全面综述。讨论了臭氧的理化特性，分析和总结了臭氧化和催化臭氧化两种典型技术消除污染物的过程、催化方法以及反应机理，最后分析了影响催化臭氧化工艺性能的因素并对未来发展前景提出了展望。

## 6.2　臭氧的理化特性

臭氧分子式为 $O_3$，其理化性质如表 6.1 所示，熔点为−192.5℃，沸点为−111.9℃。$O_3$ 在常温常压下为淡蓝色的气体，低浓度下有鱼腥味。其英文表达“ozone”源于希腊语“ozon”，意为“嗅”。$O_3$ 是氧气的同素异形体。如图 6.1(a)所示，现代价键理论认为 $O_3$ 分子中的中心氧原子以 $sp^2$ 杂化方式与其他两个氧原子结合，左右两个配位氧原子沿中心氧原子杂化轨道的方向重叠形成 2 个 σ 键，在三个氧原子之间还存在着一个垂直于分子平面的大 π 键。这个大 π 键是由中心的氧原子提供两个 p 电子，另外两个配位氧原子各提供一个 p 电子形成的，最终呈现 V 形对称的弯曲结构，键角为 116.49°，键长为 1.278 Å，中心原子左右两个氧原子的距离为 2.18 Å。此外，$O_3$ 分子有两种共振结构[图 6.1(b)]。在形式Ⅰ中，末端氧原子只有 6 个电子，表明 $O_3$ 具有很强的亲电特性。因此 $O_3$ 很容易接受电子并因此氧化电子供体。例如，芳烃的邻位和对位碳被供电子基团(如—OH 和—$NH_2$)取代，因而表现出高电子密度并且对 $O_3$ 具有高反应活性。相反，末端氧原子中存在的过量负电荷[图 6.1(b)中的形式Ⅱ]赋予其亲核特性，导致与含有吸电子基团的化合物相互作用。因此，$O_3$ 分子的特殊结构赋予其偶极性、亲电性和亲核性，使得 $O_3$ 分子可选择性地与含不饱和键的有机物反应。

**表 6.1 臭氧的物理与化学性质**

| 参数 | 数值 |
|---|---|
| 沸点(℃) | −111.9±0.3 |
| 熔点(℃) | −192.5±0.3 |
| 在 54.6 atm 下的临界温度(℃) | −12.1 |
| 蒸发热(kcal/mol) | 3.63 |
| 偶极矩(D) | 0.53 |
| 在−192.5℃下的蒸气压(mmHg) | 0.00859 |
| 气体密度(g/L) | 2.1415 |
| 在 77.4 K 下的固体密度(g/cm$^3$) | 1.728 |
| 在−183℃下的热导率(℃/cm) | 0.000531 |
| 在−183℃下的介电常数 | 4.74 |

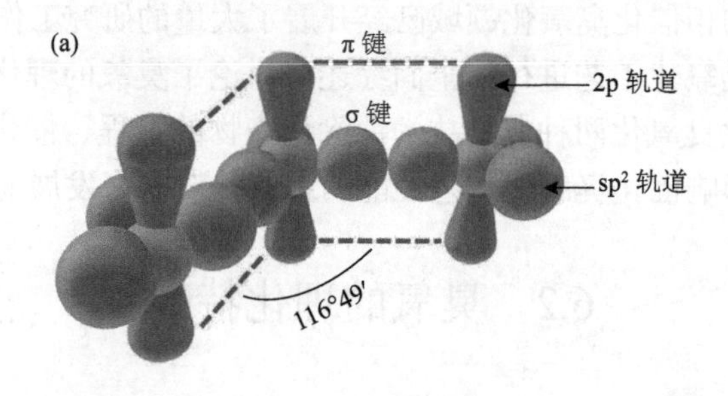


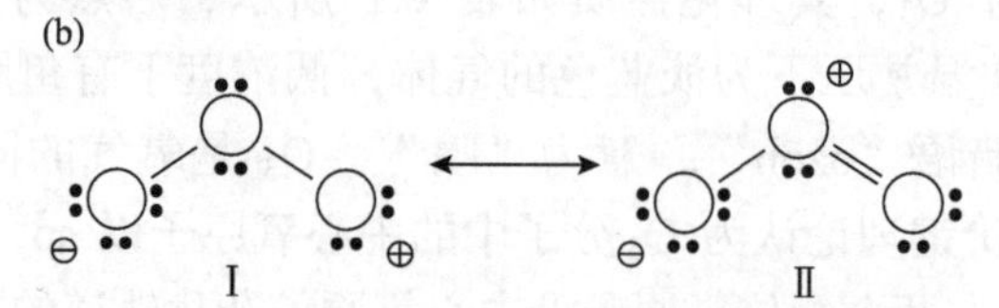


图 6.1 臭氧中的轨道分布(a)和共振结构(b)[7]

$O_3$ 的标准氧化还原电位为 2.07 V，高于 $ClO_2$(1.5 V)及 $Cl_2$(1.36 V)等其他氧化剂，仅次于氟，因此 $O_3$ 具有较高的氧化性。$O_3$ 能氧化分解水中有机物，主要攻击富电子官能团，如双键、胺和活化的芳环(如苯酚)。$O_3$ 的氧化还原电位与 pH 有关，在酸性条件下，$O_3$ 具有较高的活性和氧化性；在碱性条件下，标准氧化还原电位为 1.25 V。目前，$O_3$ 氧化有机物的机理分成两种：①直接氧化：$O_3$ 分子直接亲电攻击有机物；②间接氧化：$O_3$ 进一步分解为氧化能力更强的活性自由基$^•$OH，将污染物矿化分解为二氧化碳和水。

## 6.3　臭氧在水中的分解机理

$O_3$ 在水中的溶解可以用亨利定律来描述：在一定温度条件下，$O_3$ 在水中的溶解度与其在溶液表面的分压成正比，即 $P_0 = HX$，其中 $P_0$ 表示 $O_3$ 在溶液表面的分压；$H$ 为亨利常数，与温度有关；$X$ 为 $O_3$ 在溶液中的浓度。$O_3$ 在水中的溶解度随着溶液温度的升高而降低。常温常压下，$O_3$ 在水中的溶解度比氧气高约 13 倍。$O_3$ 在 10～20℃时的溶解度为 570～770 mg/L。在典型水和废水处理过程中，水溶液中 $O_3$ 浓度通常在低于 1 mg/L 到十几毫克/升之间。

$O_3$ 稳定性差，在常温常压下即可自行分解为氧气（分解反应式为 $2O_3 \longrightarrow 3O_2$），半衰期为 16 min。$O_3$ 在水中不稳定，因此在水和废水处理过程中必须在现场使用臭氧发生器利用氧气生产 $O_3$。当空气或纯氧作为原料气时，臭氧发生器排气口（含 $O_3$ 的气体混合物）通常含有 15～75 mg/L（1%～5%）或 110～250 mg/L（8%～16%）的 $O_3$[8]。在水和废水处理过程中，含 $O_3$ 的气体通过鼓泡或其他方法溶解到水中，如静态混合器或使用文丘里喷射器的侧流喷射来驱动氧化过程。天然水中 $O_3$ 衰减的特征是初始阶段 $O_3$ 快速减少，随后是以一级动力学减少的第二阶段。$O_3$ 在水中分解形成的二次氧化剂主要是·OH。溶液中影响 $O_3$ 分解的主要因素包括水质组成、溶液 pH 和温度等。根据水质，$O_3$ 的半衰期在几秒到几小时之间。

目前，关于纯水中 $O_3$ 分解产生自由基的过程，有以下两种公认机理。

1. Hoigne-Staehelin-Bader 机理（HSB 机理）

Staehelin 等[9]在前人研究的基础上提出了 $O_3$ 在水体中的分解机理（HSB 机理），包括链引发、链传递和链终止三个阶段，反应过程如图 6.2 和式(6.4)～(6.15)所示。

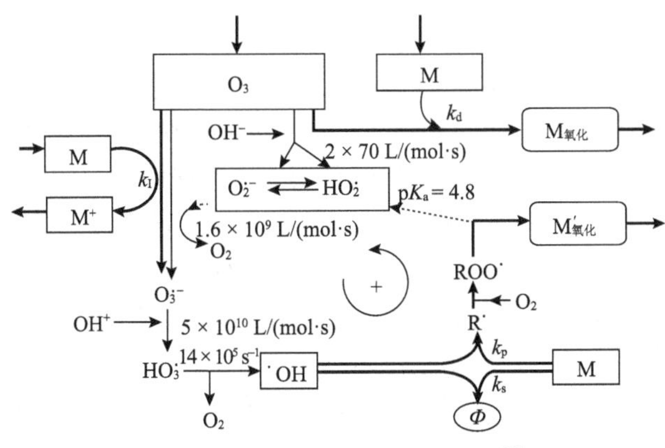


图 6.2　臭氧在水中分解的机理[9]

链引发反应：

$$O_3 + OH^- \longrightarrow O_2^{\bullet-} + HO_2^{\bullet} \quad k = 70\ L/(mol \cdot s) \tag{6.4}$$

链传递反应：

$$HO_2^{\bullet} \longrightarrow O_2^{\bullet-} + H^+ \quad k = 7.9 \times 10^5\ L/(mol \cdot s) \tag{6.5}$$

$$O_2^{\bullet-} + H^+ \longrightarrow HO_2^{\bullet} \quad k = 5.0 \times 10^{10}\ L/(mol \cdot s) \tag{6.6}$$

$$O_3 + O_2^{\bullet-} \longrightarrow O_3^{\bullet-} + O_2 \quad k = 1.6 \times 10^9\ L/(mol \cdot s) \tag{6.7}$$

$$O_3^{\bullet-} + H^+ \longrightarrow HO_3^{\bullet} \quad k = 5.2 \times 10^{10}\ L/(mol \cdot s) \tag{6.8}$$

$$HO_3^{\bullet} \longrightarrow O_3^{\bullet-} + H^+ \quad k = 3.3 \times 10^2\ s^{-1} \tag{6.9}$$

$$HO_3^{\bullet} \longrightarrow {}^{\bullet}OH + O_2 \quad k = 1.1 \times 10^5\ s^{-1} \tag{6.10}$$

$${}^{\bullet}OH + O_3 \longrightarrow HO_4^{\bullet} \quad k = 2.0 \times 10^9\ s^{-1} \tag{6.11}$$

$$HO_4^{\bullet} \longrightarrow HO_2^{\bullet} + O_2 \quad k = 2.8 \times 10^4\ s^{-1} \tag{6.12}$$

链中止反应：

$$HO_4^{\bullet} + HO_4^{\bullet} \longrightarrow 2O_3 + H_2O_2 \quad k = 5.0 \times 10^9\ L/(mol \cdot s) \tag{6.13}$$

$$HO_4^{\bullet} + HO_3^{\bullet} \longrightarrow O_2 + O_3 + H_2O_2 \quad k = 5.0 \times 10^9\ L/(mol \cdot s) \tag{6.14}$$

$$HO_4^{\bullet} + HO_2^{\bullet} \longrightarrow O_2 + O_3 + H_2O \quad k = 10^{10}\ L/(mol \cdot s) \tag{6.15}$$

具体而言，在链引发过程，氢氧根离子可以与 $O_3$ 反应，形成超氧自由基($O_2^{\bullet-}$)和过氧化氢自由基($HO_2^{\bullet}$)。这些引发反应通常很慢，成为 $O_3$ 分解的限速步骤。在碱性 pH 条件下，过氧氢根离子($HO_2^-$)可以更快地与 $O_3$ 分子反应，并生成 $HO_2^{\bullet}$。当 p$K_a$ 值为 4.8 时，$HO_2^{\bullet}$达到酸碱平衡；高于该值时，$HO_2^{\bullet}$分解为 $O_2^{\bullet-}$。

在链传递过程[式(6.5)～式(6.12)]，$O_2^{\bullet-}$与 $O_3$ 反应形成臭氧自由基($O_3^{\bullet-}$)，随后在 $H^+$存在下生成三氧化氢自由基($HO_3^{\bullet}$)，该反应是可逆反应。$HO_3^{\bullet}$不稳定，进一步分解为$^{\bullet}OH$。$^{\bullet}OH$ 可与 $O_3$ 反应生成四氧化氢自由基($HO_4^{\bullet}$)。链式反应可以随着 $HO_4^{\bullet}$分解成氧气和 $HO_2^{\bullet}$而重新启动。

在链终止过程[式(6.13)～式(6.15)]，$HO_4^{\bullet}$通过与自身重组或与 $HO_3^{\bullet}$反应产生 $O_3$ 分子，从而引发新的链式反应。

2. Tomiyasu-Fukutomi-Gordon 机理（TFG 机理）

HSB 机理认为链反应的引发是由 $O_3$ 中一个氧原子传递至 $OH^-$，同时伴随着一个电子由 $OH^-$ 传递至 $O_3$ 或是 $O_3$ 将一个氧自由基（$^{\bullet}O$）转移到 $OH^-$ 上形成 $O_2^{\bullet-}$。但是，Tomiyasu 等认为上述反应难以发生，而是两个电子传递过程或者 $O_3$ 的一个氧原子传递至 $OH^-$，具体反应如下所示。

链引发反应：

$$O_3 + OH^- \longrightarrow HO_2^{\bullet-} + O_2 \quad k = 40\ L/(mol \cdot s) \tag{6.16}$$

链传递反应：

$$O_3 + HO_2^{\bullet-} \longrightarrow O_3^{\bullet-} + HO_2^{\bullet} \quad k = 2.2 \times 10^6\ L/(mol \cdot s) \tag{6.17}$$

$$HO_2^{\bullet} + OH^- \longrightarrow O_2^{\bullet-} + H_2O \quad pK_a = 4.8 \tag{6.18}$$

$$O_3^{\bullet-} + H_2O \longrightarrow {}^{\bullet}OH + O_2 + OH^- \quad k = 20 \sim 30\ L/(mol \cdot s) \tag{6.19}$$

$$O_3^{\bullet-} + {}^{\bullet}OH \longrightarrow O_2^{\bullet-} + HO_2^{\bullet} \quad k = 6.0 \times 10^9\ L/(mol \cdot s) \tag{6.20}$$

$$O_3 + {}^{\bullet}OH \longrightarrow HO_2^{\bullet} + O_2 \quad k = 3.0 \times 10^9\ L/(mol \cdot s) \tag{6.21}$$

链中止反应：

$$CO_3^{2-} + {}^{\bullet}OH \longrightarrow OH^- + CO_3^{\bullet-} \quad k = 4.2 \times 10^8\ L/(mol \cdot s) \tag{6.22}$$

$$CO_3^{\bullet-} + O_3 \longrightarrow CO_2 + O_2^{\bullet-} + O_2 \tag{6.23}$$

$$HO_2^{\bullet} + H_2O \longrightarrow H_2O_2 + OH^- \quad pK_a = 11.65 \tag{6.24}$$

## 6.4 臭氧氧化法

如前面所述，由于 $O_3$ 分子的特殊结构，其可作为偶极剂、亲电剂和亲核剂。通常认为，在水溶液中，$O_3$ 可以通过两种路径与有机物反应：一种为 $O_3$ 分子直接氧化。由于 $O_3$ 具有特殊的偶极结构以及亲电和亲核特性，因此使其与有机物发生环加成反应、亲电取代反应和亲核反应。另一种为 $O_3$ 间接氧化，即在水溶液中发生自分解，经链式反应生成以 $^{\bullet}OH$ 为主的活性自由基，其可彻底氧化降解有机污染物。通常，不同反应路径导致不同的氧化产物，且受不同类型的动力学机理控制。在自由基链式反应受到抑制时，直接 $O_3$ 氧化是主要的氧化步骤。$O_3$ 分子与不同类型和结构的有机物的反应过程具体如下。

### 6.4.1 臭氧直接氧化

1. 烯烃

$O_3$ 作为亲电试剂与烯烃发生加成反应。反应速率常数受碳碳双键取代基的影响，部分二级反应速率常数[$k(O_3)$]列于表 6.2。如表 6.2 所示，未取代的烯烃与 $O_3$ 快速反应，反应速率常数约为 $10^5$ L/(mol·s)[如对于乙烯：$k(O_3) = 1.8 \times 10^5$ L/(mol·s)]。相比之下，取代烯烃的 $k(O_3)$ 数值变化很大，从 $10^{-1} \sim 10^6$ L/(mol·s)(表 6.2)，这取决于取代基的性质。此外，添加供电子烷基会增加反应速率常数[如对于丙烯：$k(O_3) = 8.0 \times 10^5$ L/(mol·s)]。

**表 6.2 $O_3$ 与有机物反应的二级反应速率常数[12, 13]**

| 有机物类型 | 有机物 | 反应速率常数 [L/(mol·s)] | 有机物类型 | 有机物 | 反应速率常数 [L/(mol·s)] |
|---|---|---|---|---|---|
| 烯烃 | 乙烯 | $1.8 \times 10^5$ | 含硫化合物 | 蛋氨酸 | $1.8 \times 10^6$ |
| | 丙烯 | $8.0 \times 10^5$ | | 胱氨酸 | 555 |
| | 氯乙烯 | $1.4 \times 10^4$ | | 青霉素 | $4.8 \times 10^3$ |
| | 四氯乙烯 | 0.1 | 含氮化合物 | 丙氨酸 | $6.4 \times 10^4$ |
| | 丙烯酸 | $2.8 \times 10^4$ | | 二甲胺 | $1.2 \times 10^7$ |
| | 丙烯酰胺 | $1.0 \times 10^5$ | | 质子化的二甲胺 | 0.1 |
| | 丙烯腈 | 670 | | 吡啶 | 3 |
| | 肉桂酸 | $5.0 \times 10^4$ | | 阿特拉津 | 24 |
| 芳香族化合物 | 苯 | 2 | | 克拉霉素 | $4.0 \times 10^4$ |
| | 氯苯 | 0.75 | 仅以 C—H 基团作为反应活性位点的化合物 | 乙酸 | $3.0 \times 10^{-5}$ |
| | 硝基苯 | $9 \times 10^2$ | | 丙酮 | $3.2 \times 10^{-2}$ |
| | 甲苯 | 14 | | 乙醇 | 0.45 |
| | 甲氧基苯 | 270 | | 草酸 | $4.0 \times 10^{-2}$ |
| | 苯酚 | 1300 | | 葡萄糖 | 0.45 |
| 含硫化合物 | 二甲基亚砜 | 8 | | 蔗糖 | 0.012 |
| | 甲烷亚磺酸 | $2.0 \times 10^6$ | | 琥珀酸 | 3 |

在 20 世纪 70 年代，Criegee 揭示了在有机溶剂中 $O_3$ 与烯烃有机物反应的机理，其特征是 $O_3$ 与碳碳双键的环加成，通过 $O_3$ 作为环状中间体以形成最终产物碳基化合物[10]。在这项具有里程碑意义研究的基础上，Dowideit 和 Von Sonntag 解析了在水溶液中臭氧与烯烃有机物的反应机理[11]，如图 6.3 所示，亲电性 $O_3$ 首

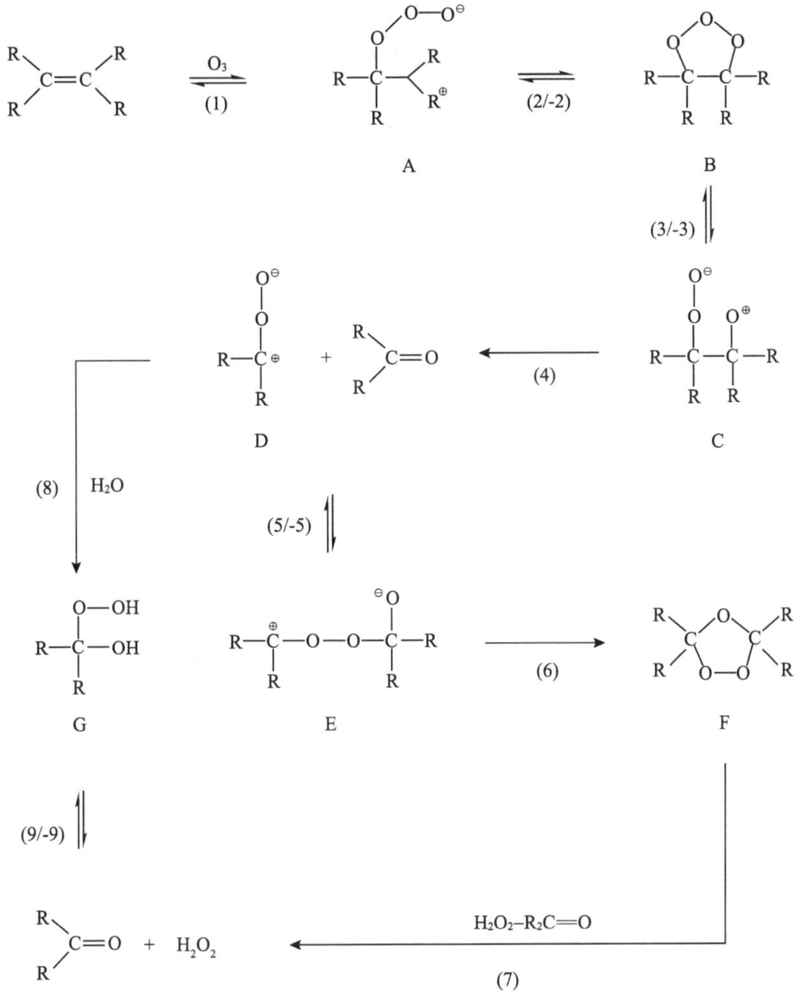

图 6.3　水溶液中 $O_3$ 与烯烃化合物反应的机制[11]

先与烯烃结合形成 π-配合物，然后转变为两性离子 σ-配合物 A(反应 1)。第一种两性离子 A 在溶液中形成初级臭氧化物 B(反应 2)。初级臭氧化物 B 是一种不稳定的环状三氧化物。在有机溶剂中，通常分解为 Criegee 臭氧化物 F。为了解释它们的形成，假设主要的臭氧化物 B 以非均相方式断裂一个 O—O 键并生成第二种两性离子 C(反应 3)，进一步分解为羰基化合物和第三种两性离子 D(反应 4)。在非活性有机溶剂中，羰基化合物和两性离子 D 可通过第四种两性离子 E 结合生成 Criegee 臭氧化物(反应 5 和 6)。两性离子 D 的证据已通过与外来羰基化合物的交联反应获得。Criegee 臭氧化物 F 与水反应，产生 2 mol 羰基化合物和 1 mol $H_2O_2$(反应 7)。当水为溶剂时，这四种两性离子都有机会与水反应，与其他反应竞争。其中第三种两性离子 D(反应 8)的机会最大，因为其加成到羰基化合物中产生两性离子 E(反应 5)的反应很可能远远慢于反应 2、反应 4 和反应 6，它们是简单的电荷结合和断裂反应。反应 8 中形成的羟基过氧化物 G 在水中不稳定，通常与相应的羰基化合物和 $H_2O_2$ 平衡(反应 9)。

2. 芳香族化合物

Lim 等总结了 $O_3$ 氧化芳香族化合物的三个主要途径，包括氧加成、电子转移和 Criegee 型机制[14]。其中，最常见的反应是氧加成到环上(i 路径)。对于具有高 $k(O_3)$ 的活化芳香族化合物(如苯酚)，$O_3$ 加合物的形成发生在邻位/对位，这具有较高的电子密度。然后 $O_3$ 加合物会失去 $^1O_2$ 并形成羟基化产物。对苯二酚和儿茶酚是通过该路径氧化酚盐的主要产物。对于苯胺，主要产物是对羟基苯胺和邻羟基苯胺，所有羟基苯胺的总量占初始苯胺的 40%。

第二种路径是电子转移(ii 路径)。目前尚不清楚这是通过臭氧加合物形成还是直接电子转移发生的。酚盐与臭氧反应生成酚自由基，其可以进一步反应生成苯醌。偶联产物(4,4-二羟基联苯)是实验室实验中高浓度苯酚的产物。类似的二聚产物是从苯胺中推测出来的，如 2-氨基-5-苯胺基-苯并醌-苯胺和 2,5-二苯胺基-对-苯并醌-亚胺，这仅在高初始浓度的苯胺存在下才会出现。

类似于烯烃化合物，$O_3$ 与芳香族化合物的反应也能经历 Criegee 机理，即开环并形成含羰基的脂肪族产物，如黏康酸[15]。在 $O_3$ 与苯甲醚、1,2-二甲氧基苯和 1,3,5-三甲基苯的反应中也观察到了类似的产物。2-吡啶-羧酸是一种从苯胺臭氧化反应中检测到的 Criegee 型产物，但不能确定 $O_3$ 是其形成的原因，因为该研究中没有猝灭$^{\bullet}OH$。

3. 含氮化合物

$O_3$ 作为亲电试剂与含氮化合物发生加成反应。吸电子基团、脂肪胺的质子化、氮原子的络合均会降低反应速率(表 6.2)。含氮化合物主要包括脂肪胺、苯胺和含氮杂环化合物。

对于含氮杂环化合物，其通过各种类型的机制与 $O_3$ 发生反应，主要是反应 i 路径，即通过断裂碳碳双键开环(Criegee 型机制)。结果，形成了具有两个羰基的开环初级产物，随后经历后续反应。它们易受 $O_3$ 氧化进一步转化，形成通常具有较短链长的次级产物。例如，$O_3$ 氧化喹啉产生次级产物喹啉酸，产率为 65%[16]。在极少数情况下，开环产物会完全碎裂而没有进一步的氧化。一个典型的例子是咪唑，它通过单一 $O_3$ 攻击分别转化为甲酰胺、氰酸盐和甲酸盐，转化率为 100%[17]。而且，开环产物也容易发生分子内环化，导致形成具有较小环尺寸的产物作为母体杂环化合物。此外，$O_3$ 还能通过路径 ii 与含氮杂化化合物或攻击其杂原子发生氧加成到苯环上或杂原子上。

所有类型的脂肪胺(伯胺、仲胺和叔胺)都能以高产率转化为含 N—O 键的产物(如硝基烷烃、*N*-氧化物和硝酸盐)。这表明脂肪胺主要通过氧转移路径与 $O_3$ 反应。高产量的 $^1O_2$(氧转移路径的副产物)和量子化学计算的吉布斯自由能提供了额外的证据，这些吉布斯自由能有利于氧转移而不是电子转移路径[18]。此外，苯胺与 $O_3$ 的反应机制类似于芳香族化合物与 $O_3$ 的反应机制。

4. 有机硫化合物

$O_3$ 与有机硫化合物的反应主要是通过氧转移反应路径，其中亚砜是最常报道的官能团产物[式(6.25)]。例如，发现甲硫氨酸的臭氧化可将硫醚转化为相应的亚砜作为定量产物[19]。

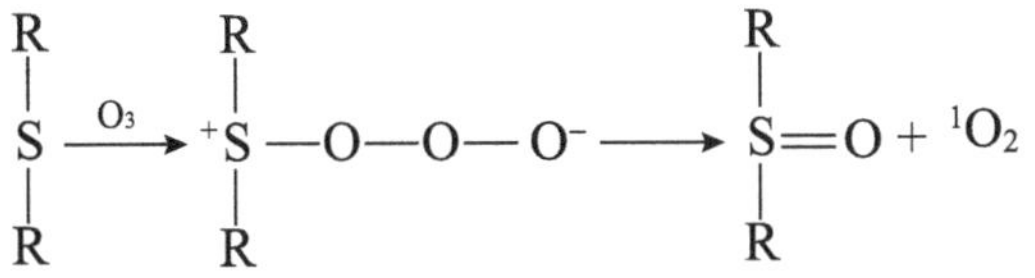

$$\mathrm{R_2S} \xrightarrow{O_3} \mathrm{R_2S^{+}{-}O{-}O{-}O^{-}} \longrightarrow \mathrm{R_2S{=}O} + {}^1\mathrm{O_2} \tag{6.25}$$

5. 含 C—H 基团的化合物

富含 C—H 基团的化合物与 $O_3$ 的反应主要包括三种：①脱氢反应；②氢转移反应；③插入反应。在水溶液中，还可能存在电子转移反应。C—H 基团的化合物主要包括烷烃、醇、醛、酮、羧酸、碳水化合物。$O_3$ 对这类化合物具有较低的反应活性，部分二级反应速率常数提供在表 6.2。然而，$O_3$ 易于攻击碳碳双键、芳环等不饱和键，反应速率较快，因此 $O_3$ 与有机物的直接反应具有选择性。研究结果表明，$O_3$ 对不同种类的有机官能团发生直接反应的选择优先性如下：链烯烃 > 胺 > 酚 > 多环芳烃 > 醇 > 醛、酮 > 链烷烃[20]。在 $O_3$ 直接氧化处理有机废水时，大分子有机物会被氧化成 $O_3$ 难降解的小分子醛、酮、羧酸类有机物并逐渐累积，使得单独 $O_3$ 氧化表现出低矿化能力的特征。

## 6.4.2　臭氧间接氧化

利用 $O_3$ 在水中发生自分解产生具有强氧化性的活性自由基(如 $^{\bullet}OH$、$O_2^{\bullet-}$ 等)，以实现有机污染物降解的过程称为臭氧间接氧化。该氧化反应是一种无选择性且反应速率较高的反应，主要利用 $^{\bullet}OH$ 与有机物之间的加成反应、脱氢反应或电子转移反应等反应类型以实现对有机物的降解与矿化。$^{\bullet}OH$ 的氧化还原电位为 1.9～2.7 V，高于 $O_3$，与大多数有机物的反应速率常数达到 $10^8$～$10^9$ L/(mol·s)，反应较为迅速[21]。同时发现，$O_3$ 与 $OH^-$ 反应生成 $HO_2^-$ 的速率较慢[70 L/(mol·s)]，是进一步产生 $^{\bullet}OH$ 的速率控制步骤，因此溶液 pH 对该反应过程具有较大的影响。$O_3$分解产生$^{\bullet}OH$的速率随 pH 的升高而加快；通常认为 pH 小于 4 时，$O_3$基本不分解，而当 pH 大于 10 时，间接氧化路径($^{\bullet}OH$)占主导作用。同时，$^{\bullet}OH$ 能够几乎无选择地降解所有有机污染物，从而提高其降解效率和矿化度。因此，将 $O_3$转化为氧化能力更强的$^{\bullet}OH$是强化 $O_3$氧化净水的主要思路。

## 6.5 臭氧高级氧化技术

通过上述分析得出，臭氧化技术能够直接氧化去除有机污染物，与大多数有机物的二级反应速率常数为 $10^0$～$10^3$ L/(mol·s)。该过程无二次污染，使其在水处理领域有较广泛的应用。近年来，臭氧发生器性能不断改善，除氧气外，空气也可作为产生 $O_3$ 的来源，这在一定程度上降低了运行成本。然而，该技术也存在一些弊端，例如，$O_3$ 在水中的溶解度和稳定性较差，使其在使用过程中利用效率较低，导致废水处理成本增加；同时单独 $O_3$ 处理具有较强的选择性，特别是 $O_3$ 对一些单键或强极性有机物(如硝基苯、布洛芬、氯苯)的氧化能力很弱，而且累积的羧酸、酮等中间产物很难被 $O_3$ 进一步氧化，导致矿化不够彻底；$O_3$ 氧化有机物可能产生毒性中间产物，引发水环境风险，特别是对于含溴废水，$O_3$ 氧化过程会形成大量剧毒的溴酸盐。这些弊端在一定程度上阻碍其大规模实际应用。

1973 年，Hewes 和 Davinson 发现在 Fe(Ⅱ)、Mn(Ⅱ)、Ni(Ⅱ)、Co(Ⅱ)存在的情况下，臭氧化中总有机碳的去除率增加[22]。自此以后，研究人员进行了大量研究以寻找提高臭氧化效率的方法。基于此，利用高温、高压、光、电、催化剂等外部条件强化 $O_3$ 分解，使其生成氧化活性物种，如$^{\bullet}OH$、$O_2^{\bullet-}$和 $^1O_2$ 等，进而与水中有机物作用并转化为小分子中间产物甚至矿化为二氧化碳和水。因此，研究学者通过将 $O_3$与其他技术结合来强化水中 $O_3$分解以产生$^{\bullet}OH$ 等活性物种，典型的基于 $O_3$ 的高级氧化技术包括：UV/$O_3$、$H_2O_2$/$O_3$、电催化/$O_3$、超声/$O_3$，以及催化臭氧化等。其中，催化臭氧化已成为研究主流，这是由于其具有操作简单、反应高效和成本低等特征。

### 6.5.1 紫外/臭氧技术

臭氧化的降解性能通过 UV 照射得到改善，该过程称为光解臭氧化或光臭氧化(UV/$O_3$)，是一种典型的高级氧化技术。$O_3$ 在 UV 照射下最大吸收波长为 260 nm，摩尔吸收系数为 3300 L/(mol·s)[23]。UV/$O_3$ 是氧化有机污染物的有效替代方案，因为可能发生三种相互作用：直接臭氧化、光解以及通过臭氧-$H_2O_2$ 形成的活性自由基。Peyton 和 Glaze 探究了 UV/$O_3$ 工艺降解几种有机污染物的性能与机制[24]。结果发现，UV 和 $O_3$ 之间具有协同作用，反应机理可概括为：在 UV 照射下（$\lambda$ < 300 nm），溶液中 $O_3$ 分子与水反应生成 $H_2O_2$，进一步在 UV 照射下会分解为$^{\bullet}OH$，同时 $O_3$ 与 $H_2O_2$ 也反应产生$^{\bullet}OH$[式(6.26)～式(6.27)]。Rao 和 Chu 对比了 UV、$O_3$ 和 UV/$O_3$ 工艺对水中利谷隆的降解效果[25]。结果表明，UV/$O_3$ 工艺对利谷隆的降解速率分别是单独 UV 和 $O_3$ 的 3.5 倍和 2.5 倍。在 100 min 内，单独 UV 工艺未观察到 TOC 去除，以及臭氧化过程中去除 TOC 仅约 15%，然而使用 UV/$O_3$ 工艺实现了～80%的矿化。动力学模型研究结果表明 UV 光解、臭氧化和$^{\bullet}OH$ 氧化三种作用共同贡献 UV/$O_3$ 工艺中有机物降解的主要路径。此外，UV/$O_3$ 工艺在降解有机废水和提高其可生化性方面具有显著效果。

$$O_3 + H_2O + h\nu \longrightarrow H_2O_2 + O_2 \tag{6.26}$$

$$H_2O_2 + h\nu \longrightarrow 2\,^{\bullet}OH \tag{6.27}$$

### 6.5.2　过氧化氢/臭氧技术

$H_2O_2$ 作为一种常见的氧化剂经常用于臭氧高级氧化技术中。$H_2O_2$/$O_3$ 组合工艺是饮用水处理和水回用的成熟工艺之一，也称为过氧化工艺。在过氧化工艺中，$O_3$ 与 $H_2O_2$ 的反应符合二级动力学反应，然而该反应速率极慢[< 0.01 L/(mol·s)]，基本可以忽略，而与去质子化的 $H_2O_2$($HO_2^-$)反应迅速。这种行为与 $O_3$ 和 $H_2O/OH^-$ 组合类似，只与离子态物质反应，$HO_2^-$与 $O_3$ 的反应产生$^{\bullet}OH$，在 pH 为 11.8 时可达到 $9.6 \times 10^6$ L/(mol·s)，极大地提高了$^{\bullet}OH$ 的产率，同时生成的 $O_2^{\bullet-}$能够继续引发 $O_3$ 分解生成更多的$^{\bullet}OH$[26]，它们的详细反应过程见式(6.28)～式(6.32)。值得注意的是，在该体系中，假设 1 mol $H_2O_2$ 和 2 mol $O_3$ 反应形成 2 mol $^{\bullet}OH$，因此 $O_3$ 与$^{\bullet}OH$ 是 1∶1 的计量关系。Fernandes 等[27]评估了不同氧化工艺对挥发性有机物处理的经济效益。如表 6.3 所示，从药剂和能耗费用来看，工艺处理成本遵循 PDS > PMS > $O_3$ > $H_2O_2$ > $H_2O_2$/$O_3$。特别是相比于 $H_2O_2$/$O_3$，使用的 PDS 的处理成本增加了两个数量级，而且处理效率远不及 $H_2O_2$/$O_3$ 工艺。目前，$H_2O_2$/$O_3$ 工艺已被用于饮用水、城市污水、印染废水、造纸废水、农药废水、医院废水和石油化工废水的处理。

$$O_3 + H_2O_2 \longrightarrow H_2O + 2O_2 \quad k < 0.01\,\text{L/(mol}\cdot\text{s)} \tag{6.28}$$

$$H_2O_2 \longrightarrow HO_2^- + H^+ \quad \text{p}K_a = 11.8 \tag{6.29}$$

$$O_3 + HO_2^- \longrightarrow {}^{\bullet}OH + O_2 + O_2^{\bullet-} \tag{6.30}$$

$$O_3 + O_2^{\bullet-} \longrightarrow O_3^{\bullet-} + O_2 \quad k \approx 10^9\,\text{L/(mol}\cdot\text{s)} \tag{6.31}$$

$$O_3^{\cdot-} + H_2O \longrightarrow {}^{\cdot}OH + OH^- + O_2 \tag{6.32}$$

**表 6.3　不同工艺对挥发性有机物氧化的处理成本统计**[27]

| 工艺 | 温度(℃) | 有效处理时间(min) | 有效氧化剂剂量(g) | 药剂价格($) | 能量消耗(kJ) | 耗能费用($) | 总费用($) | 处理成本($/L) |
|---|---|---|---|---|---|---|---|---|
| $H_2O_2$ | 40 | 181.5 | 62.23 | 0.09 | 871.2 | 0.03 | 0.12 | 0.02 |
| $O_3$ | 40 | 357.6 | 69.38 | — | 9655.2 | 0.30 | 0.30 | 0.06 |
| $H_2O_2/O_3$ | 40 | 30 | $O_3$ 5.82；$H_2O_2$ 12.05 | 0.02 | 954 | 0.03 | 0.05 | 0.01 |
| PDS | 40 | 181.5 | 217.79 | 8.87 | 871.2 | 0.03 | 8.90 | 1.78 |
| PMS | 70 | 120 | 46.08 | 2.61 | 576 | 0.02 | 2.63 | 0.52 |

尽管在水处理中过氧化工艺日趋成熟，但仍存在诸多问题。①目前使用的臭氧发生器大多数是利用纯 $O_2$ 作为氧源制得高纯度 $O_3$，但转化效率有限，排出气氛中 $O_2$ 占比达 99%以上，造成资源浪费。②$H_2O_2/O_3$ 体系受溶液 pH 的影响较大，这是由于 $O_3$ 主要与 $HO_2^-$而不是 $H_2O_2$ 反应，然而 $H_2O_2$ 的 $pK_a$ 值为 11.8，导致过氧化工艺仅能在碱性或偏碱性溶液中表现出较高的$^{\cdot}OH$ 生成速率。研究表明，在 pH 11 条件下 $H_2O_2/O_3$ 的表观速率常数为 $1.5 \times 10^6$ L/(mol·s)，远高于在 pH 3.0 条件下的表观速率常数[ < 0.01 L/(mol·s)]。此外，一些大分子有机物降解过程中，会生成羧酸等有机酸中间产物，导致溶液 pH 降低，同样造成过氧化工艺的处理效率下降。③$O_3$ 与 $H_2O_2$ 的投加量难以确定，在一定范围内增加 $H_2O_2$ 可以促进$^{\cdot}OH$ 的产生，但过量的 $H_2O_2$ 会猝灭$^{\cdot}OH$，影响有机物的去除率。④高活性的 $H_2O_2$ 极不稳定，给运输和储存过程带来极大的安全隐患，同时溶液中残留的 $H_2O_2$ 在排放到环境水体前也需要处理。这些问题都限制了 $H_2O_2/O_3$ 技术的发展。

### 6.5.3　电催化臭氧技术

电化学高级氧化法通常以石墨、铂片、二氧化钛、氧化铅、钛合金等材料作为阳极。近年来还采用掺硼金刚石(BDD)作为阳极，电解液通常为氯化钠或者硫酸盐。通常评价电化学高级氧化技术的操作参数为电极材料、电解质、外加电流电压以及溶液 pH 等。2005 年，Kishimoto 等首次将 $O_3$ 和电化学技术耦合以降解有机污染物，结果发现两者耦合具有协同效应，能够显著提升 4-氯苯甲酸的降解[28]。从此，电催化臭氧技术得到广泛研究，是一种新型的高级氧化技术。电催化臭氧高级氧化技术中的耦合作用是通过以下三个路径实现的：①电化学还原 $O_3/O_2$ 混合气体中的 $O_2$ 通过两电子还原过程在阴极原位生成 $H_2O_2$[式(6.33)]，进而加快 $O_3$ 分解为$^{\cdot}OH$，该过程避免了 $H_2O_2$ 在生产、储存、运输、装卸等方面的危险；②$O_3$ 分子在阴极得到一个电子生成 $O_3^{\cdot-}$[式(6.34)]，其可以通过式(6.35)进一步生成$^{\bullet}OH$；③电化学还原 $O_2$ 过程中，一些如掺硼金刚石、二氧化锡等阳极材料表面可直接分解水为$^{\bullet}OH$，由于其惰性表面和高氧过电位，从而强化降解有机污染物。

$$O_2 + 2H^+ + 2e^- \longrightarrow H_2O_2 \tag{6.33}$$

$$O_3 + e^- \longrightarrow O_3^{\bullet -} \tag{6.34}$$

$$O_3^{\bullet -} + H_2O \longrightarrow {}^{\bullet}OH + O_2 + OH^- \tag{6.35}$$

同时，电极类型对电催化臭氧化工艺的性能和机制有影响。例如，仅通过单独臭氧化几乎无法去除 TOC(以草酸作为 TOC 来源)，相比之下，使用 Pt 阳极和不锈钢阴极进行电解 2 h 后 TOC 去除了 34.6%[29]，对应于草酸可以在电解过程中 Pt 阳极处发生电化学矿化。当进一步采用臭氧协同电催化时，TOC 去除率提升到 70.2%。该结果符合先前的研究，即臭氧化和电解耦合时，特别是电催化臭氧化工艺对 TOC 消除具有显著协同作用。值得注意的是，当阴极电极由不锈钢电极更换为聚四氟乙烯碳电极时，TOC 去除率在 1 h 内增加到 95.3%。他们解释为当聚四氟乙烯碳电极用作阴极时，其能在电催化臭氧化过程中利用 $O_2$ 产生大量的 $H_2O_2$，从而与 $O_3$ 反应提升$^{\bullet}OH$ 产量以强化降解污染物。考虑到电极类型的影响，他们也将阳极电极由 Pt 电极替换为 BDD 电极，因为 BDD 比 Pt 具有更大的氧过电位，导致电池平均电压从约 7.8 V 增加到约 10.2 V(电流为 400 mA)。结果表明，当 Pt 或 BDD 用作电解和电催化臭氧化工艺中的阳极时，TOC 的去除率几乎相同。然而，对于 $O_3$ 电解过程，使用 BDD 作为阳极(2 h 去除 97.6%)比使用 Pt 电极(2 h 去除 70.2%)更快去除 TOC。该结果表明，阳极的类型也对臭氧化和电解联合工艺中的 TOC 消除产生复杂影响。进一步的深入探究揭示了使用 Pt 或 BDD 电极降解草酸的机制差异性：当 Pt 用作阳极时，草酸在吸附到阳极表面后主要通过直接电子转移被氧化[式(6.36)和式(6.37)]；而当 BDD 用作阳极时，草酸主要被水分解产生的$^{\bullet}OH$ 氧化。

$$HC_2O_4^- \longrightarrow HC_2O_{4(ads)}^- \tag{6.36}$$

$$HC_2O_{4(ads)}^- \longrightarrow 2CO_2 + H^+ + 2e^- \tag{6.37}$$

此外，针对电催化臭氧耦合体系中存在的两个技术难题，包括臭氧利用效率低和传质效率低，近年来开发了三维电极臭氧耦合氧化体系并证实具有更好的应用前景。例如，赵纯课题组引入颗粒活性炭或零价铁颗粒作为粒子电极，并构建了三维电极臭氧耦合氧化体系，其能有效强化硝基苯的降解并且在循环多次后仍保持高性能[30]。他们解释为颗粒活性炭可以通过极化作用的内部电子聚集和碰撞阴极表面两种方式补充电子，从而保持稳定的催化活性，免受 $O_3$ 与自由基氧化的破坏；而在电场作用下，零价铁颗粒能够高效分解，产生大量高催化活性的铁氧化物，维持体系稳定的污染物去除效能。

### 6.5.4 均相金属催化臭氧化技术

通过投加催化剂强化臭氧化技术中活性自由基的生成速率和生成量，进而提高水中有机污染物的去除效率和臭氧的利用率。该技术具有反应迅速、流程简单、氧化能力强和环境友好的特性。随着催化臭氧化技术的发展，近年来已广泛应用于饮用水净化和生物难降解废水深度处理等领域。

根据催化剂的类型，催化臭氧化可分为均相催化臭氧化和非均相催化臭氧化。在均相催化臭氧化中，以过渡金属离子[如 Mn(Ⅱ)、Fe(Ⅱ)、Fe(Ⅲ)、Cu(Ⅱ)、Co(Ⅱ)、Ce(Ⅲ)、Ag(Ⅰ)、Cr(Ⅲ)等]作为催化剂促进 $O_3$ 分解。所用过渡金属的性质不仅决定了反应速率，还决定了选择性和臭氧消耗量。例如，Guo 等[32]报道了基于不同过渡金属离子的均相催化臭氧化体系对 $O_3$ 分解和 $^{\bullet}OH$ 生成的效能影响。结果证实，添加不同的过渡金属离子在不同程度上增强了 $O_3$ 分解为 $^{\bullet}OH$ 的动力学过程和产率，并且它们在合成溶液中的催化活性遵循 Fe(Ⅱ) > Mn(Ⅱ) > Cu(Ⅱ) > Fe(Ⅲ) > Zn(Ⅱ) > Ni(Ⅱ) > 未添加 > Co(Ⅱ) > Ti(Ⅱ)；在地表水中也是类似的趋势，其中 Co(Ⅱ)和 Ti(Ⅱ)的引入相比于对照组(未添加 $O_3$)也能强化提升 $^{\bullet}OH$ 产率。

均相催化臭氧化技术不仅可以提高水中有机污染物的去除率，而且强化提升其矿化能力。例如，Wu 等[33]探究了在鼓泡塔反应器中均相催化臭氧化降解活性红 2 染料的效能。结果发现，在 0.6 mmol/L 过渡金属离子存在下，催化性能显著提升并遵循 Mn(Ⅱ) (3.295 $min^{-1}$) > Fe(Ⅱ) (1.299 $min^{-1}$) > Fe(Ⅲ) (1.278 $min^{-1}$) > Zn(Ⅱ) (1.015 $min^{-1}$) > Co(Ⅱ) (0.843 $min^{-1}$) > Ni(Ⅱ) (0.822 $min^{-1}$) > 未添加 (0.481 $min^{-1}$)。相应的 TOC 去除率按照 Mn(Ⅱ) (23%) > Fe(Ⅱ) (14%) > Fe(Ⅲ) (16%) > 未添加(13%)的顺序增加。

后续研究者又深入解析了均相催化臭氧化体系的反应机制，该体系中有机物的强化降解的主要反应机理包括如下两种路径。

(1)过渡金属离子引发链式反应，促进 $O_3$ 分解生成 $^{\bullet}OH$ 等活性物种以响应有机物降解。

一般，金属催化 $O_3$ 分解的机理可以用式(6.38)～式(6.41)表示。这种机制与芬顿反应的机制非常相似，其中过渡金属离子与 $O_3$ 反应或促进其分解为 $^{\bullet}OH$，从而提升污染物降解。还原金属离子的再生是通过 $O_3$ 分解过程中形成的 $HO_2^{\bullet-}$ 氧化作用发生的。

$$M^{n+} + O_3 + H^+ \longrightarrow M^{(n+1)+} + {}^{\bullet}OH + O_2 \tag{6.38}$$

$$O_3 + {}^{\bullet}OH \longrightarrow O_2 + HO_2^{\bullet-} \tag{6.39}$$

$$M^{(n+1)+} + HO_2^{\bullet-} + OH^- \longrightarrow M^{n+} + H_2O + O_2 \tag{6.40}$$

$$M^{n+} + {}^{\bullet}OH \longrightarrow M^{(n+1)+} + OH^- \tag{6.41}$$

需要注意的是，根据式(6.41)，当添加的过渡金属离子过量时，其能捕获产生的$^{\bullet}$OH，导致效能下降，因此催化剂用量的优化对于催化臭氧化过程也至关重要。

Wilde 等[34]探究了 $O_3$ 氧化与 Fe(Ⅱ)/$O_3$ 工艺在不同 pH 和 Fe(Ⅱ)浓度下对医院废水中 $\beta$-受体阻滞剂降解的效能影响。他们发现相比单独 $O_3$ 氧化，Fe(Ⅱ)/$O_3$ 体系能够使医院废水中有机物和芳香类化合物的去除率分别增加 18.5%和 14.5%。同时，pH 是 Fe(Ⅱ)/$O_3$ 工艺中最有效的变量，且不同的氧化机制(直接臭氧化和/或$^{\bullet}$OH)受气液传质控制，然后分别吸附到在酸性和碱性条件下凝聚形成的悬浮颗粒。

(2)过渡金属离子与有机物分子结合形成络合物，然后被 $O_3$ 和其他活性物种氧化。

Pines 和 Reckhow 以对氯苯甲酸为自由基化合物探针，探究了 Co(Ⅱ)/$O_3$ 工艺降解草酸的效能与机理[35]。值得注意的是，草酸基本上不与 $O_3$ 分子反应[0.04 L/(mol·s)]，但与$^{\bullet}$OH 反应迅速[$1.4 \times 10^6$ L/(mol·s)][13,36]。结果发现，痕量的 Co(Ⅱ)(10 μmol/L)能够加速草酸的臭氧化且降解效率随溶液 pH 从 6.7 降低到 5.3 而增加。同时也能有效降解对氯苯甲酸，表明$^{\bullet}$OH 是 Co(Ⅱ)催化草酸臭氧化的主要活性物种，然而体系中加入叔丁醇后，草酸降解和 $O_3$ 分解无明显变化，表明$^{\bullet}$OH 对草酸降解的贡献可以忽略。基于此，他们提出 Co(Ⅱ)催化臭氧化反应路径的第一步是形成 Co(Ⅱ)-草酸盐络合物[式(6.42)]。然后 Co(Ⅱ)-草酸盐络合物被 $O_3$ 氧化形成 Co(Ⅲ)-草酸盐络合物，并进一步在 $O_3$ 作用下分解为 Co(Ⅱ)和草酸根自由基。与游离 Co(Ⅱ)相比，从草酸盐向 Co(Ⅱ)提供部分电子密度可能会增加 Co(Ⅱ)-草酸盐络合物的反应活性。最后，体系中草酸根自由基和中间产物被进一步分解为二氧化碳和水。假设 Co(Ⅱ)、草酸盐和水处于平衡状态，在 pH = 6 时，单草酸钴盐(Ⅱ)($CoC_2O_4^+$)和二草酸钴盐[$Co(C_2O_4)_2^{2-}$]臭氧化的二级反应速率常数分别为(30 ± 9) L/(mol·s)和(4000 ± 500) L/(mol·s)。这些都远大于游离草酸盐臭氧化的反应速率常数[≤ 0.04 L/(mol·s)]。类似的反应机理也被发现在 Beltrán 等的研究中，他们探究了 Fe(Ⅲ)/$O_3$ 工艺降解草酸的效能和机制[式(6.42)～式(6.48)][37]。

$$Co^{2+} + C_2O_4^{2-} \rightleftharpoons CoC_2O_4 \xrightarrow[\downarrow O_3^-]{O_3 \downarrow} CoC_2O_4^+ \xrightarrow[\downarrow Co^{2+}]{} {}^{\bullet}C_2O_4^- \xrightarrow[\downarrow O_2^-, O_3^-, OH^-]{O_2, O_3, {}^{\bullet}OH \downarrow} 2CO_2 \tag{6.42}$$

$$Fe^{3+} + C_2O_4^{2-} \longrightarrow FeC_2O_4^+ \tag{6.43}$$

$$FeC_2O_4^+ + C_2O_4^{2-} \longrightarrow Fe(C_2O_4)_2^- \tag{6.44}$$

$$Fe(C_2O_4)_2^- + C_2O_4^{2-} \longrightarrow Fe(C_2O_4)_3^{3-} \tag{6.45}$$

$$FeC_2O_4^+ + O_3 \longrightarrow Fe^{3+} + 2CO_2 + 2O_3^{\bullet-} \tag{6.46}$$

$$Fe(C_2O_4)_2^- + 2O_3 \longrightarrow FeC_2O_4^+ + 2CO_2 + 2O_3^{\bullet-} \tag{6.47}$$

$$Fe(C_2O_4)_3^{3-} + 2O_3 \longrightarrow Fe(C_2O_4)_2^- + 2CO_2 + 2O_3^{\bullet-} \tag{6.48}$$

基于前人的研究，王建龙课题组总结了均相催化臭氧化系统中的共同特征：①过渡金属离子与污染物形成络合物可能是催化臭氧化的主要反应路径，尤其是对草酸、丙酮酸等一些小分子量酸；②在某些情况下，过渡金属离子的加入还可以促进 $O_3$ 分解和 $^{\bullet}OH$ 生成；③在反应过程中，过渡金属离子被氧化并最终再生为初始形式，保证了催化反应的循环利用；④一些因素，如 pH、金属离子的形态和浓度以及有机污染物类型，可能会影响催化臭氧化路径和均相催化机理[2]。

在实际废水中，如浮选废水或电镀废水，其不仅存在多种有机污染物，生化需氧量和化学需氧量严重偏高，而且还富含各种重金属离子，因此利用 $O_3$ 氧化能实现以废治废的双重目的。过渡金属离子，如 Fe(Ⅱ)、Cu(Ⅱ)、Zn(Ⅱ)、Pb(Ⅱ)和 Co(Ⅱ)，由于矿物的溶解和/或作为浮选活化剂和抑制剂的添加剂，通常与浮选矿浆中的浮选试剂共存。因此，在浮选药剂降解过程中，共存的过渡金属离子很有可能作为催化剂形成均相催化臭氧化体系。基于此，Fu 等评价了均相臭氧化处理浮选废水，其中废水中包含的苯胺浮选捕收剂——二苯胺二硫代磷酸是一种典型的含苯胺和二硫代磷酸基团的浮选捕收剂[38]。结果表明，在所选择的均相催化臭氧化工艺中，Fe(Ⅱ)/$O_3$ 对该废水展现最强的处理效能，且与单独使用 $O_3$ 相比处理效率和矿化效率分别提高了 31.15%和 42.26%。而且，电能消耗效率[即将 1 $m^3$ 污染水中的污染物降解一个数量级所需的电能，以 $kW·h/m^3$ 表示]能够减少 44.15%。固相萃取/气相色谱-质谱联用仪分析表明，两个体系产生的降解中间产物显著不同，而且 Fe(Ⅱ)/$O_3$ 体系能够避免毒性苯胺和苯酚的产生。该研究表明均相催化臭氧化技术在浮选废水甚至重金属/有机复合废水具有应用潜力。

均相催化臭氧化技术虽然操作简便，反应体系传质效率高和催化效率高，但同样存在以下问题：①过渡金属离子的回收再利用非常困难，一般需要考虑后处理设施，增加了该体系的操作复杂性和运行成本；②未回收的金属离子易造成水体二次污染，对人类健康和生态安全造成不利影响；③催化效能受溶液 pH 影响较大，决定了金属离子在水中的存在形态，均相催化臭氧化过程通常需要在酸性条件下进行，而实际废水的 pH 在 6～9 范围内，不利于均相催化剂的实际应用。

### 6.5.5 非均相金属催化臭氧化技术

为了克服均相金属催化剂的不足，研究学者开始大量致力于开发具有高性能和稳定性的固相金属催化剂，即非均相金属催化剂。迄今，在催化臭氧化过程中已经使用了各种类型的非均相金属催化剂，包括零价金属、金属氧化物和负载金属氧化物。本节将讨论这些非均相金属催化剂在催化臭氧化中的性能与机理。

1. 零价金属

零价金属作为活化过氧化氢、过硫酸盐、氧气等化学氧化剂的非均相催化剂，已广泛用于处理有机污染物。其中，零价铁作为一种无毒、储量丰富、成本低、易于生产和回收的强还原剂，广泛用于水中污染物的去除。零价铁在催化臭氧化系统中受到关注。臭氧比氧气具有更高的氧化能力，导致电子从零价铁有效转移到臭氧并产生活性氧物种。赖波课题组报道了微米级零价铁能够有效协同 $O_3$ 降解溶液中的对硝基苯酚，其去除 COD 的效率是两者单独运行效率总和的两倍，甚至优于已报道的催化臭氧化催化剂，如 $MnO_2$ 或 $Al_2O_3$[39]。随后，他们通过多种实验和表征手段提出了微米级零价铁和 $O_3$ 反应的可能机制，主要包括如下四部分：①Fe(Ⅱ)/Fe(Ⅲ)的均相催化臭氧化；②微米级零价铁表面的氧化产物($Fe_3O_4$、$Fe_2O_3$ 或 FeOOH)涉及的非均相催化臭氧化；③类芬顿反应；④吸附和沉淀。

受微米级零价铁催化剂的启发，纳米零价铁由于巨大的比表面积、快速的动力学过程和预期的纳米级效应，作为 $O_3$ 催化剂具有更高的活性。然而，要实现纳米零价铁和 $O_3$ 联合工艺的工业化推广，还需要克服一些局限问题。例如，纳米零价铁的自团聚、快速钝化以及随后的活性失效。同时，该催化剂的悬浮腐蚀产物也需要后续处置。基于此，研究学者开展了纳米零价铁的负载或固定化工作，如使用海藻酸钙珠、沸石和多壁碳纳米管作为载体。例如，Wang 等以水溶性二硅酸盐为改性剂，采用液相还原法制备了一种新型二硅酸盐改性的纳米零价铁[40]。结果发现，相比未改性的纳米零价铁，改性催化剂催化臭氧化工艺能够显著强化喹啉降解的性能、矿化和循环稳定性。具体而言，耦合工艺能够实现在 60 min 内 91.9%的喹啉降解，在 120 min 内 70.4%的总有机碳去除。进一步的研究证实，改性催化剂中富含的[Si—O—Si]—OH 官能团作为金属催化中心能够提升对 $O_3$ 的吸附和分解，从而加强喹啉降解。

此外，构建的零价铁/$O_3$ 工艺也被成功应用于实际工业废水的处理。对于三硝基间苯二酚铅废水，在零价铁添加量为 30 g/L、初始 pH 为 2、$O_3$ 曝气量为 1.0 L/min、反应时间为 120 min 的条件下，该废水的化学需氧量去除率达到 79%，色度显著降低，可生化性从 0.09 提高至 0.53[41]。他们进一步制备了微米级 Fe/Cu 双金属颗粒并对比其催化臭氧化降解对硝基苯酚性能的差异，以微米级零价铁作为对照组[42]。结果发现由于表面零价铜的负载，微米级 Fe/Cu 双金属颗粒的催化活性更高，能够更高效地催化臭氧分解为$^{\bullet}OH$ 以降解对硝基苯酚，并成功将该技术应用于处理弹药生产废水和汽车涂装废水，均取得了良好的处理效果。采用改性铁屑催化臭氧化分别对经过生化处理后的印染废水和造纸废水进行处理，可以进一步去除残留的有机污染物，提高水质。Ma 等[43]研究了单独臭氧化工艺和铁屑催化臭氧化工艺对两种经生化处理后的工业废水(印染废水和造纸废水)处理过程中有机馏分特性和转化率的影响。研究发现，这两种生化处理后的工业废水在总有机碳去除率上的差异主要是由亲水基团降解程度不同造成的。同时，臭氧处理出水中的有机质主要为小分子亲水物质，非常有利于后续的二次生化处理。

零价铜也能催化臭氧化并强化污染物降解。不同类型的零价金属均能强化催化臭氧化效能，且降解苯胺的性能遵循零价铜 > 零价钴 > 零价铁 > 零价铝[44]。Kishimoto 和 Arai 使用 1,4-二噁烷作为自由基探针，讨论了铜离子($Cu^{2+}$)和零价铜($Cu^0$)对水溶液中臭氧化的催化作用。结果表明 $Cu^0$ 催化臭氧化增强了 1,4-二噁烷的去除，而 $Cu^{2+}$没有催化作用。对于 $Cu^0$ 的催化作用，提出了两个引发步骤：氧气和臭氧对 $Cu^0$ 的腐蚀以及 $Cu^0$ 与臭氧的单电子氧化还原反应。不同的是，前者产生亚铜离子($Cu^+$)，后者产生 $Cu^+$和 $O_3^{\bullet-}$。$^{\bullet}OH$ 是由 $Cu^+$与 $O_3$ 的反应以及 $O_3^{\bullet-}$的质子化产生[45]。

此外，零价锌也被用于催化臭氧化，是一种中等活性金属和强还原剂。Wen 等[46]探索了零价锌催化臭氧化以降解邻苯二甲酸二正丁酯的可行性和反应机制。他们发现，在 pH 5.8 条件下反应 10 min 后，单独使用 $O_3$、$O_2$/零价锌和 $O_3$/零价锌对邻苯二甲酸二正丁酯的降解效率分别为 31.2%、12.1%和 98.1%，即使当反应时间延长至 30 min，前两者的降解效率也仅有 46.2%和 19.5%，表明 $O_3$ 与零价锌之间的显著协同效应。有趣的是，构建的 $O_3$/零价锌工艺中零价锌在循环过程中性能反而提升，这归因于反应过程中新形成的氧化锌参与催化臭氧化反应，甚至在实际水体中展现强化提升效能。深入的机理研究表明，有机污染物降解效果的增强主要是由于生成了更多的$^{\bullet}OH$，这是由 $O_3$ 与通过零价锌的单电子转移还原 $O_2$ 衍生的活性中间体($H_2O_2/O_2^{\bullet-}$)反应产生的。随反应时间的延长，零价锌表面发生腐蚀并形成氧化锌，其能够将 $O_3$ 分解为$^{\bullet}OH$。此外，氧化锌和零价锌构成的氧化还原电对，有利于 $O_3$ 分解和$^{\bullet}OH$ 产生，加速了有机物的氧化。不同的是，Zhang 等[47]研究表明 $O_3$/零价锌工艺中是 $O_2^{\bullet-}$而不是$^{\bullet}OH$ 在对氯硝基苯降解中占主导作用。此外，为了缓解零价锌的腐蚀分解和锌离子的大量释放，研究学者也考虑使用载体来稳定零价锌。例如，制备的石墨相氮化碳负载零价锌催化臭氧化性能的增强归因于零价锌、氧化锌和石墨相氮化碳之间的协同作用，以及由于电子和表面性质改性而提高的分散性、增加的比表面积和强烈的电子转移[48]。同时，该非均相催化臭氧化过程涉及复杂的多功能过程和不同的反应物种，如 $O_2^{\bullet-}$、$^{\bullet}OH$ 和 $^1O_2$。

2. 过渡金属氧化物

1)锰氧化物

锰氧化物被认为是有效且经济的催化臭氧化催化剂，主要是由于它们的特殊性质，包括高氧化还原电位、低水溶性、环境友好、易于制造、低成本、多种晶体结构(如 $\alpha$-、$\beta$-、$\gamma$-等)、晶面和氧化态[如 Mn(Ⅱ)、Mn(Ⅲ)、Mn(Ⅳ)等]。在过去的几十年中，包括 $MnO_2$、$Mn_2O_3$ 和 $Mn_3O_4$ 在内的各种锰氧化物已被应用于非均相催化臭氧化过程中的水和废水处理。在各种锰氧化物中，$MnO_2$ 是分解 $O_3$ 和降解有机污染物最有效的催化剂。例如，曹宏斌课题组研究了几种价态可控的锰氧化物(包括 $MnO_2$、$Mn_2O_3$ 和 $Mn_3O_4$)用于催化臭氧化以氧化降解酚类化合物[49]。他们发现，其中 $MnO_2$ 在苯酚降解和矿化过程中均展现最高的催化活性，因为其具有高电子转移能力以及催化剂表面上丰富的氧空位和羟基基团。除了锰氧化物的氧化态外，晶体结构是决定锰氧化物活性的重要因素。例如，他们进一步对比了 6 种不同晶相(包括 $\alpha$-、$\beta$-、$\gamma$-、$\delta$-、$\varepsilon$-和 $\lambda$-)的 $MnO_2$ 催化臭氧降解 4-硝基苯酚的性能，发现其去除效率取决于不同晶相的 $MnO_2$，这关联 Mn 的平均氧化态，其中 $\alpha$-$MnO_2$ 展现最高的催化活性。不同的是，$O_2^{\bullet-}$而不是$^{\bullet}OH$ 被识别作为构建体系的关键活性物种。而且采用水热沉淀合成法制备 $\alpha$-$MnO_2$ 的反应釜体积对其性能也有影响，反应釜的体积越小，$\alpha$-$MnO_2$ 的尺寸长度越短，其催化臭氧化的性能越高[50]。然而，Tong 等[51]研究表明 $MnO_2$ 催化臭氧化的活性与晶相($\beta$-、$\gamma$-)无关，而是取决于有机化合物类型和溶液 pH。

通常，晶面工程可以在催化剂中诱导特定的物理化学性质。这是由于晶面工程催化剂的暴露晶面具有不同的表面原子排列和扭曲的电子结构，因而晶面也影

响 $MnO_2$ 催化臭氧化的活性。基于此，He 等[54]成功制备出不同晶面[(100)、(110)和(310)]的 $\alpha$-$MnO_2$ 催化剂，并成功地用于催化臭氧化气态甲硫醇。他们发现，具有(310)晶面的 $\alpha$-$MnO_2$ 在甲硫醇的催化臭氧化中表现出优于前两者晶面的 $\alpha$-$MnO_2$ 的活性，在 20 min 内实现对甲硫醇(70 mg/L)的完全去除。表征和密度泛函理论计算结果均证明，(310)晶面比其他晶面具有更高的表面能，可以构建氧空位，从而促进 $O_3$ 吸附并活化为中间体过氧物种($O^{2-}$/$O_2^{2-}$)和活性氧物种($O_2^{\bullet-}$/$^1O_2$)用于消除表面附着的甲硫醇。由于活性氧空位的有效循环，甲硫醇在(310)晶面上实现深度氧化，其寿命可延长至 2.5 h 且活性损失有限，而(110)和(100)晶面的 $\alpha$-$MnO_2$ 在 1 h 内失活。

此外，锰氧化物在催化臭氧化中的能力也取决于形貌和结构。Tan 等[55]通过自模板($MnCO_3$ 微球)法合成了三维 $MnO_2$ 多孔空心微球催化剂(包括 $\alpha$-$MnO_2$、$\delta$-$MnO_2$)，并用于催化臭氧化以降解双酚 A。该催化剂由于中空球形结构、介孔壳和明确的内部空隙而表现出优异的吸附和催化活性，导致对双酚 A 的强吸附和 $O_3$ 分子在催化剂上的附着。而且，$\alpha$-$MnO_2$ 多孔空心微球的催化性能优于 $\delta$-$MnO_2$ 多孔空心微球，这归因于前者具有更丰富的晶格氧，其通过产生更多的活性氧化物种来加速 $O_3$ 分解。此外，与单独的臭氧化相比，$\alpha$-$MnO_2$ 纳米管和 $\beta$-$MnO_2$ 纳米线的引入显著加速了苯酚和化学需氧量的去除，其中在 $\alpha$-$MnO_2$ 纳米管存在下苯酚的降解效率高达 94.9%，而在 $\beta$-$MnO_2$ 纳米线/$O_3$ 体系中苯酚的降解和矿化效率分别提高了 38%和 27.1%[56, 57]。

2)铁氧化物

由于其地表丰富、环境友好、可磁性回收、丰富的活性位点和羟基官能团特性，包括 $Fe_2O_3$、$Fe_3O_4$ 和 FeOOH 在内的铁氧化物在非均相催化臭氧化中受到研究关注。尽管 $Fe_2O_3$、$Fe_3O_4$ 和 FeOOH 具有相似的化学组成，但它们的结构和化学性质是不同的。FeOOH 表面具有高密度的羟基基团；$Fe_3O_4$ 表现出超顺磁性；在 $Fe_2O_3$ 表面上富含大量酸性位点。水溶液中铁氧化物的表面很容易通过水分子的解离化学吸附而被羟基化。这些羟基基团可以释放质子并充当布朗斯特酸位点。然而，吸附的水分子也可以解吸，同时形成金属阳离子和配位不饱和氧，分别充当路易斯酸和路易斯碱。因此，化学吸附的羟基决定了铁氧化物/水界面的性质，并在催化臭氧化中与 $O_3$ 和有机物分子相互作用。例如，Yan 等报道了 $O_3$ 在三种铁氧化物表面上的分解行为，结果发现 $O_3$ 被稳定地静电吸附在 $\alpha$-$Fe_2O_3$ 表面的孤立羟基和氢键羟基上，并且由于这些羟基的阻隔而不会与表面 Fe(Ⅲ)发生反应；然而不同的催化机制发生在 $\alpha$-FeOOH 和 $Fe_3O_4$ 上，$O_3$ 吸附在与水竞争的 $\alpha$-FeOOH 和 $Fe_3O_4$ 表面活性中心(路易斯酸位点)上，直接与表面 Fe(Ⅲ)相互作用，主要转化为 $O_2^{\bullet-}$ 和 $^{\bullet}OH$ 并驱动 Fe(Ⅱ)/Fe(Ⅲ)氧化还原循环[58]。此外，Trapido 等研究了不同类型的金属氧化物作为非均相催化剂催化臭氧化以降解间二硝基苯的性能，发现它们的催化能力顺序遵循：$Fe_2O_3 > CoO > MoO_3 > CuO \approx Ni_2O_3 > Al_2O_3 > TiO_2 > Cr_2O_3 \approx MnO_2 \approx O_3$[59]。

与各种铁氧化物相比，FeOOH 因在水中极低的溶解度和更多的路易斯酸位点而备受关注，成为催化臭氧化中很有前途的非均相催化剂。FeOOH 具有多种晶相，包括 $\alpha$-FeOOH、$\beta$-FeOOH、$\gamma$-FeOOH 和 $\delta$-FeOOH，已被广泛用于催化臭氧化以降解污染物。催化臭氧化的优异性能归因于它们的组成和晶体结构的差异。例如，由于 $\alpha$-FeOOH 丰富的羟基基团，其催化臭氧化降解砂土中邻苯二甲酸二乙酯的性能最强，甚至优于 $\alpha$-$Fe_2O_3$ 和 $\gamma$-$Al_2O_3$ 的活性[61]。Zhang 等[62]研究了 FeOOH 的表面羟基基团与$^{\bullet}$OH 产量之间的关系。结果发现以硝基苯为$^{\bullet}$OH 探针化合物，FeOOH 催化臭氧化的活性遵循 $\alpha$-FeOOH > $\beta$-FeOOH > $\gamma$-FeOOH，与表面 FeO—H 键有关。具体而言，较弱的表面 FeO—H 键导致更强的亲电 H 和亲核 O，其促进表面羟基与 $O_3$ 偶极分子之间的相互作用，从而促进$^{\bullet}$OH 的生成。值得注意的是，表面羟基的密度（$\beta$-FeOOH > $\gamma$-FeOOH > $\alpha$-FeOOH）和催化活性之间没有相关性。Sui 等[63]的工作比较了 $\alpha$-FeOOH 在酸性和中性条件下对草酸臭氧化的催化活性。结果表明，$\alpha$-FeOOH 在 pH 4.0 和 pH 6.0 条件下均可有效促进$^{\bullet}$OH 的形成，导致草酸的催化臭氧化效率提高。在这种情况下，中性状态（Fe—OH）和正电状态（Fe—$OH_2^+$）的羟基基团均是使 $O_3$ 分解为$^{\bullet}$OH 的主要活性位点。磷酸盐对表面羟基的配体交换降低了草酸根离子在 FeOOH 上的吸附和催化臭氧化的活性，有趣的是磷酸盐在催化臭氧化过程中从 FeOOH 中解吸出来，导致其催化活性重新恢复。此外，制备 FeOOH 的铁盐前体类型对其形貌、结构和催化臭氧化活性也有影响。例如，Wang 等利用 $FeCl_3 \cdot 6H_2O$、$Fe(NO_3)_3 \cdot 9H_2O$ 和 $Fe_2(SO_4)_3$ 三种不同铁盐前体制备了 FeOOH 催化剂并用于催化臭氧化以降解布洛芬[64]。他们发现，$Fe_2(SO_4)_3$ 为前体获得的 FeOOH 催化剂具有最强的活性，这归因于其最大的比表面积、更好的传质效率、更多的羟基基团以及催化剂表面的零电荷点（7.12）更接近降解底物布洛芬的 pH（7.05）。

3）铝氧化物

铝氧化物可被视为非均相催化臭氧化中有机污染物降解矿化的合适替代催化剂，包括 $Al_2O_3$ 和 AlOOH。Qi 等[65]制备了三种铝氧化物（$\alpha$-$Al_2O_3$、$\gamma$-$Al_2O_3$ 和 $\gamma$-AlOOH），并考察了它们催化臭氧化降解 2,4,6-三氯苯甲醚的效能。结果表明，三种铝氧化物的活性差异很大并按照 $\gamma$-AlOOH > $\gamma$-$Al_2O_3$ > $\alpha$-$Al_2O_3$ 顺序减小，这由其表面羟基密度和表面布朗斯特酸度决定。较高的表面羟基密度和较强的表面布朗斯特酸性可以显著提高催化活性。此外，他们在另一篇研究中报道了两种铝氧化物（$\gamma$-AlOOH 和 $\gamma$-$Al_2O_3$）催化臭氧化机理的差异性：在 $\gamma$-AlOOH 催化臭氧化中，表面羟基是 $O_3$ 分解为$^{\bullet}$OH 的关键位点，并且$^{\bullet}$OH 主导了 2-异丙基-3-甲氧基吡嗪的降解过程；而对于 $\gamma$-$Al_2O_3$ 催化臭氧化过程，$O_3$ 物理吸附在其表面，随后对污染物降解起重要作用[66]。考虑到 $Al_2O_3$ 的结构特性(如大比表面积、多孔、强路易斯酸性、良好的热稳定性和机械强度)，其在催化臭氧化体系中也作为广泛的载体之一。例如，Chen 等研究了不同类型的负载型 $MnO_x$ 催化剂催化臭氧化氯苯的性能[67]。在所使用的载体中($Al_2O_3$、$TiO_2$、$SiO_2$、$CeO_2$ 和 $ZrO_2$)，$Al_2O_3$ 负载 $MnO_x$ 催化剂具有优异的结构性质、最高的表面吸附氧物种比例、最高的氧化还原能力、较高的表面酸度和最大的 $O_2$ 解吸，进而展现最强的催化臭氧化活性。

4)钴氧化物

钴氧化物也被考虑用于非均相催化臭氧化的非均相催化剂。其中，$Co_3O_4$ 是钴氧化物中的常见形式，其形貌和结构显著影响催化臭氧化的性能。Dong 等[68]以乙酸钴和氨水为原料，通过简单的溶剂热法并控制醇/水比例或原料浓度可实现不同尺寸的 $Co_3O_4$ 纳米颗粒的可控制备。同时，存在 $Co_3O_4$ 纳米颗粒时，催化臭氧化苯酚的降解效率和矿化效率提高，而且随催化剂平均尺寸的减小，催化效能略有增加，这归因于尺寸较小的 $Co_3O_4$ 具有更好的分散性和更大的比表面积。

5)其他金属氧化物

除了以上金属氧化物被用于催化臭氧化研究外，其他金属氧化物，如 CuO[69]、ZnO[70]、MgO[71]、$TiO_2$[72]和 $CeO_2$[73]等也被证实具有催化臭氧化性能。

除了单金属氧化物外，越来越多的混合多金属氧化物受到关注，由于它们通常比单金属氧化物具有更高的催化能力、多金属价态和稳定性。其中，两种典型代表，钙钛矿和尖晶石类氧化物，因其可用性、持久的结构、丰富的金属价态、可控的形貌和各种暴露的结构缺陷而受到越来越多的关注，并在催化臭氧化中具有良好的催化能力[74]。

钙钛矿氧化物，其分子通式为 $ABO_3$，其中 A 位通常代表碱土金属、碱金属或稀土金属的阳离子(以 La 居多)，位于钙钛矿立方体结构的中心，与 12 个 O 配位，起稳定结构的作用；B 位为过渡金属阳离子，位于钙钛矿结构立方体的顶角，与 6 个 O 配位，B 位元素的性质决定催化剂活性，其氧空位数量和晶格氧活动度显著影响催化性能。因此，通过合理替代 A 和/或 B 阳离子并调节化学成分的比例来调整理化性质和电子特性是可行的。迄今，已经研究了镧系钙钛矿氧化物($LaMO_3$，M = Fe、Mn、Co、Cu、Ti 和 Ni)作为非均相催化臭氧化过程中有机污染物降解的有效替代催化剂。例如，Wang 等使用部分 Mn 取代 B 位金属 Fe 合成了 $LaFe_{1-x}Mn_xO_{3-\delta}$ 催化剂，由于丰富的氧空位和较高的 Fe(Ⅱ)/Fe(Ⅲ)和 Mn(Ⅲ)/Mn(Ⅳ)比例，获得具有菱面体结构的 $LaFe_{0.26}Mn_{0.74}O_{3-\delta}$ 表现出优异的催化臭氧化性能和结构稳定性[75]。他们进一步结合表征和理论计算表明氧空位对 $O_3$ 的吸附具有很强的亲和力，通过延长 $O_3$ 中 O—O 键并与低价阳离子[Fe(Ⅱ)和 Mn(Ⅲ)]结合，从而增强电子转移，促进$^{\bullet}OH$、$^1O_2$ 和 $O_2^{\bullet-}$ 活性物种的产生。此外，尽管 A 位金属在钙钛矿结构中起支撑作用，但是部分取代 A 位也能有效强化催化效能。例如，采用溶胶-凝胶法合成了具有不同 A 位的铈掺杂铁酸镧钙钛矿氧化物($La_{1-x}Ce_xFeO_3$)，并将其用作对硝基苯酚矿化的催化臭氧化催化剂[76]。去除 TOC 的催化活性依次为 $La_{0.8}Ce_{0.2}FeO_3$ > $La_{0.4}Ce_{0.6}FeO_3$ > $La_{0.6}Ce_{0.4}FeO_3$ > $La_{0.2}Ce_{0.8}FeO_3$ > $LaFeO_3$，对应降解效率分别为 77%、66%、61%、60%和 56%。$La_{0.8}Ce_{0.2}FeO_3$ 的优异活性可归因于增加的比表面积、更丰富的晶格氧以及加速的 Ce(Ⅲ)/Ce(Ⅳ)和 Fe(Ⅱ)/Fe(Ⅲ)氧化还原循环。

尖晶石金属氧化物(通式为 $AB_2O_4$，其中 A 和 B 是金属离子)与钙钛矿氧化物一样，由于优异的催化活性、多种价态和高稳定性，也被广泛用于非均相催化臭氧化系统中的有机污染物降解。例如，通过自燃烧法成功制备了四种磁性介孔尖晶石铁氧体 $MFe_2O_4$(M = Co、Cu、Ni 和 Zn)并应用于非均相催化臭氧化中实际页岩气产出水的处理[77]。结果表明，磁性介孔尖晶石铁氧体的引入能强化有机废水臭氧化处理的效能，并且它们的催化效率依次为 $CuFe_2O_4$ > $NiFe_2O_4$ > $CoFe_2O_4$ > $ZnFe_2O_4$。而且，可生化性(B/C 比)从小于 0.1 增加到 0.3 以上，可同化有机碳的浓度提高了 5 倍，可同化有机碳与总有机碳的比例可达 8%，突出其实际应用潜力。Zhao 等采用 Mn 掺杂和煅烧法能够进一步提高尖晶石锌铁氧体的表面羟基含量，从而强化提升催化臭氧化的效能[78]。

此外，由于金属氧化物具有低比表面积、易团聚、金属溶出、难以回收利用等特性以及工业应用，使用载体负载金属氧化物是一个可行的策略。影响负载型金属催化剂催化性能的因素主要包括活性组分的种类、载体结构和负载方式等。载体对于负载型催化剂的物理和化学特性都有至关重要的影响，作为载体往往具备以下特点：①足够的机械强度，有一定的耐磨、耐压和抗冲能力；②表面存在多孔结构，利于活性组分的附着、分散，同时对氧化剂或污染物具有一定的吸附作用并提供反应位点(如表面羟基)。同时一些载体颗粒本身也具备催化臭氧的能力，如活性氧化铝、沸石分子筛等；且能与所负载的活性组分相互作用协同催化。目前，设计制备绿色环保、活性高、稳定性好的非均相金属氧化剂及探讨其催化臭氧化有机污染物的机理是目前基于金属氧化物催化剂的主要研究热点。

3. 非均相金属催化臭氧化机理

非均相催化剂不仅可提高 $O_3$ 的传质效率，而且促进分解产生更多的活性物种，从而提高 $O_3$ 的利用效率和氧化能力。非均相催化臭氧化涉及催化剂(固相)、有机物分子(液相)和臭氧分子(气相)三相之间的相互作用，具有多个反应和步骤，并且受多种因素影响，因此很难对其反应过程和催化机理进行详细的研究和理解。非均相催化臭氧化的效率在很大程度上取决于催化剂的性质及其表面结构。总体来说，非均相催化臭氧化对有机污染物的降解主要包括以下三种路径[2]。①由于化学吸附作用，有机物被吸附在催化剂表面，形成具有亲和力的表面螯合剂，与气相或者液相中的 $O_3$ 分子发生直接氧化反应，有时催化剂可以改变吸附络合有机物的分子结构，使其更容易被臭氧化；②$O_3$ 在催化剂表面吸附后，催化剂的表面羟基将 $O_3$ 分解为高氧化性的活性物种(如$^{\bullet}OH$)，进而提高臭氧化效率；③有机物和 $O_3$ 分子都化学吸附于催化剂表面，发生污染物吸附和催化臭氧化的协同作用，使得催化剂表面局部的有机物浓度富集，从而提高催化臭氧化效果。

由于非均相催化臭氧化反应过程复杂、影响因素多等，因此催化机理尚不清晰，仍存在一定的争议性。其中，自由基反应机理是目前研究最广泛的非均相催化臭氧化机理，而自由基产生路径有很多争议，主要包括表面羟基路径、路易斯位点路径、氧空位路径。

1)经典自由基理论

(1)表面羟基路径。

金属或金属氧化物与水分子接触后，吸附的水分子与金属氧化物表面的金属阳离子(路易斯酸位点)发生配位解离并产生表面羟基基团(M—OH)。催化剂表面的羟基基团数量由催化剂的种类和结构性质决定。M—OH 在溶液中的存在形态受溶液 pH 影响；当溶液 pH 高于催化剂零电荷点($pH_{pzc}$)时，表面羟基基团去质子化，以 $M—O^-$形式存在；当溶液 pH 低于催化剂 $pH_{pzc}$ 时，表面羟基基团发生去质子化作用，表面羟基基团以 $M—OH_2^+$形式存在；当溶液 pH 等于催化剂 $pH_{pzc}$ 时，表面羟基基团以 M—OH 中性形式存在[式(6.49)～(6.50)]。表面羟基的密度及其电荷与催化活性密切相关，主要受催化剂 $pH_{pzc}$ 和溶液 pH 的影响[79]。例如，马军课题组提出了不同金属(Zn、Ni 和 Fe)改性陶瓷蜂窝的质子化表面基团催化臭氧化的详细机制[80]。他们表明，表面结合的 $M—OH_2^+$基团，而不是中性羟基(M—OH)，被认为是催化臭氧化活性提高的原因。这些基团通过静电引力和氢键作用与 $O_3$ 相互作用并形成 $M—{}^{\bullet}OH^+$，随后被水分子攻击，导致$^{\bullet}OH$ 生成。

$$M—OH + H^+ \longrightarrow M—OH_2^+ \quad (pH < pH_{pzc}) \tag{6.49}$$

$$M—OH + OH^- \longrightarrow M—O^- + H_2O \quad (pH > pH_{pzc}) \tag{6.50}$$

此外，王建龙课题组总结了金属氧化物(如 FeOOH、MgO、AlOOH 和 $Al_2O_3$)中表面羟基催化臭氧化产生$^{\bullet}OH$ 的机制[式(6.51)～(6.55)]。具体而言，首先，溶解的 $O_3$ 从液相中转移到催化剂表面，然后有机化合物和 $O_3$ 吸附在催化剂表面。之后，吸附的 $O_3$ 与 M—OH 基团结合，在金属氧化物的表面活性位点(如路易斯酸性位点或碱性位点)引发自由基反应，生成游离活性物种，如$^{\bullet}OH$ 和

$HO_3^{\bullet}$，随后可与 $O_3$ 反应生成更多的$^{\bullet}OH$ 或直接攻击有机污染物。由于水分子的吸附是表面羟基理论的主要步骤，因此该理论是水相进行的催化臭氧化反应的主要机理。值得注意的是，$O_3$ 还可以通过静电引力和氢键作用与质子化表面羟基相互作用，产生其他活性物种，如 $O_2^{\bullet-}$。

$$M—OH_2^+ + O_3 \longrightarrow M—{}^{\bullet}OH^+ + HO_3^{\bullet} \tag{6.51}$$

$$M—OH + 2O_3 \longrightarrow M—{}^{\bullet}O_2^+ + HO_3^{\bullet} + O_2 \tag{6.52}$$

$$M—{}^{\bullet}OH^+ + H_2O \longrightarrow M—OH_2^+ + {}^{\bullet}OH \tag{6.53}$$

$$M—{}^{\bullet}O_2^+ + O_3 + H_2O \longrightarrow M—OH + O_2 + HO_3^{\bullet} \tag{6.54}$$

$$HO_3^{\bullet} \longrightarrow {}^{\bullet}OH + O_2 \tag{6.55}$$

(2)路易斯位点路径。

路易斯酸碱理论认为，凡是含有空轨道能接受外来电子对的物质(分子或离子或原子团)，统称为路易斯酸，被广泛认为是金属催化剂的另一类催化活性位点，因为它们的数量与催化活性呈正相关。氨气-程序升温脱附和吡啶-傅里叶变换红外光谱等仪器已广泛用于研究固体催化剂表面路易斯酸位点的数量和性质。

在大多数使用金属催化剂的非均相催化臭氧化研究中，路易斯酸位点是指金属组分，尤其是催化剂表面的过渡金属。当金属催化剂投加到反应水溶液中，它们被水的羟基化过程形成的羟基覆盖。这些羟基占催化剂上总表面羟基的很大一部分。因此，路易斯酸位点有利于产生更多的表面羟基，导致它们在数量上呈正相关。据报道，在非均相催化臭氧化中，路易斯酸位点上的羟基和化学吸附水可以与 $O_3$ 相互作用并产生活性物种[81, 82]。尽管在这些研究中提到了路易斯酸位点作为催化活性位点，但 $O_3$ 分解和转化的反应路径可能与表面羟基作为活性位点的反应路径非常相似，因为金属组分不参与 $O_3$ 的活化过程。例如，Bing 等利用 $Fe_2O_3/Al_2O_3$@SBA-15 催化臭氧化降解布洛芬[83]。表征研究表明，Al—O—Si 是由 $Al^{3+}$取代催化剂表面 Si—OH 基团的氢原子形成的，不仅导致 $Al_2O_3$ 和 $Fe_2O_3$ 在 SBA-15 上的高度分散，而且诱导产生大量的表面路易斯酸位点。当 $O_3$ 吸附在 $Al^{3+}$的路易斯酸性位点($\equiv Al^{3+}$)时，会分解产生$\equiv Al^{3+}$*O(表面氧原子)和 $O_2$，$\equiv Al^{3+}$*O 与水分子继续反应生成吸附态的$^{\bullet}OH$($^{\bullet}OH$*)和 $H_2O_2$。当 $O_3$ 与$\equiv Fe^{3+}$—OH 作用时，发生电子转移使其还原为$\equiv Fe^{2+}$，同时生成 $HO_2^{\bullet}$和 $O_2$。详细反应如式(6.56)～式(6.61)所示。

$$\equiv Al^{3+} + O_3 \longrightarrow \equiv Al^{3+}{*O} + O_2 \tag{6.56}$$

$$\equiv Al^{3+} {*O} + O_3 \longrightarrow \equiv Al^{3+} {*O_2} + O_2 \tag{6.57}$$

$$\equiv Al^{3+} {*O_2} + H_2O \longrightarrow \equiv Al^{3+} {*OH} + HO_2^{\bullet} \tag{6.58}$$

$$HO_2^{\bullet} + HO_2^{\bullet} \longrightarrow H_2O_2 + O_2 \tag{6.59}$$

$$\equiv Fe^{3+}—OH + O_3 \longrightarrow \equiv Fe^{2+} + O_2 + HO_2^{\bullet} \tag{6.60}$$

$$\equiv Fe^{2+} + H_2O_2 \longrightarrow \equiv Fe^{3+} + 2\,{}^{\bullet}OH \tag{6.61}$$

曹宏斌课题组指出路易斯酸位点作为催化位点的两种可能误导作用[79]。①当路易斯酸位点指代金属组分并被识别为催化活性位点时，$O_3$ 活化的特定反应物和反应过程并不完全一致。实际与 $O_3$ 相互作用的可能活性位点是表面羟基或金属组分。值得注意的是，在一些非均相催化臭氧化研究中，路易斯酸位点不是指金属组分，而是指表面吸附的水[84]和质子化的表面羟基[85]，因为这些结构也可以作为电子受体。②路易斯酸位点(指金属)通常与表面羟基的总量呈正相关，它们的数量与催化活性之间的直接相关性在没有进一步实验的情况下无法帮助区分这两种理论。因此，当提出路易斯酸位点或表面羟基作为非均相催化臭氧化中的活性位点时，基于该策略获得的结论可能会受到质疑。

(3) 氧空位路径。

氧空位($O_V$)是一种二电子供体，通常分布在过渡金属氧化物的表面，是催化臭氧化过程中降解有机污染物的主要因素。某些金属氧化物(如 $Fe_2O_3$、$Al_2O_3$、$TiO_2$、$CeO_2$ 等)中的晶格氧会脱离原有位置，失电子被氧化成 $O_2$，导致氧缺失，原晶格氧的位置就形成了表面 $O_V$。$O_3$ 吸附在催化剂表面并与 $O_V$ 结合，通过电子转移效应形成 $O^{2-}$(空位活性氧物种)和 $O_2$[式(6.62)]。随后，$O^{2-}$与另一个 $O_3$ 末端氧原子反应并接受一个氧原子，生成活性中间体过氧物种($O_2^{2-}$)[式(6.63)]，最后将其还原为 $O_2$ 并释放出氧空位[式(6.64)]。过程中晶格氧与氧空位不断循环转变，使 $O_3$ 不断被分解为活性自由基。由于该理论是富氧环境中占据主导的一种反应过程，因此固体催化剂上的氧空位在气相催化臭氧化中得到了广泛研究，而在废水处理中很少提及。例如，Zhu 等通过真空脱氧法制备了富含高浓度表面氧空位的 $\alpha$-$MnO_2$ 纳米纤维[86]。他们发现通过操控真空脱氧的温度和时间，可以改变催化剂中氧空位的含量和程度，进而决定其催化 $O_3$ 分解的活性。氧空位的形成提高了 Mn(Ⅲ)/Mn(Ⅳ)的比例，改变了催化剂上电荷分布，从而显著提高催化剂表面对 $O_3$ 的吸附和分解。

$$O_3 + O_V \longrightarrow O_2 + O^{2-} \tag{6.62}$$

$$O_3 + O^{2-} \longrightarrow O_2 + O_2^{2-} \tag{6.63}$$

$$O_2^{2-} \longrightarrow O_2 + O_V \tag{6.64}$$

2）表面络合理论

除了自由基氧化外，先前的研究还证实了在非均相催化臭氧化过程中羧酸盐的非自由基氧化降解路径。在一定条件下，水溶液中的有机物与吸附在金属氧化物界面上的 $O_3$ 分子发生反应，生成表面络合物，通过分子间电子转移而没有 $O_3$ 分解来诱导非自由基氧化。非自由基氧化通常发生在催化剂周围区域，通过电子转移过程的直接氧化或附着在催化剂表面的 $O_3$ 解离产物。在这些情况下，添加醇等自由基猝灭剂的影响可以忽略不计。然而，非自由基氧化的降解对 $O_3$ 和有机物在催化剂表面上的吸附行为非常敏感，因为非自由基破坏它们的表面相互作用。与基于自由基的氧化相比，在非自由基氧化过程中，温和氧化有利于富电子有机物的破坏。

非均相催化臭氧化中表面络合反应的可能氧化路径可分为以下三种类型：①有机物化学吸附在催化剂表面并直接与游离 $O_3$ 反应；② $O_3$ 分子化学吸附在催化剂表面，表面-$O_3$ 络合物破坏有机物；③有机物和 $O_3$ 都化学吸附在催化剂表面，有机物通过分子内电子转移降解[79]。

对于表面-有机物络合物的 $O_3$ 氧化（Ⅰ型），催化剂表面对有机物的吸附是限速步骤，因此通过改变溶液 pH，催化剂表面的有机物吸附会极大地影响降解效率。此外，在这些情况下，依赖于表面-有机物络合物和 $O_3$ 分子之间的电子交换的总矿化能力，表明具有很强的氧化电位。由于 $O_3$ 分子直接攻击表面-有机物络合物而不是分解为活性自由基，溶液中溶解的 $O_3$ 浓度可以作为证明这种非自由基氧化存在的指标。例如，Zhang 和 Croué 探究了 $CuO/CeO_2$ 催化臭氧化降解六种不同的抗臭氧氧化探针羧酸盐（即乙酸盐、柠檬酸盐、丙二酸盐、草酸盐、丙酮酸盐和琥珀酸盐）的选择性[87]。结果发现，构建的催化臭氧化体系对羧酸盐的降解具有选择性，其中对含有 $\alpha$-羰基或 $\alpha$-羟基基团（如柠檬酸盐、草酸盐和丙酮酸盐）的羧酸盐可有效降解，但对不含这些基团的羧酸盐（如乙酸盐、丙二酸盐和琥珀酸盐）具有抗降解特性。他们进一步采用傅里叶变换衰减全反射红外光谱法证实了表面-有机物络合物的存在，而且解释选择性是由于铜-羧酸盐络合物的双齿螯合或桥接有利于降解，然而羧酸盐与催化剂活性位点的单齿配位和纯静电吸附不会引发催化降解。而且，催化剂上的双齿配位先于单齿配位。

对于通过表面-$O_3$ 络合物降解有机物（Ⅱ型），Qi 等发现两种铝氧化物（$\gamma$-AlOOH 和 $\gamma$-$Al_2O_3$）催化臭氧化机理的差异性：在 $\gamma$-AlOOH 催化臭氧化中，表面羟基是 $O_3$ 分解为$^{\bullet}OH$ 的关键位点，并且$^{\bullet}OH$ 主导了 2-异丙基-3-甲氧基吡嗪的降解过程；而对于 $\gamma$-$Al_2O_3$ 催化臭氧化过程，$O_3$ 物理吸附在其表面，随后对污染物降解起重要作用[66]。值得注意的是，由于同时存在自由基氧化，这种表面-$O_3$ 络合物的真正矿化能力仍然难以捉摸。表明表面-$O_3$ 络合物在降解不饱和有机物方面获得了中等氧化电位，但它们不能进一步矿化脂肪酸。

吸附的有机物能够通过分子内电子转移过程从形成的桥接或络合结构中吸附的 $O_3$ 氧化分解(Ⅲ型)。在此过程中，催化剂表面更可能充当电子隧道以加速电子传输。$O_3$ 和有机物在催化剂表面的吸附受上述提及的非自由基机理中的原理支配。例如，Ma 等通过氧化沉淀法制备了 Mn-Co-Fe 金属氧化物复合物并探究其催化臭氧化降解硝基苯的性能与机制[88]。他们发现该非均相催化臭氧化过程主要遵循涉及吸附 $O_3$ 和有机物分子的表面反应机制。催化剂对硝基苯的矿化表现出最高的催化活性和稳定性，由于其对 $O_3$ 和降解中间产物具有适当的吸附能力，有利于表面反应。

尽管在各种金属氧化物催化剂上的非均相催化臭氧化涉及不同的臭氧化机制，但催化剂的催化臭氧化效率在很大程度上取决于它们的表面性质以及溶液 pH，后者在水溶液中表面活性位点和 $O_3$ 分解反应中占主导作用。在臭氧化过程中选择催化剂时，必须优先考虑金属氧化物催化剂的物理化学性质，包括晶体尺寸、比表面积、晶相、表面基团甚至表面活性位点。此外，先进的表征仪器或理论计算应该考虑进一步探究构建体系的内在反应机理。

### 6.5.6 碳催化臭氧化

在过去的二十年里，碳催化臭氧化工艺因环境友好、易于实施和高效/选择性等优势，碳材料已成为环境修复中传统过渡/贵金属催化剂的有力替代品。迄今，各种碳质材料，包括大块碳(如活性炭、生物炭和碳纤维)和新型结构纳米碳(如碳纳米管、石墨烯基材料和三维多孔纳米碳)已应用于非均相催化臭氧化。碳催化臭氧化避免了金属溶出问题，具有较强的氧化能力。此外，灵巧易调的表面化学性质和碳质材料的大比表面积提供了一个先进的平台来构建和操纵表面工程活性位点，如缺陷、表面功能、杂原子掺杂剂和锚定金属物种。因此，具有优化的物理化学和电子特性的工程碳质材料刺激 $O_3$ 活化以诱导自由基或非自由基反应路径，其在实际废水处理中具有巨大的应用潜力。

1. 活性炭

活性炭是最早用于催化臭氧化的碳质材料。由于其大比表面积、孔隙率和可操作的表面功能化，活性炭既能促进 $O_3$ 分解为$^{\bullet}OH$，又能吸附水中有机污染物及其降解产物，从而强化提升构建体系对污染物的去除能力。Beltrán 和 Rivas 报道了活性炭作为臭氧催化剂的活性几乎等效于氧化铝负载金属(如 Ti、Fe)的活性，同时避免了金属溶出问题[90]。Rivera-Utrilla 和 Sánchez-Polo 探究了具有不同理化性质的活性炭催化臭氧化体系对 1,3,6-萘三磺酸钠的矿化能力[91]。结果表明，在活性炭存在的情况下，1,3,6-萘三磺酸钠能以更快的速度被 $O_3$ 降解，表现出活性炭的催化活性，且活性炭表面的碱性和较大的大孔体积似乎有利于这些催化性能。值得注意的是，尽管活性炭表现出一定的催化臭氧化和有机物吸附性能，但活性炭在强氧化环境中容易被缓慢氧化，导致其催化活性逐渐降低，同时被 $O_3$ 攻击氧化的活性炭(特别是碱性碳)易释放溶解性有机碳，导致溶液总有机碳浓度反而增加。

活性炭催化臭氧化工艺在一定程度上保证了活性炭表面与孔隙内部的清洁，使活性炭的循环利用成为可能。Lin 和 Lai 研究了流化或固定颗粒活性炭床中纺织废水的臭氧化工艺[92]。他们发现臭氧化可以非常有效地再生反应器中的废弃活性炭，避免昂贵的活性炭异位再生，这可以通过序批式重复利用活性炭 5 次后几乎无化学需氧量和色度去除发生，以及反应前后活性炭的红外光谱证实。

活性炭的活性也与表面官能团的类型和含量相关。活性炭表面具有大量的基团，包括羧基、内酯、羟基、羰基和碱性基团。碱性基团主要由酰胺、吡咯、吡啶等含氮基团组成。例如，Rivera-Utrilla 和 Sánchez-Polo 采用不同的氮改性剂(氨水、碳酸铵和尿素)功能化商业活性炭并评估其催化臭氧化的性能与机制[93]。其中，尿素作为氮改性剂能够通过碱性氧化和氮化表面官能团浓度增加显著增加改性活性炭的碱度，并且展现最高的降解效能。尿素改性活性炭中引入的大部分氮化表面基团是吡咯基团，其增加了活性炭基面的电子密度，从而增强了表面臭氧的分解和体系中高活性自由基的产生。然而，由于其寿命短且与表面吸附的有机物反应迅速，在高碱性活性位点周围产生的·OH 难以扩散到本体溶液中[89]。此外，活性炭上的表面碱性氧官能团倾向于解离成带正电荷的阳离子物质，这阻碍了有利于·OH 产生的 $O_3$ 亲电攻击，所以活性炭的碱性可能会间接削弱本体溶液中以·OH 为主的氧化作用。总之，活性炭催化臭氧化工艺不仅能够强化目标污染物降解，而且有利于总有机碳的去除，这归因于两方面贡献：①活性炭催化臭氧化产生的高活性物种将目标有机物转化为 $CO_2$(催化贡献)；②降解产物在活性炭上的吸附(吸附贡献)。

2. *生物炭*

类似于活性炭的性质，生物炭是生物质热解过程中产生的副产品，具有原料丰富、比表面积大、表面官能团(如羟基、羧基、氨基)丰富、多孔结构、富含丰富的矿物质元素和成本低等特性。丰富的表面功能化有利于生物炭用作催化剂，因为它可以产生更多的活性位点以促进催化或污染物吸附。此外，生物炭的大孔隙率和高比表面积促进了传质过程和活性组分负载。近年来，各种生物炭材料及

其衍生物作为 $O_3$ 活化剂来降解各种有害有机污染物已被广泛研究。Moussavi 和 Khosravi 报道了以开心果壳为原料制备的生物炭来催化臭氧化降解活性红染料。实验研究表明生物炭能够有效催化 $O_3$ 以实现活性红染料的脱色和矿化，去除效率在 60 min 分别达到 100%和 71%[94]。而且，煅烧温度和生物质原料是影响生物炭的理化结构和催化活性两个最重要的因素。例如，Zhang 等使用焦化废水处理中获得的原料污泥在不同煅烧温度(300℃、500℃、700℃、900℃)下制备生物炭，用于苯酚的催化臭氧化[95]。结果发现，在 300℃时制备的生物炭不稳定，易释放溶解性有机碳和表面不稳定金属离子(如 $Co^{2+}$、$Fe^{3+}$、$Ni^{2+}$、$Cu^{2+}$、$Mn^{2+}$)，而当煅烧温度超过 500℃时制备的生物炭更加稳定。在 700℃和 900℃下制备的生物炭在苯酚催化臭氧化中表现出高度同等的催化活性，由于其表面丰富的羰基，可使苯酚在 30 min 内去除约 95%。同时，石油精炼等行业会产生大量危险的活性石油废泥和废水。将活性石油废泥通过热解法转化为生物炭，并用于炼油废水的高效催化臭氧化处理，从而实现了“以废治废”的双赢目的，符合循环经济和可持续发展的理念。例如，Chen 等探究了活性石油废泥衍生的污泥生物炭催化臭氧化处理炼油废水的可行性[96]。他们发现污泥生物炭含有碳官能团、Si—O 结构和金属氧化物，能够通过形成使石油污染物矿化的$^{\bullet}OH$ 来促进氧化，特别是能够使总有机碳的去除加倍。

3. 碳纳米管

在纳米碳材料中，碳纳米管因优异的性能而备受关注。碳纳米管作为一种弯曲的一维材料，具有特殊的 $sp^2$ 碳表面以及低含量的缺陷和氧，具有以下优点：①低传质限制；②极好的有序性和较小的机械阻力；③由于高电子迁移率和导电性，具有优异的电子特性；④在氧化条件下相对较高的热稳定性。根据层数的不同，碳纳米管可分为单壁碳纳米管(SWCNTs)和多壁碳纳米管(MWCNTs)。单壁碳纳米管是由单层石墨片围绕中心按一定的螺旋角卷曲而成的无缝纳米管，而多壁碳纳米管简单地由多个同心单壁碳纳米管组成。基于此，碳纳米管及其衍生材料在非均相催化臭氧化研究中受到大量关注。

碳纳米管的表面化学(如表面电荷和电子性质)在很大程度上取决于表面官能团，尤其是表面含氧官能团，已被建议作为各种碳纳米管催化臭氧化的活性位点。将单壁碳纳米管暴露于臭氧气流中可赋予其丰富的含氧官能团(如羧酸、酯和醌)、增加的电阻阻抗和在极性溶剂中增加的溶解度[97]。马军课题组采用臭氧预氧化处理多壁碳纳米管，然后将其用于催化臭氧化降解草酸[98]。结果发现，臭氧预氧化处理多壁碳纳米管将导致其表面碱性基团数量减少，酸性基团(特别是羧酸基团)数量增加，使多壁碳纳米管的 $pH_{pzc}$ 和对草酸的活性均降低。而且，臭氧预氧化处理时间越长，这种效应越显著。相反的是，他们发现热预处理

(450℃和 900℃)多壁碳纳米管能够使其表面碱性基团数量增多，酸性基团数量减少，进而提升催化臭氧化降解草酸的效能[99]。同时，在不同处理过程中获得的碳纳米管的零电荷点对应的 pH 与其催化臭氧化草酸的速率常数之间呈现线性关系，表明热处理可以提高碳纳米管的表面性能，从而提高表面反应对草酸催化臭氧化整个反应的贡献。Qu 等发现羧基功能化碳纳米管促进了靛蓝染料在催化臭氧化过程中的脱色，而碳纳米管的管状结构有利于 $O_3$ 分子的累积[100]。然而，Gonçalves 等采用硝酸预处理多壁碳纳米管获得丰富的表面含氧官能团，随后用氮气保护热处理(400℃和 600℃)能够降低表面含氧官能团的含量。进一步的 $O_3$ 分解和催化臭氧化降解草酸结果表明，相比未处理的多壁碳纳米管，硝酸预处理，包括协同氮气保护热处理(400℃和 600℃)以及氧气预处理，均降低了它们催化臭氧化降解草酸的效能。上述结果表明，虽然表面含氧官能团有利于 $O_3$ 活化，但过量的氧官能团是不利的，可能原因如下：①过量的氧官能团将占据边缘或缺陷位点，这是 $O_3$ 活化的主要催化位点；②由于电导率下降和空间位阻，过量的氧官能团阻碍了电子迁移率；③过量的氧官能团降低碳晶格的还原度，决定了氧化还原反应的电荷传输能力。因此，应精确调节表面氧官能团的类型和数量。

使用相似的原子尺寸但不同的电负性的非金属杂原子(如 B、N、F、P 和 S)掺杂到碳纳米管中可调整其电子结构、电化学性能并产生新的催化活性位点，从而成为提高其催化活性的可行策略。例如，Wang 等通过一种简易方法合成 F 掺杂碳纳米管，其对催化臭氧化展现极好的催化活性，甚至优于传统的金属催化剂(如 ZnO、$Al_2O_3$、$Fe_2O_3$ 和 $MnO_2$)[102]。X 射线光电子能谱和拉曼光谱图研究证实，共价 C—F 键形成于碳纳米管上 $sp^3$ 碳位点，而不是 $sp^2$ 碳位点，不仅导致与 F 原子相邻的 C 原子具有高正电荷密度，而且保持具有完整碳结构的离域 π 体系，这有利于 $O_3$ 分子转化为活性氧物种，并有助于提高草酸的降解。Restivo 等成功制备了杂原子(如 O、N、S)掺杂多壁碳纳米管而没有显著的质构特性变化，并用于催化臭氧化和催化湿式空气氧化以降解两种特征污染物(草酸和苯酚)[103]。研究结果表明，在这两种情况下，发现强酸性含氧基团的存在会降低碳纳米管的催化活性；含硫物质(主要是磺酸)的引入提高了模型化合物的去除率，特别是在苯酚的催化湿式空气氧化中；无论哪种工艺或污染物，含氮基团都可以提高原始碳纳米管的催化性能。此外，由多种杂原子共掺杂产生的协同效应进一步调节电荷分布，可能有利于 $O_3$ 的亲核攻击，这亟须进一步验证。

4. *石墨烯及其衍生物*

石墨烯是一种很有前途的二维材料，由蜂窝状 $sp^2$ 碳层组成，由于其独特的化学和电子特性而引起了广泛的关注。与碳纳米管不同，拓扑缺陷可以在合成过程或后处理过程中引入。石墨烯的高比表面积有利于反应物的吸附和活性位点的暴露，使 $O_3$ 分解为活性氧物种。

Wang 等合成了具有低含量结构缺陷的还原氧化石墨烯，并且在催化臭氧化以降解对羟基苯甲酸中展现优异的活性[104]。实验结果表明，还原氧化石墨烯上富电子羰基被识别为催化反应的催化活性位点，其能够催化 $O_3$ 分解为 $O_2^{\bullet-}$ 和 $^1O_2$ 主导的活性物种，以响应目标污染物的降解。Ahn 等探究了氧化石墨烯的氧化程度(过氧化石墨烯、氧化石墨烯和非氧化石墨烯)对催化臭氧化降解对氯苯甲酸的影响。结果表明，石墨烯的存在能够提高 $O_3$ 分解为 $^{\bullet}OH$ 的效能，并且催化效能顺序遵循：过氧化石墨烯 > 氧化石墨烯 > 非氧化石墨烯 > 单独 $O_3$。这主要是由于过氧化石墨烯和氧化石墨烯的环氧基团与 $O_3$ 作用并引发 $O_3$ 分解，因此环氧基团越多，催化作用越强[105]。然而，Yoon 等获得不同的结论[106]，即还原氧化石墨烯不适合作为 $O_3$ 催化剂，这是由于其高电子迁移率不仅消耗了 $O_3$，还消耗了 $^{\bullet}OH$。表面具有足够氧官能团的氧化石墨烯能分解 $O_3$ 和产生最多的 $^{\bullet}OH$。尽管非氧化石墨烯作为臭氧催化剂产生 $^{\bullet}OH$ 的含量低于氧化石墨烯，但前者将 $O_3$ 转化为 $^{\bullet}OH$ 的产率更高。基于还原氧化石墨烯的活性仍不够令人满意，研究学者开始考虑使用多种改性策略。①杂原子掺杂：N、P、B 掺杂能够显著提升还原氧化石墨烯的催化臭氧化活性，而 S 掺杂则破坏了该催化剂的稳定性。深入的机理研究表明，杂原子掺杂石墨烯催化臭氧化中的—OH、—COOH 和掺杂原子、自由电子、离域 π 电子是贡献于 $^{\bullet}OH$、$O_2^{\bullet-}$、$^1O_2$ 和 $H_2O_2$ 等活性物种产生的催化活性位点，其中自由电子起到决定性作用。为了揭示在催化臭氧化中含氧官能团的作用的机理，通过在石墨烯可能的活性位点(基面、空位结构、锯齿形/扶手椅边缘)上功能化不同的含氧官能团(—OH、—C═O、—COOH 和 C—O—C)来进行密度泛函理论模拟[107]。结果表明，在不同构型中，石墨烯锯齿形边缘的—OH 基团对 $O_3$ 的吸附能最大(−1.00 eV)，表明其对 $O_3$ 的亲和力最高。此外，$O_3$ 中最长的过氧键长(1.360 Å)表明 $O_3$ 在表面—OH 基团上分解成活性氧物种的可能性更大。与—C═O 基团相比，石墨烯各个位点上的—COOH 基团对 $O_3$ 具有更大的负吸附能和过氧键长，表明—COOH 比—C═O 的活性更高。对于 C—O—C 基团，观察到与石墨烯基面相似的吸附能和过氧键长，表明活化能力适中。由于氧化石墨烯的生产成本较高，且表面基团修饰以及分离性能强化目前很难进行工业化应用，因此氧化石墨烯催化臭氧化工业化应用是未来研究关注的重点。

5. 碳催化臭氧化工艺的反应机制

Wang 等总结了纳米碳催化臭氧化的碳材料类型、识别的活性位点和反应机理[109]。碳催化臭氧化中产生的活性物种主要包括 $^{\bullet}OH$、$O_2^{\bullet-}$、表面吸附活性物种

和 $^1O_2$，它们的产生路径将详细介绍如下。

1) $^{\bullet}OH$ 介导的自由基氧化

碳基材料表面富电子区域与水作用产生氢氧根离子($OH^-$)，从而引发 $O_3$ 分解为 $^{\bullet}OH$。碳基材料表面的含氧官能团主要包括羧基、酸酐、内酯、酚、醌、酮基、吡咯酮等。其中，羰基和醌基电子云密度大，具有较强的活性。另外，碳骨架结构中的杂原子掺杂和缺陷位点引入会引起 $sp^2$ 碳电子云离域，导致周围碳原子电子云密度增加，活性增强。这些活性位点在溶液中相当于路易斯碱位点，可以与水分子通过电子供体-受体作用相结合，并生成 $OH^-$，随后 $O_3$ 与 $OH^-$ 反应产生 $^{\bullet}OH$，将有机物氧化为中间产物、二氧化碳和水。例如，齐飞课题组总结了基于还原氧化石墨烯催化臭氧化的反应机理。首先，具有丰富 π 电子的 $sp^2$ 碳结构可以催化 $O_3$ 产生 $O_2^{\bullet-}$；富电子表面官能团(如—OH 和—C═O)有利于催化 $O_3$ 分解为 $^{\bullet}OH$ 和 $O_2^{\bullet-}$。还原氧化石墨烯上存在的缺陷位点，如空位缺陷、非六边形单元和锯齿形边缘可以与 $O_3$ 分子作用并产生 $^{\bullet}OH$。其次，还原氧化石墨烯可以加速电子传递，降低电化学阻抗，增加污染物在金属物种-催化剂配合物表面的扩散速率，加速金属离子的氧化还原循环。再次，具有孤电子对的掺杂杂原子可以打破 $sp^2$ 碳网络的原始惰性，创造更多新的活性位点，最终改变还原氧化石墨烯的物理和化学性质。最后，这些自由电子可以被 $O_3$ 分子捕获，产生 $^{\bullet}OH$。

2) $O_2^{\bullet-}$ 介导的自由基氧化

在催化臭氧化中，$HO_2^{\bullet}/O_2^{\bullet-}$ 是自由基链式反应的关键中间产物。$HO_2^{\bullet}$ 可以通过 $^{\bullet}OH$ 与 $O_3$ 的自猝灭反应生成，当溶液 pH 大于 4.8 时，$HO_2^{\bullet}$ 会解离成 $O_2^{\bullet-}$。在碱性溶液中，$O_3$ 可被环境中 $OH^-$ 活化形成 $HO_2^{\bullet}/O_2^{\bullet-}$。此外，在纳米碳催化剂的存在下，碳层结构中表面含氧官能团和离域的 π 电子能够促进 $O_3$ 分解为 $O_2^{\bullet-}$ 和 $H_2O_2$[111]。由于 $O_2^{\bullet-}$ 与 $O_3$ 的快速反应[$1.5 \times 10^9$ L/(mol·s)]，研究学者提出一旦 $O_2^{\bullet-}$ 形成，其将在促进 $O_3$ 分解为 $^{\bullet}OH$ 的自由基链式反应中迅速消耗($k_1 = 1.4 \times 10^3\ s^{-1}$，$k_2 = 9.4 \times 10^7\ s^{-1}$)，导致臭氧化过程中 $O_2^{\bullet-}$ 的稳态浓度非常低。同时，$O_2^{\bullet-}$ 与大多数有机物的反应活性明显低于 $^{\bullet}OH$。因此，长期以来假设，虽然 $O_2^{\bullet-}$ 是促进 $O_3$ 分解为 $^{\bullet}OH$ 的重要链载体，随后可以去除抗 $O_3$ 氧化的微污染物，但是 $O_2^{\bullet-}$ 本身在臭氧化过程中对污染物的降解作用可以忽略不计。

$HO_2^{\bullet}/O_2^{\bullet-}$ 具有温和的氧化还原电位，可以直接氧化具有低氧化能垒的水中有机物。齐飞课题组利用 4-氯-7-硝基苯并-2-氧杂-1,3-二唑作为 $O_2^{\bullet-}$ 探针并进行自由基猝灭测试；他们发现在催化臭氧化体系中，还原氧化石墨烯的引入展现最高的催化活性且产生 $O_2^{\bullet-}$ 的含量远高于氧化石墨烯或石墨相氮化碳的引入[111]。因此，$O_2^{\bullet-}$ 被认为是对氯苯甲酸降解的主要活性氧物种。另一项研究表明，在生物炭催化臭氧化过程中，生物炭表面的富电子羰基作为催化位点，不仅吸附表面区域内溶解的 $O_3$，还为 $O_3$ 分子提供电子，从而加速 $O_3$ 分解和 $O_2^{\bullet-}$ 生成[95]。而且，在碳酸氢盐存在的情况下，溶液中苯酚的降解能够得到进一步提升，这归因于碳酸氢盐通过参与$^{\bullet}OH$和$O_3$的反应以强化$O_2^{\bullet-}$产生。

3）基于表面吸附活性氧物种的非自由基氧化

研究学者已经提出两种类型的表面吸附活性氧物种负责碳催化臭氧化中有机物的氧化，包括表面-$O_3$络合物和表面吸附原子氧($O_{ad}^*$)[109]。对于表面-$O_3$络合物，$O_3$化学吸附在表面活性位点上而不分解，并且表面-$O_3$络合物的形成大大提高了碳表面的氧化还原电位。然后吸附的有机物通过分子内电子转移过程直接与具有高氧化能力的表面-$O_3$络合物反应并被氧化。在此过程中，具有离域π电子的$sp^2$碳充当电子隧道以加速电荷传输。

而对于$O_{ad}^*$，其高氧化还原电位(2.43 V)与$^{\bullet}OH$相当，并且能够矿化具有高反应能垒的难降解有机污染物。一些研究基于结合实验和理论计算证实了碳催化臭氧化中$O_{ad}^*$的存在和作用[112]。例如，DFT计算和原位拉曼光谱表明与N掺杂剂相邻的具有高电荷密度的碳原子表现出相当大的催化$O_3$分解潜力，导致$O_3$在这些催化活性位点上分解为$O_{ad}^*$和游离过氧化物($O_{2free}^*$)[式(6.65)]，其中$O_{ad}^*$可通过拉曼光谱图上924 $cm^{-1}$处的新峰证实。生成的$O_{ad}^*$攻击吸附的草酸分子[式(6.66)]。$O_{ad}^*$和$O_{2free}^*$随后会在催化剂表面或本体溶液中演变为$^{\bullet}OH$[式(6.67)～式(6.69)]，从而进一步促进草酸降解。Yu等借助DFT计算深入探究了$O_3$在8种代表性N掺杂缺陷纳米碳构型的10个潜在活性位点上活化的详细反应路径，包括吡啶N、吡咯N、边缘N和卟啉N[113]。结果表明，$O_3$在10个活性位点上均可分解为$O_{ad}^*$和$^3O_2$。其中，$O_3$在吡咯N上解离形成的$O_{ad}^*$能够直接充当活性氧物种与有机物反应，而在其他位点上的$O_{ad}^*$可能会作为其他活性氧物种产生的引发剂。Wang等发现，具有吡啶N—Co结构的Co嵌入N掺杂碳纳米管催化臭氧化的非自由基反应路径与目标有机物的分子结构密切相关。就活性氧物种而言，$O_{ad}^*$负责草酸降解，而酚类物质主要被$O_3$分子和$^1O_2$降解[114]。

$$O_3 \xrightarrow{\text{活性位点}} O_{ad}^* + O_{2free}^* \tag{6.65}$$

$$O_{ad}^* \xrightarrow{\text{草酸}} CO_2 + H_2O \tag{6.66}$$

$$O_{ad}^* \xrightarrow{\text{质子化}} {}^{\bullet}OH_{ad} \tag{6.67}$$

$$O_{ad}^* \xrightarrow{\text{质子化}} {}^{\bullet}OH_{free} \tag{6.68}$$

$$O_{2free}^* \xrightarrow{\text{质子化}} HO_{2free}^{\bullet} \xrightarrow{O_3} {}^{\bullet}OH_{free} \tag{6.69}$$

4）基于$^1O_2$的非自由基氧化

具有温和氧化电位的$^1O_2$，是一种高选择性氧化剂，仅通过亲电加成和电子转移与不饱和有机物发生反应，但不能降解具有饱和碳键的脂肪酸。在碳催化臭氧化降解目标污染物的研究中已证实了 $^1O_2$ 的作用。例如，$O_2^{\cdot-}$ 和 $^1O_2$ 可能是碳纳米管或 F 掺杂碳纳米管催化臭氧化中草酸降解的主要活性物种[102]。Yu 等借助 DFT 计算深入探究了 $O_3$ 在 8 种代表性 N 掺杂缺陷纳米碳构型的 10 个潜在活性位点上可能产生 $^1O_2$ 的路径，包括吡啶 N、吡咯 N、边缘 N 和卟啉 N[113]。结果表明，$O_3$ 可以在边缘上的吡啶 N 以及 $N_4V_2$ 配置的 N 位和 C 位上解离成 $^1O_2$。目前，在碳催化臭氧化过程中，$^1O_2$ 的作用仍不清楚并存在争议性，其产生路径很少深入报道，在未来的研究中亟须探究。

## 6.6　主要的影响因素

### 6.6.1　溶液 pH

在催化臭氧化过程中，溶液的初始 pH 是一个很重要的参数，pH 可以通过多种方式显著影响催化臭氧化过程的效能，包括催化剂表面特性、有机物的属性、活性物种的产生和转化，污染物在催化剂上的吸附和臭氧分子的分解等方面。因此研究 pH 对目标污染物催化臭氧化效率的影响是很有意义的。具体来说，溶液的初始 pH 可以从以下几个方面影响污染物的去除。

(1) 溶液 pH 可以影响催化剂的表面特性。当溶液 pH 接近于催化剂的零电荷点 ($pH_{pzc}$) 时，催化剂的表面羟基几乎呈电中性，具有更强的催化臭氧化活性；当溶液 $pH < pH_{pzc}$ 时，表面羟基发生质子化而带正电荷，主要以—$OH_2^*$形态存在，其与 $O_3$ 主要通过静电引力或氢键作用；当溶液 $pH > pH_{pzc}$ 时，表面羟基发生去质子化而带负电荷，主要以—$O^-$形态存在，其可直接催化产生$^{\bullet}OH$。

(2) 有机物的电荷和分子状态与其解离常数 ($pK_a$) 密切相关，$pK_a$ 值也受溶液 pH 的影响。有机物的状态随后影响与催化剂表面的静电相互作用和对活性氧物种的亲和力。催化剂表面和有机物之间的电荷相反会引起静电引力并促进表面反应，而去质子化的有机物更容易受到活性氧物种的亲电攻击。此外，有机物的电化学参数，如电离电位、半波电位、Hammett 常数，将会随 pH 变化且紧密联系氧化系统的氧化还原能力。例如，苯酚的半波电位随 pH 的增加而下降，导致降解速率更高。然而，当溶液 pH 进一步升高超过苯酚的 $pK_a$ 时，苯酚盐会形成并表现出很强的抗降解性。

(3) 溶液 pH 会影响$^{\bullet}OH$ 的产率。在较高 pH 条件下，反应机理遵循间接反应路径，即溶解在水中的 $O_3$ 可以部分分解为$^{\bullet}OH$，从而有利于有机污染物的去除；而在较低 pH 条件下，反应机理遵循直接反应路径。因此，提高溶液的 pH 可增加 $O_3$ 分解为$^{\bullet}OH$ 的产率，进而促进难降解有机物的降解。

(4)溶液 pH 也会影响活性物种的转化及其氧化还原电位。$O_3$ 分子可在碱性环境下转化为$^{\bullet}OH$。然而，$^{\bullet}OH$ 的去质子化发生在 pH > 11.9 时，形成的共轭碱基($O^{\bullet-}$)反应活性低于$^{\bullet}OH$，因此降低了处理效率。对于 $O_2^{\bullet-}$，其在酸性溶液中被氧化为 $^1O_2$，而 $HO_2^{\bullet-}$将脱质子化为 $O_2^{\bullet-}$，从而从亲电攻击变为亲核攻击。活性氧物种的氧化还原电位取决于 pH，因为 $H^+/OH^-$的浓度影响生成的活性氧物种及其共轭还原对的活性。通常，$H^+$浓度的增加表明活性氧物种的活性提高，导致氧化还原电位随溶液 pH 降低而增加。例如，在酸性溶液中$^{\bullet}OH$ 的氧化还原电位为 2.7 V，而在碱性溶液中为 1.9 V，从而在酸性条件下更有利于有机污染物的氧化。

(5)溶液 pH 会影响 $O_3$ 的溶解度，随溶液 pH 的升高，$O_3$ 的溶解度减小，从而引发反应推动力下降。此外，$O_3$ 分解受溶液 pH 影响较大，碱性 pH 有利于 $O_3$ 分解。

(6)从催化臭氧化过程中有机污染物矿化的角度来看，在酸性条件下，有机污染物矿化产生的二氧化碳能够以气体的形式排出。而在碱性条件下，有机污染物矿化产生的二氧化碳会与溶液中的 $OH^-$发生反应，并产生在一定程度上抑制$^{\bullet}OH$ 形成的 $HCO_3^-$或 $CO_3^{2-}$，从而阻碍有机污染物的去除。

(7)使用催化臭氧化的废水修复受溶液 pH 的影响很大，但在大多数报道的研究中，反应溶液的 pH 没有控制或 pH 的变化没有监测。例如，在溶液中加入催化剂(如金属离子)后，pH 可能会发生变化。而且，尽管在以往的研究中，常规臭氧化和催化臭氧化经常在相同的初始 pH 下进行比较，但由于它们的反应机制不同，溶液 pH 在这两个过程中可能会发生不同的变化。为了对传统臭氧化和催化臭氧化进行详细的比较，必须考虑模型化合物的 pH 依赖臭氧反应活性，以及 pH 对反应机制的所有其他影响(如 $O_3$ 分解和催化剂活性)过程。此外，推荐采用对构建体系影响较小的 pH 缓冲盐(如硼酸盐)来控制 pH 并同步监测体系 pH 的变化。

### 6.6.2 无机阴离子

天然水体是一个复杂的系统，其中普遍存在 $Cl^-$、$HCO_3^-$、$CO_3^{2-}$、$SO_4^{2-}$、$PO_4^{3-}$等无机离子，即使在低浓度下也可能影响 $O_3$ 的活化。Liu 等系统地总结了无机阴离子对催化臭氧化过程的影响行为与机制[89]。通常认为无机阴离子是消耗活性自由基并产生较低活性自由基的自由基清除剂，导致整体降解效率降低。无机阴离子的清除能力可能受溶液 pH 的影响。例如，$Cl^-$可以清除$^{\bullet}OH$ 并产生 $Cl^{\bullet}$。然而，清除作用仅在酸性 pH 范围内有效，并且在中性条件下受到限制，因为自由基链式反应的中间体($ClOH^{\bullet-}$)会迅速恢复为$^{\bullet}OH$ 而不是形成 $Cl^{\bullet}$。当涉及 $HCO_3^-$时观察到类似的效果。升高的溶液 pH 会使 $HCO_3^-$去质子化为 $CO_3^{2-}$，导致清除作用增强，因为$^{\bullet}OH$ 与 $CO_3^{2-}$的反应速率[3.9 × $10^8$ L/(mol·s)]高于$^{\bullet}OH$ 与 $HCO_3^-$的反应速率[8.5 × $10^6$ L/(mol·s)]。$CO_3^{2-}$还通过去除主要的链中间自由基，如 $O_3^{\bullet-}$，来增加 $O_3$ 的稳定性，而 $SO_4^{2-}$和 $NO_3^-$对 $O_3$ 的分解表现出可忽略不计的影响。无机阴离子的存在也可能提高氧化系统的选择性，因为生成的活性卤素自由基或 $CO_3^{\bullet-}$比$^{\bullet}OH$ 具有更高的选择性，并有利于富电子有机物的攻击。

无机阴离子对催化臭氧化过程的影响还取决于它们的浓度。据报道，$Cl^-$浓度会影响清除产物，从而影响催化臭氧化效率。在低浓度条件下，$Cl^-$会猝灭$^{\bullet}OH$ 并形成氧化还原电位较低的 $Cl^{\bullet}$($E^0$ = 2.4 V)。相比之下，高浓度的 $Cl^-$有利于 $Cl^{\bullet}$转化为活性氯物种($Cl_2$ 和 HClO)，其可能与$^{\bullet}OH$ 共同作用于有机物降解。不同的是，一些研究中得出了相反的结论。这些研究中的差异可能是由离子强度的综合效应来解释，离子强度会影响 $O_3$ 的溶解度和传质效率、活性氧物种的反应速率以及在催化剂表面上 $O_3$ 和有机物的相互作用。据报道，$O_3$ 的溶解度和传质随离子强度的增加而降低，特别是当存在 $Cl^-$、$CO_3^{2-}$和 $PO_4^{3-}$时，而 $SO_4^{2-}$的影响不显著。不同的是，在各种反应系统中观察到离子强度对反应速率的积极影响。研究表明，氧化剂和有机物之间的反应速率随离子强度的增加而提高。不同离子产生的离子强度也可能影响反应速率。$O_3$ 和 $Cl^-$之间的反应速率随 $ClO_4^-$或 $NO_3^-$引起的离子强度的增加而提高，而简单地增加 $Cl^-$的浓度会导致相应的反应速率降低。此外，增加离子强度会通过压缩双电层的厚度来降低催化剂表面的电动电位，从而影响催化剂表面上 $O_3$ 和有机物的弱相互作用(通过静电键合)，如活化的表面-$O_3$ 络合物。然而，强相互作用会产生微弱的影响，即 $O_{ad}^*$ 诱导的氧化模型。因此，可以利用离子强度的变化来区分 $O_3$ 在催化剂表面的不同相互作用模型。离子强度也影响催化剂对有机物的吸附能力。随离子强度的增加，当催化剂表面和有机物之间的静电力相互吸引时，吸附容量会降低。

此外，无机阴离子可能与 $O_3$ 或有机物竞争催化剂上的表面活性位点，催化剂可能被阻塞，从而抑制氧化性能。带正电的催化剂可以为无机阴离子提供合适的吸附位点。例如，在评估这些无机阴离子对催化臭氧化的影响时，发现 $PO_4^{3-}$表现出最高的抑制作用，因为其可以吸附在铁基催化剂上，并通过配体交换作用取代催化剂表面的羟基基团。通过傅里叶变换衰减全反射红外光谱技术进一步发现，$PO_4^{3-}$占据了催化剂表面的路易斯酸位点，阻碍了水的吸附并降低了催化活性。一些学者研究了 $PO_4^{3-}$对 FeOOH 催化草酸臭氧化活性的影响。他们也观察到类似的抑制现象，但随着 $O_3$ 的持续通入，磷酸盐可以从 FeOOH 表面解吸，催化活性得以恢复，从而证实了 $O_3$ 是一种较强的路易斯碱。值得注意的是，$CO_3^{2-}$和 $PO_4^{3-}$作为碱性离子，它们的存在可以提高水体的 pH 值，有利于通过 $O_3$ 分解产生更多的$^{\bullet}OH$，同时这些离子也可能直接与 $O_3$ 反应，影响催化剂的性能。因此，应特别注意溶液 pH 随碱性阴离子存在的变化。在目前的大多数研究中，单

个无机阴离子对 $O_3$ 活化的影响已获得很好的评估，然而，考虑到实际废水成分的复杂性，各种无机阴离子的协同作用不容忽视。

### 6.6.3 溶解性有机物

溶解性有机物(DOM)是天然水中普遍存在的组分，会通过与有机污染物竞争消耗$^{\bullet}$OH[(1.6～3.3) × $10^8$ L/(mol·s)]来降低 AOPs 的处理效率。具有富电子基团的 DOM 还可以通过直接 $O_3$ 攻击以耗尽溶解的 $O_3$，从而降低 $O_3$ 的利用效率。此外，含有羧基和酚羟基的 DOM 会吸附在碳质材料表面并阻塞活性位点，从而抑制碳催化剂和 $O_3$/有机物之间的相互作用。对于催化臭氧化中以$^{\bullet}$OH 为主的氧化路径，由于$^{\bullet}$OH 的非选择性，抑制作用将持续直到大多数 DOM 矿化。基于表面氧化的非自由基路径对小分子量的脂肪酸具有高度选择性，因此 DOM 对非自由基氧化的影响可能较小。然而，关于 DOM 对催化臭氧化影响的争论仍然存在。一些研究报道，DOM 可以作为 $O_3$ 分解为$^{\bullet}$OH 的自由基链式反应的引发剂和促进剂，从而提高降解速率。DOM 中的特定基团，如芳香族和脂肪族不饱和基团，可以直接活化 $O_3$ 并加速自由基链式反应产生更多的$^{\bullet}$OH。此外，腐殖酸(DOM 的主要成分)的存在可以在 $Fe_3O_4$/多壁碳纳米管催化剂上引入氧官能团，从而加速$^{\bullet}$OH 的产生[115]。

## 参 考 文 献


[1] Rice R G, Robson C M, Miller G W, Hill A G. Uses of ozone in drinking water treatment. Journal American Water Works Association, 1981, 73: 44-57.

[2] Wang J L, Chen H. Catalytic ozonation for water and wastewater treatment: Recent advances and perspective. Science of the Total Environment, 2020, 704: 135249.

[3] Hill G R. Kinetics, mechanism, and activation energy of the cobaltous ion catalyzed decomposition of ozone1. Journal of the American Chemical Society, 1948, 70: 1306-1307.

[4] Hill G R. The kinetics of the oxidation of cobaltous ion by ozone. Journal of the American Chemical Society, 1949, 71: 2434-2435.

[5] Hewes C G, Davison R R. Renovation of wastewater by ozonation. Water, 1973, 69: 71-80.

[6] Chen J W, Hui C, Keller T, Smith G. Catalytic ozonation//AIChE(ed). AIChE symposium series. New York: AIChE, 1977, 73(166): 206-212.

[7] Liu B Y, Ji J, Zhang B G, Huang W J, Gan Y L, Leung D Y C, Huang H B. Catalytic ozonation of VOCs at low temperature: A comprehensive review. Journal of Hazardous Materials, 2022, 422: 126847.

[8] Von Sonntag C, Von Gunten U. Chemistry of Ozone in Water and Wastewater Treatment. New York: International Water Association, 2012.

[9] Staehelin J, Hoigne J. Decomposition of ozone in water in the presence of organic solutes acting as promoters and inhibitors of radical chain reactions. Environmental Science & Technology, 1985, 19: 1206-1213.

[10] Criegee R. Mechanism of ozonolysis. Angewandte Chemie International Edition, 1975, 14: 745-752.

[11] Dowideit P, Von Sonntag C. Reaction of ozone with ethene and its methyl- and chlorine-substituted derivatives in aqueous solution. Environmental Science & Technology, 1998, 32: 1112-1119.

[12] Hoigné J, Bader H. Rate constants of reactions of ozone with organic and inorganic compounds in water—Ⅰ: Non-dissociating organic compounds. Water Research, 1983, 17: 173-183.

[13] Hoigné J, Bader H. Rate constants of reactions of ozone with organic and inorganic compounds in water—Ⅱ: Dissociating organic compounds. Water Research, 1983, 17: 185-194.

[14] Lim S, Shi J L, Von Gunten U, McCurry D L. Ozonation of organic compounds in water and wastewater: A critical review. Water Research, 2022, 213: 118053.

[15] Ramseier M K, Gunten U V. Mechanisms of phenol ozonation—Kinetics of formation of primary and secondary reaction products. Ozone Science & Engineering, 2009, 31: 201-215.

[16] Andreozzi R, Insola A, Caprio V, D'Amore M G. Quinoline ozonation in aqueous solution. Water Research, 1992, 26: 639-643.

[17] Tekle-Röttering A, Lim S, Reisz E, Lutze H V, Abdighahroudi M S, Willach S, Schmidt W, Tentscher P R, Rentsch D, McArdell C S, Schmidt T C, Gunten U V. Reactions of pyrrole, imidazole, and pyrazole with ozone: Kinetics and mechanisms. Environmental Science: Water Research & Technology, 2020, 6: 976-992.

[18] Lim S, McArdell C S, Gunten U V. Reactions of aliphatic amines with ozone: Kinetics and mechanisms. Water Research, 2019, 157: 514-528.

[19] Muñoz F, Mvula E, Braslavsky S E, Von Sonntag C. Singlet dioxygen formation in ozone reactions in aqueous solution. Journal of the Chemical Society Perkin Transactions 2, 2001: 1109-1116.

[20] Camel V, Bermond A. The use of ozone and associated oxidation processes in drinking water treatment. Water Research, 1998, 32: 3208-3222.

[21] Wang Y, Lin Y, He S Y, Wu S H, Yang C P. Singlet oxygen: Properties, generation, detection, and environmental applications. Journal of Hazardous Materials, 2024, 461: 132538.

[22] Hewes C G, Davison R R. Renovation of waste water by ozonation. Water Aiche Symposium Series, 1973, 69: 71-80.

[23] Reisz E, Schmidt W, Schuchmann H P, Von Sonntag C. Photolysis of ozone in aqueous solutions in the presence of tertiary butanol. Environmental Science & Technology, 2003, 37: 1941-1948.

[24] Peyton G R, Glaze W H. Destruction of pollutants in water with ozone in combination with ultraviolet radiation. 3. Photolysis of aqueous ozone. Environmental Science & Technology, 1988, 22: 761-767.

[25] Rao Y F, Chu W. A new approach to quantify the degradation kinetics of linuron with UV, ozonation and UV/$O_3$ processes. Chemosphere, 2009, 74: 1444-1449.

[26] Staehelin J, Hoigne J. Decomposition of ozone in water: Rate of initiation by hydroxide ions and hydrogen peroxide. Environmental Science & Technology, 1982, 16: 676-681.

[27] Fernandes A, Makoś P, Khan J A, Boczkaj G. Pilot scale degradation study of 16 selected volatile organic compounds by hydroxyl and sulfate radical based advanced oxidation processes. Journal of Cleaner Production, 2019, 208: 54-64.

[28] Kishimoto N, Morita Y, Tsuno H, Oomura T, Mizutani H. Advanced oxidation effect of ozonation combined with electrolysis. Water Research, 2005, 39: 4661-4672.

[29] Wang H J, Yuan S, Zhan J H, Wang Y J, Yu G, Deng S B, Huang J, Wang B. Mechanisms of enhanced total organic carbon elimination from oxalic acid solutions by electro-peroxone process. Water Research, 2015, 80: 20-29.

[30] 王拓. 三维电极臭氧耦合体系构建及去除水中难降解有机污染物研究. 重庆: 重庆大学, 2020.

[31] Wang T, Song Y Q, Ding H J, Liu Z, Baldwin A, Wong I, Li H, Zhao C. Insight into synergies between ozone and *in-situ* regenerated granular activated carbon particle electrodes in a three-dimensional electrochemical reactor for highly efficient nitrobenzene degradation. Chemical Engineering Journal, 2020, 394: 124852.

[32] Guo Y, Wang H J, Wang B, Deng S B, Huang J, Yu G, Wang Y J. Prediction of micropollutant abatement during homogeneous catalytic ozonation by a chemical kinetic model. Water Research, 2018, 142: 383-395.

[33] Wu C H, Kuo C Y, Chang C L. Homogeneous catalytic ozonation of C. I. Reactive Red 2 by metallic ions in a bubble column reactor. Journal of Hazardous Materials, 2008, 154: 748-755.

[34] Wilde M L, Montipó S, Martins A F. Degradation of $\beta$-blockers in hospital wastewater by means of ozonation and $Fe^{2+}$/ozonation. Water Research, 2014, 48: 280-295.

[35] Pines D S, Reckhow D A. Effect of dissolved cobalt (Ⅱ) on the ozonation of oxalic acid. Environmental Science & Technology, 2002, 36: 4046-4051.

[36] Buxton G V, Greenstock C L, Helman W P, Ross A B. Critical review of rate constants for reactions of hydrated electrons, hydrogen atoms and hydroxyl radicals $^{\bullet}OH/^{\bullet}O^{-}$ in aqueous solution. Journal of Physical and Reference Data, 1988, 17: 513-886.

[37] Beltrán F J, Rivas F J, Montero-de-Espinosa R. Iron type catalysts for the ozonation of oxalic acid in water. Water Research, 2005, 39: 3553-3564.

[38] Fu P F, Wang L H, Li G, Hou Z W, Ma Y H. Homogenous catalytic ozonation of aniline aerofloat collector by coexisted transition metallic ions in flotation wastewaters. Journal of Environmental Chemical Engineering, 2020, 8: 103714.

[39] Xiong Z, Lai B, Yuan Y, Cao J, Yang P, Zhou Y. Degradation of *p*-nitrophenol (PNP) in aqueous solution by a micro-size $Fe^0/O_3$ process ($mFe^0/O_3$) : Optimization, kinetic, performance and mechanism. Chemical Engineering Journal, 2016, 302: 137-145.

[40] Wang Z C, Xian W X, Ma Y S, Xu T, Jiang R, Zhu H, Mao X H. Catalytic ozonation with disilicate-modified nZVI for quinoline removal in aqueous solution: Efficiency and heterogeneous reaction mechanism. Separation and Purification Technology, 2022, 281: 119961.

[41] 殷浩翔, 车坤, 张文超, 刘杨, 郭勇, 赖波. $Fe^0/O_3$ 体系预处理三硝基间苯二酚铅生产废水.

工业水处理, 2022, 42: 119-124.
[42] Xiong Z, Cao J, Lai B, Yang P. Comparative study on degradation of *p*-nitrophenol in aqueous solution by mFe/Cu/$O_3$ and mFe$^0$/$O_3$ processes. Journal of Industrial and Engineering Chemistry, 2018, 59: 196-207.
[43] Fei J R, Lin X Z, Li X F, Huang Y X, Ma L M. Effect of Fe-based catalytic ozonation and sole ozonation on the characteristics and conversion of organic fractions in bio-treated industrial wastewater. Science of the Total Environment, 2021, 774: 145821.
[44] Zhang J, Guo J, Wu Y, Lan Y Q, Li Y. Efficient activation of ozone by zero-valent copper for the degradation of aniline in aqueous solution. Journal of the Taiwan Institute of Chemical Engineers, 2017, 81: 335-342.
[45] Kishimoto N, Arai H. Catalytic effect of copper on ozonation in aqueous solution. Ozone: Science & Engineering, 2021, 43: 520-526.
[46] Wen G, Wang S J, Ma J, Huang T L, Liu Z Q, Zhao L, Su J F. Enhanced ozonation degradation of di-*n*-butyl phthalate by zero-valent zinc in aqueous solution: Performance and mechanism. Journal of Hazardous Materials, 2014, 265: 69-78.
[47] Zhang J, Wu Y, Liu L P, Lan Y Q. Rapid removal of *p*-chloronitrobenzene from aqueous solution by a combination of ozone with zero-valent zinc. Separation and Purification Technology, 2015, 151: 318-323.
[48] Yuan X J, Qin W L, Lei X M, Sun L, Li Q, Li D Y, Xu H M, Xia D S. Efficient enhancement of ozonation performance via ZVZ immobilized g-$C_3N_4$ towards superior oxidation of micropollutants. Chemosphere, 2018, 205: 369-379.
[49] Nawaz F, Xie Y B, Xiao J D, Cao H B, Ghazi Z A, Guo Z, Chen Y. The influence of the substituent on the phenol oxidation rate and reactive species in cubic $MnO_2$ catalytic ozonation. Catalysis Science & Technology, 2016, 6: 7875-7884.
[50] Nawaz F, Cao H B, Xie Y B, Xiao J D, Chen Y, Ghazi Z A. Selection of active phase of $MnO_2$ for catalytic ozonation of 4-nitrophenol. Chemosphere, 2017, 168: 1457-1466.
[51] Tong S P, Liu W P, Leng W H, Zhang Q Q. Characteristics of $MnO_2$ catalytic ozonation of sulfosalicylic acid and propionic acid in water. Chemosphere, 2003, 50: 1359-1364.
[52] Pistoia G, Antonini A, Zane D, Pasquali M. Synthesis of Mn spinels from different polymorphs of $MnO_2$. Journal of Power Sources, 1995, 56: 37-43.
[53] Robinson D M, Go Y B, Mui M, Gardner G, Zhang Z J, Mastrogiovanni D, Garfunkel E, Li J, Greenblatt M, Dismukes G C. Photochemical water oxidation by crystalline polymorphs of manganese oxides: Structural requirements for catalysis. Journal of the American Chemical Society, 2013, 135: 3494-3501.
[54] He C, Wang Y C, Li Z Y, Huang Y J, Liao Y H, Xia D H, Lee S C. Facet engineered $\alpha$-$MnO_2$ for efficient catalytic ozonation of odor $CH_3SH$: Oxygen vacancy-induced active centers and catalytic mechanism. Environmental Science & Technology, 2020, 54: 12771-12783.
[55] Tan X Q, Wan Y F, Huang Y J, He C, Zhang Z L, He Z Y, Hu L L, Zeng J W, Shu D. Three-dimensional $MnO_2$ porous hollow microspheres for enhanced activity as ozonation catalysts in degradation of bisphenol A. Journal of Hazardous Materials, 2017, 321: 162-172.

[56] Dong Y M, Yang H X, He K, Song S Q, Zhang A M. $\beta$-$MnO_2$ nanowires: A novel ozonation catalyst for water treatment. Applied Catalysis B: Environmental, 2009, 85: 155-161.
[57] Zhao H, Dong Y M, Jiang P P, Wang G L, Zhang J J, Li K, Feng C Y. An $\alpha$-$MnO_2$ nanotube used as a novel catalyst in ozonation: Performance and the mechanism. New Journal of Chemistry, 2014, 38: 1743-1750.
[58] Yan L Q, Bing J S, Wu H C. The behavior of ozone on different iron oxides surface sites in water. Scientific Reports, 2019, 9: 14752.
[59] Trapido M, Veressinina Y, Munter R, Kallas J. Catalytic ozonation of *m*-dinitrobenzene. Ozone: Science and Engineering, 2005, 27: 359-363.
[60] Wang J L, Bai Z Y. Fe-based catalysts for heterogeneous catalytic ozonation of emerging contaminants in water and wastewater. Chemical Engineering Journal, 2017, 312: 79-98.
[61] Ruiz J A, Rodríguez J L, Poznyak T, Chairez I, Dueñas J. Catalytic effect of $\gamma$-$Al(OH)_3$, $\alpha$-FeOOH, and $\alpha$-$Fe_2O_3$ on the ozonation-based decomposition of diethyl phthalate adsorbed on sand and soil. Environmental Science and Pollution Research, 2021, 28: 974-981.
[62] Zhang T, Li C J, Ma J, Tian H, Qiang Z M. Surface hydroxyl groups of synthetic $\alpha$-FeOOH in promoting OH generation from aqueous ozone: Property and activity relationship. Applied Catalysis B: Environmental, 2008, 82: 131-137.
[63] Sui M H, Sheng L, Lu K, Tian F. FeOOH catalytic ozonation of oxalic acid and the effect of phosphate binding on its catalytic activity. Applied Catalysis B: Environmental, 2010, 96: 94-100.
[64] Wang C, Li A M, Shuang C D. The effect on ozone catalytic performance of prepared-FeOOH by different precursors. Journal of Environmental Management, 2018, 228: 158-164.
[65] Qi F, Xu B B, Chen Z L, Ma J, Sun D Z, Zhang L Q. Influence of aluminum oxides surface properties on catalyzed ozonation of 2,4,6-trichloroanisole. Separation and Purification Technology, 2009, 66: 405-410.
[66] Qi F, Xu B, Chen Z, Feng L, Zhang L, Sun D. Catalytic ozonation of 2-isopropyl-3-methoxypyrazine in water by $\gamma$-AlOOH and $\gamma$-$Al_2O_3$: Comparison of removal efficiency and mechanism. Chemical Engineering Journal, 2013, 219: 527-536.
[67] Chen G Y, Wang Z, Lin F W, Zhang Z M, Yu H D, Yan B B, Wang Z H. Comparative investigation on catalytic ozonation of VOCs in different types over supported $MnO_x$ catalysts. Journal of Hazardous Materials, 2020, 391: 122218.
[68] Dong Y M, He K, Yin L, Zhang A M. A facile route to controlled synthesis of $Co_3O_4$ nanoparticles and their environmental catalytic properties. Nanotechnology, 2007, 18: 435602.
[69] Turkay O, Inan H, Dimoglo A. Experimental and theoretical investigations of CuO-catalyzed ozonation of humic acid. Separation and Purification Technology, 2014, 134: 110-116.
[70] Turkay O, Inan H, Dimoglo A. Experimental and theoretical study on catalytic ozonation of humic acid by ZnO catalyst. Separation Science and Technology, 2017, 52: 778-786.
[71] Moussavi G, Mahmoudi M. Degradation and biodegradability improvement of the reactive red 198 azo dye using catalytic ozonation with MgO nanocrystals. Chemical Engineering Journal, 2009, 152: 1-7.
[72] 杨忆新, 马军, 秦庆东, 赵雷, 王胜军, 张静. 臭氧/纳米 $TiO_2$ 催化氧化去除水中微量硝基

苯的研究. 环境科学, 2006, 27: 2028-2034.

[73] Afzal S, Quan X, Lu S. Catalytic performance and an insight into the mechanism of $CeO_2$ nanocrystals with different exposed facets in catalytic ozonation of *p*-nitrophenol. Applied Catalysis B: Environmental, 2019, 248: 526-537.

[74] Tian N, Nie Y, Tian X, Zhu J, Wu D. Heterogeneous Catalytic Ozonation over Metal Oxides and Mechanism Discussion. Royal Society of Chemistry, 2022.

[75] Wang S Z, Han P W, Zhao Y, Sun W J, Wang R, Jiang X, Wu C Y, Sun C L, Wei H Z. Oxygen-vacancy-mediated $LaFe_{1-x}Mn_xO_{3-\delta}$ perovskite nanocatalysts for degradation of organic pollutants through enhanced surface ozone adsorption and metal doping effects. Nanoscale, 2021, 13: 12874-12884.

[76] Ren H F, Wang Z X, Chen X M, Jing Z Y, Qu Z J, Huang L H. Effective mineralization of *p*-nitrophenol by catalytic ozonation using Ce-substituted $La_{1-x}Ce_xFeO_3$ catalyst. Chemosphere, 2021, 285: 131473.

[77] Liu P, Ren Y, Ma W, Ma J, Du Y. Degradation of shale gas produced water by magnetic porous $MFe_2O_4$ (M = Cu, Ni, Co and Zn) heterogeneous catalyzed ozone. Chemical Engineering Journal, 2018, 345: 98-106.

[78] Zhao Y, An H Z, Dong G J, Feng J, Ren Y M, Wei T. Elevated removal of di-*n*-butyl phthalate by catalytic ozonation over magnetic Mn-doped ferrospinel $ZnFe_2O_4$ materials: Efficiency and mechanism. Applied Surface Science, 2020, 505: 144476.

[79] Yu G F, Wang Y X, Cao H B, Zhao H, Xie Y B. Reactive oxygen species and catalytic active sites in heterogeneous catalytic ozonation for water purification. Environmental Science & Technology, 2020, 54: 5931-5946.

[80] Zhao L, Sun Z Z, Ma J. Novel relationship between hydroxyl radical initiation and surface group of ceramic honeycomb supported metals for the catalytic ozonation of nitrobenzene in aqueous solution. Environmental Science & Technology, 2009, 43: 4157-4163.

[81] Yang L, Hu C, Nie Y, Qu J. Surface acidity and reactivity of $\beta$-FeOOH/$Al_2O_3$ for pharmaceuticals degradation with ozone: *In situ* ATR-FTIR studies. Applied Catalysis B: Environmental, 2010, 97: 340-346.

[82] Zhao H, Dong Y M, Jiang P P, Wang G L, Zhang J J, Li K. An insight into the kinetics and interface sensitivity for catalytic ozonation: The case of nano-sized $NiFe_2O_4$. Catalysis Science & Technology, 2014, 4: 494-501.

[83] Bing J, Hu C, Nie Y, Min Y, Qu J. Mechanism of catalytic ozonation in $Fe_2O_3/Al_2O_3$@SBA-15 aqueous suspension for destruction of ibuprofen. Environmental Science & Technology, 2015, 49: 1690-1697.

[84] Bing J S, Wang X, Lan B Y, Liao G Z, Zhang Q Y, Li L S. Characterization and reactivity of cerium loaded MCM-41 for *p*-chlorobenzoic acid mineralization with ozone. Separation and Purification Technology, 2013, 118: 479-486.

[85] Vittenet J, Aboussaoud W, Mendret J, Pic J S, Debellefontaine H, Lesage N, Faucher K, Manero M H, Thibault-Starzyk F, Leclerc H. Catalytic ozonation with $\gamma$-$Al_2O_3$ to enhance the degradation of refractory organics in water. Applied Catalysis A: General, 2015, 504: 519-532.

[86] Zhu G X, Zhu J G, Jiang W J, Zhang Z J, Wang J, Zhu Y F, Zhang Q F. Surface oxygen vacancy induced $\alpha$-$MnO_2$ nanofiber for highly efficient ozone elimination. Applied Catalysis B: Environmental, 2017, 209: 729-737.
[87] Zhang T, Croué J P. Catalytic ozonation not relying on hydroxyl radical oxidation: A selective and competitive reaction process related to metal-carboxylate complexes. Applied Catalysis B: Environmental, 2014, 144: 831-839.
[88] Ma Z C, Zhu L, Lu X Y, Xing S T, Wu Y S, Gao Y Z. Catalytic ozonation of *p*-nitrophenol over mesoporous Mn-Co-Fe oxide. Separation and Purification Technology, 2014, 133: 357-364.
[89] Liu Y, Chen C M, Duan X G, Wang S B, Wang Y X. Carbocatalytic ozonation toward advanced water purification. Journal of Materials Chemistry A, 2021, 9: 18994-19024.
[90] Beltrán F J, Rivas F J. Montero-de-Espinosa R. Mineralization improvement of phenol aqueous solutions through heterogeneous catalytic ozonation. Journal of Chemical Technology & Biotechnology, 2003, 78: 1225-1233.
[91] Rivera-Utrilla J, Sánchez-Polo M. Ozonation of 1,3,6-naphthalenetrisulphonic acid catalysed by activated carbon in aqueous phase. Applied Catalysis B: Environmental, 2002, 39: 319-329.
[92] Lin S H, Lai C L. Kinetic characteristics of textile wastewater ozonation in fluidized and fixed activated carbon beds. Water Research, 2000, 34: 763-772.
[93] Rivera-Utrilla J, Sánchez-Polo M. Ozonation of naphthalenesulphonic acid in the aqueous phase in the presence of basic activated carbons. Langmuir, 2004, 20: 9217-9222.
[94] Moussavi G, Khosravi R. Preparation and characterization of a biochar from pistachio hull biomass and its catalytic potential for ozonation of water recalcitrant contaminants. Bioresource Technology, 2012, 119: 66-71.
[95] Zhang F Z, Wu K Y, Zhou H T, Hu Y, Sergei P, Wu H Z, Wei C H. Ozonation of aqueous phenol catalyzed by biochar produced from sludge obtained in the treatment of coking wastewater. Journal of Environmental Management, 2018, 224: 376-386.
[96] Chen C M, Yan X, Xu Y Y, Yoza B A, Wang X, Kou Y, Ye H F, Wang Q H, Li Q X. Activated petroleum waste sludge biochar for efficient catalytic ozonation of refinery wastewater. Science of the Total Environment, 2019, 651: 2631-2640.
[97] Cai L T, Bahr J L, Yao Y X, Tour J M. Ozonation of single-walled carbon nanotubes and their assemblies on rigid self-assembled monolayers. Chemistry of Materials, 2002, 14: 4235-4241.
[98] Liu Z Q, Ma J, Cui Y H, Zhang B P. Effect of ozonation pretreatment on the surface properties and catalytic activity of multi-walled carbon nanotube. Applied Catalysis B: Environmental, 2009, 92: 301-306.
[99] Liu Z Q, Ma J, Cui Y H, Zhao L, Zhang B P. Influence of different heat treatments on the surface properties and catalytic performance of carbon nanotube in ozonation. Applied Catalysis B: Environmental, 2010, 101: 74-80.
[100] Qu R J, Xu B Z, Meng L J, Wang L S, Wang Z Y. Ozonation of indigo enhanced by carboxylated carbon nanotubes: Performance optimization, degradation products, reaction mechanism and toxicity evaluation. Water Research, 2015, 68: 316-327.
[101] Gonçalves A G, Figueiredo J L, Órfão J J M, Pereira M F R. Influence of the surface chemistry

of multi-walled carbon nanotubes on their activity as ozonation catalysts. Carbon, 2010, 48: 4369-4381.

[102] Wang J, Chen S, Quan X, Yu H T. Fluorine-doped carbon nanotubes as an efficient metal-free catalyst for destruction of organic pollutants in catalytic ozonation. Chemosphere, 2018, 190: 135-143.

[103] Restivo J, Rocha R P, Silva A M T, Órfão J J M, Pereira M F R, Figueiredo J L. Catalytic performance of heteroatom-modified carbon nanotubes in advanced oxidation processes. Chinese Journal of Catalysis, 2014, 35: 896-905.

[104] Wang Y X, Xie Y B, Sun H Q, Xiao J D, Cao H B, Wang S B. Efficient catalytic ozonation over reduced graphene oxide for *p*-hydroxylbenzoic acid (PHBA) destruction: Active site and mechanism. ACS Applied Materials & Interfaces, 2016, 8: 9710-9720.

[105] Ahn Y, Oh H, Yoon Y, Park W K, Yang W S, Kang J W. Effect of graphene oxidation degree on the catalytic activity of graphene for ozone catalysis. Journal of Environmental Chemical Engineering, 2017, 5: 3882-3894.

[106] Yoon Y, Oh H, Ahn Y T, Kwon M, Jung Y, Park W K, Hwang T M, Yang W S, Kang J W. Evaluation of the $O_3$/graphene-based materials catalytic process: pH effect and iopromide removal. Catalysis Today, 2017, 282: 77-85.

[107] Wang Y X, Cao H B, Chen L L, Chen C M, Duan X G, Xie Y B, Song W Y, Sun H Q, Wang S B. Tailored synthesis of active reduced graphene oxides from waste graphite: Structural defects and pollutant-dependent reactive radicals in aqueous organics decontamination. Applied Catalysis B: Environmental, 2018, 229: 71-80.

[108] Song Z L, Wang M X, Wang Z, Wang Y F, Li R Y, Zhang Y T, Liu C, Liu Y, Xu B B, Qi F. Insights into heteroatom-doped graphene for catalytic ozonation: Active centers, reactive oxygen species evolution, and catalytic mechanism. Environmental Science & Technology, 2019, 53: 5337-5348.

[109] Wang Y X, Duan X G, Xie Y B, Sun H Q, Wang S B. Nanocarbon-based catalytic ozonation for aqueous oxidation: Engineering defects for active sites and tunable reaction pathways. ACS Catalysis, 2020, 10: 13383-13414.

[110] Song Z L, Sun J Y, Wang Z B, Ma J, Liu Y Z, Rivas F J, Beltrán F J, Chu W, Robert D, Chen Z L, Xu B B, Qi F, Kumirska J, Siedlecka E M, Ikhlaq A. Two-dimensional layered carbon-based catalytic ozonation for water purification: Rational design of catalysts and an in-depth understanding of the interfacial reaction mechanism. Science of the Total Environment, 2022, 832: 155071.

[111] Song Z L, Zhang Y T, Liu C, Xu B B, Qi F, Yuan D H, Pu S Y. Insight into OH and $O^{2-}$ formation in heterogeneous catalytic ozonation by delocalized electrons and surface oxygen-containing functional groups in layered-structure nanocarbons. Chemical Engineering Journal, 2019, 357: 655-666.

[112] Wang Y X, Chen L L, Chen C M, Xi J X, Cao H B, Duan X G, Xie Y B, Song W Y, Wang S B. Occurrence of both hydroxyl radical and surface oxidation pathways in N-doped layered nanocarbons for aqueous catalytic ozonation. Applied Catalysis B: Environmental, 2019, 254:

283-291.

[113] Yu G F, Wu Y Q, Cao H B, Ge Q F, Dai Q, Sun S H, Xie Y B. Insights into the mechanism of ozone activation and singlet oxygen generation on N-doped defective nanocarbons: A DFT and machine learning study. Environmental Science & Technology, 2022, 56: 7853-7863.

[114] Wang Y X, Ren N, Xi J X, Liu Y, Kong T, Chen C M, Xie Y B, Duan X G, Wang S B. Mechanistic investigations of the pyridinic N-Co structures in Co embedded N-doped carbon nanotubes for catalytic ozonation. ACS ES&T Engineering, 2020, 1: 32-45.

[115] Huang Y, Xu W, Hu L, Zeng J, He C, Tan X, He Z, Zhang Q, Shu D. Combined adsorption and catalytic ozonation for removal of endocrine disrupting compounds over MWCNTs/$Fe_3O_4$ composites. Catalysis Today, 2017, 297: 143-150.

# 第 7 章　基于过硫酸盐的高级氧化技术

## 7.1　引　　言

基于过硫酸盐的高级氧化技术是一种新兴的通过活化过硫酸盐产生高活性物种以降解水中难降解有机物的高级氧化技术。相比基于 $H_2O_2$ 的传统芬顿技术，基于过硫酸盐的高级氧化技术具有如下优势：①过硫酸盐以稳定的固体粉末存在，方便储存和运输；②过硫酸盐的价格相对较低，易于推广应用；③铁泥产生量少，pH 适用范围广；④不同类型的活性物种产率高；⑤活化方式多样，可选择性多；⑥降解效率耐受水环境基质干扰更强。过硫酸盐的活化方法包括紫外照射、加热、碱、过渡金属和碳催化剂等。通过不同的活化方法，可以产生不同的高氧化性的活性物种，包括硫酸根自由基($SO_4^{\bullet-}$)、羟基自由基($^{\bullet}OH$)、单线态氧($^1O_2$)、电子转移机制和高价态金属等，这可为复杂污染水体中实现污染物的有效降解提供更多的选择。本章主要介绍了过硫酸盐高级氧化技术的活化方法和活化机理，同时以过硫酸盐直接氧化作为对比。

## 7.2　过硫酸盐的性质

过硫酸盐主要包括过一硫酸盐(PMS)和过二硫酸盐(PDS)。它们的性质总结见表 7.1。

PDS 来源于过二硫酸($H_2S_2O_8$)，由法国化学家 Marcelin Berthelot 于 1878 年在电解硫酸中发现。PDS 是一种氧化性高、溶解度高、室温条件下稳定性好的无色或白色晶体。PDS 最早用作漂白剂，随后作为氧化剂和乳液聚合引发剂而被广泛应用于纺织业、蓄电池工业、电镀、石油开发以及照相等领域。PDS 极易溶于水，溶解度为 730 g/L，其水溶液呈酸性，在较高温度时容易分解释放氧气。PDS 的氧化还原电位为 2.01 V，结构具有对称性，是 $H_2O_2$ 的衍生物，由 $H_2O_2$ 中的两个 H 原子分别用磺酸基团(—$SO_3$)取代而成。O—O 键长为 1.497 Å，键能为 140 kJ/mol。

**表 7.1 PMS 和 PDS 的性质对比**[1, 2]

| 性质 | PDS | PMS |
|---|---|---|
| 分子式 | $K_2S_2O_8$ | $2KHSO_5 \cdot KHSO_4 \cdot K_2SO_4$ |
| CAS 号 | 7727-21-1 | 70693-62-8 |
| 分子量 | 270.322 | 614.7 |
| 水中溶解度（g/L） | 520 | >250 |
| 价格（美元/kg） | 0.74 | 2.2 |
| 电离常数 $pK_a$ | −3.5 | 9.3 |
| 颜色/形态 | 无色或白色晶体 | 白色固体粉末 |
| 氧化还原电位（V） | 2.01 | 1.82 |
| O—O 键长（Å） | 1.497 | 1.453 |
| O—O 键能（kJ/mol） | 140 | 140～213.3 |
| O—O 解离能（kJ/mol） | 92 | 377 |
| 优先活化方法 | 电子转移活化（如过渡金属或碳） | 能量转移活化（如热、光） |

PDS 常见的形态主要包括过硫酸钠($Na_2S_2O_8$)、过硫酸钾($K_2S_2O_8$)和过硫酸铵[$(NH_4)_2S_2O_8$]。其中，过硫酸钠因成本低、稳定性好而成为环境修复中最常用的氧化剂。当水温为 20℃时，与过硫酸钠(556 g/L)和过硫酸铵(582 g/L)的溶解度相比，过硫酸钾的溶解度（53 g/L）最低，限制其实际应用。过硫酸铵性质不稳定，容易分解产生氧气和硫酸铵，溶于水后水解为硫酸氢铵和过氧化氢，使 $SO_4^{\cdot-}$ 的生成量减少；同时过硫酸铵用于地下水修复，会使地下水中铵盐大量残留，大大提高了氨氮含量，使水质变差。Peluffo 等的研究表明在相同摩尔剂量下，过硫酸钠对土壤中菲的去除率高于过硫酸铵[3]。与其他常用的原位修复试剂(如过氧化氢或臭氧)相比，PDS 具有运输、储存、操作简单安全的优势。高浓度的 PDS 可以通过泵抽提到污染区域，并以浓度梯度的方式在处理的土壤中进行扩散。研究表明，PDS 在含水层材料中的半衰期为 2～600 天，在地下水中大于 5 个月，具有高应用潜力。

PMS 为白色固体粉末，易溶于水，溶解度大于 250 g/L。PMS 的环境催化作用最早可追溯于 1956 年，Ball 和 Edwards 首次报道过一硫酸(也称卡罗酸)具有高反应活性，并且在中性 pH 条件下可以分解，从而氧化去除许多无机/有机化合物[4]。他们也发现，在某些金属离子[如 Co(Ⅱ)和 Mo(Ⅱ)]存在下，过一硫酸可被加速催化分解。此后，Anipsitakis 和 Dionysiou 将 Co(Ⅱ)/PMS 体系首次应用于环境水处理领域[5]。过一硫酸中活性氧原子距氢原子很近，反应活性较高，因而其通常以稳定的三元复合盐形式存在，即由过一硫酸钾、硫酸氢钾和硫酸钾组成($2KHSO_5 \cdot KHSO_4 \cdot K_2SO_4$，过一硫酸氢钾复合盐)。在商业上，该产品的商品名为 Oxone®，操作安全，因此具有良好的潜在应用。与液态 $H_2O_2$ 相比，PMS 为固体形态，挥发性低，易于运输和存储。PMS 可以看作是 $H_2O_2$ 的衍生物，其中 $H_2O_2$ 中的一个氢原子被磺酸基团(—$SO_3$)取代形成 $HSO_5^-$。与 PDS 和 $H_2O_2$ 相比，由于其自身的结构不对称性，PMS 更容易受到外部因素的刺激而被活化。相比 PDS，PMS 的环境持久性降低，水溶液酸性更强，三天后约有 5.0%的活性氧减少[6]。在高温(> 300℃)环境下，PMS 会分解为 $SO_2$ 和 $SO_3$。同时，在水中 PMS 的稳定性受 pH 的影响较大：当 pH 小于 6 或为 12 时，尤其稳定。而当 pH 为 9 时稳定性最差，$HSO_5^-$分解为 $SO_5^{2-}$且浓度相当，由于其电离常数($pK_a = 9.3$)；当 pH 为 1 时，PMS 水解为 $H_2O_2$。PMS 中 O—O 键的键能尚未见报道，但估计介于 140.0 kJ/mol(PDS)和 213.3 kJ/mol($H_2O_2$)之间。因此，需要足够的能量来断裂 O—O 键以产生活性物种。PMS 中 O—O 键长为 1.453 Å。与仅在酸性条件下实现最佳活性的传统芬顿反应不同，基于过硫酸盐的高级氧化技术可在宽 pH 范围环境内有效工作。

## 7.3　过硫酸盐直接氧化法

PDS 和 PMS 属于强氧化剂，其氧化还原电位分别为 2.01 V 和 1.82 V，可用于有机合成领域。尽管 PDS 的氧化还原电位高于 PMS，但在室温条件下对大多数还原性物质的氧化能力并不强。相比而言，PMS 表现出比 PDS 更强的反应活性，即不需要特定的活化方式，即可将醛氧化为羧酸，硫醚氧化为砜，或使末端烯烃环氧化，在有机合成领域发挥了重要作用。特别是针对富电子有机物，未活化 PMS 能够直接有效氧化。其中，Elbs 和 Boyland-Sims 反应是大多数未活化过硫酸盐氧化的主要机制，其依赖于 PDS 中过氧键的亲核取代反应，导致酚和芳胺的羟基化。例如，在 Elbs 反应中，PDS 在碱性条件下将苯酚氧化，然后水解，在苯酚对位引入酚羟基，最终产生对苯二酚，如式(7.1)所示。具体来说，引入羟基基团到芳环可通过两步法：酚盐阴离子(即互变异构碳负离子)或非质子化芳胺充当亲核试剂，受 PDS 中过氧键的攻击，然后形成芳基硫酸盐，水解产生伴随 S—O 键断裂和 $SO_4^{2-}$释放的羟基芳烃[7]。这与 $SO_4^{\cdot-}$诱导的羟基化明显不同，因为乙酸烯丙酯作为自由基捕获剂不会阻碍动力学，并且羟基化效率高度取决于取代基的类型。然而，PDS 作为双电子氧化剂在非自由基过硫酸盐活化中的作用是微不足道的。Lee 等总结了 Elbs 和 Boyland-Sims 过硫酸盐直接氧化选定芳香族化合物的二级反应速率常数和半衰期(表 7.2)[8]。结果表明这些半衰期与过硫酸盐活化过程的常见时间尺度不匹配。Boyland-Sims 和 Elbs 的反应过程和氧化机理类似，如式(7.2)所示，仅是有机底物由苯酚转变为苯胺，亲核试剂是中性芳香胺。此外，在催化过硫酸盐氧化过程中，过硫酸盐可以通过多种方式与水相中几种共存物质发生反应。基于此，我们也梳理了未活化 PMS 直接氧化降解污染物的研究进展。

$$C_6H_5OH \xrightarrow[KOH]{K_2S_2O_8} HO\text{-}C_6H_4\text{-}OH \quad (7.1)$$

$$C_6H_5NH_2 \xrightarrow{+S_2O_8^{2-}} \underset{\text{主要产物}}{2\text{-}NH_2C_6H_4OSO_3^-} + \underset{\text{次要产物}}{4\text{-}NH_2C_6H_4OSO_3^-} \quad \text{Boyland-Sims} \quad (7.2)$$

**表 7.2 Elbs 和 Boyland-Sims 过二硫酸盐直接氧化典型酚和苯胺的二级反应速率常数和半衰期[8]**

| 有机化合物 | 二级反应速率常数 $k$[L/(mol·s)][a] | 半衰期 $t_{1/2}$(min)[b] |
|---|---|---|
| 苯酚 | $1.9\times10^{-2}$ | 120～600 |
| 2-硝基苯酚 | $1.5\times10^{-3}$ | 1500～7560 |
| 2-甲氧基苯酚 | $1.6\times10^{-2}$ | 144～720 |
| 2-甲酚 | $8.4\times10^{-2}$ | 27.6～138 |
| 苯胺 | $1.2\times10^{-2}$ | 192～960 |
| 4-硝基苯胺 | $3.0\times10^{-4}$ | 7680～38520 |
| 4-氯苯胺 | $1.5\times10^{-2}$ | 154.2～768 |
| 4-甲基苯胺 | $3.2\times10^{-2}$ | 72～360 |
| 4-甲氧基苯胺 | $1.7\times10^{-1}$ | 13.8～70.2 |

a 在 Elbs 和 Boyland-Sims 氧化反应中，PDS 的过氧键发生亲核取代反应；酚盐阴离子和中性芳香胺分别在 Elbs 和 Boyland-Sims 氧化中充当亲核试剂。取代苯酚和苯胺氧化的速率常数分别在强碱性(即 1.7 mol/L 的 KOH)和中性(即 pH = 7)条件下测量。

b 在 PDS 对底物显著过量(1 mmol/L)时，一级反应下过硫酸盐直接氧化的 $t_{1/2}$ 估计值[$t_{1/2}=\ln(2)/(k\times[PDS]_0)$]。

PMS 已被用作游泳池中的无氯消毒剂，每一万加仑的水池中 PMS 使用量为 1～2gal [1 gal(US) = 3.78543L]，并且在造纸和纸浆工业中用作脱木质素的漂白剂。此外，PMS 还用于有机化学合成中的温和氧化剂。然而，大多数研究人员忽略了 PMS 自身对水溶液中有机污染物的氧化能力(1.82 V)。Zhou 等首先报道了苯醌可以有效活化 PMS 以降解磺胺甲噁唑[9]。随后，他们也探索了酚类化合物在催化 PMS 的分解中是否也具有类似的作用[10]，结果表明，苯酚的自催化效应可在碱性条件下发生。随后，包括抗生素(如 $\beta$-内酰胺类、磺胺类、四环素类和氟喹诺酮类抗生素)、药物与个人护理品、噻虫啉、氯酚、类固醇雌激素、阳离子染料和氨基酸在内的一些富电子有机化合物可被 PMS 直接氧化，而不依赖于活化。降解过程是由污染物或其降解中间产物上特定的官能团作为 PMS 氧化的反应位点驱动(表 7.3)。例如，PMS 主要与四环素类抗生素的二甲胺基和酚 D 环位点反应，导致氧加成、脱甲基和脱氨基产物的形成[11]。Ji 等通过动力学、产物分析以及密度泛函理论计算，确定了磺胺甲噁唑的苯胺部位是 PMS 氧化的反应位点[12]。六元环或五元环(青霉素和头孢菌素)和侧链(碳青霉烯类抗生素)上的 $\beta$-内酰胺环是 PMS 氧化的主要反应部位[13]。与单独 PDS 可忽略的降解相比，未活化的 PMS 对六种典型的磺胺类抗生素表现出有效降解，效率高达 90.0%，这表明 PMS 对磺胺类抗生素具有更强的氧化能力[14]。他们解释为 PMS 中 O—O 键的空间位阻较小且 O—O 键裂解产生的氧化能力高于 PDS。特别要注意的是，常用的 $^1O_2$ 猝灭剂(如糠醇、L-组氨酸和叠氮化钠)能够与 PMS 反应并使其分解[8]，这可能会误导 $^1O_2$ 在 PMS 活化过程中的作用。另外，PMS 能够以高利用率将亚砷酸盐[As(Ⅲ)]直接氧化为砷酸盐[As(Ⅳ)][15]。

**表 7.3　未活化的 PMS 氧化有机污染物的研究结果**

| 目标污染物 | 反应条件 | 二级反应速率常数 [L/(mol·s)] | 反应位点 | 参考文献 |
|---|---|---|---|---|
| 四环素 | [污染物] = 5 μmol/L，pH = 5～10，[PMS] = 0.21 mmol/L | 1.6～148.6 | 二甲胺基与酚 D 环 | [11] |
| 土霉素 | | 2.47～82.95 | | |
| 金霉素 | | 1.36～90.82 | | |
| 头孢氨苄 | [污染物] = 40 μmol/L，pH = 5～10，[PMS] = 0.4 mmol/L | 8.0～76.6 | 六元或五元环上的硫醚 | [13] |
| 环丙沙星 | [污染物] = 5 μmol/L，pH = 5～10，[PMS] = 0.42 mmol/L | 0.10～13.05 | 哌嗪环上 N4 原子 | [16] |
| 恩诺沙星 | | 0.51～33.17 | 哌嗪环中 N4 胺 | |
| 雌酮 | [污染物] = 1 μmol/L，pH = 7～10，[PMS] = 0.96 mmol/L | 0.003～0.56 | 酚基 | [17] |
| 17$\beta$-雌二醇、雌三醇和 17$\alpha$-炔雌醇 | | 0.003～0.30 | | |

续表

| 目标污染物 | 反应条件 | 二级反应速率常数 [L/(mol·s)] | 反应位点 | 参考文献 |
|---|---|---|---|---|
| 噻虫啉 | [污染物] = 3 μmol/L, pH = 7, [PMS] = 1.0 mmol/L | 17.0 | 硫醚硫、脒氮和氰胺基团 | [18] |
| 磺胺甲噁唑 | [污染物] = 15 μmol/L, pH = 7, [PMS] = 0.2～2.0 mmol/L | 0.23 | 苯胺部分 | [12] |
| 4-氨基苯甲酸 | [污染物] = 50 μmol/L, pH = 3～9, [PMS] = 0.5～5.0 mmol/L | 0.05～1.5 | 苯胺部分 | [19] |

未活化的PMS氧化过程中，大多数有机污染物的降解速率与PMS浓度呈线性关系，表明降解过程属于二级反应。表7.3中描述了一些有机污染物的二级反应速率常数。而且，降解反应强烈依赖于pH值。考虑到PMS和污染物的形态分布随pH的变化($pK_{a1} < 0$，$pK_{a2} = 9.4$)，污染物降解的pH依赖性可以通过污染物与PMS之间的形态特异性反应来描述，如式(7.3)所示。例如，天然雌激素(包括雌酮、雌三醇、17$\beta$-雌二醇和17$\alpha$-炔雌醇)和阴离子雌激素与$HSO_5^-$反应的二级速率常数分别为$1.43 \times 10^{-3}$～$33 \times 10^{-2}$ L/(mol·s)和2.11～5.58 L/(mol·s)。而阴离子雌激素与$SO_5^{2-}$反应的二级速率常数为0.77～1.25 L/(mol·s)，表明阴离子雌激素更容易被PMS氧化。此外，降解过程还表现出结构依赖性。例如，在pH = 8.0时，非活化的PMS对含氮化合物的降解速率如下：氟喹诺酮类抗生素(氟甲喹除外) > 脂族胺(如美托洛尔和文拉法辛) > 含氮杂环化合物(如腺嘌呤和咖啡因)[20]。同样，酚类化合物和PMS的反应也受取代基及其在酚类上的位置的影响。

$$k_{app}[\text{PMS}]_{tot}[\text{Conts}]_{tot} = \sum_{\substack{i=1,2 \\ j=1,2,\cdots,n}} k_{ij}\alpha_i[\text{PMS}]_{tot}\beta_j[\text{Conts}]_{tot} \tag{7.3}$$

其中，$\alpha_i$和$\beta_j$分别为PMS和污染物对应形态的比例；$i$和$j$分别为PMS形态(即$HSO_5^-$和$SO_5^{2-}$)和污染物形态[如雌激素(E)：$E^0$和$E^-$]；$k_{ij}$为每个$i$和$j$对的特定二级反应速率常数。

有趣的是，与自由基诱导的氧化相比，非活化PMS的氧化受水背景组分(无机阴离子和天然有机物)的干扰较小，因而在废水处理中显示出一定的应用潜力。与PMS活化体系(如$Co^{2+}$/PMS)和其他常见的氧化剂(臭氧和游离氯)相比，PMS可直接氧化去除牲畜废水中的四环素，并且氧化效率基本不受水质的影响[21]。而且，污染物的降解效率在实际水中可相当或高于在纯水中。Zhang等在污水处理厂出水有机物存在下，探索了 PMS 氧化降解对氨基苯甲酸的可能性[19]。他们发现出水有机物中存在的腐殖质类和氨基类物质消耗了一部分 PMS，导致目标污染物的降解受到抑制。此外，研究表明用于控制 pH 的缓冲盐(如磷酸盐、碳酸氢盐和硼酸盐)对污染物降解和 PMS 分解表现出不同的影响[22]。具体来讲，除了磷酸盐的作用可忽略不计外，碳酸氢盐显著加速了糠醇降解和 PMS 分解，而硼酸盐则仅仅加速了 PMS 分解。因此，水环境基质的作用值得进一步研究。

PMS 氧化有机污染物的反应机理虽也被广泛探索，但仍处于争议中。PMS 直接氧化富电子有机污染物的机理可分为单电子氧化、双电子氧化和 $^1O_2$ 氧化[23]。例如，$\beta$-内酰胺类抗生素可以通过直接双电子转移到 PMS 上，从而使其过氧键断裂，使目标污染物发生选择性降解[13]。值得注意的是，PMS 的直接氧化完全是一个非自由基过程，不涉及任何自由基，如过量甲醇或乙醇对 PMS 降解有机污染物的影响可忽略不计(文献中使用的甲醇或乙醇与有机污染物的摩尔比在 $6.7 \times 10^2 \sim 4 \times 10^4$ 范围内)。在 Zhou 等[9, 16]的早期研究中，他们提出特定的官能团或酚类母体衍生的醌中间产物可以活化 PMS 以产生响应污染物降解的主要 $^1O_2$。在碱性 pH 条件下，解离的氯酚可活化 PMS 生成少量的 $^{\bullet}OH$ 和 $SO_4^{\bullet-}$，而主要的 $^1O_2$ 是由降解中间产物苯醌与 PMS 的相互作用以及 PMS 的自分解产生。然而，一些研究人员指出，单独 PMS 引起的污染物降解主要归因于 PMS 的直接氧化，而 $^1O_2$ 的作用较小。Liu 等重新检查了 $^1O_2$ 在未活化 PMS 过程中的作用，发现由噻虫啉与环氧化物之间的电子转移而产生的 $^1O_2$ 可贡献 36.5%的噻虫啉降解[18]。杨欣课题组发现除了 PMS 直接氧化之外，原位形成的次溴酸也大大加速了四溴双酚 A 在 PMS 氧化中的降解[24]。因此，应该选择更多具有不同特定基团的有机化合物来进一步检查非活化 PMS 氧化有机污染物的反应机制。

## 7.4　过硫酸盐的活化方法

尽管过硫酸盐直接氧化显示出对特定有机污染物的反应活性，但不满意的降解效率、特定有机物(具有富电子或特定反应位点/基团的有机污染物)、碱性条件以及较高的过硫酸盐用量(PMS 与污染物的摩尔比为 10～200)阻碍了原位过硫酸盐氧化技术在环境修复中的应用。自从 2003 年 Anipsitakis 和 Dionysiou 将 Co(Ⅱ)/PMS 体系应用于环境水处理领域以来[5]，基于过硫酸盐活化的高级氧化技术得到了迅速发展。迄今，已经开发出各种方法来活化过硫酸盐，如能量输入(紫外照射、微波、超声和热)、碱、过渡金属(如金属离子、零价金属、金属氧化物)和碳材料，以产生比过硫酸盐前体氧化能力更强的活性物种，包括自由基或非自由基活性物种。具体活化方法、反应过程和机理如下详细介绍。过硫酸盐活化通常通过能量和电子转移过程发生，该过程以均裂和异裂方式破坏 O—O 键。然而，主要活化方法因过硫酸盐前体类型而异。由还原金属引发的单电子转移更容易活化 PMS。相反，光解和热解优先将 PDS 转化为 $SO_4^{\cdot-}$，因为与 PMS 相比，PDS 表现出较低的 O—O 键解离能(对于 PDS，92 kJ/mol；对于 PMS，377 kJ/mol)。过硫酸盐具有双重功能：①自由基前体，过硫酸盐中的 O—O 键易于单电子还原为 $SO_4^{\cdot-}$；②电子受体，过硫酸盐能从目标污染物中提取电子。活化剂的存在对过硫酸盐的功能有显著影响，首先介绍过硫酸盐活化的主要方法。

### 7.4.1 热活化

如上述讨论所知，产生 $SO_4^{\cdot-}$的关键在断裂过硫酸盐(包括 PDS 和 PMS)中的 O—O 键，因而需要施加足够的外加能量以高于 O—O 键的键能，从而使其断裂分解。由于 PMS 和 PDS 各自 O—O 键的键能不同且前者的 O—O 键能高于后者，导致 PDS 在低温下分解，而 PMS 需要在更高的温度下分解，使两种热活化过硫酸盐前体之间的处理性能相差 1～2 个数量级。反应如式(7.4)和式(7.5)所示。

$$S_2O_8^{2-} \xrightarrow{热} 2SO_4^{\cdot-} \tag{7.4}$$

$$HSO_5^{-} \xrightarrow{热} SO_4^{\cdot-} + {}^{\cdot}OH \tag{7.5}$$

热活化 PDS(> 50℃)是一种有效的原位处理技术，而热活化 PMS 即使当温度达到 80℃时反应 3 h 也仅能使酸性橙 7 去除 18.37%[25]。然而，$Cl^-$的存在能够提升热活化 PMS 的活化效能，甚至优于热活化 PDS 的效能[26]。他们解释为热解促进了 $Cl^-$与 PMS 的亲核加成反应以产生 HOCl，并引发 PMS 对 HOCl 的进一步氧化，导致具有低底物依赖活性的氧化中间体(即 $Cl^{\cdot}$和$^{\cdot}OH$)出现。

有趣的是，周东美课题组报道在厌氧条件下，热活化(50℃)PDS 过程中 $SO_4^{\cdot-}$与过二硫酸根离子通过一电子反应产生过二硫酸根自由基($S_2O_8^{\cdot-}$)，这能够有效降解土壤中六氯乙烷和二氯二苯三氯乙烷[27]。

温度是影响热活化 PDS 工艺中 $SO_4^{\cdot-}$产生和污染物降解最重要的参数。例如，当温度从 40℃增加到 70℃时，双酚 A 的降解速率提高了约 80 倍[28]。值得注意的是，反应温度并非越高越好，不同体系的热活化过程具有最适温度范围，接近或达到最适温度才能够实现最佳的污染物去除效果。此外，PDS 的寿命(涉及 $SO_4^{\cdot-}$的可用性)在高温下(大于 50℃时)相对较短，从而限制了 PDS 有效扩散的距离，并对热活化 PDS 的原位修复应用增加了设计限制[29]。因而，在实施热活化 PDS 原位修复污染土壤或地下水时，热活化温度的选取必须要兼顾活化效率和 PDS 传输距离。

总体来讲，热活化过硫酸盐具有操作简单、修复快和效率高等优势，但由于该技术需要长时间将反应体系维持在较高温度，能耗高，仅适用于小型场地的土壤和地下水修复。

### 7.4.2 紫外活化

波长在 200～400 nm 范围内的紫外线照射已被认为是一种环境友好且经济高效的过硫酸盐活化方法，可产生高活性 $SO_4^{\cdot-}$ 以降解污染物，具有高量子效率且不会出现金属溶出问题。PMS 在 254 nm 波长下的摩尔吸收系数为 14 L/(mol·cm)，$UV_{254}$ 活化 PMS 产生 $SO_4^{\cdot-}$ 和 $^{\cdot}OH$，量子产率为 0.52。PMS 在不同 pH 下解离为两种不同形态的阴离子，即 $HSO_5^-$ 和 $SO_5^{2-}$，摩尔吸收系数与 PMS 的形态有关，并且在 pH 6～12 范围内随 pH 增加从 13.8 L/(mol·cm)增加到 149.5 L/(mol·cm)[30]。而 PDS 在 254 nm 波长下的摩尔吸收系数为 21.1 L/(mol·cm)，$UV_{254}$ 活化 PDS 产生 $SO_4^{\cdot-}$，量子产率为 0.7。

$$HSO_5^- \xrightarrow{h\nu} SO_4^{\cdot-} + {}^{\cdot}OH \qquad \varepsilon = 14\,\mathrm{L/(mol \cdot cm)}, \varphi = 0.52 \tag{7.6}$$

$$S_2O_8^{2-} \xrightarrow{h\nu} 2SO_4^{\cdot-} \qquad \varepsilon = 21.1\,\mathrm{L/(mol \cdot cm)}, \varphi = 0.7 \tag{7.7}$$

其中，$\varepsilon$ 为 254 nm 波长下的摩尔吸收系数；$\varphi$ 为 254 nm 波长下的量子产率。

在紫外光照射活化过硫酸盐的情况下，有机污染物降解主要通过两种路径：①紫外线可以直接破坏某些含较强光敏性官能团的有机污染物；②紫外线照射下活化过硫酸盐产生的活性自由基以氧化降解有机污染物。

紫外/PDS 和紫外/PMS 系统通常对不同的目标有机污染物表现出不同的氧化性能。在大多数研究中，紫外/PDS 表现出比紫外/PMS 更优异的有机污染物氧化能力。这可能归因于活性自由基形成的量子产率。此外，两种氧化剂活化产生的 $SO_4^{\cdot-}$ 和 $^{\cdot}OH$ 的剂量不同，导致两种活化体系的氧化速率不同。Mahdi-Ahmed 和 Chiron 报道，在蒸馏水中紫外/PDS 诱导的环丙沙星氧化效率高于紫外/PMS，但在废水中的性能则表现出相反的趋势[31]。他们认为某些水质参数，如碳酸氢根离子，能够参与 PMS 活化以产生 $SO_4^{\cdot-}$ 和 $^{\cdot}OH$。

$SO_4^{\cdot-}$ 的产率在紫外光波长为 248～351 nm 范围内随波长增加而降低，通常情况下，254 nm 被认为是活化过硫酸盐最常用的紫外光波长，通过低压汞灯激发产生。Verma 等研究了紫外光波长对紫外/PMS 体系氧化降解鱼腥藻毒素 A 的影响[32]。结果发现，与波长为 270 nm、280 nm 或 290 nm 的紫外光相比，260 nm 波长的紫外光在活化 PMS 以实现更高的目标污染物去除方面更有效。因为与其他波长相比，PMS 在 260 nm 处具有更强的光吸收，并且与长波相比，短波提供更高的能量。同时，260 nm 的激发能量足够高，达到 461.5 kJ/mol，可引起 PMS 的过氧键振动并产生 $SO_4^{\cdot-}$和$^{\cdot}OH$，导致鱼腥藻毒素 A 降解。总体来讲，用较短的紫外线波长活化 PDS 或 PMS 可能会导致污染物快速降解，但能耗较高，同时要求应用场景的透光性，因而在土壤和地下水的应用中有一定的局限性。

由于活化机理清晰，这些活化过程可用于定量$^{\cdot}OH$ 和 $SO_4^{\cdot-}$与污染物之间的二级反应速率常数。此外，这些方法被用作辅助手段以提高催化剂活化过硫酸盐的效率，无论涉及均相催化剂还是非均相催化剂。

### 7.4.3 超声活化

频率高于人类听觉(即高于 20 kHz)的声波称为超声波，通常可分为低频超声波(20～100 kHz)、中频超声波(0.1～2 MHz)和高频超声波(2～10 MHz)。超声波化学是指利用超声波空化效应、热效应和机械效应来加快化学反应、提高反应速率和改善反应条件的一门较新的交叉型学科。其中，空化效应是超声波化学反应的主要动力，是指超声波在水溶液中传播时，水分子被交替压缩，水溶液中的微小气泡(空化核)在超声波的作用下发生震荡、膨胀、压缩和破裂，从而在微气泡及其周围的微小空间内产生瞬时高压(50 MPa)和瞬时高温(5000 K)的现象。超声波化学法可以直接降解有机污染物，涉及机理主要包括机械作用、超临界水氧化、高温热解和自由基氧化(如$^{\cdot}OH$、$HO_2^{\cdot}$、$^{\cdot}H$ 和 $O_2^{\cdot-}$)。在水中超声，$^{\cdot}H$ 和$^{\cdot}OH$ 是主要生成的自由基。这些自由基可以进一步与其他物质结合或反应，导致二次氧化和还原反应。

超声波技术操作简单、反应速率快，但单独处理的降解效果较差、处理成本较高。当超声波与过硫酸盐协同使用时，由超声引起的空化、高温和高压引发过硫酸盐中 O—O 键断裂以产生强活性 $SO_4^{\cdot-}$。同时，超声波的持续传递可增加水介质中的环境温度，即对催化体系产生热效应，从而增强热活化过硫酸盐过程。此外，超声波会在水溶液中带来剧烈的湍流效应，从而增强溶液中化学反应的传质过程。因此，与其他基于过硫酸盐的系统相比，超声和过硫酸盐的协同作用更为复杂。

Yin 等系统评估了超声活化 PMS 以降解磺胺二甲基嘧啶的性能影响[33]。结果表明，超声可以显著活化 PMS，超声/PMS 工艺对磺胺二甲基嘧啶的降解速率分别是单独 PMS 和单独超声工艺的 6.4 倍和 86 倍。功率范围为 300～1200 W，并且污染物的降解效率随超声功率的增加而明显增加。超声引起的空化对 PMS 活化很重要，空洞的形成和塌陷可以在极短的时间(毫秒)范围内释放大量能量，然后消耗这些能量来活化 PMS 以产生大量活性物种。最佳活化 PMS 的超声功率为 600 W，足以在 30 min 内有效降解 99%以上的磺胺二甲基嘧啶。

### 7.4.4　微波活化

通常将 300 MHz～300 GHz 频率范围内的电磁波称为微波。微波辐射的固有特性涉及穿透、反射和吸收，具体取决于介质。在微波作用下，介质可以吸收微波并且快速将吸收的微波能转化为热能，而该介质吸收微波的能力取决于介质的损耗角正切值。不同于通过对流、传导和辐射来提高温度的传统加热方法，微波加热具有更短的反应时间、更低的能耗、更高的反应选择性和更快的反应速率等优势。

依据反应过程中是否加压将微波反应器分为两种，包括需要冷却水系统以避免溶液蒸发的常压微波反应器和高压微波反应器，也称为微波水热反应器。在微波水热反应器运行过程中通过传感器保证密闭反应容器中反应液的温度和压强。

微波活化过硫酸盐技术是指过硫酸盐在微波的照射下，使其 O—O 键断裂产生 $SO_4^{\cdot-}$的过程，最早可追溯于 2009 年 Yang 等探索微波/过硫酸盐耦合技术去除酸性橙 7 的可能性[34]。同时，在非均相过硫酸盐活化体系中，活性炭作为良好的微波吸收材料，在微波辐照下活性炭表面形成“热点”，可快速活化 PDS 以产生 $SO_4^{\cdot-}$，180 s 内可使得初始浓度为 500 mg/L 的酸性橙 7 完全脱色。

### 7.4.5　碱活化

不同于上述四种活化方式(热、紫外、超声和微波)是以能量主导的，碱是常用的过硫酸盐活化剂，用于通过原位化学氧化修复受污染的地下水或土壤。碱活化过硫酸盐的反应机制与过硫酸盐的类型(PMS 或 PDS)密切相关。

对于 PDS，在强碱性溶液中，活化的机理可以表示为：碱催化 PDS 水解为过氧氢根离子($HO_2^-$)和硫酸根离子，随后 $HO_2^-$还原其他 PDS 并产生 $SO_4^{\cdot-}$，反应方程如式(7.8)和式(7.9)所示。值得注意的是，在式(7.8)中，应该是包含两步反应，其中碱催化 PDS 水解产生了过渡中间体 PMS，尽管其含量用离子色谱未检出[35]。

$$S_2O_8^{2-} + 2H_2O \xrightarrow{OH^-} 2SO_4^{2-} + HO_2^- + 3H^+ \tag{7.8}$$

$$S_2O_8^{2-} + HO_2^- \longrightarrow SO_4^{2-} + SO_4^{\cdot-} + O_2^{\cdot-} + H^+ \tag{7.9}$$

而对于 PMS，Qi 等提出了碱活化 PMS 的反应机制[36]：首先，PMS 发生碱性水解，产生过氧化氢和硫酸根离子。$H_2O_2$ 分解产生的$^{\cdot}OH$ 与过量的 $H_2O_2$ 反应生成 $HO_2^{\cdot}$。然后，$^{\cdot}OH$ 和 $O_2^{\cdot-}$反应产生 $^1O_2$ 和 $OH^-$。$O_2^{\cdot-}$也可以与其自身重组反应并产生 $^1O_2$ 和 $H_2O_2$。全部反应过程如式(7.10)～式(7.18)所示。因此，在碱活化

PMS 过程中，$^1O_2$ 和 $O_2^{\bullet-}$ 是主要的活性物种，响应酸性橙 7 降解。

$$HSO_5^- \longrightarrow SO_5^{2-} + H^+ \quad pK_a = 9.4 \tag{7.10}$$

$$HSO_5^- + H_2O \longrightarrow H_2O_2 + HSO_4^- \tag{7.11}$$

$$SO_5^{2-} + H_2O \longrightarrow H_2O_2 + SO_4^{2-} \tag{7.12}$$

$$H_2O_2 \longrightarrow H^+ + HO_2^- \quad pK_a = 11.65 \tag{7.13}$$

$$H_2O_2 \longrightarrow 2{}^{\bullet}OH \tag{7.14}$$

$${}^{\bullet}OH + H_2O_2 \longrightarrow HO_2^{\bullet} + H_2O \tag{7.15}$$

$$HO_2^{\bullet} \longrightarrow H^+ + O_2^{\bullet-} \quad pK_a = 4.8 \tag{7.16}$$

$$O_2^{\bullet-} + {}^{\bullet}OH \longrightarrow {}^1O_2 + OH^- \tag{7.17}$$

$$2O_2^{\bullet-} + 2H^+ \longrightarrow H_2O_2 + {}^1O_2 \tag{7.18}$$

此外，将溶液 pH 提高到 8.5～9 以上会导致主导的活性物种从 $SO_4^{\bullet-}$ 到 $^{\bullet}OH$ 的转变[式(7.17)]。这是由于 $SO_4^{\bullet-}$ 单电子氧化 $OH^-$ 产生的结果[$k$ = 6.5 × 10$^7$ L/(mol·s)]，同时在动力学上优于逆反应[$^{\bullet}OH + HSO_4^- \longrightarrow SO_4^{\bullet-} + H_2O$；$k$ = 6.9 × 10$^5$ L/(mol·s)][8]。朱本占课题组使用电子自旋共振(ESR)二次自由基自旋捕获方法与自旋捕获剂 5,5-二甲基-1-吡咯啉-*N*-氧化物和 $^{\bullet}OH$ 猝灭剂二甲基亚砜共同证实了从 $SO_4^{\bullet-}$ 产生 $^{\bullet}OH$ 的 pH 依赖性[37]。同时结果发现，从弱酸性(pH 5.5)到碱性条件的 $SO_4^{\bullet-}$ 生成系统可以产生 $^{\bullet}OH$(在 pH 13.0 时最佳)，而在 pH < 5.5 时 $SO_4^{\bullet-}$ 是主要的自由基物种。将主要氧化剂从 $SO_4^{\bullet-}$ 转变为 $^{\bullet}OH$ 可以更有效地降解在过硫酸盐活化过程中持续存在的有机化合物，但强化效果可能会被选择性更低的 $^{\bullet}OH$ 所涉及的副竞争反应抵消，因为 $^{\bullet}OH$ 相比 $SO_4^{\bullet-}$ 易受天然水基质成分(如溶解性有机物和碳酸盐)和过硫酸盐消耗。

在造纸、纺织等工厂产生的高碱性有机污染废水的处理中，可直接投加过硫酸盐以实现废水中有机化合物的氧化降解，但碱活化时间较长，效率较低。而在实际场地修复中需要投加氢氧化钠等碱性物质以达到活化效果，仍存在一些弊端：①必须将处理后废水的 pH 调节到中性；②在处理过程中使用的高 pH 可能会影响金属离子、有机物的存在形态以及土壤特性，需要考虑这些物质的处理方法；③强碱物质会腐蚀修复设备或管道，给反应器的设计带来了困难。

$$SO_4^{\cdot-} + OH^- \longrightarrow SO_4^{2-} + {}^{\cdot}OH \tag{7.19}$$

### 7.4.6　过渡金属活化

1. 过渡金属离子活化

过渡金属因高效且易于操作已成为活化过硫酸盐的优良催化剂。根据过渡金属的存在形态分为金属离子（均相）和固相催化剂（非均相）。Anipsitakis 和 Dionysiou 在环境领域中首次应用了 Co(Ⅱ)/PMS 高级氧化体系，并探讨了不同过渡金属离子活化 PMS 以降解 2,4-二氯苯酚的影响[5, 38]。结果表明，各种过渡金属离子的活化效率依次为 Co(Ⅱ) > Ru(Ⅲ)> Fe(Ⅱ) > Ce(Ⅲ) > V(Ⅲ) > Mn(Ⅱ) > Fe(Ⅲ) > Ni(Ⅱ)。过渡金属离子作为还原剂可以引发过硫酸盐的单电子还原以产生 $SO_4^{\cdot-}$[式(7.20)和式(7.21)]。PMS 和 PDS 由于其属性不同而倾向于利用不同的过渡金属离子分别作为它们的最佳活化剂，见表 7.2。在众多已报道的过渡金属离子中，Ag(Ⅰ)对 PDS 的活化效果最佳，而 Co(Ⅱ)活化 PMS 的效率最高，即使十亿分之一的浓度(μmol/L)也能活化 PMS。此外，由于其环境友好、毒性低、地表丰富且成本效益高等优点，Fe(Ⅱ)成为研究最多的均相活化剂，而 Fe(Ⅲ)则对活化过硫酸盐无效。

$$M^{n+} + HSO_5^- \longrightarrow M^{n+1} + SO_4^{\cdot-} + OH^- \tag{7.20}$$

$$M^{n+} + S_2O_8^{2-} \longrightarrow M^{n+1} + SO_4^{\cdot-} + SO_4^{2-} \tag{7.21}$$

相比 Fe(Ⅱ)/PDS 体系，由于更高的反应速率，Fe(Ⅱ)/PMS 体系具有应用潜力[式(7.22)和式(7.23)]。Fe(Ⅱ)/PMS 氧化过程是由两个氧化阶段组成，即快速氧化阶段(第一阶段)和慢速氧化阶段(第二阶段)[39]。第一阶段有机污染物的快速氧化归因于 $SO_4^{\cdot-}$的快速生成，这是由于 Fe(Ⅱ)和 PMS 之间的快速反应[式(7.22)]。然而当反应体系中 Fe(Ⅱ)过量时，其与 $SO_4^{\cdot-}$反应，导致 $SO_4^{\cdot-}$产量和污染物降解效率均降低，其反应能为−18 kJ/mol，二级反应速率常数为 $4.9 \times 10^9$ L/(mol·s)[式(7.24)]。在第二阶段，生成的 Fe(Ⅲ)与 PMS 反应缓慢形成 $SO_5^{\cdot-}$和 Fe(Ⅱ)[式(7.25)]。Fe(Ⅱ)再生缓慢，阻碍了 $SO_4^{\cdot-}$生成，同时 $SO_5^{\cdot-}$的氧化能力较弱，导致第二阶段有机污染物的降解缓慢。因此，加速 Fe(Ⅲ)/Fe(Ⅱ)循环已成为研究热点。

$$Fe^{2+} + HSO_5^- \longrightarrow Fe^{3+} + SO_4^{\cdot-} + OH^- \quad k = 3 \times 10^4\ L/(mol \cdot s) \tag{7.22}$$

$$Fe^{2+} + S_2O_8^{2-} \longrightarrow Fe^{3+} + SO_4^{\cdot-} + SO_4^{2-} \quad k = 3 \times 10^1\ L/(mol \cdot s) \tag{7.23}$$

$$Fe^{2+} + SO_4^{\cdot -} \longrightarrow Fe^{3+} + SO_4^{2-} \quad k = 4.9 \times 10^9 \ L/(mol \cdot s) \tag{7.24}$$

$$Fe^{3+} + HSO_5^- \longrightarrow Fe^{2+} + SO_5^{\cdot -} + H^+ \tag{7.25}$$

为了提高均相过渡金属离子活化过硫酸盐的效能，研究学者开展了大量研究工作，具体包括：①优化过渡金属离子与氧化剂的比例，例如，对于Fe(Ⅱ)/PMS 体系摩尔比为 1∶1 是最合适的。②分批添加过渡金属离子，有助于减缓过渡金属离子的自猝灭效应。③使用螯合剂。添加螯合剂(如柠檬酸、焦磷酸盐、乙二胺四乙酸、次氮基三乙酸)可以有效地作为 Fe(Ⅱ)螯合剂，来增加Fe(Ⅱ)的溶解度并调整铁/螯合剂络合物的氧化还原电位，以实现 Fe(Ⅱ)氧化和再生之间的合理平衡，从而促进均相铁/过硫酸盐体系中的 Fe(Ⅲ)/Fe(Ⅱ)循环。然而，螯合剂的实际应用潜力仍存在争议。例如，在 Fe(Ⅱ)/PMS 系统中，无机螯合剂焦磷酸盐在活化 PMS 方面最有效，而乙二胺二琥珀酸是无效螯合剂，由于 Fe(Ⅱ)/乙二胺二琥珀酸络合物导致大量 PMS 的无效分解[40]。此外，尽管乙二胺四乙酸能够有效螯合 Fe(Ⅱ)并强化构建体系的氧化效能，但由于其本身难生物降解和环境持久特性，是一种令人担忧的新污染物。④使用还原剂来加速金属离子循环。理想的还原剂应至少具备两个标准以实现污染物的高降解效率：①Fe(Ⅲ)还原速率快；②与过硫酸盐和生成的活性物种基本不发生反应。赖波课题组综述了还原剂强化过氧化物活化中 Fe(Ⅲ)/Fe(Ⅱ)循环的发展历程，并将各种还原剂分为四类，即无机均相还原剂、有机均相还原剂、无机非均相还原剂和碳材料还原剂[41]。

1)无机均相还原剂

无机均相还原剂一般由非金属化合物组成，用于提升过硫酸盐活化中Fe(Ⅲ)/Fe(Ⅱ)循环的还原剂主要包括羟胺、肼、硫化钠、硫代硫酸钠、连二亚硫酸钠和亚硫酸钠等。其中，羟胺是近年来研究最多的无机还原剂。在羟胺/Fe(Ⅱ)/PMS 过程中，Fe(Ⅲ)/Fe(Ⅱ)的氧化还原循环随羟胺的加入而显著加速，以至于低 Fe(Ⅱ)浓度(10.8 μmol/L)足以在宽 pH 范围(2.0～6.0)内快速降解苯甲酸[42]。同时，在所使用的还原剂(羟胺、硫代硫酸钠、抗坏血酸、抗坏血酸钠和亚硫酸钠)中，羟胺展现出最佳的 Fe(Ⅱ)/PDS 体系提升效能[43]。然而，无机还原剂的使用会导致活性物种不可避免的猝灭效应。例如，除了还原效应外，羟胺可以与自由基发生快速反应[$k(SO_4^{\cdot -}) = 8.5 \times 10^8$ L/(mol·s)，$k(^{\cdot}OH) = 9.5 \times 10^9$ L/(mol·s)]，导致羟胺与目标污染物同时竞争生成的 $SO_4^{\cdot -}$/$^{\cdot}OH$。而且，羟胺还具有毒性。

2)有机均相还原剂

对于有机均相还原剂，其还原性主要归因于官能团，如酚羟基基团和巯基基团。在现有的有机均相还原剂中，主要包括多酚、抗坏血酸和巯基化合物。当还原剂转移一电子给 Fe(Ⅲ)时，1mol $H^+$会从还原剂中解离并产生有机自由基，然后与其他 Fe(Ⅲ)反应并转化为相应的醌或二硫化合物。因此，有机均相还原剂添加之后很难完全矿化，导致引入额外的总有机碳。值得注意的是，醌中间体可能比还原剂毒性更大，一旦它们被氧化为羧酸后，其毒性就会显著减轻。由于其均质性，均相还原剂对 Fe(Ⅲ)的还原速率超快，导致同时发生的反应物种猝灭是不可避免的。在过硫酸盐活化过程中使用还原剂应考虑到活性物种快速生成与难以避免的反应物种消除之间的权衡。

3)无机非均相还原剂

无机非均相还原剂一般可分为金属材料和非金属材料。由于固相还原剂与过硫酸盐的不同相态，在很大程度上减轻还原剂对活性物种的猝灭效应。自从邢明阳课题组系统地研究了金属硫化物在芬顿反应中的作用，标志着无机催化高级氧化技术的开始[44]。随后，探究了一系列无机金属还原剂，如还原金属钼(Mo)或钨(W)、金属硫化物($WS_2$、$MoS_2$、$FeS_2$ 和 ZnS)和 $MoO_2$(110)晶面。选择钼或钨系材料作为助催化剂是由于它们同属一族且具有多种不同价态(如 0、+3、+4、+5 和+6)。除了最稳定的+6 价外，其他价态都具备还原性，能够向过硫酸盐提供电子。尽管这些金属催化剂本身也可以直接活化过硫酸盐，但这种直接活化方式不能有效利用材料的全部电子，并且可能会失活。而添加 Fe(Ⅲ)后，其几乎可以接受低价原子的所有电子，从而强化过硫酸盐活化。决定无机金属还原剂性能的主要因素包括其氧化还原电位、粒径、暴露晶面、传质、表面电荷和表面钝化。此外，Zhou 等利用以乙二胺为溶剂的水热法制备了非金属黑红磷[45]。与商业红磷相比，黑红磷具有更大的比表面积和更少的氧化层，从而为 Fe(Ⅲ)还原提供更多的活性位点，并增强 PMS 活化。此外，从无定形红磷到结晶黑磷的部分相转化也增强了黑红磷的固有还原性。

4)碳材料还原剂

碳材料因特殊的结构、优异的性能和环境友好性而受到越来越多的关注。尽管碳材料也可以直接活化 PMS，但人们更多地关注其内在氧化还原特性。例如，当氧化石墨烯(GO)添加到 Fe(Ⅱ)/PMS 体系后，Fe(Ⅲ)可以与 GO 表面的含氧官能团螯合形成稳定的 GO-Fe(Ⅲ)络合物，随后通过分子内电荷转移作用被还原为 Fe(Ⅱ)[主要以 GO-Fe(Ⅱ)络合物形式存在][46]。Zhou 等采用 $C_{60}$ 富勒烯的多羟基化衍生物——$C_{60}$ 富勒烯醇作为 Fe(Ⅲ)络合剂和电子供体，通过加速 Fe(Ⅱ)再生来增强 Fe(Ⅲ)/PMS 体系的氧化能力[47]。尽管具有高反应活性，但 $C_{60}$ 富勒烯醇和氧化石墨烯的成本仍然很高，因而大规模应用的可行性较低。近来，生物炭被认为是通过氧化还原反应加速 Fe(Ⅲ)/Fe(Ⅱ)循环的有前途且具有成本效益的催化剂。以生物质为原料的生物炭因原料易获取、成本低的优势受到关注。生物炭表面上丰富的氧化还原活性组分(如醌、氢醌和酚类基团共轭 π 电子系统)将为生物炭提供丰富的氧化还原位点，因为这些活性组分可以同时充当电子供体和受体。而且，生物炭上的持久性自由基也是 Fe(Ⅲ)还原和过硫酸盐活化的主要电子供体。此外，煅烧温度也是影响生物炭的结构和理化性质的关键因素，进而影响 Fe(Ⅲ)/Fe(Ⅱ)循环速率和反应机制。例如，在生物炭/Fe(Ⅲ)/PDS 体系中，当添加在 400℃下制备的生物炭时，其添加能够显著加速 Fe(Ⅱ)再生，这是由于再生的半醌自由基，并且主导活性物种为 $SO_4^{\cdot-}$/$^{\cdot}OH$ 与高价态铁共存；而添加在 700℃下制备的生物炭时，不能维持污染物持续降解的 Fe(Ⅲ)/Fe(Ⅱ)循环，并且 $SO_4^{\cdot-}$/$^{\cdot}OH$ 与表面电子转移机制起主要作用[48]。此外，生物炭的制备方法也会影响 Fe(Ⅲ)/Fe(Ⅱ)循环速率。除了高温热解法外，水热碳化法制备的生物炭(即水热炭)也可能具有类似的促进效应。

尽管在 Fe(Ⅱ)再生及提升污染物降解性能方面取得一定研究进展，但这些改进策略也存在一些不足。例如，有机均相还原剂或螯合剂的引入会增加溶液中化学需氧量，造成二次污染以及与污染物竞争来消耗/猝灭活性物种，黑红磷会自分解产生含磷副产物(亚磷酸盐和磷酸盐)，以及金属助催化剂可能会由于毒性金属离子溶出和有毒硫化氢产生而导致二次污染，因而限制了它们的大规模实际应用。因此，开发高效、稳定、经济、广泛可用且环境友好的无机助催化剂来促进 Fe(Ⅲ)/Fe(Ⅱ)循环仍然是当务之急。

此外，均相的过渡金属离子在水处理应用中存在一些局限性，主要包括：①溶解态的金属离子使用后很难回收；②对于含有大量有机污染物的水体，需要投加大量的金属离子，导致出水残留高浓度的金属离子，引发二次污染；③溶液 pH 和水体背景成分对金属离子的形态影响较大，如在碱性条件下形成氢氧化物沉淀，而在酸性条件下金属离子易与水分子结合产生水合物，导致其活化效率下降。包括金属氧化物和金属复合材料在内的非均相催化剂可以有效地克服上述局限性，因此近年来成为过硫酸盐活化技术的研究热点。下面将按照过渡金属的类型分别进行介绍。

2. 零价金属活化

为了克服均相金属活化过硫酸盐体系的固有缺陷，采用零价金属作为金属离子的来源，在活化过程中可以在一定程度上维持适量的金属离子并提高金属离子的利用效率。零价金属具有一定的还原电位，因而呈现还原能力。迄今，已合成一系列纳米零价金属用作过硫酸盐活化剂，如零价铁、零价铜、零价锰、零价钨和零价铝等。

其中，零价铁凭借高还原性(−0.44 V)、多功能、易获取和环境友好性(如毒性和生物可利用性低)，在废水处理和土壤修复方面表现出广阔的潜力。大量研究表明，纳米零价铁活化过硫酸盐涉及两个步骤，导致活性自由基的形成[49]。首先，Fe(Ⅱ)在 $H^+$、溶解氧和过硫酸盐(PMS 或 PDS)存在下通过纳米零价铁的腐蚀溶解获取，见式(7.26)。随后，类似于均相活化过程，上述反应释放的 Fe(Ⅱ)活化过硫酸盐产生了 $SO_4^{\cdot-}$，用于降解污染物，见式(7.22)和式(7.23)。不同之处在于纳米零价铁作为 Fe(Ⅱ)的可控缓释源，可以大大减轻 Fe(Ⅱ)的猝灭效应。同时，生成的 Fe(Ⅲ)可以相对容易地被零价铁还原和回收利用，从而可以减少由于 Fe(Ⅲ)在体系中的累积而引起的水解和沉淀。此外，零价铁与 PDS 之间存在直接电子转移，从而产生 $SO_4^{\cdot-}$。

$$Fe^0 + O_2 + 2H^+ \longrightarrow Fe^{2+} + H_2O_2 \tag{7.26}$$

由于纳米零价铁的粒径小、活性高和磁性强等特点，在实际应用中存在易团聚、与周围介质反应、易快速流失等不足。基于此，本书作者团队采用氧化石墨烯为载体，制备了纳米零价铁/还原氧化石墨烯复合物。氧化石墨烯的引入不仅减少纳米零价铁的团聚，而且其丰富的含氧官能团(如—OH 和 C═O)可以螯合纳米零价铁和直接充当催化活性位点，从而强化 $SO_4^{\cdot-}$的产生，见图 7.1。当纳米零价铁与氧化石墨烯的质量比为 5∶1 时，制备的纳米零价铁/还原氧化石墨烯复合物催化活化 PDS 的活性最佳，在 21 min 内可实现 92.1%的阿特拉津降解，显著优于纳米零价铁/PDS 体系的效能(66.1%)。而且，铁溶出显著抑制且 $Fe^{2+}/Fe^{3+}$ 循环加速，从而获得高稳定性，在三次循环后阿特拉津仍可降解 84.7%[50]。

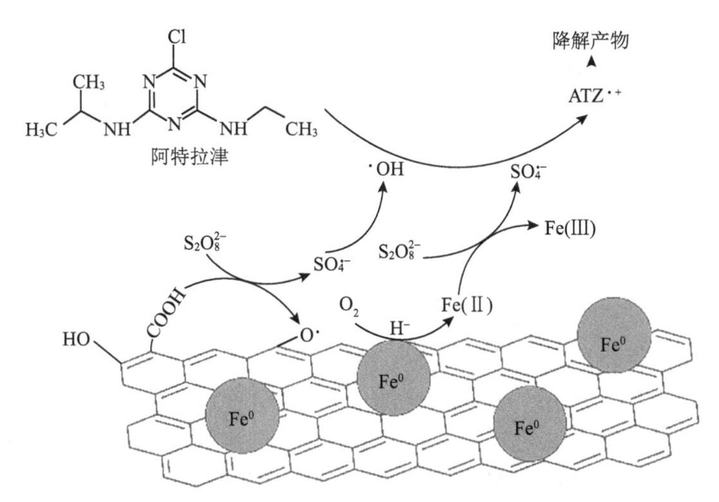

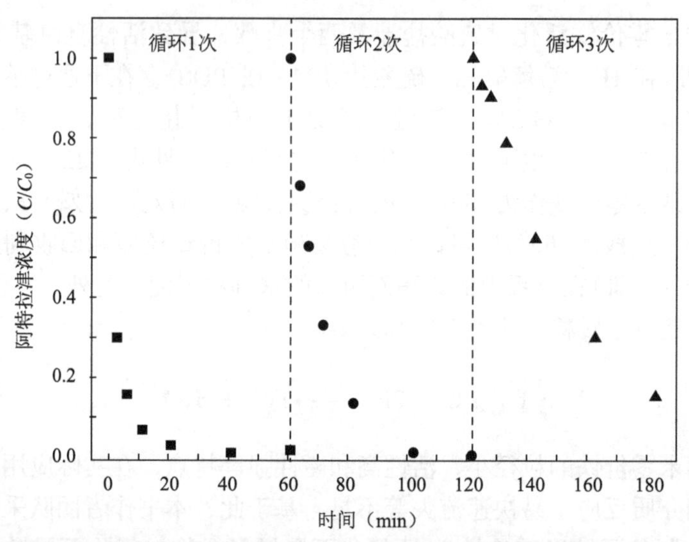


图 7.1 纳米零价铁/还原氧化石墨烯活化 PDS 以降解阿特拉津的机制及其循环利用效能[50]

3. 金属氧化物/硫化物/磷化物及其衍生物活化

金属氧化物、金属硫化物、金属磷化物和其他矿物也被用作过硫酸盐活化剂以降解污染物。Dionysiou 课题组首先报道了 $Co_3O_4$ 对 PMS 的非均相活化[51]。在中性 pH 条件下，合成的纳米 $Co_3O_4$ 更适合作为 PMS 活化剂。尽管传统的 $Co_3O_4$ 纳米颗粒具有良好的催化性能，但它们在催化反应中易于团聚，导致催化效率下降。为此，载体材料的使用是一个有效的解决方案。他们也探讨了载体($Al_2O_3$、$SiO_2$ 和 $TiO_2$)负载对 $Co_3O_4$ 催化活化 PMS 的影响[52, 53]，发现当 $TiO_2$ 为载体时，Co—Ti 的强相互作用提高了催化活性并将 Co 溶出降至最低(50 μg/L)。MgO 作为载体可以均匀分散 $Co_3O_4$，减少 Co 溶出并促进 PMS 活化的关键表面 Co—OH 复合物的形成，如式(7.27)所示[54]。而且，催化活性与金属氧化物载体的表面碱度相关。此外，氧化锰(MnO、$Mn_2O_3$、$MnO_2$ 和 $Mn_3O_4$)、氧化铁($Fe_2O_3$ 和 $Fe_3O_4$)和氧化铜(CuO 和 $Cu_2O$)等单组分氧化物也被用于过硫酸盐活化。例如，$Fe_2O_3$ 催化 PMS 产生 $SO_4^{\cdot-}$ 的机制见式(7.28)～式(7.31)。天然存在的含硫矿石，包括无定形 FeS、陨硫铁(FeS)、灰铁矿($Fe_3S_4$)、黄铁矿($FeS_2$)、黄铜矿($CuFeS_2$)、磁黄铁矿($Fe_{1-x}S$)和白铁矿($FeS_2$)，在地下土壤中普遍存在或在硫酸市场上很容易获取，这更容易实现原位修复的功效。近年来，以磷化铁矿物(FeP、$Fe_2P$、$FeP_2$、$Fe_3P$)为代表的过渡金属磷化物应用于过硫酸盐活化，这是由于其优异的催化性能、强稳定性、高导电性和强抗毒性。例如，当磷化铁作为 PMS 活化剂时可在 24 min 内实现 98.2%的磺胺嘧啶的降解，降解速率是 $Fe_2O_3$/PMS 的 9.1 倍[55]。

$$CoOH^+ + HSO_5^- \longrightarrow CoO^+ + SO_4^{\cdot-} + H_2O \tag{7.27}$$

$$\equiv Fe^{3+}—OH + HSO_5^- \longrightarrow \equiv Fe^{3+}—SO_5^- + H_2O \tag{7.28}$$

$$\equiv Fe^{3+}—SO_5^- + H_2O \longrightarrow \equiv Fe^{2+}—OH + SO_5^{\bullet -} + H^+ \tag{7.29}$$

$$\equiv Fe^{2+}—OH + HSO_5^- \longrightarrow \equiv Fe^{2+}—SO_5^- + H_2O \tag{7.30}$$

$$\equiv Fe^{2+}—SO_5^- + H_2O \longrightarrow \equiv Fe^{3+}—OH + SO_4^{\bullet -} + OH^- \tag{7.31}$$

通式为 $AB_2O_4$ 的尖晶石型金属氧化物，其中 A 为二价金属离子(镁离子、铁离子、镍离子、锰离子或锌离子等)，B 为三价金属离子(铝离子、铁离子、铬离子或锰离子等)已被广泛应用于很多领域。自从发现使用 $CoFe_2O_4$ 尖晶石进行有效的非均相 PMS 活化以来[56]，具有尖晶石结构的混合金属氧化物被认为是催化活化 PMS 的有力候选者。他们给出尖晶石的优点如下：①$CoFe_2O_4$ 中的 Co 物质是 PMS 活化中更有效的 Co(Ⅱ)，而 $Co_3O_4$ 包含 Co(Ⅱ)和 Co(Ⅲ)；②$CoFe_2O_4$ 中的强 Fe—Co 相互作用可以显著抑制 Co 溶出；③由于独特的铁磁特性，催化剂易于分离回收；④Fe 的存在有利于羟基基团含量的提高，从而在催化剂表面产生更多的 Co(Ⅱ)—OH 复合物。然而，$CuFe_2O_4$ 纳米颗粒活化 PMS 的机理仍存在争议。一些研究学者表明，$CuFe_2O_4$ 可以有效活化 PMS 以产生 $SO_4^{\bullet -}$，这可能涉及 Cu(Ⅱ)/Cu(Ⅰ)和 Fe(Ⅲ)/Fe(Ⅱ)氧化还原循环。然而 PMS 将 Cu(Ⅱ)还原为 Cu(Ⅰ)在热力学上是不可行的[Cu(Ⅱ)/Cu(Ⅰ) = 0.15 V，$SO_5^{\bullet -}/HSO_5^-$ = 1.1 V]。Zhang 等通过傅里叶变换衰减全反射红外光谱和拉曼光谱的原位表征提出，表面 Cu(Ⅱ)-Cu(Ⅲ)-Cu(Ⅱ)的氧化还原循环是导致 $SO_4^{\bullet -}$生成的机制[57]。另外，表面羟基在 $SO_4^{\bullet -}$的产生中起重要作用，并且表面的 Cu 是进行 PMS 活化的催化活性位点。Ren 等探讨了各种类型尖晶石铁氧体 $MFe_2O_4$(M = Co、Cu、Mn 和 Zn)作为非均相 PMS 催化剂的活性[58]。他们发现催化剂的活性遵循 $CoFe_2O_4 > CuFe_2O_4 > MnFe_2O_4 > ZnFe_2O_4$，且与表面羟基位点数呈正相关。此外，高催化活性可以归因于 $M^{2+}/M^{3+}$和 $O^{2-}/O_2$ 的参与反应，并且 PMS 同时被催化。方国东课题组强调了纳米 $CuFe_2O_4$ 产生 $O_2^{\bullet -}$的作用，它能够调节 Cu(Ⅰ)/Cu(Ⅱ)和 Fe(Ⅱ)/Fe(Ⅲ)循环，从而通过电子转移诱导 $SO_4^{\bullet -}$和$^{\bullet}OH$ 的形成。随后，通过封装、负载以及其他方法来制备一系列尖晶石型金属氧化物用于 PMS 活化。

通式为 $ABO_3$ 或 $A_2BB'O_6$ 的钙钛矿类或双钙钛矿类金属氧化物(其中 A 位是碱金属或稀土金属，而 B 位通常是过渡金属)，由于其独特的理化性质而受到广泛关注。钙钛矿的 A 位或 B 位可以被外来阳离子取代而不破坏晶体结构，从而控制 B 位阳离子的氧化价态并引入氧空位。Su 等首次报道，混合离子/电子双钙钛矿 $PrBaCo_2O_{5+\delta}$ 可作为 PMS 活化的高效催化剂，这归因于其优异的氧表面交换动力学、丰富的氧空位、高电导率、活跃的钴位点和稳定的晶相[59]。特别是，发现氧空位在活化 PMS 产生自由基过程中起关键作用。Lin 等探讨了镧系钙钛矿对 PMS 活化的影响，其催化活性的顺序遵循 $LaCoO_3 > LaNiO_3 > LaCuO_3 > LaFeO_3$[60]。然而，钙钛矿氧化物的比表面积通常较低，不利于大规模应用。为了应对这个问题，元素掺杂或者载体负载是常用的方法。特别是掺杂策略可以调控钙钛矿的电子结构、氧空位浓度、金属-氧键强度以及晶格结构，随后会影响表面性质和催化活性。例如，$Ba_{0.5}Sr_{0.5}Co_{0.8}Fe_{0.2}O_{3-\delta}$ 钙钛矿可有效活化 PMS 以产生 $SO_4^{\cdot-}$，而不能使 PDS 和 $H_2O_2$ 活化分解[61]。他们进一步阐明该催化剂的电导率和氧化还原电位比 $Co_3O_4$ 更好。更重要的是，氧空位和电负性较低的 A 位金属可提供具有高电荷密度的钴位点，以便同时向 PMS 提供电子以产生自由基。此外，也探究了多种氧化物载体($Al_2O_3$、$TiO_2$、$CeO_2$ 和 $SiO_2$)对铁酸镧活化 PMS 的性能与机制的影响。结果表明，尽管上述四种氧化物载体均能增加负载型催化剂的比表面积和孔体积，但只有 $Al_2O_3$ 作为载体能提升负载型铁酸镧的催化活性(酸性橙 7 的降解动力学速率提高了 3.2 倍)和稳定性，这归因于 $Al_2O_3$ 提供了高比表面积、丰富的化学吸附表面活性氧、合适的氧化还原能力以及更快的电子转移，见图 7.2[62]。通过与其他催化剂的结合进行表面改性也提供了协同活性位点以提高其性能的可能性。

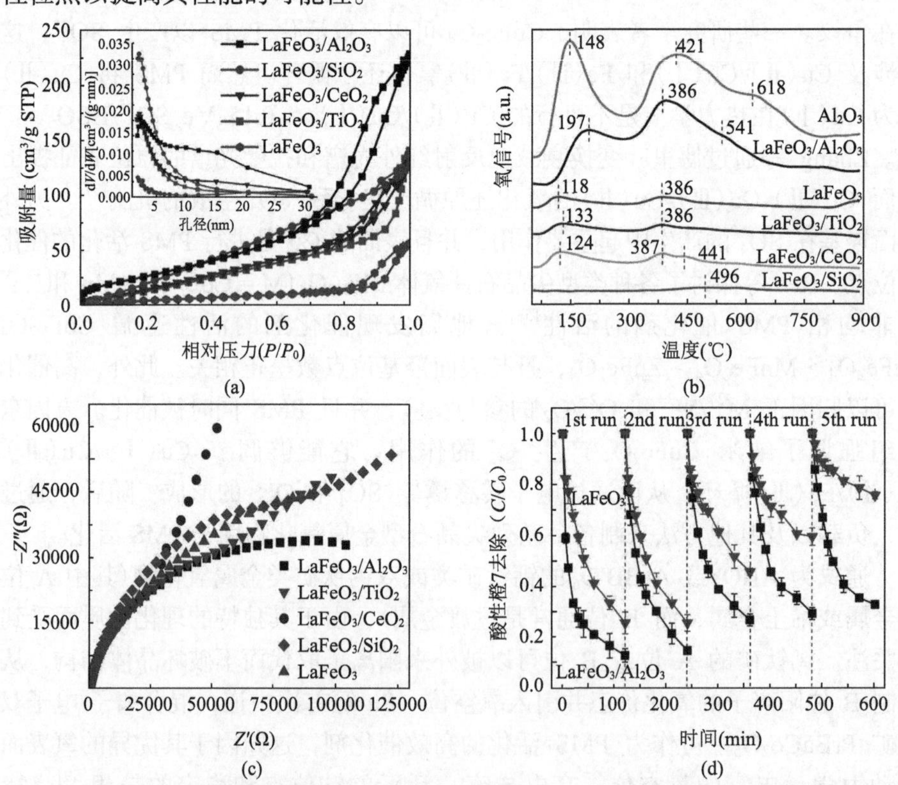

图 7.2 铁酸镧及其负载型铁酸镧的氮气吸附-脱附曲线(a)、氧程序升温脱附曲线(b)、电化学阻抗谱分析(c)与稳定性评估结果(d)[62]

为了满足实际废水处理和环境修复的需求，还需对现有的过渡金属催化剂进行改性和优化，以进一步提升它们的催化活性与稳定性。常用的改性策略包括形貌调控、双金属复合、载体效应、界面效应、限域效应和单原子催化剂等。

### 7.4.7　碳活化

尽管使用金属催化剂产生 $SO_4^{\cdot-}$已经获得了优异的催化性能，但是无论如何改进合成方法或进行材料，都难以避免金属溶出所引起的二次污染问题将对人类构成威胁。金属溶出主要由两方面因素造成：①在过硫酸盐活化过程中，过硫酸盐的引入必然降低反应体系的 pH，造成金属催化剂的腐蚀；②活性金属化合价的变化必然会改变相应金属催化剂的化学性质，如配位金属的数量、几何形状和晶体结构。而且，金属溶出造成催化剂的稳定性下降。此外，它们还具有成本高、钝化严重、各种副反应和自然资源消耗等缺点。

近年来，碳材料由于非金属的本质和在地球上的丰富性，以及大比表面积、耐酸碱腐蚀、良好的生物相容性、化学和热稳定性以及独特的电子传导性等特征，在非均相催化领域已成为金属催化剂的有效替代品。在 2013 年，Sun 等首次报道，还原氧化石墨烯能够有效活化 PMS 并实现水中有机污染物(包括苯酚、二氯苯酚和亚甲基蓝)的高效降解，其催化活性甚至优于 $Co_3O_4$[63]。这可以解释为具有丰富自由流电子的 $sp^2$ 碳和锯齿形边缘上的无约束 $\pi$ 电子可以有效地与 PMS 反应生成 $SO_4^{\cdot-}$[式(7.30)～式(7.31)]。自此以后，推动了碳基催化剂活化过硫酸盐的序幕。已开发用于活化过硫酸盐的碳材料具有多种同素异构体，包括碳纳米管、碳纳米纤维、氧化石墨烯、纳米金刚石、有序介孔碳、石墨相氮化碳、生物炭和活性炭及其衍生材料等。Indrawirawan 等报道了纳米碳的维度结构会显著影响纳米碳催化 PMS 的性能，其催化活性遵循 3D 六边形介孔碳 > 1D 单壁碳纳米管 > 立方有序介孔碳 > 0D 富勒烯 ≈ 2D 石墨烯纳米片[64]。在这些材料中，碳的微观结构配置和内在结构复杂性是多种多样的，使其对过硫酸盐活化的催化性能存在差异，进一步导致催化活性中心的不确定性，其受石墨化程度、氧官能化、孔隙率和金属或矿物杂质含量的控制。这需要深入了解具有简化配置的碳驱动高级氧化技术，如低维碳，以探索碳催化并提供先进的材料优化策略。杂化 $sp^2/sp^3$ 结构的缺陷和表面适量的氧官能团是活化的原因。Wu 等总结了非金属碳材料催化活化过硫酸盐的非自由基氧化路径及其活性位点[24]。

1. 纳米金刚石活化

原始纳米金刚石是由高度 $sp^3$ 杂化的纳米晶体组成，在活化过硫酸盐方面表现出相对有限的性能。原始纳米金刚石的热处理去除了无序碳的覆盖，并由于表面 $sp^3$ 杂化金刚石核的分解和转变而形成了多壁的洋葱状结构。经过热处理的纳米金刚石具有各种缺陷和弯曲壳，在高化学活性下具有巨大的氧化还原电位。例如，纳米金刚石随着煅烧温度从 600℃增加到 1000℃时，表面 $sp^2/sp^3$ 比的增加显著提高了 PMS 或 PDS 的活化能力。相比之下，在 900～1100℃范围内煅烧温度的增加使石墨层数增加，反而导致 PMS 活化性能逐渐下降，同时主要氧化反应路径从自由基氧化转变为涉及表面 PMS 复合物的介导电子转移[65]。不同的是，Lee 课题组研究表明，当纳米金刚石的煅烧温度从 430℃增加至 2000℃时，PMS 或 PDS 的活化效率整体上增加，直到碳相显著转变进行以实现内部碳核和外部碳壳的 $sp^3$—$sp^2$ 转化(在 1000～2000℃温度范围内对应的 $sp^2/sp^3$ 比从 0.37 增加到 0.96)。这种趋势与相对应石墨化程度的电导率逐渐提高有关[66]。有趣的是，低温热处理(500℃)也使得氮掺杂纳米金刚石能够有效活化 PMS，性能甚至优于 1000℃高温处理获得的石墨纳米金刚石。

2. *石墨烯活化*

石墨烯，是由单层碳原子以 $sp^2$ 杂化轨道紧密堆积而成的六角形呈蜂巢晶格结构的二维纳米碳材料，理论比表面积为 2630 $m^2/g$。其通常具有良好的化学持久性和吸附性，已被证明是环境催化的有力候选材料。在先前的研究中，纳米结构的石墨烯及其衍生物如氧化石墨烯和还原氧化石墨烯被用来活化过硫酸盐以降解目标污染物。尽管石墨烯已被用作各种污染物的吸附剂，但其活化过硫酸盐的效率有限，这归因于其稳定的 $\pi$ 共轭体系造成了较差的电子供应能力。理论上，由 C—C 键断裂引起的缺陷，尤其是那些在边界上包含锯齿形边缘的缺陷，可以使原始限域的 $\pi$ 电子离域，从而呈现更小的带隙(费米能级)并展示出作为有效催化位点的活性。正如密度泛函理论所证明的那样，边缘位点($E_{ads}$ = −2.58 eV)和空位($E_{ads}$ = −3.07 eV)与 PMS 中延长的 O—O 键的反应活性远强于基面($E_{ads}$ = −2.39 eV)[67]。氧化石墨烯中含氧官能团含量过高，不利于提升反应活性。例如，氧原子含量超过 30%的氧化石墨烯活化 PMS 在 180 min 内仅实现 10%的苯酚去除，而还原氧化石墨烯(氧原子含量小于 10%)活化 PMS 在 10 min 内完全降解苯酚[68]。相比之下，氧原子含量相对较低的还原氧化石墨烯具有较高的催化活性。氧化石墨烯需要表面改性，如杂原子掺杂和化学/热还原为还原氧化石墨烯，以提高其催化活性。氧化石墨烯的还原会改变其表面含氧官能团的数量和分布，从而影响催化活性和吸附能力。例如，Duan 等通过实验和理论研究探索了石墨烯催化活化 PMS 的活性位点[67]。结果表明石墨烯边界处的空位和锯齿形/扶手椅状边缘等缺陷可作为裂解 PMS 中 O—O 键的活性位点，具有增强的吸附能，延长的 O—O 键和更有效的电子转移。而且，适量的富电子羰基基团也可以充当活性位点，并促进 PMS 分子吸附在缺陷位点上。Sun 等研究了包括活性炭、石墨粉、氧化石墨烯、还原氧化石墨烯等在内的碳材料活化 PMS 以氧化降解有机物的性能。结果发现，还原氧化石墨烯展现出最佳的催化活性，甚至优于先进活化剂 $Co_3O_4$，而活性炭、石墨粉和氧化石墨烯的催化活性很低。通过分析这些碳材料的晶体结构和表面化学组成，他们提出还原氧化石墨烯结构中锯齿状边缘和酮基是催化活性位点，这些富电子位点向 PMS 转移电子使其被活化分解为 $SO_4^{\cdot-}$，如式(7.32)和式(7.33)所示，从而实现有机物(包括苯酚、二氯苯酚和亚甲基蓝)的高效降解[63]。

$$HSO_5^- + e^- \longrightarrow SO_4^{\cdot-} + OH^- \tag{7.32}$$

$$HSO_5^- + e^- \longrightarrow {}^{\cdot}OH + SO_4^{2-} \tag{7.33}$$

3. 碳纳米管活化

与石墨烯类似，碳纳米管由六方网络中的 $sp^2$ 碳单元组成，但其催化性能优于石墨烯。原始碳纳米管具有非常有限的官能团(如—COOH、—C═O 和—OH)，需要通过使用各种酸、热处理、等离子体、臭氧等氧化工艺进行改性富集。按照管层数的不同，碳纳米管可分为单壁碳纳米管和多壁碳纳米管，层间距约为 0.35 nm。同时，碳纳米管的类型决定了催化活性。例如，单壁碳纳米管对苯酚的降解表现出比多壁碳纳米管更高的反应活性，这是由于碳纳米管的比表面积不同[69]。同时，过硫酸盐的形态也影响降解效率。碳纳米管/PDS 体系对酚类化合物的降解表现出比碳纳米管/PMS 更好的催化性能，而后者在处理富电子难降解有机物方面比前者更强[70]。这主要是 PMS 和 PDS 的不同分子结构导致其受碳纳米管催化活化时产生不同的活性物种，分别对应于自由基和非自由基共存机制和电子转移机制。基于电化学技术(计时电位法结合计时电流法)、定量构效关系、电子顺磁共振图谱和自由基猝灭实验，Ren 等揭示了碳纳米管活化 PDS 的反应机制：PDS 最初由碳纳米管催化形成的碳纳米管表面活化 PDS 复合物，该复合物可以提高碳纳米管的氧化还原电位，从而选择性地从共吸附的酚类化合物中提取电子以引发氧化[71]。热煅烧是一种通过调节氧含量、控制缺陷数量和提高石墨化程度来增强碳纳米管活性的可行策略。他们也利用三种不同类型的碳纳米管为原材料并经过热煅烧处理[72]。结果发现，碳纳米管的含氧官能团含量随热煅烧温度的增加而降低，导致催化 PDS 活性提升。这是由于碳纳米管中含氧官能团含量的下降会使其电动电位在中性溶液中趋于零，引起静电排斥力减弱，从而有利于 PDS 的吸附。因此，碳纳米管活化过硫酸盐氧化技术是一种高效、绿色环保的新型非自由基氧化工艺，相比于强氧化性的 $SO_4^{\cdot-}$，碳纳米管活化过硫酸盐产生了相对温和的氧化剂，该工艺受水体背景组分的影响相对较小，从而有效处理有机废水，因而在水处理领域展示出良好的应用前景。

4. 活性炭活化

与大多数碳材料相比，活性炭凭借使用广泛和成本低的特性在实际应用中表现出优越性。由于对具有完全不规则排列的微晶结构的无定形碳进行了广泛研究，在它们的连接处形成的孔可能产生碳结构缺陷。在碳化和活化阶段中，所获得的活性炭的堆积密度较低，比表面积范围为 500～3000 $m^2/g$。活性炭具有高孔隙率、超高比表面积和丰富的含氧官能团，有助于过硫酸盐的活化。Yang 等首次应用商业活性炭活化 PDS，并发现构建活化体系对酸性橙 7 的降解非常有效，其催化能力明显受 pH 影响[73]。活性炭外表面的含氧官能团(如羧基和羟基)可作为 PDS 活化的主要活性位点，如式(7.34)和式(7.35)所示。此外，活性炭的比表面积和粒径与暴露的活性位点紧密相关，显著影响有机化合物的降解效率，如粉末活性炭的活性高于颗粒活性炭。尽管活性炭具有这些优点，但与石墨碳相比，活性炭的催化活性相对较低，表明碳构型是控制过硫酸盐催化活化性能的重要因素。

$$C-OOH+S_2O_8^{2-}\longrightarrow C-OO^{\bullet}-SO_4^{\bullet-}+HSO_4^{-} \tag{7.34}$$

$$C-OH+S_2O_8^{2-}\longrightarrow C-O^{\bullet}-SO_4^{\bullet-}+HSO_4^{-} \tag{7.35}$$

5. 生物炭活化

生物炭是生物质原料在缺氧或厌氧条件下缓慢热解产生的一种固体物质，具有不溶性、稳定性、高芳香性和富碳性。与活性炭一样，生物炭作为吸附剂和催化剂在环境修复中引起了广泛关注，这是因为它们成本低、广泛可用和易于制备的特点。一般来说，生物炭的催化性能受生物质种类和生产条件的影响，包括热解温度、供氧量、停留时间和加热速率。总体来说，较高的热解温度会导致更大的石墨化程度和由于共轭芳烃体系的形成而产生的结构缺陷，同时沿生物炭边界产生以氢和氧基团末端的缺陷位点。例如，Huang 等报道，提高污泥生物炭的热解温度可以显著提高其活化 PMS 的效能，其中在 800℃下煅烧制备的生物炭可以在 10 min 内实现双酚 A 的完全降解，而在 600℃和 400℃下制备的生物炭在 30 min 内对双酚 A 的降解效率达到 90%和 80%[74]。源自低温(< 700℃)下热煅烧过程中产生的持久性自由基吸附在生物炭表面上，并被证明是生物炭催化能力的部分来源。与常见的 $SO_4^{\bullet-}$和$^{\bullet}OH$ 完全不同，持久性自由基是以氧和碳为中心的自由基为主，其氧化能力较弱，半衰期维持在几小时甚至数天或更长时间。生物炭内的持久性自由基受组分和表面结构的影响，被认为是触发过硫酸盐活化的单电子转移的关键催化位点。对生物质中金属和有机物浓度的调控显著改变了生物炭中持久性自由基的浓度和类型，决定了活化体系中 $SO_4^{\bullet-}$的产生，其中持久性自由基表现出优异的活化过硫酸盐能力[75]。迄今，已经提出了许多生物炭结构，包括缺

陷、石墨化结构、表面官能团和持久性自由基，作为活化过硫酸盐的催化位点。

6. 有序介孔碳活化

近年来，具有独特介孔结构、可控孔径、高孔体积和比表面积的三维有序介孔碳材料在过硫酸盐活化方面显示出优势。2015 年首次证明了三维有序介孔碳材料在过硫酸盐活化中的优异催化能力[64]。Duan 等使用 CMK-3（三维六方有序介孔碳）和 CMK-8（三维立方有序介孔碳）活化 PDS 分别可在 20 min 和 40 min 内实现苯酚的完全降解，降解速率高达 0.209 $min^{-1}$ 和 0.104 $min^{-1}$[76]。此外，与 CMK-8（1072 $m^2/g$）相比，CMK-3 具有更大的比表面积（1129 $m^2/g$）、更强的吸附能力和更大的还原能力，因而表现出更好的催化性能，等同于最有效的非均相过硫酸盐活化剂零价铁，优于均相体系[Fe（Ⅱ）、Ag（Ⅰ）]。此外，反应机理也不同于上述过渡金属活化 PDS 体系，有序介孔碳活化过硫酸盐涉及一种非自由基氧化路径，其中过硫酸盐在碳晶格上活化并通过快速电子转移氧化吸附的苯酚分子。碳材料的边缘位点和酮基会介导过硫酸盐产生 $SO_4^{\cdot-}$。自由基路径和非自由基路径都有助于完全降解苯酚，而其强大的吸附能力进一步促进了有机物和氧化剂的吸附，从而增强了催化过程。

然而，原始碳材料总体上显示出有限的催化效率。近年来，已经尝试通过向碳材料中引入杂原子（如 O、N、B、S、P 和 F）来合成具有定制特征和强化性能的功能催化剂。杂原子掺杂可以通过调整掺杂表面的电荷/自旋分布来调节表面性质并使均匀共轭电子网络紊乱，从而增强催化活性。其中，N 掺杂优先考虑，因为 N 原子相对于 C 原子（原子半径 0.77 Å，电负性 $\lambda_C = 2.55$）具有几乎相同的原子半径（0.70 Å）和更高的电负性（$\lambda_N = 3.04$）。例如，与还原氧化石墨烯相比，N 掺杂还原氧化石墨烯对苯酚降解的活性提高了约 80 倍，甚至比 PMS 活化中最先进的 $Co_3O_4$ 高 18.5 倍[77]。更有趣的是，N 掺杂可以诱导吡啶 N、吡咯 N 和石墨 N 的形成，这改善了碳催化剂的电子分布并破坏了碳结构的惰性。而且，杂原子掺杂剂、掺杂量、掺杂前体、杂原子的掺杂位置和煅烧温度均会影响碳催化剂的性能。由于独特的电子分布，由两个或三个具有不同电负性的元素共掺杂会产生协同效应。例如，Duan 等研究结果表明，石墨烯中的 B 或 P 与 N 共掺杂（以氧化物含量 0.1%计）不能提高催化效率，而 S 和 N 共掺杂时性能显著提高[78]。这解释为 S 与 N 共掺杂导致更多缺陷位点的形成，并进一步混乱石墨碳的构型和电子结构。然而，当 S 成为唯一的掺杂剂时，过量的 S 可能会破坏共价石墨烯电子系统的电荷平衡并破坏电荷的重新分布，从而表现出较差的催化活性[79]。此外，这类非金属碳催化剂在活化过硫酸盐过程中普遍存在稳定性较差的问题，这归因于氧化过程中碳材料的表面被氧化、杂原子损失和活性中心重建，从而造成活性下降。

此外，金属杂化也是提升碳催化剂活性的有效策略，整合各自的优势，导致其催化活性和稳定性都提高。具体而言，与现有催化剂相比，金属/碳杂化物可能具有以下优势：①碳材料可以分散金属并减少其团聚；②嵌入的金属可以分别与相邻的碳和氮形成金属@碳核-壳结构和金属氮配位活性中心，从而增加活性位点；③掺杂金属可以显著地调节碳区域的电子结构，从而通过协同促进氮掺杂而强化碳催化性能；④被覆盖的石墨碳层还可以保护内部金属颗粒免受酸性环境的腐蚀，减少金属溶出；⑤嵌入的磁性金属纳米粒子还提供了磁性，便于催化剂分离回收；⑥石墨碳可提供吸附域以富集靠近催化剂的有机污染物，从而加速传质过程和有机物降解。金属/碳杂化物可以利用金属盐和含碳前体的混合物或者金属有机框架作为模板或前体在高温煅烧过程中制备而成。例如，本书作者课题组利用沸石咪唑酯骨架材料 ZIF-67 为前体，经过高温煅烧和酸刻蚀制备出氮掺杂碳包裹钴纳米颗粒（Co-N/C）[80]。其中，在这些氧化剂(PDS、PMS、$H_2O_2$ 和 $Na_2SO_3$)中，氮掺杂碳包裹钴纳米颗粒可以高效活化 PMS，使得四环素可在 15 min 内快速去除 85.4%(图 7.3)，这归因于 PMS 的不对称结构，使其更易于活化。此外，该催化剂的催化活性不仅优于常用的 PMS 活化剂($Co_3O_4$、碳纳米管、还原氧化石墨烯和生物炭)，而且可与最先进的催化剂[纳米零价铁和 Co(Ⅱ)]媲美。

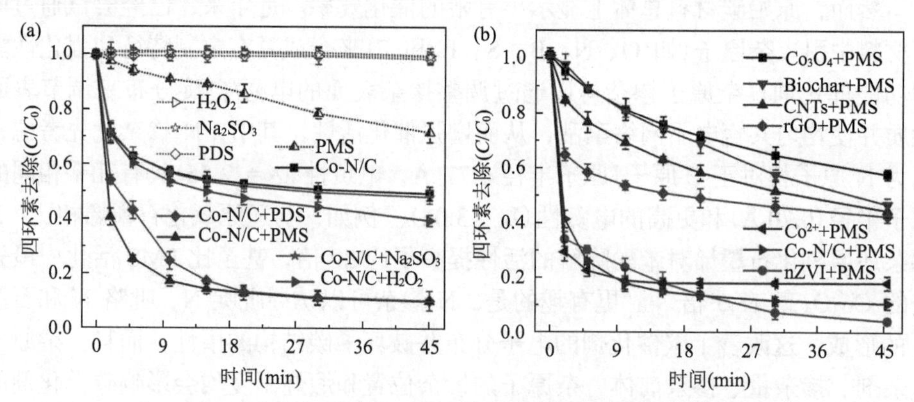


图 7.3　不同氧化剂(a)和活化剂(b)对构建体系降解四环素的性能[80]

CNTs：碳纳米管；rGO：还原氧化石墨烯；nZVI：纳米零价铁

本书作者课题组以合成聚苯胺前驱体的铁氮共掺杂多孔碳催化剂(Fe-N/C)为例，探究了煅烧温度、催化活性位点和非自由基路径之间的相关性[81]。通过改变煅烧温度实现了其对 PMS 活化过程中三种非自由基路径的调控。热解温度可以控制吡咯 N、石墨 N、C═O、O—C═O 和 Fe-$N_x$ 的类型与数量，这些活性位点是启动非自由基氧化的关键。评估了各种操作参数对最佳 900@Fe-N/C-2 催化性能的影响，并推测了双酚 A 的降解路径。结果如下(图 7.4)：①铁原位掺杂聚苯胺前驱体在不同温度(300℃、500℃、700℃、900℃)下碳化得到的铁氮共掺杂多孔碳催化剂均表现出珊瑚棒相互交织的形态。煅烧温度会影响催化剂的微观结构和理化性质。900℃下煅烧得到的 900@Fe-N/C-2 的颗粒尺寸更小、分布更均匀，暴露了更多活性位点。碳结构的变化和缺陷程度随碳化温度的提高而增加，活性位点的种类(吡咯 N、吡啶 N、石墨 N、C═O、O—C═O)和数量也随着碳化温度的提高而变得更丰富，有利于提高催化剂的活性。②铁掺杂量和煅烧温度都会影响铁氮共掺杂多孔碳活化 PMS 的能力。铁掺杂量太少会导致产生的活性位点不足，而过量的铁掺杂量则由于磁性增加导致催化剂团聚。不合适的煅烧温度可能引起碳结构内部的坍塌或者形成的活性位点不足。在该项研究中，当合成聚苯胺前驱体中 Fe(Ⅲ)和苯胺的摩尔比为 1∶10 时得到的 900@Fe-N/C-2 对 PMS 表现出优异的催化活性，在 90 min 内对双酚 A 的最高降解率为 96.4%，矿化率为 83%。③900@Fe-N/C-2 对常见无机阴离子和腐殖酸等水背景共存底物和 pH 的变化(pH 3～11)具有很高的耐受性，在实际水体中也能高效活化 PMS 并降解高达 92%的双酚 A。900@Fe-N/C-2 经过 3 次循环实验，催化能力逐渐下降，这主要归因于活性位点的损失和降解中间产物占据了部分催化位点。通过 350℃煅烧后，900@Fe-N/C-2 可以重新恢复催化能力。④通过改变煅烧温度可以实现 PMS 活化过程中非自由基路径的调控。调节煅烧温度可以调整活性位点的类型和数量。具体来说，在 300℃下煅烧制备成的催化剂，其产生的吡咯 N 和 C═O 有利于通过电子转移降解双酚 A，而在不低于 700℃的高温煅烧下产生的石墨 N、O—C═O，$Fe\text{-}N_x$ 和缺陷则促进了 $^1O_2$ 和高价态铁的形成，从而氧化双酚 A。而且煅烧温度越高，$^1O_2$ 和高价态铁的贡献越高。⑤高效液相色谱-质谱仪检测出双酚 A 降解过程中有 6 种产物，由此推断出了双酚 A 降解的 3 条路径。这些降解过程涉及芳环的多羟基化、异丙基和苯环之间 C—C 键的断裂、两种化合物之间的耦合以及芳环的开环。因此，该研究开发了一种调控策略，通过改变前驱体的煅烧温度以实现铁氮共掺杂多孔碳催化活化 PMS 的主要非自由基路径之间的调控。

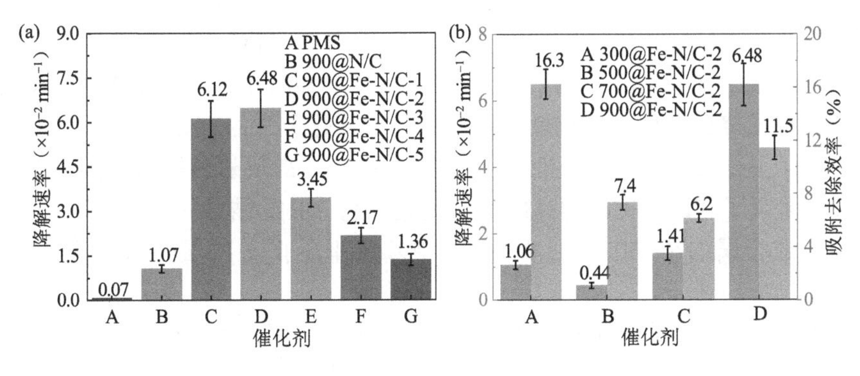

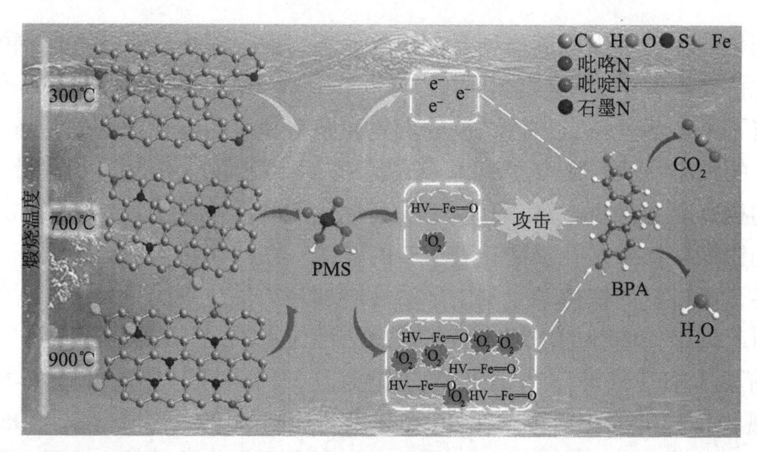


图 7.4　以聚苯胺为前驱体制备的铁氮共掺杂多孔碳催化 PMS 以降解双酚 A 的性能与调控机制[81]

此外，将金属尺寸从颗粒减小到原子尺寸不仅可以提高金属/碳材料的催化性能，而且可以有效解决金属溶出问题。单原子催化剂因最大的原子利用率和高活性而在 PMS 基高级氧化技术中引起了极大的兴趣，但具有不同金属中心的氮配位金属($MN_x$)位点的作用仍然模糊不清。以沸石咪唑酸盐骨架为前驱体，构建了一系列锚定在氮掺杂碳上的单原子金属(表示为 M-N/C，M = Fe、Co、Cu 和 Mn)，用于 PMS 活化[82]。研究结果发现，所有 N/C 和原子 M-N/C 都表现出几乎相同的 XRD 图谱，在 24.6° 和 43.1° 处只有两个宽衍射峰，分别对应无定形碳的(002)和(101)平面。同时，没有发现其他与金属物种(如纳米颗粒/氧化物/碳化物)相关的衍射峰，表明金属高度分散在碳骨架中。拉曼光谱表明，原子 M-N/C 的 D 峰和 G 峰的强度比($I_D/I_G$ 1.02～1.05)大于 N/C 的(0.89)，表明金属掺杂后会形成大量的结构缺陷。此外，与 N/C 相比，Fe-N/C 和 Co-N/C 在 400～4000 $cm^{-1}$ 处的红外光谱曲线几乎相同，并且大多数官能团的红外光谱峰被消除，这可能归因于活性金属(如 Fe 和 Co)在高温下催化前驱体的分解。

扫描电子显微镜和透射电子显微镜图像显示 N/C、Cu-N/C 和 Mn-N/C 具有不规则且紧密堆叠的结构。相比之下，Fe-N/C 和 Co-N/C 都继承了 ZIF-8 前驱体的菱面体形貌，并且与 N/C 相比，它们的尺寸明显减小，进一步表明 Fe 或 Co 掺杂具有在煅烧过程中保持前驱体形状和降低催化尺寸的重要作用。此外，高分辨透射电子显微镜图像、选定区域电子衍射图、元素映射和能量色散 X 射线谱(EDS)图验证了 Fe 或 Co 的高度均匀色散，与 XRD 结果一致，这可能是由于在原位合成金属掺杂 ZIF-8 过程中，2-甲基咪唑分子与 Fe 或 Co 原子连接以及 Zn 原子在空间上分离。

此外，由 X 射线光电子能谱中的全扫描光谱表明，Zn、O、N 和 C 是所有样品中的主要元素。金属掺杂后，M-N/C 催化剂中 Zn 的含量仅略有波动。尽管除 Co 外，掺杂 M 没有可检测到的光谱信号峰，但电感耦合等离子体发射光谱仪通过酸消解 M-N/C 确定掺杂金属 Co、Fe、Cu 和 Mn 的实际质量分数分别为 0.867%、0.506%、0.209%和 0.127%。通常，金属掺杂 ZIF-8 前驱体中 M 原子与 2-甲基咪唑分子之间的相互作用越强，原子 M-N/C 中的 M 掺杂量越高。此外，金属掺杂(Cu 除外)可以提高原子 M-N/C 的总氮含量，Fe 或 Co 的掺杂可以提高吡啶 N 和石墨 N 的含量。鉴于吡啶 N 在热解过程中容易与金属原子配位形成 N 配位金属位点，以 Fe-N/C 为代表催化剂，采用 X 射线吸收光谱(XAS)研究了它们的配位环境。Fe K 边缘的 X 射线吸收近边结构(XANES)光谱表明，Fe-N/C 的吸附边缘位于 $Fe_3O_4$ 和 $Fe_2O_3$ 之间，但更接近于酞菁铁(FePc)，表明 Fe 的平均价态在+2 和+3 之间[图 7.5(a)]。

傅里叶变换扩展 X 射线吸收精细结构(FT-EXAFS)曲线在 1.52 Å 处显示一个明显的峰[图 7.5(b)]，对应于 Fe—N 散射路径。值得注意的是，与 FePc 参考相比，Fe-N/C 中的 Fe—N 峰位于更高的能量位置，这可能表明 Fe—N 键距离增加。通过傅里叶变换扩展 X 射线吸收精细结构曲线拟合分析[图 7.5(c)]进一步验证了这一结果，FePc 的 Fe—N 键长为 1.99 Å，配位数为 4.0，而 Fe-N/C 中的 Fe—N 键长延长至 2.15 Å。此外，Fe-N/C 的小波变换图也归因于 Fe—N 第一壳层配位，其中突出峰集中在大约 5.3 $Å^{-1}$ 处[图 7.5(d)]。此外，位于 9.8 $Å^{-1}$ 左右的弱峰可归因于 Fe—Fe 键。FT-EXAFS 拟合结果还表明，Fe-N/C 中 Fe—N 的配位数为 4.3，处于 $FeN_4$ 配位的典型范围内，具有第五配体的振荡效应。通过讨论，确认了 Fe 位点的配位为 $FeN_4$，其结构模型如图 7.5(c)所示。与吡咯 N 相比，吡啶 N 由于形成能较低，更容易与金属原子配位形成 $MN_4$ 构型，因此在 Fe-N/C 中很可能是 Fe-吡啶 $N_4$ 位点。此外，通过高角环形暗场扫描透射电子显微镜(HAADF-STEM)观察到大量亮点(以黄圈标记)，验证了单原子 Fe 位点的分散性[图 7.5(e)]。基于上述分析得出结论，M-N/C 中原子分散的 M 原子以 M-吡啶 $N_4$ 配位的形式高度掺入碳骨架中。上述结果也表明，当以 ZIF-8 为前驱体时，Fe 和 Co 作为 M-N/C 原子掺杂剂在调控形貌、尺寸、质构特性、活性位点等特性方面优于 Cu 和 Mn，这反过来又有利于提高催化活性。

为了在分子水平上揭示原子 M-N/C 的内在活性位点，通过 DFT 计算模拟了可能的构型(包括原始石墨烯、石墨 N、吡啶 N 和 $MN_4$)与游离 PMS 分子的相互作用(图 7.6)。从优化的几何结构来看，原始石墨烯、石墨 N 和吡啶 N 可以物理吸附 PMS，因为没有形成化学键，衬底保持平面[图 7.6(a)]。相反，$MN_4$ 位点可以有效化学吸附并活化 PMS 中 $SO_4$ 基团附近的 O 位点。同时，PMS 对石墨 N 或 $MN_4$ 的吸附比对原始石墨烯的吸附更有利，这反映在更高的吸附能($\Delta E_{ads}$)。在 $MN_4$ 位点上 PMS 的 $\Delta E_{ads}$ 遵循趋势 Mn > Fe > Co > Cu。一般来说，$\Delta E_{ads}$ 的负值越大，PMS 分子在 $MN_4$ 位点的吸附越强。然而，过强的结合可能会毒害活性位点，从而削弱解吸过程，这可以解释为 $MnN_4$ 对 PMS 分子的低催化活性。此外，PMS 与不同活性位点相互作用后从过氧键的键长 1.34 Å 延长至约 1.47 Å(除了吡啶 N，延长至约 1.41 Å)，表明 PMS 发生了活化。

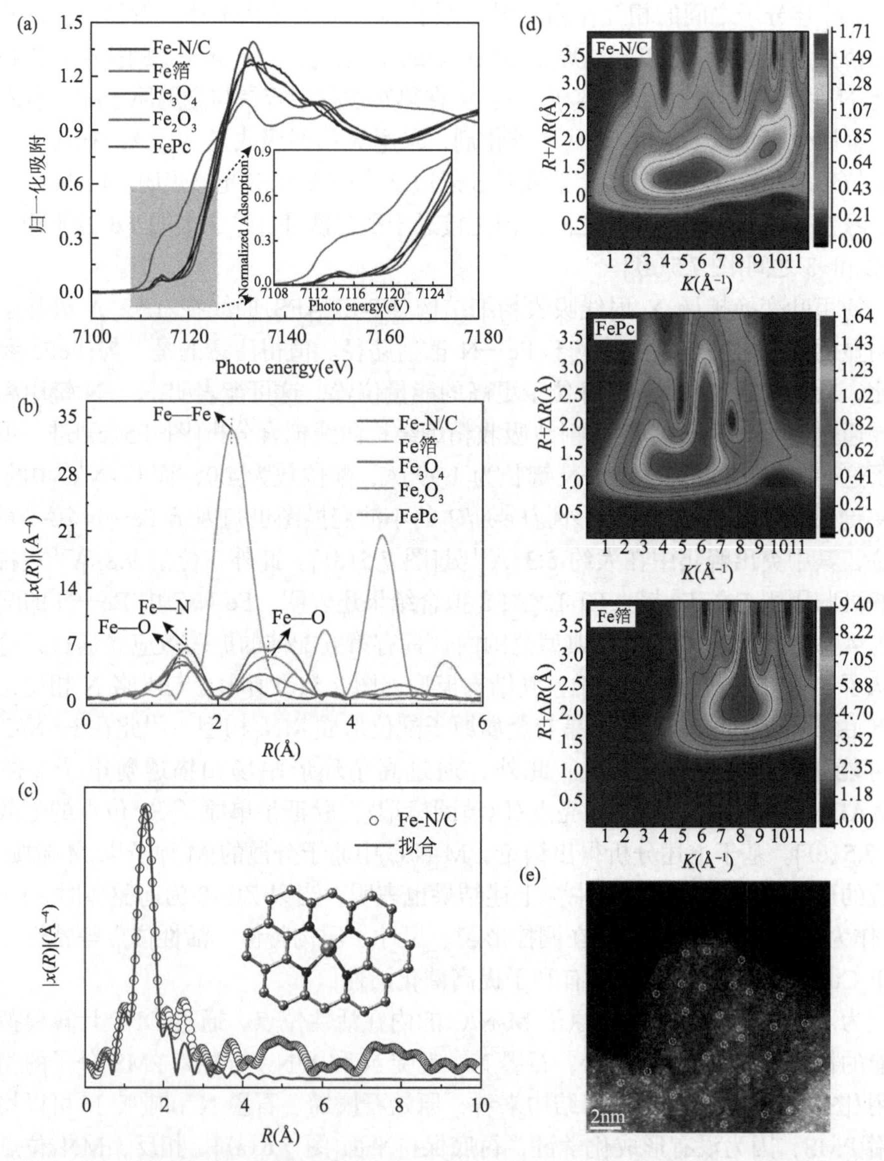


图 7.5　原子 Fe-N/C 的 XAS 结构表征：Fe 箔、FePc、$Fe_2O_3$、$Fe_3O_4$ 和 Fe-N/C 的 Fe K 边 XANES 谱图(a)和 FT-EXAFS 谱图(b)；(c)Fe-N/C 的 EXAFS R 空间拟合曲线和相应的优化构型(插图)(橙色、蓝色和灰色球分别代表 Fe、N 和 C 原子)；(d)Fe 箔、FePc 和 Fe-N/C 的小波变换图；(e)Fe-N/C 的 HAADF-STEM 图像[82]

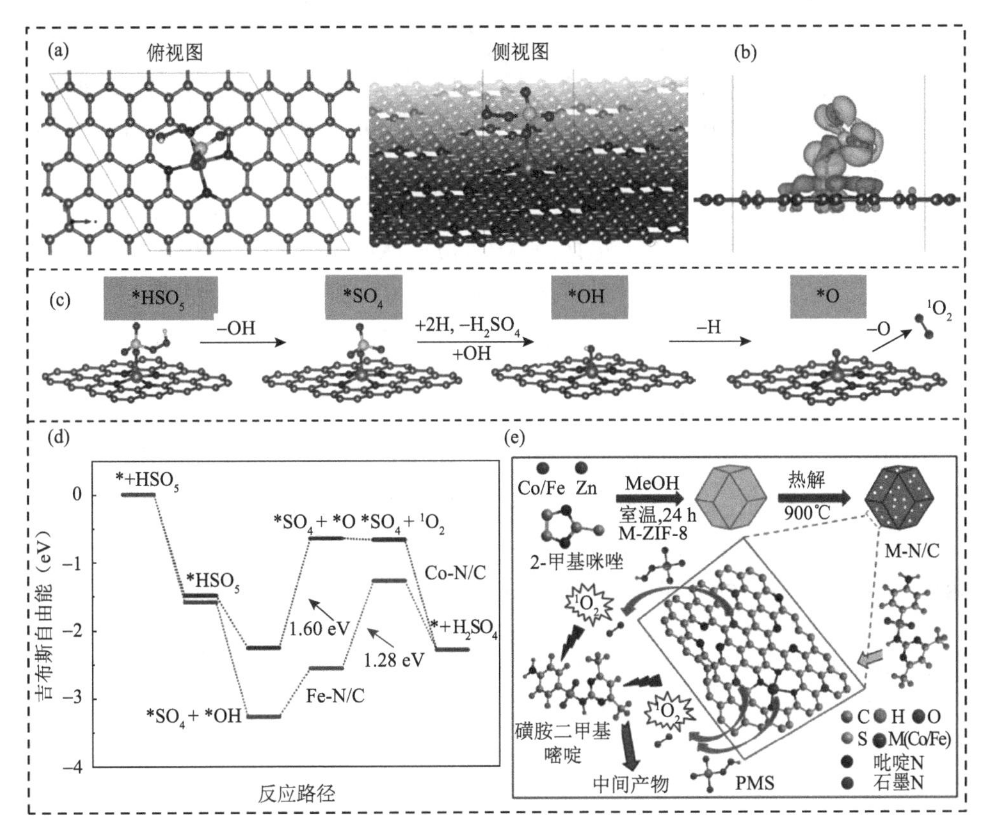


图 7.6 基于 DFT 计算揭示了 PMS 在原子 M-N/C 上的活化机理：(a)在 Fe-N/C 表面上 PMS 的优化几何结构；(b)PMS 吸附模型在 $FeN_4$ 位点的微分电荷密度(黄色和蓝色分别表示电子积累和电子消耗)；(c)以 Fe-N/C 为代表案例的 $FeN_4$ 位点生成 $^1O_2$ 的可能模型；(d)在 $CoN_4$ 和 $FeN_4$ 位点上通过 PMS 活化产生 $^1O_2$ 的吉布斯自由能图；(e)原子 M-N/C(M = Fe 或 Co)活化 PMS 以降解有机污染物的机理示意图[82]

差分电荷密度分析还证明了 $MN_4$ 和含 N 构型对游离 PMS 分子的吸附行为差异[图 7.6(b)]。具体来说，含 N 构型和 PMS 分子之间几乎没有电荷积累或耗尽，进一步表明物理吸附；相反，发生了显著的电子转移并从 $MN_4$ 位点迁移到 PMS 分子，这可以通过电荷在 $MN_4$ 部分周围耗尽并在 PMS 分子附近积累，以及在线性伏安法分析中添加 PMS 后电流降低的现象所证明。采用 Bader 电荷分析定量描述电荷密度的变化。由于石墨烯是一种强离域的二维材料，石墨 N 的掺入可以在垂直于材料平面的轨道上产生额外的电子，从而导致转移到 PMS 的电子数量最多(0.92 个电子)。对于吡啶 N，来自 N 原子的过量电子以孤电子对的形式位于材料平面内部，稳定且难以移动，因此转移的电子数甚至低于原始石墨烯。$MN_4$ 将 0.73～0.86 个电子转移给 PMS，低于石墨 N，这可能是因为 PMS 中的 O 将电子捐献回金属中心。结果表明，具有中等 PMS 吸附能力的 $MN_4$ 可以向 PMS 提供电子，从而加速 PMS 的吸附和活化。

最后，选取 $FeN_4$ 和 $CoN_4$ 位点，基于过渡态理论进一步研究了 $^1O_2$ 的演化路径，因为它们表现出中等的 $\Delta E_{ads}$ 和高反应活性。可以清楚地看到，PMS 分子更倾向于通过 $SO_4$ 侧的单个 O 位点优先吸附到 $FeN_4$ 或 $CoN_4$ 位点上，而 $SO_4$ 基团附近的过氧键中的 O 位点，随后解离为*OH 和*$SO_4$，其中*$SO_4$ 以 $H_2SO_4$ 的形式在热力学上有利地释放形成的*OH 与 $MN_4$ 位点(M = Fe 或 Co)相互作用，然后解吸 H 生成*O 中间体[图 7.6(c)和(d)]。随后，*O 中间体向 $^1O_2$ 的转化有两种可能的演化路径，即*O 的直接解吸和复合(*O→$^1O_2$)，以及通过*O 先生成*OOH 中间体并随后解离(*O→*OOH→$^1O_2$)。据报道，由于上坡路径的能垒较低(1.136 eV *vs*. 2.294 eV)，前者路径(*O→$^1O_2$)比后者路径(*O→*OOH→$^1O_2$)更有可能发生。鉴于此，考虑使用反应路径(PMS→*OH→*O→$^1O_2$)来检查 $MN_4$ 位点(M = Fe 或 Co)上 $^1O_2$ 的生成。通过研究发现，$MN_4$ 两个位点的生成路径(*OH→*O→$^1O_2$)经历了一个上坡阶段，对应于吸热反应，因此需要外力来驱动这一过程。在这种情况下，与 $FeN_4$ 和 $CoN_4$ 位点的最大能垒相关的限速步骤分别为*O→$^1O_2$(1.28 eV)和*OH→*O(1.60 eV)。因此，一旦将 PMS 添加到溶液中，PMS 将迅速吸附到确定的活性位点(包括缺陷、石墨 N 和 $MN_4$)上，然后被活化以产生大量的 $^1O_2$，从而能够降解水中有机污染物。PMS 在原子 M-N/C(M = Fe、Co)上活化的可能机制如图 7.6(e)所示。

## 7.5 过硫酸盐活化中的自由基活性物种

在经典的过硫酸盐活化过程中，$SO_4^{\cdot-}$、$^{\cdot}OH$ 和超氧自由基($O_2^{\cdot-}$)是主要的自由基活性物种。它们的性质详细介绍如下。

### 7.5.1 硫酸根自由基

$SO_4^{\cdot-}$主要是通过电子转移或能量转移方式断裂过硫酸盐中 O—O 键产生的主要活性物种。$SO_4^{\cdot-}$具有以下特征：①$SO_4^{\cdot-}$是一种强氧化剂，标准氧化还原电位为 2.5～3.1 V，高于$^{\cdot}OH$ 的标准氧化还原电位(1.9～2.7 V)，仅次于已知最强氧化剂氟的氧化能力(3.05 V)(表 7.4)，因而对有机污染物的氧化和矿化能力更强。②与$^{\cdot}OH$($t_{1/2}$ < 1 μs)相比，可自由扩散的 $SO_4^{\cdot-}$具有更长的寿命($t_{1/2}$ = 30～40 μs)，使其在非均相催化系统中对污染物具有出色的传质和有效的自由基利用效率。③$SO_4^{\cdot-}$的反应活性受 pH 影响较小，因而 pH 工作范围较宽，而$^{\cdot}OH$ 的反应活性与 pH 相关(基于$^{\cdot}OH$ 反应的降解效率随 pH 的增加而降低)[83]。值得注意的是，当 pH < 9 时，$SO_4^{\cdot-}$是主要自由基；而当 pH > 11 时，$SO_4^{\cdot-}$将与氢氧根离子反应产生$^{\bullet}OH$且具有主导作用；当 pH 处于 9～11 范围内时，$SO_4^{\bullet-}$与$^{\bullet}OH$共存。④$SO_4^{\bullet-}$与有机物分子之间的反应非常快，通常接近扩散控制速率，二级反应速率常数在 $10^5$～$10^9$ L/(mol·s) 范围内，而与$^{\bullet}OH$ 反应的二级速率常数介于 $10^6$～$10^{11}$ L/(mol·s)之间[84, 85]。⑤相比$^{\bullet}OH$，$SO_4^{\bullet-}$具有更高的选择性，同时具有亲电性，可通过电子转移反应优先降解富含供电子基团的有机污染物，如含羟基、氨基、烷氧基、不饱和键或芳香族 π 电子的有机物，而与硝基和羰基等吸电子基团的反应较慢[86]。因此，相比于$^{\bullet}OH$，$SO_4^{\bullet-}$受环境基质中溶解性有机物的影响较小，可以选择性攻击目标污染物。

**表 7.4　不同氧化剂的标准氧化还原电位对比**

| 氧化剂 | 半反应 | 标准氧化还原电位 $E^0$(V) |
|---|---|---|
| $F_2$ | $F_2 + 2H^+ + 2e^- \longrightarrow 2HF$ | 3.05 |
| $SO_4^{\bullet-}$ | $SO_4^{\bullet-} + e^- \longrightarrow SO_4^{2-}$ | 2.5～3.1 |
| $^{\bullet}OH$ | $^{\bullet}OH + H^+ + e^- \longrightarrow H_2O$ | 1.9～2.7 |
| $O_3$ | $O_3 + 2H^+ + 2e^- \longrightarrow O_2 + H_2O$ | 2.08 |
| $S_2O_8^{2-}$ | $S_2O_8^{2-} + 2e^- \longrightarrow 2SO_4^{2-}$ | 2.01 |
| $HSO_5^-$ | $HSO_5^- + 2H^+ + 2e^- \longrightarrow HSO_4^- + 2H_2O$ | 1.82 |
| $H_2O_2$ | $H_2O_2 + 2H^+ + 2e^- \longrightarrow 2H_2O$ | 1.78 |

$SO_4^{\bullet-}$在电子的最外层中拥有孤对电子，因而可将大部分大分子长链有机物(如农药、药物、染料、芳香烃和全氟羧酸)氧化为小分子短链有机物，甚至最终矿化为 $CO_2$ 和 $H_2O$。$SO_4^{\bullet-}$与有机污染物的反应机制主要包括以下三个反应路径。

1)脱氢反应

主要与饱和碳氢化合物如醇、烷烃和脂肪醇发生反应，反应速率取决于烷基化程度和官能团类型，如式(7.36)所示。例如，$SO_4^{\bullet-}$脱氢反应的二级速率常数随烷基链长度的增加而急剧增加；$k$(乙烷) = $5.6 \times 10^6$ L/(mol·s)，$k$(丙烷) = $4.7 \times 10^7$ L/(mol·s)，$k$(2-甲基丙烷) = $9.9 \times 10^7$ L/(mol·s)[87]。同样，烷基、烯丙基和羟基等供电子基团使 α 氢更容易被$SO_4^{\bullet-}$夺取：$k$(1-丙醇) = $5.9 \times 10^7$ L/(mol·s)，$k$(2-甲基-1-丙醇) = $1.3 \times 10^8$ L/(mol·s)，$k$(丙烯醇) = $1.4 \times 10^9$ L/(mol·s)[88]。相比而言，在$^{\bullet}OH$ 与相同化合物反应条件下的二级速率常数仅在 $2.8 \times 10^9$～$3.4 \times 10^{10}$ L/(mol·s)范围内[8]。

$$SO_4^{\bullet-} + RH \longrightarrow R^{\bullet} + HSO_4^- \tag{7.36}$$

Lee 课题组以脂肪族羧酸降解为例，总结了 $SO_4^{\bullet-}$与$^{\bullet}OH$ 的反应机制的差异[8]。具体而言，$^{\bullet}OH$ 诱导氧化的第一步主要是从与羧基相连的脂肪链的碳中脱氢，从而产生碳中心自由基，其进一步发生氧加成反应，然后根据 Russel 或 Bennett 反应生成各种类型的产物。相反，$SO_4^{\bullet-}$优先从羧基中的氧中夺取一个电子，生成的羧基自由基($RCO_2^{\bullet}$)释放二氧化碳和烷基自由基。脱羧是 $SO_4^{\bullet-}$所特有的反应(例如，乙酸矿化为二氧化碳，涉及少量中间体)，所以通过分析产物分布区分基于 $SO_4^{\bullet-}$或$^{\bullet}OH$ 的反应路径。芳香族羧酸也经历 $SO_4^{\bullet-}$的脱羧作用，依次通过直接夺取电子形成芳香族自由基阳离子和伴随着(取代)芳环自由基释放的二氧化碳损失。在基于 $SO_4^{\bullet-}$的高级氧化技术中选择芳香族羧酸如苯甲酸和邻苯二甲酸进行脱羧反应，而羟基化反应在基于$^{\bullet}OH$ 的高级氧化技术中更为常见。

2)电子转移

芳香族自由基阳离子由于电子供能基团的作用，通常会重新排列发生侧链氧化作用，因此该反应机制主要作用于芳香族化合物，如式(7.37)所示。

$$\text{C}_6\text{H}_5\text{—R} + SO_4^{\bullet-} \longrightarrow [\text{C}_6\text{H}_5]^{+\bullet}\text{—R} + SO_4^{2-} \tag{7.37}$$

3)加成-消除反应

加成-消除反应主要作用于不饱和烯烃类化合物，如式(7.38)所示，通过脱羟基或脱羧基作用使其成为烷基化合物，再进一步进行脱氢反应。

$$SO_4^{\bullet-} + H_2C{=}CHR \longrightarrow {}^{-}OSO_2OCH_2{-}\dot{C}HR \tag{7.38}$$

Xiao 等使用元分析研究了痕量有机污染物上的官能团对 $SO_4^{\bullet-}$氧化痕量有机污染物效能的作用[89]。结果表明，具有不同官能团的化合物表现出可变的 $SO_4^{\bullet-}$反应活性。例如，醇基和芳烃基团之间存在显著活性差异，而醇基和羧酸基团之间无显著活性差异。另外，酰胺基、醚基和芳烃基的 $k(SO_4^{\bullet-})$值高于醇基和羧酸基。例如，含芳烃的有机物与 $SO_4^{\bullet-}$的反应速率$[k(SO_4^{\bullet-}) = 2.5 \times 10^9\ L/(mol{\cdot}s)]$高于含醇基的有机物$[k(SO_4^{\bullet-}) = 8.0 \times 10^7\ L/(mol{\cdot}s)]$和羧基的有机物$[k(SO_4^{\bullet-}) = 8.7 \times 10^8\ L/(mol{\cdot}s)]$。该结果证实了电子转移和加成路径占主导地位的化合物往往表现出比脱氢反应更快的二级速率常数 $k(SO_4^{\bullet-})$。

在以前的研究中，通过同时添加高铁酸盐和 PMS 构建出 $SO_4^{\bullet-}$主导的反应体系，随后将其用于降解阿特拉津并识别其降解产物，降解路径见图 7.7[90]。最初，$SO_4^{\bullet-}$与$^{\bullet}OH$ 通过脱氢反应攻击阿特拉津的烷基侧链，形成碳中心自由基中间体，随后与氧反应产生过氧自由基中间体，其能够通过失去过氧化氢自由基而转化为阿特拉津亚胺并水解为 CAIT 和 CEAT[91]，进一步脱烷基形成 CAAT。CAIT 通过烷基羟基化和脱氨基-羟基化分别形成 HAHT 和 CHIT。此外，上述碳中心自由基中间体可以被$^{\bullet}OH$ 攻击形成 CNIT，然而其不稳定，进一步通过脱氢反应形成碳自由基中间体，并与氧反应生成过氧自由基中间体，最终转化为 CDTT。此外，CNIT 可以进行脱烷基产生 CNAT。ODIT 和 CEIT 通过脱氯-羟基化生成。随后，ODIT 和 CEIT 分别进行烷基氧化和脱烷基化，生成 OEAT，最终转化为 OAAT。因此，阿特拉津的降解路径主要包括脱氯-羟基化、脱烷基化、脱氨基-羟基化、烷基羟基化和烷基氧化，其中脱烷基化和烷基氧化是主要路径。

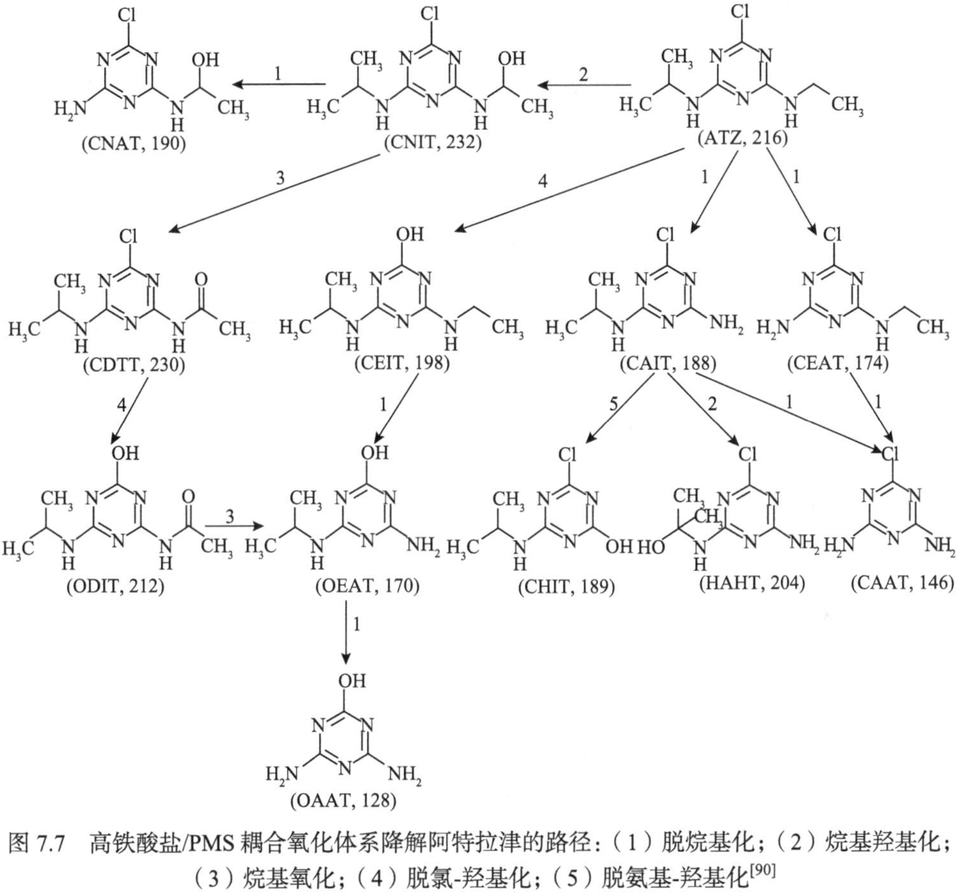

图 7.7　高铁酸盐/PMS 耦合氧化体系降解阿特拉津的路径：（1）脱烷基化；（2）烷基羟基化；（3）烷基氧化；（4）脱氯-羟基化；（5）脱氨基-羟基化[90]

$SO_4^{\cdot -}$与水中背景有机组分反应(如溶解性有机物)，可能导致目标污染物的降解效能下降。研究表明，溶解性有机物能够以 $2.5 \times 10^7$ ～ $8.1 \times 10^7$ L/(mol·s)的二级反应速率常数猝灭 $SO_4^{-}$[92]。而且，水中背景有机组分对降解动力学的抑制程度取决于底物特异性 $SO_4^{\cdot -}$对快速反应基团的氧化程度。例如，当腐殖质类物质(含有比脂肪族组分更容易猝灭 $SO_4^{\cdot -}$的芳香族和烯烃组分)存在时，与 $SO_4^{\cdot -}$反应活性较低的有机物(如布洛芬或全氟辛酸)的降解将受到显著抑制[93, 94]。此外，$SO_4^{\cdot -}$与溶解性有机物反应可生成一些活性物种，如苯氧基($PhO^{\cdot}$)、烷氧基

(RO$^{\bullet}$)、半醌基(SQ$^{\bullet-}$)、过氧自由基(ROO$^{\bullet}$)和超氧自由基($O_2^{\bullet-}$)，可能会引发痕量有机污染物的降解。最近，杨欣课题组发现 $SO_4^{\bullet-}$与溶解性有机物中的醌和多酚基团反应并产生了活性物种(SQ$^{\bullet-}$和 $O_2^{\bullet-}$)，其能够与硝基咪唑类药物通过 Michael 加成和 $O_2^{\bullet-}$加成反应，使反应的二级速率常数提高了 2.05～4.77 倍[95]。

$SO_4^{\bullet-}$由于具有强氧化性，也容易与各种水环境中的卤素离子发生反应，并产生氧化活性相对较弱的卤素自由基，从而显著影响目标污染物的降解效率。王兆慧课题组综述了卤素离子对 $SO_4^{\bullet-}$氧化降解有机污染物的作用机制[96]。具体而言，$SO_4^{\bullet-}$通过从 $Cl^-$中夺取一个电子产生 $Cl^{\bullet}$。添加更高浓度的 $Cl^-$可以猝灭 $SO_4^{\bullet-}$生成活性氯物种，如氯自由基($Cl^{\bullet}$)、二氯自由基($Cl_2^{\bullet-}$)和氯氧自由基($ClO^{\bullet}$)等[式(7.39)～式(7.44)]。这些活性氯物种比 $SO_4^{\bullet-}$具有更高的选择性，尽管相对较低的标准氧化还原电位[$E^0(Cl^{\bullet}/Cl^-)$ = 2.5 V，$E^0(Cl_2^{\bullet-}/Cl^-)$ = 2.2 V；$E^0(Br^{\bullet}/Br^-)$ = 2.0 V，$E^0(Br_2^{\bullet-}/Br^-)$ = 1.7 V]。值得注意的是，$Br^-$与 $SO_4^{\bullet-}$反应的二级速率常数[$3.5 \times 10^9$ L/(mol·s)]要高于 $Cl^-$与 $SO_4^{\bullet-}$反应的二级速率常数[$3.2 \times 10^8$ L/(mol·s)]，然而生成的 $Br^{\bullet}$的氧化还原电位低于 $Cl^{\bullet}$的氧化还原电位，导致 $Br^-$的抑制作用比 $Cl^-$更明显，即使当 $Br^-$的用量远低于 $Cl^-$。不同的是，当目标污染物相比于 $SO_4^{\bullet-}$或$^{\bullet}OH$ 更容易被活性氯物种氧化时，基于 $SO_4^{\bullet-}$的高级氧化技术可能更有效。这可能引发一些关于 $Cl^-$对过硫酸盐高级氧化技术产生积极作用的错误解释，因为 $Cl^-$与 PMS 的双电子反应产生主导性 HOCl，如式(7.41)所示，其具有更长的寿命。类似地，其他卤素离子(如 $Br^-$和 $I^-$)也与 PMS 发生双电子反应，产生相应的次卤酸[$k(Br^- + PMS) = 7.0 \times 10^{-1}$ L/(mol·s)和 $k(I^- + PMS) = 1.4 \times 10^3$ L/(mol·s)]，而无卤代自由基中间体产生。由于 PMS 对卤素离子的反应活性按 $I^- > Br^- > Cl^-$的顺序增加，生成的次卤酸将与有机污染物或溶解性有机物进一步反应，生成毒性卤代产物，如三卤甲烷、卤乙酸和卤代中间体，其中溴代副产物和碘代副产物的毒性通常比氯代副产物分别高出至少 10 倍和 100 倍[8]。此外，当溶液中同时存在 $Cl^-$和 $Br^-$时，污染物的去除效率将显著受到影响，这归因于 $ClBr^{\bullet-}$物种的形成[96]。值得注意的是，PMS 对 HOCl 和 HOBr 的进一步氧化可以忽略不计，而 $SO_4^{\bullet-}$却可以氧化两者并获得对应的 $ClO_3^-$和 $BrO_3^-$，此外 PMS 可以直接氧化 $I^-$并转化为最终产物 $IO_3^-$。因此在使用基于 PMS 的高级氧化技术处理含卤有机废水时，应该预先进行卤素离子去除措施。

$$Cl^- + SO_4^{\bullet-} \longrightarrow Cl^{\bullet} + SO_4^{2-} \quad k = 3.1\times10^8 \text{ L/(mol}\cdot\text{s)} \tag{7.39}$$

$$Cl^- + {}^{\bullet}OH \longrightarrow HOCl^{\bullet-} \quad k = 6.1\times10^9 \text{ L/(mol}\cdot\text{s)} \tag{7.40}$$

$$Cl^- + HSO_5^- \longrightarrow HOCl + SO_4^{2-} \quad k = 2.06\times10^{-3} \text{ L/(mol}\cdot\text{s)} \tag{7.41}$$

$$2Cl^- + HSO_5^- + H^+ \longrightarrow SO_4^{2-} + Cl_2 + H_2O \quad (7.42)$$

$$Cl^- + Cl^\bullet \longrightarrow Cl_2^{\bullet-} \quad k = 5.7\times10^4\ L/(mol\cdot s) \quad (7.43)$$

$$HOCl^{\bullet-} + H^+ \longrightarrow Cl^\bullet + H_2O \quad k = 3.6\times10^3\ L/(mol\cdot s) \quad (7.44)$$

此外，水中其他背景组分含氧阴离子，如 $HPO_4^{2-}$、$H_2PO_4^-$和 $HCO_3^-$，将猝灭 $SO_4^{\bullet-}$并降低其反应效能。$NO_2^-$也与 $SO_4^{\bullet-}$快速反应[$k = 8.8 \times 10^8$ L/(mol·s)]，从而显著降低活化过硫酸盐对有机物的氧化作用，而 $NO_3^-$基本不与 $SO_4^{\bullet-}$反应。

### 7.5.2 羟基自由基

在过硫酸盐活化过程中，$SO_4^{\bullet-}$与$^\bullet OH$ 往往相伴产生。由于 PMS 的结构不对称性($HO—OSO_3^-$)，通过能量和电子转移过程破坏并断裂 O—O 键，从而产生 $SO_4^{\bullet-}$与$^\bullet OH$。例如，以硝基苯和苯甲酸为探针化合物，采用准稳态测量方法定量分析 UV/PMS 体系中 $SO_4^{\bullet-}$和$^\bullet OH$ 的生成规律[31]。结果发现，$^\bullet OH$ 的准稳态浓度在 pH 6～8 的范围内几乎保持不变，而在 pH 8～12 范围内增加而持续增加。相比而言，PDS 结构对称，在相同活化方式下断裂 O—O 键，从而产生 $SO_4^{\bullet-}$。研究表明，$^\bullet OH$ 可以通过 $SO_4^{\bullet-}$与 $H_2O$ 或 $OH^-$反应产生[($k(SO_4^{\bullet-} + H_2O) < 2 \times 10^3\ s^{-1}$，$k(SO_4^{\bullet-} + OH^-) = (6.5 \pm 1.0) \times 10^7$ L/(mol·s)],如式(7.19)和式(7.45)所示[97, 98]，其中由于 $SO_4^{\bullet-}$与 $OH^-$的反应更快，导致 $SO_4^{\bullet-}$转化为$^\bullet OH$ 在碱性条件下更显著。朱本占课题组利用电子自旋共振二次自由基自旋捕获方法与自旋捕获剂 5,5-二甲基-1-吡咯啉-*N*-氧化物和$^\bullet OH$ 猝灭剂二甲基亚砜，为在 pH 5.5～13 宽范围内 $SO_4^{\bullet-}$转化为$^\bullet OH$ 提供了最直接的证据，而且在 pH 小于 5.5 时 $SO_4^{\bullet-}$占主导作用[38]。因此，操控溶液 pH 是控制 $SO_4^{\bullet-}$和$^\bullet OH$ 贡献的有效策略。

$$SO_4^{\bullet-} + H_2O \longrightarrow {}^\bullet OH + SO_4^{2-} + H^+ \quad (7.45)$$

类似于 $SO_4^{\bullet-}$，$^\bullet OH$ 氧化降解有机污染物的反应路径包括：①脱氢反应；②电子转移；③加成-消除反应。$^\bullet OH$ 是无选择性的活性物种，因而能够氧化包括无机阴离子和溶解性有机物在内的水环境基质，导致对目标污染物的降解效率显著下降，在这方面其逊色于 $SO_4^{\bullet-}$。

$^\bullet OH$ 在过硫酸盐活化中氧化降解有机物的贡献变化很大，这取决于活化剂结构和组成、过硫酸盐类型、溶液 pH、目标污染物类型和浓度等。大部分研究学者表明，$^\bullet OH$ 在构建的过硫酸盐活化体系中的作用很小或低于 $SO_4^{\bullet-}$的贡献。然而，一些研究学者则强调$^\bullet OH$ 扮演主导性作用。例如，在非金属硼活化 PMS 过程中，来自硼的大部分电子倾向于迁移到 PMS($HO—OSO_3^-$)的 $OSO_3^-$部位，导致

产生大量的$^{\bullet}OH$来攻击增塑剂，而从硼到 PMS 的直接电子转移或从$^{\bullet}OH$的相互转化也仅产生了少量的 $SO_4^{\bullet-}$[99]。值得注意的是，$SO_4^{\bullet-}$和$^{\bullet}OH$ 的贡献是通过添加化学猝灭剂获得，通常是添加含 $\alpha$ 氢的醇(如叔丁醇)来捕获$^{\bullet}OH$和添加不含 $\alpha$ 氢的醇(如甲醇或乙醇)来猝灭 $SO_4^{\bullet-}$和$^{\bullet}OH$，这是由于显著不同的二级反应速率常数[$k$(叔丁醇 + $SO_4^{\bullet-}$) = (4.0～9.1)× $10^5$ L/(mol·s)，$k$(叔丁醇 + $^{\bullet}OH$) = (3.8～7.6) × $10^8$ L/(mol·s)；$k$(甲醇 + $SO_4^{\bullet-}$) = (0.9～1.3) × $10^7$ L/(mol·s)，$k$(甲醇 + $^{\bullet}OH$) = (0.8～1.0) × $10^9$ L/(mol·s)；$k$(乙醇 + $SO_4^{\bullet-}$) = 1.6 × $10^7$ L/(mol·s)，$k$(乙醇 + $^{\bullet}OH$) = 1.9 × $10^9$ L/(mol·s)][100]。因此，化学猝灭剂浓度的选择非常重要，如过量的叔丁醇也可以猝灭构建体系中的 $SO_4^{\bullet-}$。

### 7.5.3 超氧自由基

$O_2^{\bullet-}$是过硫酸盐活化中重要的氧化剂或中间体，其具有破坏剧毒有机化学物质的潜力，如氯化溶剂、杀虫剂、二噁英和其他在大多数情况下致癌的化学物质。$O_2^{\bullet-}$可以作为氯甲烷等卤代烷的亲核试剂，并通过双分子亲核取代机制将卤化物从有机碳中心取代出来。对于叔丁基溴等卤代烷，其与 $O_2^{\bullet-}$反应符合单分子亲核取代机制。此外，在中性或酸性条件下 $O_2^{\bullet-}$的性质截然不同，因为在 pH < 4.8 时 $O_2^{\bullet-}$易质子化，产生 $HO_2^{\bullet}$。据报道，$O_2^{\bullet-}$可以通过多种路径产生，包括通过水中溶解氧或金属氧化物中氧空位或碳材料中持久性自由基存在下捕获一个电子，或过硫酸盐的水解等。

氧空位($O_V$)是金属氧化物在特定外界环境(如高温)下，造成晶格中的氧脱离形成的阴离子缺陷。目前，已开发各种方法使金属氧化物富含 $O_V$，包括异质金属掺杂、氩离子轰击和电子辐照等。$O_V$ 表面拥有丰富的局部电子，能够赋予缺氧表面以富电子特性来活化 $O_2$[101]。具体而言，$O_V$ 将电子转移给 $O_2$ 并将其还原为 $O_2^{\bullet-}$，如式(7.46)所示。总体来说，$O_2^{\bullet-}$分散在水溶液时，其反应活性非常低，这归因于快速歧化反应并生成 $H_2O_2$。然而，当 $O_2^{\bullet-}$存在于固体表面时其反应活性大大增强，从而可以有效地参与预设反应。例如，水溶液中 $O_2^{\bullet-}$/$O_2$ 的标准氧化还原电位为−0.33 V，其相比 PMS 在还原 Cu(Ⅱ)和 Fe(Ⅲ)分别为 Cu(Ⅰ)和 Fe(Ⅱ)方面热力学上更可行，基于 Cu(Ⅱ)/Cu(Ⅰ)(0.17 V)、Fe(Ⅲ)/Fe(Ⅱ)(0.77 V)、$SO_5^{\bullet-}$/$HSO_5^-$(1.1 V)和 $SO_5^{\bullet-}$/$SO_5^{2-}$(0.81 V)的标准氧化还原电位。因此，$O_2^{\bullet-}$不仅有助于纳米 $CuFe_2O_4$/PMS 系统中活性金属的还原[式(7.47)～式(7.50)]，而且还有助于活化过硫酸盐以产生 $SO_4^{\bullet-}$[101]，如式(7.51)和式(7.52)所示。此外，磁铁矿纳米粒子的吸附或晶格 Fe(Ⅱ)[102]、生物炭中的持久性自由基[75]均可为 $O_2$ 提供电子以产生 $O_2^{\bullet-}$，如式(7.53)所示。不同的是，有研究报道具有高氧化能力的铜铁复合氧化物可以削弱吸附 PDS 的 S—O 键，从而促进 PDS 分解为 $O_2^{\cdot -}$[103]。

$$e^- + O_2 \longrightarrow O_2^{\cdot -} \tag{7.46}$$

$$Cu(II) + O_2^{\cdot -} \longrightarrow Cu(I) + O_2 \tag{7.47}$$

$$Fe(III) + O_2^{\cdot -} \longrightarrow Fe(II) + O_2 \tag{7.48}$$

$$Cu(I) + HSO_5^- \longrightarrow Cu(II) + SO_4^{\cdot -} + OH^- \tag{7.49}$$

$$Fe(II) + HSO_5^- \longrightarrow Fe(III) + SO_4^{\cdot -} + OH^- \tag{7.50}$$

$$O_2^{\cdot -} + HSO_5^- \longrightarrow SO_4^{\cdot -} + O_2 + OH^- \tag{7.51}$$

$$O_2^{\cdot -} + S_2O_8^{2-} \longrightarrow SO_4^{\cdot -} + SO_4^{2-} + O_2 \tag{7.52}$$

$$Fe(II) + O_2 \longrightarrow Fe(III) + O_2^{\cdot -} \tag{7.53}$$

在光协同催化活化过硫酸盐中，$O_2^{\cdot -}$的产生机制具体如下[104]。首先，光照射激发光催化剂或半导体产生光生电子和空穴，如式(7.54)所示。然后，PMS 分子会得到一个光生电子产生 $HO_2^{\cdot}$和一个亚硫酸根离子，如式(7.55)所示。$HO_2^{\cdot}$会进一步分解为质子和 $O_2^{\cdot -}$，如式(7.16)所示。此外，光生电子还可以捕获水中溶解氧并还原为 $O_2^{\cdot -}$，如式(7.46)所示。

$$\text{光催化剂或半导体} + h\nu \longrightarrow h^+ + e^- \tag{7.54}$$

$$HSO_5^- + e^- \longrightarrow HO_2^{\cdot} + SO_3^{2-} \tag{7.55}$$

在碱活化过硫酸盐过程中，$O_2^{\cdot -}$的生成机制取决于过硫酸盐类型，具体包括：碱催化 PDS 水解为过氧氢根离子($HO_2^-$)，其能够还原 PDS 并产生 $SO_4^{\cdot -}$和 $O_2^{\cdot -}$，如式(7.8)和式(7.9)所示；而在碱催化 PMS 过程中，PMS 水解产生的 $H_2O_2$ 分解为$^{\cdot}OH$ 并与过量的 $H_2O_2$ 反应生成 $HO_2^{\cdot}$，随后解离为 $O_2^{\cdot -}$，如式(7.10)～式(7.16)所示。

此外，溶解氧也是构建过硫酸盐体系中 $O_2^{\cdot -}$的重要来源。溶解氧浓度的增加导致产生更多的 $O_2^{\cdot -}$，随后促进 PDS 活化以产生 $SO_4^{\cdot -}$，从而有利于 2,4,4-三氯联苯的转化[102]。

$O_2^{\cdot -}$的作用可以通过多种化学探针或指示剂来检查。由于对苯醌高二级反应速率常数[(0.9～1.0) × $10^9$ L/(mol·s)]，其已被用作 $O_2^{\cdot -}$的化学猝灭剂。然而，对苯醌也可以与$^{\cdot}OH$ 和 $SO_4^{\cdot -}$反应[$k$(对苯醌 + $^{\cdot}OH$) = 6.6 × $10^9$ L/(mol·s)，$k$(对苯醌 + $SO_4^{\cdot -}$) = 1.0 × $10^8$ L/(mol·s)]。同时，氮蓝四唑能够被 $O_2^{\cdot -}$还原为不溶性的

深蓝色产物甲臜[$6.0 \times 10^4$ L/(mol·s)]，后者可在 560 nm 处有最大吸光度，因而可用作验证 $O_2^{\bullet-}$存在的定性指示剂[105, 106]。此外，氯仿也被用作 $O_2^{\bullet-}$的猝灭剂[$3.0 \times 10^{10}$ L/(mol·s)]。

研究报道 $O_2^{\bullet-}$是过硫酸盐活化中主要的活性物种，以响应有机污染物的降解。然而 $O_2^{\bullet-}$是不稳定的，其能够通过进一步与 PMS 反应产生 $SO_4^{\bullet-}$[如式(7.51)、式(7.52)]，或与自身重组[式(7.18)]、水[如式(7.56)]或$^{\bullet}OH$[如式(7.17)]反应产生 $^1O_2$ 的非自由基路径，从而间接参与有机污染物的降解。

$$SO_5^{2-} + H_2O \longrightarrow SO_4^{2-} + O_2^{\bullet-} + 2H^+ \tag{7.56}$$

$$3HSO_5^- + H_2O \longrightarrow 3SO_4^{2-} + 2O_2^{\bullet-} + 5H^+ \tag{7.57}$$

$$HSO_5^- + O_2^{\bullet-} \longrightarrow SO_4^{\bullet-} + O_2 + OH^- \tag{7.58}$$

## 7.6 过硫酸盐活化中的非自由基路径

近年来的研究表明可以在构建的过硫酸盐催化体系中发生非自由基反应，即不涉及$^{\bullet}OH$ 和 $SO_4^{\bullet-}$等自由基活性物种的情况下明显降解有机污染物。2014 年，Zhang 等首次报道了氧化铜活化 PDS 的外球相互作用机制[107]，随后 2015 年 Duan 等率先报道了 N 掺杂单壁碳纳米管催化 PMS 的非自由基氧化现象[108]，关于非自由基氧化路径的过硫酸盐活化的面纱逐渐被揭开。Duan 等也研究了具有可变碳共轭结构和官能团的纳米碳活化 PMS 的可行性[68]。结果表明自由基和非自由基氧化可在不同的碳催化剂上发生，这取决于碳结构。具体而言，多壁碳纳米管和有序介孔碳上的羰基基团和 $sp^2$ 杂化碳结构可以将电子传递给 PMS 以生成$^{\bullet}OH$ 和 $SO_4^{\bullet-}$，而煅烧纳米金刚石和还原氧化石墨烯上的缺陷边缘则产生非自由基氧化路径。

值得注意的是，金属和碳基催化剂都可以通过自由基和非自由基路径活化过硫酸盐。由于金属具有更高的氧化还原电位，金属催化剂可能具有更强的自由基生成效率，使其更适用于难降解有机污染物。然而，金属催化剂对过硫酸盐的非自由基活化可能会受到 pH 变化的影响，因为金属的氧化态与水中 pH 呈现函数关系，例如，高 pH 会降低水中 Fe(Ⅱ)含量和高价态铁[Fe(Ⅳ)]在 PDS 活化中的贡献[109]。而 pH 依赖性在碳催化剂中则不太常见，并且由于碳结构的复杂性，其活化过硫酸盐经常证实为非自由基氧化机制。迄今，已报道的非自由基路径包括表面结合自由基、$^1O_2$ 氧化、高价态金属以及电子转移机制。非自由基氧化是一种表面反应，不同于主要发生在溶液中的自由基氧化。与自由基路径相比，非自由基路径具有以下优点：①过硫酸盐利用效率高；②无自由基的自猝灭效应；③减少背景基质中无机阴离子和溶解性有机物的干扰；④即使在高浓度卤素离子存在下也不产生毒性卤代产物；⑤宽范围操作 pH；⑥特定污染物降解的高选择性。

### 7.6.1　单线态氧

$^1O_2$ 是受到激发后的氧分子，具有较高的反应活性。具体来说，处于基态的氧分子也称为三线态氧分子，表示为 $^3\Sigma_g^-$($^3O_2$)。当其受到能量激发后，基态氧的两个未成对电子由自旋平行转变为自旋相反的状态，但排布方式有两种：①两个自旋反平行的电子占据同一个 $2p\pi^*$轨道，即第一激发单线态氧($^1\Delta_g$)；②成对的两个电子占据两个不同的 $2p\pi^*$轨道，即第二激发单线态氧($^1\Sigma_g^+$)。后者 $^1\Sigma_g^+$的能量(158 kJ/mol)比前者 $^1\Delta_g$ 的能量(95 kJ/mol)高 63 kJ/mol，导致其稳定性较差，且 $^1\Delta_g$ 向 $^1\Sigma_g^+$的跃迁是禁阻的，因此 $^1\Delta_g$ 的寿命相比于 $^1\Sigma_g^+$更长。例如，$^1\Delta_g$ 和 $^1\Sigma_g^+$的寿命在气相中分别为 45 min 和 7～12 s[110]，而在液相中分别为 $10^{-6}$～$10^{-3}$ s 和 $10^{-11}$～$10^{-9}$ s[111]。因此，$^1O_2$ 一般是第一激发单线态氧($^1\Delta_g$)。

$^1O_2$ 由于亲电性拥有选择性氧化能力，对富电子有机物(如烯烃、二烯和多环芳香族化合物)具有高反应活性，而当目标物含有吸电子基团时，$^1O_2$ 与其反应速率降低，表现出较低的氧化效能。在过硫酸盐非自由基氧化中，$^1O_2$ 是一种常检出的活性氧物种，从而实现有机污染物的降解。

例如，本书作者课题组通过降解水中有机污染物，评估了所得 N/C 和原子 M-N/C 对 PMS 活化的性能与机制[82]。选取磺胺二甲基嘧啶(SMT)、硝基苯(NB)、阿特拉津(ATZ)、苯甲酸(BA)、土霉素(OTC)、四环素(TC)、2,4-二氯苯酚(2,4-DCP)、苯酚(PN)和双酚 F(BPF)等 9 种有机污染物作为目标对象，这是因为它们代表了典型的药物、农药、抗生素、酚和芳香族化合物。它们的降解动力学和相应的降解速率($k_{obs}$)如图 7.8 所示。除 NB、BA 和 ATZ 外，大多数有机污染物在 M-N/C-PMS 系统中均能得到有效降解。特别是当 Fe-N/C 或 Co-N/C 作为 PMS 活化剂时，2,4-DCP、BPF、OTC、TC 和 PN 发生完全降解。相比之下，NB 和 BA 的去除完全是由于吸附，这反映出不添加 PMS 的去除效率更高。由于两种典型的芳香族化合物(NB 和 BA)具有疏水性和含氧官能团(—COOH、—$NO_2$)，两者都容易通过氢键或路易斯酸碱与沸石咪唑酯骨架衍生碳上的碱性 N 或 O 相互作用，从而增强对 M-N/C 的吸附。在 PMS 存在的情况下，ATZ 的降解仅略有增加。众所周知，NB、BA 和 ATZ 是自由基探针化合物，因为它们与$^{\bullet}OH$ 和 $SO_4^{\bullet-}$反应速率不同[$k_1$(NB + $^{\bullet}OH$) = $3.9 \times 10^9$ L/(mol·s)，$k_2$(NB + $SO_4^{\bullet-}$) = $8.4 \times 10^5$ L/(mol·s)；$k_3$(BA + $^{\bullet}OH$) = $4.2 \times 10^9$ L/(mol·s)，$k_4$(BA + $SO_4^{\bullet-}$) = $1.2 \times 10^9$

L/(mol·s)；$k_5$(ATZ + $^{\bullet}$OH) = (2.4～3.0)× $10^9$ L/(mol·s)，$k_6$(ATZ + $SO_4^{\bullet-}$) = 4.2 × $10^9$ L/(mol·s)]。这些探针化合物对降解的抗性与自由基路径相矛盾，因此可能排除了$^{\bullet}$OH 和 $SO_4^{\bullet-}$的贡献。无论选择哪种污染物，在碳基体中引入金属原子都会显著影响催化活性，其活性依次为 Fe-N/C > Co-N/C > N/C > Cu-N/C > Mn-N/C(图 7.8)。具体而言，Fe-N/C-PMS 体系和 Co-N/C-PMS 体系对 8 种有机污染物(NB 除外)降解的 $k_{obs}$ 值分别比 N/C-PMS 体系高 2.5～22.4 倍和 1.5～19.5 倍，进一步表明 Fe 或 Co 掺杂在提高催化活性方面具有优势。此外，通过将有机污染物 $k_{obs}$ 除以催化剂浓度(wt%)来计算周转频率(TOF)，以评估每个原子位点的活性。结果表明，Fe-N/C、Co-N/C、Mn-N/C 和 Cu-N/C 降解 PN 的 TOF 值分别为 25.10 $min^{-1}$、10.09 $min^{-1}$、1.12 $min^{-1}$ 和 0.54 $min^{-1}$，与 M-N/C 的活性趋势一致。同时，增强的 M-N/C(M = Fe 或 Co)在降解效率/速率和化学剂量方面也优于先前报道的大多数 PMS 催化剂。此外，在各种污染物中 $k_{obs}$ 的显著差异表明两种系统对有机物降解具有较高的选择性。值得注意的是，未活化的 PMS 也可以通过 PMS 直接氧化降解 SMT、OTC 和 TC。PMS 在 SMT 降解过程中的分解速率进一步巩固了单原子 M-N/C 的催化趋势。同时，来自单原子 M-N/C 的金属溶出浓度可以忽略不计(ICP-OES 中未检出)，表明其在水处理中具有广泛的应用前景。深入的研究证实单原子 M-N/C-PMS 构建体系是 $^1O_2$ 主导的反应。类似地，$^1O_2$ 主导的选择性降解反应也在本书作者团队另一个先吸附、后降解的污染物去除体系中得到验证[图 7.8(b)][112]。

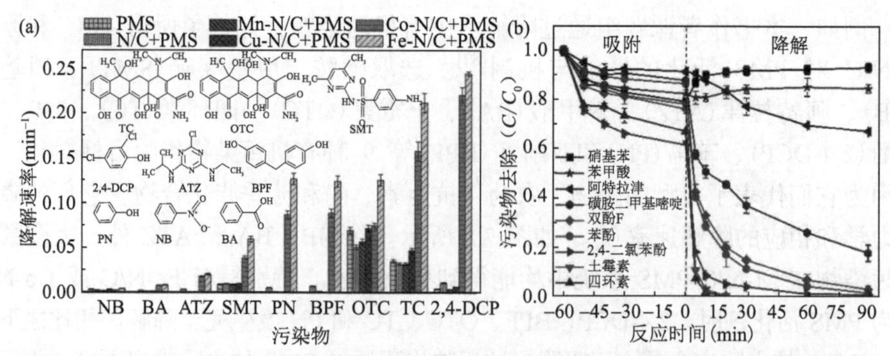


图 7.8　计算出的 9 种代表性有机污染物在不同反应体系中降解的准一级速率常数[82,112]

条件：[NB] = [BA] = [ATZ] = [SMT] = [BPF] = [OTC] = [TC] = [2,4-DCP] = 25.0 μmol/L，[PN] = 50.0 μmol/L，[催化剂] = 80.0 mg/L，[PMS] = 0.5 mmol/L，pH 7.0(2.0 mmol/L 硼酸盐缓冲液)，30℃。NB：硝基苯；BA：苯甲酸；ATZ：阿特拉津；SMT：磺胺二甲基嘧啶；BPF：双酚 F；OTC：土霉素；TC：四环素；2,4-DCP：2,4-二氯苯酚；PN：苯酚

根据活化剂的属性分类，$^1O_2$ 的来源非常丰富，前体物质可以归结为 PMS、酮基/醌类、$O_2^{\bullet-}$和过一硫酸根自由基($SO_5^{\bullet-}$)等[113]。

1)酮基/醌类

文献报道，PMS 可以被酮催化分解为 $^1O_2$。例如，在先前的研究中，观察到环己酮的参与显著加速了 PMS 在碱性溶液中分解形成 $^1O_2$[114]。随后，其他研究通过 $^{18}O$ 标记实验和红外荧光测试进一步证实了酮催化 PMS 形成 $^1O_2$ 的机制[115]。可以推断，酮催化过硫酸盐与其标志性羰基官能团(C═O)之间存在关系。

醌是一类具有氧化还原特性的芳香族化合物，广泛分布于水、土壤和大气中，可以参与各种化学和生化反应。周扬等首次发现苯醌能有效活化 PMS，涉及一种 $^1O_2$ 主导的新型非自由基氧化机制来降解磺胺甲噁唑。结合多种实验手段，他们揭示了醌催化 PMS 的反应机理：$HSO_5^-$与苯醌的羰基通过亲核加成形成过氧化物中间体Ⅰ；过氧化物中间体Ⅰ的共轭碱(即中间体Ⅱ)发生分子内亲核取代反应生成双环氧中间体Ⅲ；双环氧中间体Ⅲ随后被解离态的 PMS 离子($SO_5^{2-}$)亲核攻击，产生 $^1O_2$ 和新的苯醌分子。在此过程中双环氧中间体Ⅲ的形成是 $^1O_2$ 释放的关键步骤，其生成速率为 $1.16 \times 10^6$ L/(mol·s)。随后，他们也发现，与醌类化合物类似，酚类有机物能够在碱性条件(pH 8.5 和 10)下有效活化 PMS 以形成 $^1O_2$，这主要归因于酚类有机物降解过程中所生成的醌类中间体。因此，羰基/酮基可以作为生产 $^1O_2$ 的活性位点。

2)过一硫酸根自由基($SO_5^{\bullet-}$)

此外，在过硫酸盐活化形成 $^1O_2$ 的路径中，还报道了 $SO_5^{\bullet-}$作为中间体的 PMS 氧化反应。例如，Shao 等通过巧妙设计煅烧策略来精准调控纳米金刚石表面羰基基团(C═O)的含量而不影响其他结构特征(如微观形态、碳原子的杂化和氧含量)[116]。定量构效关系证实表面羰基基团是响应 $^1O_2$ 生成的唯一催化活性位点。进一步的研究表明，亲核性 PMS 作为电子供体释放出电子给亲电性 C═O(作为电子受体)并同时产生 $SO_5^{\bullet-}$，$SO_5^{\bullet-}$由于高反应速率[约 $2 \times 10^8$ L/(mol·s)]和低活化能[(7.4 ± 2.4) kcal/mol]容易通过自身重组反应产生 $^1O_2$、$S_2O_8^{2-}$或 $SO_4^{2-}$[式(7.59)～式(7.61)]。类似的反应机制也发生在单原子 $CoN_{2+2}$ 位点，弱正电荷 Co 原子和 $CoN_{2+2}$ 配位通过非自由基路径直接氧化 PMS，使得 PMS 转化为 $^1O_2$ 的产率接近 100%[117]。此外，产生的 $SO_5^{\bullet-}$与水反应也产生 $^1O_2$[118][式(7.62)]。

$$HSO_5^- \longrightarrow SO_5^{\bullet-} + H^+ + e^- \tag{7.59}$$

$$SO_5^{\bullet-} + SO_5^{\bullet-} \longrightarrow S_2O_8^{2-} + {}^1O_2 \tag{7.60}$$

$$SO_5^{\bullet-} + SO_5^{\bullet-} \longrightarrow 2SO_4^- + {}^1O_2 \tag{7.61}$$

$$2SO_5^{\bullet-} + H_2O \longrightarrow 2HSO_4^- + 1.5\,{}^1O_2 \tag{7.62}$$

3) $O_2^{\bullet-}$

$O_2^{\bullet-}$经常被认为是 $^1O_2$ 产生的前驱体，可通过多种反应路径生成。一方面，来自 $H_2O_2$ 分解产生的 $O_2^{\bullet-}$与$^{\bullet}OH$ 反应生成 $^1O_2$。例如，在碱活化 PMS 过程中[36]，碱催化 PMS 水解，产生 $H_2O_2$ 并进一步分解为$^{\bullet}OH$，$^{\bullet}OH$ 与过量的 $H_2O_2$ 反应生成 $HO_2^{\bullet}$，随后解离为 $O_2^{\bullet-}$。然后，$^{\bullet}OH$ 和 $O_2^{\bullet-}$反应产生 $^1O_2$ 和 $OH^-$[式(7.17)]。另一方面，$O_2^{\bullet-}$也可以与其自身或水反应，形成 $^1O_2$ 和 $H_2O_2$[式(7.18)和式(7.63)]。值得注意的是，在金属氧化物表面形成的高价态金属位点[如≡Cu(Ⅲ)和≡Mn(Ⅳ)等]是过硫酸盐活化形成 $^1O_2$ 的关键步骤。例如，在结晶二氧化锰($MnO_2$)活化 PDS 体系中，PDS 与 $MnO_2$ 表面的相互作用导致形成亚稳态锰中间体($Mn^{Ⅳ}$—O—O—$SO_3$)。随后，$Mn^{Ⅳ}$—O—O—$SO_3$ 与 $S_2O_8^{2-}$ 反应生成 $O_2^{\bullet-}$，并通过 $Mn^{Ⅳ}$直接氧化或 $O_2^{\bullet-}$与水反应转化为 $^1O_2$[119]。

$$2O_2^{\bullet-} + 2H_2O \longrightarrow H_2O_2 + {}^1O_2 + 2OH^- \tag{7.63}$$

4) 溶解氧/晶格氧/氧空位

一些研究人员发现，通过捕获 PMS 的活化能，能将能量传递给水中氧气并生成 $^1O_2$。而且掺杂 Cu 到 $MnO_2$ 能够导致表面吸附氧增多，这有利于补充催化 PMS 分解过程中移动吸附氧缺陷的损失。$^1O_2$ 的产生是因为表面氧缺陷可以通过氧气的能量捕获降低 PMS 分解的反应能垒[120]，如式(7.64)～式(7.66)所示。此外，金属氧化物上的晶格氧随氧空位的产生而释放并转化为活性氧(*O)，*O 可以与 PMS 反应生成 $^1O_2$[121]，如式(7.67)和式(7.68)所示。

$$\equiv O_2 \longrightarrow O_{abs}\text{(活性位点)} \tag{7.64}$$

$$O_{abs} + PMS \longrightarrow \text{降低能量屏障} \tag{7.65}$$

$$\equiv O_2 \xrightarrow{\text{能量}} {}^1O_2 \tag{7.66}$$

$$O_{lat} \longrightarrow {}^*O \tag{7.67}$$

$$^*O + HSO_5^- \longrightarrow HSO_4^- + {}^1O_2 \tag{7.68}$$

5) PMS 自分解

除上述机制外，PMS 还能以较低的反应速率[$k$ = 0.2 L/(mol·s)]自分解产生 $^1O_2$，如式(7.69)所示。

$$HSO_5^- + SO_5^{2-} \longrightarrow HSO_4^- + SO_4^{2-} + {}^1O_2 \tag{7.69}$$

值得注意的是，$^1O_2$ 与大多数有机污染物的反应动力学速率远低于自由基反应(如 $SO_4^{\cdot-}$与$^{\cdot}OH$)。因此，基于 $^1O_2$ 的非自由基路径在实际工业中的应用更应引起重视。例如，许多广泛用作目标底物的酚类化合物与 $^1O_2$ 的反应表现出较慢动力学过程，在 pH 为 7 时其二级反应速率常数仅为 $10^5$～$10^6$ L/(mol·s)[122]。同时，反应动力学取决于有机物上取代基团的性质。例如，取代苯酚的 $^1O_2$ 反应活性可以变化 100 倍，$k$(4-硝基苯酚) = $2.6\times10^5$ L/(mol·s)，$k$(4-氯苯酚) = $6.0\times10^6$ L/(mol·s)，$k$(4-羟基苯酚) = $3.8\times10^7$ L/(mol·s)。而且，明显差异的二级反应速率常数也强烈依赖于溶液 pH。在大多数情况下，去质子化的酚类化合物(即酚盐阴离子，在 pH > $pK_a$时为主要物质)比中性酚类化合物更容易受到 $^1O_2$的攻击，二级反应速率常数相差 2 或 3 个数量级[即 $k$(酚盐阴离子 + $^1O_2$) = $10^8$～$10^9$ L/(mol·s)和 $k$(中性酚类化合物 + $^1O_2$) < $10^5$～$10^6$ L/(mol·s)]。然而，基于底物选择性的反应在某些水处理案例中可能很有用。例如，天然有机物中的羰基和邻羟基官能团还可以促进 $^1O_2$ 的生成，这有利于在实际河流、湖泊和地下水中实施非自由基路径以进行原位化学氧化。

### 7.6.2 电子转移

电子转移机制是指电子直接从催化剂上吸附的目标有机物(电子给体)传递给 PMS 或 PDS(电子受体)从而引发过硫酸盐的活化和目标有机物的氧化降解。在该过程中催化剂通常具有优异的导电性，可直接作为电子穿梭媒介(即电子穿梭体)，或者与过硫酸盐形成络合物从有机物夺取电子。不同于本体溶液中 $^1O_2$/芬顿/类芬顿反应的均相氧化，电子转移机制主要以非均相方式发生在催化剂表面。按照材料主要成分的不同，常见的电子穿梭体主要分为过渡金属和碳材料两大类，具体介绍如下。

1)过渡金属电子穿梭体

过渡金属介导过硫酸盐活化的电子转移机制最早始于张涛等的研究，他们首次发现 CuO 能够有效活化 PDS 以降解 2,4-二氯苯酚(2,4-DCP)，且几乎不受高浓度乙醇([乙醇]/[2,4-DCP] = 4000)和氯离子([$Cl^-$]/[2,4-DCP] = 1000)的影响[57]。进一步的机制探究表明，PDS 在 CuO 表面通过外球相互作用而被活化但不涉及 PDS 的分解，随后从 2,4-二氯苯酚夺取两个电子，导致其氧化降解。类似地，Huang 和 Zhang 通过构建原电池氧化降解体系，将双酚 A(BPA)和 PMS 分别置于两个半电池中，电极材料 $Fe_{0.15}Mn_{0.85}O_2$ 涂布在石墨片上，在一个电解池中加入 PMS 后，双酚 A 在另一个电解池中发生迅速氧化，从而证实了电子转移的发生[123]。值得注意的是，金属氧化物活化过硫酸盐也涉及自由基机制。任伟等研究结果表明该体系中不同反应机制(电子转移和自由基机制)的来源主要取决于金属催化中心的结构/构型和过硫酸盐类型[72]。具体而言，当金属氧化物与强场过硫酸盐相互作用时，会生成低自旋复合体，以电子转移方式进行有机物氧化。在电子转移过程中，低自旋复合体更容易为电子穿梭体提供成对电子或空轨道。相反，如果产生高自旋复合体，其未成对电子将通过单电子路径裂解过硫酸盐的过氧键并产生自由基。在这一过程中，PMS 倾向于从亲核试剂中捕获电子，并且由于其低供电子能力而通常充当弱场配体。相比之下，PDS 更容易提供成对电子作为强场配体。

此外，贵金属表现出优异的导电性和催化过硫酸盐活化性能。例如，Ahn 等研究了表面负载纳米金属颗粒对 PMS 活化的效能和机理[124, 125]。根据降解反应路径的不同，金属可分为两类：①活化 PMS 产生 $SO_4^{\cdot-}$的过渡金属，如 Co、Cu、Mo、W 和 Ni；②Ru、Rh、Ir、Pt 和 Au 等贵金属，电子从有机化合物转移到 PMS，导致有机物氧化和 PMS 分解同时发生，而没有 $SO_4^{\cdot-}$的明显参与(即电子转移机制)。此外，复合材料的催化性能高度依赖于载体氧化物($Al_2O_3$、$TiO_2$ 或 $WO_3$)。载体可以改变电子性质(氧化态)并调节贵金属的形态特征，从而改变电子转移路径中的动力学和催化作用[123]。

2)碳质电子穿梭体

相比金属催化剂，碳材料更适合作为电子穿梭体导致过硫酸盐活化非自由基电子机制发生，特别是具有 $sp^2$ 杂化结构的碳材料(碳纳米管、还原石墨烯、纳米金刚石、介孔碳等)。原始碳纳米管，由 $sp^2$ 共轭碳组成，呈弯曲、延伸和完整的六角型网络，缺陷和官能团含量相对较低，常被认为是探索电子转移机制的理想模板。例如，Lee 等利用线性扫描伏安法和电子顺磁共振光谱证实碳纳米管催化 PDS 的机制不同于自由基氧化，主要通过 PDS 结合到碳纳米管表面形成络合物，在与有机污染物发生反应后立即分解，并对有机物降解具有选择性[69]。结果表明，该构建体系能有效降解酚类化合物和药物(如卡马西平、普萘洛尔、磺胺甲噁唑和对乙酰氨基酚)，而对具有吸电子基团的苯基衍生物(如硝基苯、苯甲酸)呈现无效降解。除了 PDS 外，他们也验证了碳纳米管催化活化 PMS 也符合电子转移机制[126]。特别是通过设计垂直排列的碳纳米管膜，可将反应系统物理分成两个区域，但允许电子通过碳纳米管阵列传输以进行从有机物到 PMS 跨膜的区域间电子传递，从而为碳纳米管介导的电子转移机制提供了坚固的证据。

任伟等通过原位电化学表征和定量构效关系进一步证明了碳纳米管介导的电子转移机制，PDS 在碳纳米管表面形成限域和活化的亚稳态络合物(CNT-PDS*)，其能够选择性地从催化剂上吸附的有机物中夺取电子，而且对目标污染物的选择性取决于 CNT-PDS*的氧化电位和有机物特性(如半波电位、电离势)。电离势越高表明有机物给电子能力越差。具体而言，具有较低半波电位值的酚类污染物更有利于向 CNT-PDS*传递电子，从而加速 PDS 的消耗；而具有比 CNT-PDS*电位更高的半波电位值的酚类污染物(如硝基苯酚、羟基苯乙酮和对羟基苯甲酸甲酯)会阻碍电子转移过程。同时，带负电的酚类污染物离子状态不利于接近碳纳米管的表面，从而阻止了碳表面上的电子穿梭过程。表面活化的过硫酸盐可以诱导有机污染物的单电子氧化和双电子氧化，这取决于有机物的结构[127]。目标有机物中的富电子基团(如—OH、—SH、—$NH_2$ 等)很容易提供电子，从而促进这些有机物的单电子氧化。不饱和键(如 C═C、C═N 等)可发生氧加成反应，并且可能容易通过双电子氧化路径被氧化。此外，碳纳米管的反应活性在很大程度上受碳纳米管上含氧官能团的影响[72]。含氧官能团不仅调节碳网络的还原性，还控制碳表面的电动电位，从而影响与带负电的 PDS 的相互作用。总体而言，具有较低含氧官能团(尤其是羧基和羰基)含量的碳纳米管表面在中性溶液中表现出较小的负电动电位，由于较弱的静电排斥，从而有利于与带负电的 PDS 的相互作用；然而过量的羰基基团(强吸电子基团)可能会干扰共轭 π 系统，羧基作为强布朗斯特酸基团的存在可能会降低材料的电动电位，从而造成不利影响。形成 CNT-PDS*络合物后，碳纳米管的氧化还原电位显著增加，当其超过有机物的氧化还原电位时，CNT-PDS*络合物将从有机物中夺取电子进行氧化。而且，电子转移非自由基路径的总氧化还原电位由 PDS 的吸附量决定，由碳纳米管的表面化学控制。

为了揭示过硫酸盐活化中的电子转移机制，任伟等通过文献中已报道的不同催化剂的表观动力学常数($k_{obs}$)和过硫酸盐吸附能($E_{ads}$)数据，建立了两者之间的线性关系[72]。具体而言，$E_{ads}$ 与 $\ln k_{obs}$ 呈现良好的负相关性。虽然碳/PMS 体系($-1.20 \pm 0.16$)和金属/PDS 体系($-1.07 \pm 0.06$)的斜率接近，但比碳/PDS 体系($-0.36 \pm 0.01$)和金属/PMS 体系($-0.34 \pm 0.13$)的斜率更陡。因此，碳/PMS 和金属/PDS 体系中催化剂与过硫酸盐的吸附作用强于碳/PDS 和金属/PMS 体系。这是因为强场配位(金属/PDS)和亲核反应(碳/PMS)比氢吸附(金属/PMS)和静电相互作用(碳/PDS)更强烈。另外，金属/PDS 体系($-6.33 \pm 0.23$)的截距远低于其他三个体系，这归因于过渡金属氧化物在电子转移机制中的电导率比石墨碳或贵金属差。因此，导体和半导体之间的电子转移机制是不同的。一般来说，电子转移可分为两种路径：①电子通过导电桥从有机物转移给络合物(电子穿梭)；②络合物直接从相邻的有机物中捕获电子(相邻转移)。对于贵金属和碳等导体材料，电子穿梭是主要过程，相邻转移是次要过程。相反，由于金属氧化物(作为半导体)的导电性较差，阻碍了电子穿梭路径，相邻转移则是主要的氧化路径。因此，与高导电材料如贵金属和石墨碳，金属氧化物的电子转移则较为迟缓。

### 7.6.3 高价态金属物种

在金属催化过硫酸盐体系中，高价态铁、高价态锰、高价态铜、高价态钴等高价态金属物种近年来也被证实存在。相比于常见的 $SO_4^{\cdot-}$与$^{\cdot}OH$，高价态金属物种因具有如下特性而使其成为水处理中有潜力的候选者[128]：①高价态金属物种反应活性通常较低，但因寿命更长使其对目标污染物的作用时间更长，从而降解效能可能等效；②高价态金属循环辅助氢/氧原子转移和亲电加成-消除赋予其降解过程中的自催化特性，进一步弥补了其与 $SO_4^{\cdot-}$/$^{\cdot}OH$ 之间的反应活性差距；③高价态金属对无机离子表现出极强的选择性活性；④高价态金属衰减产生的$^{\cdot}OH$ 可作为二级中间氧化剂，在某些条件下可能会提高污染物去除效率。而且，不同于 $SO_4^{\cdot-}$和$^{\cdot}OH$ 氧化亚砜类物质[如二甲基亚砜(DMSO)、甲基苯基亚砜(PMSO)和甲基对甲苯亚砜]的产物，高价态金属通过氧原子转移将亚砜类物质转化为砜类物种。以 DMSO 为例，高价态铁通过氧转移机制氧化 DMSO 为二甲基砜($DMSO_2$)，而$^{\cdot}OH$ 将其氧化为甲基亚磺酸和乙烷；同样，高价态铁通过氧原子转移与 PMSO 反应并生成甲基苯基砜($PMSO_2$)，而 $SO_4^{\cdot-}$与$^{\cdot}OH$ 分别将 PMSO 转化为联苯化合物和羟基化产物。因此，可以利用砜的产生来证实 Fe(Ⅳ)的存在。

高价态铁，主要是指四价铁[Fe(Ⅳ)]、五价铁[Fe(Ⅴ)]、六价铁[Fe(Ⅵ)][106]。研究表明，不同价态的高价态铁与污染物反应的二级反应速率常数遵循 Fe(V) > Fe(Ⅳ) > Fe(Ⅵ)，且水溶液中 Fe(Ⅴ)与有机污染物的反应活性比与 Fe(Ⅵ)的反应活性高 3～5 个数量级[129]。据报道，Fe(Ⅳ)/Fe(Ⅲ)电对的标准还原电位取决于还原路径(氢原子转移与电子转移)，导致形成不同的 Fe(Ⅲ)物种($[Fe^{III}(H_2O)_6]^{3+}$、$Fe^{III}_{aq}OH^{2+}$或$Fe^{III}_{aq}O^{+}$)[130]。具体而言，通过传统的氢原子转移路径，Fe(Ⅳ)被还原为$Fe^{III}_{aq}OH^{2+}$的氧化还原电位估计大于 1.95 V；在涉及外层电子转移的氧化过程中将 Fe(Ⅳ)还原为$Fe^{III}_{aq}O^{+}$的第一个电子转移步骤中，其还原电势大于 1.3 V；而将 Fe(Ⅳ)还原为$[Fe^{III}(H_2O)_6]^{3+}$的还原电位接近 2.0 V[128]。

Fe(Ⅵ)可在浓碱溶液中通过氧化法产生，而 Fe(Ⅳ/Ⅴ)通过强氧化剂(如过氧化氢、过硫酸盐)氧化 Fe(Ⅱ)或 Fe(Ⅲ)生成。江进课题组以甲基苯基亚砜为探针化合物重新探究了均相 Fe(Ⅱ)/PDS 体系，提出了 Fe(Ⅴ)作为主要的活性中间体响应有机物降解，而不是长期认为的 $SO_4^{\cdot-}$[109]。他们也在 Fe(Ⅱ)/PMS 体系中验证了 Fe(Ⅴ)的作用[131]。Fe(Ⅳ)的生成机制是通过 Fe(Ⅱ)与过硫酸盐反应形成 Fe(Ⅱ)-PDS 络合物[或 Fe(Ⅱ)-PMS 络合物]，然后通过从 Fe(Ⅱ)到过硫酸盐的双电子转移过程将络合物分解为 Fe(Ⅳ)，如式(7.70)和式(7.71)所示。最近，关小红课题组借助停流分光光度法和序批式实验进一步检查了酸性条件下

Fe(Ⅱ)/PMS 体系中快速氧化阶段的动力学和机制。结果发现，在酸性条件下，快速氧化阶段的有机污染物降解速率极高(高达 0.18～2.9 $s^{-1}$)，并且其对有机污染物的降解量远高于慢速氧化阶段。此外，Fe(Ⅳ)和 $SO_4^{\bullet-}$是主要的活性物种且两者的贡献取决于有机污染物的类型和结构，而且主要是在酸性环境下的快速氧化阶段产生。此外，在非均相铁基催化剂催化活化 PMS 过程中也发现高价态铁的作用。例如，潘丙才课题组构建了铁掺杂氮化碳活化 PMS 体系，发现该体系在 pH 3～9 宽范围内选择性降解酚类有机物，进一步的机理探究证实 PMS 上 O—O 键中的 O 原子首先与催化剂的 Fe(Ⅲ)-N 部位结合生成高价态铁，随后通过电子转移与 4-氯酚发生反应。

$$Fe(II) + HSO_5^- \longrightarrow Fe(II)—HSO_5^- \longrightarrow Fe(IV)O^{2+} + SO_4^{2-} + H^+ \qquad (7.70)$$

$$Fe(II) + S_2O_8^{2-} + H_2O \longrightarrow Fe(II)—S_2O_8^{2-} \longrightarrow Fe(IV)O^{2+} + 2SO_4^{2-} + 2H^+ \qquad (7.71)$$

除了高价态铁之外，其他高价态金属也被检出。例如，PDS 将 Ag(Ⅰ)氧化为高价态银[Ag(Ⅱ)]，具有相对较强的氧化能力{$E^0$[Ag(Ⅱ)/Ag(Ⅰ)] = +1.98 V}[132]。Ag(Ⅱ)在有机合成领域中用于氧化醇、羧酸和烯烃。痕量的铜离子(μmol/L)在弱碱性条件下能够引发 PMS 氧化以产生主导作用的高价态铜[Cu(Ⅲ)]，Cu(Ⅲ)进一步与 $OH^-$反应生成二级中间氧化剂($^{\bullet}OH$)[133]。Cu(Ⅲ)具有强氧化能力($E^0$ = 1.7 V)，可作为单电子氧化剂氧化有机污染物。值得注意的是，在没有合适的螯合剂存在下，Cu(Ⅲ)极其不稳定，并且 Cu(Ⅲ)络合物被认为是涉及铜离子的氧化还原反应的活性中间体。例如，氨类螯合剂的存在(如乙二胺四乙酸和次氮基三乙酸)不仅能够强化 Mn(Ⅱ)/PMS 体系的氧化效能，而且能够稳定关键中间体 Mn(Ⅲ)，其能够进一步和 PMS 反应产生主导性的高价态锰中间体[Mn(Ⅴ)]以响应有机物降解[134]。此外，吴德礼课题组采用 PMSO 化学探针、$^{18}O$ 同位素标记法和密度泛函理论计算等手段，证实了 Co(Ⅱ)/PMS 体系中高价态钴的重要作用[135]。

### 7.6.4　表面结合自由基

通过过硫酸盐活化产生的活性自由基通常产生在本体溶液中，并在溶液中实现有机污染物的氧化降解。然而，最近的研究发现，在一些体系中，自由基产生并结合在催化剂表面而不会脱离到溶液本体中，即形成“表面结合自由基”。例如，Feng 等报道 $Pd/Al_2O_3$-PMS 体系降解 1,4-二噁烷的机理涉及表面结合 $SO_4^{\bullet-}$[136]。张晖课题组构建了 $CuFe_2O_4$活化 PMS 体系，发现在 $CuFe_2O_4$催化剂表面而不是溶液本体中产生 $SO_4^{\bullet-}$和$^{\bullet}OH$，而且表面结合$^{\bullet}OH$ 在降解过程中起主导作用[137]。由于醇猝灭剂(如甲醇和叔丁醇)属于亲水性物质，很难接近催化剂表面并猝灭表面结合自由基，而且它们更容易在液相中竞争自由基。基于此，苯酚被选择作为猝灭剂，因为其能够有效猝灭溶液中和催化剂表面结合的 $SO_4^{\cdot-}$ 和 $^{\cdot}OH$[$k$(苯酚 + $SO_4^{\cdot-}$) = $8.8 \times 10^9$ L/(mol·s)；$k$(苯酚 + $^{\cdot}OH$) = $6.6 \times 10^9$ L/(mol·s)]。此外，碘化钾也可作为表面结合自由基的猝灭剂。需要注意的是，碘化钾可以被 PMS 直接氧化，当碘化钾用作表面结合自由基的猝灭剂时应考虑这一点。因此，碘化钾浓度的选择至关重要，以尽量减少碘化钾和 PMS 之间的直接反应。使用碘化钾的抑制实验可以间接表明表面结合活性物种的存在。

在很多构建体系中，由于催化剂理化性质与结构的复杂性、过硫酸盐类型以及环境条件的多变性，自由基和非自由基氧化往往共存。同时，结合自由基和非自由基的双重优势，能够实现有机污染物更高的氧化和矿化效率，并且耐受复杂水质组分的干扰，具有更好的应用前景。

# 参 考 文 献


[1] Kiejza D, Kotowska U, Polińska W, Karpińska J. Peracids-new oxidants in advanced oxidation processes: The use of peracetic acid, peroxymonosulfate, and persulfate salts in the removal of organic micropollutants of emerging concern: A review. Science of the Total Environment, 2021, 790: 148195.

[2] Wang J L, Wang S Z. Activation of persulfate (PS) and peroxymonosulfate (PMS) and application for the degradation of emerging contaminants. Chemical Engineering Journal, 2018, 334: 1502-1517.

[3] Peluffo M, Mora V C, Morelli I S, Rosso J A. Persulfate treatments of phenanthrene-contaminated soil: Effect of the application parameters. Geoderma, 2018, 317: 8-14.

[4] Ball D L, Edwards J O. The kinetics and mechanism of the decomposition of Caro’s acid. Ⅰ. Journal of the American Society, 1956, 78: 1125-1129.

[5] Anipsitakis G P, Dionysiou D D. Degradation of organic contaminants in water with sulfate radicals generated by the conjunction of peroxymonosulfate with cobalt. Environmental Science & Technology, 2003, 37: 4790-4797.

[6] Kolthoff I, Miller I. The chemistry of persulfate. Ⅰ. The kinetics and mechanism of the decomposition of the persulfate ion in aqueous medium1. Journal of the American Chemical Society, 1951, 73: 3055-3059.

[7] Behrman E J. The persulfate oxidation of phenols and arylamines (The Elbs and the Boyland-Sims oxidations) . Organic Reactions, 2004, 35: 421-511.

[8] Lee J, Von Gunten U, Kim J H. Persulfate-based advanced oxidation: Critical assessment of opportunities and roadblocks. Environmental Science & Technology, 2020, 54: 3064-3081.

[9] Zhou J, Jiang J, Gao Y, Ma J, Pang S Y, Li J, Lu X T, Yuan L P. Activation of peroxymonosulfate by benzoquinone: A novel nonradical oxidation process. Environmental Science & Technology, 2015, 49: 12941-12950.

[10] Zhou Y, Jiang J, Gao Y, Pang S Y, Yang Y, Ma J, Gu J, Li J, Wang Z, Wang L H. Activation of peroxymonosulfate by phenols: Important role of quinone intermediates and involvement of singlet oxygen. Water Research, 2017, 125: 209-218.
[11] Zhou Y, Gao Y, Jiagn J, Shen Y M, Pang S Y, Wang Z, Duan J B, Guo Q, Guan C T, Ma J. Transformation of tetracycline antibiotics during water treatment with unactivated peroxymonosulfate. Chemical Engineering Journal, 2020, 379: 122378.
[12] Ji Y F, Lu J H, Wang L, Jiang M G, Yang Y, Yang P Z, Zhou L, Ferronato C, Chovelon J M. Non-activated peroxymonosulfate oxidation of sulfonamide antibiotics in water: Kinetics, mechanisms, and implications for water treatment. Water Research, 2018, 147: 82-90.
[13] Chen J B, Fang C, Xia W J, Huang T Y, Huang C H. Selective transformation of $\beta$-lactam antibiotics by peroxymonosulfate: Reaction kinetics and nonradical mechanism. Environmental Science & Technology, 2018, 52: 1461-1470.
[14] Yin R L, Guo W Q, Wang H Z, Du J S, Zhou X J, Wu Q L, Zheng H S, Chang J S, Ren N Q. Selective degradation of sulfonamide antibiotics by peroxymonosulfate alone: Direct oxidation and nonradical mechanisms. Chemical Engineering Journal, 2018, 334: 2539-2546.
[15] Li R H, Wang Q, Zhang Z Q, Zhang G J, Li Z H, Wang L. Nutrient transformation during aerobic composting of pig manure with biochar prepared at different temperatures. Environmental Technology, 2015, 36: 815-826.
[16] Zhou Y, Gao Y, Pang S Y, Jiang J, Yang Y, Ma J, Yang Y, Duan J B, Guo Q. Oxidation of fluoroquinolone antibiotics by peroxymonosulfate without activation: Kinetics, products, and antibacterial deactivation. Water Research, 2018, 145: 210-219.
[17] Zhou Y, Jiang J, Gao Y, Pang S Y, Ma J, Duan J B, Guo Q, Li J, Yang Y. Oxidation of steroid estrogens by peroxymonosulfate (PMS) and effect of bromide and chloride ions: Kinetics, products, and modeling. Water Research, 2018, 138: 56-66.
[18] Liu T C, Zhang D Y, Yin K, Yang C P, Luo S L, Crittenden J C. Degradation of thiacloprid via unactivated peroxymonosulfate: The overlooked singlet oxygen oxidation. Chemical Engineering Journal, 2020, 388: 124264.
[19] Zhang Y, Wang B J, Hu X N, Li H J. Non-activated peroxymonosulfate oxidation of $p$-aminobenzoic acid in the presence of effluent organic matter. Chenical Engineering Journal, 2020, 384: 123247.
[20] Nihemaiti M, Permala R R, Croué J P. Reactivity of unactivated peroxymonosulfate with nitrogenous compounds. Water Research, 2020, 169: 115221.
[21] Chen J B, Xu J, Liu T C, Qian Y J, Zhou X F, Xiao S Z, Zhang Y L. Selective oxidation of tetracyclines by peroxymonosulfate in livestock wastewater: Kinetics and non-radical mechanism. Journal of Hazardous Materials, 2020, 386: 121656.
[22] Yang Y, Banerjee G, Brudvig G W, Kim J H, Pignatello J J. Oxidation of organic compounds in water by unactivated peroxymonosulfate. Environmental Science & Technology, 2018, 52: 5911-5919.
[23] Ding Y B, Wang X R, Fu L B, Peng X Q, Pan C, Mao Q H, Wang C J, Yan J C. Nonradicals induced degradation of organic pollutants by peroxydisulfate (PDS) and peroxymonosulfate

(PMS): Recent advances and perspective. Science of the Total Environment, 2021, 765: 142794.
[24] Wu Y, Wang Y, Pan T, Tang X. Oxidation of tetrabromobisphenol A (TBBPA) by peroxymonosulfate: The role of *in-situ* formed HOBr. Water Research, 2020, 169: 115202.
[25] Yang S Y, Wang P, Yang X, Shan L, Zhang W Y, Shao X T, Niu R. Degradation efficiencies of azo dye Acid Orange 7 by the interaction of heat, UV and anions with common oxidants: Persulfate, peroxymonosulfate and hydrogen peroxide. Journal of Hazardous Materials, 2010, 179: 552-558.
[26] Ahn Y Y, Choi J, Kim M J, Kim M S, Lee D, Bang W H, Yun E T, Lee H, Lee J H, Lee C. Chloride-mediated enhancement in heat-induced activation of peroxymonosulfate: New reaction pathways for oxidizing radical production. Encironmental Science & Technology, 2021, 55: 5382-5392.
[27] Zhu C Y, Zhu F X, Liu C, Chen N, Zhou D M, Fang G D, Gao J. Reductive hexachloroethane degradation by $S_2O_8^{\bullet -}$ with thermal activation of persulfate under anaerobic conditions. Environmental Science & Technology, 2018, 52: 8548-8557.
[28] Potakis N, Frontistis Z, Antonopoulou M, Konstantinou I, Mantzavinos D. Oxidation of bisphenol A in water by heat-activated persulfate. Journal of Environmental Management, 2017, 195: 125-132.
[29] Johnson R L, Tratnyek P G, Johnson R O B. Persulfate persistence under thermal activation conditions. Environmental Science & Technology, 2008, 42: 9350-9356.
[30] Guan Y H, Ma J, Li X C, Fang J Y, Chen L W. Influence of pH on the formation of sulfate and hydroxyl radicals in the UV/peroxymonosulfate system. Environmental Science & Technology, 2011, 45: 9308-9314.
[31] Mahdi-Ahmed M, Chiron S. Ciprofloxacin oxidation by UV-C activated peroxymonosulfate in wastewater. Journal of Hazardous Materials, 2014, 265: 41-46.
[32] Verma S, Nakamura S, Sillanpää M. Application of UV-C LED activated PMS for the degradation of anatoxin-a. Chemical Engineering Journal, 2016, 284: 122-129.
[33] Yin R L, Guo W Q, Wang H Z, Du J S, Zhou X J, Wu Q L, Zheng H S, Chang J S, Ren N Q. Enhanced peroxymonosulfate activation for sulfamethazine degradation by ultrasound irradiation: Performances and mechanisms. Chemical Engineering Journal, 2018, 335: 145-153.
[34] Yang S Y, Wang P, Yang X, Wei G, Zhang W Y, Shan L. A novel advanced oxidation process to degrade organic pollutants in wastewater: Microwave-activated persulfate oxidation. Journal of Environmental Science, 2009, 21: 1175-1180.
[35] Furman O S, Teel A L, Watts R J. Mechanism of base activation of persulfate. Environmental Science & Technology, 2010, 44: 6423-6428.
[36] Qi C D, Ma J, Lin C Y, Li X W, Zhang H J. Activation of peroxymonosulfate by base: Implications for the degradation of organic pollutants. Chemosphere, 2016, 151: 280-288.
[37] Gao H Y, Huang C H, Mao L, Shao B, Shao J, Yan Z Y, Tang M, Zhu B Z. First direct and unequivocal electron spin resonance spin-trapping evidence for pH-dependent production of hydroxyl radicals from sulfate radicals. Environmental Science & Technology, 2020, 54: 14046-14056.

[38] Anipsitakis G P, Dionysiou D D. Radical generation by the interaction of transition metals with common oxidants. Environmental Science & Technology, 2004, 38: 3705-3712.

[39] Dong H Y, Xu Q H, Li L S, Li Y, Wang S C, Li C, Guan X H. Degradation of organic contaminants in the Fe(Ⅱ)/peroxymonosulfate process under acidic conditions: The overlooked rapid oxidation stage. Environmental Science & Technology, 2021, 55: 15390-15399.

[40] Rastogi A, Al-Abed S R, Dionysiou D D. Effect of inorganic, synthetic and naturally occurring chelating agents on Fe(Ⅱ) mediated advanced oxidation of chlorophenols. Water Research, 2009, 43: 684-694.

[41] Zhou H Y, Zhang H, He Y L, Huang B K, Zhou C Y, Yao G, Lai B. Critical review of reductant-enhanced peroxide activation processes: Trade-off between accelerated $Fe^{3+}/Fe^{2+}$ cycle and quenching reactions. Applied Catalysis B: Environmental, 2021, 286: 119900.

[42] Zou J, Ma J, Chen L W, Li X C, Guan Y H, Xie P C, Pan C. Rapid acceleration of ferrous iron/peroxymonosulfate oxidation of organic pollutants by promoting Fe(Ⅲ)/Fe(Ⅱ) cycle with hydroxylamine. Environmental Science & Technology, 2013, 47: 11685-11691.

[43] Wu X L, Gu X G, Lu S G, Qiu Z F, Sui Q, Zang X K, Miao Z W, Xu M H. Strong enhancement of trichloroethylene degradation in ferrous ion activated persulfate system by promoting ferric and ferrous ion cycles with hydroxylamine. Separation and Purification Technology, 2015, 147: 186-193.

[44] Xing M Y, Xu W J, Dong C C, Zhou Y, Zhang J L, Yin Y D. Metal sulfides as excellent co-catalysts for $H_2O_2$ decomposition in advanced oxidation processes. Chem, 2018, 4: 1359-1372.

[45] Zhou H Y, Peng J L, Li J Y, You J J, Lai L D, Liu R, Ao Z M, Yao G, Lai B. Metal-free black-red phosphorus as an efficient heterogeneous reductant to boost $Fe^{3+}/Fe^{2+}$ cycle for peroxymonosulfate activation. Water Research, 2021, 188: 116529.

[46] Cheng F, Zhou P, Huo X W, Liu Y, Liu Y X, Zhang Y L. Enhancement of bisphenol A degradation by accelerating the Fe(Ⅲ)/Fe(Ⅱ) cycle in graphene oxide modified Fe(Ⅲ)/peroxymonosulfate system under visible light irradiation. Journal of Colloid and Interface Science, 2020, 580: 540-549.

[47] Zhou P, Huo X W, Zhang J, Liu Y, Cheng F, Cheng X, Wang Y Q, Zhang Y L. Visible light induced acceleration of Fe(Ⅲ)/Fe(Ⅱ) cycles for enhancing phthalate degradation in $C_{60}$ fullerenol modified Fe(Ⅲ)/peroxymonosulfate process. Chemical Engineering Journal, 2020, 387: 124126.

[48] Liang J, Duan X G, Xu X Y, Chen K X, Wu F, Qiu H, Liu C S, Wang S B, Cao X D. Biomass-derived pyrolytic carbons accelerated Fe(Ⅲ)/Fe(Ⅱ) redox cycle for persulfate activation: Pyrolysis temperature-depended performance and mechanisms. Applied Catalysis B: Environmental, 2021, 297: 120446.

[49] Zheng X X, Niu X J, Zhang D G, Lv M Y, Ye X Y, Ma J L, Lin Z, Fu M L. Metal-based catalysts for persulfate and peroxymonosulfate activation in heterogeneous ways: A review. Chemical Engineering Journal, 2022, 429: 132323.

[50] Wu S H, He H J, Li X, Yang C P, Zeng G M, Wu B, He S Y, Lu L. Insights into atrazine degradation by persulfate activation using composite of nanoscale zero-valent iron and

graphene: Performances and mechanisms. Chemical Engineering Journal, 2018, 341: 126-136.
[51] Anipsitakis G P, Stathatos E, Dionysiou D D. Heterogeneous activation of oxone using $Co_3O_4$. The Physical Chemistry, 2005, 109: 13052-13055.
[52] Yang Q J, Choi H, Dionysiou D D. Nanocrystalline cobalt oxide immobilized on titanium dioxide nanoparticles for the heterogeneous activation of peroxymonosulfate. Applied Catalysis B: Environmental, 2007, 74: 170-178.
[53] Yang Q J, Choi H, Chen Y J, Dionysiou D D. Heterogeneous activation of peroxymonosulfate by supported cobalt catalysts for the degradation of 2,4-dichlorophenol in water: The effect of support, cobalt precursor, and UV radiation. Applied Catalysis B: Environmental, 2008, 77: 300-307.
[54] Zhang W, Tay H L, Lim S S, Wang Y S, Zhong Z Y, Xu R. Supported cobalt oxide on MgO: Highly efficient catalysts for degradation of organic dyes in dilute solutions. Applied Catalysis B: Environmental, 2010, 95: 93-99.
[55] Cai W J, Zhou Z Y, Tan X Y, Wang W T, Lv W Y, Chen H X, Zhao Q, Yao Y Y. Magnetic iron phosphide particles mediated peroxymonosulfate activation for highly efficient elimination of sulfonamide antibiotics. Chemical Engineering Journal, 2020, 397: 125279.
[56] Yang Q J, Choi H, Al-Abed S R, Dionysiou D D. Iron-cobalt mixed oxide nanocatalysts: Heterogeneous peroxymonosulfate activation, cobalt leaching, and ferromagnetic properties for environmental applications. Applied Catalysis B: Environmental, 2009, 88: 462-469.
[57] Zhang T, Zhu H B, Croue J P. Production of sulfate radical from peroxymonosulfate induced by a magnetically separable $CuFe_2O_4$ spinel in water: Efficiency, stability, and mechanism. Environmental Science & Technology, 2013, 47: 2784-2791.
[58] Ren Y M, Lin L L, Ma J, Yang J, Feng J, Fan Z J. Sulfate radicals induced from peroxymonosulfate by magnetic ferrospinel $MFe_2O_4$ (M= Co, Cu, Mn, and Zn) as heterogeneous catalysts in the water. Applied Catalysis B: Environmental, 2015, 165: 572-578.
[59] Su C , Duan X G, Miao J, Zhong Y J, Zhou W, Wang S B, Shao Z P. Mixed conducting perovskite materials as superior catalysts for fast aqueous-phase advanced oxidation: A mechanistic study. ACS Catalysis, 2017, 7: 388-397.
[60] Lin K Y A, Chen Y C, Lin Y F. $LaMO_3$ perovskites (M= Co, Cu, Fe and Ni) as heterogeneous catalysts for activating peroxymonosulfate in water. Chemical Engineering Science, 2017, 160: 96-105.
[61] Duan X G, Su C, Miao J, Zhong Y J, Shao Z P, Wang S B, Sun H Q. Insights into perovskite-catalyzed peroxymonosulfate activation: Maneuverable cobalt sites for promoted evolution of sulfate radicals. Applied Catalysis B: Environmental, 2018, 220: 626-634.
[62] Wu S H, Lin Y , Yang C P, Du C, Teng Q, Ma Y, Zhang D M, Nie L J, Zhong Y Y. Enhanced activation of peroxymonosulfte by $LaFeO_3$ perovskite supported on $Al_2O_3$ for degradation of organic pollutants. Chemosphere, 2019, 237: 124478.
[63] Sun H J, Wu L , Gao N, Ren J S, Qu X G. Improvement of photoluminescence of graphene quantum dots with a biocompatible photochemical reduction pathway and its bioimaging application. ACS Applied Materials & Interfaces, 2013, 5: 1174-1179.
[64] Indrawirawan S, Sun H G, Duan X G, Wang S B. Nanocarbons in different structural dimensions

(0—3D) for phenol adsorption and metal-free catalytic oxidation. Applied Catalysis B: Environmental, 2015, 179: 352-362.

[65] Duan X G, Ao Z M, Zhang H Y, Saunders M, Sun H Q, Shao Z P, Wang S B. Nanodiamonds in $sp^2/sp^3$ configuration for radical to nonradical oxidation: Core-shell layer dependence. Applied Catalysis B: Environmental, 2018, 222: 176-181.

[66] Yang B W, Kang H S, Ko Y J, Woo H, Gim G D, Choi J, Kim J, Cho K W, Kim E J, Lee S G. Persulfate activation by nanodiamond-derived carbon onions: Effect of phase transformation of the inner diamond core on reaction kinetics and mechanisms. Applied Catalysis B: Environmental, 2021, 293: 120205.

[67] Duan X G, Sun H Q, Ao Z M, Zhou L, Wang G X, Wang S B. Unveiling the active sites of graphene-catalyzed peroxymonosulfate activation. Carbon, 2016, 107: 371-378.

[68] Duan X G, Ao Z M, Zhou L, Sun H Q, Wang G X, Wang S B. Occurrence of radical and nonradical pathways from carbocatalysts for aqueous and nonaqueous catalytic oxidation. Applied Catalysis B: Environmental, 2016, 188: 98-105.

[69] Lee H S, Lee H J, Jeong J, Lee J, Park N B, Lee C H. Activation of persulfates by carbon nanotubes: Oxidation of organic compounds by nonradical mechanism. Chemical Engineering Journal, 2015, 266: 28-33.

[70] Guan C T, Jiang J, Luo C W, Pang S Y, Yang Y, Wang Z, Ma J, Yu J, Zhao X. Oxidation of bromophenols by carbon nanotube activated peroxymonosulfate (PMS) and formation of brominated products: Comparison to peroxydisulfate (PDS). Chemical Engineering Journal, 2018, 337: 40-50.

[71] Ren W, Xiong L L, Yuan X H, Yu Z W, Zhang H, Duan X G, Wang S B. Activation of peroxydisulfate on carbon nanotubes: Electron-transfer mechanism. Environmental Science & Technology, 2019, 53: 14595-14603.

[72] Ren W, Xiong L L, Nie G, Zhang H, Duan X G, Wang S B. Insights into the electron-transfer regime of peroxydisulfate activation on carbon nanotubes: The role of oxygen functional groups. Environmental Science & Technology, 2019, 54: 1267-1275.

[73] Yang S Y, Yang X, Shao X T, Niu R, Wang L L. Activated carbon catalyzed persulfate oxidation of azo dye acid orange 7 at ambient temperature. Journal of Hazardous Materials, 2011, 186: 659-666.

[74] Huang B C, Jiang J, Huang G X, Yu H Q. Sludge biochar-based catalysts for improved pollutant degradation by activating peroxymonosulfate. Journal of Materials Chemistry A, 2018, 6: 8978-8985.

[75] Fang G D, Liu C, Gao J, Dionysiou D D, Zhou D M. Manipulation of persistent free radicals in biochar to activate persulfate for contaminant degradation. Environmental Science & Technology, 2015, 49: 5645-5653.

[76] Duan X G, Sun H G, Tade M, Wang S B. Metal-free activation of persulfate by cubic mesoporous carbons for catalytic oxidation via radical and nonradical processes. Catalysis Today, 2018, 307: 140-146.

[77] Duan X G, Ao Z M, Li D G, Sun H G, Zhou L, Suvorova A, Saunders M, Wang G X, Wang S B.

Surface-tailored nanodiamonds as excellent metal-free catalysts for organic oxidation. Carbon, 2016, 103: 404-411.

[78] Duan X G, Indrawirawan S, Sun H Q, Wang S B. Effects of nitrogen-, boron-, and phosphorus-doping or codoping on metal-free graphene catalysis. Catalysis Today, 2015, 249: 184-191.

[79] Duan X G, O'Donnell K, Sun H Q, Wang Y X, Wang S B. Sulfur and nitrogen co-doped graphene for metal-free catalytic oxidation reactions. Small, 2015, 11: 3036-3044.

[80] Wu S H, Yang C P, Lin Y, Cheng J J. Efficient degradation of tetracycline by singlet oxygen-dominated peroxymonosulfate activation with magnetic nitrogen-doped porous carbon. Journal of Environmental Sciences, 2022, 115: 330-340.

[81] Wang Y, Lin Y, Yang C P, Wu S H, Fu X T, Li X. Calcination temperature regulates non-radical pathways of peroxymonosulfate activation via carbon catalysts doped by iron and nitrogen. Chemical Engineering Journal, 2023, 451: 138468.

[82] Wu S H, Yang Z W, Zhou Z Y, Li X, Lin Y, Cheng J J, Yang C P. Catalytic activity and reaction mechanisms of single-atom metals anchored on nitrogen-doped carbons for peroxymonosulfate activation. Journal of Hazardous Materials, 2023, 459: 132133.

[83] 吴少华. 过一硫酸盐的活化及其对水中有机污染物的降解性能与机制研究. 长沙: 湖南大学, 2020.

[84] Buxton G V, Greenstock C L, Helman W P, Ross A B. Critical review of rate constants for reactions of hydrated electrons, hydrogen atoms and hydroxyl radicals ($^{\bullet}OH/^{\bullet}O^{-}$in aqueous solution. Journal of Physical and Chemical Reference Data, 1988, 17: 513-886.

[85] Neta P, Madhavan V, Zemel H, Fessenden R W. Rate constants and mechanism of reaction of sulfate radical anion with aromatic compounds. Journal of the American Chemical Society, 1977, 99: 163-164.

[86] Oh W D, Dong Z L, Lim T T. Generation of sulfate radical through heterogeneous catalysis for organic contaminants removal: Current development, challenges and prospects. Applied Catalysis B: Environmental, 2016, 194: 169-201.

[87] Huie R E, Clifton C L. Rate constants for hydrogen abstraction reactions of the sulfate radical, $SO_4^{\bullet-}$. Alkanes and ethers. International Journal of Chemical Kinetics, 1989, 21: 611-619.

[88] Clifton C L, Huie R E. Rate constants for hydrogen abstraction reactions of the sulfate radical, $SO_4^{\bullet-}$. Alcohols. International Journal of Chemical Kinetics, 1989, 21: 677-687.

[89] Xiao R Y, Ye T T, Wei Z S, Luo S, Yang Z H, Spinney R. Quantitative structure-activity relationship (QSAR) for the oxidation of trace organic contaminants by sulfate radical. Environmental Science & Technology, 2015, 49: 13394-13402.

[90] Wu S H, Li H R, Li X, He H J, Yang C P. Performances and mechanisms of efficient degradation of atrazine using peroxymonosulfate and ferrate as oxidants. Chemical Engineering Journal, 2018, 353: 533-541.

[91] Ji Y F, Dong C X, Kong D Y, Lu J H. New insights into atrazine degradation by cobalt catalyzed peroxymonosulfate oxidation: Kinetics, reaction products and transformation mechanisms. Journal of Hazardous Materials, 2015, 285: 491-500.

[92] Lutze H V, Bircher S, Rapp I, Kerlin N, Bakkour R, Geisler M, Sonntag C V, Schmidt T C.

Degradation of chlorotriazine pesticides by sulfate radicals and the influence of organic matter. Environmental Science & Technology, 2015, 49: 1673-1680.

[93] Varanasi L, Coscarelli E, Khaksari M, Mazzoleni L R, Minakata D. Transformations of dissolved organic matter induced by UV photolysis, hydroxyl radicals, chlorine radicals, and sulfate radicals in aqueous-phase UV-based advanced oxidation processes. Water Research, 2018, 135: 22-30.

[94] Kwon M, Kim S, Yoon Y, Jung Y M, Hwang T M, Lee J, Kang J W. Comparative evaluation of ibuprofen removal by UV/$H_2O_2$ and UV/$S_2O_8^{2-}$ processes for wastewater treatment. Chemical Engineering Journal, 2015, 269: 379-390.

[95] Zhou Y J, Wu Y, Lei Y, Pan Y H, Cheng S S, Ouyang G F, Yang X. Redox-active moieties in dissolved organic matter accelerate the degradation of nitroimidazoles in $SO_4^{\bullet-}$-based oxidation. Environmental Science & Technology, 2021, 55: 14844-14853.

[96] Xue Y, Wang Z H, Naidu R, Bush R, Yang F, Liu J S, Huang M H. Role of halide ions on organic pollutants degradation by peroxygens-based advanced oxidation processes: A critical review. Chemical Engineering Journal, 2022, 433: 134546.

[97] Hayon E, Treinin A, Wilf J. Electronic spectra, photochemistry, and autoxidation mechanism of the sulfite-bisulfite-pyrosulfite systems. $SO_2^-$, $SO_3^-$, $SO_4^-$, and $SO_5^-$ radicals. Journal of the American Chemical Society, 1972, 94: 47-57.

[98] Pennington D E, Haim A. Stoichiometry and mechanism of the chromium(Ⅱ)-peroxydisulfate reaction. Journal of the American Chemical Society, 1968, 90: 3700-3704.

[99] Ren W, Zhou P, Nie G, Cheng C, Duan X G, Zhang H, Wang S B. Hydroxyl radical dominated elimination of plasticizers by peroxymonosulfate on metal-free boron: Kinetics and mechanisms. Water Research, 2020, 186: 116361.

[100] Wu S H, Shen L Y, Lin Y, Yin K, Yang C P. Sulfite-based advanced oxidation and reduction processes for water treatment. Chemical Engineering Journal, 2021, 414: 128872.

[101] Qin W X, Fang G D, Wang Y J, Zhou D M. Mechanistic understanding of polychlorinated biphenyls degradation by peroxymonosulfate activated with $CuFe_2O_4$ nanoparticles: Key role of superoxide radicals. Chemical Engineering Journal, 2018, 348: 526-534.

[102] Fang G D, Dionysiou D D, Al-Abed S R, Zhou D M. Superoxide radical driving the activation of persulfate by magnetite nanoparticles: Implications for the degradation of PCBs. Applied Catalysis B: Environmental, 2013, 129: 325-332.

[103] Wang Q, Wang B B, Ma Y, Xing S T. Enhanced superoxide radical production for ofloxacin removal via persulfate activation with Cu-Fe oxide. Chemical Engineering Journal, 2018, 354: 473-480.

[104] Han W Y, Li D G, Zhang M Q, Hu X M, Duan X G, Liu S M, Wang S B. Photocatalytic activation of peroxymonosulfate by surface-tailored carbon quantum dots. Journal of Hazardous Materials, 2020, 395: 122695.

[105] Wu S H, Liu H Y, Lin Y, Yang C P, Lou W, Sun J T, Du C, Zhang D M, Nie L J, Yin K. Insights into mechanisms of UV/ferrate oxidation for degradation of phenolic pollutants: Role of superoxide radicals. Chemosphere, 2020, 244: 125490.

[106] Bielski B H, Shiue G G, Bajuk S. Reduction of nitro blue tetrazolium by $CO_2^-$ and $O_2^-$ radicals. The Journal of Physical Chemistry, 1980, 84: 830-833.

[107] Zhang T, Chen Y, Wang Y R, Roux J L, Yang Y, Croué J P. Efficient peroxydisulfate activation process not relying on sulfate radical generation for water pollutant degradation. Environmental Science & Technology, 2014, 48: 5868-5875.

[108] Duan X G, Sun H Q, Wang Y X, Kang J, Wang S B. N-doping-induced nonradical reaction on single-walled carbon nanotubes for catalytic phenol oxidation. ACS Catalysis, 2015, 5: 553-559.

[109] Wang Z, Jiang J, Pang S Y, Zhou Y, Guan C T, Gao Y, Li J, Yang Y, Qiu W, Jiang C C. Is sulfate radical really generated from peroxydisulfate activated by iron (Ⅱ) for environmental decontamination?. Environmental Science & Technology, 2018, 52: 11276-11284.

[110] Arnold S J, Kubo M, Ogryzlo E A. Relaxation and reactivity of singlet oxygen. Advances in Chemistry, 1968, 70: 133-142.

[111] Merkel P B, KearnsD R. Remarkable solvent effects on the lifetime of $^1\Delta_g$ oxygen. Journal of the American Chemical Society, 1972, 94: 1029-1030.

[112] Guan C T, Jiang J, Luo C W, Pang S Y, Jiang C C, Ma J, Jin Y X, Li J. Transformation of iodide by carbon nanotube activated peroxydisulfate and formation of iodoorganic compounds in the presence of natural organic matter. Environmental Science & Technology, 2017, 51: 479-487.

[113] 刘佳, 史俊, 付坤, 丁超, 龚思成, 邓慧萍. 多相催化过硫酸盐工艺处理水环境中有机污染物的非自由基过程. 化学进展, 2021, 33: 1311-1322.

[114] Montgomery R E. Catalysis of peroxymonosulfate reactions by ketones. Journal of the American Chemical Society, 1974, 96: 7820-7821.

[115] Lange A, Brauer H D. On the formation of dioxiranes and of singlet oxygen by the ketone-catalysed decomposition of Caro's acid. Journal of the Chemical Society, Perkin Transactions 2, 1996: 805-811.

[116] Shao P H, Tian J Y, Yang F, Duan X G, Gao S S, Shi W X, Luo X B, Cui F Y, Luo S L, Wang S B. Identification and regulation of active sites on nanodiamonds: Establishing a highly efficient catalytic system for oxidation of organic contaminants. Advanced Functional Materials, 2018, 28: 1705295.

[117] Mi X Y, Wang P F, Xu S Z, Su L N, Zhong H, Wang H T, Li Y, Zhan S H. Almost 100% peroxymonosulfate conversion to singlet oxygen on single-atom $CoN_{2+2}$ sites. Angewandte Chemie International Edition, 2021, 133: 4638-4643.

[118] Wang S X, Tian J Y, Wang Q, Xiao F, Gao S S, Shi W X, Cui F C. Development of CuO coated ceramic hollow fiber membrane for peroxymonosulfate activation: A highly efficient singlet oxygen-dominated oxidation process for bisphenol A degradation. Applied Catalysis B: Environmental, 2019, 256: 117783.

[119] Zhu S S, Li X J, Kang J, Duan X G, Wang S B. Persulfate activation on crystallographic manganese oxides: Mechanism of singlet oxygen evolution for nonradical selective degradation of aqueous contaminants. Environmental Science & Technology, 2018, 53: 307-315.

[120] Huang Y L, Tian X K, Nie Y L, Yang C, Wang Y X. Enhanced peroxymonosulfate activation for phenol degradation over $MnO_2$ at pH 3.5—9.0 via Cu( Ⅱ ) substitution. Journal of Hazardous Materials, 2018, 360: 303-310.

[121] Liu Y, Guo H G, Zhang Y L, Tang W H, Cheng X, Li W. Heterogeneous activation of peroxymonosulfate by sillenite $Bi_{25}FeO_{40}$: Singlet oxygen generation and degradation for aquatic levofloxacin. Chemical Engineering Journal, 2018, 343: 128-137.

[122] Tratnyek P G, Hoigne J. Oxidation of substituted phenols in the environment: A QSAR analysis of rate constants for reaction with singlet oxygen. Environmental Science & Technology, 1991, 25: 1596-1604.

[123] Huang K Z, Zhang H C. Direct electron-transfer-based peroxymonosulfate activation by iron-doped manganese oxide ($\delta$-$MnO_2$) and the development of galvanic oxidation processes (GOPs). Environmental Science & Technology, 2019, 53: 12610-12620.

[124] Ahn Y Y, Yun E T, Seo J W, Lee C H, Kim S H, Kim J H, Lee J. Activation of peroxymonosulfate by surface-loaded noble metal nanoparticles for oxidative degradation of organic compounds. Environmental Science & Technology, 2016, 50: 10187-10197.

[125] Ahn Y Y, Bae H, Kim H I, Kim S H, Kim J H, Lee S G, Lee J. Surface-loaded metal nanoparticles for peroxymonosulfate activation: Efficiency and mechanism reconnaissance. Applied Catalysis B: Environmental, 2019, 241: 561-569.

[126] Yun E T, Lee J H, Kim J, Park H D, Lee J. Identifying the nonradical mechanism in the peroxymonosulfate activation process: Singlet oxygenation versus mediated electron transfer. Environmental Science & Technology, 2018, 52: 7032-7042.

[127] Ding Y B, Fu L B, Peng X Q, Lei M, Wang C J, Jiang J Z. Copper catalysts for radical and nonradical persulfate based advanced oxidation processes: Certainties and uncertainties. Chemical Engineering Journal, 2022, 427: 131776.

[128] Wang Z, Qiu W, Pang S Y, Guo Q, Guan C T, Jiang J. Aqueous iron (Ⅳ) -oxo complex: An emerging powerful reactive oxidant formed by iron ( Ⅱ ) -based advanced oxidation processes for oxidative water treatment. Environmental Science & Technology, 2022, 56: 1492-1509.

[129] Sharma V K. Ferrate (Ⅵ) and ferrate (Ⅴ) oxidation of organic compounds: Kinetics and mechanism. Coordination Chemistry Reviews, 2013, 257: 495-510.

[130] Bataineh H, Pestovsky O, Bakac A. Electron transfer reactivity of the aqueous iron (Ⅳ) -oxo complex. Outer-sphere *vs* proton-coupled electron transfer. Inorganic Chemistry, 2016, 55: 6719-6724.

[131] Wang Z, Qiu W, Pang S Y, Zhou Y, Gao Y, Guan C T, Jiang J. Further understanding the involvement of Fe(Ⅳ) in peroxydisulfate and peroxymonosulfate activation by Fe( Ⅱ ) for oxidative water treatment. Chemical Engineering Journal, 2019, 371: 842-847.

[132] Ike I A, Linden K G, Orbell J D, Duke M. Critical review of the science and sustainability of persulphate advanced oxidation processes. Chemical Engineering Journal, 2018, 338: 651-669.

[133] Wang L H, Xu H D, Jiang N, Wang Z M, Jiang J, Zhang T. Trace cupric species triggered decomposition of peroxymonosulfate and degradation of organic pollutants: Cu(Ⅲ) being the primary and selective intermediate oxidant. Environmental Science & Technology, 2020, 54:

4686-4694.

[134] Gao Y, Zhou Y, Pang S Y, Jiang J, Shen Y M, Song Y, Duan J B, Guo Q. Enhanced peroxymonosulfate activation via complexed Mn(Ⅱ): A novel non-radical oxidation mechanism involving manganese intermediates. Water Research, 2020, 193: 116856.

[135] Zong Y, Guan X H, Xu J, Feng Y, Mao Y F, Xu L Q, Chu H Q, Wu D. Unraveling the overlooked involvement of high-valent cobalt-oxo species generated from the cobalt (Ⅱ)-activated peroxymonosulfate process. Environmental Science & Technology, 2020, 54: 16231-16239.

[136] Feng Y, Lee P H, Wu D L, Shih K. Surface-bound sulfate radical-dominated degradation of 1, 4-dioxane by alumina-supported palladium ($Pd/Al_2O_3$) catalyzed peroxymonosulfate. Water Research, 2017, 120: 12-21.

[137] Xu Y, Ai J, Zhang H. The mechanism of degradation of bisphenol A using the magnetically separable $CuFe_2O_4$/peroxymonosulfate heterogeneous oxidation process. Journal of Hazardous Materials, 2016, 309: 87-96.

# 第 8 章　基于亚硫酸盐的高级氧化技术

## 8.1 引　　言

在第 7 章中，介绍了基于 $SO_4^{\cdot-}$的过硫酸盐高级氧化技术，其是目前环境修复领域中一个热门的研究课题。然而，如表 8.1 所示，过硫酸盐的成本相对较高，并且处理系统中残留的过硫酸盐由于持久稳定性而造成急性毒性，这可能会在一定程度上阻碍其广泛应用。因此，寻找更环保、更具成本效益的 $SO_4^{\cdot-}$前体是亟需的。

**表 8.1　不同氧化剂前体的性质及其活化过程对比**[1]

| 性质 | 亚硫酸钠 | 过二硫酸钾 | 过一硫酸钾 |
| --- | --- | --- | --- |
| CAS 号 | 7757-83-7 | 7727-21-1 | 37222-66-5 |
| 分子式 | $Na_2SO_3$ | $K_2S_2O_8$ | $H_3K_5O_{18}S_4$ |
| 分子量 | 126.04 | 270.32 | 614.74 |
| 溶解度（20℃）(g/L) | 126 | 549 | 250 |
| 半致死剂量 [a] (mg/kg) | 3560 | 825 | 2000 |
| 价格（美元/kg） | 0.35 | 1.83 | 3.11 |
| 氧化还原电位（V） | −0.93 | 2.01 | 1.82 |
| **活化过程对比** | **亚硫酸盐活化** | | **过硫酸盐活化** |
| 缺点 | ①除了水相外，其他环境媒介研究较少<br>②低活化效率 | | ①过硫酸盐的价格高和毒性大<br>②与水环境基质反应使过硫酸盐利用率低 |
| 优点 | ①不仅可氧化，还能使卤代物还原脱卤<br>②亚硫酸盐来源广、价格低和毒性低 | | ①污染物降解效能强，活性物种产率高<br>②活化方法多样<br>③产生的活性物种多样，适用范围广 |
| 挑战 | ①光活化产生的硫酸盐浓度应关注<br>②金属溶出与循环利用<br>③活化机制不清楚 | | ①降解过程毒性的不确定性<br>②金属溶出与循环利用<br>③实际废水应用 |

a 毒性，老鼠口服。

近年来，人们通过研究发现亚硫酸盐氧化过程中同样可产生 $SO_4^{\cdot-}$，且来源更广泛、成本更低，反应后被氧化为无毒的硫酸盐，无二次污染。基于此，亚硫酸盐有望成为替代过硫酸盐产 $SO_4^{\cdot-}$的一种有前途的化学品，它们活化过程的比较也总结在表 8.1 中。除了商业采购外，考虑到二氧化硫是主要的空气污染物之一，以及亚硫酸盐是一种常见的工业副产物，其利用有望实现以废治废的双赢目的。据报道，研究人员早在 100 多年前就发现，在对流层云层中 Fe(Ⅲ)催化二氧化硫自氧化对酸雨的形成至关重要。随后，Lee 和 Rochelle 研究了在烟气脱硫过程中亚硫酸盐氧化耦合的有机酸降解行为[2]。他们指出，一些过渡金属(如 Fe、Ni、Co 和 Cu)可以提高氧化降解速率，并且产生的 $SO_4^{\cdot-}$作为引起降解的主要活性物种。2012 年，陈龙等首次使用 Fe(Ⅱ)活化亚硫酸盐实现了水中染料的高效降解，开辟了高级氧化技术研究中的新领域。自此以后，亚硫酸盐活化产生的 $SO_4^{\cdot-}$被逐渐用于净化水中污染物，如染料、酚类化合物、药物与个人护理品、抗生素和农药等。更具优势的是，基于亚硫酸盐的高级氧化技术也适用于处理含溴有机废水，并且不产生溴酸盐。Zhou 等总结了均相过渡金属催化亚硫酸盐自氧化产生 $SO_4^{\cdot-}$的高级氧化技术的研究进展[3]。然而，溶液中的金属离子具有一些固有缺陷，如工作 pH 范围窄、回收困难和潜在的二次污染。基于此，近年来已开发非均相催化剂来活化亚硫酸盐，如零价金属、金属氧化物、负载金属和双金属氧化物等(图 8.1)。此外，一些新型可见光驱动的光催化剂也用于活化亚硫酸盐，有望提高太阳光的利用效率。

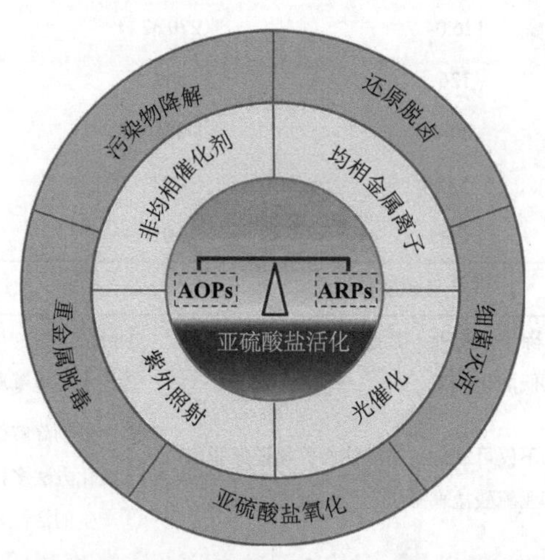


图 8.1　基于亚硫酸盐的高级氧化/还原技术(AOPs/ARPs)的活化方法及环境应用[1]

因此，使用亚硫酸盐作为 $SO_4^{\cdot-}$前体具有应用前景，并且可以定制各种活化方法来实现污染物的氧化去除。为了填补这一知识空白，本章全面介绍了基于亚硫酸盐的高级氧化技术去除水中污染物的研究进展，重点介绍了亚硫酸盐活化的方法和机制以及环境应用中的影响因素。

## 8.2　亚硫酸盐的性质

亚硫酸盐[S(Ⅳ)]是一种白色粉末状的含氧酸盐，是世界范围内广泛使用的食品添加剂、防腐剂和漂白剂。亚硫酸盐的分子式为 $Na_2SO_3$，其酸根和酸酐分别为亚硫酸根离子($SO_3^{2-}$)和二氧化硫($SO_2$)。$SO_2$ 是一种主要的大气污染物，是造成我国南方酸雨的罪魁祸首。气溶胶颗粒、雾或云滴中 $SO_2$ 的非均相氧化在全球大气化学中发挥着重要作用，涉及酸降水、雾霾污染和气候变化。此外，亚硫酸盐是工业上烟气或煤炭脱硫工艺中一种常见的副产物。特别是湿法氧化镁烟气脱硫因脱硫效率稳定、烟气适应性强、能耗低等优点而备受关注。但由于脱硫副产物亚硫酸镁的氧化率和溶解度均低，易造成设备堵塞。目前，催化亚硫酸镁氧化并将其转化为可回收且有价值的硫酸镁是解决这一问题的有效方法，从而实现脱硫废液的无害化排放。

亚硫酸盐的形态分布高度取决于 pH。由于亚硫酸盐的电离平衡常数($pK_a$)为 7.2，因此当 pH 为 4.0～7.0 时，$HSO_3^-$占主导地位；而当 pH 大于 9.0 时，$SO_3^{2-}$占主导地位。因此，在本章节中，亚硫酸盐是 $HSO_3^-/SO_3^{2-}$的统称，不做区分。

亚硫酸和亚硫酸盐中硫的价态为+4 价，处于硫元素的中间价态，所以它们兼具氧化还原双重特性，其中还原性占主要作用。亚硫酸盐比亚硫酸具有更强的还原性。此外，与过硫酸盐相比，亚硫酸盐具有毒性小、价格低的优点。例如，亚硫酸盐的半致死剂量为 3560 mg/kg，而过二硫酸盐和过一硫酸盐的半致死剂量分别是 825 mg/kg 和 2000 mg/kg(表 8.1)。同时，过硫酸盐体系会产生残余的过氧化物离子，较为稳定且会产生慢性毒性，然而亚硫酸盐体系则不会，因为其可在降解有机污染物的同时实现自身的氧化，不会造成二次污染。近年来随着社会和经济的高速发展，我国对环境保护的意识和要求也越来越高，凸显出一些良好的环境保护治理理念，如“以废治废”理念。由于这些独特的优势，基于亚硫酸盐的高级氧化技术受到环境领域的关注。

除了氧化能力外，亚硫酸盐具有很强的紫外吸收能力，最大吸收波长在 275 nm，使其在紫外线照射下能被激发产生包括亚硫酸根自由基($SO_3^{\cdot-}$)、水合电子($e_{aq}^-$)和氢自由基($^{\cdot}H$)在内的还原物种[式(8.1)和式(8.2)]，这与主要产生 $SO_4^{\cdot-}$的紫外/过硫酸盐体系有本质区别。如表 8.2 所示，在紫外/亚硫酸盐工艺产生的还原物种中，$e_{aq}^-$ 具有最强的还原能力(标准氧化还原电位，−2.9 V)，且其量子产率高达 0.108～0.391[4]。由于 $e_{aq}^-$ 独特的化学结构(由水分子团包围的裸露电子形成的空腔结构)，其在水溶液中的扩散系数和迁移速率较高，因而有利于快速还原去除污染物。

$$SO_3^{2-} + h\nu \longrightarrow SO_3^{\cdot-} + e_{aq}^- \quad (8.1)$$

$$HSO_3^- + h\nu \longrightarrow SO_3^{\cdot-} + {}^{\cdot}H \quad k = 2.0\times10^7\ L/(mol\cdot s) \quad (8.2)$$

**表 8.2 不同活性物种的氧化还原电位比较**

| 活性物种 | 氧化还原电位（V） | 参考文献 |
|---|---|---|
| $SO_4^{\cdot-}$ | 2.5～3.1 | |
| $^{\cdot}OH$ | 1.9～2.7 | [5] |
| $SO_5^{\cdot-}$ | 0.81～1.1 | |
| $e_{aq}^-$ | −2.9 | |
| $^{\cdot}H$ | −2.3 | [6] |
| $SO_3^{\cdot-}$ | 0.63 | |

一般来说，$e_{aq}^-$ 具有以下特征：①作为亲核试剂攻击低电子云密度的有机物；②对具有吸电子基团的有机物表现出高反应活性；③与卤代有机物反应时能够脱卤[式(8.3)]。作为 $e_{aq}^-$ 的共轭酸，$^{\cdot}H$ 通常与 $e_{aq}^-$ 共存在水溶液中[1]。$^{\cdot}H$ 的标准氧化还原电位为−2.3 V，因此具有很好的还原能力，尤其是对于无机物。以一氯乙酸为例，$e_{aq}^-$ 和$^{\cdot}H$ 可以导致完全不同的还原降解路径[式(8.4)和式(8.5)][7]。因此，一氯乙酸作为探针化合物能够很好地识别 $e_{aq}^-$ 的产生和贡献。当溶液的 pH 为 3.0 时，$^{\cdot}H$ 在体系中通过 $e_{aq}^-$ 与过量 $H^+$ 的反应而占主导地位[式(8.6)]。同时，$^{\cdot}H$ 可以与饱和分子发生脱氢反应或与不饱和分子发生加成反应[式(8.7)和式(8.8)]。此外，该体系还可以产生 $SO_3^{\cdot-}$，其氧化还原电位为 0.63 V，因而显示出氧化和还原能力。当溶解氧和其他清除剂(如无机阴离子和溶解性有机物)不存在时，$SO_3^{\cdot-}$可以与 $e_{aq}^-$ 反应生成亚硫酸盐或重新结合形成硫酸盐[式(8.9)和式(8.10)]。$SO_3^{\cdot-}$在强碱条件(pH ＞ 12.0)下具有最高的反应活性。然而，当溶液中存在溶解氧时，$e_{aq}^-$ 与 $O_2$ 快速反应，形成 $O_2^{\cdot-}$并最终转化为 $H_2O_2$；而 $SO_3^{\cdot-}$和 $O_2$ 之间的反应引发了一系列链式反应，生成强氧化性 $SO_4^{\cdot-}$[8]。因此，溶解氧的存在能够使得基于紫外/亚硫酸盐的高级还原工艺转化为高级氧化工艺或高级氧化还原耦合工艺。

$$e_{aq}^- + RX \longrightarrow RX^- \longrightarrow {}^{\cdot}R + X^- \quad (8.3)$$

$${}^{\cdot}H + ClCH_2CO_2H \longrightarrow {}^{\cdot}CHClCO_2H + H_2 \quad (8.4)$$

$$e_{aq}^{-} + ClCH_2CO_2H \longrightarrow {}^{\bullet}CHCO_2H + Cl^{-} \tag{8.5}$$

$$e_{aq}^{-} + H^{+} \longrightarrow {}^{\bullet}H \quad k = 2.3\times10^{10}\ L/(mol\cdot s) \tag{8.6}$$

$${}^{\bullet}H + CH_3OH \longrightarrow {}^{\bullet}CH_2OH + H_2 \tag{8.7}$$

$${}^{\bullet}H + CH_2{=}CH_2 \longrightarrow {}^{\bullet}CH_2CH_3 \tag{8.8}$$

$$SO_3^{\bullet-} + e_{aq}^{-} \longrightarrow SO_3^{2-} \tag{8.9}$$

$$2SO_3^{\bullet-} + H_2O \longrightarrow SO_4^{2-} + SO_3^{2-} + 2H^{+} \tag{8.10}$$

基于这些强还原物种，亚硫酸盐和紫外照射的组合被认为是一种有前途的高级还原技术，可用于有效破坏污染物，如卤代化合物、重金属、溴酸盐和高氯酸盐等。更值得关注的是，紫外/亚硫酸盐工艺产生的 $e_{aq}^{-}$ 不仅可以有效降解全氟和多氟烷基物质，还可以断裂 C—F 键以实现高效脱氟，这对于基于 $SO_4^{\bullet-}$ 的高级氧化技术是很难实现的。为了提高紫外/亚硫酸盐工艺中 $e_{aq}^{-}$ 的产率，一些改性策略被开发，如添加碘化钾或碘氧化铋等化学试剂。然而，基于亚硫酸盐的高级还原技术不是本章考虑的重点，因此不做进一步的阐述。

基于亚硫酸盐的高级氧化技术高度依赖于活化方法。到目前为止，可通过均相金属离子，以及包括零价金属、金属氧化物、负载金属和双金属氧化物等的非均相催化剂来活化亚硫酸盐以诱导活性自由基的产生，如 $SO_4^{\bullet-}$、$SO_5^{\bullet-}$和${}^{\bullet}OH$(图 8.2)。由于污染物的降解在很大程度上受所产生的活性物种类型的影响，因此了解和控制活化基本过程是非常重要的。

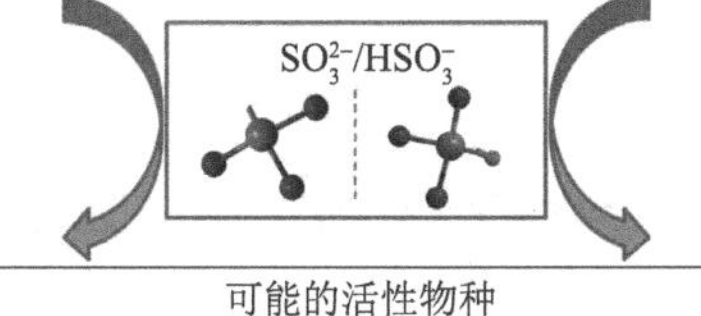


图 8.2　均相和非均相金属催化剂活化亚硫酸盐的类型[1]

# 8.3　均相过渡金属活化亚硫酸盐

## 8.3.1　铁基活化剂

铁催化氧化 $SO_2$ 因在硫转化、气溶胶成核和酸沉降中的重要意义而一直是大气化学的重要研究课题。尽管铁催化氧化 $SO_2$ 体系的反应相当复杂，但自由基链式反应已被提出作为一种广泛可接受的机制[9]。由于铁基材料的低成本和环境友好性，它们已被广泛用于活化亚硫酸盐以修复受污染的水体。

Fe(Ⅱ)和 Fe(Ⅲ)都可以活化亚硫酸盐以生成 $SO_4^{\bullet-}$。更具体地说，引发步骤是形成 Fe(Ⅲ)-亚硫酸盐络合物($FeSO_3^+$)，它可以自发分解为 $SO_3^{\bullet-}$和 Fe(Ⅱ)[式(8.11)和式(8.12)][10]。生成的 $SO_3^{\bullet-}$与 $O_2$ 快速反应生成 $SO_5^{\bullet-}$[式(8.13)]，这是一种扩散控制反应[11]。随后，一系列链式反应开始，导致生成 $SO_4^{\bullet-}$[式(8.14)～式(8.20)][2, 12]。而且，$SO_4^{\bullet-}$的生成路径主要有两种，其中 $SO_5^{\bullet-}$与 $HSO_3^-$反应的贡献更大。此外，$SO_4^{\bullet-}$可以通过与水反应产生$^{\bullet}$OH[式(8.21)]。Zhou 等推测，在过量的亚硫酸盐存在下，大多数金属离子以金属-亚硫酸盐络合物的形式存在，而不是以还原态的游离金属离子形式存在[3]。非常有趣的是，芬顿反应或均相铁活化过硫酸盐是依赖于低价态的 Fe(Ⅱ)引发反应，而 Fe(Ⅲ)还原为 Fe(Ⅱ)的缓慢动力学过程严重限制其活性。相比而言，基于亚硫酸盐的高级氧化技术是由高价态的 Fe(Ⅲ)实现，Fe(Ⅱ)很容易被氧化为 Fe(Ⅲ)，从而避免了 Fe(Ⅱ)/Fe(Ⅲ)循环速率慢的瓶颈问题，这是两个体系的本质区别。

$$Fe^{3+} + HSO_3^- \rightleftharpoons FeSO_3^+ + H^+ \quad k = 600\ L/mol \tag{8.11}$$

$$FeSO_3^+ \rightleftharpoons SO_3^{\bullet-} + Fe^{2+} \quad k = 0.19\ s^{-1} \tag{8.12}$$

$$SO_3^{\bullet-} + O_2 \longrightarrow SO_5^{\bullet-} \quad k = (1.0\sim2.5)\times10^9\ L/(mol\cdot s) \tag{8.13}$$

$$SO_5^{\bullet-} + HSO_3^- \longrightarrow HSO_5^- + SO_3^{\bullet-} \quad k = 8.6\times10^3 \sim 3.0\times10^5\ L/(mol\cdot s) \tag{8.14}$$

$$SO_5^{\bullet-} + HSO_3^- \longrightarrow SO_4^{2-} + SO_4^{\bullet-} + H^+ \quad k = 3.6\times10^3 \sim 3.0\times10^5\ L/(mol\cdot s) \tag{8.15}$$

$$HSO_5^- + HSO_3^- \longrightarrow 2SO_4^{2-} + 2H^+ \quad k = 1.0\times10^3\ L/(mol\cdot s) \tag{8.16}$$

$$SO_4^{\bullet-} + HSO_3^- \longrightarrow SO_4^{2-} + SO_3^{\bullet-} + H^+ \quad k > 2.0\times10^9\ L/(mol\cdot s) \tag{8.17}$$

$$Fe^{2+} + SO_5^{\bullet-} + H^+ \longrightarrow Fe^{3+} + HSO_5^- \quad k = (4.3\pm2.4)\times10^7\ L/(mol\cdot s) \tag{8.18}$$

$$Fe^{2+} + HSO_5^- \longrightarrow Fe^{3+} + SO_4^{\bullet-} + OH^- \quad k = 1.0\times10^3\ L/(mol\cdot s) \tag{8.19}$$

$$Fe^{2+} + SO_4^{\cdot -} \longrightarrow Fe^{3+} + SO_4^{2-} \quad k = 8.6 \times 10^8 \text{ L/(mol} \cdot \text{s)} \tag{8.20}$$

$$SO_4^{\cdot -} + H_2O \longrightarrow SO_4^{2-} + {}^{\cdot}OH + H^+ \quad k = (0.1 \sim 1.0) \times 10^4 \text{ L/(mol} \cdot \text{s)} \tag{8.21}$$

值得注意的是，在 Fe(Ⅲ)/亚硫酸盐体系中每种硫氧自由基($SO_3^{\cdot -}$、$SO_4^{\cdot -}$、$SO_5^{\cdot -}$)对污染物降解的贡献差别很大(表 8.3)。特别是 $SO_5^{\cdot -}$在 Fe(Ⅲ)/亚硫酸盐体系中的贡献与目标污染物的类型有关，在 10.3%～60.0%之间，甚至超过了$SO_4^{\cdot -}$的贡献。尽管 $SO_5^{\cdot -}$的氧化能力低(氧化还原电位为 0.81～1.1 V)，但其生成速率远高于转化率，这可能导致剩余 $SO_5^{\cdot -}$的浓度足以氧化某些特定污染物。特别是，$SO_5^{\cdot -}$可以通过单电子氧化还原反应对芳香胺、对苯二酚和其他羟基酚表现出中等的反应活性[14]。迄今，$SO_5^{\cdot -}$在可能涉及的大多数氧化过程(如 PMS 活化产生 $SO_5^{\cdot -}$)中的作用尚不清楚，因此需要更多研究。由于 $SO_5^{\cdot -}$的形成是一个耗氧过程，因此溶解氧的存在及其浓度在调节硫氧自由基之间的转化中起关键作用。在将来的研究中，应进行定量控制溶解氧浓度的实验，以更好地了解硫氧自由基在 Fe(Ⅲ)/亚硫酸盐体系中的确切作用。

**表 8.3　总结均相铁活化亚硫酸盐以净化水中污染物的方法**

| 活化剂 | 污染物 | 反应条件 | 活性物种及其贡献 | 参考文献 |
|---|---|---|---|---|
| Fe(Ⅱ) | 10 mg/L 酸性橙 7 | 100 μmol/L Fe(Ⅱ)，1.0 mmol/L 亚硫酸盐，pH 4.0，120 min 降解 80% | $SO_4^{\cdot -}$(74.8%)，$SO_5^{\cdot -}$(11.3%)和$^{\cdot}OH$ (13.9%) | [15] |
| Fe(Ⅲ) | 5.0 μmol/L 卡马西平 | 100 μmol/L Fe(Ⅲ)，0.5 mmol/L 亚硫酸盐，pH 4.0～6.0，60 min 降解 88%～90% | $SO_4^{\cdot -}$(65.75%)，$SO_5^{\cdot -}$(10.96%)和$^{\cdot}OH$ (23.29%) | [13] |
| Fe(Ⅲ) | 1.0 mg/L 双酚 A | 100 μmol/L Fe(Ⅲ)，1.0 mmol/L 亚硫酸盐，pH 6.0，60 min 降解约 70% | $SO_4^{\cdot -}$(47.7%)，$SO_5^{\cdot -}$(37.3%)和$^{\cdot}OH$ (15.0%) | [16] |
| Fe(Ⅲ) | 10.0 μmol/L 苯胺 | 100 μmol/L Fe(Ⅲ)，1.0 mmol/L 亚硫酸盐，pH 4.0，80 min 降解约 70% | $SO_4^{\cdot -}$ [35.9% ± 1.0%]，$SO_5^{\cdot -}$(约 60.0%)和$^{\cdot}OH$[(2.5 ± 4.9)%] | [17] |
| Fe(Ⅲ) | 10.0 μmol/L 四溴双酚 A | 40 μmol/L Fe(Ⅲ)，0.4 mmol/L 亚硫酸盐，pH 4.0，30 min 降解约 73.4% | $SO_4^{\cdot -}$和$^{\cdot}OH$(主要) | [18] |
| Fe (Ⅵ) | 10.0 μmol/L *N,N*-二乙基-3-甲基苯甲酰胺 | 100 μmol/L Fe(Ⅵ)，0.4 mmol/L 亚硫酸盐，pH 8.0，10 s 降解约 78% | $SO_4^{\cdot -}$ | [19] |
| Fe(Ⅵ) | 5.0 μmol/L 甲氧苄啶 | 100 μmol/L Fe(Ⅵ)，0.4 mmol/L 亚硫酸盐，pH 8.0，30 s 降解约 100% | Fe(Ⅴ) | [20] |
| Fe(Ⅵ) | 5.0 μmol/L 苯酚、甲基蓝、罗丹明 B、环丙沙星 | 50 μmol/L Fe(Ⅵ)，0.25 mmol/L 亚硫酸盐，pH 9.0，30 s 降解大于 90% | $SO_4^{\cdot -}$和$^{\cdot}OH$ | [21] |
| Fe(Ⅵ) | 20.0 μmol/L 甲氧苄啶 | 100 μmol/L Fe(Ⅵ)，0.15～0.4 mmol/L 亚硫酸盐，pH 9.0，15 s 降解约 45% | Fe(Ⅴ)/Fe(Ⅳ)，$SO_4^{\cdot -}$，$SO_3^{\cdot -}$和$^{\cdot}OH$ | [22] |

Fe(Ⅱ)与 Fe(Ⅲ)活化亚硫酸盐的性能存在显著差异，可能与目标污染物有关，仍需进一步研究。具体而言，以双酚 A(1.0 mg/L)为污染物时，在初始亚硫酸盐浓度为 1.0 mol/L，铁离子浓度为 0.1 mol/L，pH 为 6.0 的反应条件下，Fe(Ⅲ)/亚硫酸盐体系的性能(60%)优于 Fe(Ⅱ)/亚硫酸盐体系(45%)[16]。然而，当其他反应条件保持相同而仅 Fe(Ⅲ)浓度变为 0.2 mol/L 时，Xie 等发现在均相铁活化亚硫酸盐以降解活性艳红(20 mg/L)过程中，Fe(Ⅱ)的活化效果强于 Fe(Ⅲ)，并且解释为 Fe(Ⅲ)更易形成氢氧化物沉淀从而使活性下降。然而，两者的反应初始 pH 均为 6[23]。此外，一些研究学者发现，当使用 Fe(Ⅱ)或 Fe(Ⅲ)作为亚硫酸盐活化剂时，橙黄Ⅱ的降解效率几乎相当[15]，这可以解释为 Fe(Ⅲ)-亚硫酸盐络合物的分解是 $SO_4^{\cdot-}$生成过程中的限制步骤。

$SO_4^{\cdot-}$的产生效率在很大程度上取决于 Fe(Ⅱ)/Fe(Ⅲ)的氧化还原循环。Fe(Ⅲ)/亚硫酸盐工艺仅在 pH < 4.0 时有效，因为 Fe(Ⅲ)在 pH > 4.0 时容易沉淀。为了增加系统的 pH 工作范围和降解效率，将光照射(如紫外光、可见光、紫外-可见光和太阳光)引入到 Fe(Ⅲ)/亚硫酸盐体系中是可行的策略。例如，紫外线照射的存在极大地提高了在 pH 为 4.0 时 Fe(Ⅲ)/亚硫酸盐工艺氧化 2,4,6-三氯苯酚的效能，降解效率从 15%提高到 90%[24]。该文献解释，紫外线照射的引入可以加速 Fe(Ⅲ)-亚硫酸盐络合物分解生成 $SO_4^{\cdot-}$以及 Fe(Ⅲ)-亚硫酸盐络合物转化为 Fe(Ⅲ)-羟基络合物以生成$^{\cdot}OH$，这是由于 Fe(Ⅲ)-亚硫酸盐络合物在 290～575 nm 宽波长范围内具有较好的光吸收能力[25]。此外，由于亚硫酸盐的还原能力，容易消耗氧化活性自由基($SO_4^{\cdot-}$和$^{\cdot}OH$)，造成亚硫酸盐的利用效率降低。基于此，分批添加亚硫酸盐是一个可行的策略，能有效提高亚硫酸盐的利用率和污染物的降解效率。

此外，高铁酸盐[Fe(Ⅵ)]由于具有以下优点而能够协同耦合过硫酸盐以强化有机污染物的降解。①Fe(Ⅵ)本身可以作为氧化剂、絮凝剂、吸附剂和消毒剂。②在 Fe(Ⅵ)/亚硫酸盐工艺中，大量的有机污染物可以在几十秒内快速有效降解。③Fe(Ⅵ)/亚硫酸盐工艺比 Fe(Ⅲ)/亚硫酸盐工艺具有更宽的 pH 工作范围。Acosta-Rangel 等通过磺胺二甲嘧啶的降解评估了具有不同氧化态的铁类物质对亚硫酸盐活化的有效性[26]。结果表明，铁类物质的存在可以加速污染物降解，其效能遵循 Fe(Ⅵ) > Fe(0) > Fe(Ⅱ) > Fe(Ⅲ)。然而，Fe(Ⅵ)/亚硫酸盐工艺的反应机理仍不清楚并存在争议。例如，一些研究人员提出，Fe(Ⅵ)与亚硫酸盐通过单电子转移反应可以产生更多的 $SO_3^{\cdot-}$[式(8.22)]，然后参与主导性 $SO_4^{\cdot-}$的生成[式(8.13)～式(8.15)][19]。而且，在 Fe(Ⅵ)/亚硫酸盐工艺中，包括 Fe(Ⅴ)/Fe(Ⅳ)、$SO_3^{\cdot-}$、$SO_4^{\cdot-}$和$^{\cdot}OH$ 在内的多种氧化活性物种可能共存[22]。因为均相 Fe(Ⅵ)与亚硫酸盐的反应速率超快(秒速反应)，关小红课题组采用难溶性 $CaSO_3$ 作为 $SO_3^{2-}$的缓释源，进一步研究了 Fe(Ⅵ)/亚硫酸盐工艺的性能和机理[27]。结果证实，Fe(Ⅴ)/Fe(Ⅳ)而不是 $SO_4^{\cdot-}$是导致降解的主要活性物种，即 Fe(Ⅴ)/Fe(Ⅳ)物种的生成主要来源于 Fe(Ⅵ)与可溶性 $SO_3^{2-}$之间的单电子转移反应，以及 Fe(Ⅵ)的自衰减和 Fe(Ⅵ)与 $H_2O_2$反应的间接过程，且可通过未络合的 Fe(Ⅲ)催化。Feng 等还推测 Fe(Ⅴ)作为主要活性物种，导致甲氧苄啶的加速氧化[20]。据报道，Fe(Ⅴ)的反应活性比 Fe(Ⅵ)高 3～5 个数量级。此外，亚硫酸盐与 Fe(Ⅵ)的摩尔比是调节构建体系中活性物种转化的关键因素[28]。具体而言，当摩尔比在 0.1～0.3 范围内，Fe(Ⅴ)成为主要的氧化剂，增加摩尔比会导致 Fe(Ⅴ)和 $SO_4^{\cdot-}$/$^{\cdot}OH$ 共存，一旦摩尔比超过 1.5，$SO_4^{\cdot-}$/$^{\cdot}OH$ 将成为主导的氧化剂。因此，应严格控制反应条件[如 Fe(Ⅵ)/亚硫酸盐摩尔比、pH 和溶解氧浓度]，以进一步探索 Fe(Ⅵ)/亚硫酸盐体系的反应机理。同时，亚硫酸盐活化也改变了 Fe(Ⅵ)生成物颗粒的特性，使它们的磁性和结晶度降低而分散性增强[29]。

$$\mathrm{Fe(VI)} + SO_3^{2-} \longrightarrow \mathrm{Fe(V)} + SO_3^{\cdot-} \tag{8.22}$$

### 8.3.2　钴基活化剂

不同于 Fe(Ⅲ)仅在 pH 小于 4.0 时发挥效能，Co(Ⅱ)可以在中性和碱性条件下有效地活化亚硫酸盐以降解有机污染物。这是因为 Co(Ⅱ)可以在碱性条件下与 $H_2O$ 反应形成 Co(Ⅱ)—OH 复合物[式(8.23)][30]。Co(Ⅱ)—OH 复合物的存在加速了 Co(Ⅱ)-亚硫酸盐络合物的生成，由于 Co(Ⅱ)—OH 复合物对 $SO_3^{2-}$的反应活性高于 $HSO_3^-$，当存在溶解氧时，Co(Ⅱ)-亚硫酸盐络合物可以转化为 $CoSO_3^+$络合物，然后与亚硫酸盐反应生成 $SO_3^{\cdot-}$。此外，$SO_3^{\cdot-}$可被 $O_2$ 氧化为 $SO_5^{\cdot-}$[式(8.13)]，进一步与 $SO_3^{2-}$/$HSO_3^-$反应以不同的反应速率生成 $SO_4^{\cdot-}$/$SO_3^{\cdot-}$。Yuan 等研究表明，在碱性条件(pH 9.0～11.0)下，Co(Ⅱ)可以活化亚硫酸盐以高效降解对乙酰氨基酚，并提出了详细的反应机制[31]。

$$\mathrm{Co(II)} + H_2O \longrightarrow \mathrm{Co(II)—OH}(\text{碱性}) \tag{8.23}$$

### 8.3.3　铜基活化剂

与 Co(Ⅱ)类似，Cu(Ⅱ)能在较宽的 pH 范围内表现出良好的亚硫酸盐活化效能[30]。Cu(Ⅱ)/Cu(Ⅰ)循环负责在 Cu(Ⅱ)/亚硫酸盐体系中生成 $SO_3^{\cdot-}$。随后，生成的 $SO_3^{\cdot-}$参与链式反应，形成 $SO_4^{\cdot-}$和$^{\cdot}OH$，从而响应有机物降解。而且，Cu(Ⅱ)/亚硫酸盐体系对灭活细菌特别有效，因而在水处理灭菌中具有应用前景。在所研究的二价过渡金属[Fe(Ⅱ)、Cu(Ⅱ)、Co(Ⅱ)和 Mn(Ⅱ)]/亚硫酸盐体系中，Cu(Ⅱ)/亚硫酸盐倾向于在较低 pH 使细菌灭活效率更高且在所研究 pH 范围(除了 pH 8.0)灭活效能最佳[32]。考虑到 Cu(Ⅱ)的毒性，在构建体系中添加

Cu(Ⅱ)的浓度仅为 0.2 mmol/L，但灭活效率却远高于其他金属离子在 0.8 mmol/L 时的灭活效率。通过扫描电子显微镜发现，构建亚硫酸盐活化体系处理过的细胞在细胞质区域内观察到强烈的黑暗区域，表明细胞成分严重破坏，而未经处理的细胞表现出正常的同质性。其中，Mn(Ⅱ)/亚硫酸盐和 Fe(Ⅱ)/亚硫酸盐处理将一部分棒状大肠杆菌氧化为不规则的碎片形状。经过深入的探究，发现 Cu(Ⅱ)/亚硫酸盐灭菌效果最好的原因主要来自三部分的协同效应：①氧化性的 $SO_4^{\cdot -}$；②在较高 pH 条件下有毒的 Cu(Ⅱ)—OH 复合物；③一价 Cu(Ⅰ)。值得注意的是，一价 Cu(Ⅰ)仅在厌氧环境下存在，甚至可能主导有机物降解；当有氧存在时迅速转化为 Cu(Ⅱ)，但同时也促进了 $SO_4^{\cdot -}$的生成，从而强化 Cu(Ⅱ)/亚硫酸盐的灭菌效能。

有趣的是，在构建的 Cu(Ⅱ)/亚硫酸盐体系中，一些研究学者发现在碱性环境条件下原位形成的 $Cu(OH)_2$ 颗粒是催化亚硫酸盐活化的重要物质[33]。具体而言，$Cu(OH)_2$ 颗粒能够与亚硫酸根离子结合生成 Cu(Ⅱ)—$SO_3^{2-}$络合物，其性质类似于 $FeSO_3^+$，会发生自身电子转移反应，分解成 Cu(Ⅱ)和 $SO_3^{\cdot -}$。该体系在 pH 为 9.0 时氧化能力达到最强，随着 pH 的进一步增加，碱性溶液会吸收空气中的二氧化碳并产生 $Cu(OH)_2CO_3$。尽管 $Cu(OH)_2CO_3$ 也能活化亚硫酸盐，但其活性低于 $Cu(OH)_2$，造成污染物降解速率下降。此外，自由基猝灭实验证明 $SO_5^{\cdot -}$、$SO_4^{\cdot -}$和$^\cdot$OH 共存于构建体系，其中 *N*-乙酰对氨基苯酚氧化降解的贡献主要来自 $SO_5^{\cdot -}$，二级反应速率常数高达 $2.98 \times 10^8$ L/(mol·s)，这不同于以往的研究。

### 8.3.4 锰基活化剂

Mn(Ⅱ)的性质活泼，是广泛存在于自然界中的过渡金属，也可以活化亚硫酸盐产生活性自由基。然而，Mn(Ⅱ)活化亚硫酸盐用于染料去除和细菌灭活方面的效果并不理想，但其反应机理类似于 Fe(Ⅱ)/亚硫酸盐工艺[32]。为了提高 Mn(Ⅱ)/亚硫酸盐工艺在中性条件下的氧化能力，已经提出了两种解决策略，即电解辅助和添加 Fe(Ⅱ)。两种应对策略之间的主要区别在于所涉及的活性物种和反应机制。$SO_4^{\cdot -}$是电/Mn(Ⅱ)/亚硫酸盐体系中的主要活性物种，并且主要是通过电解水产生的氧气，阳极上的直接亚硫酸盐氧化和阳极附近的局部酸性 pH 三条路径共同促进 $SO_4^{\cdot -}$生成[34]。相比之下，在 Fe(Ⅱ)/Mn(Ⅱ)/亚硫酸盐体系中，高活性三价锰离子[Mn(Ⅲ)]而非 $SO_4^{\cdot -}$是主要的氧化剂[35]。Mn(Ⅲ)的生成归因于 Fe(Ⅱ)/亚硫酸盐体系提供的 $SO_5^{\cdot -}$与 Mn(Ⅱ)之间的反应[式(8.24)和式(8.25)]。同时，该体系也是一种通过吸附和氧化从水中去除 Mn(Ⅱ)的有效方法。

$$\mathrm{Mn(II)} + \mathrm{SO_5^{\cdot -}} + \mathrm{H^+} \longrightarrow \mathrm{Mn(III)} + \mathrm{HSO_5^-} \quad k \approx 10^8\ \mathrm{L/(mol \cdot s)},\ \mathrm{pH} = 1 \sim 4 \tag{8.24}$$

$$\mathrm{Mn(III) + MnHSO_3^+ \longrightarrow 2Mn(II) + SO_3^{\bullet -} + H^+} \quad k = (1.3 \pm 0.6) \times 10^6\ \mathrm{L/(mol \cdot s)},\ \mathrm{pH} = 2.4 \tag{8.25}$$

此外，高锰酸盐[Mn(Ⅶ)]也是活化亚硫酸盐的有效试剂，可以实现有机污染物的快速降解。一些研究表明，Mn(Ⅶ)/亚硫酸盐体系可以生成 Mn(Ⅲ)，导致各种污染物的快速氧化[36]。采用停流光谱法监测 Mn(Ⅶ)/亚硫酸盐体系中苯酚、环丙沙星和甲基蓝的降解动力学。在初始溶液 pH 为 5.0 时，单独 Mn(Ⅶ)对这三种有机污染物的降解速率很慢，而当亚硫酸氢盐添加后相应的有机污染物可在 40～80 ms 内完全降解，降解速率高达 60～150 $s^{-1}$，显著提高了 3～6 个数量级。然而，近期的研究表明，构建体系中不仅产生了 Mn(Ⅲ)，而且产生了 $SO_4^{\bullet -}$ 和 $^{\bullet}OH$，其中 $SO_4^{\bullet -}$ 是有机污染物降解的主要贡献者[37]。比较这些研究，Mn(Ⅶ)/亚硫酸盐体系中反应机理的差异主要是由于溶液中溶解氧的存在。生成的 Mn(Ⅲ)可以产生一级自由基 $SO_3^{\bullet -}$[式(8.25)]。在溶解氧的存在下可以进一步演变为二级中间自由基(包括 $SO_4^{\bullet -}$、$SO_5^{\bullet -}$ 和 $^{\bullet}OH$)。同时，Mn(Ⅲ)本身不稳定，可以快速自发地分解为 $MnO_2$ 和 Mn(Ⅱ)[38]。基于此，在探索构建体系的反应机理时，应在厌氧或好氧环境下确定反应条件并定量检测初始溶解氧的浓度和过程浓度变化。

### 8.3.5　铬基活化剂

由于在工业过程中的广泛使用，经常在环境中检测到相对较高浓度的六价铬离子[Cr(Ⅵ)]。此外，Cr(Ⅵ)因毒性和致癌性已被美国环境保护署列为优先污染物。通常，用亚硫酸盐将 Cr(Ⅵ)还原为三价铬[Cr(Ⅲ)]是降低其毒性和迁移能力的可行策略。更重要的是，该体系还可以产生强活性物种以去除其他污染物，如 As(Ⅲ)、酚类化合物、氨类化合物和染料等。因此，Cr(Ⅵ)/亚硫酸盐体系是实现环境修复双赢目的的可行策略。

亚硫酸盐还原 Cr(Ⅵ)的机理是 Cr(Ⅵ)与亚硫酸盐的连续缩聚反应导致活化络合物[$CrSO_6^{2-}$ 和 $CrO_2(SO_3)_2^{2-}$]的形成[式(8.26)和式(8.27)]。随后，$CrO_2(SO_3)_2^{2-}$ 可以通过分子间电子转移反应自发分解为 $SO_3^{\bullet -}$[式(8.28)]。生成的 $SO_3^{\bullet -}$ 进一步参与 $SO_4^{\bullet -}$、$SO_5^{\bullet -}$ 和 $^{\bullet}OH$ 的产生，其中 $SO_4^{\bullet -}$ 是去除污染物的关键活性物种[39]。除了 $SO_4^{\bullet -}$ 之外，最近的研究还确定了高价态铬中间体[Cr(Ⅴ)/Cr(Ⅳ)]在 Cr(Ⅵ)/亚硫酸盐体系中不可忽略的作用[式(8.29)～式(8.31)]，并且两者的相对贡献在很大程度上取决于污染物的化学结构[40]。作者探究了 Cr(Ⅵ)/亚硫酸盐工艺对甲基苯基亚砜和 12 种新兴有机污染物的降解动力学。结果表明，4-氯酚、苯酚、双酚 A、对乙酰氨基酚、阿莫西林、17-雌二醇、布洛芬、苯胺和卡马西平能够被快速降解，而磺胺甲噁唑、苯甲酸和对氯苯甲酸的降解很慢。值得注意的是，在 Cr(Ⅵ)/亚硫酸盐体系中苯胺的去除效率低于苯酚、阿莫西林和 17-雌二醇，这不符合文献中报道的 $SO_4^{\bullet-}$氧化相应污染物的二级反应速率常数[$k$(苯胺) = $1.0 \times 10^{10}$ L/(mol·s)，$k$(苯酚) = $8.8 \times 10^9$ L/(mol·s)，$k$(17-雌二醇) = $1.21 \times 10^9$ L/(mol·s)，$k$(阿莫西林) = $2.0 \times 10^9$ L/(mol·s)]，且 $SO_4^{\bullet-}$氧化苯胺的反应是扩散控制反应。该结果表明，除了 $SO_4^{\bullet-}$之外，Cr(Ⅴ)对 Cr(Ⅵ)/亚硫酸盐工艺中新兴有机污染物的氧化也有贡献。为了确定 Cr(Ⅴ)和 $SO_4^{\bullet-}$的相对贡献，进一步进行了竞争性氧化动力学实验，即苯甲酸和选定的新兴有机污染物同时加入 Cr(Ⅵ)/亚硫酸盐体系后，根据两者降解的伪一级速率常数来计算活性物种所占的比例。结果表明，在此过程中 $SO_4^{\bullet-}$对苯甲酸、对氯苯甲酸和卡马西平降解的贡献高达 100%，Cr(Ⅴ)对甲基苯基亚砜降解的贡献为 100%。然而，Cr(Ⅴ)和 $SO_4^{\bullet-}$共同作用于含有芳环和富电子官能团的其他新兴有机污染物，且 Cr(Ⅴ)的贡献大于 $SO_4^{\bullet-}$。此外，在 Cr(Ⅵ)/亚硫酸盐体系中加入柠檬酸或硫氰酸盐可以增强 Cr(Ⅵ)的还原并减少亚硫酸盐的消耗。

$$HCrO_4^- + HSO_3^- \longrightarrow CrSO_6^{2-} + H_2O \tag{8.26}$$

$$CrSO_6^{2-} + HSO_3^- + H^+ \longrightarrow CrO_2(SO_3)_2^{2-} + H_2O \tag{8.27}$$

$$CrO_2(SO_3)_2^{2-} + 2H^+ + 4H_2O \longrightarrow SO_4Cr(H_2O)_5^+ + SO_3^{\bullet-} \tag{8.28}$$

$$Cr(\text{Ⅵ}) + HSO_3^- \longrightarrow Cr(\text{Ⅴ}) + SO_3^{\bullet-} + H^+ \quad k < 8.3\times10^6\,L/(mol\cdot s) \tag{8.29}$$

$$Cr(\text{Ⅴ}) + HSO_3^- \longrightarrow Cr(\text{Ⅳ}) + SO_3^{\bullet-} + H^+ \quad k = 8.3\times10^6\,L/(mol\cdot s) \tag{8.30}$$

$$Cr(\text{Ⅳ}) + HSO_3^- \longrightarrow Cr(\text{Ⅲ}) + SO_3^{\bullet-} + H^+ \quad k < 2.38\times10^5\,L/(mol\cdot s) \tag{8.31}$$

一些研究人员比较了过渡金属离子对亚硫酸盐活化的性能。例如，亚硫酸盐可被金属离子快速活化，产生的活性自由基可导致 DNA 损伤，其效能遵循 Fe(Ⅲ) > Co(Ⅱ) > Cu(Ⅱ) > Cr(Ⅵ) > Mn(Ⅱ)[41]。陈龙等报道了二价过渡金属离子/亚硫酸盐体系可以通过 $SO_4^{\bullet-}$氧化作用有效灭活大肠杆菌，灭活率依次为 Cu(Ⅱ) > Fe(Ⅱ) > Co(Ⅱ) > Mn(Ⅱ)。此外，在 pH 为 8.0 时，活化亚硫酸盐降解碘海醇的金属离子活性依次为 Co(Ⅱ) > Cu(Ⅱ) > Mn(Ⅱ) > Fe(Ⅱ) > Fe(Ⅲ) ≈ Ce(Ⅲ) ≈ Ag(Ⅰ)[30]。值得注意的是，金属离子的催化性能未必与它们的氧化还原电位对应。

## 8.4　非均相金属活化亚硫酸盐

尽管在均相活化体系方面已取得一些进展，但反应结束后存在过渡金属离子难以回收、二次污染和处理成本增加等问题，可能会阻碍大规模应用。而且，过渡金属离子[如 Fe(Ⅱ)、Fe(Ⅲ)、Mn(Ⅱ)和 Cr(Ⅵ)]对亚硫酸盐活化的效能高度依赖于酸性 pH 环境。鉴于此，已经开发出具有良好的活性和稳定性、易分离和低金属溶出的非均相催化剂来活化亚硫酸盐。迄今，参与亚硫酸盐活化的非均相催化剂主要包括零价金属、金属氧化物、金属硫化物及其负载金属(图 8.2)。

### 8.4.1　零价金属

由于高活性，零价金属(如零价铁、零价铜)已广泛应用于受污染土壤、地下水和地表水的修复。在过硫酸盐活化中，零价金属能够作为金属离子的缓释源，从而能够缓解金属离子对 $SO_4^{\bullet-}$的消耗并强化构建体系的效能。以零价铁为例，通过在好氧和厌氧条件下，特别是在酸性环境中零价铁易腐蚀并释放 Fe(Ⅱ)，因此，使用零价铁代替 Fe(Ⅱ)或 Fe(Ⅲ)以活化亚硫酸盐，可能会克服过量 Fe(Ⅱ)或 Fe(Ⅲ)消耗 $SO_4^{\bullet-}$的缺点。基于此，零价金属用于活化亚硫酸盐应该是可行的策略。Xie 等开发了一种新型的基于零价铁活化亚硫酸盐的高级氧化工艺，该体系能在弱酸和中性条件下有效降解活性艳红 X-3B 染料[23]。而且，氧气含量是该体系中一个关键的参数，可以引发 $SO_4^{\bullet-}$的产生并主要响应有机物降解。相反，缺氧环境会阻碍 $SO_4^{\bullet-}$前体物种($SO_3^{\bullet-}$和 $SO_5^{\bullet-}$)的形成。不同的是，一些研究学者表明 $SO_4^{\bullet-}$和$^{\bullet}OH$ 共存于零价铁/亚硫酸盐/氧气体系中，但$^{\bullet}OH$ 是主要的活性物种，并且$^{\bullet}OH$ 的产生主要来自两个反应：零价铁($Fe^0$)和氧气之间的芬顿反应[式(8.32)和式(8.34)]以及 $SO_4^{\bullet-}$的转化[式(8.21)][42]。而且，零价铁对亚硫酸盐活化的性能优于 Fe(Ⅱ)和 Fe(Ⅲ)。

$$Fe^0 + O_2 + 2H^+ \longrightarrow Fe(II) + H_2O_2 \tag{8.32}$$

$$Fe^0 + H_2O_2 + 2H^+ \longrightarrow Fe(II) + 2H_2O \tag{8.33}$$

$$Fe(II) + H_2O_2 \longrightarrow Fe(III) + OH^- + {}^{\bullet}OH \tag{8.34}$$

零价铁/亚硫酸盐构建体系的效能能够进一步强化提升，主要分为两种策略：加速 Fe(Ⅲ)-亚硫酸盐络合物的分解和对零价铁进行改性。具体而言，在活化过程中，缓慢释放的 Fe(Ⅱ)是亚硫酸盐的主要活化剂，因而 Fe(Ⅲ)-亚硫酸盐络合物的分解也应该是该过程中一个限速步骤。基于此，谢鹏超课题组也提出引入光照(如模拟太阳光照)来加速 Fe(Ⅲ)-亚硫酸盐络合物的分解以强化构建体系的性能是一个可行的策略[43]。此外，通过对零价铁进行改性来提高其活性的策略已被报道，如减小零价铁的尺寸到纳米级别(即纳米零价铁)、硫化处理、核-壳结构、双金属复合和载体材料负载。例如，通过零价铁的老化以获得具有核-壳结构的 Fe@$Fe_2O_3$ 纳米粒子，可导致酸性橙 7 在 pH 3.0 时 30 s 内降解 99%以上。同时深入研究证实，从 Fe 核到 $Fe_2O_3$ 壳层的电子转移促进了 Fe(Ⅲ)/Fe(Ⅱ)循环，从而加速了 $SO_4^{\cdot-}$/$^{\cdot}OH$ 的生成[44]。值得注意的是，通过扫描电子显微镜、X 射线衍射仪和 X 光电子能谱仪分析，经过活化反应之后，纳米零价铁表面受到严重破坏，从均匀分散且孔隙丰富的链状团聚球形颗粒转变为大的板结碎片。新鲜的纳米零价铁表面上沉积了一层薄的钝化层($Fe_2O_3$、$Fe_3O_4$、FeOOH)，并且在其表面上生成并组装了一些铁腐蚀产物[如硫酸亚铁、铁(羟基)氧化物][45]。

除了零价铁之外，零价铜也被证实可以有效活化亚硫酸盐。在温和条件下，零价铜/亚硫酸盐体系能够产生大量的 $SO_4^{\cdot-}$，导致碘海醇、泛影酸、阿特拉津、苯甲酸和对氯苯甲酸的降解效率可达 90%以上，其活性远优于零价铁或零价铝活化亚硫酸盐的性能[46]。而且，零价铜保持结晶稳定性和令人满意的可重复使用性，五次运行后碘海醇降解效率仍高达 80%。

### 8.4.2 金属氧化物

可以制备金属氧化物来活化亚硫酸盐以降解有机污染物。例如，Mei 等报道了 $Fe_2O_3$ 能够活化亚硫酸氢盐以实现酸性橙 7 的有效降解，而不会导致铁溶出[47]，这表明亚硫酸盐活化发生在催化剂表面，而不是依赖水溶液中的游离 Fe(Ⅲ)。该结果进一步通过 pH 的影响被印证：在强碱条件(pH 8～10)下的性能远强于酸性条件，且在 pH 为 2 时构建体系对酸性橙 7 的降解几乎可以忽略。以水铁矿为代表的结构态三价铁矿物，在黑暗条件下催化活化亚硫酸盐，用于多种污染物的氧化降解。不同类型的矿物活化亚硫酸盐的能力遵循：水铁矿 > 施氏矿物 > 纤铁矿 > 针铁矿 > 赤铁矿[48]。在溶液 pH 为 8.0 时，对比了不同金属氧化物活化亚硫酸盐以降解碘海醇的性能，其效能遵循：CuO > $Co_3O_4$ ≈ CoO ≈ $Cu_2O$ > $\gamma$-$Fe_2O_3$ > $\alpha$-$Fe_2O_3$[49]。值得注意的是，活化过程中 CuO 相比 $Cu_2O$ 释放更多的溶解性 Cu(Ⅱ)，占总 CuO 的 0.72%，可以解释为亚硫酸盐和 CuO 之间强烈的内球相互作用。此外，晶面调控和载体负载也是可行的策略来强化 CuO 的活性。例如，氧化铝在负载型 CuO 中起重要作用，包括抗烧结、减少金属离子的溶出、促进氧空位的产生等，从而强化 CuO 活化亚硫酸盐的性能。然而，当氧化铝负载量过量时，催化剂中反应位点显著减少，导致催化活性下降。此外，钴氧化物(如 $Co_3O_4$、CoO)能够在中性条件下活化亚硫酸盐高效降解目标有机污染物。有趣的是，不同于产生 $SO_4^{\cdot-}$的反应，合成的钴酸锂能够活化亚硫酸盐，并且该催化剂中的氧空位驱动亚硫酸盐活化生成主导性的 $SO_3^{\cdot-}$，从而响应有机污染物的降解[50]。

由于具有成本低、易于制备、活性高、磁性、稳定性高且可重复使用等优势，尖晶石型铁氧体($MFe_2O_4$，M = Zn、Co、Cu 和 Ni)也被用于亚硫酸盐活化。Liu 等研究发现，$CoFe_2O_4$ 纳米材料能够在 pH 为 10.0 时高效活化亚硫酸盐，使得美托洛尔的降解效率在 40 min 内达到 80.3%[51]。该研究表明碱性条件下在催化剂表面形成的 Co—OH 复合物对于提高催化亚硫酸盐活性至关重要，其更容易与亚硫酸盐结合从而产生 $SO_4^{\cdot-}$。同时，与传统的水热法和溶胶-凝胶燃烧法相比，金属有机框架模板法衍生的 $CuFe_2O_4$ 在加速亚硫酸盐活化方面具有突出优势，这是因为大比表面积和孔体积会引发活性位点增加[52]。此外，将 Mn 掺杂到 $CuFe_2O_4$ 中可以进一步提高催化性能，并且掺杂量是一个关键因素[53]。在这些改进策略中，$SO_4^{\cdot-}$是构建体系中有机污染物降解的主要活性物种，而且尖晶石型铁氧体在多次重复循环利用过程中仍保持良好的活化性能。

### 8.4.3　金属硫化物

与金属氧化物类似，金属硫化物已被研究用于活化亚硫酸盐。例如，FeS/亚硫酸盐体系(95%)对普萘洛尔的降解性能远高于 FeS/过二硫酸盐体系(36%)和 FeS/过一硫酸盐体系(35%)，表明亚硫酸盐是过硫酸盐生成 $SO_4^{\cdot-}$的良好替代品[54]。值得注意的是，尽管 FeS/亚硫酸盐体系可以有效降解普萘洛尔，但 FeS 溶出的铁离子实际上是亚硫酸盐活化的原因，即“均相活化”。将不同富含结构态二价铁的矿物或材料进行对比，包括马基诺矿、商业硫化亚铁、磁黄铁矿和黄铁矿，结果发现这些材料均能有效催化活化亚硫酸盐且降解碘海醇的性能存在显著不同，催化性能遵循马基诺矿 > 商业硫化亚铁 > 磁黄铁矿 > 黄铁矿[48]。四种材料释放的铁离子在过硫酸盐活化中起主要作用，释放铁离子的快慢高度取决于材料的热力学稳定性。

不同的是，CoS 对亚硫酸盐活化能够使得碘海醇在 30 s 内发生快速有效降解，其性能甚至优于 CoO、$Co_3O_4$ 和 $Co^{2+}$，并且催化反应主要发生在催化剂表面[55]。进一步的机理探究表明，CoS 和亚硫酸盐之间的内球络合作用促进了亚硫酸盐的活化过程，同时包括 $S^{2-}/S_2^{2-}/S_n^{2-}$在内的多价硫参与了表面钴氧化还原循环的增强过程，从而实现了碘海醇的高效降解。在未来的研究中，应从降解效率、化学剂量、亚硫酸盐/过硫酸盐分解和产物毒性等多角度比较亚硫酸盐活化和过硫酸盐活化在污染物去除方面的差异，以全面评估亚硫酸盐替代过硫酸盐的可行性。

受亚硫酸氧化酶催化亚硫酸氧化的启发，通过一锅水热法制备了二维 $MoS_2$ 限域单原子 Fe[56]。具有双 Fe-Mo 活性位点的催化剂可促进亚硫酸盐的有效活化，其中 $SO_5^{\bullet-}$ 被认为是普萘洛尔降解的主要活性物种。Fan 等报道了使用 $MoS_2$ 阳极原位光电化学活化亚硫酸盐以产生硫氧自由基，将氨转化为氮。此外，使用 $MoS_2/WS_2$ 混合阳极可以进一步提高氨转化率[57]。值得注意的是，亚硫酸盐还在光电催化系统中充当光生空穴的清除剂。

# 8.5 非金属碳材料活化亚硫酸盐

目前，已经构建和研究了许多基于亚硫酸盐的高级氧化技术，主要集中在金属催化剂对亚硫酸盐的活化方面。尽管非均相催化剂可以显著减少金属离子的溶出，但仍不可避免，从而限制了它们在水处理中的实际应用。基于此，利用碳纳米管、石墨烯、生物炭等非金属碳催化剂活化亚硫酸盐极具吸引力和研究价值，有望从根本上解决金属溶出的问题。克服基于硫氧自由基的高级氧化技术的固有缺点，特别是对于解决二次金属污染的一种可行策略是使用碳材料构建非金属活化系统，已证明其可以极大地促进过硫酸盐活化。类似于过硫酸盐，亚硫酸盐也可能被非金属碳材料催化活化产生活性物种。

基于此，张延荣课题组率先构建了非金属亚硫酸盐活化体系，并对其机理进行了深入解析[58]。研究结果表明，葡萄糖衍生的碳材料能够高效活化亚硫酸盐并产生活性硫氧自由基($SO_3^{\bullet-}$、$SO_5^{\bullet-}$ 和 $SO_4^{\bullet-}$)，用于水体中高毒性 As(Ⅲ)的高效氧化。构效关系结果表明，醌基官能团和导电性是决定碳材料活性的关键因素。醌基官能团与亚硫酸盐形成碳-硫复合物，通过分子内电子转移产生半醌自由基和 $SO_3^{\bullet-}$，继而通过链式反应产生强氧化性 $SO_4^{\bullet-}$。基于醌/半醌/氢醌的可逆性，该催化体系具有良好的循环稳定性。然而，其他的非金属碳材料(如碳纳米管、石墨烯等)是否也具有类似的催化性能亟须探究。

# 8.6 光协同催化活化亚硫酸盐

为了克服金属催化剂的金属溶出难题，研究学者也探索了光照射技术用于亚硫酸盐活化。用于亚硫酸盐活化的光源可分为紫外光、可见光、紫外-可见光和模拟太阳光。由于亚硫酸盐的复杂化学性质，上述每种光源的引入均会导致不同的反应机制，如图 8.3 所示。特别是，亚硫酸盐可以通过紫外光照射光解产生还原性物种，包括亚硫酸根自由基($SO_3^{\bullet-}$)、水合电子($e_{aq}^-$)和氢自由基($^{\bullet}H$)，即高级还原技术。总的来说，高级还原技术通过原位产生的还原物种直接分解污染物，将其转化为简单且生物可降解的中间产物，而不是将它们转移到其他相界面或产生更高毒性的中间产物。

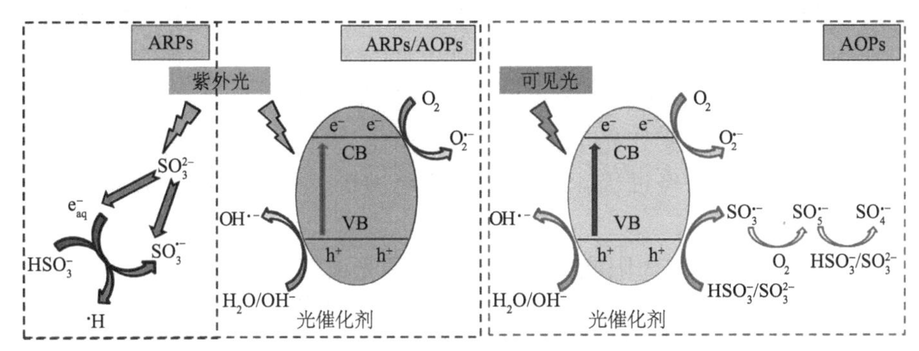


图 8.3　光协同催化活化亚硫酸盐的机制[1]

值得注意的是，溶解氧对基于紫外/亚硫酸盐的高级氧化技术的作用存在争议性。一方面，因为其具有清除还原物种的作用，如式(8.35)和式(8.36)所示。一些研究学者发现当没有溶解氧时，紫外/亚硫酸盐工艺中溴酸盐的去除效率在反应 20 min 后从 95%下降到 82%[59]。另一方面，溶解氧对 $e_{aq}^-$ 的清除作用可以通过涉及 $SO_3^{\cdot-}$ 氧化的链式反应在一定程度上最小化[式(8.13)～式(8.17)]。例如，潘丙才课题组发现溶解氧(约 8.0 mg/L)对通过紫外/亚硫酸盐工艺还原 Cr(Ⅵ)的性能影响可以忽略不计，并解释为可能是由于过量的亚硫酸盐(5.0 mmol/L)消耗溶解氧，从而抵消溶解氧清除还原活性物种的作用。在通过高光子通量紫外线照射亚硫酸盐溶液条件下，构建体系降解全氟和多氟烷基物质中也出现类似的结果。在这种情况下，即使溶解氧浓度为 5.0 mg/L，也可以分解 94.0%以上的全氟辛烷磺酸盐[60]。

$$e_{aq}^- + O_2 \longrightarrow O_2^{\cdot-} \quad k = 1.9\times10^{10}\ \text{L/(mol·s)} \tag{8.35}$$

$$^{\cdot}H + O_2 \longrightarrow HO_2^{\cdot} \rightleftharpoons H^+ + O_2^{\cdot-} \quad k = 1.2\times10^{10}\ \text{L/(mol·s)} \tag{8.36}$$

在厌氧条件下，紫外/亚硫酸盐体系作为典型的高级还原技术能够去除水和废水中的污染物。然而，在有氧环境下，$e_{aq}^-$ 与溶解氧快速反应，形成 $O_2^{\cdot-}$[式(8.35)]并进一步转化为 $H_2O_2$。对于 $SO_3^{\cdot-}$，其与溶解氧之间的反应引发了一系列链式反应，从而产生强氧化性 $SO_4^{\cdot-}$[式(8.13)～式(8.17)]。换句话说，在溶解氧存在条件下，由于大量的 $SO_4^{\cdot-}$生成，紫外/亚硫酸盐体系可以由高级还原技术转化为高级氧化技术或高级氧化-还原耦合技术。紫外/亚硫酸盐体系中 $SO_4^{\cdot-}$的产率主要受到 $SO_3^{\cdot-}$和 $O_2$ 浓度的限制。到目前为止，提高 $SO_4^{\cdot-}$生成的方法主要有两种：一方面，通过曝气增加水中溶解氧的浓度，使 $SO_4^{\cdot-}$的最大稳态浓度升高；

另一方面，$SO_4^{\bullet-}$的形成也可以通过添加一些化学试剂来促进 $SO_3^{\bullet-}$的生成，从而形成均相或非均相紫外/亚硫酸盐体系。

由于紫外光只占太阳光谱的一小部分(4%～6%)，在利用太阳能的“愿景”推动下，其对地球产生 $1.2 \times 10^5$ TW 的辐射。基于此，研究学者将研究重点放在占太阳光谱 43%～45%的可见光区域。即可见光驱动亚硫酸盐活化。而且，与在高能紫外光下进行的反应相比，可见光驱动的活化过程不需要特定的设备，并且经过优化可以选择性地进行，从而以良好或高产率提供目标产物。

近年来，为了扩大太阳能的利用，在可见光或模拟太阳光照射下光催化活化亚硫酸盐受到越来越多的关注。在这方面，利用光催化剂(如氮空位掺杂氮化碳、溴氧化铋和钒酸铋)在可见光照射下产生光生电子和空穴，它们分别具有强还原能力和强氧化能力。产生的空穴可以活化亚硫酸盐形成 $SO_3^{\bullet-}$。同时，由于其空穴的清除能力，亚硫酸盐的引入可以提高光催化剂中光生电子/空穴对的分离效率，从而提高污染物的去除效率[61]。然而，关于 $SO_3^{\bullet-}$的作用出现了一些不同的声音[62]。具体而言，生成的 $SO_3^{\bullet-}$不稳定，可进一步与溶解氧发生反应并生成 $SO_5^{\bullet-}$和 $SO_4^{\bullet-}$，从而作用于污染物降解。而且，光生电子和空穴可以使水中 $H_2O/OH^-$和溶解氧分别转化为$^{\bullet}OH$ 和 $O_2^{\bullet-}$。此外，包括 $Zn_xCu_{1-x}Fe_2O_4$和 Fe(Ⅲ)浸渍的 N 掺杂 $TiO_2$在内的一些金属基光催化剂具有双重功能，即提供光生空穴和作为亚硫酸盐活化剂，导致主导性 $SO_4^{\bullet-}$的生成[63, 64]。因此，选择合适的催化剂是亚硫酸盐光催化活化的关键，与协同效应的反应机理密切相关。

太阳光驱动光催化技术为有效去除有机污染物和水分解制氢提供了一种有前景的解决方案。在此，Khan 等开发了一种使用伊红 Y 敏化(001)和(101)暴露晶面的 $TiO_2$/Ti 固定薄膜作为光催化剂的亚硫酸盐强化太阳光驱动光催化技术[65]。通过将伊红 Y 与 $TiO_2$/Ti 薄膜偶联提高了对氨基苯甲酸的降解效率，相比于 $TiO_2$/光和伊红 Y 修饰 $TiO_2$/光的光催化体系分别降解了 23.6%和 48.9%。在 5 mmol/L 亚硫酸盐存在下，伊红 Y 修饰的 $TiO_2$ 降解对氨基苯甲酸的表观速率常数提高了 4.7 倍。有趣的是，伊红 Y 修饰的 $TiO_2$ 在可见光照射下显示出可观的产氢速率[214 μmol/(L·h)]，相比未修饰 $TiO_2$ 的产氢速率提升了 7.9 倍。这可以很好地解释为伊红-Y 和 $TiO_2$之间的正向协同效应可以有效地抑制电子-空穴对复合，增强界面电荷转移，并提供更多的活性吸附位点和光催化反应中心。同时，在三次循环过程中，产氢速率没有明显损失，这清楚地表明伊红 Y 敏化 $TiO_2$/Ti 薄膜在太阳光产氢中的结构稳定性。基于此，太阳光/亚硫酸盐/伊红 Y-$TiO_2$ 体系是一种利用可再生太阳光和空气污染物实现环境可持续发展的有前景的技术，因为亚硫酸盐是烟气脱硫过程中产生的副产物。

# 8.7　主要的影响因素

## 8.7.1　pH

溶液 pH 被认为是影响亚硫酸盐活化的关键参数，它可以影响催化剂、亚硫酸盐与目标污染物之间的相互作用以及活性物种的产率，从而影响污染物的降解效率。首先，亚硫酸盐的分布与 pH 有关。由于亚硫酸盐的 $pK_a$ 为 7.2，因此当溶液 pH 为 4.0～7.0 时，$HSO_3^-$占主导地位；而当 pH 大于 9.0 时，$SO_3^{2-}$占主导地位。其次，pH 会影响均相金属/亚硫酸盐活化过程中金属离子的形态分布。例如，Fe(Ⅲ)/Fe(Ⅱ)或 Mn(Ⅱ)的有效工作 pH 低于 4.0，而对于 Cu(Ⅱ)或 Co(Ⅱ)则在碱性条件下最有利。同时，pH 对非均相催化剂的表面电荷也会产生影响，从而干扰与亚硫酸盐的相互作用。当溶液 pH 超过零电荷点的 pH 时，催化剂表面带负电荷，使其与亚硫酸盐之间产生静电排斥，从而使降解效率下降。再次，溶液 pH 会影响有机污染物的分布和存在形态，其去质子化通常有利于活性物种的亲电攻击[66]。最后，pH 还可以调节亚硫酸盐活化过程中活性物种的产生和转化。例如，碱性 pH 可以加速 $SO_5^{\bullet-}$向 $SO_4^{\bullet-}$[51]以及 $SO_4^{\bullet-}$向$^{\bullet}OH$ 的转变[47]。因此，应根据亚硫酸盐活化工艺选择去除污染物的最优 pH。

## 8.7.2　亚硫酸盐浓度

亚硫酸盐的浓度对亚硫酸盐活化过程中污染物的氧化降解至关重要，这与产生的活性物种的类型和含量密切相关。在大多数基于亚硫酸盐的高级氧化技术中，亚硫酸盐浓度在去除污染物方面表现出“火山”模式。例如，Chen 等报道，当亚硫酸盐浓度从 0.1 mmol/L 增加到 1.0 mmol/L 时，普萘洛尔在 FeS/亚硫酸盐体系中的降解速率从 0.009 $min^{-1}$ 增加到 0.184 $min^{-1}$，随着亚硫酸盐浓度进一步增加到 2.0 mmol/L，降解速率反而降低到 0.106 $min^{-1}$，这是因为过量的亚硫酸盐将消耗 $SO_4^{\bullet-}$[54]。此外，为了减轻亚硫酸盐过量带来的负面影响，选择 $CaSO_3$ 作为 $SO_3^{2-}$缓释源更合适。这是由于 $CaSO_3$ 的微溶性，可以缓慢且持续地提供 $SO_3^{2-}$，从而强化构建体系的氧化效能。

## 8.7.3　溶解氧浓度

溶解氧在水生环境中无处不在，在亚硫酸盐活化中起重要作用。特别是溶解氧参与了金属-亚硫酸盐络合物和随后硫氧自由基的形成，显著影响了去除性能。例如，苯胺的降解效率在没有溶解氧的情况下从 70.0%大幅下降到 10.0%，这受到 Fe(Ⅱ)/Fe(Ⅲ)循环和 $SO_3^{\cdot-}$向 $SO_5^{\cdot-}$转化的限制[17]。同样，Wang 等研究结果表明，在氮气吹扫的情况下，可以完全抑制双氯芬酸的降解[67]。Chen 等提出了一种用于氯霉素降解的曝气辅助 Fe(Ⅱ)/亚硫酸盐工艺[68]。他们发现，随着溶解氧浓度在 0～6.0 mg/L 范围内增加，氯霉素的降解速率从 $6.0 \times 10^{-4}\ min^{-1}$ 增加到 $1.38 \times 10^{-2}\ min^{-1}$，随后进一步增加其浓度时降解速率几乎保持不变，这是由 $SO_3^{\cdot-}$形成的限速步骤和氧补偿原理所致。此外，在亚硫酸盐活化过程中，水中溶解氧在初始阶段迅速消耗，然后逐渐恢复到初始水平，也证实溶解氧的关键作用。值得注意的是，在不存在溶解氧时，可以完全抑制 Cr(Ⅵ)/亚硫酸盐体系中 4-氯苯酚的降解，但几乎不影响 Cr(Ⅵ)的还原[69]。

Chen 等研究了溶解氧的产生方法对 FeS/亚硫酸盐工艺的影响，发现与机械搅拌相比，在氧气吹扫下普萘洛尔降解受到抑制[54]。他们从三个方面进行了解释：①机械搅拌下溶解氧的浓度足以实现亚硫酸盐活化；②FeS 中的结构 Fe(Ⅱ)在好氧条件下会转化为 Fe(Ⅲ)，从而改变溶解度；③吹扫产生的大气泡可能会延迟反应活性物种之间的电子传输。

Qiao 等研究了在无氧和有氧的情况下亚硫酸盐还原去除溴酸盐的动力学和机制[70]。结果表明，在初始 pH 3.0～6.0 范围，亚硫酸盐可以有效地还原 $BrO_3^-$，并且 $BrO_3^-$的还原效率随 pH 的降低而增加。具有富电子基团的共存有机污染物可以被降解，并伴随亚硫酸盐对 $BrO_3^-$的还原。同时，氧气的存在会导致化学计量的亚硫酸盐的过量消耗(−Δ[亚硫酸盐]/Δ[溴酸盐]在不存在和存在溶解氧的情况下分别为 3.33 和 15.63)。进一步的研究表明，$BrO_3^-$/亚硫酸盐体系在空气气氛中的主要反应包括 $BrO_3^-$还原为 HOBr 并进一步还原为 $Br^-$，以及 $H_2SO_3$ 被 $BrO_3^-$氧化为 $SO_3^{\cdot-}$并进一步转化为 $SO_4^{\cdot-}$，随后作为主要的活性物种响应有机物的降解；而在厌氧环境下，形成的 $SO_3^{\cdot-}$负责 $BrO_3^-$的还原。基于此，亚硫酸盐还原 $BrO_3^-$是控制水处理中 $BrO_3^-$的可行方法，因为它在初始 pH 小于或等于 6.0 的实际水体中有效。

总体来说，溶解氧对基于亚硫酸盐的高级氧化技术的作用尚不完全清楚，需要进一步研究。由于其与构建体系中产生的活性物种(如 $SO_3^{\cdot-}$)的高反应速率，不仅影响污染物的降解行为，而且可能使反应路径发生转变。特别是在同一个构建的体系中也可能出现相互矛盾的结果，其中很多可能是由于在厌氧条件下降解实验没有严格控制水中溶解氧的浓度，溶解氧浓度没有被定量识别和监测。因此，应开展更多研究来探索溶解氧的浓度对基于亚硫酸盐的高级氧化技术对污染物的降解性能和机理的影响。

### 8.7.4 水环境基质

无机阴离子(如氯离子、碳酸氢根离子、磷酸根离子、硝酸根离子和亚硝酸根离子）和天然有机物是实际水体中无所不在的组分。它们的作用已被广泛研究以评估基于亚硫酸盐的高级氧化技术的应用潜力。正如大多数文献报道的结果，氯化物、碳酸氢盐或磷酸盐的存在对污染物的去除具有抑制作用，因为它们可以与 $SO_4^{\bullet-}$/$^{\bullet}OH$ 反应产生较低活性的自由基。例如，由于 $SO_4^{\bullet-}$与氯离子反应形成氯自由基，在 2.0 mmol/L 氯离子存在时，碘海醇在 $CuFe_2O_4$/亚硫酸盐体系中的降解效率降低了约 50%[52]。Chen 等研究了卤素离子对 Fe（Ⅱ）/亚硫酸盐体系中氯霉素降解的影响[68]。结果表明，卤素离子的存在具有抑制作用，且抑制作用依次为碘离子 > 溴离子 > 氯离子，对应于其与 $SO_4^{\bullet-}$的反应活性。此外，磷酸盐和碳酸氢盐的存在易使催化剂表面复合，阻碍了催化位点和亚硫酸盐之间的相互作用。不同的是，Wu 等报道添加碳酸氢盐可以显著加速甲基橙的降解[71]。他们解释为，碳酸氢盐可以与富氮碳纳米管包裹钴纳米颗粒中的结构 Co（Ⅱ）络合，从而促进 Co（Ⅱ）氧化为 Co（Ⅲ）并形成高价态钴物种。

天然有机物也是水环境中普遍存在的组分。许多研究发现，天然有机物是增强还是抑制构建体系的催化性能取决于其种类和浓度。腐殖酸是天然有机物的主要成分，含有丰富的羰基、羧酸基团、酚羟基和羟基，与$^{\bullet}OH$ 和 $SO_4^{\bullet-}$的反应速率分别为 $1.4 \times 10^4$ L/(mg C·s) 和 $6.8 \times 10^3$ L/(mg C·s)[72]，可与目标污染物竞争 $SO_4^{\bullet-}$/$^{\bullet}OH$ 氧化。腐殖酸除了具有清除活性物种作用外，还可以作为络合剂与金属离子或非均相金属催化剂络合，从而间接影响污染物的去除性能。

# 参 考 文 献


[1] Wu S H, Shen L Y, Lin Y, Yin K, Yang C P. Sulfite-based advanced oxidation and reduction processes for water treatment. Chemical Engineering Journal, 2021, 414: 128872.

[2] Lee Y J, Rochelle G T. Oxidative degradation of organic acid conjugated with sulfite oxidation in flue gas desulfurization: Products, kinetics, and mechanism. Environmental Science & Technology, 1987, 21: 266-272.

[3] Zhou D N, Chen L, Li J J, Wu F. Transition metal catalyzed sulfite auto-oxidation systems for oxidative decontamination in waters: A state-of-the-art minireview. Chemical Engineering Journal, 2018, 346: 726-738.

[4] Sauer M C, Crowell R A, Shkrob L A. Electron photodetachment from aqueous anions. 1. Quantum yields for generation of hydrated electron by 193 and 248 nm laser photoexcitation of miscellaneous inorganic anions. The Journal of Physical Chemistry A, 2004, 108: 5490-5502.

[5] Neta P, Huie R E, Ross A B. Rate constants for reactions of inorganic radicals in aqueous solution. Journal of Physical and Chemical Reference Data, 1988, 17: 1027-1284.

[6] Buxton G V, Greenstock C L, Helman W P, Ross A B. Critical review of rate constants for reactions of hydrated electrons, hydrogen atoms and hydroxyl radicals $^{\bullet}OH$/$^{\bullet}O^-$ in aqueous solution. Journal of Physical and Chemical Reference Data, 1988, 7: 513-886.

[7] Li X C, Ma J, Liu G F, Fang J Y, Yue S Y, Guan Y H, Chen L W, Liu X W. Efficient reductive dechlorination of monochloroacetic acid by sulfite/UV process. Environmental Science & Technology, 2012, 46: 7342.

[8] Cao Y, Qiu W, Li J, Jiang J, Pang S Y. Review on UV/sulfite process for water and wastewater treatments in the presence or absence of $O_2$. Science of the Total Environment, 2021, 765: 142762.

[9] Ziajka J, Beer F, Warneck P. Iron-catalysed oxidation of bisulphite aqueous solution: Evidence for a free radical chain mechanism. Atmospheric Environment, 1994, 28: 2549-2552.

[10] Brandt C, Fabian I, Eldik R V. Kinetics and mechanism of the iron(Ⅲ)-catalyzed autoxidation of sulfur (Ⅳ) oxides in aqueous solution. Evidence for the redox cycling of iron in the presence of oxygen and modeling of the overall reaction mechanism. Inorganic Chemistry, 1994, 33: 687-701.

[11] Buxton G V, McGowan S, Salmon G A, Williams J E, Wood N D. A study of the spectra and reactivity of oxysulphur-radical anions involved in the chain oxidation of S(Ⅳ) : A pulse and γ-radiolysis study. Atmospheric Environment, 1996, 30: 2483-2493.

[12] Fischer M, Warneck P. Photodecomposition and photooxidation of hydrogen sulfite in aqueous solution. The Journal of Physical Chemistry, 1996, 100: 15111-15117.

[13] Dong H Y, Wei G F, Yin D Q, Guan X H. Mechanistic insight into the generation of reactive oxygen species in sulfite activation with Fe(Ⅲ) for contaminants degradation. Journal of Hazardous Materials, 2019, 384: 121497.

[14] Huie R E, Neta P. One-electron redox reactions in aqueous solutions of sulfite with hydroquinone and other hydroxyphenols. The Journal of Physical Chemicstry, 1985, 89: 3918-3921.

[15] Chen L, Peng X Z, Liu J H, Li J J, Wu F. Decolorization of orange Ⅱ in aqueous solution by an Fe(Ⅱ)/sulfite system: Replacement of persulfate. Industrial & Engineering Chemistry Research, 2016, 51: 13632-13638.

[16] Yu Y T, Li S Q, Peng X Z, Yang S J, Zhu Y F, Chen L, Wu F, Mailhot G. Efficient oxidation of bisphenol A with oxysulfur radicals generated by iron-catalyzed autoxidation of sulfite at circumneutral pH under UV irradiation. Environmental Chemistry Letters, 2016, 14: 527-532.

[17] Yuan Y N, Luo T, Xu J, Li J J, Wu F, Brigante M, Mailhot G. Enhanced oxidation of aniline using Fe(Ⅲ)-S(Ⅳ) system: Role of different oxysulfur radicals. Chemical Engineering Journal, 2019, 362: 183-189.

[18] Xie P C, Zhang L, Wang J W, Zou Y J, Wang S L, Yue S Y, Wang Z P, Ma J. Transformation of tetrabromobisphenol a in the iron ions-catalyzed auto-oxidation of $HSO_3^{2-}/SO_3^{2-}$ process. Separation and Purification Technology, 2020, 235: 116197.

[19] Sun S F, Pang S Y, Jiang J, Ma J, Huang Z S, Zhang J M, Liu Y L, Xu C B, Liu Q L, Yuan Y X. The combination of ferrate (Ⅵ) and sulfite as a novel advanced oxidation process for enhanced degradation of organic contaminants. Chemical Engineering Journal, 2018, 333: 11-19.

[20] Feng M B, Jinadatha C, McDonald T J, Sharma V K. Accelerated oxidation of organic contaminants by ferrate (Ⅵ) : The overlooked role of reducing additives. Environmental Science & Technology, 2018, 52: 11319-11327.

[21] Zhang J, Zhu L, Shi Z Y, Gao Y. Rapid removal of organic pollutants by activation sulfite with ferrate. Chemosphere, 2017, 186: 576-579.

[22] Feng M B, Sharma V K. Enhanced oxidation of antibiotics by ferrate (Ⅵ) -sulfur (Ⅳ) system: Elucidating multi-oxidant mechanism. Chemical Engineering Journal, 2018, 341: 137-145.

[23] Xie P C, Guo Y Z, Chen Y Q, Wang Z P, Shang R, Wang S L, Ding J Q, Wan Y, Jiang W, Ma J. Application of a novel advanced oxidation process using sulfite and zero-valent iron in treatment of organic pollutants. Chemical Engineering Journal, 2017, 314: 240-248.

[24] Guo Y G, Lou X Y, Fang C L, Xiao D X, Wang Z H, Liu J S. Novel photo-sulfite system: Toward simultaneous transformations of inorganic and organic pollutants. Environmental Science & Technology, 2013, 47: 11174-11181.

[25]Zuo Y G, Zhan J, Wu T X. Effects of monochromatic UV-visible light and sunlight on Fe(Ⅲ)-catalyzed oxidation of dissolved sulfur dioxide. Journal of Atmospheric Chemistry, 2005, 50: 195-210.

[26] Acosta-Rangel A, Polo M S, Utrilla J R, Rozalen M, Polo A M S, Mota A J. Comparative study of the oxidative degradation of different 4-aminobenzene sulfonamides in aqueous solution by sulfite activation in the presence of Fe(0) , Fe(Ⅱ) , Fe(Ⅲ) or Fe(Ⅵ) . Water, 2019, 11: 2332.

[27] Shao B B, Dong H Y, Sun B, Guan X H. Role of ferrate (Ⅳ) and ferrate (Ⅴ) in activating ferrate (Ⅵ) by calcium sulfite for enhanced oxidation of organic contaminants. Environmental Science & Technology, 2019, 53: 894-902.

[28] Shao B B, Dong H Y, Feng L Y, Qiao J L, Guan X H. Influence of [sulfite]/[Fe (Ⅵ) ] molar ratio on the active oxidants generation in Fe(Ⅵ)/sulfite process. Journal of Hazardous Materials, 2023, 84: 121303.

[29] Bzdyra B M, Spellman C D, Jr Andreu I, Goodwill J E. Sulfite activation changes character of ferrate resultant particles. Chemical Engineering Journal, 2020, 393: 124771.

[30] Zhao X D, Wu W J, Yan Y G. Efficient abatement of an iodinated X-ray contrast media iohexol by Co(Ⅱ) or Cu(Ⅱ) activated sulfite autoxidation process. Environmental Science and Pollution Research, 2019, 26: 24707-24719.

[31] Yuan Y N, Zhao D, Li J J, Wu F, Brigante M, Mailhot G. Rapid oxidation of paracetamol by Cobalt (Ⅱ) catalyzed sulfite at alkaline pH. Catalysis Today, 2018, 313: 155-160.

[32] Chen L, Tang M, Chen C, Chen M G, Luo K, Xu J, Zhou D N, Wu F. Efficient bacterial inactivation by transition metal catalyzed auto-oxidation of sulfite. Environmental Science & Technology, 2017, 51: 12663-12671.

[33] Luo T, Yuan Y N, Zhou D N, Luo L T, Li J J, Wu F. The catalytic role of nascent $Cu(OH)_2$ particles in the sulfite-induced oxidation of organic contaminants. Chemical Engineering Journal, 2019, 363: 329-336.

[34] Jia L X, Pei X W, Yang F. Electrolysis-assisted Mn(Ⅱ)/sulfite process for organic contaminant degradation at near-neutral pH. Water, 2019, 11: 1608.

[35] Zhang J M, Ma J, Song H R, Sun S F, Zhang Z X, Tao Y. Organic contaminants degradation from the S(Ⅳ) autoxidation process catalyzed by ferrous-manganous ions: A noticeable Mn (Ⅲ) oxidation process. Water Research, 2018, 33: 227-235.

[36] Sun B, Guan X H, Fang J Y, Tratnyek P G. Activation of manganese oxidants with bisulfite for enhanced oxidation of organic contaminants: The involvement of Mn(Ⅲ). Environmental Science & Technology, 2015, 49: 12414-12421.

[37] Shi Z Y, Jin C, Zhang J, Zhu L. Insight into mechanism of arsanilic acid degradation in permanganate-sulfite system: Role of reactive species. Chemical Engineering Journal, 2019, 359: 1463-1471.

[38] Sun B, Dong H Y, He D, Rao D D, Guan X H. Modeling the kinetics of contaminants oxidation and the generation of manganese (Ⅲ) in the permanganate/bisulfite process. Environmental Science & Technology, 2016, 50: 1473-1482.

[39] Yuan Y N, Yang S J, Zhou D N, Wu F. A simple Cr(Ⅵ)-S(Ⅳ)-$O_2$ system for rapid and simultaneous reduction of Cr(Ⅵ) and oxidative degradation of organic pollutants. Journal of Hazardous Materials, 2016, 307: 294-301.

[40] Dong H Y, Wei G F, Cao T C, Shao B B, Guan X H, Strathmann T J. Insights into the oxidation of organic cocontaminants during Cr(Ⅵ) reduction by sulfite: The overlooked significance of Cr (Ⅴ). Environmental Science & Technology, 2020, 54: 1157-1166.

[41] Ensafi A A, Bafrooei E H, Rezaei B. DNA-based biosensor for comparative study of catalytic effect of transition metals on autoxidation of sulfite. Analytical Chemistry, 2013, 85: 991-997.

[42] Du J S, Guo W Q, Wang H Z, Yin R L, Zheng H S, Feng X C, Che D, Ren N Q. Hydroxyl radical dominated degradation of aquatic sulfamethoxazole by $Fe^0$/bisulfite/$O_2$: Kinetics, mechanisms, and pathways. Water Research, 2018, 138: 323-332.

[43] Xie P C, Zhang L, Chen J H, Ding J Q, Wan Y, Wang S L, Wang Z P, Zhou A J, Ma J. Enhanced degradation of organic contaminants by zero-valent iron/sulfite process under simulated sunlight irradiation. Water Research, 2019, 149: 169-178.

[44] Yang Y, Sun M Y, Zhou J, Ma J F, Komarneni S. Degradation of orange Ⅱ by Fe@$Fe_2O_3$ core shell nanomaterials assisted by $NaHSO_3$. Chemosphere, 2020, 244: 125588.

[45] Chen R X, Yin H, Peng H, Wei X P, Yu X L, Xie D P, Lu G N, Dang Z. Removal of triphenyl phosphate by nanoscale zerovalent iron (nZVI) activated bisulfite: Performance, surface reaction mechanism and sulfate radical-mediated degradation pathway. Environmental Pollution, 2020, 260: 113983.

[46] Zhao X D, Wu Y, Xing D Y, Ren Z J, Ye L F. Enhanced abatement of organic contaminants by zero-valent copper and sulfite. Environmental Chemistry Letters, 2020, 18: 237-241.

[47] Mei Y, Zeng J C, Sun M Y, Ma J F, Komarneni S. A novel Fenton-like system of $Fe_2O_3$ and $NaHSO_3$ for orange Ⅱ degradation. Separation and Purification Technology, 2020, 230: 115866.

[48] 王成. 不同结构态铁与亚硫酸盐的相互作用及其在水处理中的应用. 武汉: 华中农业大学, 2021.

[49] Wu W J, Zhao X D, Jing G H, Zhou Z M. Efficient activation of sulfite autoxidation process with copper oxides for iohexol degradation under mild conditions. Science of the Total Environment, 2019, 695: 133836.

[50] Zhu S R, Yang J N, Liu Y, Gao W, Yi X L, Zhou H, Wu M H. Synergetic interaction of lithium cobalt oxide with sulfite to accelerate the degradation of organic aqueous pollutants. Materials

Chemistry and Physics, 2020, 249: 123123.

[51] Liu Z Z, Yang S J, Yuan Y N, Xu J, Zhu Y F, Li J J, Wu F. A novel heterogeneous system for sulfate radical generation through sulfite activation on a $CoFe_2O_4$ nanocatalyst surface. Journal of Hazardous Materials, 2017, 324: 583-592.

[52] Zhao X D, Wu W J, Jing G H, Zhou Z M. Activation of sulfite autoxidation with $CuFe_2O_4$ prepared by MOF-templated method for abatement of organic contaminants. Environmental Pollution, 2020, 260: 114038.

[53] Dou R Y, Cheng H, Ma J F, Komarneni S. Manganese doped magnetic cobalt ferrite nanoparticles for dye degradation via a novel heterogeneous chemical catalysis. Materials Chemisity and Physics, 2020, 240: 122181.

[54] Chen Y Q, Tong Y, Xue Y W, Liu Z Z, Tang M, Huang L Z, Shao S L, Fang Z. Degradation of the $\beta$-blocker propranolol by sulfite activation using FeS. Chemical Engineering Journal, 2020, 385: 123884.

[55] Wu Y, Xing Y Y, Zhao X D, Zhou Z M, Jing G H. Mechanistic insights into rapid sulfite activation with cobalt sulfide towards iohexol abatement: Contribution of sulfur conversion. Chemical Engineering Journal, 2022, 429: 132404.

[56] Huang L Z, Wei X L, Gao E L, Zhang C B, Hu X M, Chen Y Q, Liu Z Z, Finck N, Lützenkirchen J, Dionysiou D D. Single Fe atoms confined in two-dimensional $MoS_2$ for sulfite activation: A biomimetic approach towards efficient radical generation. Applied Catalysis B: Environmental, 2020, 268: 118459.

[57] Qu Y, Song X, Chen X, Fan X, Zhang G. Tuning charge transfer process of $MoS_2$ photoanode for enhanced photoelectrochemical conversion of ammonia in water into gaseous nitrogen. Chemical Engineering Journal, 2020, 382: 123048.

[58] Zhang Y, Yang W, Zhang K K, Kumaravel A, Zhang Y R. Sulfite activation by glucose-derived carbon catalysts for As(Ⅲ) oxidation: The role of ketonic functional groups and conductivity. Environmental Science & Technology, 2021, 55: 11961-11969.

[59] Xiao Q, Wang T, Yu S L, Yi P, Li L. Influence of UV lamp, sulfur (Ⅳ) concentration, and pH on bromate degradation in UV/sulfite systems: Mechanisms and applications. Water Research, 2017, 111: 288-296.

[60] Gu Y R, Dong W Y, Luo C, Liu T Z. Efficient reductive decomposition of perfluorooctanesulfonate in a high photon flux UV/sulfite system. Environmental Science & Technology, 2016, 50: 10554-10561.

[61] Bacha A U R, Cheng H Y, Han J, Nabi I, Li K J, Wang T, Yang Y, Ajmal S, Liu Y Y, Zhang L W. Significantly accelerated PEC degradation of organic pollutant with addition of sulfite and mechanism study. Applied Catalysis B: Environmental, 2019, 248: 441-449.

[62] Chen L, Ding W, Wu F. Comment on “visible-light-driven photocatalytic degradation of organic water pollutants promoted by sulfite addition”. Environmental Science & Technology, 2018, 52: 1675-1676.

[63] Huang Y, Han C, Liu Y Q, Nadagouda M N, Machala L, O’Shea K E, Sharma V K, Dionysiou D D. Degradation of atrazine by $Zn_xCu_{1-x}Fe_2O_4$ nanomaterial-catalyzed sulfite under UV-vis light

irradiation: Green strategy to generate $SO_4^{\bullet-}$. Applied Catalysis B: Environmental, 2018, 221: 380-392.

[64] Abdelhaleem A, Chu W, Liang X L. Diphenamid degradation via sulfite activation under visible LED using Fe(Ⅲ) impregnated N-doped $TiO_2$ photocatalyst. Applied Catalysis B: Environmental, 2019, 244: 823-835.

[65] Khan J A, Sayed M, Shah N S, Khan S, Zhang Y X, Boczkaj G, Khan H M, Dionysiou D D. Synthesis of eosin modified $TiO_2$ film with co-exposed {001} and {101} facets for photocatalytic degradation of para-aminobenzoic acid and solar $H_2$ production. Applied Catalysis B: Environmental, 2020, 265: 118557.

[66] Chen Y Q, Li M Y, Tong Y, Liu Z Z, Fang L P, Wu Y, Fang Z, Wu F, Huang L Z. Radical generation via sulfite activation on $NiFe_2O_4$ surface for estriol removal: Performance and mechanistic studies. Chemical Engineering Journal, 2019, 368: 495-503.

[67] Wang H B, Wang S X, Liu Y Q, Fu Y S, Wu P, Zhou G F. Degradation of diclofenac by Fe(Ⅱ)-activated bisulfite: Kinetics, mechanism and transformation products. Chemosphere, 2019, 237: 124518.

[68] Chen X Y, Miao W, Yang Y L, Hao S B, Mao S. Aeration-assisted sulfite activation with ferrous for enhanced chloramphenicol degradation. Chemosphere, 2020, 238: 124599.

[69] Dong H Y, Wei G F, Fan W J, Ma S C, Strathmann M. Reinvestigating the role of reactive species in the oxidation of organic co-contaminants during Cr(Ⅵ) reactions with sulfite. Chemosphere, 2018, 196: 593.

[70] Qiao J L, Feng L Y, Dong H Y, Zhao Z W, Guan X H. Overlooked role of sulfur-centered radicals during bromate reduction by sulfite. Environmental Science & Technology, 2019, 53: 10320-10328.

[71] Wu D M, Ye P, Wang M Y, Wei Y, Li X X, Xu A H. Cobalt nanoparticles encapsulated in nitrogen-rich carbon nanotubes as efficient catalysts for organic pollutants degradation via sulfite activation. Journal of Hazardous Materials, 2018, 352: 148-156.

[72] Lutze H V, Bircher S, Rapp I, Kerlin N, Bakkour R, Geisler M, Sonntag C V, Schmidt T C. Degradation of chlorotriazine pesticides by sulfate radicals and the influence of organic matter. Environmental Science & Technology, 2015, 49: 1673-1680.

# 第 9 章　基于过氧乙酸的高级氧化技术

## 9.1　引　　言

饮用水行业中常用氯作为消毒剂，然而其消毒过程中易与水中天然有机物发生反应并生成具有致突变性和致癌性的消毒副产物(DBPs)，这已经成为日益严重的公共卫生问题。目前，已经确定有超过 300 种不同的 DBPs 生成，其中三卤甲烷和卤乙酸是饮用水氯消毒中两种常见的 DBPs，被证实与膀胱癌等癌症相关。同时，从处理厂流出的余氯会杀死水生生物。对 DBPs 和余氯的严格监管正在增加使用这些主力化学品的污水处理厂的成本。基于此，寻找具有成本效益和环保的氯消毒剂替代品已成为当务之急。

过氧乙酸[$CH_3C(O)OOH$，PAA]因强氧化、消毒和无毒无害的特性，已在食品加工、医药、化工、纺织、纸浆和水产养殖等行业得到广泛应用。PAA 在水和废水处理中的应用最早追溯于 1976 年。PAA 具有广谱杀菌能力，能杀灭多种微生物，消毒过程中不会产生有毒副产物，其主要分解为乙酸和水，因此处理后的污水也无需脱氯处理，是一类具有发展前景的绿色水处理剂。PAA 主要用于医院消毒和制药行业，包括英国、芬兰、意大利、加拿大在内的一些欧美国家，已将 PAA 广泛用于污水消毒工艺。1985 年，美国环保署将 PAA 注册为杀菌剂，用作消毒剂、清洁剂和杀菌剂。1999 年和 2012 年，美国环保署先后发布报告，将 PAA 列为污水处理厂出口和联合污水溢流的一个良好选择。欧盟委员会于 2016 年批准 PAA 作为现有活性物种用作生物杀灭剂。加拿大通用标准委员会许可物质清单(CAN/CGSB-32.311-2015)允许将 PAA 用作食品级清洁剂、消毒剂和杀虫剂。在新冠疫情中，中国生态环境部办公厅发布《关于做好新型冠状病毒感染的肺炎疫情医疗污水和城镇污水监管工作的通知》，强调对污水最有效的消毒方案是投加以强氧化剂为主的消毒剂，并将 PAA 列入常用消毒剂名单内[1]。

相比于传统氯消毒剂，PAA 具有使用安全、氧化效能高、试剂消耗量少、易分解导致毒性低等优势，所需接触时间短，其消毒效果受水体 pH、硬度和天然有机物的影响小。因此，PAA 作为有前途的氯消毒剂替代品极有可能在未来普遍应用于污水消毒处理。根据最近的报告，2022 年全球 PAA 市场价值 6.4 亿美元，到 2028 年将增长到 8.179 亿美元，特别是用于废水处理的 PAA 市场预计将以每年 4%的速度增长。PAA 在污水处理厂中应用，不仅可以减少饮用水 DBPs 生成，而且使用过程中只需对现有的氯消毒设备加以改造便可使用，降低改造成本。目前，PAA 在废水处理中应用较多，比臭氧技术更简单，比紫外消毒更经济，比氯消毒更环保。Sandle 和 Hanlon 比较了各种消毒剂如二氧化氯、次氯酸盐、高浓度的过氧化氢、PAA 溶液等对洁净室芽孢杆菌的灭活效果[2]。结果发现，PAA 相比其他消毒剂能更有效地灭活芽孢杆菌，因而在欧洲常用作芽孢杆菌杀灭剂。值得注意的是，Xue 等研究表明应用 PAA 消毒不会生成氯代和溴代副产物，但消毒剂中 PAA 与 $H_2O_2$ 的比例会促进碘代副产物的生成，因此在应用 PAA 消毒时需要优化它们的摩尔比[3]。尽管 $H_2O_2$ 也是一种几乎不产生 DBPs 的氧化剂，但 PAA 的消毒能力明显优于 $H_2O_2$。二级和三级出水的消毒通常需要 1～15 mg/L 的 PAA 剂量和约 1～60 min 的接触时间[4]。

近年来开发包括能量输入(如紫外照射和加热)和催化剂[如 Fe(Ⅱ/Ⅲ)、Co(Ⅱ/Ⅲ)、Mn(Ⅱ/Ⅲ/Ⅳ)、Ru(Ⅲ)、V(Ⅳ/Ⅴ)、过渡金属、活性炭]等各种方法来强化 PAA 分解以创建基于有机自由基的高级氧化技术，如过氧乙酰自由基[$CH_3C(O)OO^{\bullet}$]、乙酰氧基自由基[$CH_3C(O)O^{\bullet}$]、过氧甲基自由基($CH_3OO^{\bullet}$)和甲基自由基($^{\bullet}CH_3$)，即 PAA 活化。有机自由基的半衰期相对较长，能长效分解水中有机污染物。因此，开发高效、环保的 PAA 活化方法对于有机废水的处理具有重要意义。

基于此，本章综述了基于 PAA 的高级氧化技术的最新进展，重点介绍了 PAA 的化学性质、活化方法和机理、在杀菌消毒和污染物降解领域的应用以及影响因素。

## 9.2 过氧乙酸的理化性质

### 9.2.1 过氧乙酸的特性

PAA 是一种易挥发、强腐蚀和强氧化的无色透明液体，同时具有特殊的刺激性气味。PAA 是 $H_2O_2$ 的酰基取代衍生物，分子式为 $CH_3C(O)OOH$，也可以看作是乙酸的过氧化物，通常由 $H_2O_2$ 和乙酸的反应制成，故商业 PAA 溶液是一种含有 PAA、乙酸、$H_2O_2$ 和水的混合物，其平衡式如式(9.1)所示。

$$CH_3COOH + H_2O_2 \rightleftharpoons CH_3C(O)OOH + H_2O \tag{9.1}$$

在 pH = 0 和 pH = 14 下，PAA 的标准氧化还原电位分别为 1.748 V 和

1.005 V；在标准状态(pH = 7.0，25℃，101.325 kPa)下，PAA 的标准氧化还原电位为 1.385 V[5]。PAA 的氧化还原电位为 1.81 V，高于 $H_2O_2$(1.78 V)、氯(1.48 V)、二氧化氯(1.28 V)和高铁酸盐(0.9～1.9 V)，但低于臭氧(2.08 V)，因而具有较强的氧化性和广谱杀菌能力，常用于杀菌领域，可对水中微生物进行有效灭活。如表 9.1 所示，与母体乙酸相比，PAA 具有更高的 $pK_a$值(8.2 > 4.7)，更低的沸点(110℃ < 118℃)、熔点(0.2℃ < 16.7℃)和亨利定律常数[$4.68 \times 10^2$ mol/(L·atm) < $7.36 \times 10^4$ mol/(L·atm)]。此外，PAA 可与水混溶，其辛醇/水分配系数在 pH 7 时为−0.66。PAA 既具有酸性($pK_a$ = 8.2，25℃)，又具有过氧化物的氧化特性。PAA 的解离常数为 8.2，以非解离态($PAA^0$)和解离态($PAA^-$)两种形态存在，当溶液 pH 小于 7 时，$PAA^0$ 占主导作用；而当溶液 pH 大于 9 时，$PAA^-$占主导作用。据报道，PAA 在酸性和碱性条件下的氧化还原电位分别为 1.748 V 和 1.005 V，因而 $PAA^0$ 比 $PAA^-$具有更强的氧化能力，且 $PAA^0$ 是灭活微生物的有效成分。

**表 9.1　PAA 与其母体乙酸的化学性质**

| 项目 | PAA | 乙酸 |
|---|---|---|
| $pK_a$ | 8.2 | 4.7 |
| 氧化还原电位（V） | 1.0～1.96 | — |
| 沸点（℃） | 110 | 118 |
| 熔点（℃） | 0.2 | 16.7 |
| 亨利定律常数 [mol/(L·atm)] | $4.68 \times 10^2$ | $7.36 \times 10^4$ |
| 辛醇/水分配系数（$\lg K_{ow}$，pH 7） | –0.66 | — |
| O—O 键能（kJ/mol） | 38 | — |
| O—O 键长（Å） | 1.49 | — |

PAA 分子由乙酰基和过氧基两部分组成。过氧键(O—O)键长为 1.49 Å，O—O—H 键角为 100°。PAA 分子中最弱的键是 O—O 键，其键能为 159.1 kJ/mol，小于 $H_2O_2$(213.3 kJ/mol)，因而更容易断裂其 O—O 键并生成•OH。PAA 中乙酰基的结构与其母体乙酸的结构相同。过氧基中的氢与乙酰基中的酰氧基之间具有稳定的分子内氢键，从而形成一个褶皱的五元环(图 9.1)。同时，分子内氢键使 PAA 中性分子[$CH_3C(O)OOH$]比阴离子形态[$CH_3C(O)OO^-$]更加稳定。此外，较长的碳链长度会增加其稳定性，因此 PAA 比过甲酸[HC(O)OOH]更稳定。

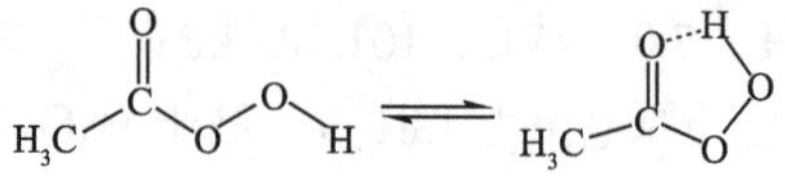

图 9.1　PAA 的分子结构

## 9.2.2　过氧乙酸的稳定性

PAA 易溶于水、硫酸、乙酸以及乙醇、乙醚等有机溶剂，微溶于芳香族溶剂。PAA 在热力学上是不稳定的，甚至不如 $H_2O_2$ 稳定。在室温下，质量分数为 40%的 PAA 溶液每月损失 1%～2%的 PAA，而 30%～90%的 $H_2O_2$ 溶液每年损失大约 1%的活性成分。质量分数为超过 15%的 PAA 溶液不稳定，会爆炸分解，需要根据应用的需求将 PAA 浓度进行稀释。

PAA 并不稳定，其平衡常数是 2.10～2.91 L/mol，容易发生分解反应。在高浓度溶液中，PAA 主要发生以下三种分解。

1) 自发分解

根据 Da Silva 等的研究，PAA 的自发分解遵循两种机制[7]。第一种机制是在质子化作用下酸的自发分解。该过程包括三个步骤：质子化、活性中间体的形成和最终产物（两个乙酸分子和一个氧分子）的形成[式(9.2)]。第二种机制发生在 pH 为 5.5～10.2 范围内，通过 PAA 阴离子对 PAA 分子的攻击，形成一种活性中间体，该中间体分解为两个乙酸根离子，$O_2$ 和 $H^+$ 作为产物。

$$CH_3C(O)OOH \longrightarrow CH_3C(O)OH + 1/2\,O_2 \tag{9.2}$$

2) 水解

PAA 在水中分解为一个乙酸分子和一个过氧化氢分子。

$$CH_3C(O)OOH + H_2O \longrightarrow CH_3C(O)OH + H_2O_2 \tag{9.3}$$

3) 过渡金属催化

尽管 PAA 与其羧酸对应物（乙酸）的结构相似，但它们的 $pK_a$ 值差异很大，例如，PAA 的 $pK_a$ 值为 8.2，而对应的乙酸的 $pK_a$ 值为 4.7。这种不同是由于它们的过羧酸盐缺乏共振稳定性。具有共振稳定性的 PAA 显示出相当的酸度。此外，PAA 通过氢键形成五元环形状的分子（图 9.1）。

$$CH_3C(O)OOH \xrightarrow{M^{n+}} CH_3C(O)OH + O_2 + \text{其他产物} \tag{9.4}$$

虽然 PAA 在自然条件下易分解，但有关其在水中分解的研究表明 PAA 在消毒作用完成后并未完全消耗，具备持续消毒的能力。Souza 等开展了 PAA 处理清洁水实验，结果表明，PAA 在消毒完成后并没有完全消耗，在 2 mg/L、3 mg/L、4 mg/L 的 PAA 浓度条件下消耗量分别为 1.25 mg/L、1.34 mg/L 和 1.6 mg/L，微生物密度高的情况下 PAA 消耗增多，但均在 2 mg/L 以下。由此可见 PAA 并不像臭氧和紫外等消毒方法不具备持续消毒能力，相反能够在管道中保持一定的浓度以保证消毒效果。

当 PAA 浓度高度浓缩时，遇热、与金属离子或还原剂接触，会引发燃烧爆炸的危险。例如，PAA 在加热到 110℃以上时会爆炸；当 PAA 加热到 130℃时，爆炸并释放甲烷、乙烷、乙烯、甲醇和二氧化碳[式(9.5)]；当在氨气气氛中加热到 150℃时，PAA 会转化为甲胺、甲醇和氧气[式(9.6)]；当铂黑存在时，它会在室温下缓慢分解[8]。因此其储存温度一般低于 30℃。尽管 PAA 可以降解乙烯基和天然或合成橡胶，但其对玻璃器皿和大多数塑料包装没有活性。纯铝、不锈钢和镀锡铁具有抗 PAA 氧化性，而钢、镀锌铁、铜、黄铜和青铜在暴露于 PAA 时容易受到腐蚀。

$$CH_3C(O)OOH \xrightarrow{130℃} CH_4 + C_2H_6 + C_2H_4 + CH_3OH + CO_2 \tag{9.5}$$

$$CH_3C(O)OOH + NH_{3(g)} \xrightarrow{150℃} CH_3NH_2 + CH_3OH + O_2 \tag{9.6}$$

值得注意的是，PAA 的分解速率主要受 PAA 浓度、温度、pH、溶解性有机碳、有机物类型与浓度、金属离子、盐度和硬度等因素的影响[9]。有机物浓度的增加能够明显促进 PAA 分解，温度与 PAA 分解呈正相关，盐度和溶解氧对 PAA 分解的促进作用明显，硬度的促进作用不明显。PAA 混合溶液中 PAA 与 $H_2O_2$ 的摩尔比不同对其分解也有影响，低摩尔比的 PAA 与 $H_2O_2$ 能够抑制其分解，PAA 的衰减过程也存在瞬时消耗，消耗量在 0.2 mg/L 以上。因此，需要采取一定的措施如投加稳定剂以防止 PAA 的快速分解。研究报道合流制污水溢流废水中颗粒物的大小对消毒效果有一定的影响，但相比次氯酸钠，PAA 受颗粒物粒径的影响较小。因此在应用中，可以将细菌包裹在颗粒有机基质中防止 PAA 对生物膜产生影响。

### 9.2.3　过氧乙酸的杀菌消毒

PAA 废水消毒的主要优点是：①应用简单，技术实施容易；②减少 DBPs 的形成；③仅需对现有污水处理厂中实施的氯化设备进行轻松改造，便可降低消毒剂转换成本；④对 pH 的依赖性较低，并且由于 PAA 是一种弱酸，因此无需随后调整出水 pH；⑤在低浓度下，其与有机物反应的分解速率比与氯化物反应慢得多，因此残留的 PAA 对避免微生物再生具有更强的作用(至少需要低于 8 倍的浓度)；⑥5 h 后没有观察到明显的再生(通过传统方法和流式细胞仪)。

PAA 杀菌灭毒的机制总结如下。李俊超认为 PAA 遇见有机物或酶可以释放出初生态氧，其通过两种路径来实现杀菌作用：①使菌体蛋白质变性、凝固；②通过氧化还原反应破坏酶蛋白的活性基团，抑制酶活性，或因化学结构与代谢产物相似，竞争或非竞争地同酶结合而抑制酶的活性[10]。另一些学者认为PAA通过自身及其活化产生的活性自由基[如$^{\bullet}OH$、$CH_3C(O)OO^{\bullet}$和$CH_3OO^{\bullet}$]的强氧化性作用于病毒，从而使其灭活。具体而言，如 PAA 首先氧化病毒外壳上具有还原性基团如巯基(—SH)、二硫键(S—S)以及双键的蛋白质使其变性凝固，破坏脂蛋白细胞质膜的选择穿透功能，使其更容易进入病毒内部，然后再与核酸物质反应灭活病毒，从而达到消毒灭菌的目的。诸多研究表明 PAA 对细菌繁殖体、细菌芽孢、真菌以及病毒均有杀灭效果，其中$^{\bullet}OH$、$CH_3OO^{\bullet}$和$^{\bullet}CH_3$更有效地发挥氧化作用。相比$^{\bullet}OH$，$^{\bullet}CH_3$易与氧气结合，因此其作用效果并不能长久。然而，由于$^{\bullet}CH_3$的半衰期比$^{\bullet}OH$更长，有些研究学者认为它们在抗菌作用中更有效。此外，有机自由基易渗入微生物细胞中，促进灭菌。混合液中的$H_2O_2$也是$^{\bullet}OH$的另外来源，对消毒灭菌具有协同作用。

实验室中PAA用于部分病毒灭活的结果见表9.2，其中灭活效果以对数灭活率[$\lg(N_0/N_t)$，其中$N_0$和$N_t$分别为灭活前后的病毒浓度]计。具体而言，PAA对病毒的作用时间、PAA 投加浓度及其灭活效果因病毒类型而呈现显著差异，如作用时间在 1～120 min 范围内波动。例如，随 PAA 浓度从 1.5 mg/L 增加到 10 mg/L 时，作用时间为 120 min，MS2 大肠杆菌噬菌体的对数灭活率可从 1.2 增加到 3.4。然而，对于脊髓灰质炎病毒和仙台病毒，PAA 的灭活效果不佳，需要超高浓度的PAA(至少大于1800 mg/L)来实施病毒灭活。同理，新型冠状病毒(SARS-CoV-2)和肠道病毒在结构上的主要区别之一是前者具有包膜，而后者通常没有，而具有包膜的病毒更容易被消毒剂灭活。PAA 对牛痘病毒(有包膜)和脊髓灰质炎病毒(无包膜)分别作用 0.5 min 和 1 min 时对数灭活率达到 4 左右[1]，验证了这一结论。因此在防疫期间，使用 PAA 消毒能够保证肠道病毒灭活时，一般也可以使新型冠状病毒灭活。

**表 9.2　过氧乙酸对部分病毒的消毒效果[1]**

| 病毒类型 | 作用时间(min) | PAA 有效浓度(mg/L) | 对数灭活率 |
|---|---|---|---|
| MS2 大肠杆菌噬菌体 | 120 | 1.5 | 1.2 |
| | | 10 | 3.4 |
| | 5 | 50 | 2.5 |
| | 60 | | >4 |
| 鼠诺如病毒 | 1 | 85 | 3 |
| 人诺如病毒 | 10 | 80 | 3.66 |
| 脊髓灰质炎病毒 | 7.5 | 1800 | 6.33 |

续表

| 病毒类型 | 作用时间(min) | PAA 有效浓度(mg/L) | 对数灭活率 |
|---|---|---|---|
| 新城疫病毒 | 10 | 60～84 | 2.82 |
| 仙台病毒 | 5 | 2000 | >4 |
| 牛肠道细胞病变孤病毒 | 30 | 250 | >3.1 |

有研究表明，PAA 相比次氯酸或二氧化氯对霍乱弧菌或典型细菌指标的消毒效率更有效[11, 12]。在生产运营维护方面，PAA 比臭氧装备简单，经济节约。PAA 与 UV 联用可以达到更高的消毒效果。同时，相比氯和臭氧消毒，PAA 消毒形成的副产物相对较少(表 9.3)。目前主要发现了醛、环氧化物、卤代 DBPs、羧酸、*N*-亚硝胺以及具有诱变或遗传毒性的 DBPs，但这些 DBPs 一般含量较低，有些只能在苛刻条件下才会形成。

**表 9.3　主要消毒剂的优缺点及消毒副产物的比较[13]**

| 消毒剂 | 优点 | 缺点 | DBPs 种类 |
|---|---|---|---|
| PAA | ①广谱高效，能杀灭多种致病菌及病毒<br>②分解产物无毒；消毒副产物少甚至没有<br>③无需现场制备，占地面积小 | ①增加水中溶解性有机物含量，存在细菌滋生风险<br>②成本相对较高<br>③低剂量的 PAA 消毒灭菌后可复活 | 醛(甲醛、乙醛、壬醛、癸醛)，环氧化物、卤代 DBPs，羧酸，*N*-亚硝胺(正丙胺)，具有诱变或遗传毒性的 DBPs |
| 二氧化氯 | ①直接氧化有机物，几乎不形成卤代副产物，可以抑制藻类生长<br>②余氯可在管网中较长时间保留<br>③消毒效果受 pH 影响较小 | ①出现无机副产物<br>②易挥发，易爆炸，需现场制备，生产成本比液氯高 | 无机 DBPs($ClO_2^-$和 $ClO_3^-$)、氧化生成的少许次氯酸产生的卤代物(三卤甲烷、卤乙酸) |
| 次氯酸钠 | ①广谱消毒，灭病原微生物性能强<br>②腐蚀性比氯、二氧化氯、臭氧低<br>③出水保持余氯，可持续消毒 | ①不易保存和运输，需现场制备<br>②产生“三致”DBPs<br>③消毒效果受 pH 影响较大<br>④对贾第鞭毛虫和隐孢子虫的杀灭效果较差 | 卤代 DBPs(卤乙酸、卤甲烷)、含氮 DBPs[乙腈、二甲基亚硝胺(NDMA)]、含碘 DBPs(碘甲烷、碘乙酸) |
| 紫外线 | ①对病原微生物、细胞和芽孢杆菌的灭活效果好<br>②作用时间相对较短，设备占地面积较小<br>③属于物理消毒，管理方便 | ①消毒效果受水体悬浮物和浊度的影响<br>②紫外灯有寿命限制，运行成本相对较高<br>③需防紫外灯结垢及消毒后病毒复活 | 无 |

续表

| 消毒剂 | 优点 | 缺点 | DBPs 种类 |
|---|---|---|---|
| 臭氧 | ①消毒迅速，效率高<br>②对细胞繁殖体、芽孢杆菌、病毒和真菌的灭活效果好<br>③不产生卤代烃类的 DBPs<br>④可降低臭、色和味，改善水质 | ①水溶性较差，利用率不高<br>②不具有持续消毒能力，消毒效果受有机物含量的影响<br>③设备复杂，生产成本较高，且有腐蚀性 | 醛类 DBPs(甲醛、乙醛、乙二醛、甲基乙二醛)，盐类 DBPs(甲酸盐、草酸盐、乙酸盐和丙酮酸盐) |

美国环保署发布的 PAA 急性暴露浓度为 15 $mg/m^3$，暴露时间为 60 min。欧盟报告指出，长期处于较高浓度 PAA 的环境中会引起皮肤(气肿)、眼睛和呼吸系统的刺激以及可能的永久性损伤。在皮肤接触中，建议将 0.2%作为短期和中期暴露的无观察效应浓度(NOEC)[14]。吸入时，空气中低于 0.16～0.17 ppm(0.50～0.52 $mg/m^3$)的浓度被认为不会引起刺激。然而，较高的 PAA 浓度是有害的，研究表明 PAA 可能会引起职业性哮喘。

### 9.2.4 过氧乙酸的氧化性

近年来研究报道了 PAA 氧化有机化合物的可能性，并且 PAA 对有机化合物的反应活性是非常有选择性的。总体而言，PAA 对有机化合物的氧化机制是将 PAA 上的单氧原子转移到有机化合物上的富电子位点。PAA 的反应活性受有机化合物取代基的吸电子或供电子特性的影响很大。对于高亲核性的有机化合物，PAA 能够高效反应，而对于不含亲核试剂或吸电子基团的有机化合物，PAA 则显示出较低的反应活性。

Kim 和 Huang 基于文献报道和实验数据，全面梳理了 PAA 氧化 123 种有机化合物的反应过程，包括脂肪族和脂环族烯烃($n$ = 27)、脂肪醛($n$ = 12)、简单芳香族化合物($n$ = 27)、含硫或氮基团的化合物($n$ = 38)、木质素模型化合物($n$ = 12)和其他微污染物($n$ = 7)[4]。结果表明，PAA 氧化有机化合物的二级反应速率常数相差近 10 个数量级，从 $3.2 \times 10^{-6}$ L/(mol·s)到大于 $1.0 \times 10^{5}$ L/(mol·s)，具体取决于有机化合物的结构。不同结构的有机化合物对 PAA 表现出不同的反应活性，大致遵循以下总体趋势：含硫化合物 > 酚类化合物 > 含氮化合物 > 烯烃 > 含烯烃基团的芳烃 > 醛。此外，确定二级反应速率常数的实验 pH 值为 1.3～7.0。注意，PAA 的反应活性高度取决于其形态受 pH 变化的影响。

与臭氧[$k \leqslant 3 \times 10^{-5}$～$7 \times 10^{9}$ L/(mol·s)]和 HOCl [$k \leqslant (0.1$～$1.0) \times 10^{9}$ L/(mol·s)]相比，PAA 对有机化合物具有高度选择性，但活性更低[$k \leqslant 3.2 \times 10^{-6}$～$1.0 \times 10^{5}$ L/(mol·s)]，类似于 Fe(Ⅵ)[$k \leqslant (1.0$～$9.0) \times 10^{3}$ L/(mol·s)]。通常，PAA 对有机

化合物的氧化是通过对化合物富电子位点的攻击而引发的。供电子基团[如—$CH_3$、—$(CH_2)_nCH_3$、—$NH_2$、—$OCH_3$ 和—OH]增强了 PAA 的氧化作用，这可通过二级反应速率常数和取代基常数[Hammett($\sigma$)或 Taft($\sigma^*$)]之间显著的负相关性证实。特别是，含硫部位的化合物，如—SH、—SR、C═S 和 P═S 基团，对 PAA 表现出优异的反应活性。加氧反应产物一般由 PAA 氧化形成。环氧化物、醇、羰基化合物、羧酸、醌、黏康酸和其他氧化物是 PAA 与有机化合物反应可能产生的中间产物。

## 9.3　过氧乙酸的检测方法

传统上，PAA 浓度的测量是商业化学品质量控制的一部分。我国国家标准《过氧乙酸溶液》(GB/T 19104—2021)采用氧化还原滴定法同时测定 PAA 和 $H_2O_2$。PAA 实测的质量分数范围为 5%～15%，准确度为 83%～96%。在水处理领域，溶液中残留的 PAA 浓度可用于评估消毒性能、废水毒性和相关反应动力学。因此，水溶液中痕量 PAA 的定量测定至关重要。特别是，废水中 PAA 的快速衰减需要一种可靠且准确的分析方法来估计实际 PAA 浓度并设计相关的氧化过程。由于商业 PAA 溶液中 PAA 通常与 $H_2O_2$ 共存，因此需要高度选择性的分析方法来测定 PAA。Yang 等系统综述了 PAA 的检测方法及原理，比较各种方法的适用性和优劣，主要包括滴定法、核磁共振扫描法、色谱法、比色法和电化学电位法，总结在表 9.4[15]。这些方法可以根据 PAA 和 $H_2O_2$ 氧化能力的差异测定各自浓度，为建立精准的 PAA 分析方法提供参考。

**表 9.4　PAA 测定方法的总结[15]**

| 方法 | 基本原理 | 检测限 | 特征 | 设备需求 |
| --- | --- | --- | --- | --- |
| 滴定法 | 氧化还原滴定：基于溶液中氧化剂和还原剂之间的电子转移反应 | 5%～15% | ①测定结果的高精度<br>②不能检测低浓度 PAA<br>③所有试剂现配现用和需要校准<br>④样品不易长期储存 | 传统化学分析仪器 |
| 核磁共振扫描法 | 核自旋运动 | — | ①设备费用高<br>②操作复杂<br>③不能定量分析 | 核磁共振波谱 |
| 色谱法 | 衍生色谱测试 | 0.1～10 mg/L | ①检测限低<br>②衍生样品储存时间长<br>③需要二次反应操作 | 气相/液相色谱 |

续表

| 方法 | 基本原理 | 检测限 | 特征 | 设备需求 |
| --- | --- | --- | --- | --- |
| 比色法 | 基于 Tringer、ABTS 或 DPD 的显色反应 | 0.1～10 mg/L | ①检测限低<br>②$H_2O_2$可能干扰检测精度<br>③需要二次反应操作 | 紫外图谱 |
| 电化学电位法 | 电化学电位分析 | 0.25～5 mg/L | ①检测限低<br>②简单、高效和快速检测 | 电化学工作站 |

## 9.3.1 氧化还原滴定法

氧化还原滴定法是一种基于溶液中氧化剂和还原剂之间的电子转移反应。相比于酸碱滴定和络合滴定，氧化还原滴定广泛使用，不仅用于无机分析，还用于有机分析。许多具有氧化性或还原性的有机化合物，如 PAA，可以通过氧化还原滴定法测量。

由于在 PAA 溶液中 PAA 和 $H_2O_2$共存，并且这两种试剂都是强氧化剂，在通过氧化还原滴定测定 PAA 前，需要消除 $H_2O_2$ 的作用。因此，需要使用与 $H_2O_2$发生特异性反应的底物排除 $H_2O_2$的影响。

例如，通过使用高锰酸盐或硫酸铈(Ⅳ)滴定 $H_2O_2$[式(9.7)和式(9.8)]，当达到终点时加入碘化钾溶液与 PAA 反应，再用硫代硫酸钠标准溶液滴定生成的碘，从而计算 PAA 含量。

$$2KMnO_4 + 3H_2SO_4 + 5H_2O_2 = 2MnSO_4 + K_2SO_4 + 5O_2\uparrow + 8H_2O \quad (9.7)$$

$$2Ce^{4+} + 3H_2O_2 = 2Ce^{3+} + 2H^+ + 2O_2 + 2H_2O \quad (9.8)$$

在这些反应中，高锰酸钾和硫酸铈作为氧化剂，而 $H_2O_2$是还原剂，PAA 基本上不参与这些反应。此外，还可以用过氧化氢酶消除 $H_2O_2$ 的影响，然后进行碘滴定以量化 PAA[式(9.9)～式(9.11)]。在滴定过程中，pH 极低，$H_2O_2$与 PAA 平衡以改变溶液的组成。该问题通常可以通过在低温(< 10℃)下操作来避免。此外，由于 $H_2O_2$的存在，高锰酸钾和硫酸铈的用量间接影响了 PAA 的定量结果。

$$2KI + 2H_2SO_4 + CH_3C(O)OOH = CH_3COOH + 2KHSO_4 + I_2 + H_2O \quad (9.9)$$

$$2KI + 2H_2SO_4 + H_2O_2 = 2KHSO_4 + I_2 + 2H_2O \quad (9.10)$$

$$I_2 + 2Na_2S_2O_3 = 2NaI + Na_2S_4O_6 \tag{9.11}$$

然而，在水消毒和处理过程中，准确测定废水中过氧乙酸(PAA)的初始浓度和残留浓度，确保其在合适浓度的范围内(mg/L)，是实现可靠消毒的关键步骤。例如，Cavallini 等比较了三种改进的碘滴定法(高锰酸盐/碘量法、铈/碘量法和过氧化氢酶/碘量法)测定低浓度 PAA 的效能[16]。研究发现，高锰酸盐/碘量法在低浓度 PAA 的测定中与其他方法有显著差异，而铈/碘量法已取得较满意的结果。对于 0.5～10 mg/L 范围内的 PAA 浓度，平均值的差异小于通过使用铈/碘量法获得实际值的 5.2%。过氧化氢酶/碘量法更准确地测量 1～5 mg/L 范围内的 PAA 浓度。对于低于 0.5 mg/L 的 PAA 浓度，在实际应用中，不推荐使用氧化还原滴定法。

氧化还原滴定法操作步骤复杂，同时分析物不适合长期储存。而且所有试剂都需要现配现用并经过准确校准。由于测量限制，该方法也不适用于废水处理中残留低浓度 PAA 的测定。

### 9.3.2　核磁共振法

在不同的化学环境下，质子存在于 $H_2O_2$、PAA、乙酸和水中。因此，核磁共振氢谱可用于在水和乙酸存在下区分 $H_2O_2$、PAA 和其他过氧化物。例如，Stephenson 和 Bell 在研究非均相催化系统中的氧化中间体时，开发了通过原位核磁共振检测固体表面 $H_2O_2$ 的形成和分解的方法[17]。类似地，液体或固体核磁共振技术也可用于测定 PAA。令人惊讶的是，没有相关研究报道核磁共振法定量测定 PAA。然而，Ni 和 Kang 使用质子核磁共振技术证实了过氧化物漂白机械浆过程中 PAA 的形成，并讨论了原位生成的 PAA 对过氧化物漂白过程中亮度增加的影响[18]。该方法使用重水($D_2O$)和 3-三甲基硅基-1-丙磺酸钠盐(1%)作为溶剂。实验以重水的峰为参考，比较了不同 PAA 配比下峰位的差异，发现 PAA 和乙酸的峰值分别为 2.123 mg/L 和 2.073 mg/L，而 $H_2O_2$ 的峰位置并未提及。

核磁共振技术的成本相对较高，测试过程烦琐，有必要参考标准矩阵进行定量测试。因此，目前报道的研究并未将其用作 PAA 的快速定量方法，而仅用于 PAA 的定性测量。

### 9.3.3　色谱法

色谱法利用不同物质在不同相态的选择性分配，以流动相对固定相中的混合物进行洗脱。混合物中的不同底物以不同的速度沿固定相移动，最终达到分离目的。大多数报道的光谱技术用于过氧化物的直接检测而无需预先衍生化。尽管程序简单，但仍需要使用 PAA 标准溶液进行校准。因此，必须使用氧化还原滴定等辅助方法来确认 PAA 标准溶液浓度的可靠性。此外，测试结果往往容易出现强酸性溶液或极高 $H_2O_2$ 浓度等问题。由于大多数样品需要在取样后进行分析，直接分离法不适合快速测定。

目前，衍生化技术已广泛应用于色谱检测。衍生化法的原理是样品与衍生化试剂能快速地且特异地反应并形成能用色谱法进行定量分析的衍生化产物。通过检测衍生化合物的含量来间接确定样品的量。常用的衍生化试剂包括烷基化试剂、硅烷化试剂、酰化试剂等。根据有机硫化物与 PAA 和 $H_2O_2$ 反应的活性不同，提出了一种利用有机硫化物的衍生化方法并通过气相/液相色谱检测。具体而言，有机硫化物 R—$S_n$—$R_1$ 和 PAA 反应生成含有 S═O 键的 R—S═O—R 衍生产物，从而通过气相色谱或液相色谱分析检测。

$$R—S_n—R_1 + PAA \longrightarrow R—S{=}O—R \tag{9.12}$$

使用甲基对甲苯硫醚(MTS)或 2-[(3-{2-[4-氨基-2-(甲硫基)苯基]-1-二氮烯基}苯基)磺酰基]-1-乙醇(ADS)与 PAA 反应形成相应的亚砜(MTSO 或 ADSO)，其能够通过气相色谱分离测定。Zhang 和 Huang 报道，使用 MTS 和三苯膦(TPP)分别作为 PAA 和 $H_2O_2$ 的指示剂，可以在含有 $H_2O_2$([PAA]与[$H_2O_2$]摩尔比为 0.1～3)的 PAA 溶液中选择性测量 PAA[19]。PAA 与 MTS 反应的二级速率常数[34 L/(mol·s)]是 $H_2O_2$ 与 TPP 反应[式(9.14)]的二级速率常数[2.7 L/(mol·s)]的 12.6 倍。不同于气相色谱法，对于 $H_2O_2$ 的测定，是通过液相色谱法来测定 TPP 浓度的变化。他们也报道，由于去质子化的 PAA 与 MTS 的反应速率较慢，因此高 pH 条件下可能需要更长的反应时间。因此，为了更准确地测量 PAA，样品的 pH 应低于 7。

$$H_3C—C_6H_4—S—CH_3 \xrightarrow{PAA} H_3C—C_6H_4—S(=O)—CH_3 \tag{9.13}$$

$$(C_6H_5)_3P \xrightarrow{H_2O_2} (C_6H_5)_3P{=}O \tag{9.14}$$

气相色谱和液相色谱具有高选择性和低检测限(0.1～10 mg/L)，使其通过稀释样品或试剂轻松适应不同的采样条件。与滴定法相比，该方法具有检出限低、衍生化后保存时间长(至少 1 周)的特点。

### 9.3.4　比色法

选择适当的显色试剂与待测组分样品反应形成有色化合物，然后通过分光光度法进行定量分析。该方法要求试剂和目标化合物在特定浓度范围内进行快速且选择性的反应。比色法一般只允许测量低浓度(0.1～10 mg/L)的化合物，适用于环境样品分析。基于此，许多与酶相关的生化方法和用于生物样品检测的专用试剂盒也相应开发。例如，美国 Abcam 公司生产的带有 OxiRed 探针的 ab102500 过氧化氢检测试剂盒可用于生物样品中 $H_2O_2$ 的快速测定。

同样，PAA 也可以使用比色法测量。PAA 具有强氧化性，在酶的催化作用下可与显色剂苯酚、4-氨基安替比林发生 Trinder 反应(在磷酸盐缓冲溶液中)[20]，生成红色的蒽醌类化合物，其在 505 nm 处有最大吸收峰。通过测量在 505 nm 处的吸光度并计算产生的蒽醌类化合物的含量，即可推导出 PAA 的含量。

此外，使用 2,2′-联氮-二-(3-乙基苯并噻唑啉-6-磺酸)二铵盐(ABTS)改进的比色法可测定在过量 $H_2O_2$ 存在条件下 PAA 的浓度。首先，通过辣根过氧化物酶氧化过量的 $H_2O_2$ 以减少干扰。随后，PAA 可以氧化 ABTS 并生成可以在 405 nm 处测定的蓝绿色 ABTS 阳离子自由基($ABTS^{\bullet+}$)(式 9.15)。

$$\text{ABTS} \xrightarrow{\text{PAA}} \text{ABTS}^{\bullet+} \tag{9.15}$$

另一种显色法是通过与 *N,N*-二乙基对苯二胺(DPD)反应显色，在允许测量低浓度 PAA 方面很有前景。该方法是在美国环保署发布的氯 DPD 测定法上改进的。与 DPD 氯氧化反应类似，DPD-PAA 氧化反应在近中性 pH 环境下的主要氧化产物是一种称为 Würster 染料的半醌型阳离子化合物。这种相对稳定的自由基物种呈现品红色，主要反应过程如式(9.16)所示。Würster 染料的吸收光谱是在 512 nm 和 553 nm 波长检测到的双吸收峰[21, 22]。在较高的氧化剂浓度下，主要形成不稳定的无色亚胺并导致溶液显著“褪色”。DPD 方法具有选择性，因为 PAA 与碘化物的反应速率比 $H_2O_2$ 与碘化物的反应速率高 5 个数量级。然而，高浓度的 $H_2O_2$ 仍然会干扰 PAA 的测定，导致 PAA 浓度的高估。Domínguez-Henao 等报道，通过减少 $H_2O_2$ 的干扰以及在添加 DPD 后 60 s 内快速读取吸光度，DPD 方法可以更准确可靠[23]。他们也探究了无机物(氨氮、硝酸盐、亚硝酸盐、还原铁和正磷酸盐）和有机化合物（葡萄糖、纤维素、丁酸、油酸、酪蛋白和蛋白胨）对 DPD 方法的干扰，结果发现它们对 PAA 测量的影响可以忽略不计。

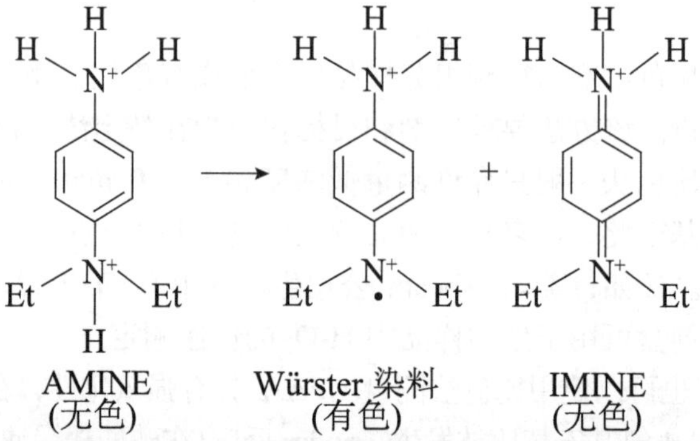

AMINE（无色） → Würster 染料（有色） + IMINE（无色） (9.16)

此外，曹聪提出采用分光-总氯试剂包法检测水中的残留 PAA，给出了该方法的具体实施步骤，并通过验证标准曲线的线性关系评价了该方法的重现性[24]。其工作原理为：利用 PAA 的氧化性使总氯试剂包中的 DPD 发生反应显色，通过分光光度计测定其吸光度，为避免 $H_2O_2$ 对检测的干扰，采用过氧化氢酶猝灭。结果证明，该方法检测水中残留 PAA 在 0～10 mg/L 浓度范围内线性良好，回归系数为 0.994，PAA 最低检出浓度为 0.28 mg/L。同时，pH、温度和显色时间等因素对该方法的干扰均很小，特别是对待测样品中 1～10 mg/L 的 PAA 浓度范围内几乎无影响。更值得注意的是，实验和统计学分析表明分光-总氯试剂包法的准确性和稳定性均优于滴定法和 DPD 显色法，能够快速准确检测 0.5～10 mg/L 的待测样品，同时该方法具有显色速度快、显色稳定、重现性高、操作简单等突出优势，能够用于现场快速检测。

### 9.3.5 电化学电位法

电化学电位法是利用被测物质在溶液中的电化学性质及其变化规律，通过检测电极电势、电流和电导等电学指标与被测物质浓度之间的关系，对各组分进行定性与定量分析。电位分析采用指示电极（其电位与被测物质浓度有关）和参比电极（其电位恒定）与试液组成电化学电池，在零电流条件下测定电池的电动势，并据此进行分析。底物的活性或浓度可以通过测量的电极电位来确定。与氧化还原滴定法类似，电化学电位法是基于 PAA 与碘化钾反应过程中电极电位的瞬时变化来测定。该方法在极短的时间内产生电位响应，检测限低（在检测限 μmol/L 范围内约为 0.076 mg/L）。PAA 和 $H_2O_2$ 可以同时检测，因为 PAA 和 $H_2O_2$ 电位变化的响应时间相差很大（分别为几秒和几分钟），因此它们可以同时检测，并适用于含有高浓度 $H_2O_2$ 的 PAA 溶液检测。

电化学电位法灵敏度高、检出限低，适用于痕量分析；但对电极材料要求比较苛刻，设备昂贵，选择性差，重现性差，不适用于一般实验室使用。

## 9.4　过氧乙酸的产生方法

PAA 除了上述作为消毒剂和漂白剂之外，还是有机化工合成行业如制造环氧丙烷、己内酯和己内酰胺的氧化剂和环氧化剂。PAA 的合成方法比较多，主要有乙酸氧化法、乙酸酐氧化法、乙醛氧化法等。其中乙酸氧化法是常见工艺，而 $H_2O_2$ 与乙酸酐反应放热，不易控制，有爆炸危险。

### 1. 乙酸氧化法

乙酸氧化法制备 PAA 是由美国 FMC 公司(Food Machinery Chemical Co.)于 1947 年研发，初期采用间歇式生产工艺，1962 年经过改良实现了连续化生产。反应过程见式(9.1)。乙酸氧化法的具体工艺为：将质量分数为 30%～90%的过氧化氢与乙酸混合，在添加酸催化剂浓硫酸作用下反应，反应产物为 PAA 和水。通过调整过氧化氢的浓度以及与乙酸配料比可以达到需要的 PAA 浓度和产率。连续法的优点是可以降低 $H_2O_2$ 的浓度，减少因物质浓度过高造成危险的可能性。Kemira 公司等在 FMC 公司的工艺基础上改进 PAA 生产工艺，将乙酸、$H_2O_2$、硫酸以及稳定剂在 45～55℃，5～7 kPa 条件下反应生成 PAA[25]。

闫峰等对高浓度 PAA 的制备进行了研究，探讨了浓硫酸添加量和无水乙酸、过氧化氢的配比等工艺参数对合成 PAA 浓度的影响[26]。结果表明，降低反应温度来提高 PAA 在合成过程中的安全系数是可行的，将质量分数 50%的过氧化氢与无水乙酸按照体积比 1∶1，浓硫酸添加量为 7%，反应起始温度为 10～15℃，反应温度控制在 20～25℃时，所得过氧乙酸的浓度在 32%～33%之间，符合生产要求。

对于乙酸氧化法，反应类型属于过氧化工艺，其中又涉及原料过氧化氢和产物 PAA 等过氧化物，比较容易发生反应失控，严重时造成火灾、爆炸事故。2009 年，国家安全生产监督管理总局将过氧化工艺列入首批重点监管危险化工工艺之一，而且在典型过氧化工艺一栏里列出了乙酸和过氧化氢反应生产 PAA 工艺。

### 2. 乙酸酐氧化法

乙酸酐氧化法是利用乙酸酐与过氧化氢发生反应生成 PAA，其化学反应式为

$$(CH_3CO)_2O + 2H_2O_2 \longrightarrow 2CH_3COOOH + H_2O \tag{9.17}$$

胡万鹏等将乙酸酐和过氧化氢连续输送到微混合器内撞击混合，然后控

制反应温度（10～70℃）和停留时间（2～10 min），合成的 PAA 浓度在 5%～30%之间[27]。

邵建华等公布了一种利用乙酸酐制备无水 PAA 的专利，采用该方法制备的 PAA 浓度在 20%～46%之间，且 PAA 浓度稳定，同时产品中不含强酸，含水量在 0.5%，$H_2O_2$ 含量在 0.2%。该方法安全简便，适用于工业化生产[28]。

3. 乙醛氧气/空气氧化法

乙醛氧化法制备 PAA 主要有气相法和液相法。化学反应方程式如下：

$$CH_3CHO + O_2 \longrightarrow CH_3COOOH \tag{9.18}$$

气相法是乙醛在氧气气氛下，将反应温度控制在 150～160℃发生反应。这种工艺方法的催化剂是氧气，产生的尾气可以用来循环利用，降低了生产成本。但是气相法容易发生爆炸危险，在实际生产过程中还会因为乙醛的大量循环而使设备利用率降低。

乙醛液相氧化法分为一步法和两步法：一步法是在稍高于室温和几个大气压下由氧气与溶剂中的乙醛反应直接合成 PAA；两步法是将乙醛和乙酸乙酯按比例配制成溶液后与氧气氧化制成 PAA。

汪青海等以乙酸乙酯为溶剂和乙酸钴为催化剂，研究了搅拌速率、催化剂浓度、乙醛初始浓度、氧气压力和温度的影响[29]。得到了合成 PAA 的最佳工艺条件为：钴离子浓度为 $2 \times 10^{-6}$ mol/L，乙醛的初始浓度为 1.75～2.20 mol/L，温度为 20～25℃，氧气压力为 0.75 MPa，在此条件下反应 60 min，乙醛转化率大于 85%，PAA 合成选择性大于 85%。

总体来说，PAA 的简单合成易爆炸且纯度不高，工业合成工艺复杂且效率不高，也限制其在水处理等多个领域内的应用。PAA 易分解，为避免发生爆炸和火灾事故，在储存时量不宜过大，尤其要注意储存时应该采用塑料容器。必须储存于低温、避光的阴凉处，并采取通风换气措施。应专库保存，专人保管，储存场所应当设置明显的禁止烟火防火标志。在储运过程中要轻拿轻放，禁止摔、砸、碰、撞和太阳长时间照射。生产单位在 PAA 等消毒药剂出厂前，必须加贴产品安全说明书，并对盛装器具进行压力测试，确保消毒药液在运输过程中不发生泄漏或爆炸。

## 9.5 过氧乙酸的活化方法

尽管单独 PAA 能够以 $3.2 \times 10^{-6}$ L/(mol·s)到大于 $1.0 \times 10^{5}$ L/(mol·s)的二级反应速率常数降解有机污染物，但是具有高度底物选择性，因而仅适用于特定结构的污染物降解。基于此，近年来研究学者探索了基于 PAA 的高级氧化技术并取得系列进展，即采用能量输入或催化剂等活化方法使 PAA 断裂以产生能够有效降解多种微污染物的高活性物种，如过氧乙酰基自由基[$CH_3C(O)OO^•$]、乙酰氧基自由基[$CH_3C(O)O^•$]、过氧甲基自由基($CH_3OO^•$)和甲基自由基($^•CH_3$)等有机自由基，以及$^•OH$ 和高价态金属等活性物种。这些活性物种的类型与浓度高度取决于活化方法。相比$^•OH$，有机自由基是选择性自由基，面对不同种类的污染物，发挥的作用差异较大，其在降解中的相对贡献往往取决于目标污染物的分子结构。有研究表明，有机自由基会与萘环上取代基发生反应，因而更易降解含有萘环结构的有机污染物[30]。

### 9.5.1　电活化

电化学氧化法是在施加电流的情况下，电场中产生强氧化活性物种，从而高效氧化废水中有机污染物的过程，具有工艺简单、环境友好的特性，是一种在 AOPs 领域中极具潜力的方法。电化学氧化法作用机理主要包括两部分：①直接氧化，在阳极的高电位作用下，污染物在阳极附近通过电子转移发生氧化；②间接氧化，在外加电流作用下促进电子转移，阳极表面水分子失电子生成$^•OH$，阴极表面氧分子得电子生成 $O_2^{•-}$，通过$^•OH$ 和 $O_2^{•-}$等活性物种作用于污染物分子。然而，电化学氧化法存在活性物种产率低且种类单一、能耗大等缺点，这极大地限制了电化学氧化体系处理有机废水的进一步应用。近年来，不少研究学者致力于开发电化学与其他氧化剂耦合的协同处理技术。有研究表明，电化学氧化法与 PAA 发生协同效应。在甲基蓝浓度为 10 mg/L，PAA 浓度为 3.6 mmol/L，电流密度为 10 $mA/cm^2$ 和溶液 pH 为 3.0 条件下，反应 120 min 后甲基蓝脱色率达到 93.99%[31]。进一步的自由基猝灭实验证实该体系中主导性活性物种为$^•OH$、$CH_3C(O)OO^•$和 $CH_3C(O)O^•$。此外，他们也构建了电/Fe(Ⅱ)/PAA 和电/Fe(Ⅲ)/PAA 体系，构建体系的性能得到显著提升，这主要归因于构建体系增强了 PAA 的活化以及促进了 Fe(Ⅲ)/Fe(Ⅱ)循环，提高了 Fe(Ⅱ)利用率。该工艺的主要影响因素为电流密度和 pH。通常情况下，工艺中有机污染物的去除效率随电流密度的提高而增加。鉴于 PAA 在碱性条件下容易自发分解形成氧化能力相对较弱的 $PAA^-$，因此该工艺对有机污染物的降解性能在酸性和中性条件下较佳。

### 9.5.2　光活化

最近，在开发基于 PAA 的光活化[如紫外光(UV)、可见光或太阳光照射]高级氧化技术方面取得了进展。其中，紫外/PAA 工艺不仅能灭活水中的致病微生物，而且能氧化降解微污染物。而且，基于 PAA 的高级氧化技术在光照条件下被认为是一种很有前途的方法，因为它们在温和条件下降解各种污染物时具有高效、经济、环境友好和易于操作的优点。

1. 紫外活化 PAA

PAA 可被紫外光活化以产生活性自由基，因此紫外/PAA 工艺可归为高级氧化技术。这是因为 PAA 具有较高的量子产率和紫外光摩尔吸收系数，其中 $PAA^-$（离子态 PAA）在紫外 254 nm 波长处的摩尔吸收系数高达 58.89 L/(mol·cm)，分别约是 $PAA^0$[10.01 L/(mol·cm)]和 $H_2O_2$[18.54 L/(mol·cm)]的 6 倍和 3 倍[30]。在紫外光照射下，PAA 中的 O—O 键发生均裂，生成乙酰氧基自由基[$CH_3C(O)O^•$]和$^•OH$。这是紫外/PAA 工艺中形成活性自由基的第一步，也是限速步骤。$CH_3C(O)O^•$比较活泼，会进行单原子衰变，即脱羧反应，产生$^•CH_3$和 $CO_2$，脱羧速率等于或小于 $2.3 \times 10^5\ s^{-1}$[32]。而且，$^•CH_3$ 可与溶液中的氧气结合产生一种氧化性较弱的过氧甲基自由基($CH_3OO^•$)。此外，$CH_3C(O)O^•$或$^•OH$ 可以通过脱氢反应与 PAA 进一步反应并产生其他次级自由基[包括 $CH_3C(O)OO^•$、$CH_3C(O)^•$和$^•OOH$]。然而，也有学者认为 $CH_3C(O)O^•$和$^•OH$ 之间的反应对于整个反应过程来说影响并不显著，这是由于这两种自由基均处于低稳态浓度状态[32]。总之，这些产生的活性自由基共同响应水体中微污染物的降解。

$$CH_3C(O)OOH \xrightarrow{h\nu} CH_3C(O)O^• + {}^•OH \tag{9.19}$$

$$CH_3C(O)O^• \longrightarrow {}^•CH_3 + CO_2 \tag{9.20}$$

$${}^•CH_3 + O_2 \longrightarrow CH_3OO^• \tag{9.21}$$

$$CH_3C(O)OOH + {}^•OH \longrightarrow CH_3C(O)OO^• + H_2O \tag{9.22}$$

$$CH_3C(O)OOH + {}^•OH \longrightarrow CH_3C(O)^• + O_2 + H_2O \tag{9.23}$$

$$CH_3C(O)OOH + {}^•OH \longrightarrow CH_3C(O)OH + {}^•OOH \tag{9.24}$$

$$CH_3C(O)OOH + CH_3C(O)O^• \longrightarrow CH_3C(O)OO^• + CH_3C(O)OH \tag{9.25}$$

值得注意的是，在紫外/PAA 工艺中，微污染物的降解机理主要包括紫外直接光解、PAA 氧化以及协同作用产生的活性物种氧化三种路径，其中产生的活性氧化物种主要为$^•OH$、$CH_3C(O)O^•$和 $CH_3C(O)OO^•$。而且，不同微污染物在紫外/PAA 过程中降解机理不同[30]。结果发现，在紫外/PAA 工艺中，直接光解对布洛芬和萘普生降解的贡献很小，对卡马西平降解的贡献几乎可忽略。$^•OH$ 对卡马西平和布洛芬的降解起主要作用(77%～99%)，对萘普生降解也有贡献(16%～50%)。此外，产生的其他自由基在萘普生降解中发挥了重要作用，在酸性和中性 pH 条件下占 34%～40%，在碱性 pH 条件下占 74%。大多数其他自由基是有机碳自由基[如 $CH_3C(O)O^•$和 $CH_3C(O)OO^•$]，它们对萘普生可发生快速反应并表现出结构依赖性。

此外，由于平衡 PAA 溶液中 $H_2O_2$ 和乙酸的存在，它们的紫外光解以及形成的新自由基增加了紫外/PAA 工艺机理的复杂性。Zhang 和 Huang 提出了在 $H_2O_2$ 和乙酸根离子存在下紫外/PAA 工艺的反应机制[32]。

在紫外处理前端引入 PAA 比在紫外处理后端引入 PAA 的效率要高。例如，Caretti 和 Lubello 使用 4 种工艺进行了为期五个月的污水消毒中试研究，具体工艺为：①单独 PAA；②单独 UV 照射；③在 UV 装置上游添加 PAA(PAA + UV)；④在 UV 装置下游添加 PAA(UV + PAA)[33]。他们发现，由于活性自由基的形成，PAA + UV 工艺(即 UV/PAA)工艺显示出最强的消毒效果。此外，UV/PAA 处理可显著减少消毒剂用量、接触时间和运营成本。

此外，对于发射紫外的光源，目前商业上使用较多的有低压汞灯和中压汞灯。它们两者主要的区别在于，前者往往只能发射波长为 254 nm 的单色光，而后者可以发射波长范围在 200～400 nm 的连续光谱。而在关于紫外活化 PAA 的工艺过程中，几乎采用低压汞灯作为发射光源。但事实上，中压汞灯相比低压汞灯具有诸多优势。①单根中压汞灯的灯管功率更高，使反应器具有更小的体积、易规模化应用和节省占地面积。②由于中压汞灯可通过断裂其特定的化学键来直接降解有机物，因而在降解有机物方面更有效。例如，Ao 等构建了基于中压紫外/PAA 的高级氧化工艺，并评估其对诺氟沙星降解的可行性[6]。

2. 可见光或太阳光活化 PAA

紫外光仅占太阳光谱的 3%，而可见光(波长在 400～800 nm 之间)约占44%。为了充分利用太阳光，人们对开发可见光活化的 PAA 高级氧化技术产生了浓厚的兴趣。然而，可见光的光子能量低于紫外光，因而活化 PAA 的效率不高。Rizzo 等评估了两种光源(太阳光和紫外光)驱动 PAA 高级氧化技术用于污水处理厂三级处理中耐抗生素细菌和新型微污染物的去除[34]。结果发现，低 PAA 剂量对 AR 大肠杆菌的灭活有效，且紫外/PAA 工艺(在 $Q_{UV}$ = 0.3 kJ/L 和 0.2 mg/L PAA 时达到检测限)比太阳光/PAA 工艺(在 $Q_{UV}$ = 4.4 kJ/L 和 0.2 mg/L PAA 时达到检测限)更快。较高的 $Q_{UV}$ 和 PAA 剂量对于有效降解目标新污染物(特别是卡马西平)是必要的。尽管与紫外辐射相比，太阳光辐射引发的工艺效率较低，但考虑到新污染物以低浓度(通常在 ng/L～μg/L 浓度范围内)出现，其驱动的工艺仍然是小型废水处理厂极具吸引的选择。太阳光/PAA 工艺使用非常低的 PAA

浓度（8 mg/L）能导致城市污水中大肠杆菌和肠球菌的有效灭活，其消毒效率甚至高于使用 $H_2O_2$ 浓度（100 mg/L）超过 10 倍的太阳光/$H_2O_2$ 工艺[35]。此外，太阳光耦合化学试剂（PAA、$H_2O_2$ 和乙酸）降解甲基蓝的效能遵循：PAA（> 90%）> $H_2O_2$（76%）> 乙酸（< 5%）[36]。理论计算得出它们 O—O 键的键解离焓，其中 PAA 分解产生$^{\bullet}OH$ 需要较少的能量（46.42 kcal/mol），更有利于 O—O 键断裂，其次是 $H_2O_2$（50.12 kcal/mol）和乙酸（109.68 kcal/mol）。

### 9.5.3 热活化

热活化也是 AOPs 中一种简单常用的方法。过硫酸盐（包括 PDS 和 PMS）可通过热有效活化，产生活性自由基以降解难降解有机污染物。同理，PAA 是一种类似于 PMS 的过氧化物，其过氧键的键能（159 kJ/mol）远低于 PMS（317 kJ/mol），表明 PAA 比 PMS 更容易活化[37]。因此，PAA 也可能被热活化。Wang 等首次报道了热（20～60℃）活化 PAA 以降解水中有机污染物的可行性[38]。结果表明，反应 25 min 后，86%的磺胺甲噁唑能在 60℃下被 0.2 mmol/L PAA 降解，性能优于常规热活化工艺（如热/$H_2O_2$、热/PDS）。此外，PAA 的热活化过程中存在自由基氧化和非自由基氧化两种路径。PAA 分子中 O—O 键受热均裂形成$^{\bullet}OH$ 和 $CH_3C(O)O^{\bullet}$；加热也促进了 PAA 分解为 $^1O_2$ 的非自由基氧化路径。在热活化 PAA 降解有机污染物过程中，有机自由基[$CH_3C(O)O^{\bullet}$和 $CH_3C(O)OO^{\bullet}$]占主导作用，其次是 PAA 直接氧化，$^{\bullet}OH$ 和 $^1O_2$ 对污染物降解的贡献很小。该工艺是一个具有吸引力的替代方案，因为它操作简单且无需添加活化剂的情况下实现污染物的显著降解。此外，温度可以增加污染物在水中的溶解度，加速反应，缩短反应时间。它的主要缺点是提高溶液温度能耗和高成本。然而，可以研究该过程以适用于高温工业废水，或具有其他温度源（如工业过程的余热废水）的工业废水。

### 9.5.4 过渡金属活化

过渡金属活化具有反应条件温和、操作简单等特性，因而广泛应用于高级氧化技术研究中。过渡金属催化剂通常包括均相催化剂（溶液中的过渡金属离子）和非均相催化剂（金属氧化剂等）。

1. 均相金属活化过氧乙酸

目前已有很多研究考察了不同类型的金属离子[如 Fe（Ⅱ/Ⅲ/Ⅵ）、Co（Ⅱ/Ⅲ）、Mn（Ⅱ/Ⅲ/Ⅳ）、Ru（Ⅲ）和 V（Ⅳ/Ⅴ）]活化 PAA 的可行性并成功应用于水体净化。类似于传统的 Fenton 体系，过渡金属活化 PAA 的原理主要是通过金属离子与 PAA 之间发生电子转移，即金属离子（M）失去电子变成高价态离子，而

PAA 接受电子并分解产生活性自由基。具体反应过程见式(9.26)和式(9.27)。

$$M^{n+} + CH_3C(O)OOH \longrightarrow M^{(n+1)+} + CH_3C(O)O^{\bullet} + OH^{-} \quad (9.26)$$

$$M^{(n+1)+} + CH_3C(O)OOH \longrightarrow M^{n+} + CH_3C(O)OO^{\bullet} + H^{+} \quad (9.27)$$

在均相 PAA 活化体系中，Giang 等比较了 Mn(Ⅱ)、Cu(Ⅱ)、Co(Ⅱ)、Fe(Ⅲ)活化 PAA 体系降解染料活性橙 122 的性能，发现 Co(Ⅱ)具有最佳的催化活性，且随 Co(Ⅱ)浓度的增加降解效率也有所提高[39]。由于 Co(Ⅱ)/Co(Ⅲ)循环的存在，仅需少量的 Co(Ⅱ)或 Co(Ⅲ)(< 1.0 μmol/L)即可达到较理想的活化效果。Kim 等报道了在初始 pH 为 3.0～8.2 时，PAA 与 Co(Ⅱ)或 Co(Ⅲ)的反应速率常数分别为 $1.70 \times 10^1 \sim 6.67 \times 10^2$ L/(mol·s)和 $3.91 \times 10^0 \sim 4.57 \times 10^2$ L/(mol·s) [40]。此外，先前的研究表明，Co(Ⅱ)在 PAA 活化中表现出比 Mn(Ⅱ)、Fe(Ⅱ)和 Cu(Ⅱ)更好的催化性能，其催化 PAA 分解为 $CH_3C(O)OO^{\bullet}$和 $CH_3C(O)O^{\bullet}$，而无$^{\bullet}OH$ 产生，这极大不同于紫外/PAA 体系的反应机制。值得注意的是，在 Co(Ⅱ)/PAA 体系中，一些无机阴离子(如磷酸盐、碳酸盐)产生显著的抑制作用，这可推测在构建 Co(Ⅱ)/PAA 体系中应避免使用磷酸盐或碳酸盐缓冲溶液。为了应对 pH 和特定缓冲盐的局限性，近年来 Sharma 课题组开发了新颖的 PAA 活化剂，三价钌离子[Ru(Ⅲ)]，构建的 Ru(Ⅲ)/PAA 体系在 pH 7.0 环境下(使用 10 mmol/L 磷酸缓冲盐控制 pH)几乎实现磺胺甲噁唑的完全降解，其显著优于其他报道的金属离子/PAA 体系[如 Fe(Ⅱ)、Co(Ⅱ)、Mn(Ⅱ)、Cu(Ⅱ)、Ni(Ⅱ)、Fe(Ⅲ)和 Mn(Ⅲ)][41]。

在过渡金属离子/PAA 体系中，除了公认的 $CH_3C(O)OO^{\bullet}$和 $CH_3C(O)O^{\bullet}$有机自由基与$^{\bullet}OH$ 外，最近的研究发现，过渡金属离子/PAA 体系的反应过程倾向于诱导高价态金属物种为关键中间体的两电子转移机制。例如，郭婉茜课题组采用甲基苯基亚砜的探针实验、$^{18}O$ 同位素标记法和原位拉曼光谱等多种实验手段证实 Co(Ⅱ)/PAA 体系在酸性条件下高价态钴的主导性作用[42]。高价态钴的产生原理推测如下：Co(Ⅱ)首先通过内球水交换机制与 PAA 配位，从而生成 Co(Ⅱ)-PAA 络合物。在酸性条件下，形成的瞬态络合物易通过产生 Co(Ⅳ)的两电子转移解离[式(9.28)和式(9.29)]。而且，PAA 氧化机制高度取决于溶液 pH。增加溶液 pH 能够导致构建体系中主导性活性物种从高价态钴转变为活性自由基[如 $CH_3C(O)OO^{\bullet}$和 $CH_3C(O)O^{\bullet}$]。类似的结果也被报道在 Fe(Ⅱ)/PAA 体系中，作者表明 Fe(Ⅱ)/PAA 体系降解有机微污染物呈现两阶段反应(先快后慢)，快速氧化阶段起主要作用的是有机碳自由基和高价态铁，而慢速氧化阶段主要是$^{\bullet}OH$ 起作用[43]。Manoil 等构建了新型的高铁酸盐/PAA 耦合氧化体系，其增强了在 pH 6.0～9.0 下超纯水和真实水基质中微污染物的氧化降解，并且药物在 60～300 s

内几乎完全降解[44]。根据猝灭实验、PMSO 降解和 $PMSO_2$ 生成之间的质量平衡(> 90%)分析，高价态铁[Fe(Ⅴ)/Fe(Ⅳ)物种]在强化降解中起主要作用。

$$\mathrm{Co(II)+CH_3C(O)OOH \longrightarrow Co(II){-}CH_3C(O)OOH}(\text{络合物}) \tag{9.28}$$

$$\mathrm{Co(II){-}CH_3C(O)OOH}(\text{络合物}) \longrightarrow \mathrm{Co(IV)O^{2+}+CH_3C(O)O^-+H^+} \tag{9.29}$$

在所使用的金属离子活化剂中，Fe(Ⅱ)由于地表丰富、环境友好和满意活性而受到关注。例如，Fe(Ⅱ)与 PAA 快速反应，以 $1.56\times10^4 \sim 1.10\times10^5$ L/(mol·s)的速率常数生成高活性物种，包括高价态铁、有机自由基和$^•OH$[43]。涉及的具体反应机理如式(9-30)～式(9-43)所示。与 PAA 平衡的 $H_2O_2$ 也与 Fe(Ⅱ)反应[式(9.44)～式(9.47)]。此外，Carlos 等在酸性条件(pH 3.0)下评估了 Fe(Ⅱ)/PAA 工艺与其对应的 Fe(Ⅲ)/PAA 工艺的性能[45]。与芬顿反应不同，似乎 PAA 可以被 Fe(Ⅲ)有效活化；当添加 Fe(Ⅲ)浓度为 50 μmol/L 时，甲基蓝的降解率为 99%，而同等浓度的 Fe(Ⅱ)加入后降解率为 95%。理论计算表明，这种行为是因为 PAA 和 Fe(Ⅲ)之间的反应是自发的，依次产生 Fe(Ⅱ)，而 PAA 与 Fe(Ⅱ)的反应是非自发的。值得注意的是，所使用的 PAA 溶液中 PAA 与 $H_2O_2$ 摩尔比为 0.65，这远低于其他研究工作。因此，应该研究 Fe(Ⅲ)对活化含有较高摩尔比 PAA/$H_2O_2$ 的 PAA 混合液的作用。

$$\mathrm{Fe(II)+CH_3C(O)OOH \longrightarrow Fe(III)+CH_3C(O)O^{\bullet}+OH^-} \tag{9.30}$$

$$\mathrm{Fe(II)+CH_3C(O)OOH \longrightarrow Fe(III)+CH_3COO^-+{}^{\bullet}OH} \tag{9.31}$$

$$\mathrm{CH_3C(O)OOH+Fe(II) \longrightarrow Fe(IV)O^{2+}+CH_3C(O)OH} \tag{9.32}$$

$$\mathrm{Fe(III)+CH_3C(O)OOH \longrightarrow Fe(II)+CH_3C(O)OO^{\bullet}+H^+} \tag{9.33}$$

$$\mathrm{CH_3C(O)OOH+CH_3C(O)O^{\bullet} \longrightarrow CH_3C(O)OO^{\bullet}+CH_3COOH} \tag{9.34}$$

$$\mathrm{H_2O_2+CH_3C(O)O^{\bullet} \longrightarrow HO_2^{\bullet-}+CH_3COOH} \tag{9.35}$$

$$\mathrm{CH_3C(O)OOH+{}^{\bullet}OH \longrightarrow CH_3C(O)OO^{\bullet}+H_2O} \tag{9.36}$$

$$\mathrm{CH_3C(O)OOH+{}^{\bullet}OH \longrightarrow CH_3CO^{\bullet}+H_2O+O_2} \tag{9.37}$$

$$\mathrm{CH_3C(O)OOH+{}^{\bullet}OH \longrightarrow CH_3COOH+HO_2^{\bullet}} \tag{9.38}$$

$$\mathrm{H_2O_2+{}^{\bullet}OH \longrightarrow HO_2^{\bullet}+H_2O} \tag{9.39}$$

$$CH_3C(O)OH+2Fe(IV)O^{2+} \longrightarrow CH_3C(O)O^- + 2Fe(III) + OH^- + O_2 \quad (9.40)$$

$$Fe(IV)O^{2+} + H_2O \longrightarrow Fe(III) + OH^- + {}^{\bullet}OH \quad (9.41)$$

$$CH_3C(O)O^{\bullet} \longrightarrow {}^{\bullet}CH_3 + CO_2 \quad (9.42)$$

$${}^{\bullet}CH_3 + O_2 \longrightarrow CH_3OO^{\bullet} \quad (9.43)$$

$$Fe(II) + H_2O_2 \longrightarrow Fe(III) + OH^- + {}^{\bullet}OH \quad (9.44)$$

$$H_2O_2 + Fe(II) \longrightarrow H_2O + Fe(IV)O^{2+} \quad (9.45)$$

$$Fe(III) + H_2O_2 \longrightarrow Fe(II) + H^+ + HO_2^{\bullet} \quad (9.46)$$

$$Fe(IV)O^{2+} + H_2O \longrightarrow Fe(III) + {}^{\bullet}OH + OH^- \quad (9.47)$$

此外，在均相金属催化体系中，活性金属的氧化还原循环是限制整个均相体系氧化效能的关键步骤。基于此，一些研究学者开始致力于开展促进活性金属的氧化还原循环方面的工作，即加速活性金属离子的再生速率。Fe(Ⅱ)和PAA 反应的二级速率常数是芬顿反应[4～80 L/(mol·s)]或 Fe(Ⅱ)和过硫酸盐反应的二级速率常数[12～26 L/(mol·s)]200 倍以上[46]，甚至可以与 Fe(Ⅱ)和过一硫酸盐反应的二级速率常数[$3.0 \times 10^4$ L/(mol·s)]相媲美[47]。类似地，PAA 将 Fe(Ⅲ)还原为 Fe(Ⅱ)相当缓慢[(2.72 ± 0.38) L/(mol·s)]，所以高 Fe(Ⅱ)剂量通常是 Fe(Ⅱ)/PAA 工艺有效降解微污染物所必需的。因此，有必要解决上述 Fe(Ⅱ)/PAA 工艺的固有缺陷，即 Fe(Ⅲ)/Fe(Ⅱ)氧化还原循环慢，且生成的 Fe(Ⅲ)易于富聚、水解、沉淀形成铁泥。一些研究学者采用引入紫外光照射到 Fe(Ⅱ)/PAA 工艺以加速 Fe(Ⅲ)向 Fe(Ⅱ)的还原，但大量额外能量的消耗将限制该工艺的实际水处理应用[48]。Zou 等利用 2,2′-联氮-双-3-乙基苯并噻唑啉-6-磺酸作为电子穿梭体促进了 Fe(Ⅲ)/Fe(Ⅱ)的氧化还原循环，提高 Fe(Ⅱ)/PAA 体系的氧化效能[49]。最近，Huang 课题组考察了系列螯合剂(吡啶甲酸、烟酸、2,6-吡啶二羧酸、脯氨酸、乙二胺四乙酸和柠檬酸)在提升 Fe(Ⅲ)/PAA 体系效能的可行性[50]。结果表明，除了吡啶甲酸和 2,6-吡啶二羧酸能够加速 Fe(Ⅲ)/PAA 体系中微污染物的降解且吡啶甲酸最佳外，其他螯合剂均展现无效活化。值得注意的是，考虑到吡啶甲酸的低毒性和可生物降解特性，吡啶甲酸的引入不仅拓宽了 Fe(Ⅲ)/PAA 体系的工作 pH，而且使得构建体系成为抗水环境基质干扰的高价态铁主导的非自由基反应，因此具有较好的应用潜力。

2. 非均相金属活化过氧乙酸

尽管均相 PAA 活化体系的效能较好，并且能通过一些改进策略进一步强化效能并加强活性金属离子氧化还原循环，但是溶液中金属离子引发的二次污染始终是难以解决的难题。基于此，一些研究学者期待开发非均相催化剂来应对金属溶出问题。

1)零价金属

零价金属被认为是一种潜在的金属离子替代品，如零价铁、零价钴和零价铜，其可以原位生成相应的活性金属离子，通过这些零价金属在酸性条件下的腐蚀，进一步活化溶液中的 PAA 以产生活性自由基。例如，零价钴能够高效活化 PAA 以降解磺胺甲噁唑，一级反应速率达到 1.13 $min^{-1}$，远优于零价钴/$H_2O_2$ 体系。并且经过四次循环实验后，催化活性仍保持很高[51]。值得注意的是，目标污染物的选择是非常关键的，其可能充当螯合剂与零价金属释放的活性金属离子相互作用，从而加速 PAA 活化过程。Zhang 等构建了新颖的纳米零价铁/PAA 氧化体系，发现纳米零价铁释放出的 Fe(Ⅱ)与目标污染物四环素之间强烈的络合作用，形成 Fe(Ⅱ)-四环素络合物，能够显著加速 PAA 分解和四环素降解[52]。此外，硫化处理[53]、表面沉积[54]等手段能够进一步强化零价铁的活性。

2)金属氧化物

金属氧化物是 AOPs 领域通用的催化剂。迄今，$Co_3O_4$[55]、$Mn_3O_4$[56]、纳米 CuO 等金属氧化物已被开发用于活化 PAA。而且，一些研究者相继开展了强化金属氧化物活性的研究工作，如形貌调控或载体负载。例如，以 $Co_3O_4$ 为例，形貌调控能够显著强化其活化 PAA 的性能，并且遵循双层空心结构(0.041 $min^{-1}$) > 空心结构(0.026 $min^{-1}$) > 纳米颗粒(0.008 $min^{-1}$)，这归因于双层空心结构能够提供丰富的催化活性位点和传质速率加快[57]。载体负载也是提高金属氧化物活性的策略。例如，Zhang 等通过一种简单的水热法制备了 $Co_3O_4$ 锚定在二维三明治状结构的 $Ti_3C_2T_x$ 上，相比传统的 $Co_3O_4$ 催化剂(0.029 $min^{-1}$)，复合催化剂的引入能够显著活化 PAA 并使得 2,4-二氯苯酚几乎完全降解，降解速率高达 0.171 $min^{-1}$[58]。$Ti_3C_2T_x$ 基板不仅促进了 $Co_3O_4$ 纳米粒子在层内的分散，而且显著加速了≡Co(Ⅲ)/≡Co(Ⅱ)循环，增强了 PAA 的活化。

双金属氧化物如钙钛矿氧化物($ABO_3$)、尖晶石型金属氧化物($AB_2O_4$)也可以用于活化 PAA 以降解污染物，由于其灵活的化学成分、元素丰富和结构稳定性。例如，Zhou 等研究表明钴酸镧钙钛矿氧化物能够有效活化 PAA 并对磺胺甲噁唑降解展现出极好的性能，同时钴溶出量较低(约 0.13 mg/L)，远低于《地表水环境质量标准》(GB 3838—2002)中要求的浓度(< 1 mg/L)[59]。相比 $Co_3O_4$/PAA 体系，构建的 $CoFe_2O_4$/PAA 体系对磺胺甲噁唑的降解速率提升了 10 倍[60]。同时，该催化剂在循环过程中形貌、结构和组成几乎不发生变化，展现较好的稳定性并通过磁铁分离回收催化剂。

3) 其他非均相催化剂

除了零价金属和金属氧化物外，金属硫化物也可以活化 PAA。赖波课题组研究发现，环境友好且成本低的 FeS 对 PAA 展现优异的活化性能，远优于其他氧化剂(如 PMS、PDS 和 $H_2O_2$)活化的效率，且 S(−Ⅱ)不参与 PAA 活化[61]。他们深入研究并揭示了硫物质在调节活性氧物种中的双重作用：①通过使用 2,2′-联吡啶探针[络合 Fe(Ⅱ)来阻碍电子转移到催化剂表面的氧化剂]和同步监测铁和硫物质的形态变化，发现 S(−Ⅱ)及其转化产物 $H_2S_{(aq)}$在 Fe(Ⅱ)再生中发挥了重要作用，进而加速 PAA 活化；②在 FeS/PAA 工艺中最初几秒内产生的有机碳自由基易被硫物质迅速消耗，导致$^•$OH 在整个工艺中成为主要的活性物种。$CH_3C(O)O^•$和硫物质反应的吉布斯自由能明显低于$^•$OH 和硫物质反应的吉布斯自由能，从而证实了硫物质与 $CH_3C(O)O^•$的选择性反应，这表明 $CH_3C(O)O^•$更倾向于通过电子转移与硫物质反应。董浩然课题组构建了 $CuS/CaO_2$/四乙酰乙二胺体系，发现在碱性条件下水解过程原位产生的 PAA 可以被 CuS 有效活化，导致在 30 min 内实现 92.1%的 SMT 降解[62]。机理研究发现，生成的 $O_2^{•-}$和还原性硫物种加速了 Cu 物种的氧化还原循环，而且 $Ca(OH)_2$促进了 PAA 的有效形成和活化。此外，Chen 等制备了富氮氮化碳纳米管锚定单原子铁催化剂，构建的非均相 PAA 活化体系在 pH 3.0～9.0 宽范围内实现了对各种有机污染物的强化降解，表现出超高且稳定的催化活性，比等量剂量的原始氮化碳活性高 75 倍。$^{18}O$同位素标记技术、探针法和理论计算表明，高效的催化活性依赖于催化活化 PAA 过程中产生的高价态铁物种和有机自由基[63]。

相比于过硫酸盐为前体的高级氧化技术，目前在开发的非均相催化 PAA 的研究仍处于初始阶段。很多问题尚未得到充分研究，活化机理仍不清楚且争议不停，亟需大量的研究学者共同努力。

### 9.5.5　非金属碳活化

尽管非均相催化剂能够在一定程度上减少金属溶出，但始终难以避免。在绿色和可持续发展的背景下，亟需开发新型的无毒且环境友好的 PAA 活化剂。绿色、非金属碳催化剂的应用是现代化学的里程碑成就，这是因为其可以完全防止潜在有毒金属的溶出和水体的二次污染。其中，与传统金属或金属氧化物相比，碳材料具有较大的比表面积、优异的化学和热稳定性、可再生性和无二次污染等优势，因而在活性、稳定性和可再生性方面表现出显著优势，并且具有成本效益和环境友好性，使其成为满足绿色化学需求的有吸引力的传统催化剂替代品。

活性炭纤维(ACFs)是一种常见的碳材料，由于独特的结构和固有属性，包括高比表面积和易于表面改性等，已被广泛用于水处理领域其他活性材料的吸附剂或载体。基于如下特性，Zhou 等首次探索了 ACFs 作为非金属催化剂来加速 PAA 活化以降解污染物的可行性[64]。①丰富的非键合自由电子和表面官能团的多功能化可能赋予 ACFs 大量活性位点，用于增加氧化剂的可利用性和活化，通过电子转移产生活性物种。②ACFs 优异的化学稳定性和惰性使其在氧化反应过程中受活性物种攻击时仍保持原始结构和催化活性，从而提高其持续催化能力和可重复使用性。③ACFs 的各种形式(如布、毡、整体等)可以使它们易于从反应介质中回收，并增加它们在复杂结构反应器中应用的可能性，从而有利于大规模实际应用。结果证实，ACFs/PAA 耦合技术展示显著的协同效应，在 45 min 内实现 97.0%的活性艳红降解。同时，构建体系具有抗 pH 干扰的宽范围 pH 适用性(3～11)、可持续催化活性(循环 10 次后效率仍高达 94%)等特性。其活化机理为 ACFs 可以将其非成键电子贡献给 PAA，导致其 O—O 键断裂并产生 $CH_3C(O)O^\bullet$和$^\bullet OH$。

Dai 等研究发现热处理(600℃)的活性炭能够有效活化 PAA，这是由于其丰富的结构缺陷和含氧官能团[65]。他们将构建体系用于地下水微污染修复，具有极好的抗水环境基质干扰能力并获得满意的性能。有趣的是，不同于传统的高级氧化技术，构建体系中 $CH_3C(O)O^\bullet$和电子转移响应磺胺甲噁唑的降解，而$^\bullet OH$和 $^1O_2$的作用则忽略不计。此外，采用苯酚改性秸秆活性炭作为活化剂，能够强化活化 PAA 的性能[66]。

总体来说，碳基材料作为一种有潜力的 PAA 催化剂，目前的研究还处于起步阶段，应用潜力仍待继续发掘。

综上，对上述五种 PAA 活化方法的类型、产生的活性物种和优缺点进行了对比，比较结果见表 9.5。

**表 9.5　PAA 活化工艺的比较**

| 活化方式 | 活性物种 | 优点 | 缺点 |
|---|---|---|---|
| 热活化 | $^\bullet OH$ 和 R—O$^\bullet$ | 绿色环保，不易产生二次污染 | 能耗较大，经济成本较高 |
| 紫外活化 | $^\bullet OH$ 和 R—O$^\bullet$ | 毒副产物少，不易产生二次污染 | 能耗较大，成本较高，对废水色度及污染物种类要求较高 |
| 电活化 | $^\bullet OH$ 和 R—O$^\bullet$ | 绿色环保，不易产生二次污染 | 能耗较大，经济成本较高，工艺有待开发 |
| 过渡金属活化 | $^\bullet OH$、R—O$^\bullet$和高价态金属物种 | 活化效率高，适用污染物类型广，操作简单 | 易产生金属溶出二次污染，pH 局限性大，适用场景要求严格 |
| 碳基材料活化 | $^\bullet OH$ 和 R—O$^\bullet$ | 原材料来源广泛，成本低，pH 适用范围宽，活化效率高，毒副产物少，不易产生二次污染 | 稳定性不够高，催化活性低，研究刚起步 |

# 9.6　主要的影响因素

高级氧化技术去除污染物的性能会受到环境水基质和各种实验参数的影响，如溶液 pH、催化剂或氧化剂用量、无机阴离子和溶解性有机物。人们普遍认为，增加催化剂和氧化剂的用量可以提高降解效率，但浓度过高可能会导致自由基猝灭和性能下降。而 pH 以及溶解性有机物和无机阴离子的存在通常会以复杂的方式影响高级氧化技术的性能与机制。为了优化基于 PAA 的高级氧化技术的性能，必须详细讨论所有这些参数的影响。

## 9.6.1　pH

在基于 PAA 的高级氧化技术中，溶液 pH 是一个关键参数，它显著影响活性物种、催化剂、氧化剂和目标化合物的化学性质。

首先，pH 影响 PAA 的酸碱平衡，从而影响活性自由基物种的产生。由于 PAA 的 $pK_a$ 值为 8.2，因此当 pH 小于 8.2 时，PAA 主要以中性分子($PAA^0$)存在；而当 pH 大于 8.2 时，PAA 主要以去质子化形式($PAA^-$)存在。$PAA^-$在 254 nm 处具有比 $PAA^0$ 更高的摩尔吸收系数，导致 $PAA^-$的光解速率比 $PAA^0$ 更快。基于这一观察结果，PAA 的光解和活性自由基的产生在碱性 pH 条件下更快。例如，Mukhopadhyay 和 Daswat 表明，当系统地研究 pH 4～9.5 范围内的影响时，UV/PAA 体系降解 4-氯苯酚的最佳 pH 为 9.5[67]。然而，由于活性自由基(如$^•OH$)的氧化还原电位降低以及 $PAA^-$对$^•OH$ 的猝灭作用，采用高碱性环境(如 pH 11)可能会对 UV/PAA 性能产生不利影响。这些结果使得基于 PAA 的高级氧化技术的最佳 pH 倾向于酸性或弱碱性。例如，Cai 等发现，对于目标污染物卡马西平和布洛菲，UV/PAA 体系的降解效能随 pH(5.09～9.65)的增加而逐渐下降，然而对于萘普生，反而在 pH 为 9.65 实现最高降解。该结果表明，除了 pH 的影响外，污染物的分子结构也对 UV/PAA 体系的降解有影响[30]。因此，有必要对不同分子结构的污染物进行深入研究。

pH 对催化剂的影响更多体现在均相过渡金属/PAA 体系中。pH 值决定了金属是否以自由离子的形式存在于系统中，还是形成羟基络合物或以氢氧化物方式沉淀，从而显著影响 PAA 的活化过程。例如，Fe(Ⅱ)/PAA 体系降解不同类型的有机污染物（如甲基蓝、萘普生和双酚 A）均在 pH 为 3.0 时性能最佳，并随着 pH 的增加而性能逐渐下降，特别是在中性或碱性环境，归因于共存铁形态[如 $FeOH^+$，$Fe(OH)_2$ 和 $Fe(OH)_3$]不能有效活化 PAA[43]。类似地，其他体系如 Fe(Ⅲ)/PAA、Cu(Ⅱ)/PAA 和 Mn(Ⅱ)/PAA 在 pH 为 7.0 时也展现无效氧化[41]。

相比之下，Co(Ⅱ)/PAA 系统在中性 pH（pH 为 7.0）时反而是最有效的，而在苛刻 pH 环境下（pH 为 3.0 或 11.0）呈现较低活性[37]。进一步的机理探究表明，尽管游离 Co(Ⅱ)的比例在水中 pH 小于 7 时可保持相对稳定（> 99%），但增加的 $H^+$可以通过微观逆反应过程抑制 $CH_3C(O)OO^\bullet$的产生；而在碱性条件下（pH > 9.0）PAA 的自分解以及 $Co(OH)_2$沉淀造成活化无效。此外，Kim 等人的工作提出 PAA 的中性/去质子化状态应该是影响 Co(Ⅱ)/PAA 体系降解速率的主要 pH 相关因子[40]。

此外，在非均相活化 PAA 过程中，pH 也会影响金属氧化物的表面电荷。例如，由于 $PAA^0$ 与 $Co_3O_4$ 催化剂表面之间良好的静电相互作用，中性 pH 对 $Co_3O_4$/PAA 体系是最佳的[55]。由于 $Co_3O_4$ 的零电荷点($pH_{pzc}$)测定为 6.7，因此 $Co_3O_4$ 颗粒在 pH 低于 6.7 时带正电荷，而在高于 6.7 时带负电荷。在酸性条件下，过量的 $H^+$与 PAA 的 O—O 键之间形成氢键，阻碍了 PAA 与带正电荷的 $Co_3O_4$ 催化剂表面的相互作用并减少 PAA 分解。另外，在碱性条件下，带负电荷的 $Co_3O_4$ 表面和 $PAA^-$之间的静电排斥作用同样会降低它们的相互作用。

最后，溶液的 pH 值也会影响污染物的物种形态并改变它们受活性物种攻击的活性。例如，磺胺甲噁唑（SMX）在 pH 大于 5.6 时主要以去质子化形式存在（$pK_{a1}$ = 1.8，$pK_{a2}$ = 5.6）。双氯芬酸（DCF）的 $pK_a$ 值为 4.15，表明解离形态（$DCF^-$）在 pH > 4.15 时占主导作用，而在 pH < 4.15 时 DCF 中性分子占优势。总体而言，解离形态的 $SMX^-$和 $DCF^-$更容易被活性自由基攻击。

## 9.6.2　水环境基质

水环境中常见的共存组分包括无机阴离子[氯离子($Cl^-$)、碳酸盐($CO_3^{2-}$和 $HCO_3^-$)、硫酸根离子($SO_4^{2-}$)、硝酸根离子($NO_3^-$)]和溶解性有机物(DOM)，可能会影响活化 PAA 去除水中污染物的效能。基于此，研究学者也评估了构建体系在共存背景组分中的应用潜力。

$Cl^-$几乎是所有自然水体中普遍存在的主要无机阴离子之一。PAA 可以直接氧化 $Cl^-$为二次氧化剂 HOCl[式(9.48)][68]。类似于$^\bullet OH$，当基于 PAA 的高级氧化工艺中存在 $Cl^-$时，$Cl^-$也可以作为清除剂与过氧自由基反应并生成各种活性氯物种，包括 $Cl^{\bullet-}$、$ClOH^{\bullet-}$和 $Cl_2^{\bullet-}$。有研究表明，$Cl^-$对自由基反应路径影响较大，而对非自由基反应路径的作用可以忽略。PAA 中与 $Cl^-$相关的主要反应如式(9.48)～式(9.50)所示。

$$CH_3C(O)OOH + Cl^- \longrightarrow HOCl + CH_3COO^- \tag{9.48}$$

$$Cl^- + {}^\bullet OH \longrightarrow ClOH^{\bullet-} \tag{9.49}$$

$$Cl^- + CH_3C(O)OO^\bullet + H^+ \longrightarrow Cl^\bullet + CH_3C(O)OOH \tag{9.50}$$

总体来说，活性氯物种的氧化能力往往比$^\bullet$OH 弱，但它们对某些化合物也表现出更高的选择性。在大部分研究中，$Cl^-$对基于 PAA 的高级氧化工艺展现不显著影响。例如，Chen 等发现 $Cl^-$(0～200 mmol/L)在 UV/PAA 过程中对萘普生降解的影响可以忽略不计[69]。类似地，Kim 等研究结果表明 $Cl^-$(100～1000 μmol/L)的存在对 Co(Ⅱ)/PAA 体系降解卡马西平的影响很小[40]。然而，对于 SMX，在 $Fe^{2+}$-沸石/PAA 体系中观察到显著消极作用[70]。因此，$Cl^-$对降解过程的影响可能取决于目标污染物的结构和性质。

碳酸盐($CO_3^{2-}$、$HCO_3^-$)主要影响水的碱度，这两种无机阴离子是众所周知的自由基猝灭剂。然而，碳酸盐对基于 PAA 的高级氧化工艺性能的影响比较复杂。一方面，对于有机自由基[如 $CH_3C(O)OO^\bullet$]主导的反应，由于其高度选择性，因而碳酸盐的作用可能忽略不计。例如，引入 20 mmol/L 碳酸盐($CO_3^{2-}$和 $HCO_3^-$)到 UV/$H_2O_2$体系中萘普生的降解速率从 0.106 $min^{-1}$降低到 0.062 $min^{-1}$，而 UV/PAA 的效能没有显著变化(0.112～0.117 $min^{-1}$)[69]。这可能是由于 $CH_3C(O)OO^\bullet$对萘普生的选择性高于碳酸盐。有趣的是，尽管碳酸盐对 UV/PAA 的降解性能也展现类似的忽略作用，但是通过竞争动力学实验发现碳酸盐的引入能够使得构建体系中$^\bullet$OH 向 $CH_3C(O)OO^\bullet$转化且 $CH_3C(O)OO^\bullet$的贡献增加，可能的反应路径如式(9.51)～式(9.53)所示[69]。另一方面，当在有机自由基主导的过渡金属/PAA 体系中，仍可以观察到显著的抑制作用[37, 40]，这可能归因于非选择性 Co(Ⅱ)—$HCO_3$ 复合物的形成[71]。不同的是，Wang 等报道碳酸盐($CO_3^{2-}$、$HCO_3^-$)的引入能够强化 Cu(Ⅱ)/PAA 体系的效能，发现 $HCO_3^-$与 $CO_3^{2-}$的浓度比例对双氯芬酸的降解有显著影响，当 $HCO_3^-$与 $CO_3^{2-}$的浓度比为 9∶1 时，双氯芬酸的降解效率最佳，因为形成的 Cu(Ⅱ)-复合物[$CuCO_3$ 和 $CuCO_3(OH)^-$]能够提高 Cu(Ⅱ)的催化能力[72]。

$$^\bullet OH + HCO_3^- \longrightarrow CO_3^{\bullet-} + H_2O \tag{9.51}$$

$$^\bullet OH + CO_3^{2-} \longrightarrow CO_3^{\bullet-} + OH^- \tag{9.52}$$

$$CO_3^{\bullet-} + CH_3C(O)OOH \longrightarrow HCO_3^- + CH_3C(O)OO^\bullet \tag{9.53}$$

此外，硫酸根离子($SO_4^{2-}$)和硝酸根离子($NO_3^-$)在大部分 PAA 活化体系研究中均表现忽略不计的影响。值得注意的是，$NO_3^-$是一种光敏化剂，可能对 UV/PAA 体系造成两种效应。一方面，$NO_3^-$可以吸收紫外光以减少目标污染物的直接光解；另一方面，$NO_3^-$受紫外光激发产生$^\bullet$OH，强化目标化合物降解。基于此，张李等报道了在 $NO_3^-$存在下 UV/PAA 对双氯芬酸的去除效率增加，这表明

$NO_3^-$的积极影响超过负面影响[73]。

DOM是天然水体中普遍存在的一类重要组分，包含丰富的含氧官能团(如羧基、羰基和羟基)。DOM通常由腐殖质组成，包括腐殖酸(HA)和富里酸(FA)。DOM在基于PAA的高级氧化工艺降解目标有机污染物中展现多种效应(包括抑制作用、忽略作用、促进作用)。例如，HA(1～10 mg/L)的引入显著抑制Co(Ⅱ)/PAA体系降解卡马西平的性能[40]。万思文等总结了DOM的抑制机理可能包括如下三点[74]：①HA可以与PAA竞争吸收光子并影响PAA的光解[HA在254 nm处的摩尔吸光系数为0.3 L/(mg·cm)]；②HA通过与污染物竞争活性自由基抑制目标污染物的降解[DOM与$^{\bullet}OH$的二级反应速率常数为$2.5 \times 10^4$ L/(mg·s)，与有机自由基的二级反应速率常数为$5.76 \times 10^4$ L/(mg·s)]；③HA的一些官能团或络合物会吸附到催化剂上并阻塞其活性位点，从而抑制PAA活化以降低污染物的去除效率。然而，Wang等在碳酸盐/Cu(Ⅱ)/PAA体系中观察到HA和FA的促进作用。他们解释，NOM作为该体系中的螯合剂和媒介，可能会加速Cu(Ⅱ)和PAA之间的电子转移，从而强化双氯芬酸的降解[72]。这些结果表明，NOM的促进作用强于自由基清除引起的抑制作用。

### 9.6.3 过氧乙酸浓度

在基于PAA的高级氧化工艺中，活性自由基主要是通过活化PAA使其分解产生。因此，PAA的浓度是影响工艺效能的关键因素。一般来说，PAA浓度的增加会导致更好的降解性能。例如，Kim等研究了Co(Ⅱ)/PAA体系中PAA浓度(20 μmol/L、50 μmol/L、100 μmol/L和200 μmol/L)的影响，Co(Ⅱ)浓度固定在10 μmol/L[40]。结果发现，当PAA浓度从20 μmol/L增加到200 μmol/L时，卡马西平的降解效率在30 min后从24.3%增加到91.9%。对应的拟合一级动力学速率也从$(6.98 \pm 0.04) \times 10^{-4}\ s^{-1}$增加到$(4.83 \pm 0.67) \times 10^{-3}\ s^{-1}$。该结果表明在更高的PAA浓度下增强的卡马西平降解可能是由于产生了更多的活性自由基。然而，活性自由基的瞬间大量产生可能会导致活性自由基之间的自猝灭，且高浓度的PAA不仅会吸收紫外光，还会与污染物竞争$^{\bullet}OH$反应。因此，持续增加PAA浓度不能无限提高目标污染物的降解，最终会达到一个平衡状态，甚至性能反而下降。例如，他们也探究了Fe(Ⅱ)/PAA体系降解污染物的可能性以及pH的影响。当Fe(Ⅱ)浓度固定在100 μmol/L时，随着PAA浓度从50 μmol/L增加到500 μmol/L，将导致甲基蓝的降解在60 min内从69.7%增加到100%。然而，当PAA浓度进一步增加到1000 μmol/L时，甲基蓝的降解显著受到抑制，降解效率减少约70%[43]。

由于商业PAA溶液中总是共存$H_2O_2$，因此在基于PAA的高级氧化处理过

程中 $H_2O_2$ 的可能贡献不容忽视。在 Kim 等的研究中，将额外的 $H_2O_2$ 添加到 Co(Ⅱ)/PAA 体系中，以研究 $H_2O_2$ 浓度对卡马西平降解的影响[40]。结果发现，当 PAA 浓度固定在 100 μmol/L 时，将 $H_2O_2$ 浓度从 31 μmol/L 增加到 200 μmol/L 会使降解效率从 81.2%降低到 39.6%。他们提出猜测，$H_2O_2$ 的引入将与 $CH_3C(O)OO^•$ 反应产生活性更低的 $HO_2^•$[式(9.54)]。然而，这方面还需进一步研究证实。类似的抑制作用也被报道在热活化 PAA 体系中，作者发现添加过量的额外 $H_2O_2$(1～100 mmol/L)显著抑制磺胺甲嘧唑的降解，因此在含有 100 mmol/L $H_2O_2$ 的热活化 PAA 工艺中仅降解了 5%的磺胺甲嘧唑。他们解释为：除了 PAA 可以被 $H_2O_2$ 消耗之外[式(9.55)]，活性有机自由基也可以被过量的 $H_2O_2$ 猝灭[38]。相反的是，Kim 团队在 Fe(Ⅱ)/PAA 体系中发现 $H_2O_2$ 的引入能够促进目标污染物的降解[以 Fe(Ⅱ)/$H_2O_2$ 作为参照组][43]。具体而言，当固定 Fe(Ⅱ)和 PAA 的浓度均为 100 μmol/L 时，增加 $H_2O_2$ 浓度将导致甲基蓝的降解效率从 87.2%增加到 100%。相比之下，在 PAA 存在的情况下，不同浓度的 $H_2O_2$ 对第一反应阶段的甲基蓝降解速率的影响最小，只有初始降解速率的轻微增加。请注意，随着 $H_2O_2$ 浓度的增加，初始降解速率的轻微增加(从 1.93 $s^{-1}$ 到 2.45 $s^{-1}$)可能是由于平衡方程向 PAA 的转变($H_2O_2$ + 乙酸盐 $\longrightarrow$ PAA + $H_2O$)。这些结果支持了初始反应阶段主要与 PAA 相关和第二反应阶段主要与 $H_2O_2$ 相关的结论。此外，Zou 等研究发现，共存 $H_2O_2$ 的引入对构建的盐酸羟胺/Fe(Ⅱ)/PAA 体系无显著影响，即使当添加的 $H_2O_2$ 浓度高于 PAA 浓度($H_2O_2$/PAA 摩尔比为 1.2 或 1.6)[75]。

$$H_2O_2 + CH_3C(O)OO^{\bullet} \longrightarrow HO_2^{\bullet} + CH_3C(O)OOH \tag{9.54}$$

$$2H_2O_2 + CH_3C(O)OO^{-} \longrightarrow CH_3C(O)OO^{-} + 2H_2O + O_2 \tag{9.55}$$

值得注意的是，由于 PAA 是一种有机酸，任何 PAA 工艺的缺点都存在，添加 PAA 会导致溶液中总有机碳的增加。因此，可以合理地假设过量的 PAA 会放大这一缺点，同时也增加了药剂成本，这使得优化过程中的 PAA 剂量是非常有必要的。

## 参 考 文 献

[1] 朱昱敏，张亚雷，周雪飞，陈家斌. 过氧乙酸在污水消毒中对病毒灭活的研究进展. 中国给水排水, 2020, 36: 45-50.

[2] Sandle T, Hanlon G. Industrial Pharmaceutical Microbiology: Standards and Controls. Hampshire: Euromed Communications, 2015.

[3] Xue R, Shi H, Ma Y, Yang J, Hua B, Inniss E C, Adams C D, Eichholz T. Evaluation of thirteen

haloacetic acids and ten trihalomethanes formation by peracetic acid and chlorine drinking water disinfection. Chemosphere, 2017, 189: 349-356.

[4] Kim J, Huang C H. Reactivity of peracetic acid with organic compounds: A critical review. ACS ES&T Water, 2021, 1: 15-33.

[5] Zhang C Q, Brown P J B, Hu Z Q. Thermodynamic properties of an emerging chemical disinfectant, peracetic acid. Science of the Total Environment, 2018, 621: 948-959.

[6] Ao X W, Wang W B, Sun W J, Lu Z D, Li C. Degradation and transformation of norfloxacin in medium-pressure ultraviolet/peracetic acid process: An investigation of the role of pH. Water Research, 2021, 203: 117458.

[7] Silva W P, Carlos T D, Cavallini G S, Pereira D H. Peracetic acid: Structural elucidation for applications in wastewater treatment. Water Research, 2020, 168: 115143.

[8] Swern D. Organic peracids. Chemical Reviews, 1949, 45: 1-68.

[9] Henao L D, Delli Compagni R, Turolla A, Antonelli M. Influence of inorganic and organic compounds on the decay of peracetic acid in wastewater disinfection. Chemical Engineering Journal, 2018, 337: 133-142.

[10] 李俊超. 过氧乙酸的消毒作用. 肉类工业, 2002, 2: 38-39.

[11] Baldry M G C, Cavadore A, French M S, Massa G, Rodrigues L M, Schirch P F T, Threadgold T L. Effluent disinfection in warm climates with peracetic acid. Water Science and Technology, 1995, 31: 161-164.

[12] De Luca G, Sacchetti R, Zanetti F, Leoni E. Comparative study on the efficiency of peracetic acid and chlorine dioxide at low doses in the disinfection of urban wastewaters. Annals of Agricultural Environmental Medicine, 2008, 15: 217-224.

[13] 田丹. 钴活化过氧乙酸降解偶氮染料研究. 苏州: 苏州科技大学, 2019.

[14] ECHA. Assessent Report, Peracetic Acid, Regulation (EU) no 528/2012 Concerning the Making Available on the Market and Use of Biocidal Products, Evaluation of Active Substances. Finland. European Chemicals Agency, 2015.

[15] Cheng C, Li H D, Wang J L, Wang H L, Yang X J. A review of measurement methods for peracetic acid (PAA) . Frontiers of Environmental Science & Engineering, 2020, 14: 87.

[16] Cavallini G S, De Campos S X, De Souza J B D, Vidal C M D. Comparison of methodologies for determination of residual peracetic acid in wastewater disinfection. International Journal of Environmental Analytical Chemistry, 2013, 93: 906-918.

[17] Stephenson N A, Bell A T. Quantitative analysis of hydrogen peroxide by $^1$H NMR spectroscopy. Analytical and Bioanalytical Chemistry, 2005, 381: 1289-1293.

[18] Ni Y H, Kang G J. Formation of peracetic acid during peroxide bleaching of mechanical pulps. Appita Journal, 2007, 60: 70-73.

[19] Zhang T Q, Huang C H. Simultaneous quantification of peracetic acid and hydrogen peroxide in different water matrices using HPLC-UV. Chemosphere, 2020, 257: 127229.

[20] Zhang K, Mao L Y, Cai R X. Stopped-flow spectrophotometric determination of hydrogen peroxide with hemoglobin as catalyst. Talanta, 2000, 51: 179-186.

[21] Buschini A, Martino A, Gustavino B, Monfrinotti M, Poli P, Rossi C, Santoro A, Dörr A M,

Rizzoni M. Comet assay and micronucleus test in circulating erythrocytes of *Cyprinus carpio* specimens exposed *in situ* to lake waters treated with disinfectants for potabilization. Mutation Research-Genetic Toxicology and Environmental Mutagenesis, 2004, 557: 119-129.
[22] Antonelli M, Rossi S, Mezzanotte V, Nurizzo C. Secondary effluent disinfection: PAA long term efficiency. Environmental Science & Technology, 2006, 40: 4771-4775.
[23] Domínguez-Henao L, Turolla A, Monticelli D, Antonelli M. Assessment of a colorimetric method for the measurement of low concentrations of peracetic acid and hydrogen peroxide in water. Talanta, 2018, 183: 209-215.
[24] 曹聪. 过氧乙酸检测技术优化及其去除水中土霉味物质机理研究. 杭州: 浙江大学, 2019.
[25] Pohjanvesi S, Pukkinen A, Sodervall T. Process for the production of peracetic acid. US 20020193626, 2002-12-19.
[26] 闫峰, 吕石, 尹科科. 高浓度过氧乙酸安全配制工艺的研究. 煤炭与化工, 2015, 38: 82-84.
[27] 胡万鹏, 万新伟, 陈建国, 杜欢政. 一种合成过氧乙酸的工艺及装置: CN201310068522. 0. 2013-03-05.
[28] 邵建华, 张浩, 欧颖, 冷冰, 汤廷翔, 钟李慧. 一种无水过氧乙酸的制备方法: CN201010018162. X. 2010-01-18.
[29] 汪青海, 李伟, 肖文德. 过氧乙酸法合成环氧丙烷的过程研究. Ⅰ. 过氧乙酸的合成//上海: 中国化工学会 2003 年石油化工学术年会论文集, 2003.
[30] Cai M Q, Sun P Z, Zhang L Q, Huang C H. UV/Peracetic acid for degradation of pharmaceuticals and reactive species evaluation. Environmental Science & Technology, 2017, 51: 14217-14224.
[31] 孙梦婷. 过氧乙酸强化电化学体系处理有机废水效能的研究. 秦皇岛: 燕山大学, 2021.
[32] Zhang T Q, Huang C H. Modeling the kinetics of UV/peracetic acid advanced oxidation process. Environmental Science & Technology, 2020, 54: 7579-7590.
[33] Caretti C, Lubello C. Wastewater disinfection with PAA and UV combined treatment: A pilot plant study. Water Research, 2003, 37: 2365-2371.
[34] Rizzo L, Agovino T, Nahim-Granados S, Castro-Alférez M, Fernández-Ibáñez P, Polo-López M I. Tertiary treatment of urban wastewater by solar and UV-C driven advanced oxidation with peracetic acid: Effect on contaminants of emerging concern and antibiotic resistance. Water Research, 2019, 149: 272-281.
[35] Formisano F, Fiorentino A, Rizzo L, Carotenuto M, Pucci L, Giugni M, Lofrano G. Inactivation of escherichia coli and enterococci in urban wastewater by sunlight/PAA and sunlight/$H_2O_2$ processes. Process Safety Environmental Protection, 2016, 104: 178-184.
[36] Bezerra L B, Carlos T D, Das Neves A P N, Durães W A, Sarmento R D, Pereira D H, Cavallini G S. Theoretical-experimental study of the advanced oxidative process using peracetic acid and solar radiation: Removal efficiency and thermodynamic elucidation of radical formation processes. Journal of Photochemistry and Photobiology A: Chemistry, 2022, 423: 113615.
[37] Wang Z P, Wang J W, Xiong B, Bai F, Wang S L, Wan Y, Zhang L, Xie P C, Wiesner M R. Application of cobalt/peracetic acid to degrade sulfamethoxazole at neutral condition: Efficiency and mechanisms. Environmental Science & Technology, 2020, 54: 464-475.

[38] Wang J W, Wan Y, Ding J Q, Wang Z P, Ma J, Xie P C, Wiesner M R. Thermal activation of peracetic acid in aquatic solution: The mechanism and application to degrade sulfamethoxazole. Environmental Science & Technology, 2020, 54: 14635-14645.

[39] Giang N T K, Ha C T, Duy V N. The kinetic of decolorizing reactive orange 122 (RO122) by peracetic acid in the presence of metal ions and UV light. Vietnam National University Journal of Science: Natural Sciences and Technology, 2019, 33: 1-6.

[40] Kim J, Du P H, Liu W, Luo C, Zhao H, Huang C H. Cobalt/peracetic acid: Advanced oxidation of aromatic organic compounds by acetylperoxyl radicals. Environmental Science & Technology, 2020, 54: 5268-5278.

[41] Li R B, Manoli K, Kim J, Feng M B, Huang C H. Sharma V K. Peracetic acid-ruthenium (Ⅲ) oxidation process for the degradation of micropollutants in water. Environmental Science & Technology, 2021, 55: 9150-9160.

[42] Liu B H, Guo W Q, Jia W R, Wang H Z, Zheng S S, Si Q S, Zhao Q, Luo H C, Jiang J, Ren N Q. Insights into the oxidation of organic contaminants by Co(Ⅱ) activated peracetic acid: The overlooked role of high-valent cobalt-oxo species. Water Research, 2021, 201: 117313.

[43] Kim J, Zhang T Q, Liu W, Du P H, Dobson J T, Huang C H. Advanced oxidation process with peracetic acid and Fe(Ⅱ) for contaminant degradation. Environmental Science & Technology, 2019, 53: 13312-13322.

[44] Manoli K, Li R B, Kim J, Feng M B, Huang C H, Sharma V K. Ferrate(Ⅵ)-peracetic acid oxidation process: Rapid degradation of pharmaceuticals in water. Chemical Engineering Journal, 2022, 429: 132384.

[45] Carlos T D, Bezerra L B, Vieira M M, Sarmento R A, Pereira D H, Cavallini G S. Fenton-type process using peracetic acid: Efficiency, reaction elucidations and ecotoxicity. Journal of Hazardous Materials, 2021, 403: 123949.

[46] Liu X, Yuan B L, Zou J, Wu L B, Dai L, Ma H F, Li K, Ma J. Cu(Ⅱ)-enhanced degradation of acid orange 7 by Fe(Ⅱ)-activated persulfate with hydroxylamine over a wide pH range. Chemosphere, 2020, 238: 124533.

[47] Zou J, Ma J, Chen L W, Li X C, Guan Y H, Xie P C, Pan C. Rapid acceleration of ferrous iron/peroxymonosulfate oxidation of organic pollutants by promoting Fe(Ⅲ)/Fe(Ⅱ)cycle with hydroxylamine. Environmental Science & Technology, 2013, 47: 11685-11691.

[48] Ghanbari F, Giannakis S, Lin K Y A, Wu J X, Madihi-Bidgoli S. Acetaminophen degradation by a synergistic peracetic acid/UVC-LED/Fe(Ⅱ) advanced oxidation process: Kinetic assessment, process feasibility and mechanistic considerations. Chemosphere, 2021, 263: 128119.

[49] Lin J B, Hu Y Y, Xiao J Y, Huang Y X, Wang M Y, Yang H Y, Zou J, Yuan B L, Ma J. Enhanced diclofenac elimination in Fe(Ⅱ)/peracetic acid process by promoting Fe(Ⅲ)/Fe(Ⅱ) cycle with ABTS as electron shuttle. Chemical Engineering Journal, 2021, 420: 129692.

[50] Kim J, Wang J Y, Ashley D C, Sharma V K, Huang C H. Enhanced degradation of micropollutants in a peracetic acid-Fe(Ⅲ) system with picolinic acid. Environmental Science & Technology, 2022, 56: 4437-4446.

[51] Zhou G F, Zhou R Y, Liu Y Q, Zhang L, Zhang L Y, Fu Y S. Efficient degradation of

sulfamethoxazole using peracetic acid activated by zero-valent cobalt. Journal of Environmental Chemical Engineering, 2022, 10: 107783.

[52] Zhang P Y, Zhang X F, Zhao X D, Jing G H, Zhou Z M. Activation of peracetic acid with zero-valent iron for tetracycline abatement: The role of Fe(Ⅱ) complexation with tetracycline. Journal of Hazardous Materials, 2022, 424: 127653.

[53] Pan Y W, Bu Z Y, Li J, Wang W T, Wu G Y, Zhang Y Z. Sulfamethazine removal by peracetic acid activation with sulfide-modified zero-valent iron: Efficiency, the role of sulfur species, and mechanisms. Separation and Purification Technology, 2021, 277: 119402.

[54] Yang L W, She L H, Xie Z H, He Y L, Tian X Y, Zhao C L, Guo Y Q, Hai C, He C S, Lai B. Boosting activation of peracetic acid by Co@mZVI for efficient degradation of sulfamethoxazole: Interesting two-phase generation of reactive oxidized species. Chemical Engineering Journal, 2022, 448: 137667.

[55] Wu W, Tian D, Liu T C, Chen J B, Huang T Y, Zhou X F, Zhang Y L. Degradation of organic compounds by peracetic acid activated with $Co_3O_4$: A novel advanced oxidation process and organic radical contribution. Chemical Engineering Journal, 2020, 394: 124938.

[56] Zhou R Y, Zhou G F, Liu Y Q, Liu S L, Wang S X, Fu Y S. Activated peracetic acid by $Mn_3O_4$ for sulfamethoxazole degradation: A novel heterogeneous advanced oxidation process. Chemosphere, 2022, 306: 135506.

[57] Wu J Q, Zheng X S, Wang Y F, Liu H J, Wu Y L, Jin X Y, Chen P, Lv W Y, Liu G G. Activation of peracetic acid via $Co_3O_4$ with double-layered hollow structures for the highly efficient removal of sulfonamides: Kinetics insights and assessment of practical applications. Journal of Hazardous Materials, 2022, 431: 128579.

[58] Zhang L L, Chen J B, Zhang Y L, Yu Z J, Ji R C, Zhou X F. Activation of peracetic acid with cobalt anchored on 2D sandwich-like MXenes (Co@MXenes) for organic contaminant degradation: High efficiency and contribution of acetylperoxyl radicals. Applied Catalysis B: Environmental, 2021, 297: 120475.

[59] Zhou X F, Wu H W, Zhang L L, Liang B W, Sun X Q, Chen J B. Activation of peracetic acid with lanthanum cobaltite perovskite for sulfamethoxazole degradation under a neutral pH: The contribution of organic radicals. Molecules, 2020, 25: 2725.

[60] Wang J W, Xiong B, Miao L, Wang S L, Xie P C, Wang Z P, Ma J. Applying a novel advanced oxidation process of activated peracetic acid by $CoFe_2O_4$ to efficiently degrade sulfamethoxazole. Applied Catalysis B: Environmental, 2021, 280: 119422.

[61] Yang S R, He C S, Xie Z H, Li L L, Xiong Z K, Zhang H, Zhou P, Jiang F, Mu Y, Lai B. Efficient activation of PAA by FeS for fast removal of pharmaceuticals: The dual role of sulfur species in regulating the reactive oxidized species. Water Research, 2022, 217: 118402.

[62] Li Y J, Dong H R, Xiao J Y, Li L, Chu D D, Hou X Z, Xiang S X, Dong Q X. Oxidation of sulfamethazine by a novel CuS/calcium peroxide/tetraacetylethylenediamine process: High efficiency and contribution of oxygen-centered radicals. Chemical Engineering Journal, 2022, 446: 136882.

[63] Chen F, Liu L L, Wu J H, Rui X H, Chen J J, Yu Y. Single-atom iron anchored tubular g-$C_3N_4$

catalysts for ultrafast Fenton-like reaction: Roles of high-valency iron-oxo species and organic radicals. Advanced Materials, 2022, 891: 2202891.
[64] Zhou F Y, Lu C, Yao Y Y, Sun L J, Gong F, Li D W, Pei K M, Lu W Y, Chen W X. Activated carbon fibers as an effective metal-free catalyst for peracetic acid activation: Implications for the removal of organic pollutants. Chemical Engineering Journal, 2015, 281: 953-960.
[65] Dai C M, Li S, Duan Y P, Leong K H, Liu S G, Zhang Y L, Zhou L, Tu Y J. Mechanisms and product toxicity of activated carbon/peracetic acid for degradation of sulfamethoxazole: Implications for groundwater remediation. Water Research, 2022, 216: 118347.
[66] 沈芷璇, 陈家斌, 吴玮. 苯酚改性秸秆活性炭活化过氧乙酸降解金橙 G 研究. 化工新型材料, 2022, 50: 236-240.
[67] Mukhopadhyay M, Daswat D P. Kinetic and mechanistic study of photochemical degradation of 4-chlorophenol using peroxy acetic acid (PAA). Desalination & Water Treatment, 2014, 52: 5704-5714.
[68] Shah A D, Liu Z Q, Salhi E, Höfer T, Gunten U V. Peracetic acid oxidation of saline waters in the absence and presence of $H_2O_2$: Secondary oxidant and disinfection byproduct formation. Environmental Science & Technology, 2015, 49: 1698-1705.
[69] Chen S, Cai M Q, Liu Y Z, Zhang L Q, Feng L. Effects of water matrices on the degradation of naproxen by reactive radicals in the UV/peracetic acid process. Water Research, 2019, 150: 153-161.
[70] Wang S X, Wang H B, Liu Y Q, Fu Y S. Effective degradation of sulfamethoxazole with $Fe^{2+}$-zeolite/peracetic acid. Separation and Purification Technology, 2020, 233: 115973.
[71] Ao X W, Eloranta J, Huang C H, Santoro D, Sun W J, Lu Z D, Li C. Peracetic acid-based advanced oxidation processes for decontamination and disinfection of water: A review. Water Research, 2021, 188: 116479.
[72] Wang Z R, Fu Y S, Peng Y L, Wang S X, Liu Y Q. $HCO_3^-/CO_3^{2-}$ enhanced degradation of diclofenac by Cu(Ⅱ)-activated peracetic acid: Efficiency and mechanism. Separation and Purification Technology, 2021, 277: 119434.
[73] 张李, 付永胜, 刘义青. $Cu^{2+}$强化 UV 活化过氧乙酸降解水中的双氯芬酸. 中国环境科学, 2020, 40: 5260-5269.
[74] 万思文, 易琳雅, 邓兆祥, 吴阳, 刘振中. 过氧乙酸在高级氧化工艺中的应用研究. 环境科学与技术, 2021, 44: 64-74.
[75] Lin J B, Zou J, Cai H Y, Huang Y X, Li J W, Xiao J W, Yuan B L, Ma J. Hydroxylamine enhanced Fe(Ⅱ)-activated peracetic acid process for diclofenac degradation: Efficiency, mechanism and effects of various parameters. Water Research, 2021, 207: 117796.

# 第 10 章　高级氧化技术在环境污染控制与修复中的应用

## 10.1　引　　言

基于前面八章内容的讨论，可以知道基于不同氧化剂前体的活化以产生氧化活性物种的策略已经非常成熟，同时清楚了解其与目标污染物的反应活性、特性与机理。尽管这些高级氧化技术(AOPs)具有巨大的应用潜力，但其具体的应用方法(如反应器设计、与其他处理方法的耦合策略)以及实际处理的可变性和挑战却很少被系统总结。为了使读者更加清楚地了解一些典型氧化活性物种(如 $SO_4^{\bullet-}$、$^{\bullet}OH$、$^1O_2$)在实际应用中的前景和不足，本章结合这些典型氧化活性物种的特性和优势，较为全面地阐述了它们在环境污染控制与修复中的应用前景和存在的挑战，重点介绍了它们在水/废水处理、土壤和地下水修复、污泥脱水与调理和膜污染防控中的应用。总结了它们的应用现状、潜在的反应机理以及在实际应用中存在的不足。此外，还简要介绍了它们在杀菌消毒和废气净化方面的应用前景。

## 10.2　水与废水处理

### 10.2.1　基于羟基自由基的高级氧化技术

各种水生环境中，包括地表水、地下水和废水，往往含有农药、药物、内分泌干扰物、染料和芳香族化合物等难降解有机污染物。废水主要包括生活和生产过程中产生的生活污水和工业废水。随着药物与个人护理品的使用日益广泛，生活污水中开始出现许多顽固性污染物，常规的污水处理设施难以将其有效去除。此外，工业废水具有日排放量大、种类繁多、毒性大等特征，对生态系统和人体健康产生了极大的安全风险。传统的生物法对难降解有机污染物的去除具有一定的局限性，同时有毒有害物质的存在也限制了其在工业废水中的应用[1]。混凝、膜分离等物理方法只能转移污染物，难以消除。高级氧化技术(AOPs)对各种难降解污染物和有毒物质的去除非常有效。以$^{\bullet}OH$ 为基础的 AOPs 成为处理这些有害和耐生物降解的污染物、削减毒性和/或增强工业废水的生物处理能力的可行选择。芳香族化合物是一类重要的有机化合物，在各类废水中无处不在，尤其是在工业废水中。有效去除芳香族化合物是工业废水生化处理系统亟待解决的问题。芳香族化合物可以通过许多不同的工艺降解，无论哪种处理技术，都可能涉及自由基、非自由基或电子转移氧化路径。

基于$^{\bullet}OH$的AOPs氧化废水中难降解有机化合物的方法几乎包括第2章中提到所有能产生$^{\bullet}OH$的技术。研究报道的降解芳香族化合物的常见AOPs如表10.1所示，一般来说，$^{\bullet}OH$是氧化工艺中最主要的活性物种，与单独AOPs相比，各种AOPs的组合似乎更有利于去除污染物，协同去除的程度可能取决于$^{\bullet}OH$产率的提高或反应器条件或配置的改善，导致生成的$^{\bullet}OH$与污染物分子更好地有效接触，最终导致更高的降解率[2]。最近的很多研究强调了基于$^{\bullet}OH$的AOPs在处理含有不同类型有毒化合物的废水中的可行性，本节总结了基于$^{\bullet}OH$的AOPs在废水处理中的一些代表性应用，重点介绍了评估的参数、降解效果和降解机理。

**表10.1 总结各种AOPs降解一些典型芳香族化合物的研究结果**

| 有机污染物 | 处理方法 | 污染水类型 | $O_3$浓度(μg/L) | 去除率(%) | 活性物种 | 参考文献 |
|---|---|---|---|---|---|---|
| 活性橙29 | Fenton | 蒸馏水 | 10000 | 94.4 | $^{\bullet}OH$，$H_2O_2$ | [3] |
| 铬黑T、亚甲基蓝和罗丹明 | Fenton | 实际染料废水 | 10000 | 99 | $^{\bullet}OH$，$H_2O_2$ | [4] |
| 活性红195 | 电Fenton | 实际染料废水 | 50000 | 100 | $^{\bullet}OH$，$H_2O_2$ | [5] |
| 酸性红1 | 光电Fenton | 实际染料废水 | 98300 | 100 | $^{\bullet}OH$ | [6] |
| 甲基橙 | 光催化$Ag/TiO_2$/生物炭 | 蒸馏水 | 20000 | 97.48 | $^{\bullet}OH$ | [7] |
| 17*α*-炔雌醇 | $O_3/H_2O_2$ | 二级出水 | 60～300 | 约90 | $^{\bullet}OH$，$O_3$ | [8] |
| 对氯苯甲酸 | | 地下水 | 150 | ≥40 | $^{\bullet}OH$ | [9] |
| | | 地表水 | 150 | ≥90 | $^{\bullet}OH$ | |
| | | 二次出水 | 150 | ≥70 | $^{\bullet}OH$ | |
| 磺胺甲噁唑 | | 二级出水 | 50～300 | 约90 | $^{\bullet}OH$，$O_3$ | [8] |
| 卡马西平 | | 二级出水 | 50～300 | 约80 | $^{\bullet}OH$，$O_3$ | |
| 阿替洛尔 | | 二级出水 | 50～300 | 40～75 | $^{\bullet}OH$，$O_3$ | |
| 布洛芬 | | 地下水 | 150 | ≥90 | $^{\bullet}OH$，$O_3$ | [7]和[8] |
| | | 地表水 | 150 | 约100 | $^{\bullet}OH$，$O_3$ | |
| | | 二次出水 | 40～200 | 约80 | $^{\bullet}OH$，$O_3$ | |
| 双氯芬酸 | | 地下水 | 150 | 约100 | $^{\bullet}OH$，$O_3$ | [8] |
| | | 地表水 | 150 | 约100 | $^{\bullet}OH$，$O_3$ | |
| | | 二次出水 | 150 | 约100 | $^{\bullet}OH$，$O_3$ | |

续表

| 有机污染物 | 处理方法 | 污染水类型 | $O_3$ 浓度 (μg/L) | 去除率(%) | 活性物种 | 参考文献 |
|---|---|---|---|---|---|---|
| 二甲苯氧庚酸 | $O_3/OH^-$ | 地下水 | 150 | 约 100 | $^{\bullet}OH$，$O_3$ | [8] |
| | | 地表水 | 150 | 约 100 | $^{\bullet}OH$，$O_3$ | |
| | | 二级出水 | 150 | ≥90 | $^{\bullet}OH$，$O_3$ | |
| 苯扎贝特 | | 地下水 | 150 | ≥80 | $^{\bullet}OH$，$O_3$ | |
| | | 地表水 | 150 | 约 100 | $^{\bullet}OH$，$O_3$ | |
| | | 二级出水 | 150 | ≥90 | $^{\bullet}OH$，$O_3$ | |
| 氯贝酸 | | 地下水 | 150 | ≥50 | $^{\bullet}OH$，$O_3$ | |
| | | 地表水 | 150 | ≥90 | $^{\bullet}OH$，$O_3$ | |
| | | 二次出水 | 150 | ≥80 | $^{\bullet}OH$，$O_3$ | |
| 卤代乙腈 | $O_3/UV$ | 市政污水 | 约 200 | 60 | $^{\bullet}OH$ | [10] |
| 卡马西平 | | 二级出水 | 1000 | 80～100 | $^{\bullet}OH$ | [11] |
| 环丙沙星 | | 二级出水 | 200 | 80～100 | $^{\bullet}OH$ | |
| 克拉霉素 | | 二级出水 | 50 | 80～100 | $^{\bullet}OH$ | |
| 双氯芬酸 | | 二级出水 | 1000 | 80～100 | $^{\bullet}OH$ | |
| 美托洛尔 | | 二级出水 | 250 | 80～100 | $^{\bullet}OH$ | |
| 磷酸西他列汀 | | 二级出水 | 900 | 80～100 | $^{\bullet}OH$ | |
| 磺胺甲噁唑 | | 二级出水 | 100 | 80～100 | $^{\bullet}OH$ | |
| 左氧氟沙星 | $O_3$-电催化 | 合成废水 | $(2～5)\times10^4$ | ≥63 | $^{\bullet}OH$ | [12] |
| 苯并三唑 | $O_3$/超声 | 二级出水 | $2.5\times10^5$ | 约 20 | $^{\bullet}OH$ | [13] |
| 阿特拉津 | $O_3/PMS$ | 蒸馏水 | 约 200 | 约 100 | $^{\bullet}OH$，$SO_4^{\bullet-}$ | [14] |
| 灭滴灵 | | 蒸馏水 | 约 200 | 约 100 | $^{\bullet}OH$，$SO_4^{\bullet-}$ | |
| 酮洛芬 | | 蒸馏水 | 约 200 | 约 100 | $^{\bullet}OH$，$SO_4^{\bullet-}$ | |
| 文拉法辛 | | 蒸馏水 | 约 200 | 约 100 | $^{\bullet}OH$，$SO_4^{\bullet-}$ | |
| 美托洛尔 | | 蒸馏水 | 约 200 | 约 90 | $^{\bullet}OH$，$SO_4^{\bullet-}$ | |
| 卡马西平 | | 蒸馏水 | 约 200 | 约 50 | $^{\bullet}OH$，$SO_4^{\bullet-}$ | |
| 盐酸四环素 | $O_3/Fenton$ | 蒸馏水 | 6000 | 92 | $^{\bullet}OH$，$O_2^{\bullet-}$，$^1O_2$ | [15] |

续表

| 有机污染物 | 处理方法 | 污染水类型 | $O_3$浓度（μg/L） | 去除率(%) | 活性物种 | 参考文献 |
|---|---|---|---|---|---|---|
| 苯并三唑 | $O_3$/金属离子 | 蒸馏水 | 4 | 100 | $^{\bullet}OH$ | [16] |
| 卡马西平 | | 蒸馏水 | 4 | 100 | $^{\bullet}OH$ | |
| 对氯苯甲酸 | | 蒸馏水 | 4 | 98.3 | $^{\bullet}OH$ | |
| 氯贝酸 | $O_3$/铁基催化 | 地表水 | 2000 | 98.7 | $^{\bullet}OH$，$O_2^{\bullet-}$，$^1O_2$ | [17] |
| 甲硝唑 | | 蒸馏水 | 1000 | 99.9 | $^{\bullet}OH$ | [18] |

印染废水一般 pH 高、浊度高、生物降解性差、成分复杂、色度高，是工业废水中最难处理的废水之一。在所有染料类型中，偶氮染料在生产染料中所占的比例最高(65%～70%)，它们是纺织工业中最常用的染料。大多数合成芳香族染料是偶氮染料(单偶氮、重氮、三偶氮和多偶氮)，其由一个、两个、三个或多个 N═N 基团组成，这些 N═N 基团连接到苯环和萘环，并被一些官能团取代，如三嗪胺基团、氯、羟基、甲基和硝基以及磺酸基团等[19]。各种工艺技术，如臭氧化、Fenton、光 Fenton、光催化、电化学氧化、超声波、等离子体和紫外工艺，已被研究成为水处理或废水处理的独立或组合技术。在上述方法处理印染废水过程中，$^{\bullet}OH$ 是导致染料有机化合物降解和矿化的主要活性氧物种。应用 Fenton 絮凝耦合技术处理初始化学需氧量（COD）为 522 mg/L 的纺织废水，并探究了最优实验条件(包括初始 pH、初始 $H_2O_2$ 浓度、$Fe^{2+}$浓度、反应温度和时间)，即最佳$^{\bullet}OH$ 产量下的最佳 COD 去除率。另外，还在初始 pH、初始聚合氯化铝和阳离子聚丙烯酰胺浓度为 8～9 mg/L 时获得了最佳的絮凝效率。使用 $O_3$、UV、UV/$H_2O_2$ 和光 Fenton 工艺对从当地纺织染色行业收集的原始纺织废水进行处理，还通过上述 AOPs 对生物处理前的废水进行了研究，发现在不同的方法中$^{\bullet}OH$ 均能有效地促进纺织废水的降解。Shokouhi 等[20]通过活性炭催化臭氧化引发/促进活性炭在 $O_3$ 分解的自由基型链式反应和活性自由基的产生以改善染料活性蓝 194 的氧化降解，并研究了不同 $Cl^-$浓度对活性蓝 194 降解的影响。结果表明在臭氧化中，$Cl^-$浓度的增加对染料去除率的影响可以忽略不计，因为该体系的$^{\bullet}OH$ 产生量少；而活性炭催化臭氧化对活性蓝 194 降解有显著增强作用，这与产生的$^{\bullet}OH$ 和 $Cl^{\bullet}$有关。Xin 等[21]采用气液两相放电等离子体反应器进行研究，其由交流电源、电气监控系统、供气系统和反应器组成。结果显示，在 15 min 内实现了溴氨酸的高效降解，并对主要活性氧物种的贡献进行了考察，发现放电产生的 $H_2O_2$ 和 UV 对溴氨酸降解的影响不大，但与生成的$^{\bullet}OH$ 产生协同效应；$^{\bullet}OH$ 氧化对溴氨酸的去除率超过 60%，而 $O_3$ 分子的直接去除率约为 20%；测定

了溴氨酸与 $O_3$ 和$^{\bullet}OH$ 反应的二级速率常数分别为 $1.22\times10^3$ L/(mol·s)和 $4.06\times10^9$ L/(mol·s)；建立了溴氨酸降解动力学模型，采用 HPLC-Q-TOF-MS、GC-MS 和 HPLC-UV 检测到 12 种降解中间产物，确定了降解路径主要包括羟基化、键裂解和$^{\bullet}OH$ 的双键加成。Castro 等[22]研究了 AOPs 和生物法处理初始 COD 浓度为 1115～4585 mg/L 范围内的含联苯胺衍生的偶氮染料棉纺织废水的有效性，观察到臭氧化技术比 Fenton、光 Fenton 和紫外/二氧化钛对纺织废水脱色更有效。除此之外，研究人员也比较了不同 AOPs 的能耗，观察到与 $O_3$ 和光催化或光电催化相结合所消耗的能量相比，臭氧反应器消耗的能量更少。尽管大多数 AOPs 都能取得较好的印染废水处理效果，但高电能需求、大量的化学试剂利用、不稳定的危险副产物和致癌芳香胺的产生、pH 依赖性、高成本和污泥产生是从商业用途的工业中染料废水化学氧化处理的主要障碍。

目前，煤化工废水生化处理系统普遍存在的问题是系统稳定性差，COD 达标排放困难。芳香族化合物是 COD 的主要贡献者。Wei 等[23]设计了一种镍诱导的 C-$Al_2O_3$ 骨架，并用 Cu-Co 双金属对其进行增强，以产生一种具有核-多壳结构的高效催化剂(CuCo/NiCAF)。在催化臭氧化过程中，CuCo/NiCAF 上的金属有助于表面介导反应，而嵌入的碳增强了固液边界层和本体溶液中的反应。此外，与 $Al_2O_3$ 负载的催化剂相比，碳嵌入使$^{\bullet}OH$ 的产率提高了 76%，有机物吸附能力提高了 86%。$^{\bullet}OH$ 的高产率使该催化剂成功应用于煤化工废水的中试处理并取得令人满意的效果。研究学者系统地研究了 $Fe_2O_3/Al_2O_3\cdot SiO_2$ 催化剂催化臭氧化处理长期使用的煤化工废水的性能，并通过煅烧去除碳沉积物有助于催化剂/$O_3$ 相互作用以产生$^{\bullet}OH$，证明煅烧可以有效恢复该催化剂的活性，碳质层可以在煅烧过程中有效煅烧，以重新建立表面$^{\bullet}OH$ 介导的氧化过程。同样，使用新型 $Fe_3O_4$-$LaFeO_3$/C/石墨毡异质结阴极在多相电 Fenton 体系中高效矿化煤热解废水，实验结果表明，反应 150 min 后，二甲基苯酚的矿化率可达 90.7%。通过猝灭实验和自由基检测，发现$^{\bullet}OH$ 和 $O_2^{\bullet-}$是该体系降解二甲基苯酚的主要贡献者。采用 $O_3$/Fenton 工艺处理生物工艺处理后的焦化废水，对苯酚、苯胺、喹啉和氨的降解效果显著。由于 AOPs 一些固有的实际工业应用的局限性，现在的煤化工废水处理常常将生物控制法与 AOPs 组合运用以提高降解效果并减少处理成本。

苯酚废水主要来自化工、焦化、煤气、炼油及生物制药等行业，具有排放浓度高、毒性大、气味难闻、难降解的特征。本书作者课题组探究了 Fenton 氧化法对某制药厂苯酚废水(质量浓度 1151～1933 mg/L，色度 60～80，pH 6.4～7.2)处理的可行性。分别考察了 $H_2O_2$ 和 $FeSO_4\cdot7H_2O$ 投加剂量、不同反应时间和 $H_2O_2$ 投加方式对苯酚去除效果的影响，并对其去除机理进行了分析[24]。实验结果表明，反应的最佳条件是溶液 pH 为 3，质量分数为 27.5%的 $H_2O_2$、$FeSO_4\cdot7H_2O$ 投加剂量分别为 15 mL/L 和 800 mg/L，反应时间为 60 min，此时苯酚的去除率高达 95.4%，苯酚出水浓度为 52.5 mg/L。在最佳条件下，$H_2O_2$ 分三次等量投加时，苯酚的去除率最高，为 96.7%，出水浓度只有 37.7 mg/L。因此，Fenton 氧化法非常适用于苯酚废水的处理。为了进一步提高苯酚废水的降解性能，采用双石墨电极的三维电极反应器对苯酚模拟废水进行降解研究，考察了不同条件下 100 mg/L 苯酚废水中苯酚的去除率、COD 去除率和降解中间产物，并探讨了双石墨三维电极法对苯酚的降解机理[25]。三维电极反应器为自行设计，由有机玻璃制成，长 13 cm，高 10 cm，宽 5 cm。一定流速的空气于反应器底部由气泵鼓入体系中。石墨电极的尺寸为长 10 cm，宽 10 cm，宽 5 mm。反应器结构如图 10.1(a)所示。实验前先将 100 g 活性炭颗粒(圆柱形：柱长 3～5 mm，柱直径 2 mm)置于反应器中两极板之间(极板间距为 4 cm)。该实验所使用的活性炭和石墨电极在进行反应前均用 100 mg/L 的苯酚溶液进行浸泡，使其达到吸附饱和，烘干待实验时使用。结果表明，在反应温度为 25℃ ± 1℃下，溶液的 pH 为 3.0 ± 0.01，电流为 0.3 A，亚铁离子投加量为 0.1 mmol/L，极板距离为 4 cm，活性炭颗粒投加量为 100 g，电解时间为 60 min 的反应条件下，苯酚的降解率达到 93%，COD 去除率达到 65%。随着电解时间延长到 6 h，苯酚完全矿化。加入 ·OH 清除剂碳酸钠后，发现苯酚的去除率明显下降，表明在反应过程中会产生高活性的·OH。对比单纯电解苯酚和传统电 Fenton 体系降解苯酚的效果，从图 10.1(b)中可以看出双石墨三维电极体系对苯酚的降解效果远远大于其他两种体系的降解效果，说明在双石墨三维电极体系中能够产生大量的·OH 来氧化溶液中的苯酚，从而大大提高了苯酚的去除率和矿化效率。在该研究条件下，苯酚是通过两种电催化氧化路径的协同作用实现降解：①直接氧化：即苯酚首先传质吸附在粒子电极和石墨电极表面，在上述电极催化作用下失去电子直接被氧化降解；②间接氧化：由电解水生成·OH 等活性物种间接氧化降解。在电解苯酚的过程中检测到乙醛的产生。

来源于热电、核电、炼钢、冶金、化工、医药、燃料、印染、造纸、农药等生产过程的高盐有机废水，往往不仅含有高浓度可溶性有机物、重金属、油类、可溶性无机盐($SO_4^{2-}$、$Cl^-$、$Ca^{2+}$、$Na^+$)等多种物质，而且含有多种难降解有毒有害有机物。若不经处理直接排入水体将会污染地表水，毒害微生物并造成农作物减产，而且会引发各种疾病。目前，高盐有机废水也已逐渐成为国内外废水处理领域的一大难题。运用传统的物理法、物化法和生物法进行处理，不仅投资大、运行费用高，而且难以达到预期的处理效果，还可能带来二次污染。因此，开发一种更加有效的高盐有机废水处理技术以替代传统处理工艺，具有非常重要的意义。基于此，本书作者课题组开发了适用高盐有机废水处理的活性炭吸附-Fenton 氧化联合处理工艺，即“活性炭吸附分离高盐有机废水中的有机物，采取 Fenton 氧化法将吸附有机物的活性炭与 Fenton 试剂反应，活性炭辅助 Fenton 试

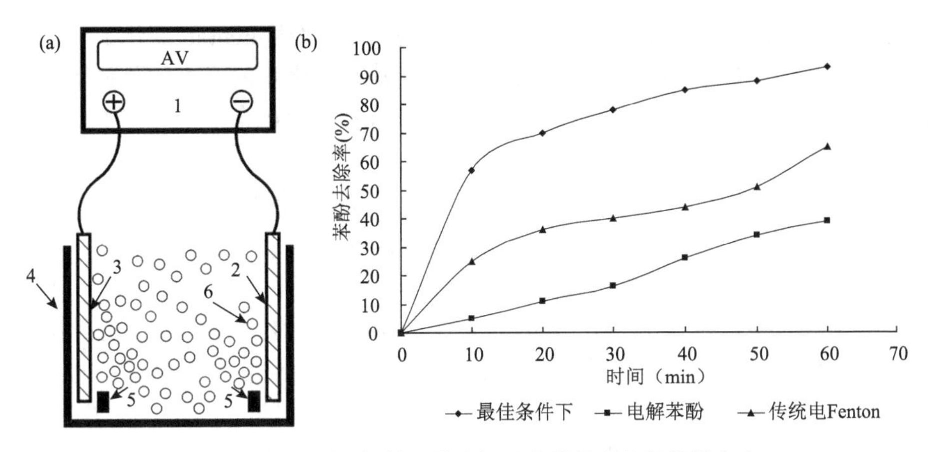


图 10.1　双石墨电极的三维电极反应器处理苯酚模拟废水

1. 电源；2. 石墨极板；3. 石墨极板；4. 反应器；5. 曝气头；6. 活性炭颗粒

剂氧化去除有机物并使活性炭解吸再生，活性炭循环利用”的技术方案[26][图 10.2(a)]。考察了不同工艺参数对活性炭吸附和 Fenton 氧化对高盐有机废水处理效率的影响。高盐有机废水取自湖南某化工有限公司生产车间的还原废水，水量约为 600 t/月，废水呈淡黄色、无味、透明度较高；含盐量很高(主要为硫酸钠，少量亚硫酸盐)，约为 20%，pH 约为 10.36，COD 约为 13650 mg/L。废水中含多达几十种有机污染物，大多数为苯系物，主要是二异丙基苯、叔丁基过氧化物、石油醚、过氧化二异丙苯、双叔丁基过氧化二异丙基苯等。结果表明，采用活性炭单独处理时，在 pH 为 6.0，活性炭投加量为 9.0 g/L，吸附时间为 60 min 的条件下，COD 去除率最大，达到 47.5%。活性炭吸附处理后，废水再采用 Fenton 氧化处理，在 $FeSO_4 \cdot 7H_2O$ 投加量为 3.0 g/L，$H_2O_2$ 投加量为 4.7 g/L，反应时间为 30 min 的条件下，COD 去除率最大，达到了 84.4%[图 10.2(b)]。换句话说，经过活性炭吸附和 Fenton 氧化处理后，废水 COD 从初始浓度 13650 mg/L

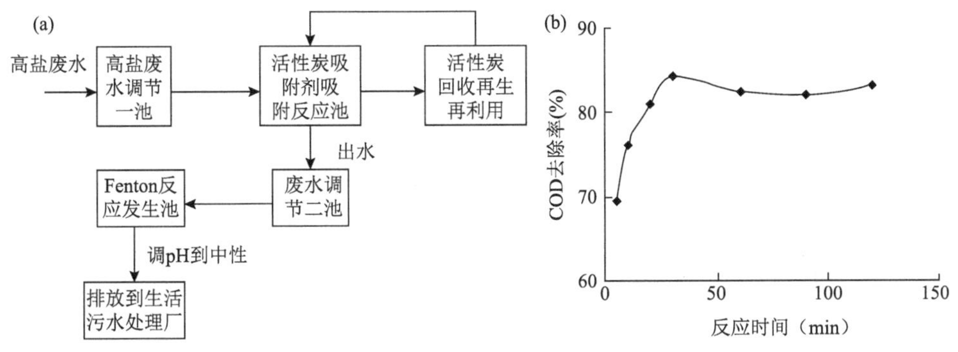


图 10.2　活性炭吸附-Fenton 氧化联合工艺处理高盐有机废水的工艺(a)及其性能(b)[26]

降低至 560 mg/L，去除率达到 95.9%。采用活性炭吸附-Fenton 氧化工艺处理高盐有机废水的成本为 581.6 元/天，处理每吨高盐有机废水的成本比单独使用活性炭吸附的成本高 5～6 元，表明活性炭吸附-Fenton 氧化耦合工艺适用于高盐难降解有机废水的处理。

同时，采用 Fenton 试剂氧化再生活性炭的最佳反应条件为每 10 g 饱和活性炭分别投加 4.0 g $FeSO_4 \cdot 7H_2O$ 和 20 mL $H_2O_2$，初始 pH 为 3.0，反应时间为 40 min，再生温度为 40℃。在此条件下，Fenton 氧化再生活性炭后废水 COD 为 63.7 mg/L。活性炭再生率最大为 100.5%，吸附效果优于原始活性炭，具有较高的经济实用价值[26]。而且，采用 Fenton 氧化再生活性炭工艺再生活性炭耗材费用约为 1800 元/吨，远远低于新鲜活性炭的价格(6000 元/吨)，可以进一步降低活性炭吸附-Fenton 氧化联合处理高浓度含盐有机废水的费用。类似地，作者团队也探究了 Fenton 试剂对吸附饱和颗粒活性炭(吸附有机废水中二异丙基苯等有机物)的氧化再生性能，以及 $H_2O_2$ 与 $Fe^{2+}$ 的配比和投加量、pH、再生温度、再生时间等因素对再生效果的影响[27]。实验结果表明，当 Fenton 体系中 $Fe^{2+}$ 和 $H_2O_2$ 的摩尔比为 1∶20，$H_2O_2$ 投加量为 120 mmol/L，pH 为 3，再生温度为 25℃，再生时间为 70 min 时为最佳再生条件，再生率可达 85.6%，且 6 次连续再生的平均效率为 84.9%[图 10.3(a)和(b)]。用扫描电子显微镜观察新鲜活性炭、吸附有机物后的活性炭及再生后活性炭表面的微观形貌，以进一步掌握 Fenton 试剂再生过程对活性炭表面结构的影响，结果如图 10.3(c)～(f)所示。由图 10.3(c)可见，新鲜活性炭的孔结构良好且内部无明显的污染物积累，由图 10.3(d)可以明显看出活性炭吸附有机物后，其表面和部分空隙内已被污染物占据，图 10.3(e)和(f)分别代表了第一次再生和第六次再生后的活性炭，可以看出，再生六次后的活性炭表面附着大量的细小晶体，由再生效率和比表面积数据推测，这些细小的晶体可能是残留的有机物和再生过程中累积的 $Fe^{2+}$，从而导致活性炭的孔隙堵塞，影响了活性炭的再生效率。

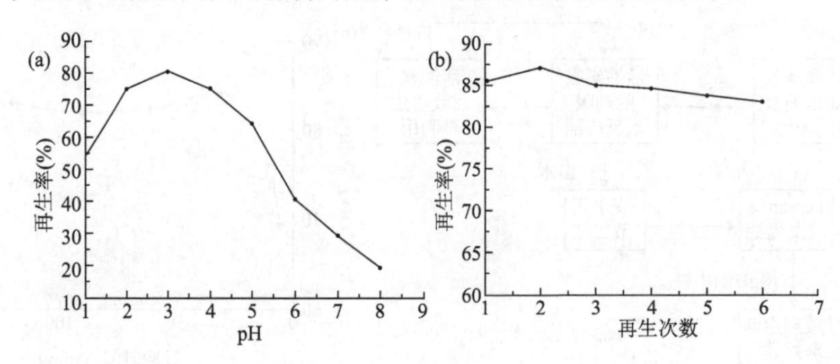

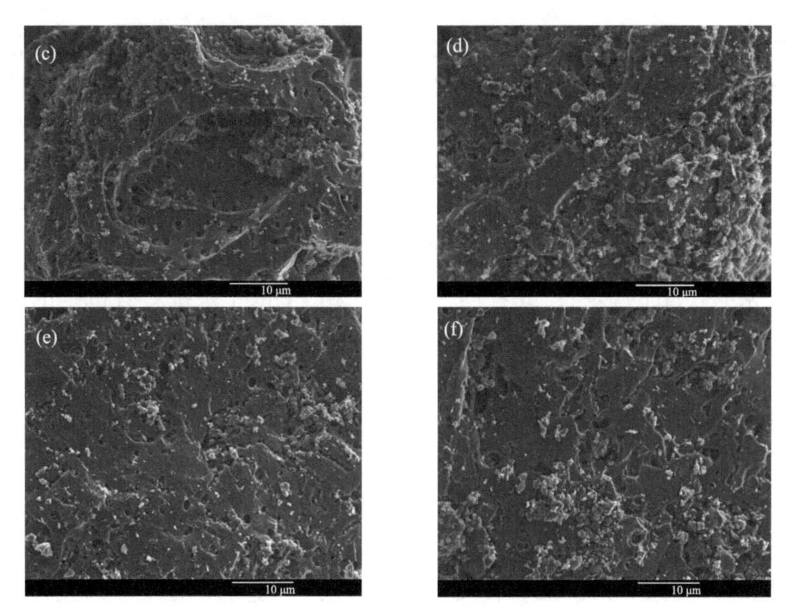


图 10.3　pH(a)和再生次数(b)对 Fenton 试剂再生吸附饱和颗粒活性炭的性能评估；再生前后饱和颗粒活性炭表面结构的扫描电子显微镜图：(c)新鲜活性炭；(d)吸附有机物后的活性炭；(e)再生一次后的活性炭；(f)再生六次后的活性炭[27]

此外，针对·OH 无选择性氧化的特性，本书作者课题组利用活性炭能吸附有机物的特点，将溶液中污染物浓缩聚集在活性炭附近，同时也利用活性炭吸附金属离子的特点，将 Fenton 反应引导至活性炭表面附近发生。在活性炭附近发生 Fenton 反应，生成的·OH 处于一个有机物浓度相对较高的环境。根据化学碰撞反应原理可知，在此环境下的·OH 与有机物发生反应的可能性被大大提高，从而从整体上提高 Fenton 反应氧化有机物的效率。类似地，也可以通过在 Fenton 反应中添加粉末活性炭来提高 Fenton 反应氧化效率[28]。实验结果表明，粉末活性炭对 Fenton 反应具有提高氧化效率的作用。与 Fenton 系统氧化苯酚的结果相比，粉末活性炭-Fenton 系统中亚铁离子的浓度高于 0.050 mmol/L，粉末活性炭的投加量为 0.15 g/L 时，COD 去除率增长幅度要普遍高于单独的活性炭吸附苯酚时的 COD 去除率。其中，在亚铁离子浓度为 1.0 mmol/L 时，COD 去除率的增幅为 14.8%，高于粉末活性炭单独吸附苯酚时的 COD 去除率(11%)。在粉末活性炭-Fenton 系统中的粉末活性炭吸附行为与粉末活性炭单独吸附去除苯酚不同，后者是单独的粉末活性炭吸附苯酚分子，苯酚分子在吸附的过程中主要是物理吸附过程，分子结构不发生改变，而前者的吸附过程发生在 Fenton 氧化环境中，溶液中大量存在的是苯酚的氧化中间产物，其分子量要低于苯酚分子。进一步地，粉末活性炭经硝酸改性后，比表面积下降，对有机物的吸附能力减弱，但是对亚铁离子的吸附能力增强。在硝酸改性粉末活性炭-Fenton 系统中，硝酸改性粉末活性炭表现出良好的 Fenton 氧化促进作用。0.030 g 硝酸改性粉末活性炭可提升 Fenton 反应的 COD 去除率达 27%以上。但是随着硝酸改性粉末活性炭投加量的增大，硝酸改性粉末活性炭-Fenton 系统的 COD 去除率呈现下降趋势。这可能是由于随着硝酸改性粉末活性炭投加量的增大，溶液中亚铁离子浓度剧烈下降，抑制了溶液中的氧化反应，导致系统整体氧化能力下降。该结果也同时说明，在非均相 Fenton 氧化系统中，催化剂所负载的铁离子溶出情况对系统的氧化效果有严重的影响，或者均相和非均相 Fenton 系统对有机物的氧化过程机理存在差异。

总之，活性炭-Fenton 工艺不仅可以去除水中难降解有机物和有害有毒物质，而且高级氧化处理后出水残留的 $H_2O_2$ 可以解吸再生活性炭，延长活性炭的使用周期。这些研究可为高盐有机废水的处理提供新方法新工艺，并为工艺应用与优化提供理论基础和指导。通过低成本再生回用废弃活性炭，能够解决二次污染的问题，同时提高了活性炭的综合应用水平。

食品加工(糖浆、海产品、食用油等)、制药、造纸、化工等这些行业所产生的废水含有大量有机污染物和硫酸盐。目前国内外多采用厌氧工艺对这种硫酸盐有机废水进行处理。但是研究表明，废水的 COD/$SO_4^{2-}$比和进水 $SO_4^{2-}$浓度要在一定范围内才能不影响厌氧工艺的正常运行。COD/$SO_4^{2-}$比过低、进水 $SO_4^{2-}$浓度过高都会对厌氧消化产生不利影响，导致其处理效率低甚至可能造成运行失败。因此，对于研究中这种高有机物浓度(约 18000 mg/L)、高硫酸盐浓度(约 314 g/L)但极低 COD/$SO_4^{2-}$比($< 0.1$)的废水采用厌氧微生物法处理并不适宜。考虑到高盐高浓度有机工业废水采用单一方法不足以得到有效的处理，本书作者课题组探究了降温结晶-Fenton 氧化-序批式活性污泥法耦合技术处理该废水的可能性[29]。结果发现，降温结晶作为预处理用来去除废水中部分硫酸盐，在 4℃时硫酸盐的浓度从 212 g/L 降低约为 96.0 g/L，通过两阶段降温结晶工艺废水减量 49.1%。值得注意的是，由于高硫酸盐有机废水中硫酸钠晶体的沉淀，COD 浓度从 18.0 g/L 增加到 18.5 g/L。预处理后的废水再进行 Fenton 氧化，在初始 pH 为 2.0，$Fe^{2+}$投加浓度为 8.0 mmol/L，30% $H_2O_2$ 投加量为 40 mL/L，反应 60 min 后，废水 COD 去除率超过 77%，COD 浓度降为 4100 mg/L 左右。最后将该出水稀释 5 倍后作为进水用序批式活性污泥法进行处理，经过短期调整，废水 COD 去除率达到 85%并能继续稳定在 83%左右。实验结果充分显示了降温结晶-Fenton 氧化-序批式活性污泥联合处理法的优势。经过这些处理最后出水平均 COD 值低于 150 mg/L，达到《污水综合排放标准》(GB 8978—1996)的二级标准。结果证明降温结晶-Fenton 氧化-序批式活性污泥法工艺是处理高硫酸盐有机废水性价比高的方法。

焦化废水是典型的含有难降解有机污染物的工业废水，其成分十分复杂，以酚为主，占总有机物的一半以上，此外，还含有多种多环芳香烃和杂环类有机物，如苯、萘、菲、蒽、吡啶、苯并芘、喹啉、异喹啉、吲哚、联苯、三联苯、吩噻嗪、咔唑、咪唑、吡咯、芴等。许多焦化厂的外排水虽然经过了溶剂脱酚、生物脱酚等净化工艺处理，但是其中某些有毒有害物质的浓度仍居高不下，常常难以达到国家排放标准。基于此，本书作者课题组探究了 Fenton-混凝沉淀法处理焦化废水的可行性[30]。实验水样取自某焦化厂的终冷水，主要水质指标具体为：浊度 110.8，pH 7.33，色度 89，COD 2692.68 mg/L，$NH_3$-N 73.362 mg/L（表 10.2）。在 $FeSO_4·7H_2O$ 投加量为 0.3 mg/L，30% $H_2O_2$ 投加浓度为 0.979 mol/L，反应时间 30 min，反应温度 80℃的实验条件下，调节溶液 pH，以考察不同的 pH 对 Fenton 氧化-混凝实验的影响。结果如图 10.4 所示，当 pH 逐渐增大时，COD 去除率和脱色率也相应增加。在 pH = 3 时，COD 去除率达到了最大值，92.2%；在 pH = 4 时，脱色率也达到了最大值，90.2%。但当 pH 继续增大时，COD 去除率和脱色率均明显地呈现下降趋势。因此，pH 过高会抑制 $H_2O_2$ 的分解，使$^{\bullet}$OH 的产生量减少；而 pH 过低会抑制 $Fe^{3+}$还原为 $Fe^{2+}$的效率，故确定最佳的 pH 为 3～4。Fenton 预氧化工艺的最佳工艺条件为：pH 3，$FeSO_4·7H_2O$ 投加量 0.3 mg/L，30% $H_2O_2$ 投加量 0.685 mol/L，反应时间 30 min，反应温度 80℃。色度、COD 及 $NH_3$-N 均得到很好的去除，相应的去除率分别达到了 84.3%、92.9%、96.2%，去除效果明显，均达到了国家的排放标准。焦化废水经过 Fenton 试剂催化氧化后，呈黄绿色浑浊状，其中含有亚铁离子、胶态氢氧化铁和原水中未氧化的有机物，如不进行混凝沉降，则胶态氢氧化铁所吸附的有机物会造成出水的 COD 较大，胶态氢氧化铁自身也会使出水的色度和悬浮物含量增高，因此，Fenton 氧化之后进行混凝沉降是十分必要的。结果发现，以三氯化铁为絮凝剂、聚丙烯酰胺为助凝剂的混凝沉淀法的最佳工艺条件为：三氯化铁的投加量为 140 mg/L，聚丙烯酰胺的投加量为 4 mg/L，pH 为 7 左右，此时，混凝体系能显著降低焦化废水的浊度，浊度去除率达到了 80.05%。处理后终冷水的水质指标为：浊度 22.1，pH 7.33，色度 14，COD 190 mg/L，$NH_3$-N 2.783 mg/L（表 10.2）。

**表 10.2　终冷水主要水质指标**

| 项目 | 浊度(NUT) | pH | 色度 | COD (mg/L) | $NH_3$-N (mg/L) |
|---|---|---|---|---|---|
| 进水水质 | 110.8 | 7.33 | 89 | 2692.68 | 73.362 |
| 出水水质 | 22.1 | | 14 | 190 | 2.783 |
| 去除效率 | 80.05% | | 84.3% | 92.9% | 96.2% |

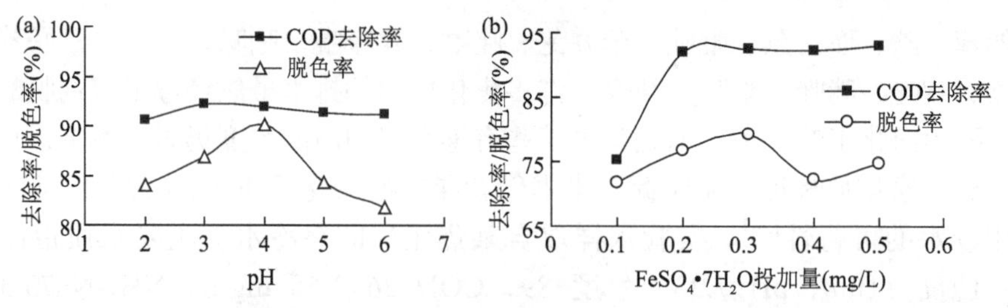


图 10.4 pH(a)和 $FeSO_4 \cdot 7H_2O$ 投加量(b)对 Fenton-混凝沉淀法处理焦化废水的性能[30]

我国绝大多数燃煤电厂采用石灰石-石膏湿法烟气脱硫以去除燃煤烟气中的二氧化硫，为了维持和保证系统运行的稳定以及石膏的品质，脱硫过程中会产生脱硫废水。脱硫废水偏酸性，悬浮物含量高，COD 较高，含有多种重金属，另外氯离子浓度高(一般 7000～20000 mg/L)极易造成设备腐蚀，且水质变化大。目前燃煤电厂脱硫废水表现为水质、水量不稳定，含盐量高，而高盐有机废水中有机物的去除一直是工业废水处理中的难点和热点。目前大多数电厂采用氧化、中和、絮凝、沉淀等工艺去除废水中悬浮物和一些重金属，即俗称“三联箱”工艺，但该工艺对废水中 COD 去除能力有限，造成脱硫废水中 COD 很难实现达标排放。杨春平课题组考察了大唐集团安阳电厂的脱硫废水，废水经过一定预处理，处理后特征为高盐、COD 超标，其指标为氯离子含量 10000～20000 mg/L，COD 含量 600～700 mg/L，考察了在多个实验条件下，不同 $H_2O_2$ 添加量、不同催化剂添加量、不同 pH、催化剂粒径等因素，以及为降低成本而进行曝气对脱硫废水中 COD 去除效率的影响[31]。研究结果(图 10.5)表明，最佳反应条件为铁屑添加量 2 g/L，30% $H_2O_2$ 添加量 1.5 mL/L，然后进行曝气反应 1 h，其 COD 可稳定降至 90 mg/L 以内，达到排放标准(150 mg/L)，每吨废水处理成本控制在 5 元以内。由于燃煤烟气脱硫废水含盐量极高，因而其不能使用生物法降解 COD，固相 Fenton 法正好解决了该问题。在此实验过程中有些 COD 的检测数据突然飘高，这是因为煤质不稳定而造成氯离子含量变化很大，检测时是按照 10000 mg/L 氯离子浓度添加硝酸银 0.6 g，以及获得相应的标准曲线。COD 仍然会飘高，作者团队认为是水中氯离子没有被除净而造成的，因为检测方法中限定氯离子浓度应低于 1000 mg/L，然而废水中氯离子浓度最高可达 20000 mg/L，从而造成检测结果会飘高。关于大唐集团安阳电厂脱硫废水 COD 偏高的问题仍在研讨中，因为其他电厂很少出现这一问题，因此我们更希望能找到其 COD 过高的原因并从源头上解决这个问题。

大多数药物具有高极性且挥发性较低的特性，因此它们更有可能残留在水体中。制药废水通常含有源自原料和化学合成品的高浓度复杂化合物，导致其 COD、毒性高且生物可降解性差。由于制药废水的复杂性和顽固性，许多处理

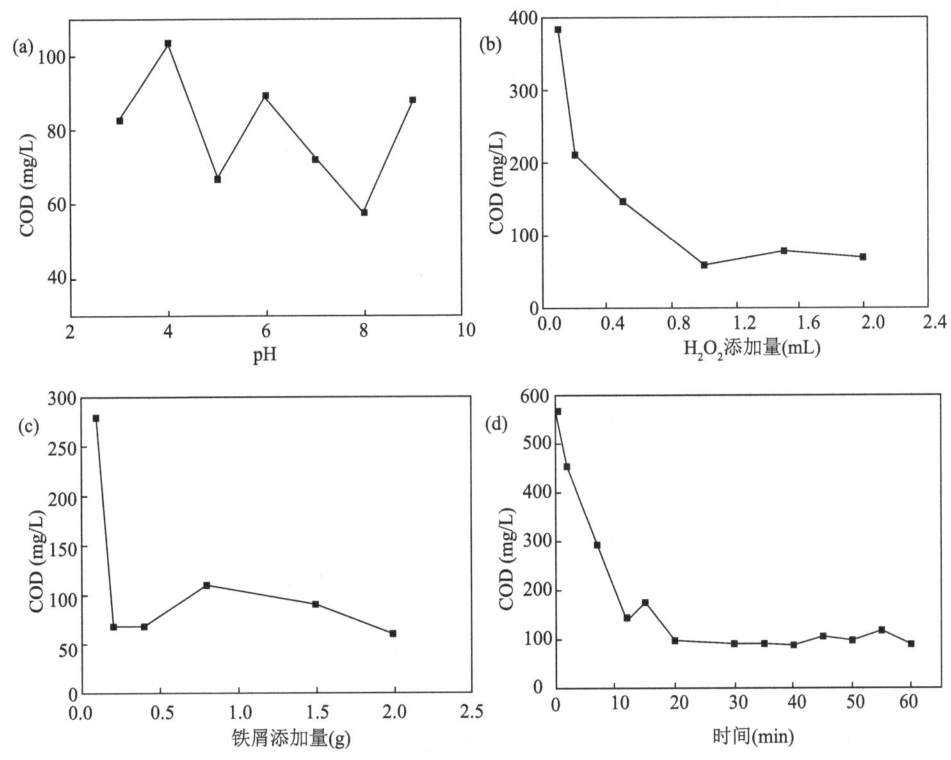


图 10.5　pH(a)、$H_2O_2$添加量(b)、铁屑添加量(c)和反应时间(d)对固相类芬顿法处理脱硫废水以去除 COD 的影响[31]

方法已被用于去除水中的药物。一直以来，人们致力于开发各种 AOPs 以处理制药废水，并不断证明$^{\bullet}$OH 是氧化过程中最主要的优势活性物种。Liu 等研究总结发现制药废水的常规处理方法去除了 50%的抗生素，20%～30%的受体阻滞剂、镇痛药和抗炎药[32]。经磷酸修饰的碳球对药物具有 345 mg/g 的高吸附能力，而 γ 辐射对水中药物的去除效率为 70%～100%，臭氧化效率为 40%～99%，紫外线辐射对水中药物的去除效率为 20%～100%[33, 34]。臭氧化技术成功降解双氯芬酸和卡马西平等药物，Fenton 和光 Fenton 高级氧化法成功降解水中的布洛芬和地西泮。Sgroi 等在中试规模上比较了不同紫外和臭氧的 AOPs 对三级废水中选定药物(卡马西平、氟西汀、吉非罗齐、普米酮、磺胺甲噁唑、甲氧苄啶)的去除效果。研究的 AOPs 包括 $UV/H_2O_2$、$UV/Cl_2$、$O_3$、$O_3/UV$、$H_2O_2/O_3/UV$ 和 $Cl_2/O_3/UV$，每一种选中的 AOPs 都能有效地产生$^{\bullet}$OH 来促进药物的降解，并发现基于 $Cl_2$ 的 AOPs 产生的活性自由基包括$^{\bullet}$OH 和 $Cl^{\bullet}$，所以比其他只产生$^{\bullet}$OH 的 AOPs 更有选择性地降解药物。对比其他基于臭氧的 AOPs，药物的降解效率依次为 $H_2O_2/O_3/UV > O_3/UV > O_3$，这与$^{\bullet}$OH 产率的顺序一致，也证明了$^{\bullet}$OH 对于药物降解的重要性。此外，很多研究者认为非均相半导体光催化处理制药废水最有前途、最有效和最独特的方法。ZnO、$TiO_2$、$Fe_2O_3$、ZnS 等半导体材料主要作为光催化剂用于各种有毒有害药物的降解。其中，$TiO_2$ 和 ZnO 是广泛使用的无毒光催化剂，具有能带结构。有报道称 ZnO 是比 $TiO_2$ 更有效的光催化剂，具有更高的紫外吸光能力，降解速率是 $TiO_2$ 的 2～3 倍。一些黏土矿物也可以与半导体复合并作为光催化剂以降解有机污染物。截至目前，发现层状和纤维状黏土矿物作为半导体的载体非常有效，用于有效降解药物污染物。通过将黏土矿物与可作为半导体材料的无机纳米颗粒相结合，形成异质结构。已经使用 ZnO/海泡石异质结构材料对废水中的药物进行光催化降解实验，成功作用于布洛芬、对乙酰氨基酚和安替比林的降解。

有机磷农药废水具有 COD 值高、毒性大、可生化性差和组分复杂的特征，排放前必须进行有效处理。目前，处理有机磷农药废水的方法主要有生化法、吸附、水解、混凝沉淀等预处理方法，常规化学氧化、超临界水氧化法、电化学氧化法、光催化降解等化学法，物理法和超声法等处理方法。Fenton 氧化法具有反应速率快、降解效率高、使用范围广、处理费用相对较低等优点。基于此，我们课题组采用 Fenton 氧化法降解三唑磷农药废水。通过研究 pH、$H_2O_2$ 投加量、$FeSO_4 \cdot 7H_2O$ 剂量和搅拌时间等关键因素对三唑磷模拟废水中 COD 去除率的影响，确定了反应的最佳条件，并对湖南天宇农药化工集团股份有限公司的综合废水和车间废水进行了降解实验研究[35]。结果表明，Fenton 氧化处理模拟三唑磷农药废水的最佳条件为 pH 4.0，$FeSO_4 \cdot 7H_2O$ 剂量 2.5 g/L，30% $H_2O_2$ 投加量 0.1 L/L，搅拌时间 90 min，使得 COD 去除率可达 96%以上；综合废水和车间废水处理的最佳工艺条件为：pH 4.0，$FeSO_4 \cdot 7H_2O$ 剂量 5.0 g/L，30% $H_2O_2$ 投加量 0.075 L/L，搅拌时间 90 min，使得 COD 去除率可达 96%以上。处理后水质可以达到国家标准，为有机磷农药废水处理工艺的选择和设计提供指导和依据。然而，单一的 Fenton 法处理三唑磷农药废水依然难以满足日趋严格的环境标准和人们对环境质量的较高要求。因此，Fenton 法可以作为预处理工艺，随后接生化处理工艺，从而实现废水的深度处理。根据该小试研究结果，采用 Fenton 氧化-CASS 工艺作为某工业三唑磷有机农药废水处理的工艺流程见图 10.6。实践证明，该设计方案是可行的。此工艺具有运行稳定、处理效果好等优势，经处理后的废水水质达到《污水综合排放标准》(GB 8978—1996)二级标准。运行费用估计主要是由 Fenton 试剂等组成的药剂费、泵提升和曝气所耗电费、管理人员工资、设计折旧费等构成。其中，药剂费主要随进水的有机污染物浓度、种类及有机磷农药浓度的波动而变化。预计运行成本为 1.5～3 元/吨水。

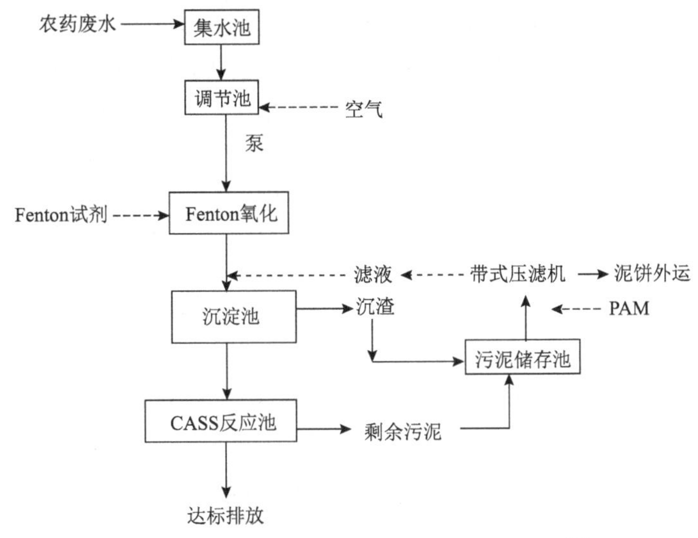


图 10.6　三唑磷有机农药废水处理工艺流程[35]

在涉及活性自由基的反应中，$^{\bullet}OH$ 是 AOPs 的核心，通常攻击芳香族化合物的苯环，即主要通过不饱和键加成、取代氢原子来攻击有机物分子，继而将难降解有机污染物氧化为 $CO_2$ 和 $H_2O$，则反应的限速步骤主要发生在苯环上 $^{\bullet}OH$ 取代或加成。然而，依靠 γ 射线、紫外光或臭氧、过氧化氢等手段或试剂的 AOPs 工业应用依然存在很多制约因素，主要问题是能源成本高。对于光催化法，许多研究开始集中在利用太阳辐射作为能源来降低成本的光催化剂的开发上。在电化学技术中，原位电化学试剂的产生可以极大地降低能源需求，其中电极材料起着重要作用。在 Fenton 工艺中，非均相铁基催化剂可以与溶解氧而不是 $H_2O_2$ 发生反应，这可能使处理成本降低。此外，许多催化剂被用来提高臭氧化的降解效率。因此，新型催化材料的开发可能会改善和拓展各种类型的 AOPs 的实际应用。

## 10.2.2　基于硫酸根自由基的高级氧化技术

与基于 $^{\bullet}OH$ 的高级氧化技术相比，基于 $SO_4^{\bullet-}$ 的高级氧化技术因 $SO_4^{\bullet-}$ 具有强氧化性、较长的半衰期和更高的选择性而在废水处理中更有效。同时，$SO_4^{\bullet-}$ 的活性不依赖于 pH 且与溶解性有机物的低反应活性使其更适用于各种工业废水的处理。此外，长寿命、易运输和储存的过硫酸盐也使得 $SO_4^{\bullet-}$ 可以持续产生，从而提供 TOC 的持续去除。相反，$^{\bullet}OH$ 对 $H_2O_2$ 的无效消耗限制 $^{\bullet}OH$ 对总有机碳的去除。

在相同剂量的氧化剂前驱体和相同强度的各个波长的紫外光照射下，$SO_4^{\bullet-}$ 的生成效率均高于 $^{\bullet}OH$，这归因于较高的紫外吸收系数。这一规律在许多基于 UV 的 AOPs 中均有体现。例如，当 $H_2O_2$ 和过二硫酸盐(PDS)的浓度均为 2 mmol/L

时，UV/PDS 体系($k$= 0.163 $min^{-1}$)比 UV/$H_2O_2$($k$= 0.054 $min^{-1}$)更有效。此外，在碱性条件(pH = 10.01)下，UV/$H_2O_2$ 的处理效率会明显降低[36]。有研究人员也证明了 UV/过一硫酸盐(PMS)工艺对垃圾渗滤液中难降解有机物的降解效果明显优于 UV/PMS/$H_2O_2$ 和 UV/$H_2O_2$ 工艺，在最低电耗的情况下具有最高的处理效率。因此，推荐使用过硫酸盐替代基于 UV 活化 AOPs 中的 $O_3$ 或 $H_2O_2$ 来提高处理效率。

基于 $SO_4^{\cdot-}$的 AOPs 在废水处理中的应用主要包括以下三个方面：①完全去除传统方法难以去除的难降解有机污染物，以降低废水的毒性。②将大分子有机污染物转化为小分子有机物，以提高废水的可生物降解性。③将重金属离子还原或吸附产生沉淀，以减少重金属污染。在实际废水，特别是工业废水处理过程中，这些功能往往是共存的。表 10.3 总结了近年来基于 $SO_4^{\cdot-}$的 AOPs 在废水处理中的应用现状。

基于 $SO_4^{\cdot-}$的 AOPs 在实际废水处理中最重要的作用是利用高氧化性的 $SO_4^{\cdot-}$去除有毒污染物和难降解的大分子有机物，实现废水的脱毒和提高废水的可生化性。结合实验和计算研究证明了 Fe(Ⅱ)/PDS 在提高废水可生化性方面比 Fe(Ⅱ)/$H_2O_2$ 具有更好的性能。然而，Fe(Ⅱ)/PDS 工艺的应用也受到了 pH 的限制。目前，实际应用过程中用于活化过硫酸盐的催化剂正逐渐从单一的均相催化剂向非均相复合催化剂发展。采用纳米 $Fe_3O_4$ 作为 PDS 催化剂实现了垃圾渗滤液 63%的 COD 去除率和 98%的色度去除率，并且在 $SO_4^{\cdot-}$的强氧化作用下降低了有机物的芳香性和分子结构复杂性。类似地，$FeTiO_3$、$CuFe_2O_4$ 和 $Fe_2O_3$/$Co_3O_4$/石墨复合催化剂在处理垃圾渗滤液中也有很好的催化效果。它们能有效活化过硫酸盐产生大量高活性的 $SO_4^{\cdot-}$，从而实现 COD、氨氮和色度的高去除率。此外，将其负载到载体上可以进一步提高催化剂的活性和比表面积。零价铁纳米纤维/还原超大氧化石墨烯作为过硫酸盐活化剂处理实际渗滤液可去除 80.87%的 COD 和 72.38%的氨氮，渗滤液的可生化性(B/C 比值)也从 0.25 提高到 0.52[59]。

我们课题组研究了高铁酸盐[Fe(Ⅵ)]与 PMS 的耦合工艺对水/废水中顽固性除草剂阿特拉津的降解性能和机理[60]。如图 10.7(a)所示，单独使用 PMS 对降解阿特拉津无效，表明单独使用 PMS 不能产生活性自由基。在 Fe(Ⅵ)存在下，60 min 内阿特拉津的降解率为 11.7%。在 Fe(Ⅵ)/$H_2O_2$ 工艺中，15.9%的阿特拉津被降解。相比，当采用 Fe(Ⅵ)/PDS 或 Fe(Ⅵ)/PMS 工艺时，阿特拉津的降解效果明显增强，效率分别为 65.7%和 81.5%。此外，Fe(Ⅵ)和 PMS 联合用于阿特拉津降解的效率远高于单独使用 Fe(Ⅵ)和 PMS 的效率总和，表明 Fe(Ⅵ)和 PMS 之间存在协同效应。进一步的研究证明 Fe(Ⅵ)/PMS 耦合体系是一个 $SO_4^{\cdot-}$主导的自由基反应，其协同活化机理如下。一方面，PMS 提供了一个酸性环境，其中 Fe(Ⅵ)在溶液中迅速还原为 Fe(Ⅲ)，其可以与 PMS 反应生成 Fe(Ⅱ)，并进一步介导 $SO_4^{\cdot-}$的产生。另一方面，Fe(Ⅵ)的自分解和 Fe(Ⅲ)的絮凝导致了 $\gamma$-$Fe_2O_3$ 颗

表 10.3 各种基于 $SO_4^{\cdot-}$的 AOPs 系统处理废水的性能对比

| 废水类型 | 基于 $SO_4^{\cdot-}$的 AOPs | 废水特性 | 操作条件 | 去除效率 | 参考文献 |
|---|---|---|---|---|---|
| 渗滤液 | UV/PMS | [COD] = 978.69 mg/L，[$NH_3$-N] = 6.23 mg/L，色度 = 0.328 $cm^{-1}$，pH 8.05 | [PMS] = 0.048 mol/L，pH 7.5，60 min | 37.39% [COD]，95.88%色度 | [37] |
| 渗滤液 | 纳米 $Fe_3O_4$/PDS | [COD] = 780～1160 mg/L，色度 = 380～460 倍，pH 6.5～7.1，[$NH_3$-N] = 120～160 mg/L | [催化剂] = 1.5 g/L，[PDS] = 3.5 g/L，pH 3.0，转速为 350 r/min，120 min | 63% [COD]，98%色度 | [38] |
| 渗滤液 | $CuFe_2O_4$/PDS | [COD] = (2600 ± 130) mg/L，[$BOD_5$] = (980 ± 50) mg/L，[$NH_3$-N] = (2560 ± 128) mg/L，色度 = 5110 ± 255.50，pH 8 ± 0.16 | [催化剂] = 1.5 g/L，[PDS] = 5 g/L，pH 2.0，60 min | 57% [COD]，71% [$NH_3$-N]，63%色度 | [39] |
| 渗滤液 | $Fe_2O_3$/$Co_3O_4$/剥落石墨/PDS | [COD] = 14000 mg/L，[$NH_3$-N] = 3120 mg/L，色度 = 1028，pH 8.98 | [催化剂] = 0.1 g/L，[PDS] = 5 g/L，pH = 0.05，60 min | 67.1% [COD]，90.6% [$NH_3$-N] | [40] |
| 渗滤液 | 电解/$FeTiO_3$/UV-LED | [COD] = 14200 mg/L，[TOC] = 5600 mg/L，pH 8.56，[TDS] = 18860 mg/L | [催化剂] = 1 g/L，[PDS] = 234 mmol/L，pH 8.6，[UV-LED] = 200 mA/$cm^2$，480 min | 90% [COD]，90% [TOC] | [41] |
| 渗滤液 | Fe/C 电催化/PDS | [COD] = 1041.38 mg/L，[$NH_3$-N] = 444.39 mg/L，pH 7.81 | [催化剂] = 1 g/L，[PDS] = 28 mmol/L，操作电压为 5 V，120 min | 72.9% [COD]，84.1% [TOC]，99.3% [$NH_3$-N] | [42] |
| 渗滤液 | 微波/PDS/$H_2O_2$ | [COD] = 526.58 mg/L，[色度] = 4.226，pH 7.37 | 微波功率为 450 W，[$H_2O_2$] = [PDS] = 3.7 mmol/L，pH = 3，16 min | 73.5% [COD]，98.1% 色度 | [43] |
| 渗滤液 | 微波/ZVI/PDS | [TOC] = 169.25 mg/L，色度 = 0.102 $cm^{-1}$，pH = 8.65 | 微波功率为 320 W，[PDS] = 30 mmol/L，[催化剂] = 0.5 g/L，pH 3，10 min | 78.63% [TOC]，80.39% [$UV_{254}$] | [44] |
| 渗滤液 | 微波/PS | [COD] = 829.69 mg/L，色度 = 0.393 $cm^{-1}$，pH = 7.87，[$BOD_5$] = 91.27 mg/L | 微波功率为 450 W，[PDS] = 8 g/L，pH 3，20 min | 65.65% [COD]，84.15% [$UV_{254}$] | [45] |
| 石化废水 | UV/PDS/$Fe^{2+}$ | [COD] = (950 ± 50) mg/L，[$BOD_5$] = (190 ± 10) mg/L，色度 = (0.411 ± 0.003) $cm^{-1}$，pH 7.10 ± 0.04 | [PDS] = 4 mmol/L，[催化剂] = 0.3 g/L，pH = 7，60 min | 70% [COD]，100%[色度]，可生化性增加 (0.2→0.45) | [46] |
| 石化废水 | UV/PDS/$Fe^{2+}$ | [邻苯二酚] = 200 mg/L，[COD] = 3500 mg/L，[TOC] = 1500 mg/L，[$BOD_5$] = 370 mg/L，pH 6.3 | [PDS] = 4 mmol/L，[催化剂] = 0.3 g/L，pH = 4，60 min | 64.7% [邻苯二酚]，39.7% [COD] | [47] |

续表

| 废水类型 | 基于 $SO_4^{\cdot-}$的 AOPs | 废水特性 | 操作条件 | 去除效率 | 参考文献 |
|---|---|---|---|---|---|
| 石化废水 | $H_2O_2$/PDS/$Fe^{2+}$ | [2,4-二硝基甲苯] = (603.1 ± 6) mg/L，[COD] = (3285 ± 40) mg/L，[$BOD_5$] = (150 ± 20) mg/L，pH 6.7 | [$H_2O_2$] = 0.2 g/L，[PDS] = 0.5 g/L，[催化剂] = 0.3 g/L，pH 11，60 min | 100% [2,4-二硝基甲苯]，89.1% [COD] | [48] |
| 石化废水 | 超声/nZVI/PMS | [COD] = 1025 mg/L，[$BOD_5$] = 250 mg/L，[TOC] = 275 mg/L，[总酚] = 47.6 mg/L，pH 6.7 | [PMS] = 1.25 mmol/L，[催化剂] = 0.4 g/L，超声功率为 200 W，pH 3，90 min | 60% [COD]，47% [TOC]，61% [总酚]，可生化性增加(0.24→0.41) | [49] |
| 石化废水 | US/PMS/臭氧 | [COD] = 825 mg/L，[TDS] = 748 mg/L，pH 6.5 | [$O_3$] = 6.8 mg/L，[PMS] = 1.5 mmol/L，超声功率为 200 W，pH 7，60 min | 85% [COD]，75% [TOC] | [50] |
| 石化废水 | 超声/电解/PDS | [COD] = 750 mg/L，[$BOD_5$] = 115 mg/L，[TOC] = 274 mg/L，pH 7.28 | 电极电势为 10 V，[PDS] = 20 mmol/L，超声功率为 300 W，pH 3，120 min | 82.31% [COD] | [51] |
| 石化废水 | UV/$MnO_2$/PMS | [COD] = 354 mg/L，[$BOD_5$] = 185 mg/L，[TOC] = 152 mg/L，[总酚] = 20.1 mg/L，pH 5.6 | [PMS] = 1.0 mmol/L，[催化剂] = 0.25 g/L，pH 5.6，120 min | 65% [COD]，60% [$BOD_5$]，53% [TOC]，74% [总酚] | [52] |
| 印染废水 | UV/超声/PMS | [COD] = 1280 mg/L，[TOC] = 550 mg/L，pH 8.9 | [PMS] = 1.5 mmol/L，pH 8.9，90 min | 64.8% [COD]，50.9% [TOC]，92.9%色度 | [53] |
| 印染废水 | US/UV/ZnO/PDS | [COD] = 1546.2 mg/L，[$BOD_5$] = 231.4 mg/L，[TOC] = 714 mg/L，pH 8.3 | [PDS] = 2.43 mmol/L，[催化剂] = 0.88 g/L，超声功率密度为 300 W/L，pH 6 | 96.6% [COD]，97.1% [TOC]，可生化性增加(0.15→0.61) | [54] |
| 印染废水 | US/UV/Fe-$Bi_2O_3$/PMS | [COD] = 2612 mg/L，[$BOD_5$] = 118 mg/L，[TOC] = 897 mg/L，pH 8.01 | [PMS] = 6 g/L，[催化剂] = 0.88 g/L，pH 8.01 | 91% [COD]，77% [TOC] | [55] |
| 印染废水 | 超声/UV/$CeO_2$-$Fe_3O_4$/PMS | [COD] = 875 mg/L，[$BOD_5$] = 240 mg/L，[TOC] = 232 mg/L，pH 6.4 | [PMS] = 1.5 mmol/L，[催化剂] = 0.3 g/L，pH 7.0，90 min | 63% [COD]，44% [TOC]，55% [$BOD_5$]，78%色度 | [56] |
| 酒厂废水 | UV/$LaCoO_3$-$TiO_2$/PMS | [COD] = 139.25 mg/L，[$BOD_5$] = 42.5 mg/L，[TOC] = 44.50 mg/L，pH 3.43 | [PMS] = 10 mmol/L，[催化剂] = 0.5 g/L，pH 7.0，180 min | 60% [COD]，95% [多酚] | [57] |
| 酒厂废水 | UV/$Fe^{2+}$/PMS | [COD] = 513 mg/L，[总多酚] = 33 mg/L，[TOC] = 143 mg/L，pH 4.0 | [PMS] = 2.5 mmol/L，[$Fe^{2+}$] = 1 mmol/L，[$UV_{365}$] = 70 W/$m^2$，pH 6.5，90 min | 75% [COD]，56% [TOC] | [58] |

粒的形成。$SO_4^{\cdot-}$可由 $\gamma$-$Fe_2O_3$ 的暴露活性位点驱动 PMS 活化产生。最后，$SO_4^{\cdot-}$可以与 $H_2O$ 反应生成$^{\cdot}OH$。考虑到 Fe(Ⅵ)/PMS 工艺的实际应用，采用不同类型的天然水体作为模拟废水。图 10.7(b)显示了 Fe(Ⅵ)/PMS 工艺中各种水样中阿特拉津的降解情况，发现阿特拉津在自来水中的降解效率最高，在 120 min 内完全降解。在湘江水中，降解效率仍然高于超纯水中的效率，但低于在自来水中的降解效率，这归因于相对较高的 pH 和 TOC。然而，由于桃子湖水含有较高的 pH 和 TOC(几乎是湘江水的两倍)，因此降解受到抑制。总体而言，高铁酸盐/过一硫酸盐工艺对水/废水中顽固性除草剂阿特拉津的降解具有较好的效果。

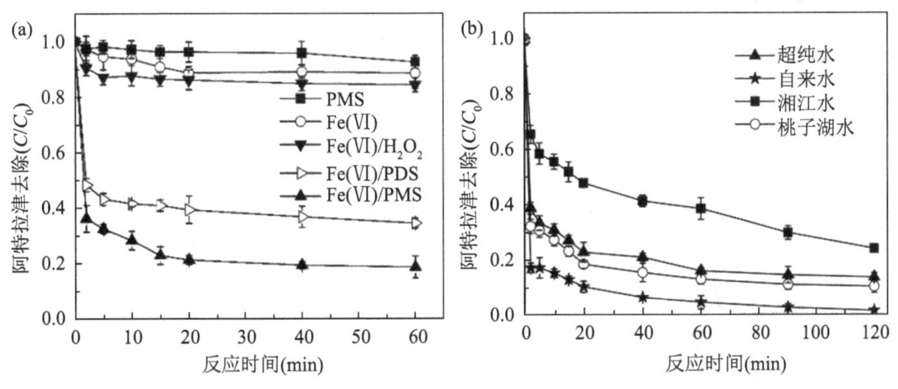


图 10.7 高铁酸盐/PMS 体系降解水/模拟废水中阿特拉津的性能[60]

为了进一步提高氧化剂的利用率，降低过硫酸盐的过量投加量而导致水体中 $SO_4^{2-}$含量增多所带来的影响，将 UV、电解、微波与催化剂相结合，同时活化 $H_2O_2$ 和过硫酸盐产生更多的活性自由基，从而实现废水的有效净化。具体而言，电流密度的存在增强了次氯酸盐的形成和 PDS 向 $SO_4^{\cdot-}$的转化，从而提高了脱色效率。垃圾渗滤液的脱色增加了 $FeTiO_3$ 表面的光穿透力和 Fe(Ⅲ)向 Fe(Ⅱ)的光还原，从而促进了 Fe(Ⅱ)对 PDS 和 $H_2O_2$ 的催化作用。有研究人员研制了一种 Fe/C 颗粒三维电极，同时实现了氯离子的阳极电解和 PDS 的活化，显著促进了废水中难降解有机污染物的去除。Co-$TiO_2$/沸石催化剂一方面利用 $TiO_2$ 的光吸收能力形成电子-空穴对以活化 PDS 分解为 $SO_4^{\cdot-}$，另一方面钴掺杂增强了 PDS 的催化活性，可以同时实现 PDS 的光催化和钴离子活化[式(10.1)～式(10.4)]。Eslami 等[52]将 UV/$MnO_2$/PMS 工艺应用于石化废水和制药废水的处理。在 PMS 浓度为 1 mmol/L、$MnO_2$ 浓度为 0.25 g/L、反应时间为 2 h、自然 pH 条件下，两种废水的可生化性均有所提高。$BOD_5$/COD 比值分别从 0.49 和 0.52 增加到 0.61，生态毒性降低 40%以上。

$$\text{Co-TiO}_2 + h\nu(\text{UV}_{\text{light}}) \longrightarrow \text{TiO}_2(\text{h}^+_{\text{sb}}) + \text{TiO}_2(\text{e}^-_{\text{ob}}) \tag{10.1}$$

$$O_2 + e_{ab}^- \longrightarrow {}^{\bullet}O_2^- \tag{10.2}$$

$$H_2O + h_{vb}^+ \longrightarrow {}^{\bullet}OH + H^+ \tag{10.3}$$

$$S_2O_8^- + e_{ab}^- \longrightarrow SO_4^{\bullet -} + SO_4^{2-} \tag{10.4}$$

重金属污染也是环境修复的一大难题，植物修复被认为是去除重金属的最佳路径。当废水中存在有机污染物和重金属复合污染时，对两者进行有效去除对环境修复具有重要的意义。在最近的研究中，基于 $SO_4^{\bullet -}$的 AOPs 被证明是去除废水中有机污染物和重金属的有效工艺。过硫酸盐不仅可以被天然金属硫化物矿物活化以产生降解有机污染物 $SO_4^{\bullet -}$，催化剂本身也可以被用于活化以还原重金属，实现重金属和有机污染物的同步修复。在黄铁矿/PDS 体系中，PDS 的活化不仅生成了能够去除污染物的活性自由基，而且增强了黄铁矿对 Cr(Ⅵ)的还原能力。此外，有研究表明，$SO_4^{\bullet -}$降解有机污染物的中间产物也可以增强矿物对 Cr(Ⅵ)的光还原。在黄铜矿/PDS 体系中引入罗丹明 B 的降解中间产物草酸和甲酸，它们能通过光生空穴的清除作用协同促进 Cr(Ⅵ)的还原[61]。

工业废水中的重金属通常与螯合剂共存形成重金属络合物，具有稳定的螯合结构，难以通过化学沉淀法去除。$SO_4^{\bullet -}$可以直接破坏重金属络合物的螯合结构，驱动破络合反应和金属离子沉淀，有利于后续步骤中重金属的去除。利用碱和 CuO 对 PDS 的高效共活化作用，使铜-乙二胺四乙酸[Cu(Ⅱ)-EDTA]同时破络合并沉淀 Cu(Ⅱ)，可在 2 h 内完全去除浓度为 3.14 mmol/L 的 Cu(Ⅱ)。然而，PDS 活化过程呈酸性，增加了 Cu(Ⅱ)沉淀所需的碱量，且 CuO 本身也存在 Cu(Ⅱ)溶出的风险。零价铁可以避免上述问题。零价铁作为 PDS 的活化剂，生成的 $SO_4^{\bullet -}$破坏了 Cu(Ⅱ)-EDTA 的螯合结构，生成的 $Fe^{3+}$可以取代部分 Cu(Ⅱ)与 EDTA 螯合，协同促进 Cu(Ⅱ)的释放。释放的 Cu(Ⅱ)最终吸附在零价铁表面，并进一步还原为零价铜[62]。

如前所述，基于 $SO_4^{\bullet -}$的 AOPs 在废水处理中具有良好的应用前景，可有效去除废水中的难降解有机物和重金属，提高了废水的可生化性。但氧化剂的加入会在处理后的出水中引入大量的 $SO_4^{2-}$，增加水体的总溶解性固体（TDS）[TDS 是指水体中溶解性固体物质的总量，通常以毫克每升（mg/L）或百万分率（ppm）为单位来衡量]。如表 10.3 所示，实际废水处理中每升废水中过硫酸盐的投加量大多数在几克到几十克之间，最终会转化为 $SO_4^{2-}$，均大于我国规定的饮用水卫生标准(TDS ≤ 1000 mg/L)。此外，如果后期进行生物处理，$SO_4^{2-}$很可能转化为 $H_2S$，增加后续处理的风险。建议将基于 $SO_4^{\bullet -}$的 AOPs 作为废水处理的辅助手段，例如，在膜反应器中进行废水后处理，充分发挥 $SO_4^{\bullet -}$的氧化能力，降低其对水质的影响。此外，在基于 $SO_4^{\bullet -}$的 AOPs 的实际应用中，应特别注意有毒副产物的生成。与$^{\bullet}OH$和卤素离子的可逆反应不同，$SO_4^{\bullet-}$易与卤素离子反应形成卤素自由基，其可进一步与废水中的有机物反应并形成有毒的卤化副产物。最后，为了最大限度地利用过硫酸盐，研究人员经常使用复杂的方法合成更有效的催化剂，并引入外部能源或电解技术来提高 $SO_4^{\bullet-}$的产量，但这往往与实际应用脱节。需要根据实际情况充分发挥基于 $SO_4^{\bullet-}$的 AOPs 活化手段多样性的优势，如利用工业废水余热活化过硫酸盐进行废水处理，利用混凝阶段产生的含铁污泥制备生物炭活化过硫酸盐[63, 64]。

### 10.2.3　基于单线态氧的高级氧化技术

$^1O_2$ 具有高选择性，易与富电子基团的污染物(如胺和酚)通过电子转移进行反应或形成内过氧化物的中间体(表 10.4)。$^1O_2$ 主要通过攻击哌嗪基、噁嗪基和羧基等取代基以实现氧氟沙星的高效降解。对乙酰氨基酚可以通过两种方式降解 $^1O_2$。一方面，由 $^1O_2$ 介导的电子转移过程促进了乙酰氨基酚转化为降解中间产物，如对苯二酚，这些降解中间产物很容易受 $^1O_2$ 进一步氧化。另一方面，$^1O_2$ 裂解苯环上的 C═O 和 OH 键，随后攻击C—N 键以形成对苯醌，这将进一步矿化其为二氧化碳和水。此外，$^1O_2$ 可以与磺胺类抗生素中富电子的磺胺基团相互作用。通过氧化苯环的氨基或产生苯胺自由基/内过氧化物的降解中间产物，形成一系列磺胺类衍生物。杨春平课题组以沸石咪唑酯骨架(ZIF-67)为前驱体，通过高温煅烧和酸刻蚀法制备了氮掺杂碳包裹纳米钴颗粒，随后将其活化 PMS 以构建出 $^1O_2$ 主导的非自由基反应，其能够抗 pH、水环境基质(无机阴离子和溶解性有机物)的干扰，并对四环素模拟废水具有同样的处理效果(图 10.8)。进一步地，

**表 10.4　$^1O_2$ 和有机污染物反应的二级速率常数**

| 有机化合物 | 二级反应速率常数 $k$ [L/(mol·s)] | 溶剂 | 参考文献 |
|---|---|---|---|
| 苯酚 | $3 \times 10^6$ | 中性条件 | [68] |
| 2-氯苯酚 | $(1.5 \pm 0.1) \times 10^5$ | 中性条件 | [69] |
| 磺胺噻唑 | $(18.35 \pm 0.21) \times 10^7$ | 中性条件 | |
| 磺胺甲噁唑 | $(2.31 \pm 0.06) \times 10^7$ | 中性条件 | [70] |
| 磺胺甲嘧啶 | $(33.90 \pm 1.70) \times 10^7$ | 中性条件 | |
| 吡虫啉 | $(5.5 \pm 0.5) \times 10^6$ | 中性条件 | |
| 噻虫啉 | $(3.9 \pm 1) \times 10^7$ | 中性条件 | [71] |
| 啶虫脒 | $(1.3 \pm 1) \times 10^6$ | 中性条件 | |
| 多西环素 | $1.4 \times 10^6$ | 氘代甲醇 | [72] |
| 甲烯土霉素 | $2.3 \times 10^6$ | 氘代甲醇 | |

续表

| 有机化合物 | 二级反应速率常数 $k$ [L/(mol·s)] | 溶剂 | 参考文献 |
|---|---|---|---|
| 金霉素 | $1.5\times10^6$ | 氘代甲醇 | |
| 去甲金霉素 | $1.5\times10^6$ | 氘代甲醇 | [72] |
| 土霉素 | $1.1\times10^6$ | 氘代甲醇 | |
| 3,3′,5,5′-四溴双酚 A | $3.9\times10^8$ | pH 7.2 | [73] |
| 四环素 | $1.3\times10^8$ | pH 10.0 | [74] |
| 氧氟沙星 | $(5.6\pm0.6)\times10^6$ | 磷酸缓冲液，pH 7.5 | [75] |

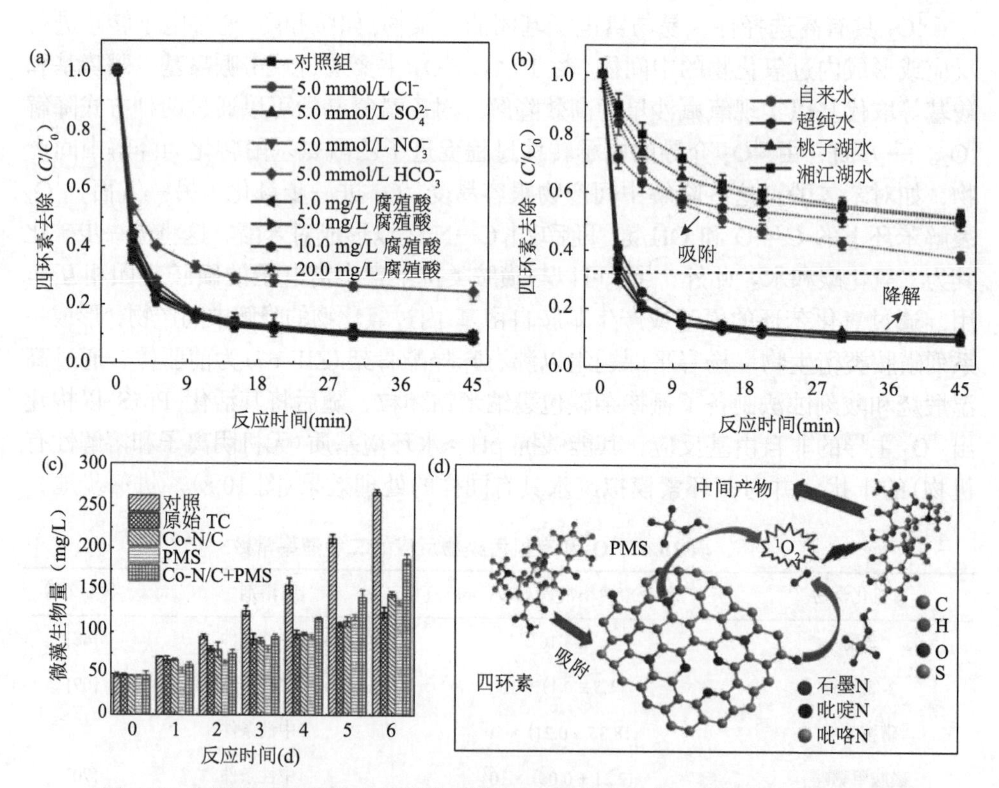


图 10.8　氮掺杂碳包裹纳米钴颗粒活化 PMS 以构建出 $^1O_2$ 主导的非自由基反应降解四环素的过程[67]

采用磷杂化技术进行修饰并制备成氮掺杂碳包裹纳米磷化钴颗粒，其能够有效提高 $^1O_2$ 的产率，使构建体系能够在不同类型的高浓度无机阴离子(盐浓度甚至高达 500 mmol/L)存在下表现突出的降解性能[65]。二噁英类/呋喃类化合物是环境中无处不在、威胁健康的持久性污染物，其高温燃烧处理需要大量的能量。值得注意的是，$^1O_2$ 与具有不饱和双键的碳氢化合物的反应速率远高于基态分子氧。$^1O_2$ 可以与二苯并对二噁英和二苯并呋喃分别通过 2,2-环加成和 4,2-环加成反应形成相应的二氧杂环和内过氧化物产物[66]。在这两种情况下，初始反应的焓值要求低于与基态分子氧的高温焚烧，后者约为 100 kJ/mol。因此，$^1O_2$ 对二苯并对二噁英和二苯并呋喃的亲电攻击不仅可以减少它们在焚烧过程中的排放，而且有望实现在低温下的分解。

## 10.3　地下水与土壤的污染修复

有机污染物对土壤和地下水的污染是饮用水供应的主要威胁。由于异位修复的高成本和场地的复杂性，异位修复应用往往受到限制。因此，原位化学氧化(ISCO)修复作为一种更高效、更经济的方法越来越多地应用于受有机污染的土壤和地下水修复。早期 ISCO 使用的氧化剂是高锰酸盐($MnO_4^-$)和 $H_2O_2$，但生成的锰氧化物(如 $MnO_2$)容易堵塞土壤孔隙，阻碍了氧化剂在地下水中的传输。$H_2O_2$ 可与地下矿物发生芬顿/类芬顿反应并生成$^\bullet OH$，$H_2O_2$ 的不稳定性和地下过氧化氢酶分解 $H_2O_2$ 会造成大量损失。使用 ISCO 氧化剂注入地下时，处理效果可能会受到其在地下行进距离的影响。在许多情况下，氧化剂最好在含水层中持续数月，使其能够到达远离注入井的目标污染物。基于此，过硫酸盐近年来被考虑作为 ISCO 氧化剂的有力竞争者。与常规氧化剂(如 $H_2O_2$)相比，在 ISCO 期间过硫酸盐的分解速率较慢(半衰期大于 2 个数量级)，因而具有更强的稳定性，导致其在含水层固体中的低反应活性是有利的，因为它可能允许氧化剂到达污染源区并提高其利用效率。因此，单独添加过硫酸盐，依靠自然条件来活化过硫酸盐是土壤和地下水修复中的初步方法。

值得注意的是，地下含水层沉积物中含有大量的金属矿物，其中过渡金属可以活化过硫酸盐。例如，Liu 等系统研究了地下水中含 Fe(Ⅲ)和 Mn(Ⅳ)的含水层矿物(水铁矿、针铁矿和软锰矿)非均相催化过硫酸盐活化对过硫酸盐分解和苯降解的过程。结果表明，在纯砂土主导的含水层中，过硫酸盐是非常稳定的，其半衰期达 2 年以上，而当含水层中 Fe/Mn 矿氧化物的含量高于 2%时，可以加速过硫酸盐分解，半衰期在几个月至一年之间。此外，当注入的氧化剂到达污染区时，过硫酸盐分解的速率加快。在没有有机污染物的情况下，含水层中过硫酸盐的半衰期可以超过 1 年。一旦过硫酸盐遇到苯等污染物，自由基链式反应会增加过硫酸盐的分解速率，其半衰期可以缩短到几天，与此同时，苯发生明显的降解且降解程度受到矿物类型的影响。此外，他们进一步探究了碱度、pH 和 $Cl^-$ 等重要地下水化学参数对含 Fe(Ⅲ)和 Mn(Ⅳ)的含水层矿物(水铁矿、针铁矿和软锰矿)非均相过硫酸盐活化工艺降解苯的影响。结果发现，碱度和 pH 主要影响含 Fe(Ⅲ)和 Mn(Ⅳ)的含水层矿物的表面络合。较高的碱度有利于形成非活性表面复合物，这往往会抑制过硫酸盐的活化，而较高的 pH 有利于活性表面羟基复合物的形成并加速修复工作。$Cl^-$会影响溶液活性自由基的分布，但其对过硫酸盐分解和污染物降解的影响可以忽略不计。

原位地下沉积物中的 Fe(Ⅱ)-O 络合物可有效活化过硫酸盐以产生 $SO_4^{\cdot-}$，用于苯胺污染地下水的修复。在过硫酸盐浓度为 10～50 mmol/L、沉淀物含量为 100～300 g/L、苯胺浓度为 0.05～1.0 mmol/L 的条件下，6 h 内可去除 90%以上的苯胺[76]。使用 4 种土壤含水层沉积物研究了地下介质对过硫酸盐的活化能力，并将其用于 1,4-二噁烷的原位化学氧化，证明了沉积物中溶解性铁是过硫酸盐活化的主要原因，此外氧化锰和土壤有机质也有一定的促进作用。值得注意的是，地下缺氧环境中有机质的呼吸作用会导致氢氧化铁发生还原性溶解，使得地下水中部分 Fe(Ⅱ)发生溶解(12～518 μmol/L)[77]。将 PMS 直接注入富 Fe(Ⅱ)、高砷[As(Ⅲ)]的地下水中，可实现 As(Ⅲ)的原位固定化。Fe(Ⅱ)可活化 PMS 产生活性物种并氧化 As(Ⅲ)，生成的 Fe(Ⅲ)可形成絮凝胶体吸附 As(Ⅴ)。1 min 内 As(Ⅲ)去除率可达 98.8%。环境友好型半胱氨酸也可用于地下水修复。半胱氨酸不仅能与 Fe(Ⅱ)形成络合物以稳定 Fe(Ⅱ)，其还原性的巯基(—SH)也能加速 Fe(Ⅲ)到 Fe(Ⅱ)的氧化还原循环。通过在 Fe(Ⅱ)/PDS 工艺中添加半胱氨酸，可以在较宽的 pH 范围内实现对目标污染物的更高去除率。同样，柠檬酸也能螯合 Fe(Ⅱ)以活化 PDS 进行地下水污染修复。当 PDS/Fe(Ⅱ)/柠檬酸的摩尔比为 15∶2∶1 时，三氯乙烯可在 60 min 内完全降解。除 Fe(Ⅱ)外，土壤和地下水中的腐殖酸也可在基于 $SO_4^{\cdot-}$的 AOPs 中发挥重要作用。腐殖酸中的醌基等氧化还原活性官能团能有效活化过硫酸盐以降解 2,4,4′-三氯联苯，醌基与对苯二酚的配位反应生成半醌自由基，半醌自由基诱导过硫酸盐活化生成 $SO_4^{\cdot-}$以降解污染物。

利用地下环境中的活性组分活化过硫酸盐是基于 $SO_4^{\cdot-}$的 AOPs 在土壤和地下水修复中的独特优势，但在实际应用中难以达到预期效果，因此需要添加催化剂或与电化学处理技术相结合。双金属铁锰氧化物在实际地下水砂滤柱中对 PDS 的催化活性非常稳定，可连续运行 115 天。$SO_4^{\cdot-}$和$^{\cdot}OH$ 在构建体系中起主要作用，其反应化学计量效率为 3%～5%，远高于基于 $H_2O_2$ 的原位修复技术(≤0.28%)[78]。磁铁矿和 $Cu^{2+}$对 PDS 的活化具有协同作用。在中性或碱性条件下，$Cu^{2+}$被磁铁矿表面的结构 $Fe^{2+}$吸附和还原为 $Cu^+$，有助于 PDS 的活化。这为增强原位修复中金属矿物对 PDS 的活化提供了新的路径。采用硫化物改性纳米零价铁活化过硫酸盐以降解三氯乙烯。与纳米零价铁相比，硫化修饰通过增加电子数量和加速电子转移作用，获得了更高的三氯乙烯去除效率和矿化效率。电化学与原位修复相结合也是一种非常有效的土壤和地下水修复方法。铁电极的原位电解是一个很好的应用实例。一方面，在铁阳极上施加正/负电流，促进/抑制了 Fe(Ⅱ)的生成，从而实现过硫酸盐对地下污染物降解反应的控制。另一方面，通过阴极电解产生 $OH^-$，调节 pH 和氧化还原电位，以抑制地下重金属的溶出。以 $CuFe_2O_4$ 磁性纳米颗粒为颗粒电极和 PDS 催化剂组成的三维电极能有效降解阿特拉津。在 $CuFe_2O_4$ 投加量为 3.0 g/L、PDS 浓度为 4.0 mmol/L、电流密度为 4 $mA/cm^2$、初始 pH 为 6.3 时，阿特拉津的降解效率和矿化效率分别为 99%和 22.1%[79]。

由于土壤的复杂性质，应特别注意水成分对过硫酸盐原位修复去除目标污染物的影响。$Cl^-$和 $HCO_3^-$是水环境中常见的共存组分，许多研究报道表明它们不会干扰土壤和地下水修复。然而，有报道称 $Cl^-$在铁基催化剂活化过硫酸盐中起积极作用。$Cl^-$可以抑制铁的腐蚀，提高催化剂的利用效率，产生更多的 $SO_4^{\bullet-}$[80]。$HCO_3^-$对 PDS 也有活化作用。Jiang 等[81]首次证明了 PDS 可以被 $HCO_3^-$ 活化以产生过一碳酸根离子，其在对乙酰氨基酚的降解中起主要作用。在基于过硫酸盐基的 AOPs 以降解酚类化合物的过程中，亚硝酸盐可诱导硝化副产物的产生，产量约占酚类产物的 70%。然而，芳香族硝基化合物具有致癌、致突变和遗传毒性。应仔细检查基于 $SO_4^{\bullet-}$的 AOPs 中有机硝基副产物的形成，并评估可能的健康和生态影响。污染地下水中的原始碱度和 pH 也需要特别注意，这主要影响含水层矿物的表面络合。较高的碱度有利于形成非活性表面碳酸盐复合物，抑制过硫酸盐活化，而较低的 pH 有利于形成活性表面羟基复合物，加速修复工作。地下环境的含氧量也会影响产物的类型及其分布。例如，在好氧环境下，约 30%～60%的苯转化为苯酚，剩余的苯转化为环裂解产物。在缺氧环境下，环裂解产物的浓度相对于苯酚会有所增加[82]。

综上所述，过硫酸盐原位修复在污染土壤和地下水的修复方面非常有前景，但在实际应用中需要注意的是，某些降解中间产物可能比母体化合物毒性更大，尤其是硝酸盐含量较高时。在具体应用前，需要仔细评估降解过程中的潜在风险。在实际应用中定期进行毒性监测，确保地下水不受二次污染。此外，应注意过硫酸盐分解而导致地下水 pH 降低的风险，因为这可能导致地下重金属溶出问题。

## 10.4　污泥脱水与调理

随着人们对卫生设施和水处理设施需求的增加，产生的污泥量也在不断增加。污水污泥具有高含水量(95%～99%)并含有多种有毒物质，如病原体、典型病毒、重金属、有机污染物等，会造成严重的污染风险。污泥脱水对于减少污泥体积、运输成本和安全处置至关重要。然而，由于水和细胞胞外聚合物

(extracellular polymeric substance，EPS)之间的亲和力很强，污泥深度脱水到含水率60%以下是困难的。EPS是微生物在体外分泌的大分子聚合物，存在于活性污泥絮凝体内部和表面，其对活性污泥的稳定性、絮凝作用和代谢的影响会显著干扰生物絮凝体的亲水性和疏水性。胞外聚合物是影响污泥脱水性能最重要的决定性因素。

包括化学法、物理法、生物法在内的许多方法已被用于改善污泥脱水性能。越来越多的研究表明AOPs是最有效的预处理技术之一，通过提高活性氧物种的含量，以减少胞外聚合物中的亲水物质来提高污泥脱水效率并解决污泥生物溶出过程的一些瓶颈问题。所有活性自由基对有机物和重金属产生氧化作用，从而最大限度地减少污泥体积并从污泥系统中去除微污染物。但由于氧化电位的差异，不同活性自由基的去除能力和微污染物类型显著相关。尽管$^{\bullet}OH$和$SO_4^{\bullet-}$相比其他活性物种氧化能力更强，可以降解污泥系统中典型微污染物。但在实际工程中，可应用基于$^{\bullet}OH$的AOPs将成本更低，可行性更高。因此，$^{\bullet}OH$在污泥脱水与调理、重金属去除和有机微污染物降解等方面具有不可替代的作用，如在消毒过程中灭菌；在污泥脱水过程中通过氧化污泥的胞外聚合物来脱水；破坏微生物或细菌的细胞壁，增强细胞膜的通透性，细胞壁破裂，从而使细胞内的水释放出来。目前，铁基AOPs已被公认为一种有前途的利用$^{\bullet}OH$改善污泥脱水性能的方法，因为这些方法可以成功去除亲水性胞外聚合物并促进细胞结合水的释放，从而实现高污泥脱水性能。在污泥调理中使用的铁基催化剂主要包括亚铁离子、纳米零价铁、高铁酸盐和铁电极等。

芬顿和类芬顿工艺是依靠$^{\bullet}OH$以增强污泥脱水性能最广泛的铁基AOPs。然而，$H_2O_2$是一种危险且不稳定的化学试剂，对其运输和使用均存在不利影响。此外，对苛刻酸性条件(即pH 2.0～3.0)的要求和随后的中和步骤会使过程复杂化，并进一步增加操作成本也限制了该方法的应用。因此，近年来人们致力于对Fenton氧化处理进行优化/改性，寻找经济、环保和高效的非均相催化剂保障安全性，或使其在轻微调整pH甚至不调整pH的情况下实现污泥脱水。由于成本低、运输安全等优点，几种有前途的固相过氧化物前体如过氧乙酸(PAA)、$CaO_2$、次氯酸钙[$Ca(ClO)_2$]、过碳酸钠(SP，$Na_2CO_3 \cdot 1.5H_2O_2$)和亚硫酸钠($Na_2SO_3$)。过氧化脲(UHP，$CH_4N_2O \cdot H_2O_2$)在污泥脱水与调理领域的应用近年来受到更多关注。例如，有报道称$Fe^{2+}$/$Ca(ClO)_2$处理可以同时实现污泥深度脱水和总大肠菌群灭活，比Fenton系统更具竞争优势。有研究人员得出结论，与$Fe^{2+}$/$H_2O_2$/PDS/PMS处理相比，$Fe^{2+}$/过碳酸钠处理和$Fe^{2+}$/$Na_2SO_3$处理有利于改善污泥脱水性能，在未来应用中更具吸引力。Wang等[83]提出了$Fe^{2+}$/过氧化脲处理方法，并揭示了相关的污泥脱水机理，结果表明在$Fe^{2+}$/过氧化脲过程中产生的$^{\bullet}OH$在胞外聚合物蛋白质降解、细胞破坏、污泥破碎和水释放中起主导作用，导致结合水转化为游离水并改变污泥表面特性。他们还发现 $Fe^{2+}$/过氧化脲污泥脱水过程降低并稳定了脱水污泥的重金属含量。类似地，当 $CaO_2$ 溶于水时，会缓慢分解为 $H_2O_2$，进而产生$^{\bullet}OH$ 以提高污泥脱水能力。通过 $CaO_2$ 改善污泥脱水性能加上化学再絮凝调节，含水量从 91.83%下降到 80%左右。与原污泥相比，实验污泥的脱水性能均有所提高，但污泥饼的含水率仍不够低，无法实现深度脱水和后续处理工艺。为了进一步降低污泥饼含水率，很多研究学者开始在污泥反应系统中加入骨架组分，包括石灰、石膏、锯末、小麦渣和粉煤灰，以提高污泥的可压缩性，从而提高污泥的脱水能力。例如，通过 $Fe^{2+}/CaO_2$ 深度氧化工艺，以煤泥为骨架结构，提高了活性污泥的脱水性能。此外，为了在 Fenton 反应中保持稳定的 $Fe^{2+}$浓度，通常使用零价铁($Fe^0$)代替 $Fe^{2+}$，因为 $Fe^0$ 氧化可以在强酸性条件下持续为 Fenton 反应提供 $Fe^{2+}$。零价铁与常用氧化剂(如 $H_2O_2$、PDS 和 PMS)构成的类芬顿体系可能是传统芬顿体系的潜在替代方案。采用次氮基三乙酸-零价铁/$CaO_2$ 体系对污泥进行调理，因为次氮基三乙酸的存在显著增强了零价铁的腐蚀、$Fe^{2+}$的稳定性和 $Fe^{2+}/Fe^{3+}$氧化还原循环，从而加速了 $H_2O_2$ 分解为$^{\bullet}OH$ 的过程，使得次氮基三乙酸-零价铁/$CaO_2$ 体系处理显著提高了在近中性 pH 条件下的污泥脱水性能，含水率降至 57.02%。零价铁/PDS 体系能有效降解粪泥中的蛋白质和多糖，从而显著提高脱水性能，$SO_4^{\bullet-}$/$^{\bullet}OH$ 对改善粪泥脱水有重要作用，破坏了粪泥的负电荷基团和胞外聚合物的亲水性基团，改变了蛋白质的二级结构[84]。采用零价铁/过碳酸盐工艺提高厌氧消化污泥脱水性能，证明$^{\bullet}OH$ 不仅破坏了胞外聚合物，还破坏了细胞壁/细胞膜和细胞内物质，从而使胞外聚合物结合/细胞内水脱离。

臭氧具有破坏污泥细胞壁和胞外聚合物凝胶状结构的有效性，并将氮、碳和磷氧化为液态，有害副产物产生量少且环保的优点被逐步应用于增强污泥脱水性能。然而，单独臭氧化会降低污泥脱水性能，因为释放出大量带负电荷的有机物和可能结合水分子的细颗粒。因此，开发了各种催化剂来催化臭氧化以生成$^{\bullet}OH$，使催化臭氧化反应具有氧化和絮凝的双重功能。Ge 等[85]开发了一种新的聚硫酸铁催化臭氧化反应来分解污泥群和使细胞外亲水性底物释放结合水，表明$^{\bullet}OH$ 的氧化作用是改善污泥脱水和去除脱水污泥饼中的残留重金属和多环芳烃的主要原因，并初步提出了化学反应机理。利用 $Fe^{2+}$催化臭氧化产生的$^{\bullet}OH$ 处理污泥时在提高污泥脱水性能的同时去除多环芳烃，$Fe^{2+}$氧化后生成的 $Fe^{3+}$使破碎的细颗粒聚集成大团聚体，通过中性电荷和负电荷减少亲水性位点的暴露，促进了水固分离。

最近，电场辅助污泥脱水由于设备设计简单、易于操作和减少对化学药剂的需求等优势而受到越来越多的关注。电化学脱水中复杂的电化学反应(欧姆加热效应、氧化还原反应、电动现象和 pH 梯度效应)可以将污泥的含水率从约 80%

降至40%以下，同时去除污泥恶臭和病原体。污泥的电化学处理是环保且稳定的工艺，可减少生物固体废物的数量并去除病原体。基本原理是通过直接电氧化和间接氧化来分解污泥结构。与传统的机械脱水和热干相比，污泥的电脱水因高污泥脱水效率和节能而受到广泛关注。当使用惰性电极通过污泥浆料施加电场时，会发生水电解和其他电动现象，如电泳、电渗透和电迁移。水电解是引入电场时污泥悬浮液中发生的主要过程。水氧化发生在阳极，产生的$^{\bullet}OH$释放到周围环境中，诱发胞外聚合物层劣化和微生物细胞裂解，从而降低污泥絮凝体的稳定性。此外，电极上产生的气体(如氢气)的逸出会导致污泥床内形成孔隙空间，提高系统的电阻。污泥温度升高，也可以通过降低水黏度和增加蒸发来帮助脱水。

污泥脱水对降低污泥体积和污泥毒性至关重要，而基于$SO_4^{\bullet-}$的AOPs在调节污泥脱水性能、去除重金属和有机微污染物方面具有重要的作用。基于$SO_4^{\bullet-}$的AOPs中强氧化性$SO_4^{\bullet-}$可有效降解胞外聚合物，并破坏其亲水性蛋白质和荧光物质，导致结合水的释放和电动电位的升高，从而提高污泥脱水能力。研究表明，胞外聚合物被破坏时，亲水性物质首先暴露，导致蛋白质结构膨胀，暴露出内部不饱和疏水结构，进而导致结合水的释放。此外，$SO_4^{\bullet-}$还可以裂解细胞膜，释放胞内物质和水分，进一步增加脱水性。

中温或高温消化过程产生的热量可以活化过硫酸盐以产生$SO_4^{\bullet-}$，氧化厌氧消化污泥中的甲苯等有机物，从而提高其脱水性能。零价铁和$Fe^{2+}$是基于$SO_4^{\bullet-}$的AOPs污泥处理中最常用的催化剂。除了活化过硫酸盐产生$SO_4^{\bullet-}$外，它们也可以作为絮凝剂。$SO_4^{\bullet-}$通过破坏胞外聚合物结构使污泥絮团破碎成小颗粒后，零价铁和$Fe^{2+}$的氧化产物通过压缩双电层，中和污泥胶体颗粒的负电荷，降低静电斥力，使小颗粒的污泥颗粒聚集成大颗粒。零价铁活化PDS对污泥脱水性能的改善效果低于$Fe^{2+}$，这是因为零价铁在金属表面附近形成的氧化铁层可以抑制PDS的活化。也有研究表明，利用超声辅助零价铁/PDS体系会破坏零价铁表面的氧化铁层。然而，使用$Fe^{2+}$或零价铁活化亚硫酸盐时，零价铁/亚硫酸盐体系更有利于提高污泥脱水性能。通过将磷石膏引入体系，促进了污泥中柱状二水石膏晶体的形成，使污泥中形成可渗透的刚性晶格结构，强化污泥脱水效果。此外，在$Fe^{2+}$/PDS体系中引入草酸也可以强化污泥脱水。一方面，$Fe^{3+}$-草酸络合物可以增强污泥颗粒的再絮凝作用。另一方面，草酸的螯合作用也能促进污泥中重金属的溶出。

微污染物具有长期持续性，其在污泥中的浓度约为100 mg/kg干固体污泥。热/PDS、微波/PDS和FeS/PMS已被证明可以有效降解污泥中的微污染物(即甲苯、环丙沙星和三氯生)。重金属是污泥中的另一危险物质，其总浓度可达数千mg/kg干固体污泥。基于$SO_4^{\bullet-}$的AOPs通过破坏污泥絮凝体和降低pH，促进污泥中重金属的释放和溶解，从而降低脱水污泥的毒性。尽管基于$SO_4^{\bullet-}$的AOPs在污泥脱水、无害化处理、去除重金属等方面的作用已被证实，但添加过硫酸盐和催化剂对污泥处理的副作用尚缺乏系统研究，例如，$Fe^{2+}$的引入对污泥热值的影响，$SO_4^{\cdot-}$对污泥微生物细胞内、外抗生素耐药基因传递的影响。

综上所述，活性氧物种在破坏细胞、氧化有机物、释放细胞内水、降解污泥中的污染物、降低结合水含量等方面发挥着重要作用。芬顿法和类芬顿法是目前应用最广泛的方法，AOPs 中产生不同的活性自由基，也能很好地增强污泥脱水性能。为了更好地解决污泥脱水问题，未来的研究可以将重点放在分析除$^{\cdot}OH$ 以外的其他氧化自由基上。研究它们的潜在优势，重点探讨它们在实际生产和生活中的可行性，为选择污泥脱水与调理高级氧化处理提供更多信息。

## 10.5　膜污染防控

膜过滤是一种新型的高效分离技术。由于具有分离效率高、能耗低、环境友好等优势，膜过滤已成为发展最快的分离技术之一，并已广泛应用于各种废水处理，如印染、海水淡化和焦化废水。然而，在膜过滤过程中，捕获和积聚在膜上的污染物(如出水有机物、生物聚合物、腐殖质)会堵塞膜内的孔隙，形成饼状结构，降低膜通量和净化效率，从而造成膜的有机污染。膜的维护和更换需要消耗大量的化学品，导致更高的运营成本。膜污垢已成为制约膜水处理技术快速发展的技术瓶颈。

膜过滤和 AOPs 的结合似乎是废水处理的前沿技术之一。催化剂可以锚定在膜表面或嵌入到本体结构中的孔道中。因此，催化膜具有过滤和催化的双重功能。一方面以膜为载体可以方便催化剂回收和再利用，并提高氧化剂的利用率；另一方面以生成的活性物种来攻击膜表面的污染物并实现膜自清洁，提高膜通量，具有协同作用。

根据催化剂在膜材料中的负载或掺入方法，催化膜的制备技术包括共混、表面包覆和自下而上的合成法。混合方法包括相转换、真空过滤和静电纺丝。表面涂层可以通过旋涂、浸渍沉淀和溶胶-凝胶工艺来实现。自下而上的合成法通常包含化学接枝、化学气相沉积和逐层组装。通过不同方法制备的催化膜在膜通量、污染物降解效率、选择性和防污性能方面表现出显著特征。已报道的膜载体包括陶瓷膜、石墨氮化碳膜、钛膜、聚丙烯腈纳米纤维膜、聚偏二氟乙烯膜等。

为了解决膜分离技术的典型问题，以过硫酸盐基高级氧化技术与膜分离耦合技术为案例来重点讲述。耦合构建的多功能催化膜系统具有高效的膜分离和催化性能，用于污染物的截留和矿化，从而实现污染物去除和膜污染防控。例如，Pramanik 等[86]证明 UV/PDS 预处理能有效缓解正渗透膜的有机污染，且产生的$SO_4^{\cdot-}$能有效地将大分子疏水化合物分解为小分子量亲水物质，从而显著提高膜通量。目前，更多的研究是将膜与催化性能良好的催化剂相结合，作为高活性的催化自清洁膜，同时实现膜的高效去污和自清洁。Ye 等[87]构建了一种大孔 Fe-Co@NC-CNTs/聚偏氟乙烯催化膜。其充分暴露的活性位点催化 PMS 产生大量 $SO_4^{\cdot-}$，在腐殖质和双酚 A 共存体系中具有良好的催化和自清洁功能。在保持极高的膜通量[10464.45 L/(m$^2$ h)]的情况下，在 40 min 内实现了双酚 A 的完全去除。同样，他们也将金属纳米颗粒包覆在氮掺杂微管复合材料中，随后进一步将其固定在聚偏氟乙烯膜上，从而有效地避免了催化膜的污染。这种独特的结构不仅防止了纳米颗粒的团聚，而且抑制了金属的溶出。Yue 等[88]详细比较了在 PMS 存在下催化自清洁膜的通量保持率，结果表明膜通量保持率提高了 30%，证明了基于 $SO_4^{\cdot-}$的 AOPs 与膜分离的结合是有效的。此外，可以通过多次浸渍循环控制催化剂在膜中的负载量，实现催化剂和膜的最佳利用率[89]。

此外，催化过硫酸盐活性膜也可以产生以 $^1O_2$ 为主要活性物种的氧化体系，这关联到催化剂的结构和性质。表 10.6 列举了一些以 $^1O_2$ 为主的催化膜系统。污染物和 PMS 迁移到催化剂表面可能是 PMS 活化过程中的限速步骤之一，而膜过滤过程中的压力驱动促进了传质过程，使两者更容易移到催化膜表面。催化剂用量和膜面积的最佳比例、催化剂固定方法和合适的操作条件都是需要考虑的。

**表 10.6　通过 $^1O_2$ 对污染物进行协同降解和过滤的自清洁催化膜/PMS 体系**

| 催化膜 | 污染物 | 反应条件 | 降解效率（%） | 参考文献 |
|---|---|---|---|---|
| CoFe-NMTs-800/聚偏氟乙烯膜 | 30 mg/L 四环素 | [催化剂] = 0.1 g/L，[PMS] = 0.3 g/L，30℃ | 99.2 | [90] |
| CuO 涂层陶瓷中空纤维膜 | 10 mg/L 双酚 A | 膜通量为 70 L/(m$^2$·h)，[PMS] = 0.5 mmol/L，pH 7，25℃ | 91.4 | [91] |
| $Mn_2O_3$ 催化陶瓷膜 | 1 mg/L 对乙酰氨基酚 | 膜通量为 60 L/(m$^2$·h)，[PMS] = 0.1 mmol/L，pH 7.0 ± 0.2 | > 99 | [92] |
| $Co_3O_4$@NCNTs/g-$C_3N_4$ 膜 | 10 mg/L 磺胺甲噁唑 | [催化剂] = 0.01 g/L，[PMS] = 0.2 g/L，25℃ | 98.9 | [93] |
| FeCoS@N-rGO/g-$C_3N_4$ 膜 | 30 mg/L 磺胺甲噁唑 | [催化剂]=0.1g/L，[PMS] = 0.2 g/L，pH 7.0 | 99.4 | [94] |
| $Co_xO_y$@碳催化纳米纤维膜 | 30 mg/L 四环素 | [PMS] = 4 mmol/L，pH 7.0 | 99.11 | [95] |
| $Mn_2O_3$ 催化陶瓷膜 | 0.1 mg/L 各种内分泌干扰物 | [催化剂] = 0.1 g/L，膜通量为 60 L/(m$^2$·h)，[PMS] = 0.5 mmol/L | > 95 | [96] |
| $Co_3O_4$-$Bi_2O_3$-Ti 催化膜 | 20 μmol/L 亚甲基蓝 | 催化剂负载量为(1.3 ± 0.1) × 10$^2$ g/cm$^2$，[PMS] = 0.1 mmol/L，pH 7.0 | 98.7 | [97] |
| Fe 掺杂 $LaCoO_3$ 聚丙烯腈膜 | 10 mg/L 四环素 | 膜通量为 220 L/(m$^2$·h)，[PMS] = 0.1 mmol/L，pH 7.0，25℃ | > 99 | [98] |

## 10.6 杀菌消毒

饮用水和废水的消毒至关重要，因为它们可能携带致病细菌、真菌和病毒，对人体造成不良健康影响。据世界卫生组织报道，在全球范围内，每年约有 502000 例患者腹泻死亡，其中大多数是由水传播细菌和肠道病毒引起的。现阶段抗生素滥用导致耐药细菌及其耐药基因的出现已成为全球问题，对于人体健康造成的潜在风险逐年上升。水消毒是一种杀灭水中微生物病原体，以避免水传播疾病的方法，一般分为物理法、电化学法、化学法。前两种方法能耗高，运行成本高。游离氯、二氧化氯、氯胺、臭氧等传统化学消毒剂对微生物病原体具有较好的杀菌作用。然而，它们会与水中共存底物发生反应，产生有毒的消毒副产物，对水体造成二次污染。此外，它们还与高剂量的微生物抗性、昂贵的设备和工艺复杂性有关。化学消毒剂可能有助于微生物选择和消毒后耐药微生物的再生。或者，通过紫外线照射进行水体消毒通常会导致高能量消耗和该工艺后的细菌再生，结果只能是采用更严格的水质法规。如今，人们普遍认识到，氯消毒和其他常规消毒方法通常无法在实际水体和废水中实现对细菌、病毒和原生动物等目标微生物的完全消除。人类肠道病毒在水和废水中的流行可能对公众健康构成严重威胁，需要新型和更有效的可持续技术来确保水中微生物质量，特别是将肠道病毒减少到对人类健康不构成重大风险的水平。

为了克服这些缺点，开发可替代的消毒技术仍然是一个有吸引力的主要研究重点。在这方面，高级氧化技术是灭活病原体的可行方法。AOPs 的特征是产生高活性物种，特别是具有高标准氧化还原电位($E$ = 1.9～2.7 V)的$^{\bullet}OH$，其能够攻击多种污染物。

$SO_4^{\bullet-}$具有较高的氧化还原电位，容易与细胞结构反应，导致微生物失活，同时产生低浓度的 DBPs。在 $SO_4^{\bullet-}$的氧化作用下，首先破坏微生物的细胞膜/细胞壁，然后诱导抗氧化酶和遗传物质失活，造成细胞死亡。相比之下，Wen 等[99]证明了 UV/PMS 对微生物细胞膜和细胞壁破坏的影响。仅在紫外线下，微生物的表面结构不会被破坏，而 UV/PMS 会破坏膜结构，导致细胞内物质的释放和孢子的失活。Chen 等研究了酸修饰的 C-藻蓝蛋白提取螺旋藻残留物衍生的生物炭(酸修饰 $SDBC_{900}$)耦合 PMS 体系以灭活大肠杆菌的可行性[100]，细菌膜完整性由 LIVE/DEAD® BacLight™细菌活力试剂盒监测。膜受损的死亡大肠杆菌可以通过发出红色荧光的 SYTO 9 和碘化丙啶混合染色剂进行染色和可视化。结果发现，与空白组相比，在单独 PDS 或酸修饰 $SDBC_{900}$ 添加时，死亡大肠杆菌细胞的百分比在 90 min 内略有增加。相反，当同时添加酸修饰 $SDBC_{900}$ 和 PDS 时，活/死细胞的比例在 90 min 内明显降低，表明通过碳催化的非自由基氧化可有效灭活大肠杆菌。为了清楚了解细菌细胞膜的破坏，比较了完整和失活的大肠杆菌细胞的扫描电子显微镜图像。在灭活处理之前，大肠杆菌细胞表现出保存完好的杆状和光滑的表面。然后，一些大肠杆菌细胞膜表现出完全无序/破碎的形态，表明细胞膜已被催化氧化破坏。因此，大肠杆菌失活的机制源于细胞膜的破坏，即通过在碳表面发生的从蛋白质到活化 PDS 的非自由基电子转移工艺。酸修饰 $SDBC_{900}$ 在 PDS 活化期间将与大肠杆菌的细胞壁/膜相互作用，这将导致细胞失活增加通透性，细胞肿胀和破裂，从而造成细胞成分泄漏。细菌细胞膜的初始损伤是胞外多糖和肽聚糖壁，其次是脂质过氧化以及蛋白质和多糖氧化。目前已有研究证明 $SO_4^{\cdot-}$可有效破坏细胞内的生物分子(脂类、碳水化合物、蛋白质、DNA/RNA)，但对不同组分的反应活性及具体反应机理的研究尚不充分。此外，还应考虑 $SO_4^{\cdot-}$灭活技术的潜在风险，如水中 $SO_4^{2-}$残留对干固体污泥的影响以及低剂量 DBPs 的二次毒性。

PAA 是一种新兴的化学消毒剂，已被证明对多种微生物表现出优异的抗菌活性，同时对污染物降解具有特定优势。PAA 消毒的副产物主要由羧酸组成，没有毒性或致突变性。因此，基于 PAA 的 AOPs 可能为病原微生物的灭活提供新策略。此外，PAA 消毒的实施允许对现有的氯化设备进行简单且性价比高的升级改造。然而，当需要更高的灭活率时，单独使用 PAA 可能难以达成目标。此外，高 PAA 剂量可能会增加出水中的总有机碳含量，从而增强微生物再生。总体来说，通过将 PAA 与其他方法相结合来增强活性自由基的生成，从而提高水中微生物的失活效率。大多数的研究都利用紫外照射来活化 PAA 以灭活微生物。先前的研究工作已经表明，在紫外线照射之前添加 PAA(UV/PAA)比单独使用 UV、单独 PAA 或在 PAA 之前应用 UV 产生更好的消毒效果。UV/PAA 技术引起的细菌灭活效果大于单个效应的总和，证实了 UV 和 PAA 处理之间的协同作用。紫外线辐射会对核酸造成直接损害，而化学消毒剂可能会攻击微生物细胞壁、膜和酶或运输系统。紫外线和 PAA 诱导的不同类型的损伤可能会限制微生物修复细胞结构的能力。此外，UV/PAA 产生的活性自由基也可以作为消毒剂。因此，在 UV/PAA 体系中存在多种反应机制，包括紫外线照射、PAA 和活性自由基，导致所有这些机制之间的协同效应可能潜在地参与微生物灭活。如前面所述，UV/PAA 过程中产生的自由基主要为$^{\cdot}OH$、$CH_3C(O)O^{\cdot}$和 $CH_3C(O)OO^{\cdot}$，其中$^{\cdot}OH$ 是一种更有效的消毒剂。Sun 等研究了在 UV/PAA 工艺中活性自由基对大肠杆菌灭活的作用，证实$^{\cdot}OH$ 是导致大肠杆菌灭活的主要活性物种，而有机自由基的作用可以忽略不计[101]。

在大多数高级氧化技术中，$^{\cdot}OH$ 是主要的氧化活性物种。一般来说，$^{\cdot}OH$ 可以通过破坏微生物的细胞膜/壁、酶和遗传物质来实现灭活。首先，$^{\cdot}OH$ 可诱导细胞壁/膜中脂质的氧化和破坏，从而扰乱其结构和渗透性。然后，作为亲电剂，$^{\bullet}OH$ 对许多酶(如溶菌酶和核糖核酸酶)表现出高活性。最后，微生物中存在的 DNA 和 RNA 等遗传物质当受到$^{\bullet}OH$ 攻击时可能会发生突变。

光催化灭活技术是可以释放 $^1O_2$ 以灭活水中微生物的通用技术。$^1O_2$ 可以氧化生物大分子，如某些蛋白质中含有芳香族或硫族官能团的氨基酸、不饱和脂肪酸以及 DNA/RNA 中的嘌呤和嘧啶碱。与添加氧化剂(氯、氯胺、溴、碘、臭氧)的消毒相比，$^1O_2$ 在灭活微生物的过程中不会产生有害的消毒副产物。紫外线消毒的效率受水的浊度影响，不能持续杀菌，而 $^1O_2$ 对水基质有很强的抗干扰能力。特别是各种高效催化剂的出现，大大拓宽了光催化消毒的应用范围。通过溶剂热法将 Cu/Zn 掺入高岭土和木瓜籽合成的黏土纳米材料，不仅易于制备(不需要高压和有毒模板)、成本低，而且在可见光照射下生成的 $^1O_2$ 能够灭活水中的所有大肠杆菌(*E. coli*)。羰基功能化的氮化碳用作光催化剂时降低了系统间交叉的能量屏障，使水中溶解氧高效地转化为 $^1O_2$，不是通过电子-空穴分离，而是通过能量转移。细菌膜的蛋白质和磷脂被 $^1O_2$ 猛烈攻击时，细胞质内容物从细胞膜孔中溶出，大大加速了灭菌。即使在 4 天后，处理过的水中也没有任何存活的大肠杆菌细胞，表明这种纳米复合材料在可持续水消毒系统中具有巨大的潜力。$^1O_2$ 已经被证实可以灭活登革热病毒、流感病毒、肠道病毒、大肠杆菌、$MS_2$ 噬菌体以及缺乏保护性外膜的革兰氏阳性细菌。

空气可能受到各种化学、物理和生物方面的污染，对人类健康构成威胁。例如，2019 年的新型冠状病毒(COVID-19)通过空气传播而引起大规模暴发。在环境条件下，新型冠状病毒可以在气溶胶中存活长达 3 h。因此，找到一种有效的方法来灭活空气中的病毒是至关重要的。将空气净化器或空调设备的过滤材料与光敏化剂相结合，在适当的照射下通过光敏化作用产生 $^1O_2$ 并扩散到空气中，是实现空气消毒的好办法。$^1O_2$ 的寿命短，不利于远距离消毒，这也是许多空气净化方法的局限性之一。除了致力于开发稳定、高效的光敏化剂和光催化剂外，还需要考虑各种环境参数，如湿度、温度和气流速度，它们会影响 $^1O_2$ 的寿命和迁移距离。

## 10.7　废 气 处 理

挥发性有机物(VOCs)从各种生产过程中排放到大气中，由于对人类健康和生态环境的不利影响而受到关注。已经开发出许多技术将 VOCs 去除到无害水平，如光催化氧化、吸附、焚烧和生物控制法等，并显示出 VOCs 去除的高性能。然而，这些技术依然存在不足，如催化剂失活、高能耗、高运行成本和二次污染问题的后处理成本。虽然吸附、冷凝、膜分离和湿法洗涤过程被认为是去除VOCs便捷和经济的技术，但这些物理法不能矿化VOCs，所得产物仍需后处理。幸运的是，受废水处理和土壤修复的启发，自由基诱导的高级氧化技术被认为是最有前途的技术之一，因为它们不仅可以产生具有强氧化能力的高活性自由基，同时降解大多数气态污染物(特别适用于同时去除多种气态污染物)，而且它们的反应过程是环保的。包括光催化氧化、低温等离子体法、Fenton氧化、催化臭氧化等AOPs可以高效、快速地降解有机物，$^{\bullet}OH$可以促进有机污染物最终矿化为$CO_2$和$H_2O$，$^{\bullet}OH$也是在适中温度下降解VOCs的关键活性物种。

目前光催化氧化治理VOCs的研究主要集中在气固光催化反应系统上，以处理气态VOCs，其中催化活性主要由目标VOCs分子在光催化表面上的吸附和扩散决定。大多数具有颗粒团聚和有限孔结构的催化剂存在吸附扩散效率低的问题，导致光催化活性不理想。例如，$TiO_2$纳米颗粒由于缺乏孔道结构，使得甲苯氧化效率有限。在亲水泡沫碳上沉积介孔$TiO_2$薄膜，以富集亲水泡沫碳与介孔$TiO_2$界面处的高浓度VOCs，提高了丙酮和甲苯的光催化降解率。材料性质和相对湿度等反应条件对VOCs氧化的效率起着关键作用，例如，光生空穴与水的反应需要一定的湿度来促进形成更多的活性氧物种。Yurdakal等[102]研究了碱性处理对$TiO_2$结构与性能的影响，获得了更高的表面$^{\bullet}OH$密度，活性提高了7倍。Wu等[103]研究表明$H_2O_2$和NaOH协同处理可以增强$TiO_2$的水分散性，并由于$^{\bullet}OH$的增加而促进$TiO_2$的染料光敏化。使用盐酸溶液制备出具有相当表面$^{\bullet}OH$密度的$TiO_2$，从而有效氧化丙烯。研究发现，随着湿度的增加，催化剂表面$^{\bullet}OH$的数量增加，导致甲苯矿化的改善。在VOCs的光催化氧化过程中，一些氧化中间产物被吸附在催化剂表面的活性中心上，抑制了光子的吸收，阻碍了$O_2$和VOCs在活性中心的扩散，这反过来又会降低VOCs降解的光催化活性。芳香族VOCs在光催化氧化过程中的光催化失活是不可避免的。VOCs降解产生的中间产物可能导致光催化氧化过程中的气态二次污染和催化失活，这极大地限制了其应用。例如，在$TiO_2$上光催化降解甲苯和甲乙酮时发现了甲醛和乙醛等致癌物质。类似地，发现羧酸强烈吸附在$TiO_2$的活性位点上，并且在乙醇和环己烯的光催化氧化过程中引起催化失活。苯甲醛和苯甲酸等中间产物被证明与催化剂表面紧密结合，并在甲苯光催化氧化过程中降低反应活性。研究发现，与乙醛相比，在甲苯的光催化氧化过程中，$TiO_2$迅速失活，这是由于碳质中间产物(苯甲醛或酸)在$TiO_2$表面的生成和积累。这些中间产物可以进一步与$^{\bullet}OH$反应生成顽固性聚合物，从而阻断活性位点，阻碍光催化反应的进行。为了捕获水溶性中间产物，已经提出了光催化氧化和湿式洗涤器耦合的气-水光催化体系。

在气-水光催化体系中，光生空穴和水吸附在光催化剂表面以形成更多的$^{\bullet}OH$，从而显著提高VOCs的矿化率。Xu等[104]提出了一种利用雾化喷雾光催化反应器构建气-水界面来有效消除 VOCs 的新策略。该反应器在光催化氧化过程中，采用雾化喷雾器在含 VOCs 的气相和水相上方喷射含光催化剂的超细水雾，形成气-水界面并产生丰富的·OH，有利于苯环的开环，大大降低了生态毒性和副产物的生成。同时，研究了丙酮、甲醛和正己烷在反应器中的降解性能。研究发现，光催化氧化降解 VOCs 产生的中间产物大多数是可溶性有机化合物，并认为气体光解后再进行水相 UV 和光催化氧化，催化剂表面的中间产物经洗涤溶解到水溶液中，可能是完全去除 VOCs、避免二次气体污染和催化剂失活的有效方法。因此，光催化剂的表面应保持清洁，避免催化剂失活。

Zhang 等[105]发现在 $H_2O$ 和 $O_2$ 参与和 UV 照射下，催化剂表面 $H_2O$ 分子的活化解离使表面·OH 基团富集，从而促进 $O_2$ 的吸附和活化，进而产生大量活性氧物种尤其是·OH，协同提高了光催化矿化二甲苯的效率。但光-水光催化体系内的含水量对 VOCs 的降解并不总是协同作用，发现随着含水量从 0.25%提高到 0.93%，$TiO_2$ 催化剂去除甲苯的能力（从 11.7 mg 甲苯/g $TiO_2$ 到 9.96 mg 甲苯/g $TiO_2$）和平均转化效率（从 63.4%到 60%）均呈下降趋势，甚至比不加水的情况更差，这表明水分子和甲苯分子之间可能存在吸附竞争；因此，过量的水分除了起到·OH 源的作用外，还会导致降解性能下降。因此，在气-水光催化处理 VOCs 中，气-水界面的形成可以引起活性位点暴露更多、有效接触、大量的活性氧物种和清洁的催化剂表面，从而提高催化剂的活性和稳定性，但是含水量需要严格验证测试。

与光催化技术类似，催化臭氧化技术因其在近室温下产生的·OH 可以精确有效地靶向攻击 VOCs 分子而日益受到重视。在多种 VOCs 中，甲苯作为最重要且难降解的芳香族 VOCs 之一，在催化臭氧化技术过程中容易被氧化成苯甲醛、苯甲酸酯等多种顽固中间产物。甲苯在室温下的催化臭氧化技术仍然面临催化活性低、矿化率低、稳定性差等较大挑战，极大地限制了其实际应用。因此，越来越多的研究人员提出明确控制 VOCs 深度矿化的关键因素，制定提高臭氧污染活性的新策略是十分必要的。催化剂上的·OH 可以通过锚定和分散活性氧物种来显著改善金属-载体的相互作用。此外，催化剂表面的·OH 还充当了反应物吸附和活性氧物种生成的活性位点，这对于芳香族 VOCs 的快速开环和深度矿化以及避免催化剂失活至关重要，·OH 介导的策略已引起了人们的极大兴趣。研究人员提出了一种利用 $O_3$ 富集 $TiO_2$ 表面桥接羟基（$OH_B$）的气固复合改性方法。结果表明，吸附后的 $O_3$ 在氧空位上分解成氧原子，会引起水解离为 $OH_B$，从而减小带隙，增强光响应。增加的 $OH_B$ 使光生载流子的分离效率显著提高了一倍，从而产生更多的·OH。此外，$OH_B$ 为甲苯提供了更多的吸附位点，从而在甲苯降解过程中通过·OH 加成和脱氢反应快速氧化与降解中间产物。通过原位 AlOOH 重构方法开发了一种新型·OH 介导的 $MnO_x/Al_2O_3$ 催化剂，并用于甲苯的催化臭氧化技术。实验和

DFT 计算结果表明，丰富的桥接、末端表面羟基和 Mn 活性位点在催化剂上的良好配合，极大地提高了对 $O_3$ 和甲苯的有效吸附和活化。此外，大量的活性氧物种尤其是$^{\bullet}OH$ 显著加速了甲苯的环断裂和深度矿化，显著降低了环境风险。

事实上，湿法洗涤在工业上一直被用作吸收部分可溶性 VOCs 的预处理工艺，通常使用合适的溶剂/添加剂或改进的反应器以增强传质和物理吸收，同时使用化学氧化法以提高 VOCs 的吸收效率，进一步促进其深度降解。近年来 AOPs 与湿法洗涤工艺相结合以去除空气中的 VOCs 备受关注。通常，这些组合工艺涉及通过以下步骤吸收和同时化学氧化 VOCs：①通过化学和物理吸附将气态 VOCs 转移到液相；②AOPs 产生的活性自由基破坏溶解的 VOCs；③从溶液中排出气态氧化产物。例如，芬顿和类芬顿氧化通过$^{\bullet}OH$ 与疏水性 VOCs 作用并产生可溶的中间产物，这些中间产物在完全矿化之前残留在洗涤液中被进一步连续处理矿化。在典型的均相 Fenton 体系中，$Fe^{2+}$随着$^{\bullet}OH$ 的生成而转化为 $Fe^{3+}$，而 $Fe^{3+}$还原为 $Fe^{2+}$的速率非常慢。因此，$Fe^{2+}$浓度不断下降，而 $Fe^{3+}$水解产生的铁污泥不断积累，限制了均相 Fenton 体系的 VOCs 处理能力。与均相 Fenton 体系相比，采用 Fe 基催化剂的非均相 Fenton 工艺更容易实现催化剂的 $Fe^{2+}/Fe^{3+}$氧化还原循环。例如，Fu 等[106]使用了一种独特的湿式洗涤系统，该系统含有 $H_2O_2$ 和活性炭负载氧基氯化铁纳米颗粒，以去除空气中的二氯乙烷。结果表明，溶解的二氯乙烷在活性炭上的吸附不仅促进了其从空气向水中的转移，而且促进了其被氧基氯化铁纳米颗粒催化剂上生成的$^{\bullet}OH$ 氧化。通过脉冲或连续添加 $H_2O_2$，协同吸附-催化氧化可以长期去除空气中的二氯乙烷。Pan 等[107]开发了含 $H_2O_2$ 和多孔石墨化碳负载氧基氯化铁纳米颗粒催化剂的湿式洗涤系统，在湿法洗涤过程中，该催化剂活化 $H_2O_2$ 产生的$^{\bullet}OH$ 能有效去除气体中的二氯乙烷、三氯乙烯、二氯甲烷和氯苯。他们还采用具有良好的微孔和与岩石相似的大孔生物质衍生的活性炭负载氧基氯化铁纳米颗粒作为 VOCs 的吸附剂和活化 $H_2O_2$ 的催化剂，使得 VOCs 更容易扩散到其吸附位点和催化位点，$^{\bullet}OH$ 仍然是该构建体系处理 VOCs 的主要活性氧物种。

然而，当使用 $H_2O_2$ 溶液作为高级氧化技术去除气态污染物中的前驱体时，产物将是硫酸、硝酸和大量重金属离子的混合水溶液(硫酸和硝酸是 $SO_2$ 和 $NO_x$ 的氧化产物，重金属离子是 Hg 和 As 的氧化产物)。由于存在大量的水(加入 $H_2O_2$ 时必然会带入大量的水)，因此在进行产品回收时需要大量的能量来蒸发水分[硫酸和硝酸通常通过添加氨来制备硫酸铵和硝酸铵作为肥料]，从而导致产物后处理成本高。相比之下，基于 $SO_4^{\bullet-}$的高级氧化技术可以很好地克服这一缺陷，因为 PDS 和 PMS 是固体氧化剂。Liu 等系统回顾了基于 $SO_4^{\bullet-}$的高级氧化技术在气态污染物(如 $SO_2$、$NO_x$、Hg、As、$H_2S$ 和 VOCs)控制领域的研究进展，强调了基于 $SO_4^{\bullet-}$的高级氧化技术具有试剂运输和储存简单安全、产物后处理要求低、难降解有机物降解能力强等优点，在气态污染物(特别是烟气)控制领域具有良好的发展潜力[108]。例如，Xie 等提出了一种通过在液相中催化活化 PMS 来降解典型气态污染物甲苯的方法[109]。他们通过简易沉积法制备了活性炭负载单分散 $Co_3O_4$ 纳米颗粒。由于 Co—$OH^+$物种的存在和活性金属中心的高度分散，该复合催化剂在 PMS 活化降解甲苯方面非常有效。反应过程中甲苯去除效率接近 90%，排出的气态中间产物很少。PMS 活化过程中产生的 $SO_4^{\cdot-}$和$^{\cdot}OH$ 在甲苯氧化和矿化过程中发挥了不同的作用，丰富的 $SO_4^{\cdot-}$对甲苯降解起主导作用，$^{\cdot}OH$ 的存在可以改善甲苯矿化效率。过硫酸盐可以作为吸附剂，并辅以一定的活化手段，促进气态污染物在水相中的吸收和氧化。例如，Adewuyi 和 Sakyi[110, 111]通过使用升温和 $Fe^{2+}$同时活化过硫酸钠溶液，实现了气液接触器中 NO 的高效去除。此外，他们还证明了 $SO_2$ 的存在显著增强了 NO 的吸收和氧化，而 $SO_2$ 本身被完全去除，这可能有助于湿法烟气脱硫。BTEX 废气(苯、甲苯、乙苯、二甲苯)是一种挥发性石油有机污染物，由于其不溶性，用湿法洗涤系统很难去除。当使用含 $Fe^{2+}$的过硫酸盐溶液进行湿洗时，BTEX 的传质效果和氧化性能得到了很大的改善。

综上，未来关于 VOCs 高级氧化处理研究重点依然围绕催化剂的高效性，制备稳定高效的功能催化剂材料，提高氧化剂和催化剂的利用率和活性物种产率，探究催化剂失活原因并开发简单有效的催化剂再生方法。

# 参 考 文 献

[1] Zhao X, Wang Y M, Ye Z F, Borthwick A G L, Ni J R. Oil field wastewater treatment in biological aerated filter by immobilized microorganisms. Process Biochemistry, 2006, 41: 1475-1483.

[2] Psaltou S, Kaprara E, Mitrakas M, Zouboulis A. Ecosystems, society, comparative study on heterogeneous and homogeneous catalytic ozonation efficiency in micropollutants' removal. Aqua-Water Infrastructure Ecosytems and Society, 2021, 70: 1121-1134.

[3] Khataee A, Gholami P, Sheydaei M. Heterogeneous Fenton process by natural pyrite for removal of a textile dye from water: Effect of parameters and intermediate identification. Journal of the Taiwan Institute of Chemical Engineers, 2016, 58: 366-373.

[4] Qian H, Hou Q, Yu G, Nie Y, Bai C, Bai X, Ju M. Enhanced removal of dye from wastewater by Fenton process activated by core-shell $NiCo_2O_4$@FePc catalyst. Journal of Cleaner Production, 2020, 273: 123028.

[5] Elbatea A A, Nosier S A, Zatout A A, Hassan I, Sedahmed G H, Abdel-Aziz M H, El-Naggar M A. Removal of reactive red 195 from dyeing wastewater using electro-Fenton process in a cell with oxygen sparged fixed bed electrodes. Journal of Water Process Engineering, 2021, 41:

102042.

[6] Murrieta M F, Sirés I, Brillas E, Nava J L. Mineralization of Acid Red 1 azo dye by solar photoelectro-Fenton-like process using electrogenerated HClO and photoregenerated Fe(II). Chemosphere, 2020, 246: 125697.

[7] Shan R, Lu L, Gu J, Zhang Y, Yuan H, Chen Y, Luo B. Photocatalytic degradation of methyl orange by Ag/$TiO_2$/biochar composite catalysts in aqueous solutions. Materials Science in Semiconductor Processing, 2020, 114: 105088.

[8] Wang H, Zhan J, Yao W, Wang B, Deng S, Huang J, Yu G, Wang Y. Comparison of pharmaceutical abatement in various water matrices by conventional ozonation, peroxone ($O_3$/$H_2O_2$), and an electro-peroxone process. Water Research, 2018, 130: 127-138.

[9] Srithep S, Phattarapattamawong S. Kinetic removal of haloacetonitrile precursors by photo-based advanced oxidation processes (UV/$H_2O_2$, UV/$O_3$, and UV/$H_2O_2$/$O_3$). Chemosphere, 2017, 176: 25-31.

[10] Krakkó D, Illés Á, Licul-Kucera V, Dávid B, Dobosy P, Pogonyi A, Demeter A, Mihucz V G, Dóbé S, Záray G. Application of (V)UV/$O_3$ technology for post-treatment of biologically treated wastewater: A pilot-scale study. Chemosphere, 2021, 275: 130080.

[11] Bakheet B, Qiu C, Yuan S, Wang Y, Yu G, Deng S, Huang J, Wang B. Inhibition of polymer formation in electrochemical degradation of *p*-nitrophenol by combining electrolysis with ozonation. Chemical Engineering Journal, 2014, 252: 17-21.

[12] Ghanbari F, Khatebasreh M, Mahdavianpour M, Lin K-Y A. Oxidative removal of benzotriazole using peroxymonosulfate/ozone/ultrasound: Synergy, optimization, degradation intermediates and utilizing for real wastewater. Chemosphere, 2020, 244: 125326.

[13] Deniere E, Van Hulle S, Van Langenhove H, Demeestere K. Advanced oxidation of pharmaceuticals by the ozone-activated peroxymonosulfate process: The role of different oxidative species. Journal of Hazardous Materials, 2018, 360: 204-213.

[14] Aseman-Bashiz E, Sayyaf H. Synthesis of nano-$FeS_2$ and its application as an effective activator of ozone and peroxydisulfate in the electrochemical process for ofloxacin degradation: A comparative study. Chemosphere, 2021, 274: 129772.

[15] Zhang J, Yang L, Liu C, Ma J, Yan C, Mu S, Yu M. Efficient degradation of tetracycline hydrochloride wastewater by microbubble catalytic ozonation with sludge biochar-loaded layered polymetallic hydroxide. Separation and Purification Technology, 2024, 340: 126767.

[16] Psaltou S, Kaprara E, Mitrakas M, Zouboulis A. Comparative study on heterogeneous and homogeneous catalytic ozonation efficiency in micropollutants' removal. AQUA-Water Infrastructure, Ecosystems and Society, 2021, 70: 1121-1134.

[17] Cai C, Duan X, Xie X, Kang S, Liao C, Dong J, Liu Y, Xiang S, Dionysiou D D. Efficient degradation of clofibric acid by heterogeneous catalytic ozonation using $CoFe_2O_4$ catalyst in water. Journal of Hazardous Materials, 2021, 410: 124604.

[18] Aram M, Farhadian M, Solaimany Nazar A R, Tangestaninejad S, Eskandari P, Jeon B-H. Metronidazole and Cephalexin degradation by using of Urea/$TiO_2$/$ZnFe_2O_4$/Clinoptiloite catalyst under visible-light irradiation and ozone injection. Journal of Molecular Liquids, 2020, 304:

112764.

[19] Ruppert G, Bauer R, Heisler G. UV-$O_3$, UV-$H_2O_2$, UV-$TiO_2$ and the photo-Fenton reaction-comparison of advanced oxidation processes for wastewater treatment. Chemosphere, 1994, 28: 1447-1454.

[20] Shokouhi S B, Dehghanzadeh R, Aslani H, Shahmahdi N. Activated carbon catalyzed ozonation (ACCO) of Reactive Blue 194 azo dye in aqueous saline solution: Experimental parameters, kinetic and analysis of activated carbon properties. Journal of Water Process Engineering, 2020, 35: 101188.

[21] Xin Y Y, Zhou L, Ma K K, Lee J, Qazi H I A, Li H P, Bao C Y, Zhou Y X. Removal of bromoamine acid in dye wastewater by gas-liquid plasma: The role of ozone and hydroxyl radical. Journal of Water Process Engineering, 2020, 37: 101457.

[22] Castro E, Avellaneda A, Marco P. Combination of advanced oxidation processes and biological treatment for the removal of benzidine-derived dyes. Environmental Progress & Sustainable Energy, 2014, 33: 873-885.

[23] Wei K J, Cao X X, Gu W C, Liang P, Huang X, Zhang X Y. Ni-induced C-$Al_2O_3$-framework (NiCAF) supported core-multishell catalysts for efficient catalytic ozonation: A structure-to-performance study. Environmental Science & Technology, 2019, 53: 6917-6926.

[24] 邓征宇, 杨春平, 曾光明, 郭俊元. Fenton-水解酸化-接触氧化工艺处理含苯酚制药废水. 工业水处理, 2010, 30: 68-71.

[25] Yang C P, Liu H Y, Luo S L, Chen X, He H J. Performance of modified electro-Fenton process for phenol degradation using bipolar graphite electrodes and activated carbon. Journal of Environmental Engineering, 2012, 138: 613-619.

[26] 易斌, 杨春平, 郭俊元, 杨益, 陈雄, 李小豹. 活性炭吸附-Fenton 氧化处理高盐有机废水. 环境工程学报, 2013, 7: 903-907.

[27] 李小豹. Fenton 试剂再生活性炭的研究. 长沙: 湖南大学, 2013.

[28] 陈雄. 粉末活性炭对 Fenton 反应氧化能力影响的研究. 长沙: 湖南大学, 2012.

[29] He H J, Zhang X M, Yang C P. Zeng G M, Li H R, Chen Y J. Treatment of organic wastewater containing high concentration of sulfate by crystallization-Fenton-SBR. Journal of Environmental Engineering, 2018, 144: 04018041.

[30] 彭贤玉, 杨春平, 董君英, 陈宏, 瞿畏. Fenton-混凝沉淀法处理焦化废水的研究. 环境科学与技术, 2006, 29: 72-74.

[31] 刘海洋, 唐文昌, 邬鑫, 谷小兵, 陈海杰, 杨春平, 曹书涛, 包文运. 固相类芬顿法处理脱硫废水. 环境工程, 2019: 15-18.

[32] Liu L M, Chen Z, Zhang J W, Shan D, Wu Y, Bai L M, Wang B Q. Treatment of industrial dye wastewater and pharmaceutical residue wastewater by advanced oxidation processes and its combination with nanocatalysts: A review. Journal of Water Process Engineering, 2021, 42: 102122.

[33] Sirés I, Brillas E. Remediation of water pollution caused by pharmaceutical residues based on electrochemical separation and degradation technologies: A review. Environment International, 2012, 40: 212-229.

[34] Zhang Z B, Zhou Z W, Cao X H, Liu Y H, Xiong G X. Liang P. Removal of uranium (Ⅵ) from aqueous solutions by new phosphorus-containing carbon spheres synthesized via one-step hydrothermal carbonization of glucose in the presence of phosphoric acid. Journal of Radioanalytical and Nuclear Chemistry, 2014, 299: 1479-1487.

[35] 李荣喜. Fenton 试剂处理三唑磷农药废水的研究. 长沙: 湖南大学, 2007.

[36] Laftani Y, Chatib B, Boussaoud A, Hachkar M, Makhfouk M E. Comparative photo-degradative treatment of dyeing industry wastewater containing diazo dye by UV/peroxydate and UV/persulfate-oxidation processes. Water Quality Research Journal, 2022, 57: 262-277.

[37] Guo S P, Wang Q, Luo C J, Yao J G, Qiu Z P, Li Q B. Hydroxyl radical-based and sulfate radical-based photocatalytic advanced oxidation processes for treatment of refractory organic matter in semi-aerobic aged refuse biofilter effluent arising from treating landfill leachate. Chemosphere, 2020, 243: 125390.

[38] Liu Z M, Li X, Rao Z W, Hu F P. Treatment of landfill leachate biochemical effluent using the nano-$Fe_3O_4$/$Na_2S_2O_8$ system: Oxidation performance, wastewater spectral analysis, and activator characterization. Journal of Environmental Management, 2018, 208: 159-168.

[39] Karimipourfard D, Eslamloueyan R, Mehranbod N. Heterogeneous degradation of stabilized landfill leachate using persulfate activation by $CuFe_2O_4$ nanocatalyst: An experimental investigation. Journal of Environmental Chemical Engineering, 2020, 8: 103426.

[40] Guo R N, Meng Q, Zhang H X, Zhang X Y, Li B, Cheng Q F, Cheng X W. Construction of $Fe_2O_3$/$Co_3O_4$/exfoliated graphite composite and its high efficient treatment of landfill leachate by activation of potassium persulfate. Chemical Engineering Journal, 2019, 355: 952-962.

[41] Silveira J E, Zazo J A, Pliego G, Casas J A. Landfill leachate treatment by sequential combination of activated persulfate and Fenton oxidation. Waste Management, 2018, 81: 220-225.

[42] Yu D Y, Cui J, Li X Q, Zhang H, Pei Y S. Electrochemical treatment of organic pollutants in landfill leachate using a three-dimensional electrode system. Chemosphere, 2020, 243: 125438.

[43] Chen W M, Luo Y F, Ran G, Li Q B. Microwave-induced persulfate-hydrogen peroxide binary oxidant process for the treatment of dinitrodiazophenol industrial wastewater. Chemical Engineering Journal, 2020, 382: 122803.

[44] Yang S P, Yang J, Tang J, Zhang X Q, Ma J, Zhang A P. A comparative study of the degradation of refractory organic matter in MBR effluent from landfill leachate treatment by the microwave-enhanced iron-activated hydrogen peroxide and peroxydisulfate processes. Process Safety and Environmental Protection, 2022, 162: 955-964.

[45] Chen W M, Luo Y F, Ran G, Li Q B. An investigation of refractory organics in membrane bioreactor effluent following the treatment of landfill leachate by the $O_3$/$H_2O_2$ and MW/PS processes. Waste Management, 2019, 97: 1-9.

[46] Babaei A A, Ghanbari F. COD removal from petrochemical wastewater by UV/hydrogen peroxide, UV/persulfate and UV/percarbonate: Biodegradability improvement and cost evaluation. Journal of Water Reuse and Desalination, 2016, 6: 484-494.

[47] Shiraz A D, Takdastan A, Borghei S M. Photo-Fenton like degradation of catechol using

persulfate activated by UV and ferrous ions: Influencing operational parameters and feasibility studies. Journal of Molecular Liquids, 2018, 249: 463-469.

[48] Takdastan A, Ravanbakhsh M, Hazrati M, Safapour S. Removal of dinitrotoluene from petrochemical wastewater by Fenton oxidation, kinetics and the optimum experiment conditions. SN Applied Sciences, 2019, 1: 794.

[49] Barzegar G, Jorfi S, Zarezade V, Khatebasreh M, Mehdipour F, Ghanbari F. 4-Chlorophenol degradation using ultrasound/peroxymonosulfate/nanoscale zero valent iron: Reusability, identification of degradation intermediates and potential application for real wastewater. Chemosphere, 2018, 201: 370-379.

[50] Ghanbari F, Khatebasreh M, Mahdavianpour M, Lin K Y A. Oxidative removal of benzotriazole using peroxymonosulfate/ozone/ultrasound: Synergy, optimization, degradation intermediates and utilizing for real wastewater. Chemosphere, 2020, 244: 125326.

[51] Yousefi N, Pourfadakari S, Esmaeili S, Babaei A A. Mineralization of high saline petrochemical wastewater using sonoelectro-activated persulfate: Degradation mechanisms and reaction kinetics. Microchemical Journal, 2019, 147: 1075-1082.

[52] Eslami A, Hashemi M, Ghanbari F. Degradation of 4-chlorophenol using catalyzed peroxymonosulfate with nano-$MnO_2$/UV irradiation: Toxicity assessment and evaluation for industrial wastewater treatment. Journal of Cleaner Production, 2018, 195: 1389-1397.

[53] Ahmadi M, Ghanbari F. Combination of UVC-LEDs and ultrasound for peroxymonosulfate activation to degrade synthetic dye: Influence of promotional and inhibitory agents and application for real wastewater. Environmental Science and Pollution Research, 2018, 25: 6003-6014.

[54] Asgari G, Shabanloo A, Salari M, Eslami F. Sonophotocatalytic treatment of AB113 dye and real textile wastewater using ZnO/persulfate: Modeling by response surface methodology and artificial neural network. Environmental Research, 2020, 184: 109367.

[55] Dinesh G K, Anandan S, Sivasankar T. Synthesis of Fe-doped $Bi_2O_3$ nanocatalyst and its sonophotocatalytic activity on synthetic dye and real textile wastewater. Environmental Science and Pollution Research, 2016, 23: 20100-20110.

[56] Ghanbari F, Ahmadi M, Gohari F. Heterogeneous activation of peroxymonosulfate via nanocomposite $CeO_2$-$Fe_3O_4$ for organic pollutants removal: The effect of UV and US irradiation and application for real wastewater. Separation and Purification Technology, 2019, 228: 115732.

[57] Solís R R, Rivas F J, Ferreira L C, Pirra A, Peres J A. Integrated aerobic biological-chemical treatment of winery wastewater diluted with urban wastewater. LED-based photocatalysis in the presence of monoperoxysulfate. Journal of Environmental Science and Health, Part A: Toxic/Hazardous Substances & Environmental Engineering, 2018, 53: 124-131.

[58] Rodríguez-Chueca J, Amor C, Silva T, Dionysiou D D, Puma G L, Lucas M S, Peres J. Treatment of winery wastewater by sulphate radicals: $HSO_5^-$/transition metal/UV-A LEDs. Chemical Engineering Journal, 2017, 310: 473-483.

[59] Soubh A M, Baghdadi M, Abdoli M A, Aminzadeh B. Zero-valent iron nanofibers (ZVINFs) immobilized on the surface of reduced ultra-large graphene oxide (rULGO) as a persulfate

activator for treatment of landfill leachate. Journal of Environmental Chemical Engineering, 2018, 6: 6568-6579.

[60] Wu S H, Li H R, Li X, He H J, Yang C P. Performances and mechanisms of efficient degradation of atrazine using peroxymonosulfate and ferrate as oxidants. Chemical Engineering Journal, 2018, 353: 533-541.

[61] Zheng R J, Li J, Zhu R L, Wang R H, Feng X Z, Chen Z J, Wei W F, Yang D Z, Chen H. Enhanced Cr(Ⅵ) reduction on natural chalcopyrite mineral modulated by degradation intermediates of RhB. Journal of Hazardous Materials, 2022, 423: 127206.

[62] Fei L, Ren S Y, Xijun M, Ali N, Jing Z, Yi J, Bilal M. Efficient removal of EDTA-chelated Cu(Ⅱ) by zero-valent iron and peroxydisulfate: Mutual activation process. Separation and Purification Technology, 2021, 279: 119721.

[63] Merzouk B, Gourich B, Madani K, Vial C, Sekki A. Removal of a disperse red dye from synthetic wastewater by chemical coagulation and continuous electrocoagulation. A comparative study. Desalination, 2011, 272: 246-253.

[64] Liu X, Li X M, Yang Q, Yue X, Shen T T, Zheng W, Luo K, Sun Y H, Zeng G M. Landfill leachate pretreatment by coagulation-flocculation process using iron-based coagulants: Optimization by response surface methodology. Chemical Engineering Journal, 2012, 200: 39-51.

[65] Fu X, Lin Y, Yang C P, Wu S H, Wang Y, Li X. Peroxymonosulfate activation via CoP nanoparticles confined in nitrogen-doped porous carbon for enhanced degradation of sulfamethoxazole in wastewater with high salinity. Journal of Environmental Chemical Engineering, 2022, 10: 107734.

[66] Zeinali N, Oluwoye I, Altarawneh M, Dlugogorski B Z. Destruction of dioxin and furan pollutants via electrophilic attack of singlet oxygen. Ecotoxicology and Envrionmental Safety, 2019, 184: 109605.

[67] Wu S H, Yang C P, Lin Y, Cheng J J. Efficient degradation of tetracycline by singlet oxygen-dominated peroxymonosulfate activation with magnetic nitrogen-doped porous carbon. Journal of Environmental Sciences, 2022, 115: 330-340.

[68] Wilkinson F, Helman W P, Ross A B. Rate constants for the decay and reactions of the lowest electronically excited singlet state of molecular oxygen in solution. An expanded and revised compilation. Journal of Physical and Chemical Peference Data, 1995, 24: 663-677.

[69] Gryglik D, Miller J S, Ledakowicz S. Singlet molecular oxygen application for 2-chlorophenol removal. Journal of Hazardous Materials, 2007, 146: 502-507.

[70] Ge L K, Zhang P, Halsall C, Li Y Y, Chen C E, Li J, Sun H L, Yao Z W. The importance of reactive oxygen species on the aqueous phototransformation of sulfonamide antibiotics: Kinetics, pathways, and comparisons with direct photolysis. Water Research, 2019, 149: 243-250.

[71] Dell'Arciprete M L, Santos-Juanes L, Arques A, Vercher R F, Amat A M, Furlong J P, Mártire D O, Gonzalez M C. Reactivity of neonicotinoid pesticides with singlet oxygen. Catalysis Today, 2010, 151: 137-142.

[72] Castillo C, Criado S, Díaz M, García N A. Riboflavin as a sensitiser in the photodegradation of tetracyclines. Kinetics, mechanism and microbiological implications. Dyes and Pigments, 2007,

72: 178-184.
[73] Han S K, Bilski P, Karriker B, Sik R H, Chignell C F. Oxidation of flame retardant tetrabromobisphenol a by singlet oxygen. Environmental Science & Technology, 2008, 42: 166-172.
[74] Miskoski S, Sánchez E, Garavano M, López M, Soltermann A T, Garcia N A. Singlet molecular oxygen-mediated photo-oxidation of tetracyclines: Kinetics, mechanism and microbiological implications. Journal of Photochemistry and Photobiolology B: Biology, 1998, 43: 164-171.
[75] Martinez L J, Sik R H, Chignell C F. Fluoroquinolone antimicrobials: Singlet oxygen, superoxide and phototoxicity. Photochemistry Photobiology, 1998, 67: 399-403.
[76] Mustapha N A, Liu H, Ibrahim A O, Huang Y, Liu S. Degradation of aniline in groundwater by persulfate with natural subsurface sediment as the activator. Chemical Engineering Journal, 2021, 417: 128078.
[77] Zhang X Z, Jia S Y, Song J, Wu S H, Han X. Highly efficient utilization of soluble Fe in the removal of arsenic during oxidative flocculation of Fe(Ⅱ). Bulletin of the Chemical Society of Japan, 2018, 91: 998-1007.
[78] Yang X Y, Cai J S, Wang X N, Li Y F, Wu Z X, Wu W D, Chen X D, Sun J Y, Sun S P, Wang Z H. A bimetallic Fe-Mn oxide-activated oxone for *in situ* chemical oxidation (ISCO) of trichloroethylene in groundwater: Efficiency, sustained activity, and mechanism investigation. Environmental Science & Technology, 2020, 54: 3714-3724.
[79] Li J, Yan J F, Yao G, Zhang Y H, Li X, Lai B. Improving the degradation of atrazine in the three-dimensional (3D) electrochemical process using $CuFe_2O_4$ as both particle electrode and catalyst for persulfate activation. Chemical Engineering Journal, 2019, 361: 1317-1332.
[80] Li A L, Wu Z H, Wang T T, Hou S D, Huang B J, Kong X J, Li X C, Guan Y H, Qiu R L, Fang J Y. Kinetics and mechanisms of the degradation of PPCPs by zero-valent iron (Fe degrees) activated peroxydisulfate (PDS) system in groundwater. Journal of Hazardous Materials, 2018, 357: 207-216.
[81] Jiang M D, Lu J H, Ji Y F, Kong D Y. Bicarbonate-activated persulfate oxidation of acetaminophen. Water Research, 2017, 116: 324-331.
[82] Liu H Z, Bruton T A, Li W, Van Buren J, Prasse C, Doyle F M, Sedlak D L. Oxidation of benzene by persulfate in the presence of Fe(Ⅲ)-and Mn(Ⅳ)-containing oxides: Stoichiometric efficiency and transformation products. Environmental Science & Technology, 2016, 50: 890-898.
[83] Wang D B, Pan C L, Chen L S, He D D, Yuan L H, Li Y F, Wu Y X. Positive feedback on dewaterability of waste-activated sludge by the conditioning process of Fe(Ⅱ) catalyzing urea hydrogen peroxide. Water Research, 2022, 225: 119195.
[84] Zhang Y P, Li T T, Tian J Y, Zhang H C, Li F, Pei J H. Enhanced dewaterability of waste activated sludge by UV assisted ZVI-PDS oxidation. Journal of Environemental Sciences, 2022, 113: 152-164.
[85] Ge D D, Huang S Q, Cheng J H, Han Y, Wang Y H, Dong Y T, Hu J W, Li G B, Yuan H P, Zhu N W. A new environment-friendly polyferric sulfate-catalyzed ozonation process for sludge conditioning to achieve deep dewatering and simultaneous detoxification. Journal of Cleaner

Production, 2022, 359: 132049.
[86] Pramanik B K, Hai F I, Roddick F A. Ultraviolet/persulfate pre-treatment for organic fouling mitigation of forward osmosis membrane: Possible application in nutrient mining from dairy wastewater. Separation and Prification Technology, 2019, 217: 215-220.
[87] Ye J, Dai J D, Wang L L, Li C X, Yan Y S, Yang G Y. Investigation of catalytic self-cleaning process of multiple active species decorated macroporous PVDF membranes through peroxymonosulfate activation. Journal of Colloid and Interface Science, 2021, 586: 178-189.
[88] Yue R Y, Sun X F. A Self-cleaning, catalytic titanium carbide (MXene) membrane for efficient tetracycline degradation through peroxymonosulfate activation: Performance evaluation and mechanism study. Separation and Prification Technology, 2021, 279: 119796.
[89] Bao Y P, Lim T T, Wang R, Webster R D, Hu X. Urea-assisted one-step synthesis of cobalt ferrite impregnated ceramic membrane for sulfamethoxazole degradation via peroxymonosulfate activation. Chemical Engineering Journal, 2018, 343: 737-747.
[90] Ye J, Li C X, Wang L L, Wang Y, Dai J D. Synergistic multiple active species for catalytic self-cleaning membrane degradation of persistent pollutants by activating peroxymonosulfate. Journal of Colloid and Interface Science, 2021, 587: 202-213.
[91] Wang S X, Tian J Y, Wang Q, Xiao F, Gao S S, Shi W X, Cui F Y. Development of CuO coated ceramic hollow fiber membrane for peroxymonosulfate activation: A highly efficient singlet oxygen-dominated oxidation process for bisphenol A degradation. Applied Catalysis B: Environmental, 2019, 256: 117783.
[92] Chen L, Maqbool T, Fu W Y, Yang Y L, Hou C Y, Guo J N, Zhang X H. Highly efficient manganese (Ⅲ) oxide submerged catalytic ceramic membrane for nonradical degradation of emerging organic compounds. Separation and Prification Technology, 2022, 295: 121272.
[93] Ye J, Dai J D, Li C X, Yan Y S. Lawn-like $Co_3O_4$@N-doped carbon-based catalytic self-cleaning membrane with peroxymonosulfate activation: A highly efficient singlet oxygen dominated process for sulfamethoxazole degradation. Chemical Engineering Journal, 2021, 421: 127805.
[94] Ye J, Dai J D, Li C X, Yan Y S, Wang Y. 2D/2D confinement graphene-supported bimetallic sulfides/g-$C_3N_4$ composites with abundant sulfur vacancies as highly active catalytic self-cleaning membranes for organic contaminants degradation. Chemical Engineering Journal, 2021, 418: 129383.
[95] Lu N, Lin H B, Li G L, Wang J Q, Han Q, Liu F. ZIF-67 derived nanofibrous catalytic membranes for ultrafast removal of antibiotics under flow-through filtration via non-radical dominated pathway. Journal of Membrane Science, 2021, 639: 119782.
[96] Chen L, Maqbool T, Nazir G, Hou C Y, Yang Y L, Guo J N, Zhang X H. Developing the large-area manganese-based catalytic ceramic membrane for peroxymonosulfate activation: Applications in degradation of endocrine disrupting compounds in drinking water. Journal of Membrane Science, 2022, 655: 120602.
[97] Wang L L, Wang L, Shi Y W, Zhu J D, Zhao B, Zhang Z H, Ding G H, Zhang H W. Fabrication of $Co_3O_4$-$Bi_2O_3$-Ti catalytic membrane for efficient degradation of organic pollutants in water

by peroxymonosulfate activation. Journal of Colloid and Interface Science, 2022, 607: 451-461.
[98] Zhang L F, Yang N, Han Y H, Wang X, Liu S L, Zhang L H, Sun Y L, Jiang B. Development of polyacrylonitrile/perovskite catalytic membrane with abundant channel-assisted reaction sites for organic pollutant removal. Chemical Engineering Journal, 2022, 437: 135163.
[99] Wen G, Xu X Q, Zhu H, Huang T L, Ma J. Inactivation of four genera of dominant fungal spores in groundwater using UV and UV/PMS: Efficiency and mechanisms. Chemical Engineering Journal, 2017, 328: 619-628.
[100] Ho S H, Chen Y D, Li R X, Zhang C F, Ge Y M, Cao G L, Ma M, Duan X G, Wang S B, Ren N Q. N-doped graphitic biochars from C-phycocyanin extracted *Spirulina* residue for catalytic persulfate activation toward nonradical disinfection and organic oxidation. Water Research, 2019, 159: 77-86.
[101] Sun P, Zhang T Q, Mejia-Tickner B, Zhang R C, Cai M Q, Huang C H. Rapid disinfection by peracetic acid combined with UV irradiation. Environmental Science & Technology Letters, 2018, 5: 400-404.
[102] Yurdakal S, Bellardita M, Pibiri I, Palmisano L, Loddo V. Aqueous selective photocatalytic oxidation of salicyl alcohol by $TiO_2$ catalysts: Influence of some physico-chemical features. Catalysis Today, 2021, 380: 16-24.
[103] Wu H J, Li X L, Zhang Q, Zhang K, Xu X, Xu J. Promoting the conversion of poplar to bio-oil based on the synergistic effect of alkaline hydrogen peroxide. Penewable Energy, 2022, 192: 107-117.
[104] Xu Z M, Chai W, Cao J Z, Huang F J, Tong T, Dong S Y, Qiao Q Y, Shi L Y, Li H X, Qian X F. Controlling the gas-water interface to enhance photocatalytic degradation of volatile organic compounds. ACS ES&T Engineering, 2021, 1: 1140-1148.
[105] Zhang X D, Bi F K, Zhu Z Q, Yang Y, Zhao S H, Chen J F, Lv X T, Wang Y X, Xu J C, Liu N. The promoting effect of $H_2O$ on rod-like $MnCeO_x$ derived from MOFs for toluene oxidation: A combined experimental and theoretical investigation. Applied Catalysis B: Environmental, 2021, 297: 120393.
[106] Fu C C, Pan C, Chen T, Peng D Q, Liu Y Q, Wu F, Xu J, You Z X, Li J J, Luo L T. Adsorption-enforced Fenton-like process using activated carbon-supported iron oxychloride catalyst for wet scrubbing of airborne dichloroethane. Chemosphere, 2022, 307: 136193.
[107] Pan C, Wang W Y, Zhang Y H, Nam J C, Wu F, You Z X, Xu J, Li J J. Porous graphitized carbon-supported FeOCl as a bifunctional adsorbent-catalyst for the wet peroxide oxidation of chlorinated volatile organic compounds: Effect of mesopores and mechanistic study. Applied Catalysis B: Environmental, 2023, 330: 122659.
[108] Liu Y X, Liu L, Wang Y. A critical review on removal of gaseous pollutants using sulfate radical-based advanced oxidation technologies. Environmental Science & Technology, 2021, 55: 9691-9710.
[109] Xie R J, Ji J, Huang H B, Lei D X, Fang R M, Shu Y J, Zhan Y J, Guo K H, Leung D Y C. Heterogeneous activation of peroxymonosulfate over monodispersed $Co_3O_4$/activated carbon for efficient degradation of gaseous toluene. Chemical Engineering Journal, 2018, 341: 383-391.

[110] Adewuyi Y G, Sakyi N Y. Simultaneous absorption and oxidation of nitric oxide and sulfur dioxide by aqueous solutions of sodium persulfate activated by temperature. Industrial & Engineering Chemistry Research, 2013, 52: 11702-11711.
[111] Adewuyi Y G, Sakyi N Y. Removal of nitric oxide by aqueous sodium persulfate simultaneously activated by temperature and $Fe^{2+}$ in a lab-scale bubble reactor. Industrial & Engineering Chemistry Research, 2013, 52: 14687-14697.